2판

아동발달

아동발달 2판

초판 발행 2006년 9월 5일 | **초판 5쇄 발행** 2013년 3월 5일
2판 발행 2023년 2월 20일

지은이 박성연 · 이은경
펴낸이 류원식
펴낸곳 교문사

편집팀장 김경수 | **책임진행** 심승화 | **디자인** 신나리 | **본문편집** 유선영

주소 10881, 경기도 파주시 문발로 116
대표전화 031-955-6111 | **팩스** 031-955-0955
홈페이지 www.gyomoon.com | **이메일** genie@gyomoon.com
등록번호 1968.10.28. 제406-2006-000035호

ISBN 978-89-363-2433-9(93590)
정가 29,000원

CHILD DEVELOPMENT

2판

아동발달

박성연 · 이은경 지음

교문사

머리말

국내·외적으로 아동발달에 관한 훌륭한 교재들이 많이 있지만,

또 하나의 《아동발달》 교재를 추가하기로 한 것은 오로지 아동발달학에 대한 저자의 애착에서 비롯된 것이다. 한 생명체로 태어난 아기가 매일매일 성장하고 발달해가는 모습은 경이로움 그 자체다. 또한 자라나는 아동이 가족 내 환경 속에서 그리고 가족 외 환경과의 경험을 통해 나름 적응적 인간이 되어가는 모습은 때로는 한없는 기쁨을, 때로는 슬픔을 느끼게 한다. 그리고 성인인 우리가 자라온 모습을 되돌아보게 하는 한편, 자라나는 아동의 행복을 위해 무엇을 어떻게 도와주어야 할 것인지를 생각하게 한다.

'아동발달'이라는 학문에 대한 사랑으로 이를 배우고, 연구하며, 가르친 세월이 참으로 길다. '아동발달' 과목을 강의하는 동안 언제나 진지하게 수강하는 학생들의 눈빛을 마주하며, 그들과 되도록 더 많이, 더 깊이 발달에 관한 연구나 그 응용방안에 대한 이야기를 나누려고 애써 왔다. 이 책은 그러한 노력의 결실이다.

책을 쓴다는 일은 늘 어렵고 조심스러운 일이라고 생각했다. 그래서인지 수십 년 동안 '아동발달'을 가르쳐왔음에도 불구하고 2006년에야 비로소 전체 내용을 정리하여 초판을 내게 되었다. 이 책은 아동발달학의 과학적 기초에서부터 태내기, 영아기와 걸음마기, 유아기, 아동기에 이르기까지의 발달내용을 모두 6부 16장으로 구성하였다. 1999년 동문사에서 출간된 공저 《아동발달》 중 저자가 집필했던 1장부터 7장까지의 내용과 14장의 일부를 수정, 보완하였으며, 나머지 8장부터 16장까지는 저자의 강의안과 강의내용을 중심으로 새로이 집필하였다.

열정과 성의를 다하였음에도 불구하고 강의교재로 사용하면서 설명이 불분명하거나 미흡한 점이 발견되어 오랫동안 개정판이 필요하다고 생각해왔다. 그러던 중 대학 교과과정이나 자격증 관련 교과목명이 변경됨에 따라 영아발달, 유아발달 또는 영유아발달 등 시기별로 세분화된 교재가 출간되기 시작하면서 이 책은 2013년 5쇄를 끝으로 더 이상의 개정 작업이 없었다. 그러나 연속성과 비연속성이 공존하고 있는 발달의 흐름을 파악하기 위해서는 태아기부터 아동기까지의 발달을 다룬 저서도 필요하다고 보아 뒤늦게나마 용기를 내었다.

이번 2판에서는 불분명한 내용을 명확히 기술하는 한편, 몇몇 최근 이론을 추가 설명하였으며, 최근 통계자료로 대체하였다. 방대한 분량의 내용은 필요에 따라 한 학기 또는 두 학기로 나누어 활용될 수도 있다. 이 책이 모쪼록 아동을 사랑하고 아동을 이해하고자 하는 후학들에게 아동발달에 대한 전체적인 그림을 보는 데 많은 도움이 되었으면 한다. 끝으로 저자의 작은 소망인 개정 작업에 힘을 실어준 교문사 여러분께 깊은 감사를 드린다.

2023년 봄

저자

차례

머리말 4

PART 1
아동발달학의 과학적 기초

CHAPTER 1 발달의 본질

01 발달의 개념 및 발달 과정 17

1. 발달의 개념 17 | 2. 발달 과정 17

02 발달단계 19

1. 태내기(임신~출생) 20 | 2. 영아기와 걸음마기(출생~36개월) 20

3. 유아기(3~6세) 21 | 4. 아동기(6~11세) 21

5. 청소년기(11~20세) 21

03 발달의 원리 22

04 발달적 변화에 관한 이론적 쟁점들 26

1. 유전과 환경의 역동적 상호작용 26 | 2. 발달의 연속성과 비연속성 33

CHAPTER 2 아동발달 연구

01 아동연구의 역사 35

1. 17~18세기 : 철학적 관심 35 | 2. 19세기 : 과학적 관심의 태동 36

3. 20세기 : 과학적 연구와 이론의 발달 37 | 4. 최근 동향 40

02 아동발달 연구를 위한 접근방법 41

1. 연구방법 42 | 2. 일반적인 연구설계 44 | 3. 발달적인 연구설계 47

4. 아동연구의 제한점 50 | 5. 영아 연구방법 50

CHAPTER 3 아동발달 이론

01 이론의 정의 및 기능 56

02 아동발달 이론 57

1. 정신분석 이론 58 | 2. 행동주의 이론 및 사회학습 이론 65

3. Piaget의 인지발달 이론 71 | 4. 정보처리 이론 76 | 5. 동물행동학적 이론 78

6. Bronfenbrenner의 생태학적 체계 이론 80 | 7. Vygotsky의 사회문화적 이론 83

PART 2
생의 시작

CHAPTER 4 태내발달

01 임신 89

1. 수정 89 | 2. 임신의 유전적 기제 91

02 태내발달의 3단계 99

1. 배종기 100 | 2. 배아기 101 | 3. 태아기 103

03 태내발달에 영향을 미치는 환경적 요인 106

04 태내기 진단 112

1. 임신 전 유전검사 113 | 2. 태내진단 검사 113

CHAPTER 5 출산 및 신생아

01 출산 116

1. 분만단계 116 | 2. 분만방법 118 | 3. 조산아와 저체중아 120

02 신생아 124

1. 첫모습 124 | 2. 신생아의 생리적 적응 125

3. 신생아의 반사행동 : 적응적 반사와 원시적 반사 130 | 4. 신생아의 감각능력 134

03 신생아의 검진 136

1. Apgar 척도 136 | 2. Brezelton 신생아 행동평가척도 136

04 영아사망률 137

05 우울증 어머니의 영아 138

PART 3
영아기와 걸음마기

CHAPTER 6 영아기와 걸음마기의 신체·운동 발달

01 신체적 성장 및 발달 145

1. 신체크기의 변화 145 | 2. 신체 비율의 변화 148 | 3. 골격의 성장 149

4. 두뇌와 신경계의 발달 153 | 5. 신체적인 성장에 영향을 미치는 요인들 159

02 운동 발달 162

1. 운동 발달의 기본원리 162 | 2. 운동능력 발달과 다른 발달 간의 관계 163

3. 영아기와 걸음마기에 발달하는 운동기술 163

CHAPTER 7 영아기와 걸음마기의 인지 발달

01 지각 발달 175

1. Gibson의 지각 발달 이론 : 생태학적 접근 175

2. 시각능력 177 | 3. 청각능력 181

4. 각종 감각체계 간의 통합을 통한 지각 182

02 Piaget의 인지 발달 이론 183

1. 감각운동 지능기 184 | 2. 대상항상성 187 | 3. Piaget 이론에 대한 새로운 시각 189

03 영아의 학습방법 191

1. 습관화, 조건화 및 모방을 통한 학습 191 | 2. 놀이를 통한 학습 193

04 기억력과 지연모방 197

1. 기억력 197 | 2. 비가시적 모방과 지연모방 198

05 지적 발달의 개인차 199

1. 영아기 지능검사 200 | 2. 지적 발달과 가정환경 201

06 언어 발달 202

1. 언어 발달 이론 202 | 2. 영아기와 걸음마기의 언어 발달 205

3. 언어 발달의 개인차 209 | 4. 언어 발달과 부모역할 211

CHAPTER 8 영아기와 걸음마기의 정서·사회적 발달

01 인성발달 이론 214

1. Freud의 심리성적 이론 214 | 2. Erikson의 심리사회적 이론 215

02 정서적 발달 216

1. 기본적 정서의 출현 217 | 2. 정서이해능력 220 | 3. 자의식적인 정서의 출현 221

4. 정서조절능력의 출현 223 | 5. 정서 발달에 영향을 미치는 요인 225

03 기질 : 인성의 기초 228

1. 기질의 구성요소 229 | 2. 기질측정 230 | 3. 기질의 유전적·생리적 기초 231

4. 기질의 지속성 232 | 5. 기질과 환경 232

04 애착 발달 234

1. 애착 이론 234 | 2. 애착 측정과 애착 관계의 질 237

3. 애착의 안정성 및 불안정성 240 | 4. 애착 유형에서의 문화적 차이 241

5. 애착 발달에 영향을 미치는 요인 242 | 6. 애착의 발달적 효과 244

05 사회적 발달 245

1. 자아의 발달 245 | 2. 자아통제력의 출현 248

3. 양육자 및 또래와의 상호작용 249

PART 4

유아기

CHAPTER 9장 유아기의 신체·운동 발달

01 신체적 성장 255

1. 신장, 체중, 골격 255 | 2. 두뇌의 발달 257 | 3. 신체적 성장에 영향을 주는 요인 259

02 운동 발달 259

1. 대근육 운동능력 259 | 2. 소근육 운동능력 261 | 3. 운동 발달의 개인차 263

03 건강 264

1. 식습관 264 | 2. 수면 습관 266 | 3. 사고 267

CHAPTER 10 유아기의 인지·언어 발달

01 사고능력의 발달 271

1. 전 조작적 사고기 271 | 2. 전 조작적 사고의 특징 273

3. 마음이론 278 | 4. 정보처리능력 280 | 5. 인지 발달을 위한 지도 281

02 언어 발달 283

1. 어휘력 283 | 2. 문법 284 | 3. 의사소통능력 285

4. 혼잣말(개인적 언어) 285 | 5. 외국어 교육 286

CHAPTER 11 유아기의 정서·사회적 발달

01 정서·사회적 발달에 관한 이론 289

02 정서적 발달 289

1. 정서의 본질 289 | 2. 정서의 기능주의적 관점 291

3. 유아기의 정서적 발달 291 | 4. 정서적 행동의 개인차 294 | 5. 정서지능 295

03 사회적 발달 296

1. 자아에 대한 개념 296 | 2. 성역할 발달 298

04 또래관계와 놀이 304

1. 또래관계 304 | 2. 수줍음과 행동억제 306 | 3. 놀이 307 | 4. 부모와 또래관계 310

05 도덕성 발달 311

1. 도덕적 정서 312 | 2. 도덕적 사고 313 | 3. 도덕적 행동 315

PART 5
아동기

CHAPTER 12 아동기의 신체·운동 발달

01 신체적 성장 323

02 운동 발달 324

1. 대근육 운동능력 324 | 2. 소근육 운동능력 325

03 건강과 비만 326

1. 식습관 326 | 2. 비만 327 | 3. 비만과 아동발달 간의 관계 328

CHAPTER 13 아동기의 인지 발달

01 Piaget의 인지 발달 이론 : 구체적 조작기 331

1. 탈중심화 331 | 2. 가역성에 대한 이해 331

3. 보존개념의 형성 332 | 4. 위계적인 분류능력 334

02 지능 335

1. 지능의 정의 335 | 2. 지능의 측정과 지능검사 336 | 3. 지능의 구성요소 341

4. Gardner의 다중지능 이론과 Sternberg의 3원지능 이론 342

5. 초기 지능의 안정성과 변화 344 | 6. 지능에 영향을 미치는 요인 345

03 정보처리능력의 발달 : 기억력 348

1. 기억의 종류 348 | 2. 기억과정과 기억용량 349

3. 상위기억 350 | 4. 기억전략 350 | 5. 관련 지식과 기억 351

04 언어발달 352

1. 어휘와 문법의 발달 352

2. 의사소통능력 353 | 3. 읽기와 쓰기 능력 353

CHAPTER 14 아동기의 정서·사회적 발달

01 정서·사회적 발달에 관한 이론 357

02 정서적 발달 357

1. 자의식적 정서 357 | 2. 정서의 이해 358

3. 정서조절능력 359 | 4. 조망수용능력 359

5. 정서 발달과 부모 361 | 6. 아동기의 정서적 장애 : 우울감 361

03 사회적 발달 363

1. 자아개념 363 | 2. 자아존중감 364 | 3. 마인드셋과 그릿 366

04 도덕성 발달 367

1. 도덕적 사고 368 | 2. 도덕적 행동 375 | 3. 도덕성 발달과 부모 383

4. 또래관계 384 | 5. 성역할 발달 387

PART 6
양육환경과 아동발달

CHAPTER 15 가족 내적 환경

01 가족과정 393

02 부모 393

1. 부모의 역할 393 | 2. 양육행동 유형 395 | 3. 역기능적인 부모 398

4. 부모의 양육행동에 영향을 미치는 요인 401 | 5. 문화와 신념 407

03 형제자매관계 409

1. 연령에 따른 형제관계의 변화 410

2. 형제 수, 출생순위 및 성 구성 411 | 3. 형제관계와 부모 412

04 사회변화와 가족 413

1. 취업모 413 | 2. 아버지의 역할 414 | 3. 이혼가정 416

CHAPTER 16 가족 외적 환경

01 대중매체 419

1. 신체적 건강 420 | 2. 인지발달 420

3. 정서 및 사회적 행동 421

02 보육기관 424

1. 우리나라 가정의 변화와 보육현황 425

2. 보육의 질 428 | 3. 보육이 아동발달에 미치는 영향 429

03 학교 434

1. 아동의 특성 435 | 2. 부모의 양육방식 435

3. 학교의 특성 436 | 4. 사회경제적 지위 438

참고문헌 439

찾아보기 472

PART

1

아동발달학의 과학적 기초

임신이 된 순간부터 청년기에 이르기까지 인간의 성장과 발달의 과정을 과학적으로 연구하는 학문인 아동발달학은 연령에 따른 발달적 변화 및 연속성을 이해하고 이와 관련된 요인을 밝히는데 학문의 목표를 두고 있다. 아동발달학은 아동발달에 관한 과학적인 지식을 제공할 뿐만 아니라, 응용학문으로써 아동의 삶의 질을 향상시키는 데 필요한 여러 가지 실제적인 정보와 기술을 제공하는 역할을 한다. 아동발달에 관한 지식들은 학제적인 접근을 통한 여러 학자의 공동노력에 의해 축적되고 있다.

CHAPTER

1

발달의 본질

01 발달의 개념 및 발달 과정

02 발달단계

03 발달의 원리

04 발달적 변화에 관한 이론적 쟁점들

1장에서는 발달의 개념, 아동의 발달과정 및 발달단계에 관한 이해와 함께 발달의 원리와 발달적 변화에 대한 이론적 쟁점 등을 다룬다. 발달은 양적, 질적인 변화를 뜻하며, 여러 측면에서의 발달과정은 서로 영향을 주고받는 복합적인 관계에 있다. 개인에 따라 또는 문화에 따라 예외가 있기는 하지만, 대체로 모든 아동은 보편적이고 일반적인 발달원리에 따라 발달한다. 유전과 환경의 상호작용양상이나, 발달의 연속성 및 비연속성과 관련된 요인들은 아동발달 연구자들의 주요 관심사 중 하나다.

01
발달의 개념 및 발달 과정

1. 발달의 개념

발달이란 인간의 전 생애에 걸쳐, 그리고 인간의 각 특성에서 일어나는 양적 변화와 질적 변화를 뜻한다. 발달의 개념에는 크기 등 양적 증가는 물론, 어떠한 행동양식의 출현이나 감소 또는 기능적 효율성의 증가 및 감소 등 질적인 변화도 포함된다.

원래 발달의 개념은 출생에서부터 영아기, 유아기, 아동기, 청년기에 이르는 변화에 초점을 맞추어 좁은 의미로 사용되어 왔으나, 근래에는 전 생애적인 관점(life span view)에서, 수태의 순간부터 죽음에 이르기까지의 전 생애에서 일어나는 연속적인 변화과정으로 인식되고 있다. 따라서 전 생애에 걸친 발달과정 중에 일어나는 양적인 증가나 기능적인 효율성의 증가 등 긍정적인 변화는 물론, 성인기 이후에 주로 나타날 수 있는 양적인 감소나 효율성의 감소 등 부정적인 변화 역시 발달이라고 할 수 있다.

그러나 이 책에서는 아동의 발달을 다루고 있으므로 양적 또는 질적 변화를 통한 아동의 성장과 행동의 효율성 등 대부분 긍정적인 발달적 변화에 초점을 맞추게 될 것이다. 따라서 아동발달이란, 연령의 증가에 따라 아동이 양적으로 더 많은 능력을 나타냄과 동시에 사고와 행동방식이 새롭게 조직되고 더욱 효율적이 되어가는 일련의 과정이라고 할 수 있다. 이러한 양적 또는 질적 변화 양상은 신체·운동적, 인지적, 정서적 및 사회적 측면 등 아동의 모든 발달 측면에서 일어난다.

2. 발달 과정

아동발달 내용은 신체·운동적 발달과 인지적 발달, 정서 및 사회적 발달측면으로 나누어지며 각 발달 측면에서의 변화과정은 각각 생물학적 과정, 인지적 과정, 정서·사회적 과정으로 일컬어진다. 생물학적인 과정은 신체적 성장이나 두뇌의 발달, 호르몬의 변화 및 운동기술의 변화가 포함되며, 인지적 과정은 지각, 학습, 기억, 언어, 사고력에서의 변화에 관한 것이다. 한편 정서·사회적 과정은 정서적, 사회적 행동이나 인성에서의 변화와 관련된다(Santrock, 2007).

일반적으로 아동의 발달을 설명할 때 아동의 연령단계에 따라 신체적, 인지적, 정서적, 사회적 발달 등 각 측면의 발달과정을 다루게 된다. 그러나 사실상 각 측면의 발달과정은 서로 영향을 주고받는 복합적인 관계에 있다. 예를 들어, 두뇌나 호르몬 등 생물학적인 발달은 신체적 성장이나 감각 능력 및 운동기술에서의 변화와 관련되며, 이러한 변화는 인지적인 발달은 물론 인성적인 발달에도 상당한 영향을 미친다. 같은 맥락에서 아동의 인지적인 발달은 정서발달에 영향을 주고 정서적인 발달은 지적발달이나 사회성 발달, 나아가서는 신체·운동 발달에 영향을 미친다. 따라서 각 발달 측면은 서로 분리하여 생각할 수 없다(그림 1-1).

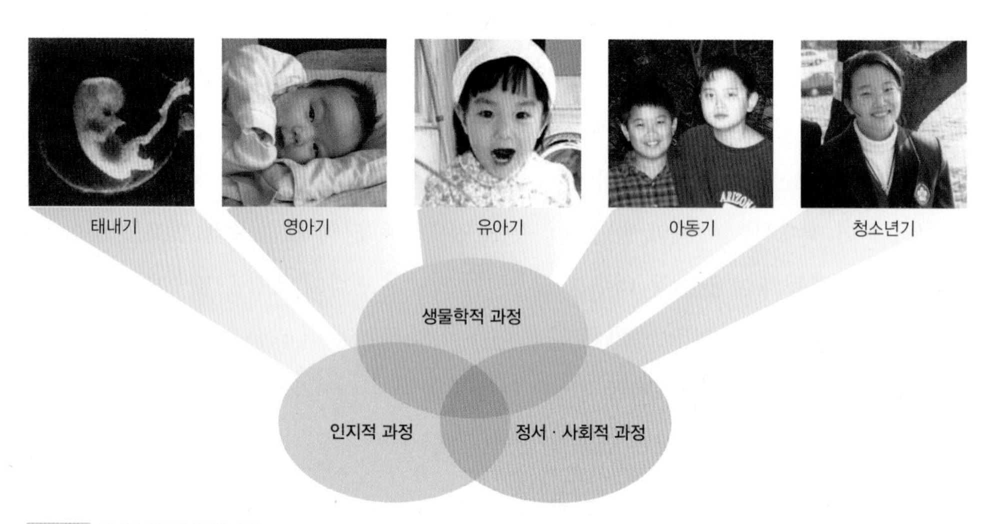

그림 1-1 발달단계와 발달과정

발달은 태내기, 영아기와 걸음마기, 유아기, 아동기 및 청소년기에 걸쳐 진행된다. 각 단계에서의 발달은 생물학적, 인지적, 정서·사회적 과정의 복합적인 상호작용으로 이루어진다.

02

발달단계

연령에 따라 발달적인 특징이나 사회적인 관계의 특성이 다르므로, 학자들은 아동발달을 몇 개의 단계로 나누고 있다. 발달단계나 연령기준은 학자들 간 다소 차이가 있으나, 대체로 아동발달학에서는 태내기(임신~출생), 영아기(출생~36개월), 유아기(3세~6세), 아동기(6세~11세) 및 청소년기(11세~ 20세)의 다섯 단계로 나누고 있다.

그러나 학자에 따라, 영아기를 생후 1년~1년 반까지의 시기 또는 생후 2년까지의 시기로 뜻하기도 하고(Lamb et al., 2002), 36개월까지를 포함하기도 한다(Snow, 1998). 특히 18개월~36개월 미만의 시기에 대해서는 이견이 많아, 영아기에 포함시킬 것인지, 유아기에 포함시킬 것인지가 쟁점이 되어 왔으나, 근래에는 생후 18개월에서 36개월 사이에 독특한 발달 특성이 나타난다는 점에서 독립적인 한 발달단계인 걸음마기로 보는 견해가 있다(Edward & Lui, 2002).

이에 이 책에서는 걸음마기를 독립된 시기로 보고 영아기 후반부에 포함시키고자 하며, 아동의 발달단계를 태내기, 영아기와 걸음마기, 유아기, 아동기 및 청소년기의 5단계로 나누고(표 1-1), 아동기까지의 발달과정을 다루고자 한다.

표 1-1 아동의 발달단계

발달단계	연령범위	특징적 발달
Ⅰ. 태내기	임신~출생	일생 중 신체적 성장이 가장 크게 일어나는 시기이다. 자궁 내에서 태아의 기본적인 신체구조와 기관이 형성되고 발달한다. 태내기는 38주간을 말하며, 특히 태내기 첫 3개월 동안은 극히 취약한 시기이다.
Ⅱ. 영아기와 걸음마기	출생~36개월	두뇌와 신체의 급격한 발달로 지각 및 운동능력이 발달하고 사고능력과 언어능력이 발달하며 양육자에게 애착을 형성한다. 자아에 대한 인식과 더불어 자율적이 되어 점점 다루기 어려워진다.
Ⅲ. 유아기	3~6세	의사소통 능력이 발달하고 자기통제력이 발달한다. 상징능력과 함께 사고능력이 발달하여 다양한 상상력과 창의력을 나타낸다. 타인에 대한 이해 및 사회적 능력이 발달한다.
Ⅳ.아동기	6~11세	학령기 아동으로 공식적인 학교교육이 시작되며, 논리적으로 사고할 수 있는 능력이 발달한다. 아동에게 또래집단이 중요한 위치를 차지하지만, 가족은 여전히 중요하다.
Ⅴ.청소년기	11~20세	2차 성징을 통해 두드러진 신체적 변화가 있고, 추상적 사고능력이 발달한다. 자아정체성을 찾는 것이 중요하며 성인이 되기 위한 준비를 하는 시기이다. 독립에 대한 욕구로 점점 가족 밖에서의 활동이 증가하고 또래와의 관계가 생활의 많은 부분을 차지한다.

1. 태내기(임신~출생)

태내기는 임신에서 출생까지의 38주간(266일)의 기간으로 신체적인 성장이 일생 중 가장 급속하게 일어나는 시기이다. 단일세포인 수정란으로 시작된 유기체는 태내기동안 약 100조 개의 세포로 구성된 한 개체로 성장한다. 특히 태아기 초기 3개월 동안은 신체의 구조와 기관이 형성되는 시기로서 태내 환경의 영향을 크게 받기 때문에 발달상 극히 취약한 시기라고 할 수 있다.

2. 영아기와 걸음마기(출생~36개월)

앞서 기술하였듯이 아기가 출생한 후부터 36개월까지를 두 시기로 나누고 생후 18개월까지는 영아기로, 18개월에서 36개월까지는 걸음마기로 구분하여 살펴보고자 한다. 영아기 중 특히 태어나서 첫 1개월간은 태내 생활로부터 독립하여 외부세계에 적응하기 시작하는 전환적 시기로 신생아기라고 일컫는다. 출생과 더불어 모든 것을 모체에 의존하던 영아는 신생아기를 포함한 영아기와 걸음마기를 거치는 동안 점차 독립적이 되어간다.

영아기인 생후 1년 반경까지는 체중이나 신장의 급속한 성장은 물론, 두뇌세포의 발달 및 뒤집고, 기고, 앉고, 서고, 걷는 이동운동(locomotion) 능력을 발달시킨다. 두뇌세포 및 운동능력의 급속한 성장발달은 여러 가지 탐색활동을 가능하게 하며 지적능력의 발달을 가져온다. 또한 이 시기에는 양육자와 애착을 형성하는 한편, 초보적인 언어능력이 발달하고, 여러 가지 정서가 분화되면서 사회적인 개체로서의 기본적 능력이 형성된다.

걸음마기인 18개월부터는 신체·운동 발달이 점점 더 정교화되고 언어능력을 비롯하여 지적능력이 더욱 발달한다. 걸음마기 영아는 점차 다른 아동에 대한 관심을 갖게 되지만, 아직은 주로 가족 내에서 여러 가지 활동이 이루어진다. 걸음마기 영아는 자아인식과 더불어, 독립적이고 싶어 하고 여러 가지 자기주장적인 행동이 나타나기 시작하므로 점차 다루기가 어려워진다. 따라서 우리나라에서는 이 시기를 '미운 세 살'이라고 부르고, 미국에서는 'terrible two(말썽쟁이 두 살)'라는 표현을 쓴다.

3. 유아기(3세~6세)

아동 초기 또는 학령전기로도 일컬어지며 이 시기의 특징적인 발달은 기본적인 생활습관을 형성하여 스스로 일상사를 처리할 수 있고, 의사소통능력이 급속하게 이루어진다는 것이다. 이와 더불어 개인차는 있지만 자기의 요구나 감정을 조절할 수 있는 자아통제가 가능해진다. 또한 다른 아동이나 가족 외의 환경에 대한 이해와 관심이 증가하며 상상력과 창의력이 두드러지는 시기이다.

4. 아동기(6세~11세)

아동 중기 또는 학동기로도 일컬어지며, 이 시기에 아동들은 논리적으로 사고할 수 있는 능력이 증가하며, 또래 집단이 점점 더 중요해진다. 그러나 여전히 가족의 영향력이 크게 작용하는 한편, 아동이 속한 사회나 문화에 따라 아동의 일상생활은 달라진다.

5. 청소년기(11세~20세)

신체적인 성장발달의 제2 급등기가 나타난다. 또한 지적인 변화가 나타나 추상적인 사고가 가능해지며, 독립의 욕구가 증대함에 따라 부모와의 관계보다는 친구와의 관계가 중요해지고 친구의 영향을 크게 받게 된다. 청년기의 주요한 사회심리적인 발달은 자신의 정체성을 찾는데 몰두하는 일이며, 이 시기에 심각한 심리적인 갈등을 경험한다.

03
발달의 원리

개인에 따라 또는 문화에 따라 예외가 있기는 하지만, 대개의 경우 모든 아동은 보편적이고 일반적인 발달원리에 따라 발달한다. 이러한 발달의 보편적 원리를 알아두는 것은 아동의 발달과 행동을 이해하기 위한 기본적인 사항이다.

발달은 순서적이고 누적적이다

발달이 순서적(sequential)이라 함은 모든 발달은 논리적이고 질서정연한 일정한 순서를 거쳐 변화가 일어난다는 것으로, 다음 단계에서 나타나는 행동적 변화는 그 이전에 이루어졌던 내용에 기초하여 이루어진다는 것을 시사한다. 한편, 누적적(cumulative)이라 함은 어떤 한 단계는 그 이전의 단계에서 이루어진 행동 내용과 함께 또 다른 새로운 어떤 내용을 포함한다는 뜻이다.

이러한 원리는 신체적, 지적, 사회·정서적 측면 등 모든 발달 영역에 적용되지만, 여기서는 영아가 말을 배우는 과정을 예로 들어보기로 하자. 영아는 6주 정도에는 모음만으로 이루어진 목울림(cooing) 소리를 내고, 6개월경에는 자음을 덧붙여 옹알이(babbling)를 한 후, 1년 경에는 한 단어를 사용하기 시작한다. 그리고 18개월에는 두 단어로 이루어진 문장을 사용하고, 3세가 지나면 복수형이나 과거 시제를 사용할 만큼 언어능력이 발달한다. 따라서 언어발달은 일정한 순서를 거치고 기존의 발달에 새로운 내용이 덧붙여지면서, 동시에 더 새로운 형태로 나아간다는 것을 알 수 있다.

발달은 일정한 방향에 따라 일어난다

어린 아기가 발달해가는 모습을 보면 일정한 방향이 있다. 그 방향은 상부에서 하부로의 발달(top-to-bottom 또는 cephalo-caudal development), 중심에서 말초로의 발달(inner-to-outer 또는 proximo-distal development), 단순한 것에서 복잡한 것으로의 발달(simple-to-complex development)의 세 가지 원리에 따라 나타난다. 상부에서 하부로의 발달(또는 머리에서 꼬리)과 중심에서 말초(또는 내부에서 외부)로의 발달모습은 신체발달 및 운동발달에서 볼 수 있다. 즉, 아기는 목을 가눌 수 있어야 엎드린 상태에서 가슴을 들 수 있으며, 앉을 수 있게 된 후에야 걸을 수 있다는 것은 상부에서 하부로의 발달을 나타내는 좋은 예라고 할 수 있다. 또한 태내기 동안의 발달 중 태아의 심장부분이 먼저 발달하고 손가락이나 발가락이 나중에 생기는 것은 중심에서 말초로의 발달을 나타낸다.

발달이 단순한 것에서 더 복잡하고 복합적인 것으로 나아간다는 원리는 신체·운동기술 발달뿐 아니라 지적, 사회·정서적 발달 등 모든 발달영역에 적용된다. 그 예로 낙서하듯 선을 긋던 영아가 점차 섬세하고 정교한 그림을 그리거나 글씨를 쓰게 되는 것, 네 발 달린 모든 동물을 '멍멍이'라고 부르던 아기가 점차 개와 고양이를 구별하게 되는 것, 쾌와 불쾌의 막연한 정서 표현에서 수치심이나 질투 등 더욱 분화된 정서를 나타내게 되는 것 등을 들 수 있다. 결국 아동은 연령 증가 및 경험을 통해 모든 발달영역에서 분화와 통합의 과정을 거치면서 복잡한 수준의 발달을 이루게 된다.

발달의 속도는 발달내용이나 발달시기에 따라 다르다

발달의 속도는 발달영역(또는 발달내용)이나 발달시기, 즉 연령에 따라 다르다. 예를 들어, 두뇌의 발달은 태내기와 출생 후 첫 2년 동안에 가장 급속한 발달을 이루고, 언어발달은

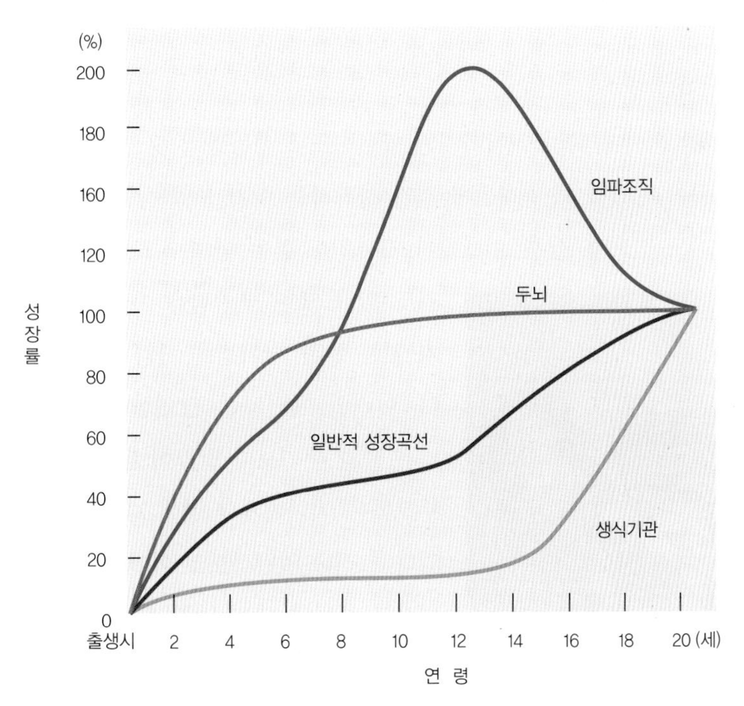

그림 1-2 **성장속도의 비교**

신체의 이동능력(locomotion)이 발달한 후 급속해지는 등, 발달영역이나 발달시기에 따라 성장속도는 다르다. 또한 신장이나 체중 등 일반적인 성장은 생후 초기와 사춘기에 상당히 급속한 발달을 보이지만, 면역력이나 체내 영양분 흡수와 관련된 기능을 하는 임파조직의 발달은 출생과 더불어 사춘기에 이르기까지 꾸준하고 급격한 상승곡선을 그리게 된다(그림 1-2).

발달의 각 측면들은 서로 밀접한 관련이 있다

발달을 설명할 때 편의상 아동의 연령단계에 따라 신체적, 지적, 정서적, 사회적 발달 등 각 영역별로 나누어서 기술하게 된다. 그러나 앞서도 지적하였듯이 발달의 각 영역은 서로 영향을 주고받는 복합적인 관계에 있다. 예를 들어, 신경계의 발달은 감각능력 및 신체적 움직임, 운동기술의 변화와 관련되며 이러한 변화는 지적인 발달이나 인성발달에 영향을 미친다. 같은 맥락에서 어머니로부터 애정적인 보살핌을 못 받고 자란 아기들은 때로 성장장애를 일으키고, 산만하거나 정서적으로 불안한 유아들이 정서적으로 안정된 다른 아이들보다 지적능력이 뒤떨어진다. 이렇듯 발달의 각 측면은 서로 유기적인 관련을 맺고 있음을 알 수 있다.

발달에는 개인차가 있다

발달은 보편적인 순서에 따라 일어나지만 발달속도나 행동방식 및 발달적인 결과는 개인마다 상당한 차이가 있다. 즉, 9개월에 걷기 시작하는 아기가 있는가 하면 15개월에도 걷지 못하는 아기도 있으며, 생후 30개월이 가까워도 한두 단어 정도밖에 말하지 않는 아기도 있다. 또한 낯가림을 아주 심하게 하는 아기가 있는 한편, 낯가림을 거의 하지 않는 아기도 있다. 이러한 개인차는 당연한 것임에도 불구하고, 다른 또래 아기보다 발달이 뒤져 있다고 생각하는 부모들은 지나치게 아기에 대해 염려하는 경우가 있다. 그러나 일반적으로 어떤 행동이 나타나는 보편적인 시기에 대해 말할 때 50%의 아동이 도달한 평균 연령을 표준으로 하고 있으며, 이러한 표준에서 상당히 벗어났을 경우만 예외적인 발달로

그림 1-3 **신장의 개인차**
연령은 같지만 신장은 아동 간에 차이가 있다.

간주한다.

이러한 개인차는 타고난 것일 수도 있지만 경험에 의한 것일 수도 있다. 따라서 같은 환경에서 자랄지라도 각 아동이 도달하게 된 발달적인 결과는 유전적 요인 및 환경적 요인의 복합적인 상호작용에 따라 상당히 다를 수 있다.

위에 기술한 발달원리들 외에도 최근에 이르러 현대 학자들 간에 합치된 의견을 보이는 몇 가지 발달원리들을 정리하면 다음과 같다(Papalia et al., 2003).

아동은 다른 사람의 반응에 영향을 미침으로써 능동적으로 자신의 발달을 형성해간다

아동은 다른 사람의 반응에 영향을 미침으로써 환경을 만들어가고, 그 환경에 반응함으로써 발달을 이루어간다. 예를 들어, 잘 웃고 옹알이를 잘하는 아기는 어머니의 관심을 이끌어내어 아기에게 미소 짓거나 말하게 하며, 아기는 그에 또 반응하여 점점 더 옹알이를 많이 하게 된다.

초기경험이 중요하지만, 아동의 발달은 상당한 탄력성을 지닌다. 또한 아동기의 발달은 전 생애발달에 영향을 미치지만, 이후의 경험에 의해 변화될 수도 있다

어렸을 때의 열악한 환경조건으로 인지적, 정서적 발달에 손상을 입을 수 있으나 그러한 손상은 이후의 여러 가지 환경적 경험을 통해 극복될 수 있다. 각인(imprinting) 현상으로 널리 알려진 바와 같이, 동물의 경우는 애착의 결정적인 시기가 있고, 인간의 태아도 태내기 동안 기형발생인자에 의해 신체적 발달에 치명적인 영향을 입는 결정적 시기가 있다. 그러나 심리적 발달은 탄력성을 지녀서 어려운 환경에서 자란 아동일지라도 이후 좋은 환경을 경험하면 인지적, 정서적 발달에 변화를 보이는 경우가 적지 않다(Luster & Okagaki, 1993).

역사적, 문화적 맥락은 아동의 발달에 영향을 준다

아동의 발달은 태어나서 자란 시대 및 문화나 환경에 의해 영향을 받는다. 예를 들어, 한국과 미국에서 자라는 아동의 경험내용은 다를 것이며, 디지털 정보화시대에 살고 있는 아동의 경험은 활자나 책에 의존하여 생활하던 아동과는 다르기 때문에, 사고력이나 사회적 행동에서 차이가 난다.

04

발달적 변화에 관한 이론적 쟁점들

아동발달을 연구하는 학자들은 '발달이 언제, 왜, 어떤 양상으로 일어나는가?'라는 보편적인 발달양상(normative development)과 왜 개개 아동마다 발달양상(individual development)에 차이가 있는지에 관심을 둔다. 보편적 발달양상과 개인적인 발달양상을 설명하고자 하는 발달이론가들의 오랜 논쟁점들은 대체로 다음의 세 가지로 요약된다(Thomas, 2000).

① 발달적 변화를 가져오게 되는 요인, 즉 발달의 기제(mechanism)는 유전인가? 환경인가(Nature vs Nurture)?

② 아동은 자신의 발달에 수동적인 역할을 하는가? 능동적인 역할을 하는가(Passive vs Active)?

③ 발달적 변화를 연속적인 과정으로 볼 것인가? 비연속적인 과정으로 볼 것인가(Continuity vs Discontinuity)?

이 세 가지 쟁점 중 유전과 환경에 관한 논쟁은 아동이 수동적인 개체인가 능동적 개체인가 하는 논쟁과 관련이 있다. 특히 근래에는 능동적인 개체로서의 아동을 강조하게 되면서 많은 발달학자들이 유전이냐 환경이냐 하는 이분법적인 입장보다는 유전과 환경의 상호작용에 관심을 두고 있다. 이에 여기서는 유전과 환경의 역동적 상호작용 및 발달의 연속성과 비연속성을 중심으로 살펴보고자 한다.

1. 유전과 환경의 역동적 상호작용

(1) 유전과 환경

우리가 상식적으로 알고 있듯이 발달은 유전과 환경의 영향을 받는다. 타고난 측면을 강조하는 성숙론자(maturationist)나 유전론자(nativist)들은 성장과 발달의 유전적 기초나 생물적인 기초를 중요시한다. 이들은 아동의 행동이나 발달이 일정불변한 유전적 예정표에 따라서 이루어지며, 타고난 행동적 성향에 의해 나타난다고 주장한다.

타고난 행동적 성향은 두 가지 종류로 나눌 수 있다. 하나는 인간 모두가 공유하는 종 특유의 성향(species-typical tendency)으로 아기가 아프면 운다든지, 새로운 것에 호기심을 보인다든지 등의 타고난 성향이다. 다른 하나는 개인차와 관련된 독특한 특성으로 까다로운 기질이라든지, 곱슬머리라든지 등의 유전적 성향(heritable tendency)이다. 성숙론자들에 의하면 영아는 타고난 시간예정표(time table)에 따라 성장하고 발달하기 때문에 아무리 미리 훈련을 시킨다고 해도 그 시기에 이르지 않으면 훈련의 효과를 보기가 어렵다.

한편, 환경적 또는 양육적 측면(nurture)을 강조하는 환경론자들은 아동의 발달은 경험을 통해 이루어진다고 주장한다. 환경적 경험의 효과는 경험의 근원(source), 경험의 작용방식(action), 경험의 시기(timing) 등 3가지 요소에 따라 달라진다. Plomin(1999)은 경험의 근원을 공유환경(shared environment)과 비공유환경(nonshared environment)으로 구분하고 있다. 공유환경이란 같은 부모, 같은 양육환경을 뜻하며, 개개 아동은 공유환경에서 자랄지라도 질병이나 생활사건, 성별 또는 출생순위가 다르기에 서로 다른 경험을 하게 되는데, 이를 비공유환경이라고 한다. 같은 부모와 같은 가정환경(공유환경)에서 자란 형제라고 할지라도 제각기 다른 특성을 갖게 되는 것은 그들이 경험하는 비공유환경에 기인하다고 본다.

또한 경험이 작용하는 방식도 여러 가지가 있어, 어떤 경우에는 경험으로 인해 발달이 지속되기도 하고 지연되기도 하며 촉진되기도 한다. 따라서 타고난 특성이 기초가 된다고 할지라도 대부분의 경우 어떠한 특성을 유지시키거나 발달시키기 위해서는 환경이 중요하다. 환경이 작용하는 방식에 관해 다섯 가지 모델을 제안한 Aslin(1981)은 환경적 경험의 영향으로 발달수준은 유지되거나 촉진되며, 강화 또는 개발된다고 주장한다.

그림 1-4에서 보듯이 첫 번째 모델인 성숙(maturation) 모델은 환경적인 영향을 받지 않는 발달양상을 나타낸다. 두 번째 모델은 유지(maintenance) 모델로서, 성숙에 의해 발달된 행동이나 기술이 유지되기 위해서는 환경적인 요인이 필요하다는 것을 나타낸다. 예를 들어, 성숙에 따라 근육이 발달하더라도 이를 사용하지 않으면 쇠퇴하고 마는 경우이다. 세 번째 모델은 환경으로 인한 촉진(facilitation) 효과를 나타내는 것으로 환경적 경험을 통해 어떤 행동이나 기술이 더 일찍 발달하는 경우이다. 그러나 그림에서 보듯이 발달이 촉진된다하더라도 최종 발달수준은 같다. 네 번째는 조정(attunement) 모델로서 환경적인 경험으로 인해 영구적으로 발달적 혜택을 얻게 되는 경우이다. 예를 들면, 어려서부터 좋은

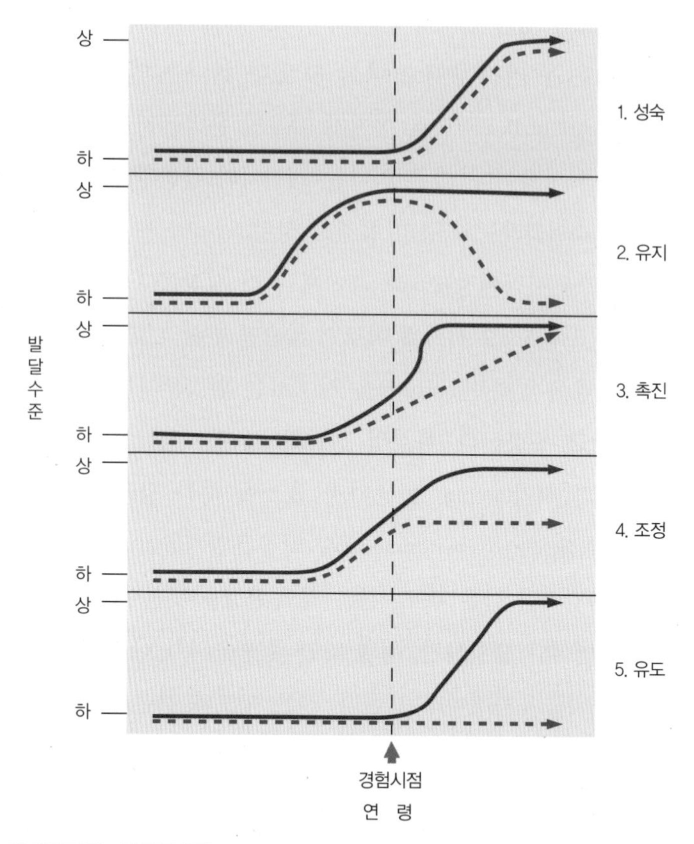

그림 1-4 Aslin의 발달모델 : 경험의 역할
경험시점을 중심으로 점선은 환경의 영향을 받지 않을 때의 발달수준, 실선은 환경의 영향을 받을 경우의 발달수준을 뜻한다. 따라서 경험시점 오른쪽의 점선과 실선의 수준 차이는 환경적 경험으로 인한 영향이다.
자료: Bee & Boyd, 2007 재인용

환경에서 지적인 자극을 받고 자란 아동은 후에 높은 지능을 나타내는 경우를 들 수 있다. 마지막으로 유도(induction) 모델은 피아노 치는 것을 배우면 피아노를 칠 수 있으나 배운 경험이 없으면 전혀 못 치는 경우처럼, 환경의 역할이 없이는 기술이나 행동이 전혀 발달하지 않는 경우로 환경적인 영향이 절대적이다.

Aslin의 모델에서는 단순히 환경적 경험여부나 작용방식에만 초점을 두지만, 환경의 영향력은 환경적 경험이 일어난 시기에 따라서도 다르다. 즉, 태내기 신체적 발달이나 영아기 애착형성 등 어떤 경우에는 특정 시점에서의 경험이 이후 발달에 상당한 영향을 미치기 때문에 결정적 시기(critical period) 또는 민감기(sensitive period)라는 개념도 중요하다.

역사적으로 볼 때, 극단적인 유전론자와 환경론자의 열띤 논쟁은 1960년대까지 계속되었다. 이들의 관심은 '유전과 환경 중 어떤 것(which)이 아동의 발달에 영향을 미치는가?'하는 유전 또는 환경의 독립적인 기여도에 대한 것이었다. 그러나 1970년대에 이르러는 두 관점이 통합되기 시작하면서 학자들은 유전과 환경의 상대적인 영향력, 즉 어떤 특성에 유전과 환경 중 어느 요인이 얼마나 더 많은 영향을 미치는가(how much)에 관심을 두게 되었다.

그러나 부모로부터 어떤 유전적 요소를 타고난 아동이라도 여러 양육환경 속에서 살고 있기 때문에 유전과 환경의 영향을 분리해서 생각할 수 없다. 뿐만 아니라 같은 양육환경이라도 아동이 그것을 해석하고 받아들이는 자세에 따라 발달적 결과가 다를 수 있어 유전과 환경의 영향력을 엄밀하게 구분하기 힘들다. 이에 학자들은 유전과 환경이 어떻게 상호작용하는가(how interact)에 관심을 갖게 되었다.

(2) 유전과 환경의 상호작용

유전과 환경의 상호작용은 단순하지 않기 때문에, 동일한 환경도 다른 특성을 타고난 아동에게는 다르게 영향을 미치는 유기체적 특수성(organimic specificity)을 보인다(Wachs & Gandour, 1983). 유전과 환경의 상호작용양상이 개개 아동마다 다르다는 것은

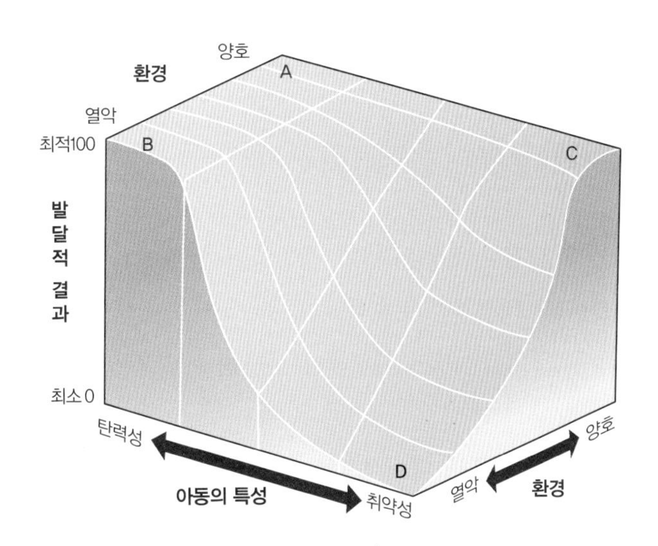

그림 1-5 Horowitz의 발달모델

환경의 질과 아동의 특성 간의 상호작용을 나타내준다. A의 경우에 가장 높은 발달수준을 보이나, B나 C의 경우도 어느 정도 높은 발달수준을 보일 수 있다. 가장 낮은 발달수준을 보이는 경우는 환경도 아주 열악하고 아동의 특성도 몹시 취약한 D의 경우이다.

자료: Bee & Boyd, 2007 재인용

Horowitz(1987)의 모델로도 설명된다(그림 1-5). 일반적으로 생각하듯이 유전과 환경 간의 관계가 단순히 선형적이라면 선천적으로 적응력이 높은 아동이 좋은 환경에서 자랄 경우 최적수준의 발달을 이룰 것(A의 경우)으로 예상된다. 그러나 Horowitz에 의하면, 아동이 타고난 탄력성(적응력) 정도와 환경의 양호성 정도는 상호작용하여 발달적인 결과가 나타난다. 즉, 그림 1-5에서 B의 경우처럼 탄력성이 큰 아동은 열악한 환경에서도 잘 발달할 수 있고, C의 경우처럼 취약한 특성을 타고난 아동이라도 환경이 좋다면 잘 자랄 수 있다. 따라서 타고난 특질과 환경의 두 가지 조건이 모두 다 좋지 않을 경우만 발달이 가장 뒤쳐지게 된다(D의 경우).

최근에는 유전과 환경의 상호작용과 관련한 이론적 모델로 차별적 민감성(differential susceptibility)이라는 개념(Belsky et al., 2007; Ellis & Boyce, 2008)이 특히 연구자들의 관심을 끌고 있다. 차별적 민감성이란 한 개인이 타고난 특정 유전적 특성 또는 생애 초기경험으로 인해 형성된 기질적 특성에 따라, 이후 환경적 경험에 대한 민감성이 개인마다 다르다는 것이다. 예를 들어, 어떤 사람은 비가 오든 안 오든, 토양의 질이 좋든 나쁘든, 잘 자라는 민들레 같은 특성을 지니고 있어 어떠한 환경에서도 잘 적응한다. 반면에 어떤 사람은 물의 양과 토양의 질이 적절하지 않으면 살아남지 못하고 조건이 아주 좋을 때만 아름답게 성장하는 난초와 같다. 따라서 환경이 발달이나 적응에 미치는 영향력은 개인의 유전적-기질적 특성에 따라 다르다.

(3) 교류적 상호작용

1980년대 생애 발달적 관점이 호응을 받기 시작하면서, 유전과 환경이 발달에 미치는 영향은 유전 또는 환경의 직접적인 주효과(main effect)나 상호작용 효과(interaction effect) 외에도, 교류적(transactional) 관점에서 이해해야 한다는데 많은 연구자들이 동의하고 있다(그림 1-6).

교류적 관점에서는 일생을 통해 역동적으로 서로 상호작용하는 유전과 환경의 쌍방적인 영향력을 강조한다. 따라서 환경적 경험과 아동의 특성 간의 이차원적인 상호작용이 아니라, 아동이 환경에 영향을 주고 이것은 환경에 변화를 가져오며 변화된 환경은 다시 아동의 행동에 영향을 주게 된다. 따라서 유전과 환경의 이차원적 상호작용 모델에서는 아동이 타고난 특성은 내면에 그대로 존재한 채 환경과의 상호작용에서 일시적으로 나

• 주효과 모델

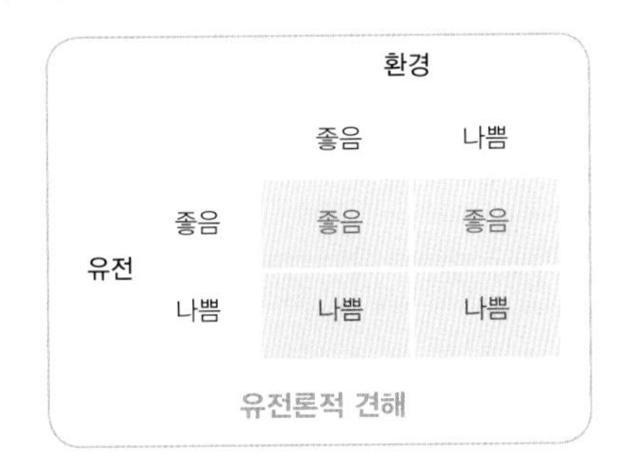

• 상호작용 모델

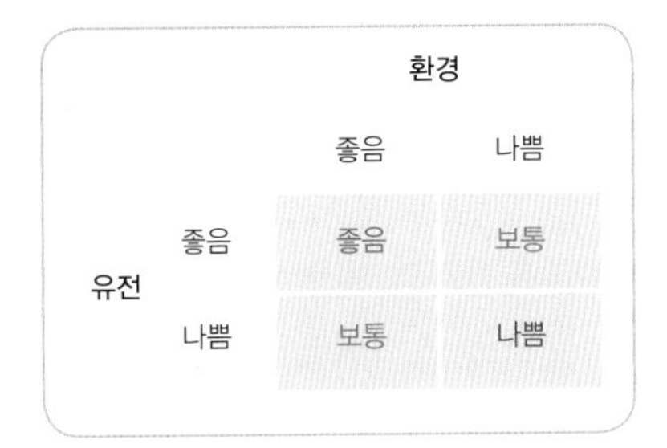

• 교류 모델

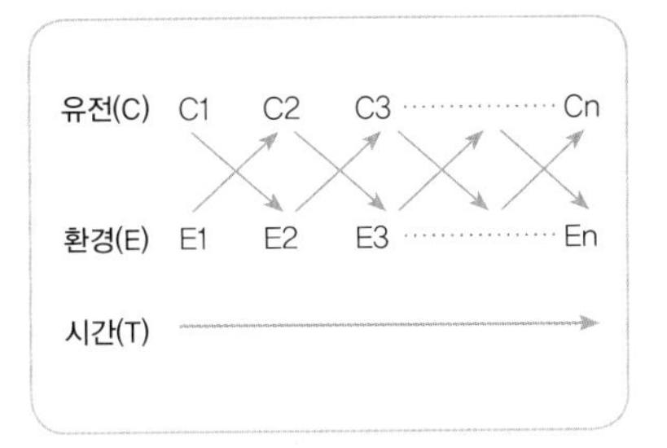

그림 1-6 **주효과, 상호작용 효과, 교류적 관점**

타난 결과라면, 교류 모델에서는 생애과정 동안 환경에 의해 계속 변화하는 아동의 특성과 더불어 이와 상호작용하며 계속 변화하는 환경적 특성도 강조하는 역동성을 나타낸다. 즉 모든 인간은 각자의 발달을 위한 독자적인 청사진을 갖고 태어나고, 이러한 유전적 가능성은 그 시점까지 이루어 온 발달수준과 현재의 여러 가지 환경적 상황에 따라 그에 걸맞게 작동되어 나타나기 때문에, 개인의 발달은 타고난 특성과 환경 간의 교류적 상호작용의 산물로 이해된다.

나아가 교류적 관점을 강조하는 학자인 Scarr와 McCartney(1983)는 유전적 특성과 환경적 특성 간의 상호작용을 수동적(passive), 유발적(evocative), 능동적(active)인 세 가지 형태로 설명한다. 이를 구체적으로 살펴보면, 부모가 영아에게 하는 양육행동은 아기의 발달에 미치는 환경적인 영향이지만 양육행동 자체는 상당부분 부모 자신의 유전적 특성에 의해 영향을 받는다. 따라서 양육행동으로 인해 아기가 얻게 되는 발달적 결과는 수동적 유전-환경 상호작용(passive G-E interaction)에 의한 것이다. 예를 들어, 비활동적인 성향의 어머니는 아기와 있을 때 주로 집에서 비활동적인 놀이를 하게 되며, 이로 인해 아기는 자기 의지와는 상관없이 어머니의 특성으로 인해 수동적으로 영향을 받게 된다.

한편, 유발적 유전-환경 상호작용(evocative G-E interaction)은 아기의 어떤 특성이 환경적인 반응을 불러일으키는 경우를 말한다. 예를 들어, 까다로운 성질을 타고난 아기는 어머니를 성가시게 하고 그 결과 아기가 어머니로부터 얻게 되는 반응이나 상호작용은 그렇지 않은 아기와는 다를 것이다.

또한 능동적인 유전-환경 상호작용(active G-E interaction)은 아기가 지닌 어떤 유전적 특성으로 인해 아기 자신이 그에 맞는 어떤 독특한 환경을 추구하게 되는 경우를 말하는 것으로, 흔히 적소선택(niche-picking)이라 일컫는다. 예를 들어, 지나치게 새로운 자극을 좋아하는 아이는 그러한 환경을 좋아해서 이곳저곳을 탐색함으로써 다양한 경험을 하기도 하고 위험한 환경에 처하는 경우도 많아진다.

최근 유전과 환경의 상호작용 관점에서 환경이 유전자의 발현에 변화를 가져오는 방식을 연구하는 후성유전학(epigenetics)에 따르면, 개인의 유전자가 행동과 경험에 영향을 주듯이, 개인의 행동과 경험은 유전자 자체나 유전적 특성의 발현에 영향을 준다고 한다(Slavich & Cole, 2013). 다시 말하면 개인은 어떤 특성이나 질병, 행동과 관련된 유전적 성향을 타고나지만, 어떤 사건이나 환경적 조건에 따라 유전적 특성이 활성화(발현)되기도 하고 다른 형태로 변형되어 나타나기도 하며 차단되기도 한다. 예를 들어, 두뇌는 수정 시 타고난 유전인자에 의해 형성되지만, 이후 영양상태나 독성물질 등 생물학적인 태내 환경이나 사회적인 경험(예: 우울한 어머니의 영아가 경험한 스트레스나 아동기의 학대 경험), 또는 심리적 환경(예; 장기적인 외로움 등)은 뇌 구조의 변화를 가져온다. 같은 맥락에서 유전적으로는 질병에 몹시 취약하게 태어나도 환경이나 개인의 행동에 따라 그 성향이 전혀 발현되지 않을 수도 있다. 따라서 후성유전학에 의하면, 유전자가 중요한 것은 사실이나, 더 중요한 것은 왜, 어떻게, 어떤 환경적 요인에 의해 유전자가 발현되거나 발현되지 않는가하는 점이다.

종합하면, 아동은 자신의 특성을 통해 능동적으로 자신의 발달에 영향을 미치며, 발달은 유전이나 환경의 상대적 영향이기보다는 일생을 거쳐 자신이 타고난 유전적 요인과 환경적 요인의 역동적인 상호작용 과정의 결과라고 할 수 있다.

2. 발달의 연속성과 비연속성

발달이론가들은 성장이나 발달에 따른 행동적 변화를 연속적 발달과 비연속적 발달 또는 양적인 차이와 질적인 차이라는 두 가지 입장에서 설명하려고 한다. 발달이 연속적이라고 보는 관점에서는 단순하던 행동이나 기술(또는 능력)이 양적으로 증가하고 복잡해지는 것을 발달적 변화라고 한다. 그러나 비연속성을 주장하는 관점에서는 각 발달단계에서 나타나는 독특하고 새로운 방식의 사고나 행동 등 질적 변화를 발달이라고 일컫는다.

따라서 양적인 변화는 양이나 빈도, 정도, 크기 등과 관련된 발달이므로 연속적 과정이며, 질적인 변화는 전 단계에서 나타내던 사고나 행동이 다음 단계에서는 새로운 방식의 사고나 행동으로 변화하므로(Miller, 2002) 비연속적 과정이다(그림 1-7).

발달을 연속적인 과정으로 보는 학자들과는 달리, 비연속적 과정으로 보는 학자들은 특히, 연령에 따른 발달단계를 강조한다. 어떤 특정한 발달단계(stage)란 여러 가지 능력이나 행동이 다른 시점에서 나타나는 것과는 질적으로 다른 특성을 보이는 한 시점을 일컫는다. 예를 들면, Piaget의 감각 운동기에 속한 영아는 구체적 조작기에 속한 아동과는 다른 문제해결 능력을 나타내고, Freud의 정신분석 이론의 구강기에 있는 영아는 남근기에 속한 아동과는 다른 식으로 자신의 본능적 욕구를 해결한다.

연속적 발달

비연속적 발달

그림 1-7 연속적 발달과 비연속적 발달
연속적 발달을 강조하는 학자들은 같은 종류의 능력이나 기술이 점차 더 많아지고 복잡해지는 것으로 발달을 이해한다. 반면에 비연속적 발달을 강조하는 학자들은 각 단계에 속한 아동이 이전 단계와 질적으로 다른 방식으로 세상을 이해하게 되는 것을 발달로 본다.

CHAPTER

2

아동발달 연구

01 아동연구의 역사

02 아동발달 연구를 위한 접근방법

아동에 대한 과학적인 연구를 본격적으로 시작한 것은 20세기 초부터지만 철학자들은 이미 오래전부터 인간의 본질에 대한 여러 가지 관점들을 제시하여 왔다. 2장에서는 특히 아동에 관한 철학적 관심을 갖기 시작한 17, 18세기부터 최근에 이르기까지의 아동발달 연구의 역사를 고찰하고 아동연구를 위한 방법들을 살펴보기로 한다.

01

아동연구의 역사

1. 17~18세기 : 철학적 관심

중세 문예부흥기에 이르러 철학자들은 생의 의미나 인간에 대해 과학적인 방법으로 생각하기 시작하였다. 이들은 귀납법을 사용하여 개개인에게서 나타나는 심리적인 기능이나 이성을 중심으로 인간발달의 보편성을 설명하고자 하였다. 동시에 일반적 또는 보편적인 원리를 개개인의 발달에 적용하는 연역적인 방법도 활용하였다(3장 그림 3-1 참조).

이 시기의 대표적 철학자인 Descartes(1596~1650)는 몸과 정신을 분리하여 어린아이가 몸은 미약하나 생각하는 이성적 능력을 타고난다고 믿었다. 이에 반해 경험주의자인 Locke(1632~1704)는 어린아이가 백지상태(Tabula Rasa)로 태어나며 사회적인 상호작용을 통해 사고와 행동을 학습하게 된다고 주장하였다. Locke의 철학은 이후의 철학자들에게 경험의 역할과 관찰을 통한 경험주의를 강조함으로써 과학적 연구에 대한 관심에 상당한 영향을 미쳤다(Lerner, 2002). 오늘날 사회학습이론에서 그의 철학적 흔적을 찾아볼 수 있다.

이외에도 성선설을 주장한 Rousseau(1712~1778)는 아동은 선하게 태어난다고 보고, 사회환경이 허락하는 한, 좋은 방향으로 자란다고 주장함으로써, 최초로 본성과 환경의 상호작용적 견해를 취한 철학자라고 할 수 있다. 환경의 부정적인 영향을 언급하면서 자연스러운 성숙과정을 강조한 그의 자연주의적인 견해는 타고난 본성이나 아동의 규범적인 발달에 관심을 가진 사람들에게 많은 영향을 미쳤다.

2. 19세기 : 과학적 관심의 태동

(1) Darwin(1802~1882)

C. Darwin

발달에 대한 과학적 연구의 시조는 《종의 기원(Origin of Species)》을 발표한 진화론의 창시자 Darwin이다. 그는 인간을 이해하기 위해서는 종으로서 그리고 한 개체로서의 기원을 연구해야 한다는 신념을 가지고, 아들이 태어나자 첫 12개월 동안 감각, 인지 및 정서 행동을 관찰 기록한 '유아전기(baby biography)'를 발표함으로써 영아 행동의 발달적 본질을 강조하였다.

진화론의 핵심 개념은 적자생존으로서, 그의 이론에 의하면 개개의 종(species)은 자연도태 과정을 통해 자기가 사는 환경에서 살아남는 데 적합한 생존전략을 가지게 되고 그러한 특성은 대대로 유전된다. 따라서 각 종의 생존전략은 그 환경에서 기능적이며 적응적이다.

Darwin의 이론은 종의 발달이 유전적 가능성이나 진화의 역사 등 기존의 특성과 그 종이 살고 있는 환경적 특성에 달려 있다는 점을 시사한다. 유기체와 환경 간 조화의 중요성을 강조한 그의 이론은 유전과 환경의 상호작용에 대한 학자들의 관심을 불러 일으켰다.

(2) Hall(1844~1924)

G. S. Hall

아동연구의 시조로 불리는 Hall은 20세기에 들어서서 가장 영향력 있는 학자로서, 질문지법을 개발하여 아동을 연구하는 데 널리 활용하였다. 또한 미국 심리학회를 창립하고, 학술지인 〈American Journal of Psychology〉와 〈The Journal of Genetic Psychology〉를 발간하였다.

Hall은 발달에 대해 자연주의적 관점을 취하고 있으며, Darwin에 의해 영향을 받아 종의 진화이론을 개체 발달이론에 접목시키고자 애썼다. 이러한 노력은 Hall의 유명한 저서인 《청년기(Adolescence)》

(1904)에 잘 나타나 있다. 그는 청년기에 관한 연구 이외에도 노년기 심리학에서도 개척자적 역할을 하였다.

3. 20세기 : 과학적 연구와 이론의 발달

(1) 1900~1930년대

Hall의 제자인 Gesell과 Terman은 20세기 초반 30여 년 동안 개체 발달 연구에 상당한 공헌을 하였다. Gesell은 대규모 집단을 대상으로 연령에 따른 전형적인 발달양상을 기술하는 규범적 접근법(normative approach)을 통해 신체·운동 발달에서의 규준 연령을 제시함으로써 발달심리학에서 기술적인 연구와 함께 성숙 이론의 확립에 상당한 공헌을 하였다. 또한 Gesell(1929)은 성숙에 따른 변화는 학습과 무관하게 일어난다는 성숙 준비도의 개념을 주장하였다.

한편, 프랑스 심리학자인 Binet가 1905년 개발한 지능검사를 효시로 정신능력 측정에 대한 관심이 시작되었다. 이후 Terman은 Binet의 지능검사를 기반으로 1916년 Stanford-Binet 지능검사를 만들고, 독일의 심리학자인 Stern이 제안한 지능지수(IQ)의 개념을 채택하였다. Terman의 지능에 관한 종단적 연구는 다른 종단적인 연구를 부추기게 되었으며 지능이 우수한 사람들의 심리 사회적 특성에 대해 갖고 있던 잘못된 생각을 불식시키는 계기가 되었다.

A. Gesell

A. Binet

L. Terman

(2) 1920~1950년대

J. B. Watson

자연주의 견해와 더불어, 1920년대부터 50년대에 이르기까지는 행동주의 이론과 학습 이론이 영향을 미치기 시작하였다. 이는 Locke의 경험주의에 힘입은 것으로, 심리학이 과학으로 자리매김하기 위해서는 행동은 경험적으로 입증될 수 있어야 한다는 생각에서 비롯되었다.

행동주의는 미국의 합리주의 및 실용주의와 맞물려 점차 인간발달 연구에 상당한 영향을 미치게 되었다. 대표적인 이론가로는 행동주의를 발전시킨 Watson을 들 수 있다. 그는 실험법을 활용하는 한편, 조건화 원리를 통해 '아동의 행동이 환경적 자극에 의해 어떻게 조정되는가?'를 설명함으로써 아동의 행동학습과 발달을 이해하는 데 상당한 공헌을 하였다. 1940년대에 걸쳐 한동안은, 자연주의 입장과 환경을 강조한 행동주의 입장이 통합되기보다는 각자 독자적인 입장을 고집하였다. 한편, 행동주의에서는 실험심리학이 활발하게 이루어졌다.

(3) 1940~1950년대

2차 세계대전의 영향으로 Freud를 중심으로 한 정신분석학적 사고가 학자들의 관심을 끌게 되면서, 또다시 자연주의에 근거한 사고가 지배적이 되어 갔다. 따라서 학습을 중심으로 한 행동주의와 실험심리 위주의 학문적 풍토에 자연주의의 새로운 바람이 일기 시작하였다.

한편, 행동주의는 인간발달의 통합적인 모습을 파악하기 어렵다는 비난을 받게 되면서, 미국 내에서는 Kurt Lewin과 같은 유럽학자들을 중심으로 한 게슈탈트 이론의 영향으로 자연과 환경의 상호작용에 관한 관심이 다시 대두되었다. 이외에도 발달에 있어 개인과 환경적 맥락 간의 관계를 강조한 Piaget나 Vygotsky의 이론이 영향을 미치기 시작하였으며, 능동적인 주체로서 아동의 역할이 강조되기 시작하였다. 이 시기의 심리학은 주로 기술적(descriptive) 심리학의 성격을 띠게 된다.

(4) 1950~1960년대

1950년대를 통해 인간의 행동을 어떤 한 가지 이론만으로 설명할 수 없고 다양한 이론으로 다양한 관점에서 설명할 수밖에 없다는 인식이 지배적이었다. 이에 발달학자들은 단순히 자료를 모아 기술하는 데 만족하지 않고 발달의 의미를 파악하는 데 관심을 갖게 되었다. 이러한 변화 중 하나는 1920년대에 발표되었으나, 그동안 별로 주목을 받지 못하고 있던 Piaget의 이론에 대한 새로운 관심이었다. 그 결과, 1960년대에 걸쳐 추상적이고 개념적인 Piaget의 이론은 미국의 발달심리학에 지대한 영향을 미치게 된다. 또한 1960년대부터 성인기와 노화 등 인간의 전 생애에 걸친 발달에 관한 관심이 대두되었다(Lerner, 2002).

(5) 1970~1980년대

1960년대까지 학자들 간의 극단적인 논쟁거리였던 유전과 환경의 논쟁이 1970년대에 이르러는 통합적인 관점을 취하기 시작하였다. 이러한 추세는 발달을 설명하기 위한 새로운 이론적 견해로 변증법을 적용할 수 있다는 Riegel(1973)의 주장에서 비롯되었다. Riegel은 유전과 환경 또는 유기체와 환경 중 어느 한쪽만을 강조하는 대신 발달하는 유기체와 변화하는 환경 간의 관계에 초점을 둔 변증법적 모델을 제안하였다. 이로 인해 발달적인 변화는 유기체와 환경 간의 양방적인 상호작용의 결과로 보았으며, 한 유기체가 발달적 변화에 능동적인 역할을 한다는 발달의 맥락적 모델이 상당한 영향을 주기 시작하였다.

한편 개인과 환경 간의 관계를 중요시함에 따라 영아발달 연구와 이론이 증가하였으며, 영아의 능동적인 역할을 강조한 애착연구가 관심을 끌게 되었다. 또한 생태학적 관점(Bronfenbrenner, 1979)과 생애발달적 관점(Lindenberger & Baltes, 2000)에 대한 새로운 인식으로 아동발달 연구자들은 아동이 직접 또는 간접적으로 속한 환경체계 간의 상호역동성 및 발달적 역사를 강조하기에 이르렀다.

(6) 1980~1990년대

생태학적 관점이나 생애발달적 관점에 대한 지속적인 관심과 더불어, 행동주의나 Piaget

이론에 의해 영향을 받던 학자들은 점차 정보처리 이론이나 동물행동학으로 관심을 돌리기 시작하였다. 정보처리 이론으로 인해 아동의 사고, 특히 영아의 지각이나 인지능력에 대한 통찰을 가지게 되었고, 동물행동학자들의 관찰을 통해 생존적인 가치가 있는 적응행동으로서의 애착행동이나 기타 사회·정서행동에 대한 연구가 활성화되었다.

또한 위에 언급한 발달의 맥락적 모델이 더욱 강조되면서 문화적인 맥락을 중요시하는 사회문화적 관점(Vygotsky, 1987)에 대한 새로운 관심을 가지게 되었다. 이에 따라 문화적인 특수성과 보편성을 이해하기 위한 비교문화적인 아동발달 연구도 점차 증가하고 있다.

4. 최근 동향

K. Fischer

발달학자들은 아동 행동 및 발달의 보편성과 함께 발달의 개인차에 관심을 두었으며, 특히 개인차를 설명하는데 더 많은 노력을 기울여 왔다. 최근에는 개인차에 관한 새로운 이론적 관점으로 역동적인 체계관점(dynamic systems perspective)이 제안되고 있다.

역동적 체계관점에 의하면, 아동의 정신과 신체, 그리고 물리적 환경과 사회적 환경은 통합적인 체계로 기능함으로써 아동이 새로운 기술을 획득하도록 도와준다. 따라서 체계의 어느 한 부분이 변화하면 현 상태에서의 아동·환경 간의 관계를 무너뜨리게 된다. 이렇게 되면 여러 체계의 요소들이 다시 협력하도록 더 복잡하고 효율적인 방식으로 자신의 행동을 재조직하게 된다(Fischer & Bidell, 1998).

각 아동의 발달은 자신의 생물학적인(유전적) 기초, 아동이 속한 집단에서 이루어지는 일상적 과제 및 과제를 수행하는데 도움을 주는 사람들에 의해 상당한 차이를 보인다. 따라서 걷기, 말하기, 더하기, 빼기 등 같은 기술을 습득하는데도 각기 나름대로 독자적인 방식으로 수행하게 된다. 뿐만 아니라 아동은 자기가 처한 환경이나 상황에서 필요한 실제적인 활동을 통해 어떤 기술을 배우게 되므로 같은 아동이라도 각 기술의 성숙도는 다르다. 예를 들어, 농촌과 도시에 사는 아동, 아프리카 오지에서 사는 아동의 신체·운동 발달과 지적인 발달내용은 각기 다를 것이다. 그러므로 아동의 발달적 변화는 1장에서 기술한 연속적 발달이나 비연속적 발달과 같이 하나의 선으로 나타나기보다는(그림 1-7 참

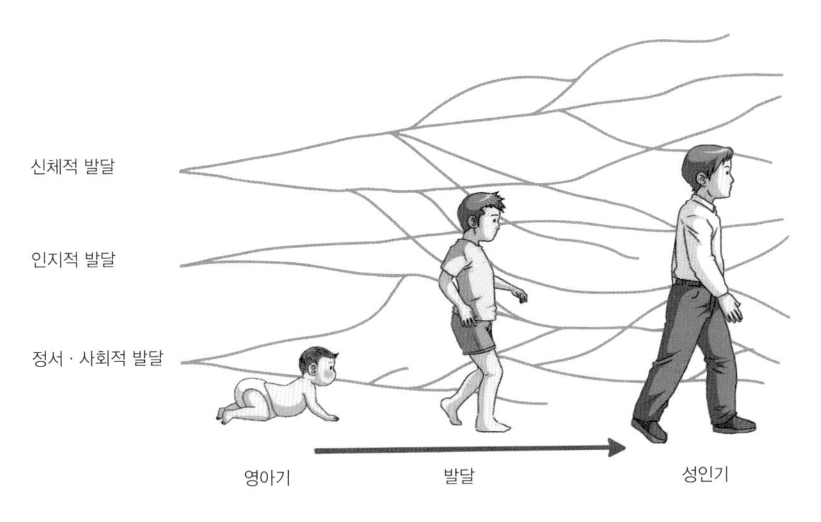

그림 2-1 **발달의 역동적 체계 관점**

조) 여러 갈래, 여러 방향으로 나아가게 된다(그림 2-1).

Fischer는 인지발달 수준의 차이를 아동의 특성과 사회문화적 경험의 역동성으로 설명한 대표적인 학자이다. 생물학, 정보처리관점, 맥락을 강조하는 이론들 및 생태학적 체계이론의 영향을 받은 역동적 체계관점은 아직 초기 단계에 있으며, 지금까지는 운동기술이나 인지기술에 적용되어 왔으나 점차 사회정서 발달에도 확대 적용되고 있다.

02
아동발달 연구를 위한 접근방법

아동발달을 연구하는 학자들의 목표는 아동의 발달적 변화를 기술(description)하고, 변화의 이유나 원인을 설명(explanation)하며, 그러한 지식을 통해 아동의 행동을 예언(prediction)하고, 궁극적으로는 환경적인 통제(control)를 통해 아동의 발달을 최적화하는 데 있다. 이를 위해, 아동의 발달이나 행동에 대한 의문을 가진 연구자들은 대개 이론으로부터 유도된 예측 또는 가설로부터 연구를 시작하거나(연역법), 경험적 관찰을 통해 새로운 이론(귀납법)을 만들어낸다(3장 그림 3-1 참조). 사실상 연구자들은 대부분 연역적 방법과 귀납적 방법을 다 사용하며 그 어느 경우이거나 연구로부터 정확하고 객관적인 결과나 결론을 얻기 위해서는 과학적인 연구절차, 즉 과학적인 연구방법과 연구설계가 중요하다.

1. 연구방법

연구자들은 자신이 관심을 두고 있는 내용을 규명하기 위해서는 우선 그에 필요한 자료를 수집하게 된다. 아동발달 분야에서 자료를 수집하기 위해 주로 쓰이는 연구방법으로는 대개 자연스러운 환경이나 실험실에서 이루어지는 관찰법, 질문지나 면접법을 사용한 자기보고식 방법, 검사와 면접 등을 통한 임상법, 그리고 생리적 심리측정법으로 대별된다.

(1) 관찰법

관찰법은 어떤 행동이 일어날 때마다 그것을 관찰하고 기록하여 자료를 수집하는 방법으로, 연구대상자의 행동을 자연스러운 상황에서 관찰하는 자연적 관찰법(natural observation)과 실험실 상황에서 관찰하는 구조화된 관찰법(structured observation)이 있다.

가정에서 이루어지는 아동과 부모의 상호작용에 관한 연구(Park et al., 1997)나 영아와 어머니 간의 상호작용유형에 관한 연구(박성연 등, 2005)는 자연적 관찰법의 좋은 예이다. Park 등(1997)은 2~3세 자녀를 둔 각 가정을 저녁 시간에 방문하여 아동의 행동과 아버지 및 어머니의 과보호, 방임, 통제 및 간섭, 애정, 민감성 등 양육행동과 양자 간의 상호작용을 파악하기 위해 2시간 동안 가정관찰을 하며 그 내용을 기록하였다. 이러한 방법은 연구자에게 자연스러운 상황에서 일어나는 실제적인 행동에 대한 풍부한 정보를 제공해주지만, 때로는 연구자가 관심을 두고 있는 특정 행동이 나타나지 않을 수도 있다는 제한점이 있다.

따라서 연구자들은 때로 인위적으로 구성된 실험실 상황을 마련하고 실험실로 아동이나 부모를 오도록 한 후, 연구자가 관찰하고자 하는 행동을 유발하고 그에 대한 반응을 관찰하고 기록한다. 실험실 관찰의 경우, 실험대상이 되는 모든 아동은 동일한 관찰조건에 놓이게 되므로, 연구자는 얻고자 하는 정보를 비교적 정확하게 효과적으로 수집할 수 있다. 한 예로, 기질과 양육행동에 따라 3세 아동이 나타내는 자부심과 수치심 표현에 차이가 있는가를 연구한 Belsky 등(1997)은 자부심이나 수치심을 나타낼 수 있는 상황을 설계하고 구성한 후, 실험실로 아동과 어머니를 오게 하여 그 상황에서의 아동의 수치심 또는 자부심 반응을 관찰기록하였다.

관찰법의 절차는 연구자의 의도에 따라 여러 가지 형태로 이루어지는데, 어떤 경우에는 관찰되는 모든 행동을 서술식으로 상세히 기록하기도 하고, 어떤 경우에는 미리 정한 관찰 항목을 적은 기록지를 마련해놓고 행동을 관찰하면서 연구자가 관찰하고자 하는 행동이 나타날 때마다 기록지에 행동 유/무나 빈도 또는 행동의 강도나 시간적 길이 등을 기록할 수도 있다.

(2) 자기보고식 : 질문지법과 면접법

자기보고식 방법은 연구대상자가 자신의 능력이나 태도, 생각, 과거의 경험을 묻는 질문에 응답하는 것으로, 반구조적인 임상 면접법에서부터 구조적 면접법, 검사법, 질문지법에 이르기까지 다양하다. 특히 반구조적인 임상 면접법은 Piaget가 사용한 방법으로 아동의 응답에 따라 융통성 있게 질문의 내용을 바꾸기도 하고 대화식으로 하여 아동의 생각을 확장시키기도 한다. 그러나 이러한 방법은 연구자의 면접 능력에 따라 서로 다른 자료를 얻을 수 있다는 문제가 있다. 반면에 정해진 질문에 따라 면접하는 구조적 면접법이나 검사법은 이러한 문제점을 해결하고 더 효율적으로 자료를 얻을 수 있다는 이점이 있다. 한편 질문지법은 깊이 있는 정보를 얻지 못한다는 제한점을 지닌다.

(3) 임상법(사례연구법)

임상법은 개인 아동에 관해, 깊이 있고 광범위한 자료를 얻기 위해서 면접자료, 관찰자료, 검사자료를 종합하여 연구대상 아동을 이해하는 방법이다. 임상법은 아동의 심리적, 행동적 문제에 대한 전체적인 모습을 파악함으로써 그러한 행동을 하게 된 배경을 알아내는 데 목적이 있다. 물론 이러한 임상법은 연구 결과를 다른 아동에게 일반화시킬 수 없다는 제한점이 있다.

(4) 생리적 심리측정법

지각능력이나 인지, 정서적 반응의 기초가 되는 생물적인 특성을 밝히기 위해서 연구자들은 생리적 반응과정과 행동 간의 관계를 측정하는 생리적 심리측정법(psychophysiological method)을 사용한다. 심박률, 혈압, 호흡, 눈동자 확대(동공팽창), 스트레스 호르몬 수준 등 자율신경계의 활동은 심리상태에 아주 민감하므로 특히 언어가 발달하기 이전의 영아나 유아의 발달을 연구하는 데 도움이 된다. 예를 들어, 심박률(heart rate)을 측정함으로써 영아가 어떤 자극을 무심히 쳐다보는지(심박수가 안정적임), 집중해서 보는지(심박수가 낮아짐), 또는 그로 인해 스트레스를 겪고 있는지(심박수가 높아짐) 알 수 있다.

이외에도 뇌파기록법(EEG)이나 두뇌의 활동에 따른 두뇌혈류의 변화를 컴퓨터로 영상화하는 기능적 자기공명영상법(fMRI)도 사용된다. 최근에는 특히 아동의 학습 및 정서 문제와 관련된 두뇌의 활동이나 연령에 따른 발달적 변화를 알기 위해 사용되기도 한다. 그러나 생리적 심리측정법은 실제적 활용 방법에서 전문적인 기술과 훈련이 필요하며 해석에서도 어려움이 크다.

2. 일반적인 연구설계

자료를 수집하기 전에 연구자들은 연구문제나 가설을 검증하기 위한 방법을 미리 계획하여야 한다. 일반적인 연구설계로는 상관연구설계와 실험연구설계가 있다.

(1) 상관연구설계

상관연구설계는 연구 대상자에게 어떠한 처치도 가하지 않은, 있는 그대로의 상태에서 자료를 수집하며, 연구자가 관심을 두고 있는 변인 간의 관계만을 살펴보게 되기 때문에 인과관계를 파악할 수는 없다.

예를 들어, 어머니의 양육행동과 아동의 학업성적 간의 관계를 상관연구로 분석해

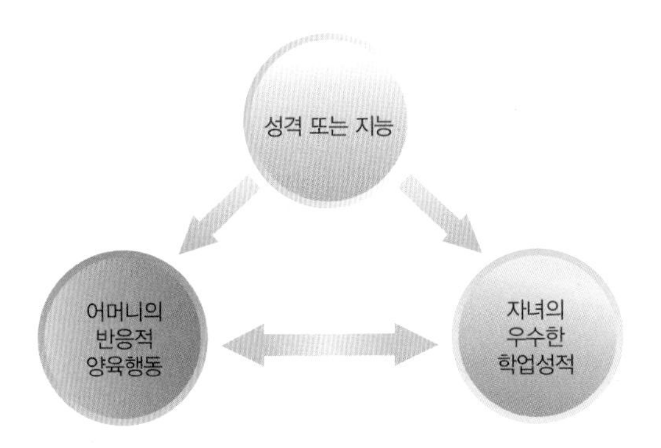

그림 2-2 상관연구설계의 예
상관연구결과 어머니의 양육행동과 아동의 성적 간에 정적인 상관이 나타났다고 해도, 이는 제3의 변인들에 의한 영향일 수도 있어서, 양육행동과 성적 간의 인과관계는 파악하기 힘들다.

본 결과, 어머니의 반응적 행동과 학업성취도 간에 정적인 상관관계가 나타났다고 하자(그림 2-2). 그 경우, 어머니의 반응적인 양육행동 때문에 아동의 학업성적이 높아졌다고 말할 수는 없다. 왜냐하면 어머니의 양육행동이 아동의 성적에 영향을 미친 것이 아니라 아동의 성적이 어머니의 양육행동에 영향을 주었을 수도 있기 때문이다. 또한 제3의 변인을 예를 들면, 아동의 성격특성이나 지능이 어머니의 행동이나 아동의 학업성적 모두에 영향을 주었을 수도 있다. 따라서 상관연구설계로는 두 변인 간의 관계가 있다는 것은 알 수 있으나, 어떤 변인이 다른 변인에 영향을 미치는 방향, 즉 변인 간 인과관계는 알 수가 없다.

상관연구에서 변인 간 상관의 정도는 +1.00 ~ -1.00의 범위를 가진 상관계수로 나타내며, 숫자의 크기와 부호에 근거해 상관 정도와 상관의 방향을 알 수 있다. 상관계수 0은 전혀 상관이 없는 경우이며, +1.00이나 -1.00에 가까운 수치일수록 강한 상관 정도를 나타낸다. +부호인 경우는 한 변인이 증가하면 다른 변인도 증가하는 반면, -부호인 경우는 한 변인이 증가하면 다른 한 변인은 감소하는 것을 뜻한다.

(2) 실험연구설계

상관연구설계와는 달리 실험연구설계는 인과관계를 알 수 있다. 실험연구설계에서는 다른 변인에 영향을 주는 것으로 기대되는 독립변인과 독립변인에 의해 영향을 받는 것으로 예상되는 종속변인으로 나누어진다.

연구자는 독립변인의 조작과 통제를 위해 연구대상자를 두 가지 이상의 처치조건에 놓이게 한 후 그러한 처치조건에 의해 나타나는 종속변인에서의 변화로 독립변인과 종속변인 간의 인과관계를 추정한다. 따라서 실험설계의 경우는 연구자가 관심을 가지고 알아보고자 하는 변인 이외에 종속변인에 미칠 수 있는 다른 변인들의 영향은 통제하게 된다. 종속변인에서 나타난 변화가 독립변인(또는 처치변인) 때문에 나타난 결과라고 확신하기 위해서는 독립변인 이외의 다른 변인들은 종속변인에 영향을 미치지 않아야 하기 때문이다.

통제 방법으로는 대개 연구대상자를 실험조건과 통제조건에 무작위(random assignment)로 배정하는 방법, 또는 처치조건 이외의 다른 특성들은 같게 조합(matching)하여 배정하는 방법을 사용한다. 이러한 통제를 통해 두 집단은 처치조건 이외의 다른 조건은 동질적이라고 가정하게 된다. 예를 들어, 부모교육이 어머니의 양육행동에 미치는 영향을 규명하기 위해 연구자는 5세 유아를 둔 어머니들을 무작위 또는 조합을 통해 실험집단과 통제집단으로 배정한 후 실험집단을 대상으로 매주 1회 2시간씩 12회에 걸쳐 부모교육을 실시한다. 그 후 부모교육을 받은 어머니 집단과 받지 않은 어머니 집단 간에 양육행동에 어떠한 차이가 있는가를 분석한다. 이 경우 부모교육을 받았다는 것 외의 다른 조건은 동일해야만, 두 집단 간 양육행동에서 나타난 차이가 부모교육의 효과 때문이라고 단정적으로 말할 수 있다(표 2-1).

그러나 실험연구설계 시, 윤리적인 이유로 연구대상자에 대해 실험적인 조작을 가할 수 없는 경우가 종종 있다. 예를 들어, 어머니로부터의 애정결핍이 발달에 미치는 영향을 연구하고자 할 때, 어머니가 실제로 자녀에게 애정을 주지 않는다면 그 아동의 발달에 좋지 못한 영향을 줄 수 있다. 따라서 이 경우에는 독립변인을 조작하는 대신, 실제 그러한 일이 일어난 현장이나 상황(예: 시설아동)을 이용하는 자연적인 실험설계를 하게 된다.

실험실 실험법(laboratory experiment)은 실험조건에 대해 최대한의 통제를 가하지만, 자

표 2-1 실험연구설계의 예

집단	N	독립변인	종속변인	검증
		부모교육	합리적 양육행동	
실험(처치)집단	30	유	점수	점수차이
통제집단	30	무	점수	

연적인 실험법(natural experiment)은 행동을 조작하지 않기 때문에 진정한 의미의 실험법은 아니다. 한편, 실험실 실험법은 조작되는 조건이나 상황이 지나치게 인위적이기 때문에, 실험결과가 실제 생활에서의 행동을 반영하지 못한다는 비난을 받기도 한다. 이러한 문제를 해결하기 위해, 연구자들은 아동을 실험실로 오게 하는 대신, 학교나 가정 등 아동이 친숙한 자연적 환경에서 실험적인 조건의 변화를 주는 현장 실험법(field experiment)을 계획하기도 한다.

3. 발달적인 연구설계

아동발달 연구는 시간 경과에 따른 발달적 변화에 관심을 두기 때문에, 연구자는 일정기간 간격을 두고 행동의 변화를 보거나, 연령에 따른 행동의 변화를 연구하게 된다. 발달연구를 위한 연구설계로는 횡단적 연구설계(cross-sectional design), 종단적 연구설계(longitudinal design), 그리고 이 둘을 조합한 형태인 순차적 연구설계(sequential design)가 있다.

(1) 횡단적 연구설계

연령에 따른 변화를 연구할 때, 연구자는 편의상 일정한 시점에서 여러 연령집단을 대상으로 측정하는 횡단적인 연구설계를 한다. 예를 들어, 연구자는 2020년에 각각 2세, 4세, 6세, 8세, 10세 집단을 대상으로 공격적 행동에 관한 자료를 수집하고, 결과분석을 통해 공격적 행동의 표현이 연령에 따라 어떠한 차이가 있는지를 규명하게 된다(그림 2-3).

횡단적 연구설계는 일정한 측정 시기에 비교적 단시간에 수행될 수 있으며, 연령에 따른 차이나 변화를 알 수 있다는 장점이 있다. 그러나 동시집단 효과(cohort effect) 및 측정시기로 인한 문제가 있으며, 개개 아동에 따른 개인차나 발달적인 경과에 대한 정보는 제공하지 못한다는 제한점이 있다.

동시집단 효과란 각 개인이 태어난 시기에 따라 역사적, 문화적인 경험이 다른 데 따른 효과로, 특히 광범위한 연령층의 아동을 대상으로 연구할 경우는 태어난 시기나 성장환경이 달라서 횡단적 연구설계에서 나타난 결과를 순수하게 연령에 따른 차이라고 단정하기가 어렵다. 따라서 어떤 측정시기에서 얻은 연구결과(즉, 연령에 따른 차이)를

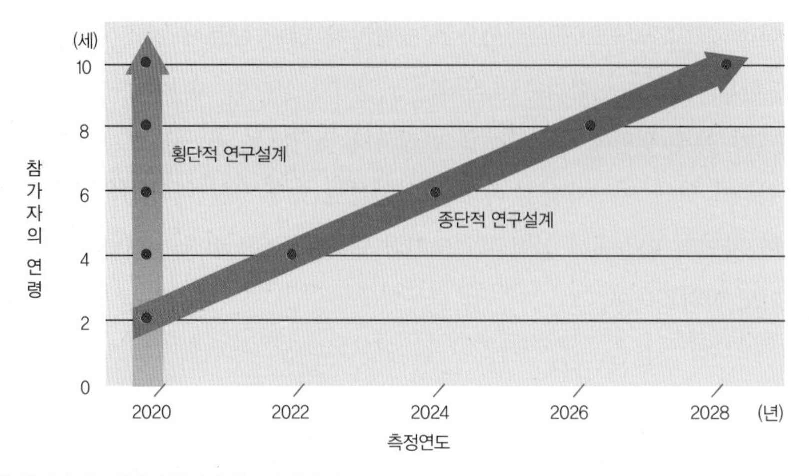

그림 2-3 횡단적 연구설계와 종단적 연구설계의 예
횡단적 연구설계: 2020년에 각 연령집단 아동에 대한 자료를 한번에 수집. 집단간 차이가 있다면 연령에 따른 차이로 봄.
종단적 연구설계: 2020년 2세 아동집단을 대상으로 10세가 될 때까지 2년마다 반복 측정. 차이가 있다면 시간이 경과함에 따른 결과(연령 뿐만 아니라 환경적 변화에 따른)로 봄.

다른 시기에 그대로 일반화하는 데는 무리가 있다. 또한 횡단적 연구설계에서는 각 연령집단의 평균치로 연령에 따른 발달적인 차이를 비교하므로 각 아동에게서 나타날 수 있는 개인차나 개인의 발달적 변화과정은 설명해주지 못한다(표 2-2).

(2) 종단적 연구설계

종단적 연구설계에서는 일정 집단의 아동을 대상으로 여러 연령 시기에 걸쳐 여러 번 측정하면서 장기간 연구한다. 위의 예에서 볼 때, 종단적 연구는 2020년에 2세 아동 집단을 대상으로 연구를 시작한 후, 2년 간격으로 4세, 6세, 8세 그리고 10세에 공격적 행동을 반복하여 측정하게 된다. 따라서 2세부터 10세가 될 때까지 8년간 연구를 계속하게 된다(그림 2-3 참조).

종단적 연구설계를 통해 연구자는 연령에 따른 일반적인 발달양상 외에도 발달의 개인차를 알 수 있으며 초기에 일어난 사건과 후기에 나타난 행동 간의 관계를 파악할 수 있다. 그러나 예상할 수 있듯이 연구를 수행하는 데 노력과 시간, 돈이 많이 들고, 중간에 탈락하거나 하여 연구대상을 계속 유지하기가 힘들다는 단점이 있다. 또한 종단적 연구설계 역시 동시집단의 효과나 측정시기로 인한 문제로 인해 연구결과를 일반화시키기 어렵다는 제한점을 지닌다(표 2-2).

표 2-2 종단적, 횡단적, 순차적 연구설계의 장단점

연구설계	장점	단점
횡단적 연구설계	• 연령에 따른 차이나 변화 경향을 알 수 있다. • 시간과 노력이 덜 든다.	• 개인차나 발달적인 변화를 설명하지 못한다. • 동시집단 효과 및 측정시기 문제를 지닌다. • 연구결과를 일반화시키기 어렵다.
종단적 연구설계	• 연령에 따른 일반적인 발달양상과 발달의 개인차를 알 수 있다. • 초기 사건과 후기 행동 간의 관계를 파악할 수 있다.	• 동시집단 효과 및 측정시기 문제를 지닌다. • 연구결과를 일반화시키기 어렵다. • 시간과 노력이 많이 든다. • 연구 대상자 탈락률이 크다.
순차적 연구설계	• 동시집단 효과를 파악할 수 있다. • 횡단적/종단적 비교가 가능하여 연구 결과에 확신을 가질 수 있다. • 연구설계의 효율성이 높다.	• 비교적 시간과 노력이 많이 든다.

미국에서는 아동의 성장과정 중 발달에 영향을 미치는 관련 변인들을 밝힐 수 있고 발달과정에 대한 이해 및 통찰력을 가질 수 있다는 점에서 대규모 종단적 연구가 많이 이루어지고 있다. 1991년에 시작된 미국 NICHD의 Early Child Care 종단연구는 대표적인 예로 연구가 진행됨에 따라 그 결과가 계속 발표되고 있다. 근래에는 우리나라에서도 다양한 내용의 종단적 연구가 진행되어 오고 있다.

(3) 순차적 연구설계

횡단적 연구설계와 종단적 연구설계의 제한점을 극복하기 위하여, 연구자들은 두 가지 방법을 혼합한 순차적 설계를 계획하기도 한다. 즉, 순차적 연구설계에서는 다른 시기에

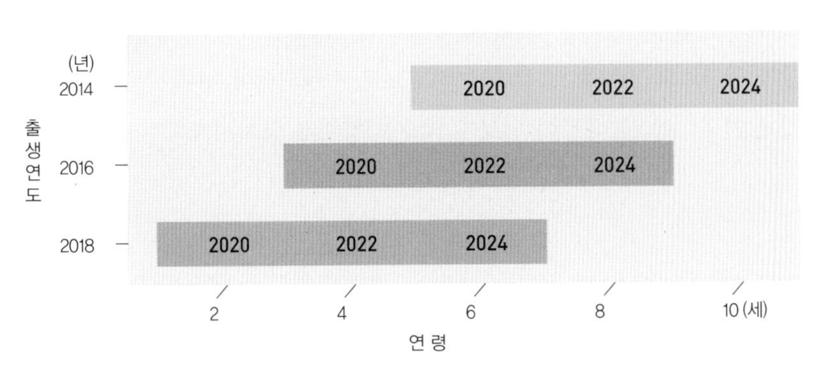

그림 2-4 **순차적 연구설계의 예**

2세부터 10세까지의 발달을 종단적으로 연구할 경우 8년(2020~2028년)이 걸리는 데 비해, 순차적 설계에서는 4년(2020~2024)이 걸리며, 동시집단의 효과(예: 출생연도가 다른 6세 아동 비교)를 파악할 수 있다.

태어난 같은 연령의 아동 집단을 둘 이상 선정하여, 수년 동안 종단적으로 추적연구한다(그림 2-4). 이 경우, 연구자는 횡단적, 종단적으로 연령비교가 가능할 뿐만 아니라, 다른 시기에 태어난 같은 연령 아동을 비교함으로써 동시집단의 효과가 있는지를 파악할 수 있어서 연구결과에 대한 확신을 가질 수 있다. 이 방법은 비교적 단시간에 종단적, 횡단적 연구설계의 장점을 살릴 수 있어 효율성이 높은 설계이다(표 2-2 참조).

4. 아동연구의 제한점

아동연구를 할 경우, 어린 아동의 특성으로 인해 생기는 실제적 문제 및 윤리적 문제를 고려해야 한다.

실제적인 측면에서 보면, 일단 연구대상자인 아동을 구하기가 어렵고, 유치원이나 어린이집 등 기관을 통해 또는 부모를 통해 아동을 구한다 해도, 협조적인 부모의 아동을 대상으로하므로 편파적인 표집이 될 수 있다. 또한 어린 아동의 경우 언어가 제한적이고 주의집중 시간이 짧아서 연구를 수행하기가 어려울 뿐더러, 언어적 지시를 하거나 영유아의 반응을 해석하는 데도 연구자의 훈련된 기술 및 주의가 필요하다.

윤리적인 측면에서 보면, 어린 아동도 한 인격체로서 존중되어야 하므로 연구자는 연구를 수행함으로써 아동에게 신체적 또는 심리적으로 해로운 영향을 끼칠 수 있다는 가능성을 염두에 두어야 한다. 또한 아동이나 가족의 개인적인 자료나 비밀을 보장해주어야 하며, 부모나 아동이 연구에 참여할 것을 결정하는 데 있어 그들의 결정을 절대적으로 존중해주어야 한다. 따라서 부모에게 연구내용에 대한 상세한 설명을 전달해야 함은 물론, 모든 연구자료는 비밀을 보장하고 익명으로 수행되어야 하며, 부모의 동의를 구했다 해도 실제 연구수행 시 아동이 원하지 않으면 강제로 참여시켜서는 안 된다.

5. 영아 연구방법

아동연구의 실제적, 윤리적 어려움 외에도 특히 어려움이 더욱 큰 영아 연구방법은 좀 더 큰 아동을 연구할 경우와 다르다. 영아의 발달이나 행동에 대해 상당한 지식을 갖게 된 것은 비교적 최근의 일로서 다양한 영아 연구방법이 개발되면서부터라고 할 수 있다.

연구방법 측면에서 볼 때, 영아발달에 대한 관심은 비체계적이기는 하나 이미 18세기에 최초의 육아일기라고 할 수 있는 Tiedermann(1789)의 자연적인 관찰의 형태로부터 시작되었다. 특히 19세기에 이르러 아기의 매일의 행동적 변화를 관찰, 기록했던 Darwin의 '유아전기(baby biography)'(1877)는 대표적인 관찰연구라고 할 수 있다.

그 후 20세기에 이르러 영아를 관찰한 Piaget(1951)는 인지발달 이론을 정립시켰고, 이후 많은 연구자들에 의해 영아발달에 관한 이론이 발전되었다. 특히 지난 20~30년에 걸쳐 다양한 영아 연구법이 출현함에 따라, 자연스러운 환경에서 행동을 관찰한 기술적인 연구와 더불어 실험적인 방법으로 관찰된 영아의 행동들을 통해 영아발달에 대한 새로운 시각을 갖게 되었다.

영아는 말을 할 수 있는 연령의 아동과는 달리, 언어적으로나 운동적인 반응양식이 제한되어 있고 주의집중 시간이 짧으며 협조를 구하기 힘들기 때문에, 연구자들은 아기의 몸 움직임이나 생리적인 반응에 근거하여 영아의 발달을 연구해왔다. 즉, 영아의 심장박동이나 호흡, 눈동자의 움직임, 또는 습관화-탈습관화, 시각적 선호도 측정방법, 생리적 반응연구법, 얼굴표정 연구법, 빨기반사를 이용한 방법 등이 사용되고 있다.

특히 생리적인 반응연구법에서는 EEG를 통한 뇌파활동, EKG로 측정된 심장박동수, 심장박동리듬의 변화를 지표로, 중추신경이 얼마나 잘 기능하는가를 측정하는 방법 및 타액 분석법이 쓰이고 있으며, 최근에는 영아 얼굴 표피의 체온을 분석함으로써 영아의 스트레스를 분석하기도 한다. 그러나 흔히 접하는 연구방법은 부모보고에 의한 영아행동 연구법, 가정이나 실험실에서의 영아행동 관찰법 등이다.

(1) 습관화-탈습관화

습관화-탈습관화(habituation-dishabituation)는 영아의 학습능력을 파악하기 위해 널리 쓰이는 방법이다. 연구자들은 심장박동수나 호흡수, 시각적 움직임 등을 측정하여 새로운 자극에 대한 영아의 관심여부를 알게 되고, 이를 통해 영아의 기억력이나 학습능력, 그리고 시각, 미각, 청각적 자극의 구별능력을 파악할 수 있다. 습관화는 반복되는 자극에 대해 영아의 반응이 점진적으로 감소되는 것으로 알 수 있으며, 탈습관화는 새로운 자극이 제시되었을 때 반응이 증가하는 것으로 알 수 있다. 예를 들어, 새로운 소리를 들은 아기가 처음에는 빠른 심장박동수(탈습관화)를 나타내다가 점차 그 소리에 익숙해지면 심박수가 점차 느려져(습관화) 정상으로 돌아오게 되는데, 이를 통해 영아가 들은 소리를 기억하고 새로운 소리를 구별할 수 있다는 것을 밝혀낸다.

(2) 시각적 선호도 측정

시각적 선호도 측정은 영아에게 두 가지 시각적 자극물을 제시하고 영아가 어떤 물체를 보고 있는지, 그리고 얼마나 오랫동안 그 물체에 눈동자를 고정하고 있는지, 그 시간을 측정함으로써 시각적 자극에 대한 지각능력이나 지각양상을 파악할 수 있다.

(3) 생리적 반응

위의 두 방법과는 달리 생리적 반응법은 비교적 최근에 개발된 방법으로 두뇌활동 감지법, 심박수 측정법, 타액성분 분석법, 피부온도 측정법 등이 있다.

- **두뇌활동 감지법:** 뇌파기록법(EEG)이나 기능적 자기공명 영상법(fMRI)을 통해 두뇌활동 수준이나 활동부위 등 두뇌활동의 변화를 감지함으로써 두뇌활동과 영아의 특정 행동 간의 관계를 연구한다. 한 예로 정서적, 기질적 특성에 따라 좌우 반구의 EEG 양상이 달라 두려움이 많은 영아의 경우 우반구의 EEG가 활성화된다(Fox, 1994).

- **심박수 측정법:** 심전도 측정(EKG)을 통해서 또는 미주신경에 의해 조절되는 심박율 변화를 연구함으로써 연구자들은 영아가 어떤 자극에 관심을 보이고 있는지 아닌지, 그 여부를 알 수 있다. 즉, 관심이나 집중을 요하는 경우에는 심장박동이 느려지며, 흥분되거나 두려울 경우, 심박수가 빨라진다. 특히 미주신경의 긴장도(Vagal tone)는 신경계 기능의 효율성을 나타내주는 지표로, 영아가 경험하는 스트레스 정도를 파악할 수 있다. 예를 들어, 미주신경 긴장도가 낮을 경우는 심박수가 빨라 신경계가 제대로 기능하지 못한다는 것을 알 수 있다. 행동억제를 나타내는 유아는 미주신경의 긴장도가 낮아 평소에도 빠른 심박수를 나타낸다(Kagan, 1994).

• **타액성분 분석법:** 타액에서 측정될 수 있는 코티솔 호르몬 수준은 스트레스 수준이나 정서적 상태에 따라 달라진다. 타액은 영아에게서도 쉽게 채취할 수 있으므로 영아의 스트레스 수준을 측정하는 방법으로 자주 쓰이고 있다. 예를 들어, 스트레스를 경험하는 경우 영아의 코티솔 수준은 높아지며, 긴장이 줄어들면 코티솔 수준도 낮아진다.

• **얼굴피부 표면온도 측정법:** 적외선 센서가 있는 카메라와 컴퓨터를 통해 얼굴 표면의 체온을 측정하여 스트레스 정도를 파악할 수 있다. 예를 들어, 아기가 어머니와 떨어져 낯선 사람과 있는 경우 아기는 스트레스를 받아 얼굴 표면의 체온이 낮아지는 것을 알 수 있다(Mizukami et al., 1990).

(4) 얼굴표정 분석법

영아의 정서상태를 측정하는 방법으로 널리 쓰이는 것 중 하나가 얼굴표정 분석법이다. 인간은 정서상태에 따라 어떤 특정한 얼굴표정이 나타나기 때문에, Izard(1979)는 얼굴표정의 움직임 등 세부적인 묘사를 위해 부호화하고 분석하는 방법인 MAX(Maximally Discriminated Facial Movement Code) 점수체계를 개발하였다.

예를 들어, 눈썹이 내려갔는지, 입을 벌렸는지 또는 입 모양이 네모로 각이 졌는지, 또는 눈을 감았는지 등 표정의 빈도와 시간으로 고통스러움의 정도를 점수화할 수 있다. 이러한 방법은 영아가 어머니 또는 낯선 이에게 보이는 정서적 반응, 또는 다른 아기의 울음과 자신의 울음소리에 대한 영아의 반응(Dondi et al., 1999) 등 정서 연구에서 쓰이고 있다.

(5) 빨기반사를 이용한 방법

압력 계량기가 달린 고무젖꼭지를 영아의 입에 물리고 영아가 젖꼭지를 빠는 강도의 변화나 빠는 시간을 측정함으로써 어떤 자극에 대한 영아의 선호도나 지각 능력에 대한 정보를 알 수 있다. 예를 들어, 영아가 낯선 사람의 목소리를 들었을 때보다는 어머니의 목소리를 들었을 때 더 힘차게 젖꼭지를 빠는 것으로 보아 영아는 어머니의 목소리와 다른 사람의 목소리를 구별할 수 있다는 것을 알 수 있다.

(6) 관찰법

관찰법은 영아의 사회적 상호작용 행동을 연구하기 위해 주로 쓰이는 방법으로 연구자들은 자연스러운 상황이나 실험실 상황에서 부모 또는 새로운 환경이나 사람과의 상호작용 내용을 파악할 수 있다. 애착 이론으로 유명한 학자인 Bowlby와 Ainsworth의 낯선상황(strange situation) 실험은 영아의 애착행동을 연구하기 위한 실험실 관찰법의 좋은 예다.

M. Ainsworth

M. Ainsworth와 J. Bowlby

(7) 부모보고

위의 모든 방법과 함께 많이 쓰이는 방법은 부모의 보고이다. 부모는 누구보다도 아기와 지내는 시간이 많기 때문에, 좋은 정보를 제공할 수 있다. 그러나 부모보고법은 부모로서의 편견이 개입되는 경우가 많아 객관성이 떨어진다. 주로 회고식으로 응답하기 때문에 정확성에 문제가 있다. 최근에는 부모에게 관찰 기술을 교육하거나 회고식 대신 직접 관찰하도록 함으로써 신뢰성을 높이고 있다. 부모보고는 영아의 기질을 평가할 때 흔히 이용된다.

CHAPTER

3

아동발달 이론

01 이론의 정의 및 기능

02 아동발달 이론

아동발달 이론들은 아동의 발달내용을 기술하고, 발달적 변화가 왜, 어떻게, 일어나는가를 설명하고자 한다. 각 이론은 주된 관심내용이나 발달 기제에 대해 서로 다른 입장을 취하고 있다. 즉, 인지적 발달을 강조하는 이론이 있는가 하면, 사회적 또는 정서적 발달을 강조하는 이론이 있으며, 발달적 변화를 가져오는 메카니즘에 관한 설명도 각기 다르다. 따라서 어느 한 가지 이론으로 아동의 모든 발달 측면을 설명하기는 어렵다.

01

이론의 정의 및 기능

이론이란 '아동의 행동을 기술하고 설명하며 예측하는 논리정연하고 통합적인 일련의 진술문'으로 정의된다. 이를 단순화하면 이론은 관찰된 자료(또는 사실)들이 서로 어떻게 관련되는가에 관한 설명이다. 따라서 이론은 관찰된 사실에 의미를 부여한다(Thomas, 2000). 이론이 없다면 산발적인 사실만이 있을 뿐이며 아동이 어떻게, 왜, 그렇게 자라나는지에 대한 체계적인 이해를 할 수 없다. 비유를 하자면 돌(사실)이 잔뜩 있어도 어떤 구조나 틀(이론)이 없으면 집을 지을 수 없으며, 그저 쌓아놓은 돌무더기에 지나지 않는다. 같은 돌을 가지고도 다른 식으로 집을 짓듯이, 이론가들은 같은 현상에 대해서도 다른 방식으로 해석하거나 다른 측면에서의 행동을 강조한다.

아동발달 이론은 두 가지 중요한 기능을 한다. 첫째, 이론은 우리가 관찰한 아동의 행동을 해석하고 이해하는 기본적인 틀을 마련해준다. 예를 들어, 학습이론에서는 아동의 문제행동을 학습의 결과로 보지만, 생태학적인 이론에서는 아동이 타고난 성향과 주변환경 간의 역동적인 상호작용 결과로 본다. 따라서 각 이론에 따라 문제행동에 대한 지도방법도 달라진다.

둘째, 이론은 연구자들의 동기를 자극하여 새로운 이론의 발견이나 형성에 산파적 기

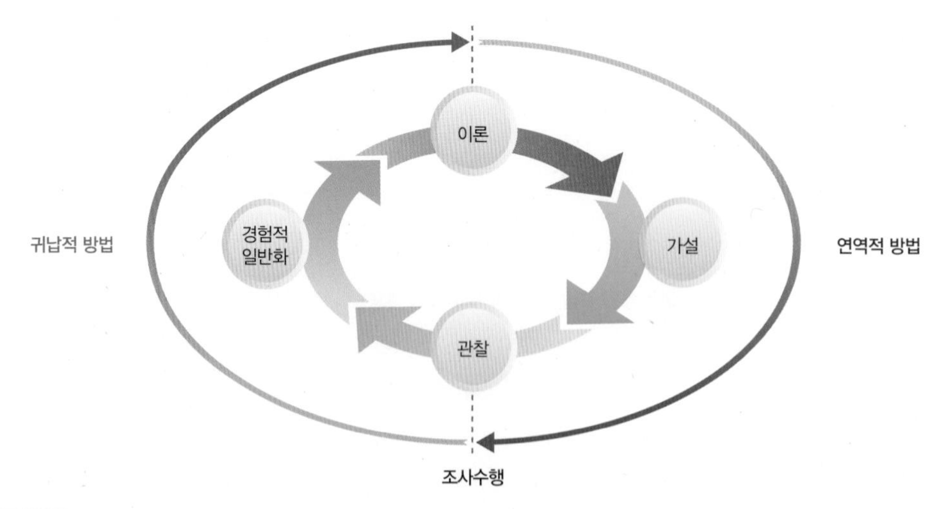

그림 3-1 **이론의 형성과정**

능을 한다. 이론은 한 시대의 신념체계나 가치관에 의해 영향을 받지만, 주관적인 생각이나 의견과 달리 과학적인 방법을 통해 검증된 것이어야 한다. 따라서 좋은 이론이란 논리적으로 모순이 없고 과학적인 관찰을 통해 경험적으로 입증될 수 있어야 한다. 학자들은 연구를 통해 각 이론을 지지하거나 반대하거나, 또는 통합하게 되며, 이들의 노력은 이론 발전에 기여하게 된다. 그림 3-1은 연역적 방법이나 귀납적 방법을 사용한 연구를 통해 이론이 발전되는 과정을 나타내고 있다. 연구자들은 이론으로부터 가설을 이끌어내고 이를 입증하기 위한 관찰, 즉 조사를 수행하며 관찰 결과를 토대로 경험적으로 일반화된 이론을 형성하게 된다.

02

아동발달 이론

앞서 살펴보았듯이 아동에 관한 관심은 18세기까지는 철학적 관점에서 그 기원을 찾을 수 있다. 이후 19세기 중반에 이르러 Darwin(1809~1882)의 진화론이 발표되는 한편, Darwin과 Preyer의 유아 행동기록(유아전기, baby biography)을 시작으로 아동은 과학적 연구의 대상이 되었다. 미 대륙에서는 진화론의 영향을 받아 Hall과 Gesell이 성숙 이론으로 발전시켰으며 대규모의 발달적 규준에 관한 연구를 시작하였다. 20세기 초반에는 Binet 지능검사가 발표됨에 따라 발달의 개인차에 관심을 갖게 되었다.

20세기 중반에 이르러 전문가들을 중심으로 한 여러 협회가 생기는 한편, 전문학술지가 발간되고 아동발달에 관한 여러 이론이 발표되기 시작하면서 아동발달학은 확고한 학문으로 자리매김을 시작하였다. 발달이론들을 살펴보면, 특히 아동의 내적인 생각이나 정서에 초점을 둔 유럽학자들의 이론적 관점과 과학적이고 구체적이며 관찰 가능한 행동에 관심을 둔 미 대륙의 이론적 관점은 좋은 대조를 이루고 있다. 오늘날까지 많은 영향을 주고 있는 대표적인 이론들을 살펴보고자 한다.

1. 정신분석 이론

1930~1940년대에 걸쳐 '아동은 어떤 모습으로 자라는가?'에 대한 규준적 관심과 더불어, '아동은 어떻게 왜 그런 모습으로 자라는가?'에 대한 관심이 대두되었다. 자녀의 정서적인 문제로 괴로워하던 부모들은 아동지도 전문가를 찾았고 각 아동이 자라온 특유의 발달사를 강조하는 정신분석가들에게 도움을 구하고자 하였다.

(1) 심리성적 이론

S. Freud

정신분석 이론의 가장 대표적인 이론가라고 할 수 있는 Freud (1856~1939)는 행동의 기본적인 동기를 성적인 욕구로 보았다. Freud의 심리성적 이론(psychosexual theory)의 기본원리에 의하면, 에너지의 원천 또는 심리적 힘인 리비도(libido)는 성적 쾌락을 추구하며, 성적 욕구가 사회적인 체제와 갈등을 일으키게 되면 불안심리가 형성된다. 따라서 부모가 생후 초기 몇년 동안 아동의 생물학적 욕구를 어떻게 다루었느냐가 건강한 인성발달을 위한 결정적인 요소라고 주장한다.

Freud는 인간의 마음을 의식, 무의식 및 전의식의 세 가지 수준으로 개념화하고, 특히 무의식 수준이 인간 행동의 상당 부분에 영향을 주고 있다고 본다. 그는 정신치료를 위한 자유 연상법(free association)을 고안하여 심리적인 문제를 가지고 있는 환자가 무의식, 또는 전의식 속에 있는 어렸을 적 경험을 의식 수준으로 끌어올리도록 도왔다. 또한 꿈의 분석을 통해 환자의 욕구나 두려움, 불안에 대해 통찰력을 가질 수 있게 하였다. 다음에는 Freud 이론의 기본개념들을 살펴보고자 한다.

인성의 세 가지 구성요소

Freud에 의하면, 인성은 본능(id)과 자아(ego), 초자아(super-ego)의 세 가지 요소로 구성되며, 이러한 3가지 구성요소는 출생에서 청소년기까지의 심리성적 발달단계를 거치면서 통합되어 간다. 본능은 출생시부터 나타나며 동기와 욕망의 무의식적인 근원으로 마음 중 가장 큰 부분을 차지한다. 또한 본능은 '쾌락의 원리'에 의해 지배되기 때문에 항상

즉각적인 만족을 통해 긴장을 해소하려 한다. 갓 태어난 아기는 본능에 따라 행동하며, 자신과 외부 간 구별이 되지 않으므로 자신의 욕구를 충족하는데 급급하다.

그러나 아기들은 자신의 욕구가 즉각적으로 충족되지 않는 경우를 경험하게 되면서, 점차 주변환경과 자신이 분리되어 있다는 것을 알게 되고 인성의 다른 측면인 자아를 발달시키게 된다. 자아는 인성의 현실적 측면으로, 자신의 욕구를 적절한 방법으로 충족시키려는 '현실원리'에 의해 지배를 받으며, 생후 첫 1년 동안 발달하기 시작한다. 자아가 발달한 아동은 부모가 요구하면 자신의 욕구충족을 미루고 기다릴 수 있다. 자아는 주로 지각이나, 논리적 사고, 문제해결력, 기억력, 판단 등 지적인 활동과 관련되므로, 인간은 자아에 의해 현재 상황을 평가하고 과거 사건을 기억하며, 현재와 미래의 어떤 행동의 결과를 예측한다.

말년의 Freud(딸 Anna와 함께)

초자아는 양심과 이상적인 자아로 이루어져 있으며, 본능이나 자아와 맞서서, 어떤 생각이나 행동에 보상을 주거나 벌을 주며 요구하는 등 통제적, 도덕적 측면이다. 초자아는 약 4, 5세경 오이디프스 콤플렉스를 해결하고 부모와 동일시를 이루면서 발달한다. 아동은 초자아를 통해 '해서는 안 되는 것'과 '해야 하는 것' 등 사회적으로 바람직한 가치를 내면화한다. 4, 5세 아동이 충동을 조절할 수 있는 것은 자아의 성숙과 더불어, 동일시를 통해 부모의 가치를 내면화하고 초자아가 발달했기 때문이다.

한편, 자아는 쾌락을 추구하는 본능과 양심이나 이상인 초자아 간에 야기되는 갈등을 중재하는 역할을 한다. Freud에 의하면, 세 가지 인성요소 간의 상대적인 균형상태는 대개 청년기 말에 완성되며, 개인에 따라 갈등이나 좌절에 대한 독특한 반응양식을 나타내게 된다.

방어기제

자신의 욕구를 끊임없이 충족시키고자 하는 본능과 외부세계로부터의 요구 및 양심과 관련된 초자아 사이를 중재하는 가운데, 자아는 갈등을 겪거나 불안을 경험한다. 이때 자아는 문제해결 기술을 활용하여 본능과 외부세계 사이의 문제나 이로 인한 불안을 현실적 방법으로 해결하려고 하나, 심한 불안으로 인해 자아가 위협을 받을 때는 여러 가지 방어기제를 사용하게 된다. Freud가 제시한 대표적인 방어기제는 표 3-1과 같다. 그림 3-2

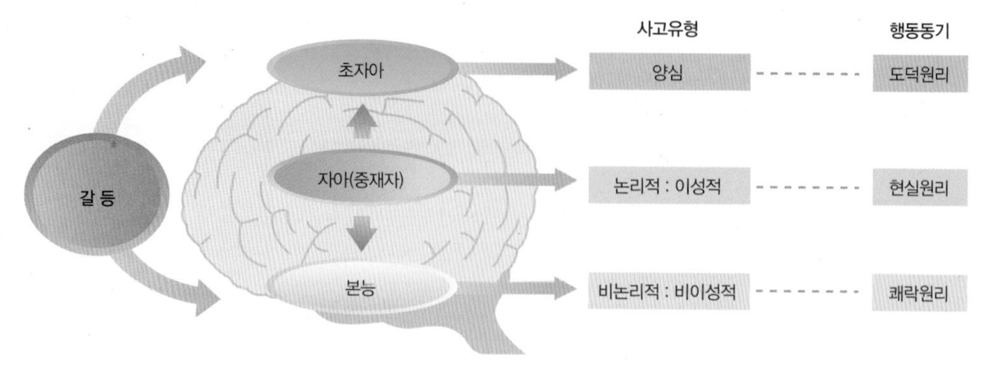

예 : 여대생의 갈등 상황

본능: 꽃과 신록이 아름다워, 토요일에 친구와 여행을 하고 싶다.

자아: 다음 주 월요일부터 중간고사가 시작된다. 여행을 다녀오면 공부할 시간이 없다.

초자아: 양심이 있지. 비싼 등록금을 대주시는 부모님께 죄송하잖아.

자아: 괜찮아. 일요일에 하면 되지 뭐……. 그런데 피곤해서 공부를 제대로 할 수 있을까?

초자아: 안 돼. 공부를 열심히 해서 성적을 잘 받아야지. 부모님의 기대도 있지만 나 스스로 용납이 안 돼.

본능: 그래도 이번 주가 지나면 꽃이 다 지고 말텐데……. 가고 싶지 않아?

자아: 그래, 가자. 이번에는 시험범위도 많지 않으니까.

그림 3-2 **본능, 자아, 초자아 간의 관계**

표 3-1 대표적인 방어기제

억압(repression)	불안한 생각과 경험을 의식으로부터 밀어내서 전의식이나 무의식으로 감추는 상태를 뜻한다.
퇴행(regression)	불안하거나 괴로울 때 거의 어떠한 제재도 받지 않았던 어렸을적 행동을 함으로써 안정을 찾으려 한다. 동생을 보게 된 어린 아이가 손가락을 빨거나 이불에 오줌을 싸는 것 등은 퇴행의 좋은 예다.
투사(projection)	불안을 일으키는 생각이나 상황을 다른 사물이나 다른 사람의 탓으로 돌림으로써 불안에서 벗어나려 한다. 시험성적이 나쁜 학생이 자기가 공부를 충분히 하지 않았음에도 그 탓을 시험문제 출제방식이 잘못되었다고 탓하는 경우가 이에 속한다.
승화(sublimation)	부적절한 성(性)적, 공격적 충동을 공부나 일, 운동 등 사회적으로 용납되는 행동으로 분출시킴으로써 불안을 해소한다.
반작용 형성(reaction formation)	근심스러운 감정 대신 그와 정반대되는 행동으로 표출하는 경우를 말한다. 자기가 싫어하는 사람에게 오히려 친절하게 대하거나, 몹시 하고 싶어 하는 일인데 전혀 흥미가 없다는 식으로 말하는 등 자신의 느낌과 다른 행동을 한다.
합리화(rationalization)	하고 싶은 일이나 해야 할 일을 못 했을 때 또는 정당하지 않은 행동에 대해 사실과 다른 이유를 들어 불안을 해소하고 편안해지려 하는 행동이다. 이솝우화에서 보듯이 먹고 싶은 포도를 보고도 먹을 수 없는 경우, 포도가 아직 덜 익어 시고 맛이 없을 거라며 자기를 위로한다고 해서 '신 포도의 기제'라고도 한다.

는 본능, 초자아, 자아 간 관계를 나타내고 있다.

심리성적 단계

정신분석 이론에 의하면, 아동은 다섯가지의 심리성적 단계를 거치면서 생물학적 욕구와 사회적 기대 간에 갈등을 겪게 되며, 갈등이 해결되는 방식에 따라 학습 능력이나 다른 사람과 함께 어울리는 능력 및 불안에 대처하는 능력이 달라진다. 잘못된 인성발달은 아동기로부터 청년기에 이르는 각 심리성적 발달단계에서 생물학적 욕구가 제대로 충족되지 않는 경우 야기된다. 표 3-2에서 보듯이 연령에 따른 각 단계는 본능적인 성적 쾌락이 충족되는 신체적 부위에 기초를 두고 있다.

첫 단계인 구강기(oral stage)는 생후 1년 반까지에 해당하며 입이 쾌락의 주된 원천이 된다. 아기는 모든 물체를 입으로 가져가서 빨고 깨물고 씹는 것으로 즐거움을 느끼고 긴장을 감소시키기 때문에 수유나 이유 방식이 성격과 관련된다.

두 번째 단계는 항문기(anal stage)로 1세 반에서 3세가 이 시기에 속하며, 항문에서 쾌락을 얻는다. 이 시기 영아는 배설물을 보유하고 배설하는 행동을 통해 즐거움을 추구하기 때문에 배변훈련 과정에서 양육자와 마찰을 겪는다.

세 번째 단계인 남근기(phallic stage)는 3~6세 시기이며, 성기에서 쾌락을 추구하여 남아나 여아는 성기를 만지면서 즐거움을 얻기도 한다. 또한 이 시기에 유아는 동성의 부모보다 이성의 부모와 강한 유대나 애정을 갈망하는 오이디프스 갈등(Oedipus complex)을 경험한다. 그러나 점차 동성의 부모가 자신의 잘못된 욕망(즉, 남아가 엄마를 사랑하고 여아가 아빠를 사랑하는 일)에 대해 벌을 줄 것이라고 인식하게 됨에 따라, 동성의 부모를 동일시하게 되며, 오이디프스 갈등은 해결된다. 이 과정에서 유아는 자신의 성에 맞는 성역할을 습득하

표 3-2 프로이트의 심리성적 단계

구강기	항문기	남근기	잠복기	성기기
출생~1세 반	1세 반~3세	3세~6세	6세~사춘기 이전	사춘기 이후
영아의 쾌락은 입에 집중됨	영아의 쾌락은 항문에 집중됨	유아의 쾌락은 성기에 집중됨	성적인 관심을 억제하고 사회적, 지적 기술을 발달시킴	성적인 관심이 다시 나타나고, 성(性)적 쾌락의 대상은 가족 외의 사람임

고 초자아를 발달시키게 되므로 남근기는 성격형성에 중요한 시기이다.

네 번째 단계인 잠복기(latency stage)는 6세부터 사춘기에 이르는 11세까지로, 아동은 성적인 관심 대신 사회적인 기술과 인지적인 기술을 발달시킴으로써 정서적인 안정을 얻게 된다.

다섯 번째 단계인 성기기(genital stage)는 사춘기 이후를 말하며, 성적인 관심이 다시 깨어나는 시기이다. 그러나 이 시기에는 가족 외의 사람으로부터 성적인 즐거움을 얻으려 한다. Freud에 의하면, 부모와의 관계에서 해결되지 않았던 갈등은 청소년기에 다시 나타나며, 그 갈등이 해결되면 성숙한 애정적 관계를 형성할 수 있게 된다.

아동은 각 단계를 거치는 동안 적절하게 욕구 충족을 경험하면, 적응적인 성인으로 성장하게 되지만, 각 단계에서의 욕구가 지나치게 충족되거나 충족되지 않으면 다음 단계로 옮겨가지 못하고 그 단계에 고착(fixation)되는 현상이 나타나 인성 발달의 장애를 겪는다. 예를 들어, 지나치게 일찍 또는 엄하게 이유(離乳)를 경험했던 아동은 항문기를 진행시키지 못하고 구강기에 고착된다.

Freud의 심리성적 이론은 양육자와의 초기경험의 중요성을 강조한 최초의 이론으로(Berk, 2005), 성인기의 비정상적인 행동의 근원을 아동기 욕구 충족 경험에서 찾을 수 있다고 본다. 그러나 그 이후 정신분석학자들은 인성 발달에서 성적인 본능을 덜 강조하고 문화적인 경험을 더 강조한다.

(2) 심리사회적 이론

심리사회적 이론(psychosocial theory)을 주장한 Erikson은 Freud를 비롯한 심리역동 이론가들과는 여러 측면에서 다른 관점을 취하고 있다. 우선, 인간 행동의 기본적 동기를 성적인 욕구충족으로 본 Freud와는 달리, Erikson은 다른 사람과 함께 하려는 사회적인 욕구와 자아의 능동적인 역할을 강조하였다. 또한 청년기까지의 발달을 다룬 Freud의 이론과는 달리, Erikson의 이론은 전 생애에 걸친 인성 발달을 다루고 있으며, 사회를 개인의 성적 욕구에 대한 방해물이나 불만의 근원으로 보는 대신, 자아의 발달을 가져오는 긍정적인 힘으로 보고 있다.

E. Erikson

Erikson의 이론에 의하면, 각 발달단계에는 해결해야 할 발달과제

(developmental task)가 있으며, 과제를 해결하는 과정에서 발달적인 위기를 경험한다. 각 단계에서의 발달적 위기는 잠재적 가능성을 강화하게 되는 일종의 전환점으로, 위기를 잘 극복한 사람은 건강한 발달을 이루게 된다.

심리사회적 단계

Erikson은 인간의 발달을 8단계로 나누고 있다(표 3-3). 첫 단계인 신뢰감 대 불신감(trust vs mistrust)은 생후 1년 동안 경험하게 된다. 갓 태어난 아기들은 양육자의 반응적이고 애정적인 돌봄에 의해 신체적으로 편안함을 느끼며, 미래에 대한 불안이나 두려움을 대신 신뢰감을 갖게 된다.

자율감 대 수치심 및 의심(autonomy vs shame & doubt)은 영아기와 걸음마기인 1세~3세에 경험하게 된다. 생후 1년 동안 양육자에 대한 신뢰감을 형성한 걸음마기 영아는 자기 의지대로 행동하기 시작하면서 자율적, 주장적이 된다. 그러나 양육자가 제한을 많이 하고 처벌을 심하게 하면 아이는 자신의 능력을 의심하거나 수치심을 갖게 된다.

주도성 대 죄의식(initiative vs guilt)은 유아기인 3~6세에 나타난다. 사회적 활동범위가 넓어짐에 따라, 필요한 일들을 감당하기 위한 능동적이고 목적지향적인 행동이나 책임지는 행동이 요구된다. 책임감이 발달하면 주도성이 증가하지만, 책임감이 없고 불안을 느끼게 되면 죄책감을 갖게 된다.

근면성 대 열등감(industry vs inferiority)은 초등학교 시기에 경험한다. 아동은 주도성을 통해 새로운 경험을 더 많이 하게 되며, 점차 지식습득이나 인지기술을 향상하기 위해 모

표 3-3 Erikson의 인간발달의 8단계

신뢰감 대 불신감	영아기(생후 1년)
자율성 대 수치심 및 의심	걸음마기(1~3세)
주도성 대 죄의식	유아기(3~6세)
근면성 대 열등감	아동기(6세~11세)
정체감 대 정체감 혼미	청소년기(11~20세)
친밀감 대 고립감	성인초기(20~30대)
생산성 대 침체감	성인중기(40~50대)
자아 통일감 대 절망감	노년기(60대 이후)

든 에너지를 쏟게 된다. 그러나 무능력감이나 비생산적인 열등감에 빠질 위험도 있다.

정체감 대 정체감 혼미(identity vs identity confusion)는 청소년기에 경험한다. 청소년기 아동은 새로운 역할이나 성인으로서의 모습 등 자신의 실체나 역할에 대한 여러 가지 생각을 하게 된다. 부모는 청소년 자녀에게 여러 역할이나 활동을 탐색할 기회를 제공해줌으로써 긍정적인 정체감 형성을 도와줄 수 있다.

친밀감 대 고립감(intimacy vs isolation)은 성인 초기에 경험하는 것으로 다른 사람과 친밀한 관계를 형성해야 하는 과제에 직면하게 된다. 이 시기에는 건강한 우정 관계나 친밀한 관계 형성을 통해 친밀감이 형성되며, 그렇지 못한 경우 고립된 느낌을 경험한다.

생산성 대 침체감(generativity vs stagnation)은 성인 중기에 경험하는 위기다. 주된 관심사는 자녀를 잘 기르고 다음 세대를 위해 잘 이끌어주는 일이다. 직장과 가정생활에서 성공적인 삶을 영위할 때 생산성을 발달시키나, 그렇지 못한 경우 침체감을 경험한다.

자아 통일감과 절망감(integrity vs despair)은 인생의 마지막 단계인 노년기에 이르면서 경험하게 된다. 죽음을 앞두고 그동안의 삶을 되돌아보면서 만족스럽고 의미있게 받아들이면 자아 통일감을 경험하지만, 신체적, 심리적으로 무력감과 후회스러움을 느끼게 되면 더이상 어쩔 수 없다는 생각으로 절망감을 경험한다.

발달과제들은 긍정적인 요소와 함께 부정적인 요소도 포함되어 있으며 주로 사회적인 관계 내에서 수행된다. 또한 각 단계에서의 위기를 성공적으로 해결한다는 것은 그 시기에 이루어야 할 발달과제를 균형있게 발달시키는 일이다. 인간은 각 단계에서 요구되는 기술과 태도를 습득함으로써 건전한 사회의 한 구성원이 된다.

(3) 정신분석 이론의 평가

Freud는 무의식적 마음의 본질, 아동초기 및 부모자녀관계의 중요성, 인성구조, 방어기제에 대한 창의적인 생각으로 일반인들에게도 잘 알려져 있다. 그의 이론은 임상심리학, 정신의학, 상담 치료법은 물론, 발달심리학 및 아동 양육법에도 상당한 영향을 미쳤다. 그러나 Freud의 이론은 지나치게 성적인 욕구를 강조하고 남근선망 등 지극히 남성 우월적인 개념을 사용한다는 점에서 비판을 받고 있다.

Erikson의 이론은 Freud의 이론을 확장하여 사회문화적인 영향을 강조하고 있으며, 아동기부터 노년기까지의 전 생애에 걸친 자아발달 과정을 다루었다는 점에서 지대한 공헌을 하였다. 그러나 그의 이론 역시 여성의 발달에 대해서는 충분한 설명이 없고 단계 간의 전이가 어떻게 일어나는지, 단계 내에서 어떻게 위기가 해결되는지 등 발달 기제에 대한 설명이 부족하다는 제한점을 지닌다(Miller, 2002).

(4) 발달적 쟁점에 관한 입장

심리성적 단계이론이나 심리사회적 단계이론은 이전 단계에서의 경험이 다음 단계에서의 발달에 영향을 미친다고 주장함으로써 초기경험의 중요성을 강조하였다. 그러나 두 이론은 발달적 쟁점에 관해서는 서로 다른 관점을 취하고 있다.

Freud 이론은 인간이 본능적 욕구에 따라 행동한다는 점에서 인간의 본질을 수동적 존재로 보았으나, 욕구에 대해 평형을 유지하고자 애쓴다는 점에서는 능동적인 개체로 보았다. 그의 이론은 심리성적 발달단계나, 초자아의 출현 등 질적 발달을 강조하고 있는 한편, 연령 증가에 따라 자아나 초자아가 점차 강화되며, 방어기제가 증가하는 등 양적 변화도 다루고 있다. 또한 성숙이나 생물적인 요인에 기초한 욕구를 강조하고 있으나 사회적인 환경에 의해 발달이 수정될 수 있음을 강조하고 있어, 유전과 환경의 상호작용적 관점을 취하고 있다.

Erikson은 특히 인간의 능동적 특성을 강조하였다. 그의 이론은 인간의 발달이 전 생애에 걸친 발달단계를 통해 질적으로 변화하는 과정이라고 보는 한편, 정체감의 강화나 확립 등 양적인 발달도 시사하고 있다. 또한 8단계의 순서는 본성에 의해 결정되지만, 각 단계에서의 자아 발달은 개인의 과거, 현재뿐 아니라, 사회문화적 환경의 영향을 받는다는 점을 강조함으로써 본성과 육성의 상호작용을 지지한다.

2. 행동주의 이론 및 사회학습 이론

(1) 행동주의 이론

전통적인 학습이론인 행동주의 이론(behavioral theory)에 의하면, 인간의 행동은 이전의 경험에 그 뿌리를 두고 있으며, 이전의 행동은 학습을 통해 비교적 단기간에 새로운 행동으로 변화시킬 수 있다. 따라서 행동주의 이론가들은 어떤 행동이 계속 일어나게, 또는 일어나지 않게 하는 직접적인 환경적 요인들을 밝히고자 하며, 객관적으로 볼 수 있고 실험적으로 입증될 수 있는 인간의 행동에 관심을 둔다. 행동주의 이론에 의하면, 학습은 고전적 조건화나 조작적 조건화에 의해 일어나며 조건화된 반응의 총합이 곧 발달이다.

고전적 조건화

러시아의 생리학자였던 Pavlov는 어떤 행동을 변화시키는 과정으로 고전적 조건화(classical conditioning)를 소개하였다. 그는 개에게 여러 번에 걸쳐 고기와 함께 종소리를 들려줌으로써 나중에는 종소리만 들어도 침을 흘리도록 훈련시켰다. 이 유명한 실험과정은 고전적인 조건형성의 원리를 설명해주는 것으로서, 인간이나 동물에게 원래는 반응을 유발하지 못하는 어떤 자극을 일반적으로 반응을 일으키는 자극과 연합시킴으로써 그에 대한 반응을 학습하게 하는 것이다.

I. Pavlov

고전적 조건형성 과정은 그림 3-3에서 보듯이 조건형성 전의 단계, 조건형성 단계, 조건형성 후의 단계로 나뉜다. '고기'라는 자극(US, unconditioned stimuli)에 대해 무조건적인 침 흘리기 반응(unconditioned response)을 일으키는 1단계에 비해, 조건형성 단계를 거친 3단계에서는 학습이 일어나기 이전에 중성자극(NS, neutral stimuli)이던 종소리가 타액 분비를 가져옴으로써 각기 조건자극(CS)과 조건반응(CR)이 되고 있다. 어린 아들 알버트를 대상으로 두려움에 관한 정서적 행동 발달을 연구한 Watson은 Pavlov의 자극과 반응의 원리(S-R 학습이론)를 아동의 행동에 적용한 최초의 행동주의 학자였다(그림 3-4).

B. Skinner

조작적 조건화

미국에서 행동주의 학자들을 이끌어가며 S-R 학습이론의 개념을 널리 알린 Skinner(1904~1990)는 조작적 조건화(operant conditioning)의 원리를 소개한 장본인이다. 고전적 조건화는 처음에는 반응을 일으키지 않던 자극이 조건형성과정을 통해 비자발적인 반응을 하게 되는 과정이라면, 조작적 조건화의 원리는 자발적으로 반응을 일으키게 되는 과정을 설명하고 있다.

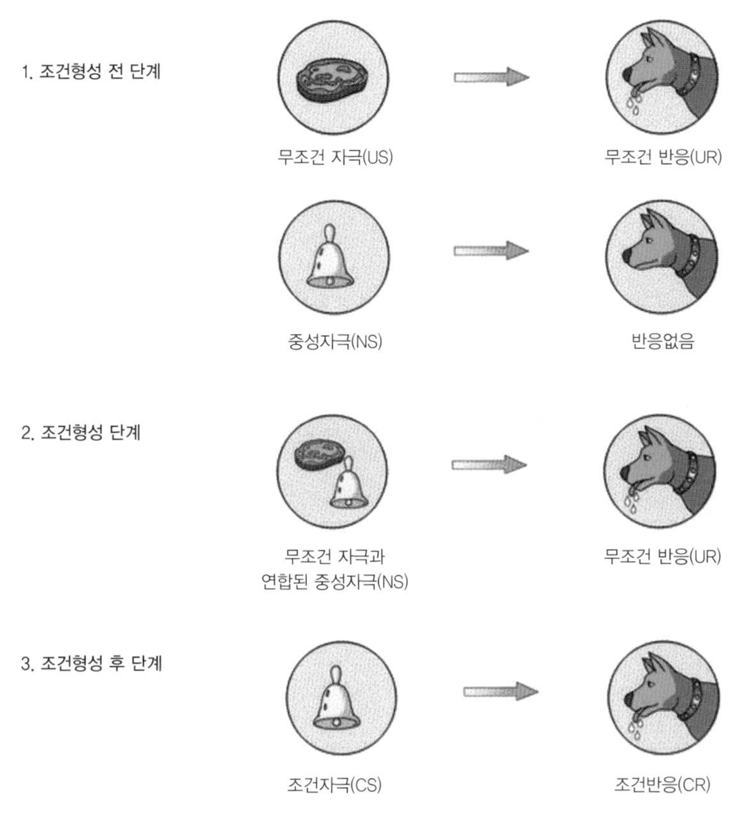

그림 3-3 **고전적 조건화 과정의 3단계**

그림 3-4 **고전적 조건형성에 의한 '두려움' 반응의 학습**

1. 조건화 이전에는 흰 토끼를 두려워하지 않고 만지려고 한다.
2. 큰 소리는 아이를 놀라게 하는데, 조건형성 시 흰 토끼를 보여주면서 큰 소리를 낸다.
3. 조건화 후 아이는 흰 토끼를 무서워하게 되고,
4. 이는 일반화되어, 심지어 흰 수염의 할아버지까지도 무서워하게 된다.

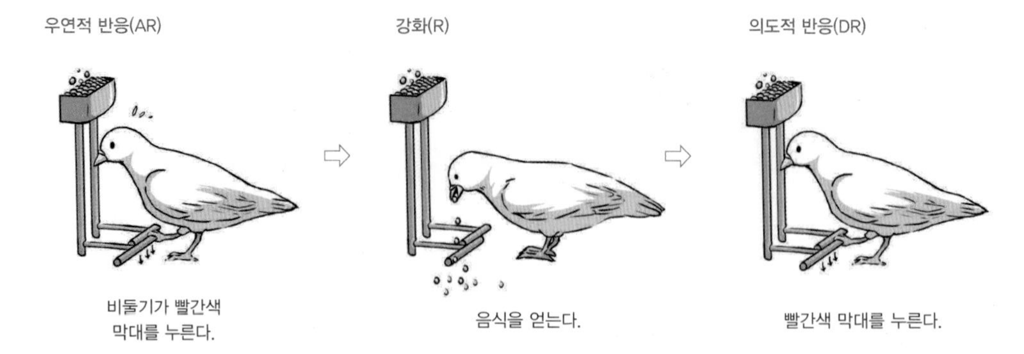

그림 3-5 조작적 조건화 과정

Skinner는 특수한 상자를 만들어 동물에게 자발적으로 조건화된 반응을 일으키는 실험을 하였다(후세에는 이를 '스키너 상자'라고 부른다). 그는 실험상자 속의 비둘기가 여러 막대 중 올바른 막대를 눌렀을 때, 그 대가로 먹을 것이 나오게 함으로써 비둘기가 자발적으로 어떤 반응을 하도록 학습시켰다. 즉, 상자 속의 비둘기가 우연히 빨간 막대를 누르자 먹이인 곡식이 나와 먹게 되므로 비둘기는 강화를 받는다. 몇 번의 우연적인 누르는 행동과 그에 따른 강화물인 먹이를 통해서, 비둘기는 이제 먹이가 나오는 막대를 의도적으로 누르는 행동을 하게 된다(그림 3-5).

여기서 우연적인 반응(AR) 후에 따르는 강화(R)는 의도적인 반응(DR)을 일으키는 자극요인으로 작용한다. 동물의 반응을 기초로 한 조작적 조건화의 원리는 아동의 행동을 변화시키기 위해 이 원리가 어떻게 적용될 수 있는지를 시사한다. 즉, 모든 유기체는 만족스러운 결과가 따르는 행동은 반복해서 하고, 만족스럽지 못한 결과가 따르는 행동은 하지 않으려는 경향이 있기 때문에, 강화나 벌로 바람직한 행동을 만들어갈 수 있다.

Skinner의 이론을 따르는 행동주의자들은 아동이 바람직한 행동을 하도록 조형(shaping)하기 위해 조작적 조건형성 원리를 단계적으로 실시한다. 이러한 조작적 조건형성의 과정을 행동수정(behavior modification)이라고 하며, 특수한 요구가 있는 장애아나 지체아는 물론, 정상아에게도 바람직한 행동을 가르치기 위해 널리 쓰이고 있다.

(2) 사회학습 이론

사회학습 이론(social learning theory)은 행동주의에서 파생된 이론이지만 직접적인 보상이나 벌을 받지 않고도 관찰을 통해 학습이 일어난다는 점을 지적하고 있어 조건화

(conditioning)를 강조하는 행동주의 이론과는 구별된다. 다시 말하면, 아동을 환경이나 자극에 대해 수동적으로 반응하는 개체로 보는 전통적인 학습 이론과는 달리 사회학습 이론에서는 아동이 자신의 발달에 능동적인 역할을 한다는 점을 강조한다.

A. Bandura

대표적인 사회학습 이론인 Bandura(1977)의 모델링 이론(또는 관찰학습 이론)에 의하면, 아동은 외적인 강화를 받지 않더라도 다른 사람의 행동을 보고 들음으로써 행동을 배우게 된다. 어떤 행동을 학습하는 과정에서 아동은 여러 가지 모델들의 행동을 관찰하고 그 모델이 영향력이 있다거나, 모델의 행동이 긍정적인 강화를 받는 경우 그 행동을 더 잘 모방하게 된다. 이러한 모방행동을 대리강화(vicarious reinforcement)에 의한 학습이라고 한다. 이 외에도 아동은 자기가 가치 있다고 생각되는 행동을 함으로써 스스로 강화를 받는 자기강화(self-reinforcement)에 의해서도 행동을 학습하게 된다.

그러나 관찰한 모든 것이 학습되어 실제 행동으로 나타나는 것은 아니다. 관찰된 행동은 주의, 기억, 신체·운동능력, 동기유발의 네 가지 조건이 충족되어야만 학습되어 수행된다(Bandura, 1977). 즉, 아동은 어떤 행동을 관찰할 때 행동을 유심히 주의해서 보고 그 행동을 심상으로나 말로 기억해두며, 신체적으로나 운동적으로 그 행동을 할 수 있는 능력이 있어야 한다. 또한 그 행동을 했을 때 받게 될 보상이 어떤 것인가에 대한 기대가 있어 그 행동을 하고자 하는 동기가 유발되어야만 관찰한 행동을 그대로 따라 하게 된다(그림 3-6). 이렇듯 Bandura의 이론은 전통적인 사회학습 이론과 달리, 특히 인지적 요소가 강조되기 때문에 사회인지 이론(social cognitive theory)으로도 불린다(Bandura, 2001; Mischel, 2004).

이후 Bandura(2001)는 행동, 개인적·인지적 특성, 환경 간의 양방향적 상호작용을 강

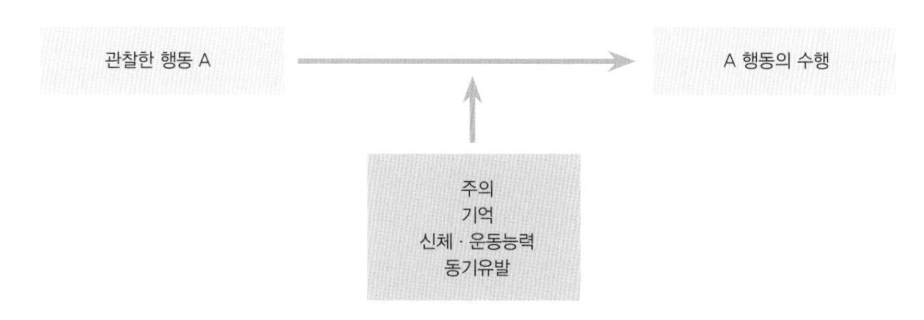

그림 3-6 **관찰한 행동을 실제로 수행하는 데 필요한 조건**

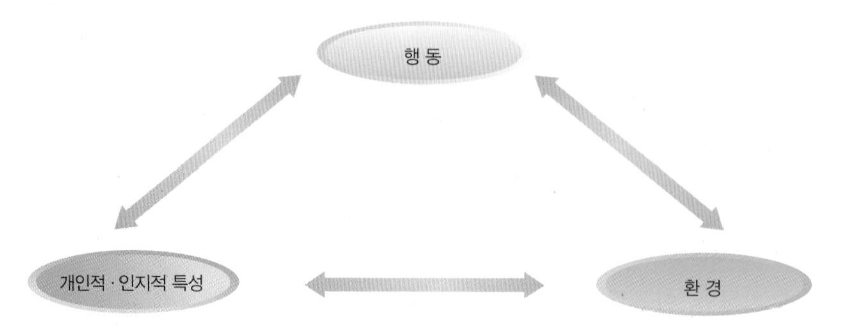

그림 3-7 **Bandura의 사회인지 모델**
인간의 행동, 개인적 · 인지적 특성 및 환경은 서로 영향을 주고받는다.
자료: Santrock, 2007

조한 새로운 학습모델을 제안하였다(그림 3-7). 예를 들어, 아동이 열심히 공부하여 좋은 성적을 얻으면(행동) 자신의 능력에 대한 긍정적인 느낌이나 생각을 갖게 되고(개인적·인지적 특성), 더욱 열심히 공부하게 된다. 이러한 아동의 행동이나 특성은 가족이나 또래관계 및 학교생활(환경)에 영향을 줌으로써 아동의 행동이나 발달에 영향을 미치게 된다.

(3) 행동주의 이론 및 사회학습 이론의 평가

행동주의 이론은 행동발달을 '객관적으로 관찰할 수 있는 것'만으로 정의함으로써 아동발달 연구에 많은 공헌을 하였다. 그러나 이 이론은 모든 행동발달을 기본적인 단위나 단순한 요소로 나누어서 이해하려 하기 때문에 발달의 총체적인 모습을 파악하기는 힘들다. 또한 실험실 실험연구에 집중함으로써 자연스러운 상황에서의 인간 행동을 기술하는 데는 한계가 있다. 특히 외적인 환경의 영향을 지나치게 강조한 나머지, 내적인 동기나 인지적 요인에는 소홀하였다는 지적을 받고 있다.

한편, 사회학습 이론은 전통적인 행동주의 이론의 제한점을 개선하여 학습이 일어나는 사회적인 환경을 강조하고, 아동이 자신의 발달에 능동적인 영향을 미친다는 것을 인정한다. 또한, 사고의 본질만을 밝히려 한 Piaget 이론이나 정보처리 이론과는 달리, 사회학습 이론은 사고 과정에서 정의적이고 동기적인 측면을 강조하였다는 점에서 독자적인 장점을 지닌다.

(4) 발달적 쟁점에 관한 입장

행동주의 이론은 근본적으로 발달을 외적 사건에 대한 반응의 총체로 보기 때문에, 아동은 환경에 의해 영향을 받는 수동적인 존재로 본다. 반면에 사회학습 이론에서는 관찰학습이 이루어지는 과정에서 인지적인 요소를 강조하고 있어, 아동을 능동적인 개체로 인정한다. 그러나 두 이론 모두 발달이란 연령에 따라 양적으로 증가하는 연속적인 과정이라고 보며, 발달에 영향을 미치는 요인으로 환경을 강조한다.

3. Piaget의 인지발달 이론

J. Piaget

스위스의 생물학자였던 Piaget(1896~1980)는 지능을 표준화하는 연구에 참여하면서 인간이 환경에 어떻게 적응하게 되는가에 의문을 갖고, 아동이 생각하는 논리에 흥미를 갖게 되었다. 그는 자신의 세 아이를 대상으로 한 세밀한 관찰과 논리적인 능력을 시험하는 여러 가지 문제나 게임들을 통해 인지적인 발달단계에 관한 그의 이론을 구축하였다.

지식(knowledge)의 기원, 지식의 본질, 지식을 얻게 되는 방법, 지식의 한계에 관한 연구에 근거한 Piaget의 인지발달 이론은 발생학적 인식론(genetic epistemology), 생물학적인 접근, 구성주의, 단계적 접근, 임상적 방법을 취하고 있다. 그는 논리에만 근거한 철학적 인식론자와 달리, 논리와 사실을 혼합한 그만의 독특한 인식론인 발생학적 인식론을 주장하였다. 즉, 그는 지식이나 인식은 정지된 것이 아니라 능동적으로 신체적 또는 정신적 행동을 취하는 과정 중에 형성된다고 본다.

Piaget의 인지발달 이론(cognitive developmental theory)에 따르면, 아동은 주변 세상에 대한 이해를 능동적으로 구성해가며, 성장하는 동안 질적으로 다른 인지발달 4단계를 거치게 된다. 그는 인간을 비롯한 모든 유기체는 환경에 적응하려는 보편적 성향을 타고난다고 보며, 인지발달은 조직(organization)과 적응(adaptation)이라는 기본적 과정을 통해 이루어진다고 설명한다. 아래에서 다룰 기본개념들은 인지구조의 기본단위인 도식(schema 또는 scheme)과 인지발달의 원리인 조직, 적응, 평형이다.

(1) 기본개념

인지구조의 기본단위 : 도식

Piaget에 의하면, 아기는 환경에 적응하려는 성향을 타고나기 때문에 태어나면서부터 반사적, 감각적 또는 운동적 능력을 기초로 주변 환경에 관한 지식을 능동적으로 구성한다. 또한 환경을 탐색함으로써 형성된 기본적 인지구조인 도식은 아동의 행동이나 사고 과정에 활용된다. 특히 아기는 도식이 정신적인 사고 과정에 쓰이기보다는 행동적인 유형으로 나타난다. 예를 들어, 아기들은 어머니의 젖을 빠는 경험을 통해 빠는 도식, 손으로 어머니의 젖을 쥐는 도식, 어머니를 쳐다보는 도식을 형성한다. 성장하면서 여러 경험을 통해 형성된 도식은 점점 분화되며, 아동은 환경과 상호작용할 때 수많은 도식을 활용한다. 또한 사고능력이 발달함에 따라 행동적인 도식은 점차 정신적인 도식으로 바뀌어 간다.

인지발달의 원리 및 기제 : 조직, 적응, 평형

인간의 인지구조는 어떤 원리 때문에 단순한 행동적 도식에서 추상적인 정신적 도식으로 진보해 가는가? 이를 설명하기 위해 Piaget는 서로 관련된 세 가지 원리, 즉 조직, 적응, 평형의 원리를 제안하였으며 이러한 원리들은 타고난 성향이라고 본다.

- **조직:** 인간이 환경에 관한 모든 지식을 종합하여 체계화하려는 성향을 조직이라고 한다. 아동의 연령이나 경험에 따라 조직의 수준은 다르겠지만, 어떤 수준에서든 아동은 나름대로 자신의 지식을 체계적으로 조직함으로써 세상을 이해한다. 따라서 발달이란 새로운 경험이나 정보를 얻게 됨에 따라 단순한 조직구조에서 점점 더 복잡한 조직구조로 진보되는 것이다. 예를 들어, '입으로 빨기' 도식은 '손으로 쥐기' 도식과 통합되어 '손으로 쥐고 입으로 가져와 빨기'라는 행동으로 조직된다.

- **적응:** 환경과의 효율적 상호작용을 적응이라고 하며, 적응은 환경으로부터 얻은 정보를 동화(assimilation)하고 조정(accommodation)하는 이중적 과정을 통해 일어난다. 동화란 현재 가지고 있는 인지구조에 새로운 정보를 맞추려는 시도이며, 조정이란 새로운 정보에 맞추어 기존의 인지구조를 수정하는 과정이다. 동화와 조정의 보완적 과정은 또 다른 타고난 기능적 성향인 평형(equilibration) 원리에 의해 유도된다. 즉, 동화와 조정, 그리고 평형

을 통해 아동은 환경을 이해하고 대처하는 방식에서 더 진보한 인지적 발달이 일어난다.

• **평형:** 평형이란 유기체와 외부 환경 간, 또는 유기체 내에서 경험하는 인지적 요소 간 불균형을 균형상태로 유지하려는 성향을 말한다. 평형 원리에 의하면, 인지적 불균형을 경험한 아동은 균형상태를 유지하기 위해, 새로운 인지적 정보를 기존의 인지구조에 '동화'하는 대신, 새로운 정보에 맞추어 기존의 인지구조를 바꾸는 '조정'을 하게 된다. 예를 들어(그림 3-8), 집에서 강아지와 즐겁게 놀았던 경험을 갖고 있는 영아는 '강아지는 귀엽다'는 인지구조(즉, 도식)를 갖고 있다. 그러나 어느 날 이 영아는 다른 강아지를 보자, '강아지는 귀엽다'라는 기존의 생각으로(동화) 강아지에게 다가가는데, 그 강아지가 갑자기 사납게 짖어대서 놀랐다고 하자. 이때 자기가 갖고 있던 생각과 달라 인지적인 혼란(즉, 불균형)을 경험한 영아는 인지적 평형을 이루고자 '강아지는 귀엽다'라는 생각을 바꾸어(조정) '강아지는 무섭기도 하다'라는 새로운 인지구조를 형성하게 된다. 즉, 아동은 새로운 어떤 경험을 현재 자신이 가지고 있는 인지구조로 처리할 수 없을 때, 새로운 정신적 유형을 조직함으로써 평형을 찾게 되고, 이때 인지적 진보가 일어난다.

그림 3-8 **동화와 조정**

(2) 인지발달의 단계

Piaget의 인지발달 이론은 아동이 성장함에 따라, 세상에 대한 이해나 문제해결력에서 얼마나 많이 알고, 얼마나 많이 정확하게 아는가? 하는 양적인 문제에 초점을 맞추는 것이 아니라, 생각하는 방식이 어떻게 다른가? 하는 질적인 문제에 초점을 맞춘다. 그에 따르면, 인지발달은 크게 4단계, 즉 감각운동 지능기, 전 조작 지능기, 구체적 조작기, 그리고 형식적 조작기로 나뉘며, 이 각각의 단계는 질적으로 다른 특성을 나타낸다표 3-4.

첫 단계인 감각운동 지능기는 생후 첫 2년 동안의 시기로, 영아는 반사적 행동을 비롯하여 여러 감각적 경험과 운동적 경험을 통해 주변 사물이나 환경을 이해하게 된다. 감각운동기는 여섯 개의 하위 단계로 나누어지는데 각 하위단계의 발달내용에 대해서는 영아기 인지발달 부분에서 상세히 다루게 될 것이다.

두 번째 단계는 전 조작 지능기이며, 2세에서 6, 7세까지를 말한다. 이 시기 아동은 사물이나 상황에 대해 정신적으로 조작을 할 수 있는 능력이 덜 발달하여, 사물을 눈에 보이는 대로 이해하거나 비논리적인 생각을 한다. 전 조작기의 인지적 특징은 정신적인 조작이 불가능하고 자기중심적 사고를 하며 사물의 본질보다는 외양에 근거하여 판단한다는 것이다.

세 번째 단계는 구체적 조작기로 6, 7세부터 11, 12세경까지의 시기이다. 아동은 이제 조작적 사고가 가능해짐에 따라 보존개념이 형성되고 분류화, 서열화가 가능해진다. 그러나 여전히 구체적인 사물이나 현재에 국한한 제한된 사고능력을 보인다.

네 번째 단계인 형식적 조작기는 청소년기 이후에 나타난다. 형식적인 조작기에는 구체적인 사실뿐 아니라, 추상적이고 가설적인 상황에 대해서 정신적인 조작을 할 수 있어 과학적인 사고와 논리적인 사고가 가능해진다.

Piaget에 의하면, 지능의 발달은 생물학적으로 결정되기 때문에 인지발달 단계들은 일정불변한 순서로 일어나며, 발달은 점진적으로 진행된다. 그러나 발달속도는 각 아동에 따라 다소 차이가 있다.

표 3-4 Piaget의 인지발달의 4단계

감각운동 지능기 (0~2세)	전 조작 지능기 (2~6, 7세)	구체적 조작기 (6, 7~11, 12세)	형식적 조작기 (11, 12세 이후)
• 영아는 신체활동과 감각적 경험을 통해 세상을 이해함. • 출생 시 반사적 행동부터 상징적 사고가 나타나는 때까지임.	• 유아는 언어와 심상으로 세상을 표현하기 시작함. • 정신적 조작이 불가능하고 비논리적인 사고를 함.	• 아동은 구체적 대상에 대해 논리적으로 생각하고 사물을 범주로 구분하기 시작함.	• 청소년은 가설적 개념을 사용해 논리적으로 사고하게 됨.

(3) Piaget 이론의 평가

Piaget 이론은 행동주의 이론의 한계를 인식하면서부터 학자들의 관심을 끌기 시작하여, 1960년대와 70년대에 걸쳐 발달심리학 분야에 상당한 영향을 미쳤다. 그의 이론으로 인해 학자들은 아동발달에서 인지의 중요성을 인식하고, 외현적인 행동에 관한 관심에서 내적 인지과정으로 관심을 갖게 되었다. 또한 Piaget의 이론은 아동의 사고가 어른의 사고와는 다른 독자적인 특성이 있다는 것을 발견하였다는 데 그 의의가 크다. 그의 이론은 교육현장에 적용되어 아동이 발견학습이나 환경과의 직접적인 탐색을 통해 교육과정에 적극적으로 참여할 때, 학습이 가장 효과적으로 이루어질 수 있다는 Piaget식 원칙을 제공하였다.

그러나 Piaget의 이론은 인지구조를 중심으로 아동의 보편적인 사고능력만을 다루고 있어, 교육이나 문화가 실제적인 수행 능력에 미칠 수 있는 영향이나 개인차에 대한 설명은 없다는 점에서 비판을 받고 있다. 또한 그의 이론이 표준화된 실험방법이 아니라, 관찰법과 그가 개발한 특유의 면접법인 임상법에 기초를 두었다는 점, 그로 인해 질문이 어렵거나, 어린 아동일 경우는 언어적인 표현기술이 부족해서 실제 능력보다 과소평가될 수 있다는 지적을 받고 있다. 또한 그의 이론은 인지적 측면에 초점을 맞추었기 때문에 사회적, 정서적 발달 측면은 경시되었다는 점도 제한점이 되고 있다.

(4) 발달적 쟁점에 대한 입장

Piaget는 아동을 적응, 평형 등 자기조절능력이 있는 능동적인 존재로 보기 때문에 인간의 본성에 대해서는 유기체론적인 관점을 취하고 있으며, 인지발달이 여러 단계에 걸쳐 일어난다는 점에서 질적인 발달을 강조하고 있다. 그러나 질적인 변화가 나타나는 각 단계는 여러 가지 경험이 쌓여 새로운 변화가 나타나는 것이므로 각 단계 내에서는 양적인 발달을 인정하고 있다.

또한 그에 의하면, 발달은 내적인 요인인 신체적인 성숙, 외적인 요인인 물리적 환경과의 경험이나 사회적인 경험, 그리고 내적 요인과 외적 요인들 간의 상호작용을 주도하고 조절하는 요인인 평형의 작용으로 이루어진다(Miller, 2002). 따라서 발달은 유전과 환경의 상호작용 결과이다.

발달 = 신체적인 성숙 + 물리적 환경과의 경험 + 사회적 경험 + 평형

그림 3-9 **발달의 4요인 공식**

4. 정보처리 이론

1970년대에 이르러 발달학자들은 학습중심의 행동주의 이론에 대한 흥미를 잃은 한편, Piaget의 이론을 입증하려는 노력이 실패하자, 아동의 사고발달을 새로운 방식으로 접근한 정보처리적 이론에 관심을 갖게 되었다.

(1) 이론의 본질

정보처리 이론(information-processing theory)은 두뇌를 컴퓨터에 비유하기 때문에 정보를 지각하고 처리하는 과정을 분석함으로써 인지발달을 설명한다. 즉 투입(input)과 산출(output)의 관계 및 정보처리의 효율성을 기초로 발달 수준을 파악하므로, 아동 간의 발달적 차이는 투입된 정보를 어떤 식으로 조작하여 어떻게 산출해내는가와 관련된다(그림 3-10, 그림 3-11). 예를 들면, 3세, 5세, 7세 아동이 같은 문제상황에 놓였을 때, 문제를 풀기 위해 사용하는 방법이나, 각 방법을 사용하는 효율성(즉, 얼마나 손쉽게, 융통성 있게 사용하는지)은 연령에 따라 다르다.

따라서 발달이란, 연령 증가에 따른 두뇌의 성장으로 주의력이나 기억력, 표상능력, 문제해결력 등에서 점진적 진보를 나타내어 어떠한 사건을 해석하거나 문제를 해결하는 방법에서 효율적, 기술적으로 되는 것이다.

정보처리의 효율성은 심상이나 표상을 형성하고 그것을 이용하는 속도에 달려 있기 때문에, 주의력, 기억력, 표상능력, 상위기억 등은 주요한 연구주제가 되고 있다. 예를 들어, 기억연구에서는 기억용량, 기억을 잘하기 위한 구체적인 기억전략 및 상위 기억(기억 방법에 대한 전반적인 지식)에 관한 내용을 다룬다. 최근에는 영아들을 대상으로 눈동자 고정시간이나 움직임, 심장박동 상태, 두뇌활동을 감지하는 감각측정장치들을 통해 정보처리의 효율성을 평가하는 연구들이 늘고 있어 영아의 인지능력에 대한 이해를 돕고 있다.

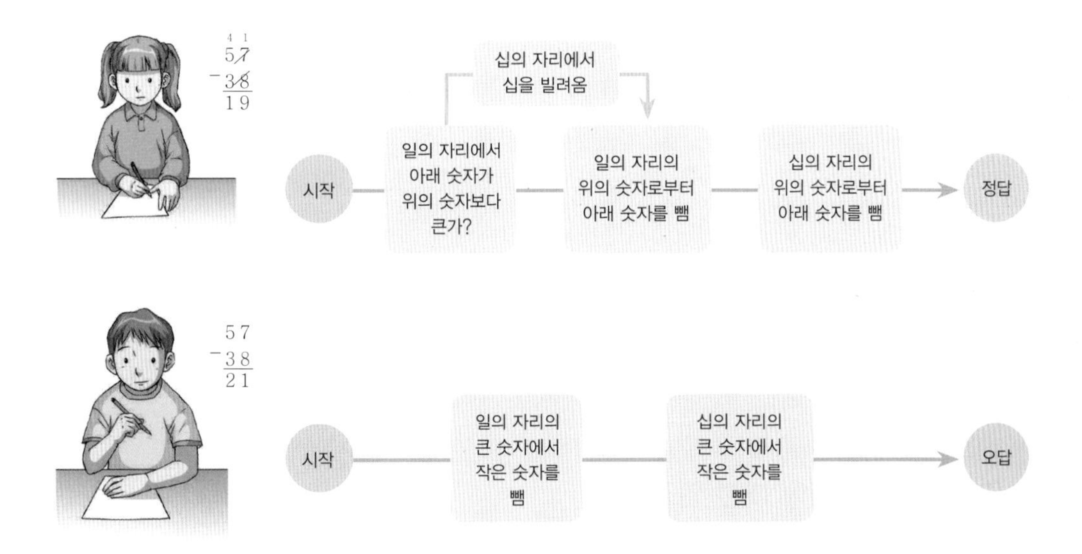

그림 3-10 **문제해결 시의 정보처리 과정의 차이**

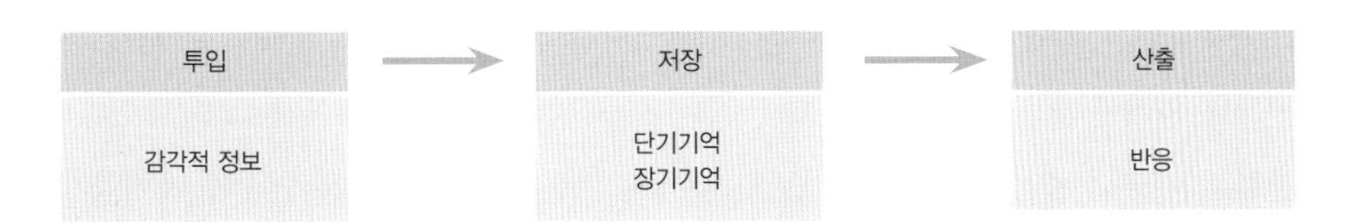

그림 3-11 **정보처리 모델**

정보처리 이론가들은 지적인 과제를 해결하는 정보처리능력 뿐 아니라, 그림 3-12에서 보듯이 개인이 사회적인 정보를 어떻게 처리하는가에도 관심을 두고 있다(Coi & Dodge, 1998). 따라서 보편적인 지식구조를 이해하려는 입장인 Piaget의 인지발달 이론과 달리, 정보처리 이론은 구체적이고 기능적인 인지 측면을 다루며, 보편적인 발달양상 외에도 개인차에 관심을 두고 있다.

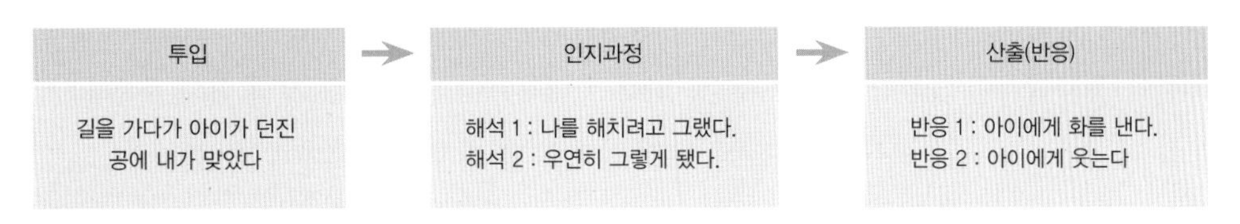

그림 3-12 **사회적인 정보처리 과정의 예**

(2) 정보처리 이론의 평가

정보처리 이론은 방법론에서 강점이 있다. 복잡한 사고 과정을 분석하고 사고능력에서의 개인차를 체계적으로 정리하는 한편, 사고의 구체적인 과정에 대해 상세히 설명함으로써, 높은 평가를 받고 있다. 그러나 인간의 사고 과정이나 능력을 컴퓨터처럼 기계로 가상함으로써, 인지 과정이나 사고능력에 영향을 미칠 수 있는 동기나 정서를 고려하지 않는다는 비판을 받는다. 또한 아동들에게서 흔히 나타나는 창의성이나 상상력 등 논리적이지 않은 사고 행동을 설명하지는 못한다(Miller, 2002).

(3) 발달적 쟁점에 대한 입장

정보처리 이론에서는 지각된 정보를 아동 스스로가 기존의 정보에 비추어 부호화하고 변형시키고 조작하기 때문에 인간의 본질을 능동적인 존재로 본다. 또한 연령 증가에 따라 기억용량이나 기억력이 증가하는 등 양적인 변화와 함께, 새로운 전략의 출현 등 질적인 변화도 일어난다.

한편, 지각이나 주의력, 기억력, 정보의 분류와 관련된 사고 과정은 연령과 관계없이 유사하다고 보기 때문에 발달을 계속적 과정으로 인식된다. 또한 신경계의 성숙으로 정보처리의 효율성은 높아지지만, 환경적인 경험도 중요하다는 것을 시사하고 있어 발달은 유전과 환경의 상호작용의 결과로 본다.

5. 동물행동학적 이론

동물행동학(ethology)은 모든 유기체의 행동이 적응적이고 생존적인 가치가 있는 것임을 강조하며 진화의 역사에 관심을 둔다. 동물행동학은 Darwin의 이론에 기초하나 그 후 유럽의 동물학자인 Lorenz(1903~1989)에 의해 현대적인 이론의 기초가 놓였다. 동물의 행동을 관찰한 Lorenz는 어린 새끼들이 처음 접하게 된 대상인 어미에게 각인(imprinting)되어 가까이 있으려 하는 행동을 보인다는 것을 발견하였다. 이러한 행동은 위험으로부터 보호받고 먹이를 얻기 위한 생존적 가치가 있는 것으로, 생의 초기 일정한 시기에만 나타나기 때문에 어린 시기에 어미가 없는 경우는 다른 유사한 대상에게 각인된다.

오리들이 처음에 각인된 Lorenz를 따르고 있다.

Lorenz이래, 각인 현상에 대한 관찰은 '결정적 시기(critical period)'의 개념으로 발전하여 아동발달 연구에 널리 적용되었다. '결정적 시기' 개념에 의하면, 아기는 적응적인 행동을 습득하도록 생물학적으로 준비된 일정한 시기가 있으므로, 이 시기에 적절한 환경적 경험을 주어야 한다. 그러나 인간의 발달 특성을 생각해보면, '결정적 시기'라는 개념보다는 민감한 시기(sensitive period) 또는 최적의 시기(optimal period)라는 개념이 더 적절하다고 본다.

영국의 정신분석학자인 Bowlby(1989)는 동물행동학적 이론을 인간발달에 적용하여 아기와 양육자 간의 애착관계를 이해하고자 하였다. 그는 장기간 어머니로부터 떨어져서 자란 영아들에 대한 관찰을 통해 양육자와 영아 간 초기 애착의 질이 아동기, 청년기, 성인기에 걸쳐 최적의 발달을 이루는 데 매우 중요한 영향을 미친다고 결론지었다.

(1) Bowlby의 애착이론

Bowlby(1989)의 애착이론에 의하면, 동물의 새끼나 인간의 아기는 어머니 또는 양육자와 가까워지기 위해 양육자에게 매달리고 주의를 끄는 행동인, 신호행동을 한다. 이러한 성향은 진화 역사의 산물로서 생존을 위해 필수적이고 적응적 의미가 있다.

J. Bowlby

또한 Bowlby는 정신분석 이론을 적용하여, 아기와 어머니 사이의 애착관계는 아기가 경험하는 양육의 질에 의해 상당한 영향을 받는다고 주장하였다. 따라서 아기가 애착을 형성하려는 타고난 성향이나 애착 형성단계는 보편적이지만, 애착관계의 질은 다양하게 나타날 수 있다. 예를 들어, 어렸을 때 어머니로부터 즉각적, 반응적 양육을 경험한 아동은 필요할 때 언제든지 부모나 다른 사람으로부터 도움을 구하고, 어려움에 대처할 수 있다는 믿음과 능력을 갖게 된다. 반면에, 부모로부터 반응적인 양육을 받지 못했던 아동은 의존적이고 자신의 능력에 대한 믿음이 없으며, 사회적인 관계에서 잘 어울릴 수 없다.

결국, 어린 아이는 양육자와의 긍정적인 경험을 통해 사회적인 관계에서 필요할 때는 언제든지 상대방으로부터 자신이 원하는 반응을 얻을 수 있다는 보편적인 기대감, 즉 내적 작업모형(internal working model)을 형성한다. 이러한 인지적 구조는 향후의 여러 사회적 관계에 지속적인 영향을 미친다.

(2) 동물행동학적 이론의 평가

동물행동학은 발달을 이해하기 위한 기초로 생물학이나 진화론, 적응적 행동, 민감한 시기에 대한 연구자들의 관심을 증가시켰으며, Bowlby의 애착 이론은 20세기 후반부터 자연적인 상황에서의 관찰법과 함께, 사회·정서적 행동 연구에 지대한 영향을 미쳤다. 그러나 생물학적 본능이나 민감한 시기에 대한 지나친 강조는 비판의 대상이 되기도 한다. 즉, Bowlby의 이론은 정신분석 이론과 마찬가지로 어렸을 적 경험이 애착에 결정적인 영향을 미친다는 점을 강조하였다. 그러나 이후에는 Bowlby도 초기경험이 최종적인 발달을 결정하지는 않지만, 발달 가능성을 제한한다고 하여, 환경에 의한 변화 가능성을 시사하였다.

(3) 발달적 쟁점에 대한 입장

아기가 사회적인 신호체계를 가지고 태어나고 능동적으로 생존을 추구한다는 점에서 아동의 능동적인 특성을 강조하며, 연령에 따라 적응력이 증가하므로, 발달을 연속적인 과정으로 보고 있다. 그러나 질적으로 다른 발달적 특징을 보인다는 결정적 시기의 개념 또한 강조되고 있어 비연속적인 측면도 있다. 한편 타고난 적응기제 면에서는 유전적 견해를 보이나, 환경의 중요성도 강조하므로 유전과 환경의 상호작용을 주장한다.

6. Bronfenbrenner의 생태학적 체계 이론

근래에 이르러 학자들의 연구를 자극하고 있는 Bronfenbrenner의 생태학적 체계 이론은 아동이 속한 여러 종류의 환경적 체계에 관심을 두고 있으며, 이러한 체계 간 상호작용이 아동의 발달과 밀접한 관련이 있음을 강조한다.

(1) 이론의 본질

U. Bronfenbrenner

생태학적 체계 이론(ecological systems theory)을 주장한 Bronfenbrenner(1979)는 아동이 접하고 있는 환경을 여러 수준의 체계로 구별하고, 아동의 발달은 이러한 체계들의 관계 내에서 직접, 간접으로 영향을 받을 수 있다고 하였다. 그에 의하면 아동이 속한 환경체계는 미시체계, 중간체계, 외체계, 거시체계 및 시간체계로 나누어진다(그림 3-13).

미시체계(microsystem)는 아동이 직접적으로 참여하는 환경을 일컫는다. 여기에는 가족, 또래, 보육기관, 학교, 이웃, 등이 포함되며 미시체계 내에서의 상호작용은 양방적이고 제 삼자에 의해 영향을 받는다. 예를 들어, 어머니의 양육행동은 아동의 특성에 따라 달라지며, 아동의 행동은 어머니의 행동에 따라 달라진다. 또한 영아와 어머니의 상호작용 양상은 아버지의 양육 참여여부에 따라 달라지며, 보육교사와 아동의 관계는 보육아동수에 의해 영향을 받으므로 발달에 영향을 미친다. Bronfenbrenner는 특히 둘 이상의 미시체계 간의 상호관계를 중간체계(mesosystem)로 개념화하였는데, 이러한 미시체계들 간의 관계 역시 아동의 발달에 영향을 미친다. 예를 들어, 부모가 교사와 긴밀한 관계를 유지할 경우, 부모-자녀 관계나 아동의 발달은 긍정적인 영향을 받게 된다.

한편, 외체계(exosystem)는 아동이 직접적으로 참여하지는 않지만, 부모의 교육 및 재산, 사회계층, 부모의 직장, 지역사회의 복지여건, 부모의 사회관계망 등 간접적으로 관계되는 체계를 일컬으며, 아동의 일상생활과 관련되어 발달 및 행동에 영향을 준다. 예를 들어, 어머니 직장의 산후휴가, 융통성 있는 일과, 부모의 친척이나 친구들은 부모의 아동양육에 도움이 됨으로써 아동의 발달에 영향을 준다.

여러 환경체계 중에서 가장 지속적이고 거대한 체계라고 할 수 있는 거시체계(macrosystem)는 한 문화의 관습이나 가치, 신념 등 이념적인 측면이다. 거시체계들이 개인에게 미치는 영향력은 눈에 보이지는 않지만, 우리의 행동이나 생활에 상당한 영향력을 행사하게 된다.

이외에도 시간체계(chronosystem)는 인생 과정에서 경험한 환경적 사건 및 변화, 또는 사회역사적 환경으로 인한 영향을 말한다. 예를 들어, 이혼한 가정의 자녀는 이혼 후 경과기간에 따라 적응이 다르며, 과거에 비해 오늘날 여아의 학업능력이 남아보다 높은 것

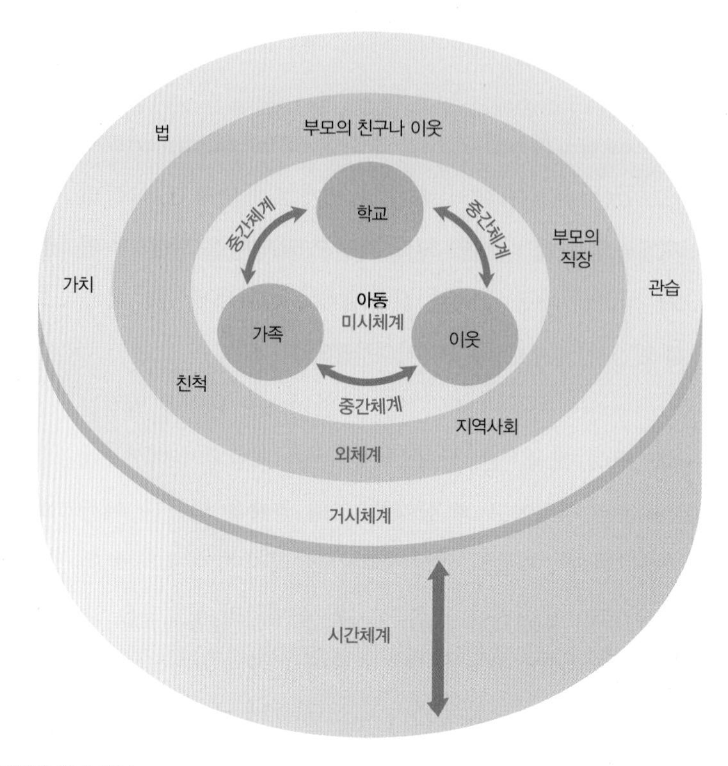

그림 3-13 **생태학적 체계 이론**

은 여성의 지위 등 사회·역사적 환경 변화에 어느 정도 기인한다.

말년에 이르러 Bronfenbrenner는 환경적 체계뿐 아니라 아동이 타고난 생물학적 특성도 함께 발달에 영향을 미친다는 것을 강조하기 위해 생물적 생태학적 모델(bioecological model)이라고 개칭한 바 있다(Bronfenbrenner & Evans, 2000).

(2) 생태학적 체계 이론의 평가

생태학적 체계 이론은 다양한 환경의 영향력 및 환경 간의 관계가 발달에 미치는 영향, 그리고 사회역사적 환경의 영향을 강조한 점에서 발달을 이해하는 데 독자적인 기여를 하고 있다. Bronfenbrenner는 이후에 아동이 타고난 생물적 특성의 영향력을 다소 언급하고 있으나, 그의 이론은 발달에 영향을 미치는 생물적 요소나 인지적 과정에 관한 관심은 거의 없다는 제한점을 지닌다.

(3) 발달적 쟁점에 관한 입장

생태학적 체계 이론은 발달의 연속성이나 비연속성에 대해서는 특별한 언급이 없다. 한편 아동이나 다른 사람의 특성 또는 환경적 특성 간 양 방향적 상호작용을 강조하고 있어 아동을 능동적인 개체로 보고 있으며, 여러 수준의 환경이 아동의 양육 경험 및 발달에 영향을 미친다는 것을 강조하므로 환경적 견해가 강하다.

7. Vygotsky의 사회문화적 이론

Bronfenbrenner의 생태학적 이론이나 Erikson의 심리사회적 이론 모두 문화와 아동발달 간의 관계를 강조하고 있다. 그러나 특히 최근에 이르러 각 문화에 따른 독특한 양육방식 및 이에 따른 아동의 발달적 차이에 관한 관심이 증대되면서 Vygotsky의 사회문화적 이론(sociocultural theory)은 새로운 조명을 받고 있다.

(1) 이론의 본질

러시아 학자인 Vygotsky(1896~1934)는 Piaget와 마찬가지로 아동이 능동적으로 인지적인 능력을 구축한다고 본다. 그러나 그는 Piaget와 달리, 사회적 상호작용이나 문화가 인지발달에 미치는 영향을 강조한다. 따라서 인간의 행동은 사회문화적인 배경과 분리해서 생각할 수 없다. 이러한 견해는 Piaget를 비롯하여 서구의 이론들이 대부분 사회적 환경이나 물리적인 환경보다는 개인의 행동이나 발달에 초점을 맞추고 있는 한편, 환경은 단지 발달을 촉진하거나 제한하는 역할로만 인식하는 것과 대조를 이룬다.

L. Vygotsky

Vygotsky의 이론의 주요 개념은 근접발달영역(ZPD, Zone of Proximal Development)과 비계 또는 발판화(scaffolding)의 개념이다. 근접발달영역이란 아동이 스스로 도달할 수 있는 실제적 발달수준과 성인이나 또래의 도움을 받아 도달할 수 있는 잠재적 발달수준 간의 차이 부분을 말한다(그림 3-14). 비계는 근접발달영역과 밀접한 관련이

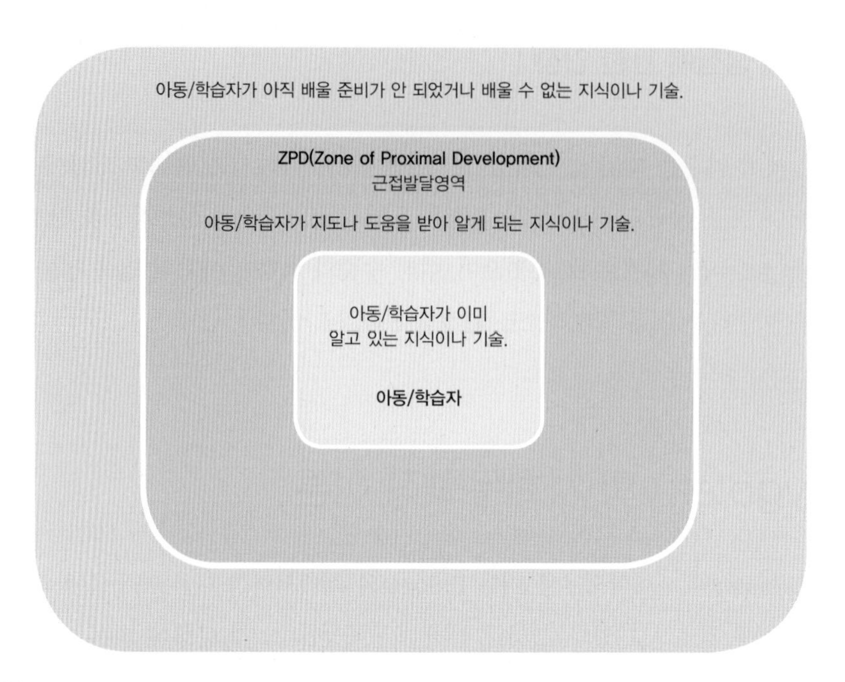

그림 3-14 Vygotsky의 근접발달영역
자료: Berger, 2018

있는 개념으로 아동이 혼자서 잘 할 수 있을 때까지(즉 최적의 발달수준에 이를 때까지) 성인이나 또래가 지원을 해주는 것을 뜻한다.

인지발달에서 성인의 '가르침'을 중요하게 생각하지 않은 Piaget와는 달리, Vygotsky는 아동이 새로운 것을 시도할 때, 자기보다 경험이 많은 성인이나 또래가 어느 정도 도움을 주거나 협조적인 대화를 함으로써 인지가 발달한다는 것을 강조한다. 성인이나 또래의 지도는 아동이 근접발달영역을 넘도록 도와주는데, 가장 효과적이다.

또한 Vygotsky는 이러한 개념을 중심으로 문화가 다음 세대에 어떻게 전달되는지에 관심을 둔다. 그에 의하면, 아동이 학습해야 할 과제는 문화에 따라 다르며, 그 과제를 중심으로 일어나는 사회적인 상호작용이 한 문화에서 성공하는데 필요한 지식과 기술을 얻게 해준다. 즉, 아동은 지식이 많은 어른이나 또래의 가르침이나 도움으로 그가 속한 사회의 사고방식이나 행동방식을 배우게 된다. 공동활동을 통한 성인이나 또래의 가르침이나 도움을 강조하는 그의 이론은 교육 현장에 많은 시사점을 주고 있다.

(2) 발달적 쟁점에 대한 입장

Vygotsky의 사회문화적 이론에 의하면, 아동은 성인이나 또래와의 사회적인 대화과정에서 중요한 요소를 내면화하고 자신의 행동지침을 정하게 되므로 아동은 능동적인 개체이다. Vygotsky는 아동이 성인과의 상호작용을 통해 점진적으로 사고나 행동에 변화를 가져온다고 주장하므로 발달을 연속적 과정으로 본다. 또한 문화적 경험을 강조함으로써 생물적인 요소는 소홀히 하고 있으나, 사실상 아동은 성숙이 진행됨에 따라 성인과의 상호작용 기회를 통해 문화적으로 필요한 적응기술을 배우고 인지적 발달을 이루므로, 유전과 환경 모두의 영향을 받는다고 할 수 있다.

지금까지 기술한 주요 발달이론의 발달적 쟁점에 관한 관점은 표3-5를 참고하기 바란다.

표 3-5 발달적 쟁점에 관한 주요 발달이론의 비교

이론	연속성 대 비연속성	유전 대 환경
정신분석 이론	• 비연속성: 심리성적, 심리사회적 발달 단계들이 강조됨	• 상호작용: 타고난 욕구가 양육경험을 통해 조정됨
행동주의 이론 및 사회학습 이론	• 연속성: 학습된 행동들은 연령에 따라 양적으로 증가됨	• 환경을 강조: 조건화 원리와 모델링을 통한 학습이 발달을 가져옴
Piaget의 인지발달 이론	• 비연속성: 인지발달의 단계들이 강조됨	• 상호작용: 두뇌성숙, 타고난 지적탐구 활동을 강조함. 그러나 풍부하고 자극적인 환경에 의해 지지되어야 함
정보처리 이론	• 연속성과 비연속성 모두 인정: 연령에 따라 지각, 주의, 기억, 문제해결기술은 양적으로 증가함. 또한 새로운 전략의 출현으로 질적인 변화도 있음	• 상호작용: 성숙과 더불어 학습의 기회가 정보처리 능력에 영향을 미침
동물행동학적 이론	• 연속성과 비연속성 모두 인정: 적응행동방식은 점차 양적으로 증가함. 또한 질적으로 독특한 행동이 나타나는 결정적 시기의 개념 역시 강조됨	• 상호작용: 타고난 행동방식과 함께 환경적 경험의 역할도 강조
Bronfenbrenner의 생태학적 체계 이론	• 특별한 언급이 없음	• 상호작용을 강조하나 환경을 더욱 강조함: 아동의 특성과 환경간의 관계 및 여러 수준의 환경이 역동적으로 아동의 발달에 영향을 미침
Vygotsky의 사회문화적 이론	• 연속성: 아동과 사회구성원들 간의 상호작용은 사고와 행동에 점진적인 변화를 가져옴	• 상호작용: 두뇌의 성숙과 더불어 사회구성원들과의 상호작용 기회가 발달에 영향을 미침

PART 2

생의 시작

수정란으로 시작된 새 생명은 출생 전 9개월 동안 모체 내에서 놀라운 성장을 이루게 되며, 출생과 더불어 새로운 외부환경에 적응하기 시작한다. 신체 기관 및 구조가 급속히 형성되는 태내기 9개월간과 출생 후 한달은 발달적으로 특히 중요한 시기로서 환경적인 위험요인에 의해 쉽게 손상을 입는다. 4장에서는 유전적 기초 및 태내 발달을 살펴보고, 5장에서는 출산 및 신생아의 특징과 능력에 대해 알아본다.

CHAPTER

4

태내발달

01 임신
02 태내발달의 3단계
03 태내발달에 영향을 미치는 환경적 요인
04 태내기 진단

인간의 발달은 여성의 난자와 남성의 정자가 만나 결합되는 수정의 순간부터 시작된다. 태내발달은 유전과 태내환경의 복합적 산물이며, 출생 후 발달의 기초가 된다. 건강한 아기로 성장시키기 위해서는 태아의 발달과 관련된 유전적 요인 및 환경적 요인들을 이해하여야 한다.

01
임신

1. 수정

수정이란 성숙된 난자가 성숙된 정자와 결합하여 수정란(受精卵)이 되는 것을 말한다. 수정란은 세포분열을 하기 전까지는 접합체(zygote)라고도 불리며, 이전의 상태인 난자와 정자는 배우체(gametes) 혹은 성세포(sex cell)라고 불린다.

여성은 성적으로 성숙하면서 폐경기에 이르기까지 일정한 주기로 매월 3~5일 정도에 걸쳐 혈액을 배출하게 되는 월경을 하며, 매 월경 개시일로부터 14일경 후쯤 배란이 일어나게 된다. 즉, 두 월경주기 중간쯤 두 개의 난소 중 하나에서 성숙된 난포가 파열되고 한 개의 난자를 배출해낸다. 난포에서 배출된 난자가 서서히 자궁으로 이동해가는 중 나팔관 팽대부에서 여성의 체내에 들어온 정자를 만나 결합되면 수정이 일어난다.

남성의 정자는 성적인 절정 시 정액으로 방출되는데, 성교 시 대략 2~3억 개의 정자가 여성의 질을 통해 들어가게 된다. 정자는 난자보다 훨씬 작고, 난자와 달리 스스로 꼬리를 흔들면서 이동할 수 있어서, 여성의 체내로 들어간 정자는 질, 자궁경부, 자궁을 거쳐 나팔관 안으로 헤엄쳐 간다. 그 과정에서 소수의 힘센 정자들만 남게 되고, 이 중에서도 가장 활동적이고 건강한 정자가 난자의 보호막을 뚫고 난자와 결합하여 수정란을 이루게 된다. 일단 정자가 난막을 뚫고 들어가면 난막의 변화로 인해 다른 정자는 들어가지 못하게 된다. 그러나 수정이 되었다 하더라도, 수정란이 자궁 내에 착상된 상태인 임신이 되는 것은 아니어서 여성은 임신 사실도 모르는 채 수정 후 곧 수정란을 잃게 되기도 한다. 또한 임신이 되어도 나중에 유산을 하기도 해서, 수정이 된다 해도 출산까지 살아남는 경우는 절반 정도에 지나지 않는다.

특히 흥미로운 점은 아기의 성에 관한 것인데, 유전적으로 남아를 만들게 될 정자는 여아를 만들 정자보다 크기가 더 작고 머리 부분이 둥글며 긴 꼬리를 가지고 있어 훨씬 쉽게 난막을 뚫는다. 한편, 수정 시에는 여아와 남아의 비율이 100 : 125로 남아가 훨씬 더 많지만, 남아를 만드는 Y염색체를 가진 정자는 여아를 만드는 X염색체를 가진 정자보다 유전적으로 취약해, 출생 시는 그 비율이 100 : 106으로 줄어들며, 생후 1년경에는 남

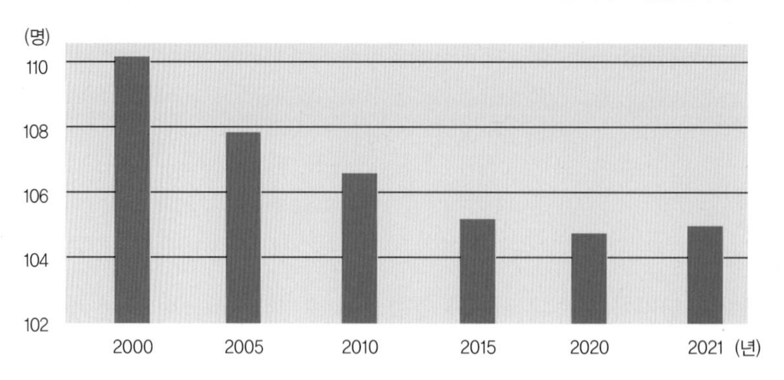

그림 4-1 **출생시 성비 추이**
자료: 통계청, 2022

아와 여아의 성비가 거의 같아진다(Papalia, et al., 2003). 우리나라는 그동안 남아선호로 인해 인위적이고 선별적인 임신을 하는 경우가 있어, 출생 시 성비는 남아가 훨씬 높았다. 그러나 출생시 성비가 여아 100명당 남아가 115명이던 1994년 이래, 2000년에는 110.1로 나타났으며, 이후 해마다 줄고 있어 2005년에는 107.8, 2010년에는 106.9, 2015년은 105.3, 2020년은 104.9로 보고되고 있어 남아선호 경향은 점차 낮아지고 있음을 알 수 있다(그림 4-1).

한편, 정자는 여성의 체내에 배출된 후 보통 1~2일 동안 난자와 수정될 수 있는 능력

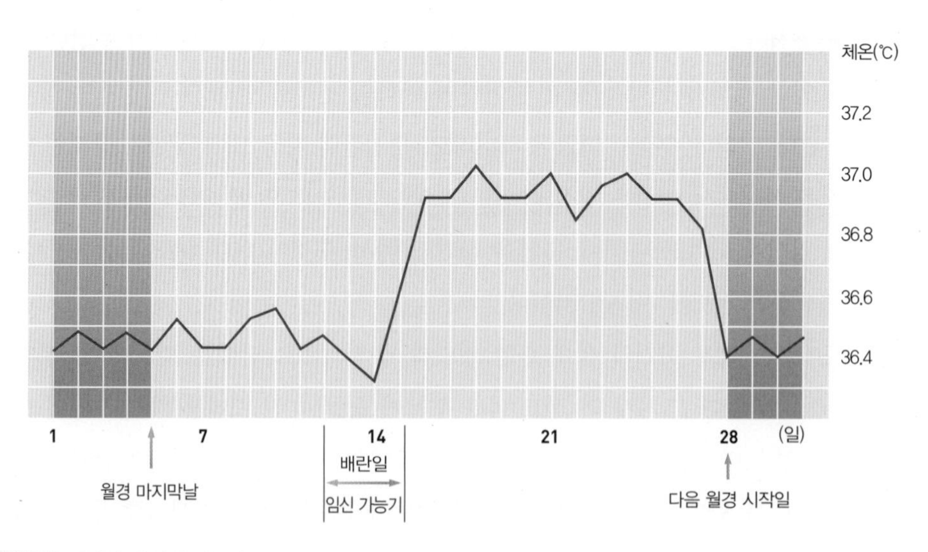

그림 4-2 **배란일 및 임신 가능기**

을 유지하지만, 난자는 배출 후 12~24시간 내 수정되지 않으면 퇴화하게 된다. 따라서 그림 4-2에서 보듯이 배란일을 전후한 임신 가능기 동안에 수정이 이루어지지 않으면 정자와 난자는 생명력을 잃게 된다(그림 4-2 참조).

2. 임신의 유전적 기제

인간의 몸은 약 100조 개에 이르는 세포로 이루어져 있으며, 각 세포에는 핵이 있고 핵 속에는 유전적인 정보를 가진 염색체들이 있다(그림 4-3). 우리 몸의 세포는 체세포와 생식세포 두 가지 유형이 있다. 세포가 발달하는 세포분열 과정에서 체세포는 유사분열(mitosis)을 통해 23쌍의 염색체가 똑같은 숫자로 반복 분열된다. 그러나 임신과 관련된 생식(성)세포(germ cell 혹은 sex cell), 혹은 배우체(gametes)라고 불리는 난자나 정자는 23쌍이 아니라 23개의 염색체를 가진다. 성세포 역시 발달의 초기 단계에서는 체세포와 동일하게 유사분열을 하나, 마지막 단계에서는 원래의 23쌍의 염색체가 감수분열(meiosis)을 하여, 배우체인 난자와 정자는 23쌍 대신 23개의 염색체를 갖게 된다.

성세포인 난자와 정자는 수정과 더불어 23쌍의 염색체를 지닌 단일세포(접합체)가 되어 새로운 개체로 발달을 시작하게 된다(그림 4-4). 정자와 난자의 결합으로 이루어진 수정란으로 시작된 한 생명체는 아버지로부터의 23개 염색체가 지닌 유전적인 특성과 어머니

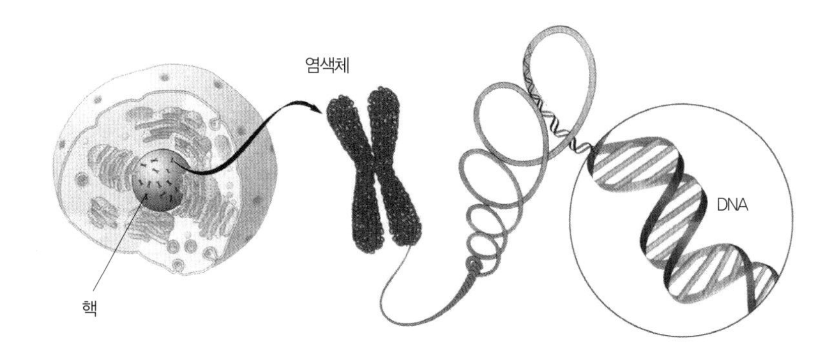

그림 4-3 **세포, 염색체, 유전인자, DNA**
인간의 몸은 생명체의 기본구조 단위인 세포 100조 개로 이루어져 있으며, 각 세포는 중심구조인 핵을 가지고 있다. 핵에는 DNA라고 불리는 화학적 물질의 집합체인 긴 실 모양의 염색체가 있다. 이중나선형의 DNA는 유전적 정보를 가지고 있는 수많은 유전인자로 이루어져 있다.
자료: Santrock, 2007

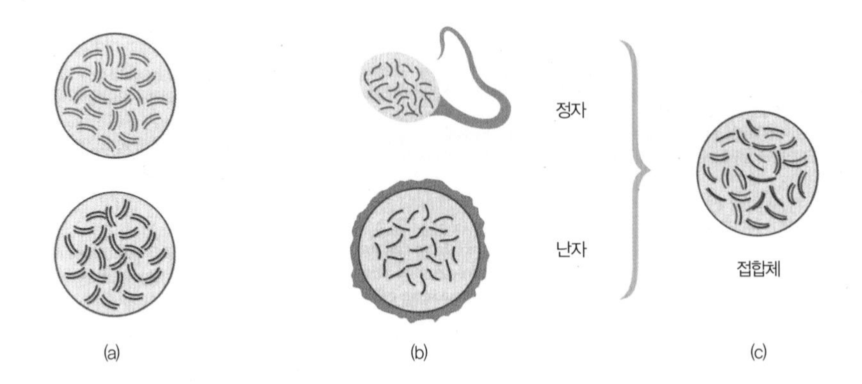

그림 4-4 접합체의 유전적 구성
(a) 여자와 남자의 체세포는 유전의 기본단위인 유전인자를 가진 23쌍의 염색체로 이루어져 있다. (b) 각각의 배우체, 또는 성세포(난자, 정자)는 특수한 세포분열, 즉 총 염색체 수가 절반으로 줄어드는 감수분열을 해서, 오직 23개의 염색체를 가지게 된다. (c) 수정 시, 정자의 23개 염색체는 난자의 23개의 염색체와 합쳐져서 접합체는 46개의 염색체, 즉 23쌍의 염색체를 가지게 된다.
자료: Papalia et al., 2003

로부터의 23개 염색체가 지닌 유전적인 특성이 혼합된 23쌍의 염색체 덩어리로 독자적인 유전적 청사진, 즉 유전형(genotype)을 지니게 된다.

각 염색체는 사다리 모양으로 꼬여 있는 이중나선형의 DNA라고 불리우는 화학적 물질의 집합체라고 할 수 있으며, DNA에는 수많은 유전인자가 있어 개인이나 인간의 각종 발달양상에 영향을 주게 된다. 즉, 염색체에는 피부색이나 지능, 기질 등 개인의 특성과 관련된 독특한 유전정보 뿐 아니라, 앉고, 서고, 말하는 등 인간이 공통적으로 가지고 있는 유전정보 등 모든 유전인자가 들어 있다. 한편, 어떤 특성과 관련된 유전인자는 항상 같은 염색체상의 같은 장소(locus)에 위치하므로, 유전학에서는 다양한 특성을 나타내는 각 유전인자의 위치를 규명하고 도식화함으로써 출산 전에 유전적인 결함이나 선천적인 질환을 진단하고 있다.

(1) 성의 결정

앞서 기술하였듯이 우리 몸의 각 세포는 어머니와 아버지로부터 각각 23개의 염색체를 받아 23쌍의 염색체를 가지고 있다. 이 중 22쌍의 염색체는 유전적인 위치가 정확하게 일치하는 상동염색체(autosomes)로서 그 크기에 따라 가장 큰 쌍은 1번, 가장 작은 쌍은 22번으로 번호가 주어진다. 나머지 23번째인 한 쌍은 성염색체로서 X와 Y의 두 가지 염색체 유형이 있다. 여성의 성염색체는 두 개의 X염색체로 되어 있으며 남성의 성염색체는 X염색체 1개와 Y염색체 1개로 이루어져 있다. X염색체는 비교적 길고 Y염색체는 짧아서 유전적 정보를 적게 가지고 있다(그림 4-5).

다시 말하면, 여성의 경우는 성세포인 난자가 형성될 때 모두 X염색체를 가지게 되나, 남성의 경우에는 성세포가 형성될 때 성염색체인 XY가 X염색체를 가진 정자세포와 Y염색체를 가진 정자세포의 두 종류로 나누어진다. 따라서 수정시 난자가 X정자와 만나면 XX가 되어 여성이 되며, Y정자와 만나면 XY가 되어 남성이 된다(그림 4-6).

현재까지 밝혀진 바에 의하면, Y염색체에 있는 3개 유전인자 중 한 개의 유전인자가 남성호르몬 분비를 촉진하는 작용을 하고 2개 유전인자는 남성의 성기를 형성하는데 관여한다(Berk, 2005). 이외에도 여성적 특성의 발달과 관련한 유전인자에 관한 주장도 제기되고 있어 성적 분화과정은 전보다 훨씬 더 복잡한 과정으로 인식되고 있다.

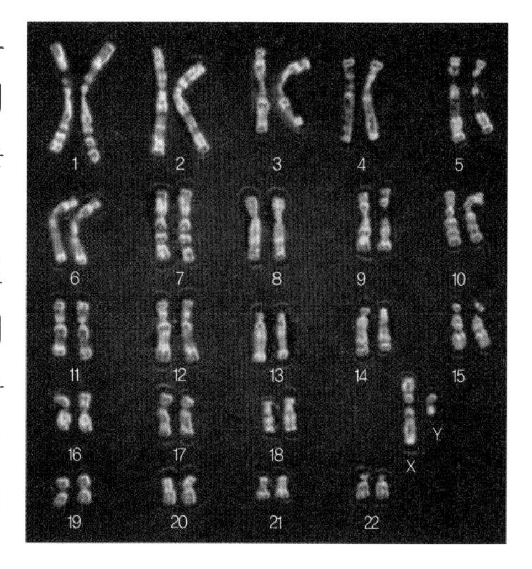

그림 4-5 **인간의 염색체**
사진에서 보는 46개의 염색체는 인간의 세포에서 분리하여 염색하고 확대하여, 염색체 크기에 따라 쌍으로 정렬하였다. 이 사진에서 보면 23번째의 염색체는 XY이므로 이 세포를 기증한 사람은 남자임을 알 수 있다. 여자의 경우는 23번째 쌍이 XX이다.
자료: Berk, 2005

(2) 쌍생아

가장 보편적인 쌍생아 형태는 이란성 쌍생아(DZ, dizygotic twin)로 전체 쌍생아의 2/3 정도를 차지한다. 이란성 쌍생아는 두 개의 난자가 배출되어 각기 다른 정자와 결합되는 경우로, 유전적으로 서로 다르며 성도 다를 수 있다. 가계 내력이나 인종에 따라 이란성 쌍생아를 출산하는 비율은 다르지만, 배란유도제 등의 사용이 많아지면서 더욱 흔해지고 있다.

또 다른 경우는 하나의 수정란이 2개의 세포로 분열

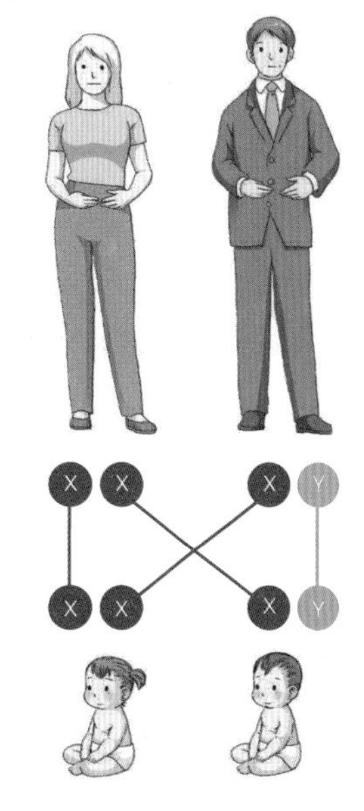

그림 4-6 **성의 결정**
아버지는 X염색체와 Y염색체를 가지고 있고 어머니는 두 개의 X염색체를 가지고 있다.
남자 아기는 어머니로부터 X염색체를, 아버지로부터 Y염색체를 받는다. 여자 아기는 아버지와 어머니로부터 X염색체를 받는다.
모든 아기는 어머니로부터 X염색체를 받기 때문에, 아기의 성은 아버지로부터 받는 X 또는 Y염색체에 의해 결정된다.

그림 4-7 **일란성 쌍생아 사진**
일란성 쌍생아인 이 두 여아는 외모나 행동적 특성에서 이란성 쌍생아보다 유사성이 높다.

되어 발달하는 일란성 쌍생아(MZ, monozygotic twin)로, 이 경우는 동일한 유전형질을 갖는다. 일란성 쌍생아의 출산은 유전이나 환경적 영향보다는 주로 태내 사고에 의한 것으로 보고 있다. 이외에도 여러 쌍생아의 출산은 일란성이나 이란성 쌍생아를 갖게 하는 이유 중 어느 한 가지이거나 두 과정이 복합된 경우, 또는 인공수정 방법에 따른 결과이기도 하다. 쌍생아의 출산은 가족에게 기쁨을 주기도 하지만, 출생결함도 단생아의 두 배이며 저체중아 출산 경향도 높다.

(3) 우성 유전인자와 열성 유전인자로 인한 유전

인간은 23쌍의 염색체 각각에 대해 어머니와 아버지로부터 각각 한 개씩의 염색체를 물려 받는데, 어떤 일정한 위치에 있는 한 쌍의 유전적 정보인 대립유전자(allele)는 서로 동질적일 수도 있고 이질적일 수도 있다. 어머니와 아버지로부터 동일한 유전적 정보를 물려받은 경우, 즉 대립유전자가 동질적인 경우는 대개 그 특성이 자녀들에게 그대로 나타나지만, 이질적인 경우는 각 특성을 나타내는 유전인자에 따라 다르게 표현된다.

이질적 대립유전자의 경우 가장 보편적으로 표현되는 형태는 두 종류의 유전인자 중 보다 강한 우성의 유전적 특성이 나타나는 것이다. 다시 말하면, 한 쌍의 이질적인 대립유전자 중에서 아동의 특성에 영향을 미치는 것은 우성인자이며 영향을 미치지 않는 것

표 4-1 **우성 특성과 열성 특성**

우성	열성	우성	열성
검은머리	갈색머리	원시	정상 시력
정상 모발	대머리	정상 시력	선천성 백내장
곱슬머리	직모	정상 색소피부	백색증
보조개	보조개 없음	A 혈액형	O 혈액형
정상 청력	청력 이상	B 혈액형	O 혈액형
정상 시력	근시	Rh+ 혈액형	Rh– 혈액형

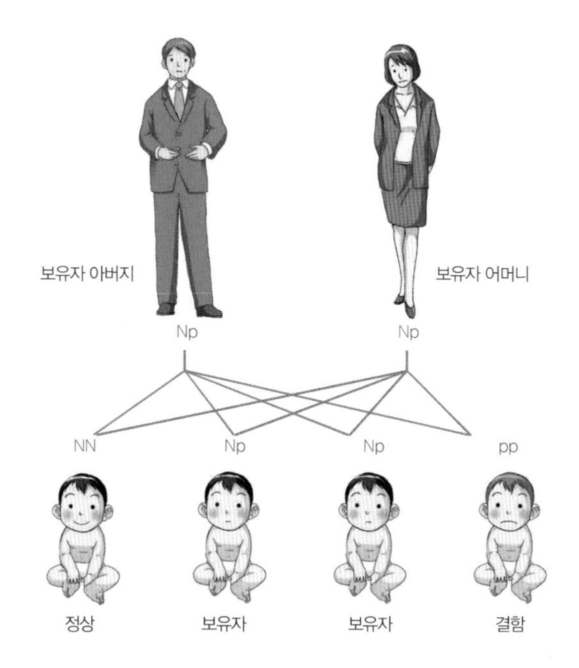

그림 4-8 우성과 열성 유전인자로 인한 유전
부모가 모두 열성 유전인자(p)를 보유하고 있는 경우, 자손의 25%는 정상(NN)이며, 50%는 보유자(Np), 그리고 25%는 결함(pp)을 나타내게 된다.

은 열성인자다. 예를 들어, 부모 한쪽으로부터 검은 머리(혹은 곱슬머리), 다른 한쪽으로부터 갈색머리(혹은 직모)의 유전인자를 물려받았을 경우, 자녀는 열성 유전인자인 갈색머리나 직모 대신 우성 유전인자인 검은색 머리나 곱슬머리를 타고난다.

한편, 상대적으로 약한 열성 유전인자는 당대에는 그 특성이 표현되지 않지만, 감수분열을 통해 다음 세대로 전달되며, 보유자인 부모 모두로부터 결함 보유인자를 받을 때 나타난다. 즉, 표 4-2에서 보듯이 대체로 정상적인 유전인자는 비정상적인 유전인자에 비해, 우성이므로 선천적 질병이나 결함은 대부분 각 부모로부터 같은 열성 유전인자를 받을 때 전달된다(그림 4-8). 따라서 부모의 유전적 정보를 알면, 자녀에게서 어느 정도 비율로 그 특성이 나타나는지 또는 보유하는지를 예측할 수 있다. 드물기는 하지만 유전적 특성이 둘 다 우성인 경우에도 심각한 장애를 나타내는 경우가 있다. 우성 유전인자에 의한 결함을 가진 경우는 대개 일찍 사망해서 1세대 이상 지속되지 않지만, 중추신경계 쇠퇴와 관련된 헌팅턴병(Huntington's disease)은 35세 이후에 나타나 다음 세대까지 전달된다.

표 4-2 우성 및 열성 유전인자에 의한 질병

질병	유전인자	주요 증상	진단 가능성 여부 및 치료
페닐케토누리아 (Phenylketonuria, PKU)	열성	단백질 대사장애로 중추신경계 이상이 옴.	식이요법으로 정상적인 생활이 가능함. 태내기 진단 가능.
테이삭스 병 (Tay–Sachs disease)	열성	신경계의 쇠퇴, 유대인에게 많이 나타남.	출생 후 3~4년 내에 사망. 태내기 진단 가능.
시클셀 빈혈증 (Sickle–cell anemia)	열성	비정상적 적혈구로 인해 혈액과 관련된 질병, 저항력 쇠퇴, 아프리카계 미국인에게 많음.	불치: 20세까지 50% 정도 사망함. 태내기 진단 가능.
시스틱 파이브로시스 (Cystic fibrosis)	열성	폐와 간, 장과 관련된 질병으로 호흡 및 소화장애 나타남. 미국인 특히 백인에게 흔함.	치료법 향상으로 정상적 생활 가능함. 태내기 진단 가능.
헌팅턴 병 (Huntington's disease)	우성	중추신경계의 장애로 보통 35세 이후에 발병.	불치: 발병 후 10~20년 내 사망, 태내기 진단 가능.
마르판 증후군 (Marfan syndrome)	우성	신장과 팔, 다리가 지나치게 길어 골격이상을 보임. 심장과 눈의 이상.	성인 초기에 사망, 태내기 진단 불가.
근위축증 (Muscular distrophy)	열성	X염색체에 의해 전달되므로 남아에게 나타남. 근육 쇠퇴, 호흡기, 심장장애	불치: 청소년기에 사망. 태내기 진단 가능.
혈우병	열성	X염색체에 의해 전달되므로 남아에게 나타남. 혈액이 응고되지 않음.	다치지 않게 조심해야 함. 태내기 진단 가능.

자료: Berk, 2005

(4) 성염색체(X염색체)와 관련된 유전

X염색체는 Y염색체보다 길기 때문에, Y염색체와 대응될 수 없는 유전적 정보가 있는 부분이 많다. 따라서 성과 관련된 결함은 주로 어머니의 유전인자에 있는 결함이 아들에게 직접 유전된다. 다시 말하면, 여아의 경우는 XX 성염색체를 가지고 있어서 X염색체 상에 유전적 결함이 있다고 해도 서로 상쇄되어 직접적인 영향을 받지 않는다.

반면에 XY 성염색체를 가진 남아의 경우는 X와 서로 짝지어지는 유전적인 위치가 없는 Y염색체로 인해 X염색체 상에 있는 결함이 그대로 나타나게 된다. 예를 들어, 열성유전 질병인 혈우병은 여아의 경우는 아버지와 어머니 모두에게서 유전인자를 받아야만 발병이 되는데, 남아의 경우는 어머니에게만 결함이 있어도 그에 대응할 만한 우성 특성이

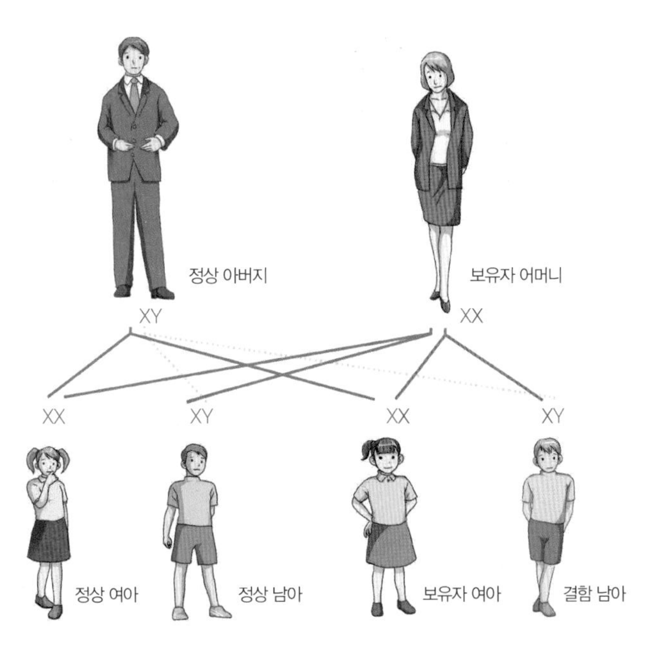

그림 4-9 성염색체와 관련된 유전

아버지의 염색체는 정상이나 어머니는 정상 X인자와 보유 X인자를 가지고 있을 경우, 남아 중 50%는 결함을 나타내고 여아 중 50%는 결함을 보유하게 된다.

없어서 발병된다. 따라서 여아의 50%는 정상, 50%는 보유자이며, 남아는 50%가 정상이고 50%가 결함을 나타낸다(그림 4-9).

(5) 염색체 이상

다운증후군

염색체 이상은 불완전한 세포분열에 의해 정상적인 염색체 수인 46개보다 개수가 적거나 많은 경우에 나타난다. 염색체 이상의 95%를 차지하는 가장 흔한 이상은 다운증후군(Down syndrome, 또는 trisomy 21)으로 인구 1,000명 중 1명꼴로 나타난다. 다운증후군은 정자 또는 난자가 감수분열할 때 잘못되어서 23쌍의 염색체 중, 21번째 염색체가 2개 대신 3개가 되어 47개의 염색체를 가지게 되는 경우이다.

다운증후군 아동은 눈의 안쪽과 끝이 아래로 처져 있으며, 작은 머리, 작은 귀와 눈, 짧고 굵은 작은 손, 혀가 입 밖으로 나와 있는 등 특징적인 얼굴 모습을 보인다. 또 머리카락이 가늘고 곧으며 평균보다 키가 작다. 이들은 정신 능력과 운동능력에서 지체를 보

표 4-3 어머니의 연령에 따른 다운증후군 아기의 출산 가능성

어머니 연령(세)	20	25	30	33	36	39	42	45	48
위험율	1,900:1	1,200:1	900:1	600:1	280:1	130:1	66:1	30:1	15:1

이며, 심장이나 눈, 및 귀에 결함을 가지고 있다. 다운증후군을 가진 아기의 출산은 특히 임부의 나이가 35세 이상일 경우 급격하게 증가한다(표 4-3).

성염색체 이상

드문 경우이기는 하지만, 성염색체 이상은 23번째 염색체인 성염색체 중 하나가 없거나 더 많은 경우이다. 비교적 가장 흔한 성염색체 이상은 남아가 정상적으로 X와 Y염색체를 각각 하나씩 가지는 대신, X염색체 2개와 Y염색체 1개인 XXY패턴의 클라인펠터증후군(Klinefelter's syndrome)으로 900명 중 1명꼴로 나타난다.

이러한 결함을 지닌 남아는 겉으로는 정상적으로 보이고 성숙기가 될 때까지는 그 특성이 두드러지지 않는다. 그러나 남성적인 이차성징이 나타나게 되는 성숙기에는 가슴이 여성적으로 발달하며, 고환이 작고 턱수염이 적으며 정자산출 등 성적인 발달이 뒤진다. 이들은 정신적 지체는 없으나 학습장애와 언어장애를 나타내어 지적 수준이 낮다. 이외에도 흔하지는 않지만 XYY패턴도 있으며, 이러한 남아는 키가 지나치게 크지만 성적발달이나 정신적 발달은 거의 정상이다.

여아의 경우, 성염색체 이상은 정상적인 XX 염색체 대신 성염색체인 X가 하나뿐이어서 총 염색체 개수가 45개인 XO패턴의 터너증후군(Turner's syndrome)이 있다. 이러한 여성은 신체적인 성장이 지연되고, 난소의 기능이 떨어져 임신이 힘들다. 또한 호르몬 치료를 하지 않으면, 사춘기가 되어도 월경을 하지 않고 유방도 발달하지 않으며, 방향감각이 없는 등 공간지각력의 문제를 보인다. 성염색체 X가 세 개인 XXX패턴도 있다. 이 경우 신체적으로 크고 언어적 지능은 떨어지지만 성적인 발달에는 문제가 없다.

(6) 유전형과 표현형

개인이 나타내는 특성이나 행동은 부모나 조상으로부터 물려받은 유전인자에 의해 영향

을 받지만, 그것이 절대적인 결정요인은 아니다. 한 개인에게 나타나는 실제적인 행동 특성의 표현형(phenotype)은 유전인자에 포함된 타고난 유전정보인 유전형(genotype)과 다를 수 있다. 즉, 동질적인 두 개의 우성유전 인자로 인한 경우와 우성인자와 열성인자의 이질적인 조합인 경우에서 볼 수 있듯이, 유전정보(유전형)는 달라도 실제적인 특성(표현형)은 같게 나타난다.

또한 유전과 환경의 상호작용을 연구하는 후성유전학(epigenetics)에 의하면, 유전적인 요인은 환경에 따라 다르게 표현되기도 한다. 예를 들어, 높은 지적능력을 나타내는 유전형을 가진 태아라 할지라도 모체의 알코올 농도 수준이 높으면 신경계의 발달에 손상을 입게 되어 후에 발달지체를 나타낼 수 있다. 같은 논리로 작은 신장의 유전형을 갖고 태어난 아기도 출생 후 좋은 가정환경에서 성장에 필요한 영양소를 충분히 섭취하면 크게 자랄 수 있다. 결국 표현형은 유전형 이외에도 수정 후의 모든 환경적 영향 및 유전과 환경의 상호작용 등 여러 요인이 복합적으로 작용하여 나타난 결과라고 할 수 있다.

02

태내발달의 3단계

태내기란 난자와 정자가 결합하여 하나의 수정란(접합체)을 이루기 시작하는 시기부터 출산까지 이르는 동안을 말한다. 일반적으로 임신기간을 대개 280일(40주, 10달)로 여기고 있으나 이는 임신기간을 쉽게 파악하기 위해서 여성의 마지막 월경주기의 첫날부터 시작하여 계산하기 때문이다. 따라서 엄밀히 말하면 정상적인 출산의 경우 태내기는 약 266일(38주) 동안 지속된다. 태생학(embryology)에서는 태내기를 크게 3단계로 나누고 있다. 제1단계는 발아기(배종기)로 수정의 순간부터 자궁에 착상하게 되는 2주까지이고, 제2단계는 배아기로 수정 후 2주부터 8주까지의 기간을 말하며, 제3단계인 태아기는 수정 후 9주부터 출생까지를 일컫는다. 태내기 발달과 출생 후의 신체적 성장 및 발달은 발달의 기본원리인 '머리에서 꼬리', '중심에서 말초'의 순으로 진행된다.

1. 배종기

배종기 또는 발아기는 수정 후부터 2주까지이다. 난자와 정자가 수정하여 접합체를 이루고 난 후, 수정란(접합체)은 나팔관을 따라 자궁을 향해 내려가면서 36시간 내 급속한 세포분열기로 접어든다. 그 결과, 수정 후 72시간(3일)에는 수정란이 32개의 세포로 분열된다. 자궁에 이르게 되는 시기인 수정 후 4~5일에는 60~70개의 세포로 구성되어 액체가 차 있는 공 모양의 포배낭 상태로 된다. 포배낭은 세포분열을 계속하면서 내부세포군과 외부세포군의 두 개의 세포 덩어리로 나누어진다. 내부세포군은 앞으로 태아로 발달하게 되는데, 이미 외배엽과 내배엽의 두 층으로 나누어져 있다. 외배엽은 태아의 중추신경계를 비롯한 말초신경계, 표피, 손톱, 머리카락 등으로 발달하게 되고, 내배엽은 소화기계, 간, 췌장, 침샘 및 호흡기계로 발달하게 된다.

수정 후 6일이 되면, 포배낭은 자궁내층에 붙고, 또 다른 세포 덩어리인 외부세포군인 영양세포층이 발달하게 된다. 영양세포층은 태내기 동안 태아를 키우고 보호하는 기관인 태반, 탯줄 그리고 양막낭으로 발달한다. 영양세포층은 자궁벽의 안쪽을 덮어주는 융모라고 하는 실과 같은 구조를 만들어, 포배낭이 자궁에 완전하게 착상하게 도와주는 역할도 한다(그림 4-10).

수정 후 10일 내지 14일경인 착상 때까지 포배낭은 약 150개 세포로 구성되며, 이 세

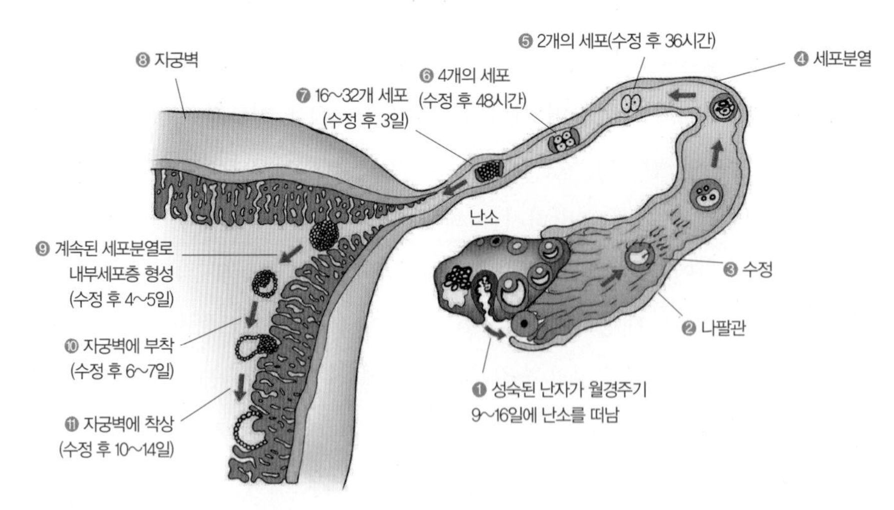

그림 4-10 **배종기(수정 후 2주간)**

난소를 떠나온 난자는 나팔관에서 정자와 결합되어 수정이 이루어진 후 수정란이 되며, 세포분열을 계속하면서 포배낭 상태가 되어 자궁에 이르러 착상하게 된다.

포 덩어리가 자궁의 후벽 쪽에 착상하면 발아기(배종기)는 끝나고, 배아기로 접어든다. 2주에 걸친 이 과정은 불확실하고 예민해서 수정란의 10~20% 정도만 자궁에 착상되어 발달하게 된다(Papalia et al., 2003). 어떤 경우에는 난자와 정자의 결합이 불완전해서, 때로는 세포분열이 일어나지 않아 착상에 실패함으로써, 비정상적인 발달은 초기에 자연스럽게 저지된다(Sadler, 2000).

2. 배아기

배아기는 수정 후 2주, 즉 자궁에 착상한 때부터 8주까지의 기간으로 주요 신체구조나 기관의 기본조직이 형성되며 인간의 성장과정 중 성장속도가 가장 빠른 시기이다. 따라서 배아기는 임신의 전 과정 중 가장 민감한 시기로 태내의 환경은 발달하는 태아에게 심각한 손상을 미칠 수 있다(그림 4-11). 이 시기에 기형이나 결함의 정도가 매우 심한 배아는 대개 자연유산이 된다. 배아기 동안의 발달은 크게 배아의 발달과 지지구조의 발달로 구분된다.

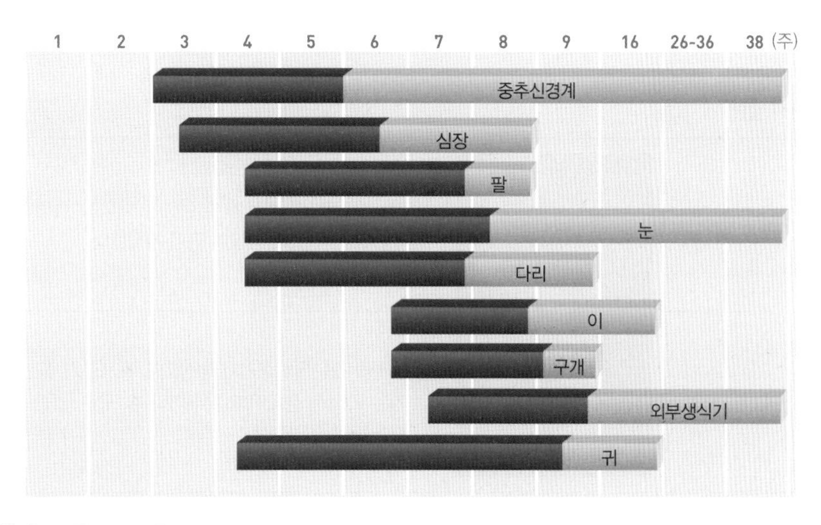

그림 4-11 출생결함이 발생할 수 있는 시기
파란색 부분은 특히 그 기관이나 신체부위가 상당히 빠르게 발달하는 시기로서 환경에 의해 치명적인 손상을 입기 쉽다.
자료: Papalaia et al., 2003

(1) 배아의 발달

배종기 동안에는 태아로 발달할 부분인 내부세포군(배아판)이 내배엽과 외배엽의 두 층으로 분화되어 있었는데, 배아기로 접어들면서 3개의 층으로 늘어난다. 앞서 기술하였듯이 외배엽은 이후에 신경계를 형성하고 피부, 머리카락, 손톱, 눈, 귀 등이 되며, 내배엽은 소화기관, 폐, 내분비계 등으로 발달한다. 세포분열이 진행됨에 따라 새로 생성된 중배엽은 태아의 근육, 골격, 순환기 등으로 발달하게 된다.

배아기 초기인 2주에서 4주까지는 신경체계가 가장 빨리 발달하여 외배엽은 신경관을 형성하고 그 윗부분은 두뇌를 형성하기 위해 부풀어 오르며 신경세포(뉴런)가 생성되기 시작한다. 또한 심장이 뛰기 시작하고 근육, 등뼈, 가슴뼈, 소화관이 나타나기 시작한다. 4주 말경 활 모양의 배아는 6mm 정도 크기로 수백만 개의 세포들로 이루어진다.

이후 급속한 성장은 계속되어 4주 이후부터는 눈, 귀, 코 등 얼굴 모양이 형성되기 시작하고, 손 돌기, 다리 돌기 순으로 사지 돌기가 생겨나며, 내부기관 및 손과 손가락들이 형성, 분화되기 시작한다. 배아기 말인 수정 후 약 8주에 이르게 되면 배아의 크기는 2.5cm가 되며 머리가 몸 전체 길이의 1/2를 차지하게 되고 자세도 곧아진다. 이 시기 배아는 단지 크기만 매우 작을 뿐 인간이 갖추어야 할 신체기관과 조직을 거의 모두 갖추게 되며, 촉각에 반응하기 시작하고 움직일 수 있게 된다.

표 4-4 배아기 발달

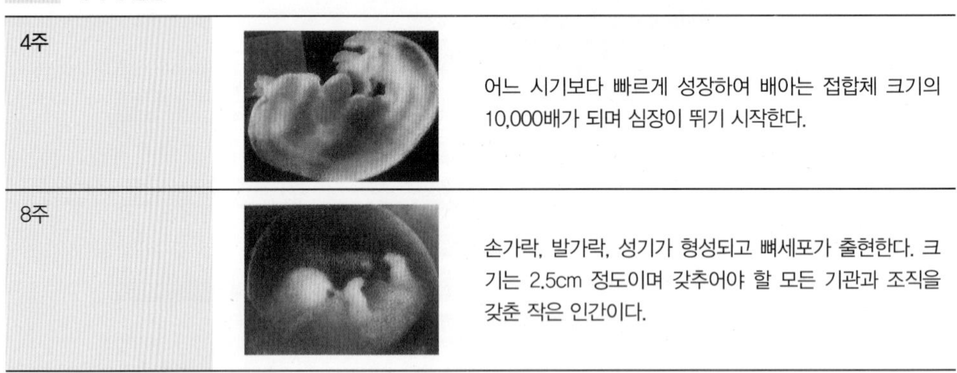

4주		어느 시기보다 빠르게 성장하여 배아는 접합체 크기의 10,000배가 되며 심장이 뛰기 시작한다.
8주		손가락, 발가락, 성기가 형성되고 뼈세포가 출현한다. 크기는 2.5cm 정도이며 갖추어야 할 모든 기관과 조직을 갖춘 작은 인간이다.

(2) 지지구조의 발달

배종기에 생성되었던 영양세포층은 배아기 동안 태반, 탯줄, 그리고 양수주머니로 발달하여 태아를 지지하게 된다. 태반은 수정 후 4주경이면 충분히 발달하여 태아의 간이나 허파 및 신장으로서 기능을 하게 된다. 즉, 모체와 연결된 태반은 또 다른 지지구조인 탯줄에 의해서 태아와 연결되는데, 이를 통해서 태아는 모체로부터 산소와 영양물을 공급받고 분비물을 배설한다. 또한 태반은 내부 감염을 막아주고 여러 질병으로부터 태아를 보호하는 등 이물질을 여과하는 필터의 역할을 한다. 이외에도 태반은 호르몬을 분비하여 임신을 유지시키고, 젖을 분비하도록 모체의 유방을 준비시키며 출산 시에는 태아를 모체 밖으로 내보내기 위한 자궁수축을 자극하기도 한다.

태반은 신진대사 기능과 호르몬 생산 기능을 하며 임신기간 내내 발달을 계속하여 만삭 때에는 지름이 15cm~20cm 정도가 된다. 동맥과 정맥으로 이루어진 탯줄은 모체와 배아를 연결하여, 영양물, 산소 및 배설물을 운반한다. 탯줄의 굵기는 만삭 때 1.3cm~1.9cm 정도이고 길이는 50cm~60cm이다.

한편, 영양세포층의 외부층은 양막낭으로 발달한다. 양막낭은 양수주머니라고도 하며, 태아가 자유롭게 움직일 수 있는 공간을 마련해준다. 또한 충격흡수제의 역할을 하고 태아의 체온조절을 도와주며 감염을 막아준다. 양수주머니의 바깥층을 융모막이라고 하고 내부막은 양막이라고 부른다.

3. 태아기

태아기는 수정 후 9주부터 출생까지의 기간이다. 태아기에는 지금까지 형성된 신경계가 조직적으로 연결되기 시작하고 근육이 발달하며 이미 형성된 기관들의 구조와 기능이 점점 정교해진다. 또한 태아기는 신체적인 크기가 급속하게 증가하는 시기이기도 하다.

(1) 신경계의 발달

신경계는 두 가지 기본적인 세포인 신경세포(neuron)와 보조세포(glial cell; 신경교)로 구성된다. 신경세포는 세포체와 축색돌기 및 수상돌기로 이루어져 있으며(그림 6-7 참조), 신경세포의 중심에 있는 세포체는 임신 10주~20주에 가장 먼저 발달한다. 그러나 태아기 초기의 신경계 발달은 단순하여 짧은 축색돌기가 달린 세포체가 대부분이며, 수상돌기는 거

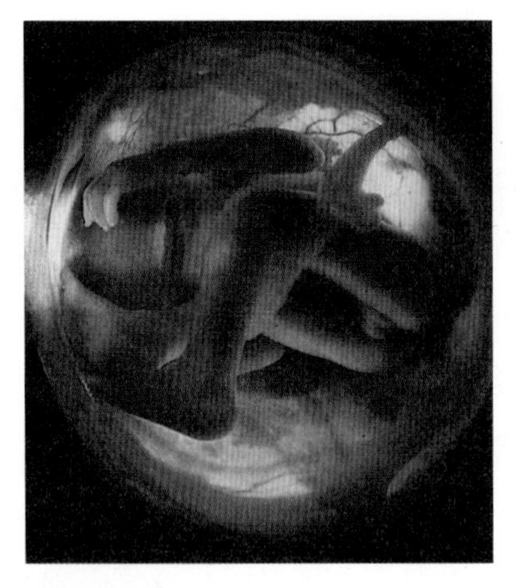

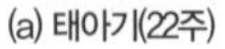

(a) 태아기(22주)

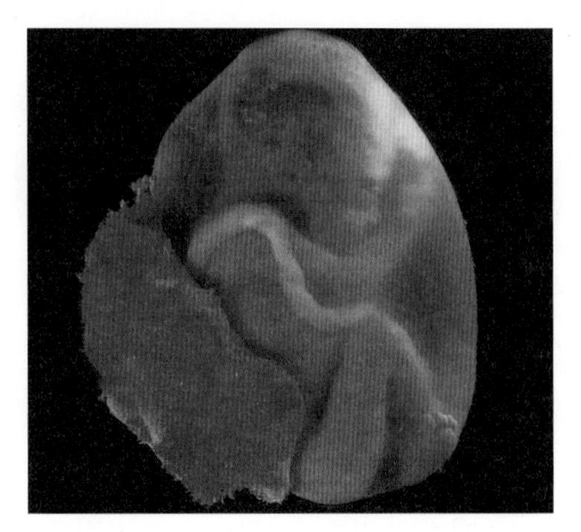

(b) 태아기(36주)

그림 4-12 **태아기**

(a) 모체나 가족은 태아의 움직임을 느낄 수 있다. (b) 태아는 자궁을 가득 채우고 있다. 영양분을 공급받기 위하여 탯줄과 태반은 커진다. 태아는 피부보호를 위한 지방질로 덮혀 있으며 출생 후 체온유지를 위해 지방층이 축적된다.
자료: Berk, 2005

의 발달되지 않은 상태이다. 신경적인 충동을 받아들이는 주요 수용체인 수상돌기와 세포체에 관으로 연결되어 있는 부분인 축색돌기는 임신말기 2달 동안 발달하기 시작하며, 출생 후 2, 3년 동안 길이와 크기가 증가하고 점점 더 복잡하게 발달한다. 신경세포의 성숙을 도와주는 보조세포는 임신 13주경부터 발달하기 시작한다.

(2) 신장과 체중의 발달

태아의 크기는 태아기 후반부터 급속한 발달을 한다. 특히 신장의 성장은 체중보다 빨라 임신 20주에 이미 출생 시 신장의 절반이 되는 한편, 체중은 임신 32주에야 출생 시 체중의 절반에 이른다. 임신 말, 체중증가는 태아가 모체 밖 외부 세상에 대한 준비로서 보호기능을 하는 지방층을 형성하기 때문이다.

(3) 그 외의 행동발달

신경계의 성숙이 진행됨에 따라, 태아의 움직임은 활발해지고 호흡이나 심장박동이 규칙적이 되며, 발로 차고, 뒤집고, 삼키고 내뱉는 호흡, 주먹을 쥐고 손가락을 빠는 등 능동적인 행동을 시작한다. 따라서 임신 4~5개월경이 되면, 모체는 태동을 느끼기 시작한다. 또한 태아는 5개월경부터 스트레스나 외부의 자극에 대해 심장박동수의 변화를 보이며, 어머니의 목소리나 심장소리를 들을 수 있고, 모체의 신체적 움직임에 반응을 보인다.

그러나 태아의 활동 양과 활동 종류, 그리고 심장박동의 규칙성이나 속도는 태아마다 다르고 성에 따라서도 차이가 나서 남아의 움직임이 여아보다 더 활발하다. 각 월령에 따른 태내발달의 주요 내용은 표 4-5에 요약되어 있다.

표 4-5 태내발달의 주요한 이정

태내연령	주요 새로운 발달
배종기 수정~2주	• 세포분열 • 포배낭 형성과 배아판 및 영양세포층 형성
배아기 2주~4주	• 원시적 중추신경계 발달 • 심장, 근육, 등뼈, 소화관 형성 시작
5주~8주	• 얼굴부위 발달 • 손돌기가 다리돌기보다 앞서서 발달 • 아기가 움직이기 시작(모체에 느껴지지는 않음) • 촉각이 발달하기 시작 • 8주 끝 무렵에 인간의 모습 지님 : 작은 인형을 닮은 모습 • 태아크기는 2.5cm : 4g
태아기 9주~12주	• 신경계, 기관, 근육이 보다 조직화되고 연결됨 • 발차기, 빨기, 입벌리기, 숨쉬기 연습 등 새로운 행동 출현 • 신장의 성장이 빠른 시기 • 눈꺼풀과 입술이 형성됨 • 손가락과 발가락을 갖춤 • 외부 성 기관 발달로 12주에 아기의 성별이 확실히 구별됨 • 태아크기는 7~8cm : 28g
13주~24주	• 16~20주에 모체가 태동을 느끼기 시작 • 24주에 두뇌의 거의 모든 신경세포(뉴런)가 생성됨 • 24주에 눈이 완성되어 뜨고 감고 모든 방향을 봄 • 태아는 소리에 반응 • 태아크기는 30cm : 900g
25주~38주	• 지방층 형성의 가속화로 체중의 증가 • 신경세포들 간의 연결이 급속이 발달함 • 이 단계에서 미숙아로 태어나면 생존가능성 있음 • 신경계, 순환계, 호흡계가 살아갈 수 있을 만큼 충분히 발달됨 • 태아크기는 50cm : 3,400g

03

태내발달에 영향을 미치는 환경적 요인

아기들은 대부분 정상아로 태어나지만, 아기의 5~10% 정도는 출생 시 이미 결함을 갖고 태어난다. 이러한 결함은 유전적 요인에 의해 물려받은 것일 수도 있으나, 태아가 자궁 내에 있는 동안의 좋지 않은 태내 환경으로 인한 것들도 많다.

태내기 동안 태아가 이에 노출됨으로써 기형을 발생시키게 되는 환경적 요인을 기형발생인자 또는 테라토겐(teratogens)이라고 한다. 대표적인 기형발생인자로는 진정제나 호르몬제 등 약물, 풍진이나 에이즈(AIDS) 등 바이러스나 박테리아로 인한 질병, 알코올, 니코틴 및 환경오염물질 등이 있다. 기형발생인자에 의한 손상은 태아가 급속한 발달을 이루는 시기에 가장 크게 영향을 받지만, 태아나 모체의 유전적인 민감성, 노출된 시기, 양 및 다른 요인과의 상호작용에 따라 그 심각성 정도는 다르다. 이 밖에도 모체의 영양 상태나 심리적 상태, Rh 요인 및 모체의 연령 등은 태아의 발달에 영향을 미친다.

(1) 약물

임신기간 중, 어머니가 복용하는 약물에 대한 우려는 1960년도 초, 독일에서 사지기형 아기가 많이 태어난 사건이 입덧을 완화하는 안정제인 탈리도마이드(Thalidomide) 때문이라는 사실이 밝혀진(Moore, 1989) 후부터이다.

여러 종류의 약물들이 기형발생인자와 관련이 있는 것으로 보고되고 있지만, 특히 호르몬제인 피임약은 심장혈관의 결함을 가져오고, 유산방지제로 흔히 쓰이는 합성 에스트로겐인 DES은 유산이나 미숙아를 분만할 위험성을 증가시킨다.

임신 중 약물이 태아에게 미치는 영향은 즉시 나타나지 않는 경우도 많다. 예를 들어, DES의 효과는 잠재되어 있다가 아이가 성장하여 사춘기에 접어들었을 때 나타나기도 한다. 즉, 어머니가 임신 중 DES를 복용한 경우, 여아는 사춘기에 이르러 질암 또는 자궁기형을 나타내며, 임신했을 때는 유산이나 미숙아를 낳는 경우가 많다(Papalia et al., 2003). 과다한 아스피린 복용 역시 높은 영아사망률, 저체중아 출산, 임신기간 지연, 출혈 등의 문제를 가져온다.

(2) 알코올, 흡연 및 카페인

임신기간 중의 지나친 음주가 태아에게 좋지 않은 영향을 미친다는 것은 태아 알코올증후군(FAS, Fetal Alcohol Syndrome)으로 알 수 있다. 태아 알코올증후군을 갖고 출생한 아기들은 출생 시부터 저체중이며 기형을 나타내기도 한다. 알코올증후군 아기의 얼굴은 양미간이 넓고, 코가 납작하며, 윗입술이 얇은 특징적인 모습을 보이며, 심장 결함이 있거나 머리 크기가 매우 작고 관절에 이상이 있는 경우도 있다(그림 4-13). FAS 아기들은 출생 후 발달지체를 나타내서, 기본적인 반사행동이 미미하고 과잉활동적이며 언어발달이 미숙하고 학습부진이나 정신지체를 보인다. 미국의 경우는 다운증후군으로 인한 정신지체보다 FAS로 인한 정신지체가 더 많을 정도로 정신지체의 가장 큰 원인이 되고 있어 경각심을 불러일으키고 있다.

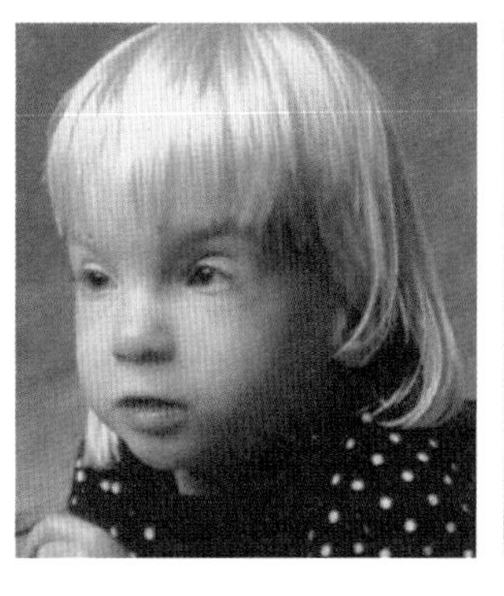
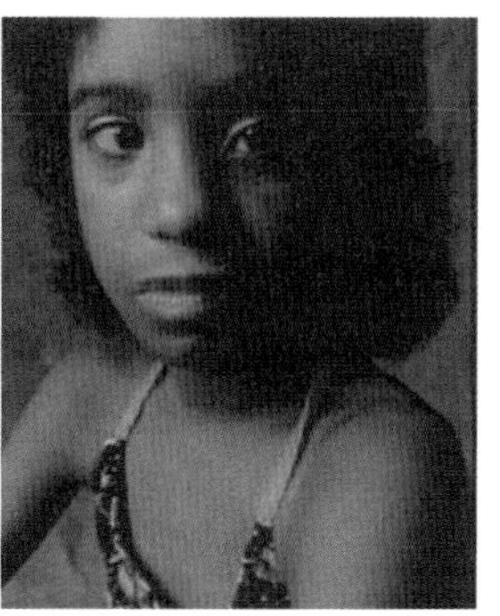

그림 4-13 **알코올증후군(FAS)을 보이는 아동**
자료: Bee & Boyd, 2007

알코올 섭취와 관련하여, 정확히 어느 정도의 양이 태아 알코올증후군이나 발달적 문제를 유발하는지는 아직 명확히 알려진 바가 없다. 그러나 아무리 적은 양이라도 알코올을 마신 여성의 경우, 전혀 마시지 않은 여성보다 유산의 가능성이 크고 태아가 비정상적 발달을 보일 가능성이 더 높아(Bee & Boyd, 2007), 임산부는 술을 전혀 마시지 않는 것이 안전하다.

어머니의 흡연은 아이가 담배를 피우는 것과 다름없는 결과를 가져오며, 이로 인한 영향은 저체중아 출산으로 나타난다. 그 이유는 흡연으로 흡수된 니코틴이 혈관수축을 일으켜서 태반으로 흐르는 혈액을 감소시키고 이에 따라 산소공급이 감소되어, 결과적으로 태아에게 충분한 영양을 공급하지 못하기 때문이다. 임신기간 중 흡연은 장기적인 효과도 나타내서 아동의 주의력 결핍, 학습문제, 그리고 심하지는 않지만 뇌기능 장애나 행동장애를 보이기도 한다(Olds et al., 1994; Weissman et al., 1999).

콜라, 커피, 차, 초콜릿 등에 있는 카페인이 역시 태아발달에 영향을 미치는 것으로 알려져 왔다. 그러나 최근에는 카페인이 함유된 음료나 카페인 섭취가 유산이나 저체중아, 미숙아 출산과는 직접적인 관련이 없다는 보고도 있어 과거보다는 카페인 섭취를 덜 제한하고 있다. 그러나 커피를 하루 4잔 이상 마시는 경우 영아돌연사가 증가한다는 연구결과(Ford et al., 1998)도 있어서 임신한 여성은 카페인이 든 음식을 자제하는 것이 좋다.

(3) 방사선

장기간 방사선에 노출되는 것은 유전인자에 손상을 가져와 돌연변이의 원인이 될 수 있다. 특히 임신 중 방사선에 노출되는 것은 임산부뿐 아니라 태아에게도 손상을 미친다. 방사선으로 인한 결함은 2차 세계대전 당시 원자폭탄에 노출되었던 임산부에게서 태어난 아기들이 모체가 방사선에 노출되지 않았던 아기들에 비해 5배나 높은 정신지체나 신체기형을 나타내었다는 사실에서 분명해진다. 또한 1986년, 전 세계적으로 충격을 던졌던 구 소련의 체르노빌에서 있었던 핵연료 공장의 사고로 인한 방사선의 분출은 그 당시 핵방사선에 직접 노출된 사람들에게만 피해를 준 것이 아니라, 몇 달 후에 출생한 아기들에게서도 기형이나 다운증후군과 같은 장애들이 많이 나타났다고 한다(Hoffman, 2001).

한편, 태아의 신체기관이 형성되기 시작하면서 급속한 발달이 일어나는 임신초기에는 의료적 이유로만 방사선에 노출되더라도 두뇌 발달 이상이나 신체기형의 위험성이 높고, 출생 시에는 어떤 손상이 나타나지 않더라도 이후에 효과가 나타나, 아동기에 암 발생 가능성이 높다는 보고도 있다(Fattibene, et al., 1999). 초음파 진단기술이 발달한 현재에는 방사선의 위험이 줄었다고 하지만, 임신기간에는 되도록 방사선에 노출되지 않도록 하는 것이 좋다.

(4) 모체의 질병

바이러스로 인한 질병 중 감기 등은 태아에게 영향을 미치지 않지만, 모체의 풍진(German measles)은 태아의 신체적 기형을 발생시킨다. 이로 인한 영향은 특히 신체 중 어느 부위가 형성되는 시기인가에 따라서 달라지지만, 임신 초기인 배아기에 풍진에 감염된 태아는 대체로 시각 및 청각손상, 심장결함, 성기기형 및 정신지체를 나타낸다. 후반부인 태아기에 감염된 경우는 그 영향이 덜 심각하지만 저체중, 청각이상 및 골격이상이 생길 수 있다. 풍진은 예방이 가능하므로, 어렸을 때 예방접종을 하지 않은 경우에는 적어도 임신 전 3개월까지는 접종을 끝내야 한다.

HIV 바이러스로 인해 모체가 AIDS에 감염되었을 때는 태반을 통해서나 분만 시 또는 모유수유를 통해 아기에게 감염될 수 있으며, 두뇌기형이나 영유아 사망의 원인이 된다. 임질이나 매독 등 성병과 관련된 병원균들 역시 실명 등 선천성 기형이나 발달지체를 가져오기 쉽다. 또한 태아가 출산 시 산도를 지나면서 허피스(Herpes)균에 감염되면, 뇌손상이 나타나거나 사망에 이른다. 이외에도 임신 전에 당뇨가 있는 임산부는 유산할 확률이 높고, 출산하더라도 아기가 과체중이거나 선천적인 문제가 있을 수 있다.

(5) 환경오염

환경오염물질들은 모체뿐 아니라 태아에게도 영향을 미칠 수 있다. 예를 들면, 90년대 초반에 대구지방에서 발생한 상수원의 페놀 오염사건 직후, 태아의 자연유산을 보고한 임산부들이 많았다. 수은이나 납 등의 독성물질은 미숙아나 저체중아 출산을 증가시키고 두뇌손상이나 신체기형을 초래할 수 있다. 물론 태아에게 미치는 환경요인들이 매우 다양하기 때문에, 어떤 물질이 어떠한 영향을 미치는지 정확한 인과관계를 밝혀내기는 힘들지만 환경오염물질이 태아에게도 나쁜 영향을 미친다는 것은 명확하다.

(6) 모체의 영양상태

모체가 건강하고 좋은 영양상태에 있는 것은 성공적인 임신과 건강한 아이를 위해 필수적 요소이다. 모체의 영양상태가 태아의 발달에 대한 미치는 영향은 영양불량이 얼마나 심각하고 장기적이었는가, 또는 출생 후 환경적 조건이 어떠했는가에 따라 다르다. 특히 영양실조는 임신기간의 마지막 3개월 동안이 가장 해롭다. 임신기간 마지막 3개월은 태아가 완전한 크기의 신생아가 되고 체중이 증가하며 두뇌세포의 성숙이 급속하게 이루어지는 시기여서 태아의 발달에 결정적인 영향을 미치기 때문이다. 따라서 이 시기의 심각한 영양실조는 특히 중추신경계의 손상을 가져오며 두뇌의 발달을 저해한다. 또한 태내기 영양결핍은 간이나 심장의 기능 및 면역체계를 약화시키고 사산, 조산, 저체중 및 영아사망으로 이어지기도 하며, 출생 후 영아의 정서적, 사회적 행동에

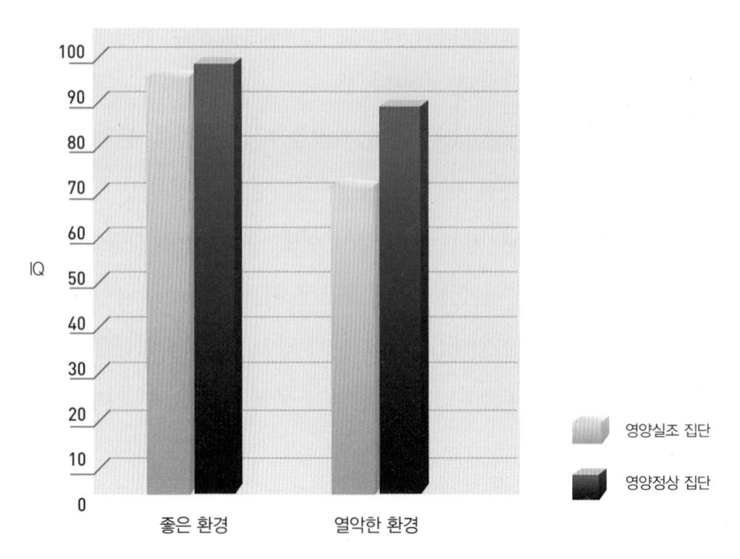

그림 4-14 **태내기 영양과 출생 후 환경적 경험에 따른 3세 아동의 IQ**
자료: Zeskind & Ramey, 1981

도 영향을 미친다. 즉, 태내에서 영양실조를 경험한 아기들은 비활동적인 행동특성으로 인해, 양육자와 긍정적인 관계를 유지하기 힘들며, 결과적으로 정서·사회발달에 장애가 나타날 수 있다(Park, 2003).

한편, 영양실조나 영양불량에 처했던 태아들은 대개 출생 후에도 영향섭취가 충분하지 않고 가정에서도 지적인 자극을 줄 만한 환경이 마련되지 않는 경우가 많아서, 두뇌의 발달지체를 태내 영양의 문제만으로 보기는 어렵다. 즉, 임신 중의 영양불량은 아기의 두뇌발달에 취약한 조건이지만 출생 후 환경조건에 따라 그 영향은 달라진다. 예를 들어, 영양실조로 두뇌발달이 충분히 이루어지지 않았던 아기가 출생 후에도 계속 열악한 환경에서 자랄 때는 영양실조를 겪지 않았던 아기보다 두뇌발달이 뒤지지만, 풍부한 환경에서 자랄 때는 두뇌발달에서 거의 차이가 없다(그림 4-14).

(7) 모체의 정서상태

임신기간 동안 모체가 스트레스를 많이 겪게 되면, 유산이나 조산, 태아의 저체중 및 호흡기 장애를 가져오는 경우가 많다. 정서적 스트레스가 많을 경우, 호르몬의 변화로 인해 혈액이 모체에 집중되는 한편, 태아로 오는 혈류는 감소하여 태아를 위한 산소나 영양공급이 부족해진다. 또한 스트레스 호르몬은 태반을 통해 태아에게 전해져 태아의 심박수나 활동이 급격히 증가된다. 스트레스가 장기화되면 모체는 흡연이나 알코올을 섭취하게 되고 영양섭취는 적게 함으로써 태아 발달에 손상을 입히게 된다.

고전 육아서인 《태교신기(사주당 이씨, 1937)》에서 보듯이 우리의 선조들은 이미 오래전부터 심신이 바른 아기를 낳기 위한 요소로서 모체의 안정된 정서상태를 중요시하였다. 근래에는 젊은 어머니들도 태교에 대한 인식이나 실천이 아주 높게 나타난다(최유리, 2006).

(8) 모체의 연령

의학의 발달로 인해 모체의 연령이 태아에게 미치는 부정적 영향은 어느 정도 줄었지만, 여전히 10대 출산이나 35세 이후 출산은 위험부담이 따르기 때문에 출산 적정 연령은 20세에서 35세 사이라고 한다. 최근 증가추세에 있는 10대 임신은 높은 저체중아나 조산아 출산과 관련되며, 영아사망률도 20대보다 두 배가 높다. 이는 10대 임산부가 겪는 심리적 스트레스 외에도 물리적 환경이나 경제적 여건으로 인해 자신을 잘 돌보지 못하는데 기인한다.

모체의 연령이 너무 많을 때도 문제 발생 가능성은 높다. 즉 35세 이후에 임신한 경우, 염색체 이상을 가진 아기를 출산할 확률이 더 높고, 태반 기능이 약해져 임신 합병증, 유산, 조산, 사산, 고혈압, 난산 등의 위험이 증가한다. 그러나 30대 후반이나 40대라도 모체가 건강하면 20대보다 출산으로 인한 문제가 특별히 더 높지 않다는 견해도 있다(Prysak et al., 1995).

(9) 모-자간 혈액형의 불일치

어머니와 태아 간 혈액형이 상치되는 경우, 즉 모체의 혈액형이 Rh-(혈액단백질 결핍)이고 태아의 혈액형이 Rh+일 때, 심각한 문제가 발생할 수 있다. 모체의 혈액과 태아의 혈액은 태반에 의해 분리되어 있는데, 임신말기나 분만과정에서 태아의 Rh+ 혈액이 모체의 혈액으로 유입되면, Rh-인 모체는 Rh+에 대해서 항체를 형성하게 된다. 이렇게 형성된 항체가 태아에게 유입되면, 항체는 태아의 적혈구를 파괴하여 태아로 가는 산소공급이 감소되고, 빈혈이나 자연유산, 사산, 귀머거리, 두뇌 손상, 뇌성마비, 심장병, 정신지체 또는 출생 후 사망 등을 일으킬 수 있다. 항체 형성은 어느 정도의 기간이 걸리기 때문에 첫 임신 동안은 문제가 되지 않지만, 임신 횟수가 늘어나면서 위험은 증가한다. 최근에는 Rh- 인 어머니에게 항체 형성을 막는 백신을 주사함으로써 위험을 예방할 수 있다.

(10) 아버지와 관련된 요인

태아에게 미치는 외부적인 영향요인은 어머니에게만 국한된 것이 아니다. 아버지 역시 태아에게 영향을 미칠 수 있어, 납 등 유독물질 및 방사선에 많이 노출되었거나 알코올 중독의 문제가 있는 남성은 정자의 수 및 운동성이 떨어지고 정자세포가 유전적인 이상을 나타내기도 한다. 아버지의 연령은 태아의 발달 이상을 일으키는 중요한 요인으로, 마르판(Marfan)증후군, 연골발육부전증(Achondroplastic dwarfism) 등의 골격이상은 아버지의 연령이 많을 때 증가하는 것으로 나타나며, 다운증후군도 아버지의 고연령과 관련이 있다.

04
태내기 진단

태내기 38주 동안은 인간의 발달기간 중 가장 성장이 빠른 시기이므로 가장 위험한 시기라고 할 수 있다. 현대에는 태아와 자궁 내 환경을 모니터하는 기술이 발달함에 따라 출생 전에 미리 태아의 상태나 자궁의 상태를 살펴보고 출생결함을 진단하게 된다. 태내기 진단은 부모나 태아를 위한 실제적인 대책과 심리적인 준비를 위해 필요한 일로서, 진단을 통해 심각한 장애를 지닌 태아를 유산시키거나, 필요한 조치를 미리 취하며, 적절한 분만 방법을 결정하게 된다.

1. 임신 전 유전검사

임신 전에 시행하는 혈액검사는 특히 가계에 어떤 유전적인 결함이 있는 경우, 열성 유전인자의 보유 여부를 미리 알게 해주는 중요한 검사이다.

2. 태내진단검사

(1) AFT 검사

알파태아단백(AFT)은 태아에게서 생성되는 물질로 모체의 혈액에서 채취하며, 대개 두뇌나 척추에 이상이 있을 것으로 예상되는 경우에만 사용된다. 임신 16~18주에 실시되는 이 혈액검사에서 AFT수준이 지나치게 높게 나타나면 태아의 척추나 두뇌에 이상이 있을 가능성이 있어 초음파나 양수검사 같은 또 다른 검사를 할 필요가 있다.

(2) 초음파

1960년대 처음 소개된 이래 초음파 검사는 태내진단을 하기 위해 가장 흔하게 사용되는 방법이다. 이 검사는 임부의 복부에 초음파를 투사하여 자궁이나 태반, 태아의 상태를 소노그램이라는 비디오 영상을 통해 진단하는 방법이다. 초음파 검사는 임부에게 고통이 없고 태아를 볼 수 있는 기쁨을 주며, 태아의 신경계 결함 및 신체적 이상을 밝혀낼 수 있다. 그러나 염색체 이상이나 유전적인 질환에 관한 정보를 주지는 못하기 때문에 양수검사나 융모막 채취법이 필요하다.

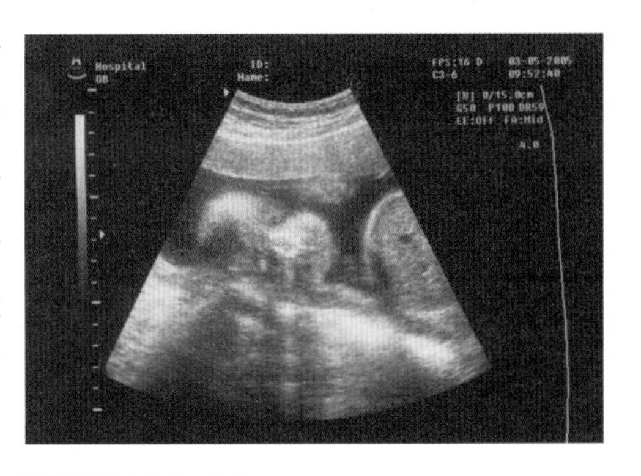

그림 4-15 **초음파 사진**

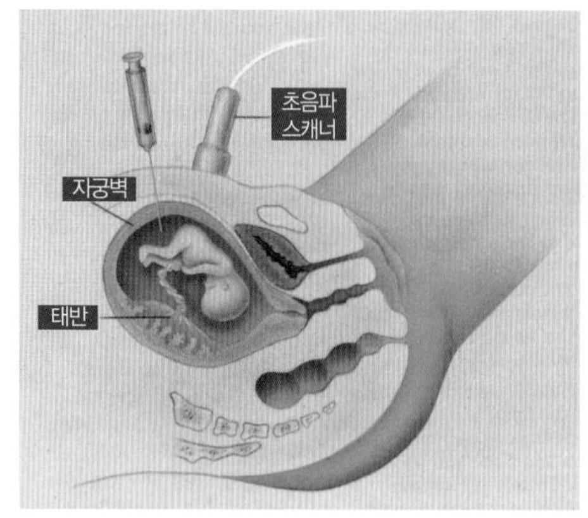

(a) 양수검사

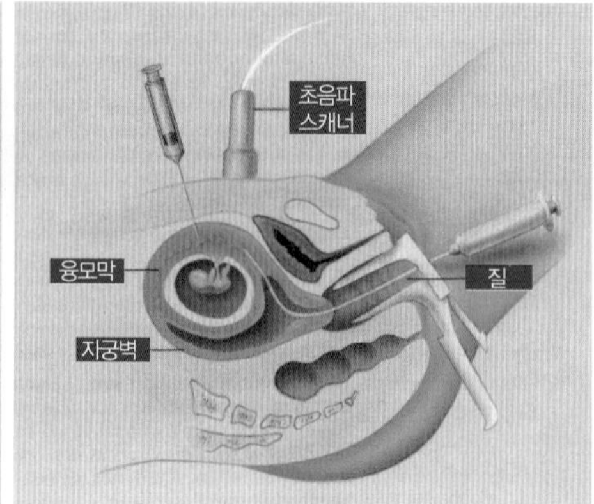

(b) 융모막 채취법

그림 4-16 **양수검사와 융모막 채취법**

(a) 양수검사를 위해서는 복부를 통해 자궁으로 빈 주사기를 삽입하여 양수를 채취한다. (b) 융모막 채취법은 질을 통해 자궁으로 얇은 튜브를 삽입하거나 복부를 통해 주사기를 삽입하여 채취한다.

자료: Berk, 2005.

(3) 양수검사와 융모막 채취법

염색체 이상이나 유전적인 질환을 탐지하기 위해서는 양수검사나 융모막 채취법을 시행한다. 두 검사 모두 주사바늘을 넣어 태아의 세포를 채취하는 데 양수검사는 양수로부터, 융모막 채취법은 융모막으로부터 세포를 채취한다(그림 4-16).

양수검사는 비교적 흔히 쓰이는 방법이나 양막이 충분히 커지는 임신 15~16주에 가능하며, 세포 샘플을 성장시켜 그 결과를 얻는 데까지 2주 이상 걸리기 때문에 결함이 발견되더라도 유산하기에는 여러 가지 위험이 따른다는 단점이 있다.

반면에 융모막 채취법은 그보다 이른 임신 9~11주에 실시할 수 있고 결과도 10일 정도면 알 수 있다. 그러나 두 경우 모두 유산의 위험이 있고, 융모막 채취법은 사지기형의 가능성이 있는 것으로 보고되고 있어 염색체 이상의 가능성이 높은 임부나 35세 이상의 임부에게만 제한적으로 시행된다.

CHAPTER 5

출산 및 신생아

01 출산
02 신생아
03 신생아의 검진
04 영아사망률
05 우울증 어머니의 영아

출산은 아기와 산모 모두에게 놀랍고 획기적인 경험이며, 여러 가지 위험도 따른다. 따라서 출산을 앞둔 임산부나 가족은 출산 전후의 계획을 세우고 출산 시 위험 가능성에 대한 대비나 마음가짐도 중요하다. 5장에서는 출산과 관련된 여러 가지 내용 및 신생아의 능력에 대해 알아보기로 한다.

01
출산

모체의 자궁 내에 착상해서 약 266일 동안 자라고 있던 태아는 드디어 바깥세상으로 나오려는 신호를 보내게 된다. 출산일이 가까워지면 임부는 자궁의 윗부분에서 짧고 불규칙한 수축을 느끼며, 출산 2주 전쯤에는 태아의 머리가 자궁 아래쪽으로 내려가고 자궁경부가 부드러워지기 시작한다. 분만이 조만간 있을 것 같은 확실한 징후는 혈액이 보이는 것이며, 얼마 후부터 자궁수축이 좀 더 잦아짐에 따라 모체와 태아는 분만단계에 들어가게 된다. 분만은 3단계로 나누어 진행된다.

1. 분만단계

(1) 분만 1기 : 개구기

분만 1기인 개구기는 규칙적인 자궁수축이 시작되어 아기의 머리가 통과할 만큼 자궁경부가 완전히 넓어질 때까지를 말하며, 분만 과정 중 가장 긴 시간이다. 초산부는 평균 12시간~14시간에서 길게는 24시간이 걸리며, 경산부는 약 4~7시간 정도 걸린다.

개구기는 전반부, 중반부, 후반부로 나뉘는데, 전반부에는 자궁수축이 10~20분 간격으로 약 15~20초 동안 일어나 별 고통을 느끼지 못한다. 이러한 상태는 초산인 경우 8시간 이상 지속되고 경산부는 5시간 가량 지속된다. 자궁경부가 3~4cm 정도 열리기 시작해서 8cm까지 열리는 중반부에는 2~3분 간격으로 자궁이 수축되며 45초~1분 정도 지속되므로 산모의 고통은 심해진다. 이 시기는 초산부의 경우 4시간, 경산부는 2시간 정도 걸린다. 난산이 아닌 정상 분만의 경우, 보통 이때 병원에 가게 된다. 태아 분만기로 전환되는 후반부에는 자궁경부가 2cm 정도 더 열려 10cm까지 되며, 수축이 자주, 아주 강하게 일어나서 고통은 견디기 힘들 정도에 달한다. 다행히 이 시기 지속시간은 비교적 짧아, 초산부는 30~60분 정도, 경산부는 20~30분 이내이다(그림 5-1). 이러한 과정이 지속되면서 태아의 머리가 아래쪽으로 밀리고 자궁경부는 완전히 열려 1기는 끝난다.

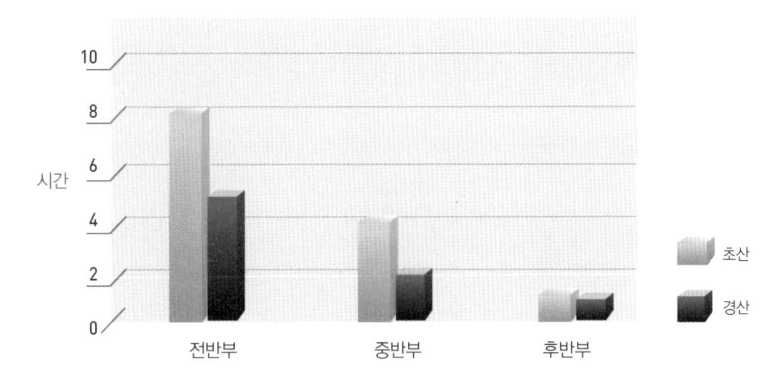

그림 5-1 **분만 1기의 시간**

(2) 분만 2기 : 태아분만기

분만 2기는 자궁경부가 10cm 이상 완전히 열린 상태에서 아기의 머리가 경부와 질을 통과해서 완전히 바깥세상으로 나올 때까지를 말하는 것으로 초산부는 보통 50분~1시간 정도 걸리며, 경산부의 경우는 20분~30분 정도 소요된다. 산모는 이때 자궁이 수축될 때마다 복부에 힘을 주어서 아기가 스스로 어머니 몸 밖으로 잘 나올 수 있도록 도와야 한다. 아기는 대부분 얼굴을 아래로 향한 상태에서 머리부터 나오나, 아기의 3~4% 정도는 다리나 엉덩이가 먼저 나와 제왕절개 분만을 하기도 한다. 분만 2기에 아기는 바깥세상으로 태어나지만, 여전히 모체 내에 있는 태반과 탯줄로 모체와 연결되어 있다.

(3) 분만 3기 : 태반반출기

마지막 단계인 분만 3기는 태반과 탯줄이 비로소 모체 내에서 떨어져 나오는 시기로 보

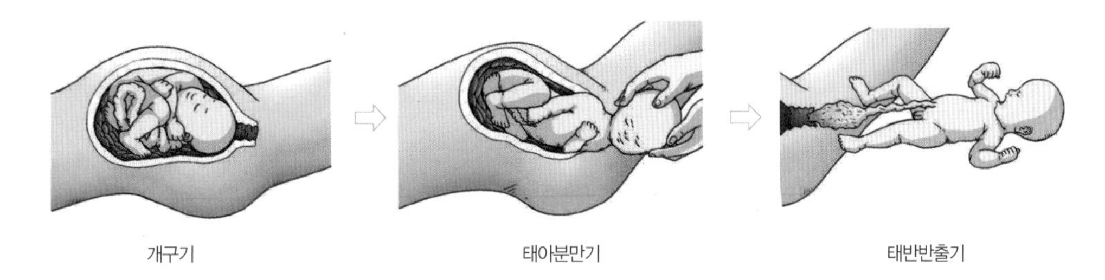

그림 5-2 **분만단계**

통 5분 정도 걸린다. 이상의 출산 과정을 통해, 약 9개월 동안 자궁 속에서 자라고 있던 태아는 비로소 모체와 분리되어 독립된 개체로서 자궁 밖의 삶을 시작하게 된다.

2. 분만방법

분만방법은 모체가 편안함을 느끼고 모체와 아기 모두에게 안전한 방법을 선택하여야 한다. 전에는 분만 시 난산이나 사산도 많았으나 근래에는 의학의 발달로 새로 태어나는 아기와 산모에게 정서적으로 안정된 경험을 갖도록 하는 데 관심을 두고 있다. 흔한 분만방법으로는 약물사용 분만과 자연 분만, 그리고 제왕절개 분만이 있다.

(1) 약물사용 분만

분만 시 사용되는 약물로는 분만 1기에 산모의 불안이나 통증을 줄여주기 위한 진통제나 자궁수축 촉진제가 있고, 분만 1기 후반부나 분만 2기 동안 고통을 차단하기 위해 사용되는 마취제가 있다. 최근에는 주로 전신마취보다는 태아에게 비교적 안전한 부분마취를 하지만, 부분마취는 고열이 나타나거나 분만 시간이 길어질 수 있으며, 제왕절개 분만을 할 경우는 위험이 따를 수 있다.

진정제나 마취제가 아기의 행동이나 발달에 미치는 부작용은 개인이나 사용량에 따라 달라서 단정적으로 말하기는 힘들지만, 이러한 약물은 태반을 통해 태아의 혈액으로 전해지고 출생 후 신생아의 기능에 어느 정도 영향을 미친다. 한때 약물을 전혀 쓰지 않는 자연 분만을 선호하기도 했으나 요즈음은 약물을 사용하되 최소한으로 사용하는 추세다.

(2) 자연 분만

자연 분만은 약물로 인한 부작용을 줄이고 산모와 아기 아버지가 함께 출산과정에 적극적으로 참여할 수 있도록 고안된 방법이다. 영국의 산부인과 의사인 Dick-Read는 두려움이나 불안으로 근육이 긴장되기 때문에 출산의 고통이 증가한다고 보고, 출산생리에 관한 교육과 분만 시 호흡법 및 이완기술을 훈련함으로써 분만을 준비하는 방법을 제안하였다.

프랑스의 산부인과 의사 Lamaz는 준비된 분만으로 널리 알려져 있는데, Lamaz 분만법은 Dick-Read의 자연 분만과 유사하나 분만 마지막 순간에 태아를 밀어내도록 돕는 호흡기술이 포함된다. 이외에도 분만과정에서 코치로서의 아버지 역할을 강조하는 Bradley 방법도 있다. 이러한 자연 분만법이나 준비된 분만법들은 강조점에서 다소 차이가 있지만 모두 분만에 관한 교육과 호흡 및 이완훈련을 통한 심리적 지원을 강조하고 있다.

(3) 제왕절개 분만

제왕절개 분만은 아기가 역위치거나, 아기의 호흡 상태가 좋지 않은 경우, 또는 난산의 위험 등 의학적으로 필요한 경우에 이루어진다. 그러나 요즈음에는 산모가 고통을 받지 않기 위해서, 또는 의사의 권유로 정상 분만이 가능함에도 제왕절개 분만을 하는 경우가 늘고 있다.

우리나라의 경우, 제왕절개 분만율은 1988년 11.9%에서 점차 증가하여 1997년에는 35.9%(한국보건사회연구원, 1998), 1999년에 43%로 크게 높아졌고, 2000년대는 계속 증가 추세를 나타내, 2018년에는 47.5%, 2020년에는 53.6%에 이르고 있다(건강보험심사평가원, 2021). 전 세계적으로 제왕절개 분만이 증가하고 있으나 우리나라의 경우는 유럽이나 미국, 일본보다 훨씬 높은 수치이다.

제왕절개 분만은 정상 분만에 비해 감염율이 높아 합병증을 초래하기 쉬우며 모유수

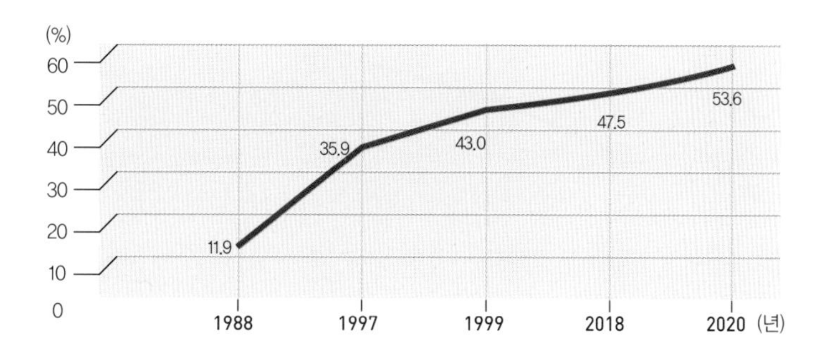

그림 5-3 **제왕절개 분만의 연도별 추이**
자료: 건강보험심사평가원, 2021

유 실천을 저해하는 주요인으로도 작용하고 있다. 따라서 의학적으로 꼭 필요한 경우가 아니라면 제왕절개 분만을 자제하는 것이 좋다.

3. 조산아와 저체중아

저체중(LBW, low birth weight)은 새로 태어난 아기의 체중이 2.5kg 이하인 경우를 말하며 심한 저체중(1.5kg 이하)과 극도로 심한 저체중(1kg 이하)으로 나뉜다. 저체중아를 분류하는 또 다른 방법은 조산아(preterm)인지, 임신 기간에 비해 체중이 적게 나가는 아기(small for date)인지로 나누는 것이다.

출산예정일을 전후로 2주 이내에 태어난 정상아에 반해, 조산아는 38주간의 임신기간을 채우지 못하고 임신 37주 미만에 태어난 아기들을 말하며, 대부분 저체중아다. 그러나 신경계의 발달은 출생 후에도 계속되므로 2달 먼저 태어난 조산아도 2달 후에는 임신기간을 다 채우고 태어난 아기와 같은 발달을 보여, 조산아라고 다 문제가 되는 것은 아니며, 임신기간에 비해 체중이 덜 나가는 아기가 문제가 된다.

우리나라 2022년 통계청 출생자료에 의하면, 2.5kg 미만의 저체중아 출생비율은 해마다 증가 추세를 보여, 2000년에는 전체 출생아의 3.8%, 2010년에는 4.9%, 2021년에는 7.2%로 나타난다(그림 5-4). 특히 최근에는 쌍생아 출산이나 고령임신 등의 이유로 저체중아 출생율이 계속 증가하고 있어, 차세대 건강과 관련하여 우려의 목소리가 높다.

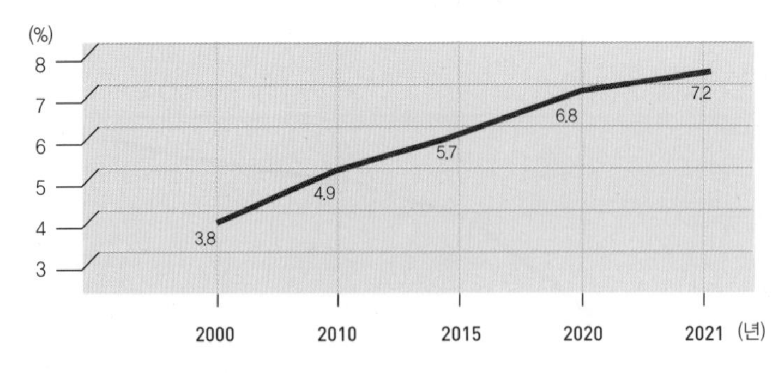

그림 5-4 저체중아 분만의 연도별 추이
자료: 통계청, 2022

(1) 저체중아를 낳게 되는 원인

저체중아를 낳게 되는 모체 관련 요인으로는 사회인구학적 요인, 태내 환경요인, 임신 전후의 의학적 요인으로 구분할 수 있는데, 대개 이러한 요인들은 복합적으로 영향을 미친다. 즉, 경제적으로 어려운 가정의 임산부이면서 산모의 연령이 17세 이하여서 태아 보호를 위한 출생 전 관리를 제대로 하지 못했거나, 또는 40세 이상 고연령인 경우는 저체중아 출산 위험성이 높다.

또한 모체의 건강이나 영양상태가 불량한 경우, 흡연이나 알코올 섭취, 스트레스 등은 태아의 성장에 영향을 미쳐 저체중아를 낳을 확률이 높아진다. 특히 흡연은 저체중아를 낳게 되는 보편적 원인으로 밝혀져, 여성 흡연인구가 많은 미국에서는 임산부의 흡연을 막기 위한 대중적인 홍보가 이루어지고 있다. 이 외에도 네 명 이상의 다산일 때, 비정상적인 혈압, 빈혈, 모체의 질병 및 유산을 여러 번 경험했을 때도 저체중아 출산 확률은 높아진다.

(2) 저체중으로 인한 문제

저체중아 중 가장 예후가 좋지 못한 집단은 조산아이면서 동시에 출생 시 체중이 임신기간 대비 덜 나가는 아기다. 이들은 신체기관이 충분히 발달하지 못해서 감염의 위험이 크고 호흡계 및 신경계의 미숙으로 생존에 필요한 기본적 기능의 수행이 힘들어 발달장애나 영아 사망의 위험성이 높다. 우리나라 소아과학회 보고에 의하면, 생후 3일 이내에 사망하는 신생아들의 경우 호흡곤란증후군(respiratory distress syndrome)과 두뇌 내 출혈이 가장 중요한 사망원인이며, 생후 1주 이후는 감염에 의한 경우가 많다(홍강의, 1986).

의학의 발달로 몸무게 1kg 미만인 극도로 심한 저체중아도 생존율이 점차 증가하고 있지만, 평균적으로 저체중아는 두뇌발달과 관련한 행동문제를 나타내기 쉽다. 경미한 장애는 평균 이하 지능, 학습장애, 운동장애 등이며, 중증 장애는 뇌성마비, 정신지체, 시각이나 청각장애 등이다. 한편, 저체중 정도에 따라 두뇌 손상 정도가 달라, 1.5kg~2.5kg 사이 저체중아의 약 7%가 중증장애인 뇌성마비나 기타 두뇌 손상을 나타내지만, 1kg 이하에서는 20% 이상으로 증가한다(그림 5-5).

저체중으로 인한 발달적 결과는 출생 후 어떻게 돌보는지, 또는 어떤 가정환경에서 자

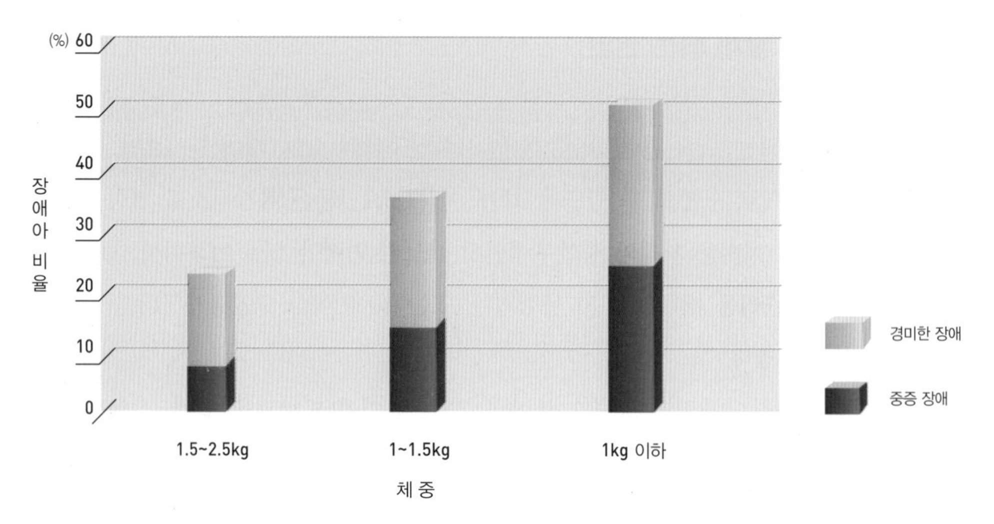

그림 5-5 **저체중에 따른 아동기의 발달장애**
자료: Berk, 2005

라는지에 따라 달라진다. 환경으로 인한 효과도 저체중 정도에 따라 달라서, 체중미달 정도가 작을수록 회복 가능성은 커지는 한편, 미달 정도가 클수록 발달적 문제의 심각성은 증가하며 장기화된다. 즉, 출생 시 체중이 1.5kg 이상인 아기는 좋은 환경에서 자라면 대부분 첫 1년 동안에 정상아의 발달을 따라가게 된다. 그러나 특히 1kg 미만의 아기는 장기적인 영향을 나타내, 신경손상으로 인한 행동장애, 낮은 지능 및 학습장애를 보이는 경우가 많고 이러한 문제는 대학까지 계속 나타난다(Hack et al., 2002).

(3) 저체중아의 보호

저체중아는 신체적으로 작고 약하며 반응이 거의 없어, 의료적 보호뿐 아니라 환경적 자극도 필요하다. 또한 조산아나 저체중아의 건강과 발달은 가정환경 및 부모와의 관계도 중요해서 부모를 위한 양육기술도 함께 지원해주어야 한다.

의료적 지원

조산아나 저체중아는 출생과 더불어 대개 어머니의 자궁과 비슷한 온도 유지가 가능하고 감염의 우려가 없는 미숙아 보육기 속에서 보호받게 된다. 또한 젖이나 젖병을 빠는 능력이 부족하므로 튜브를 통하여 영양을 공급해준다. 저체중아에게는 여러 가지 합병

증도 발생하기 쉽다. 이들은 폐가 덜 발달하여 호흡곤란이 나타나기도 하는데, 증세가 가벼울 때는 단순히 산소를 공급해주면 되지만, 호흡장애가 심하면 인공호흡기를 사용하게 된다. 황달도 많이 발생하는 합병증으로, 황달이 있는 아기는 특수한 불빛 아래에 두어서 치료하게 된다. 이 밖에도 혈당치나 칼슘치가 낮은 경우가 많아, 수시로 혈당치를 조사하고 결과에 따라 수유 방식을 바꾸거나 포도당을 주사하여 혈당치를 안정시키는 한편, 빈혈이 있는 경우에는 철을 보충해준다.

환경적 자극

과거에는 저체중으로 특별한 보호를 받는 아기에게는 되도록 자극을 덜 주고, 완전히 격리시켜 절대적 안정을 취하게 하였다. 그러나 이러한 견해는 점차 바뀌어서, 요즈음은 아기에게 모빌이나 심장박동 소리, 음악 소리, 어머니 목소리를 담은 테이프로 감각적 자극을 많이 줌으로써 체중증가와 함께 각성상태나 수면 양상을 개선하고 있다.

특히 촉각 경험은 미숙아의 발달을 위한 중요한 자극원이 된다. 하루에 여러 차례 부드러운 마시지를 받았던 미숙아들은 그런 경험을 받지 못한 미숙아들보다 체중이 빨리 회복되었고 신생아 행동 측정에서 나타난 정신능력과 운동능력 점수에서 훨씬 앞섰다 (Field, 2001).

부모의 역할

스트레스가 많은 가정에서 태어난 미숙아는 발달적인 문제를 나타낼 위험성이 높지만 부모에게 아기와 상호작용을 하는 기술을 가르쳐 주어, 아기에게 인지적, 정서적, 사회적 자극을 준 경우는 정상적인 발달을 보일 수 있다(Spiker et al., 1993). 체중미달 자체보다는 체중미달 영아를 얼마나 잘 돌보아 줄 수 있는가가 정상적인 발달에 더욱 중요한 의미가 있다.

저체중아의 정상적 발달을 위해서는 장기적인 중재가 중요하다. Brooks-Gunn 등 (1994)은 저체중아의 부모를 대상으로 출생에서 3세까지 부모상담과 함께 아기의 상태 및 발달에 대한 정보를 주며 아기와 상호작용하는 방법을 가르치는 중재 프로그램을 수행하였다. 아기가 1세가 되었을 때는 아기도 교육프로그램에 참여시켰다. 그 결과, 중재 프로그램을 받은 아기들은 그렇지 못한 아기들보다 3세 때 측정한 인지능력과 사회적 능력에서 훨씬 나은 발달 수준을 보였다. 그러나 이러한 긍정적 효과는 5세와 8세에는 줄어들어 장기적인 중재프로그램의 필요성을 시사하였다.

가정환경 또한 중요하다. 중재로 인해 지적능력에 향상이 있었던 저체중아 중에서 중재프로그램을 중단한 후 인지적 능력이 감소한 집단은 어머니의 관심이나 돌봄에 문제가 있었던 반면, 그대로 높게 지속된 집단은 어머니가 반응적이고 자극적인 환경을 제공하는 가정으로 나타나(Liaw & Brooks-Gunn, 1993; McCormick et al., 1998), 저체중아의 발달을 위해서는 부모의 지속적인 관심과 반응적 양육이 중요하다는 점을 시사한다.

02
신생아

신생아기는 배꼽에서 탯줄이 떨어지는 2주까지를 이르기도 하나(Snow, 1998), 일반적으로 출생 후부터 첫 4주 동안을 뜻한다. 이 시기는 태아가 의존적으로 보호받던 자궁 내 생활에서 독립적으로 바깥세상에 적응해가는 전환기이다. 출생의 순간부터 아기는 스스로 호흡하고, 입을 통해 영양분을 섭취해야 하며, 소리, 빛, 움직임 및 추위 등의 자극을 느끼고 이에 적응해야 한다. 태내 환경과 태내 밖의 환경은 엄청난 차이가 있어서, 양육자는 신생아가 주변 환경의 변화에 잘 적응할 수 있도록 특별한 관심을 가져야 한다.

1. 첫모습

신생아의 외모는 일반적으로 상상하는 귀여운 아기의 모습과 달리 처음 보기에는 그다지 예쁜 느낌이 들지 않을 수 있다. 신생아의 온몸은 주름투성이고 세균감염을 막기 위한 흰 빛깔의 태지로 덮여 있으며, 라누고(lanugo)라 불리는 많은 솜털이 나 있다.

출생 시 아기의 머리 크기는 신장의 1/4 정도로 매우 크고, 두개골을 이루고 있는 뼈가 아직 봉합되지 않아서 천문이라고 부르는 연한 부분이 만져진다. 신생아의 피부색은 인종에 따라 다르지만, 우리나라 아기는 붉은색을 띠며, 출생 후 수일 내에 정상적인 피부색을 나타내게 된다. 신생아는 남아, 여아 모두 젖이 볼록하게 부풀어 있으며, 때로는 '마유'라 부르는 분비물이 나온다. 또한, 남아와 여아의 성기는 부어 있으며, 어떤 여아들은 붉은색 질 배설물이 나오는데, 이 분비물과 마유는 출생 직전, 태반에서 분비된 에스트로겐이라는 호르몬에 의해 생겨난 것이다.

2. 신생아의 생리적 적응

(1) 체온조절

출생 후 신생아는 주변 환경의 온도변화에 어느 정도 적응할 수는 있지만, 아직은 체온조절 기능이 미숙한 상태에 있다. 또한 신생아는 피하지방이 적고, 몸의 크기에 비해 체표면적이 넓으며 양수에 젖어 있는 상태이므로 성인보다 4배나 쉽게 많은 체열을 빼앗긴다. 따라서 신생아는 너무 덥거나 너무 추운 환경에 노출되어서는 안 되며 체온을 적절히 유지하게 해야 한다.

(2) 순환기계

태내기 동안에는 탯줄을 통해 태반으로부터 혈액을 받고 되돌려 보내는 식으로 혈액순환이 이루어졌으나, 출생과 더불어 태아의 순환기계는 모체로부터 완전히 독립하여 스스로 신체 각 부분으로 혈액을 순환시키게 된다. 신생아의 심장박동은 빠르고 불규칙하며 혈압은 생후 10일이 지나야 제대로 안정된다.

(3) 호흡기계

아기들은 대개 출생 후 20~30초 이내에 호흡을 시작한다. 이때의 호흡은 산소 부족, 탄산가스의 증가 및 찬 공기의 접촉으로 인해 일어나는 반사적인 행동이다. 신생아는 양수가 폐 안에 차 있기 때문에 호흡이 어려울 수 있다. 폐 안의 액체는 아기가 산도를 통해 나오는 동안 대부분 배출되고 출생 직후 의사에 의해 제거된다. 그러나 제왕절개로 분만된 아기는 폐 안의 액체를 흡수하도록 돕는 호르몬이 결여되어, 첫 호흡이 어려운 경우가 종종 있다. 만약 아기가 출생 직후 2분 이내에 호흡을 하지 않으면 문제가 될 수 있고, 3분이 경과해도 호흡을 못하면, 산소결핍증으로 인해 두뇌손상이 생길 수도 있다. 정상적인 호흡은 주로 횡경막과 복벽 근육을 이용하며, 호흡수는 1분에 40~50회이고, 생후 1주일 동안은 호흡이 불규칙하다.

(4) 소화기계

출생 후 아기는 배고픔을 나타내거나 젖을 먹기 위해 빨기 능력을 나타낸다. 그러나 아직 먹는 기능이나 소화 기능이 충분히 발달하지 않았을뿐더러 체표면의 체액이 증발해서 첫 2주 정도는 체중이 줄어든다. 신생아는 젖을 먹을 때 공기도 들여 마시므로 가끔씩 토하기도 하는데 이것은 그리 염려할 필요가 없다.

생후 24시간~48시간 이내에 이루어지는 신생아의 첫 배변은 섬유질의 암녹색을 띤 끈끈한 배설물로 태변이라 부른다. 일반적인 배변 횟수는 신생아에 따라 달라서 3일에 한번 하기도 하고 하루에 10번 정도 하기도 하지만 차츰 하루에 한 두번 정도로 줄어들게 된다.

배변의 색, 농도, 냄새, 횟수는 아기가 모유를 먹는지 인공유를 먹는지에 따라 다르다. 모유를 먹는 신생아는 더 자주 대변을 보며, 인공유를 먹는 아기보다 노랗고 묽은 변을 보는 것이 정상이다. 아기의 신장은 출생 전 이미 기능을 하고 있어, 신생아의 70%가 출생 후 24시간 이내에 소변을 본다. 소변을 보는 횟수는 차차 증가해 1시간에 한 번 정도로 늘어나며, 수분의 섭취량에 따라 소변 횟수는 달라진다.

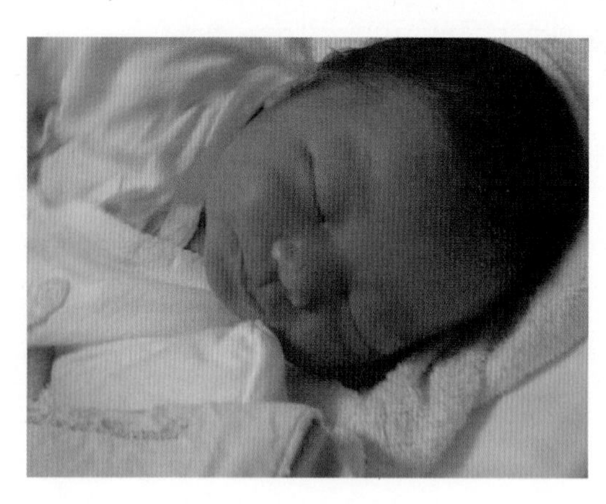

그림 5-6 **신생아의 황달**

신생아는 간의 기능이 불완전하여 생리적 황달 현상을 보이기 쉽다. 피부와 눈동자가 노란색을 띠는 황달은 심각한 것은 아니며, 대개는 아기를 형광등 불빛 아래에 두면 사라지게 된다.

(5) 신생아의 일상생활

밤과 낮에 걸쳐 아기는 수면과 각성정도에 따라 다섯 가지 상태, 즉 깊은 수면, 불규칙 수면, 졸음상태, 깨어 있으나 비활동적인 상태, 활동적으로 움직이거나 울기가 대략 2시간 간격으로 반복된다. 신생아는 밤에 더 오래 자지만, 잠자기-깨기 주기는 밝기나 어두움보다는 배가 고픈지 부른지에 따라 영향을 받는다(Goodlin-Jones et al., 2000). 아기의 상태는 부모와의 상호작용 양상이나 아기의 발달과 밀접한 관련이 있다.

① 수면

신생아는 대부분의 시간을 잔다고 할 만큼 잠을 많이 자나, 생후 6주~8주가 되면 수면시간은 현저히 줄어든다. 이때 어떤 아기들은 낮과 밤의 수면에서 일정한 주기를 나타내 밤에는 4~6시간을 계속해 자기도 한다. 그러나 대개는 생후 4개월이 되어야 밤새 깨지 않고 잠을 자며, 6개월경에는 14시간 정도로 수면시간이 단축되고 수면이 훨씬 더 규칙적으로 된다. 규칙성은 아기에 따라 개인차가 있다.

흔히 렘(REM)수면이라고 일컫는 불규칙한 수면은 어른의 경우 전체 수면의 20%인 반

표 5-1 아기의 수면과 각성상태

상태	특징	1일 시간
깊은 수면(규칙적 수면) (non-rapid-eye-movement sleep)	눈은 꼭 감고 몸의 움직임 거의 없음 호흡이 규칙적이고 순조로움	8~9시간
활동적 수면(불규칙적 수면) (rapid-eye-movement sleep)	표정이 자주 바뀜 눈은 감았으나 가끔씩 눈꺼풀 아래로 눈동자가 빠른 움직임을 보임 호흡이 불규칙함	8~9시간
졸리움	눈은 뜨고 호흡은 비교적 규칙적임 신체적 움직임이 거의 없음	아기마다 다름
조용하게 깨어 있음	눈을 뜨고 쳐다봄 신체적인 움직임은 거의 없음 호흡이 규칙적임	2~3시간
활동적 움직임과 울기	팔다리의 움직임이 심함 호흡은 불규칙적이고 울기도 함	1~4시간

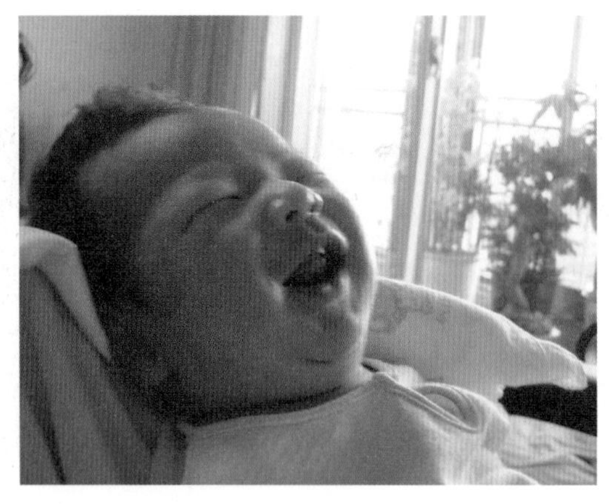

그림 5-7 **REM수면 중 미소짓는 아기**

면, 아기는 전체 잠시간의 절반가량을 차지할 정도로 많고, 3세~5세경에 20%로 줄어든다. REM수면 시에는 깨어 있는 상태와 비슷하게 심장박동, 혈압, 호흡이 불규칙하고 경미한 신체적 움직임을 보인다. 아동이나 어른은 REM수면 동안 주로 꿈을 꾸는데, 깨어 있는 시간이 적은 아기들은 REM수면 시 중추신경계의 성장을 위해 필요한 자극을 스스로 받는다. 또한 이때 눈 안에서 산소의 순환이 이루어지기 때문에 아기의 눈 건강에도 도움이 된다(Blumberg & Lucas, 1996).

② 울기

신생아는 일반적인 생각보다 적게 운다. 정상아의 경우 하루 중 2~11% 정도 울며(Korner et al., 1981), 첫 6주 동안은 울음이 계속 증가하다가 그 후 차차 감소한다. 울음은 배고픔, 불편함, 분노 등 양육자에게 어떤 신호를 하는 표현방법이며, 각 요구에 따라서나 아기에 따라서 울음의 양상은 달라서 양육자는 경험을 통해 아기의 울음에 좀 더 정확하게 대처하게 된다. 기저귀를 갈아주거나 수유한 후에도 아기가 울면, 대개 어깨까지 들어 올려 흔들어 주거나 걷는 것이 효과적이다(그림 5-8).

그림 5-8 **우는 아기 달래기**
우는 아기에 대한 반응으로 부모가 아기를 어깨 위로 들어 안고 부드럽게 움직이고 있다. 이러한 방법은 울음을 멈추게 할 뿐만 아니라 조용하게 환경에 대한 관심을 갖게 할 수 있다.

아기의 울음에 대해 양육자가 어떻게 반응해야 하는지에 대해서는 학자들 간 이견이 있어 왔다. 양육자가 즉각적으로 반응을 보이면 아기가 버릇이 나빠져 더 자주 울게 되는가? 아니면, 울 때마다 즉시 반응을 보여야 울음이 줄어들게 되며 안정된 애착을 형성하는 것인가?

이에 대한 해답은 아기의 울음 유형에 따라 다르게 반응하여야 한다는 것이다. 즉, 아기가 불편해서 울 때는 즉시 반응해야 하며, 아기가 칭얼대거나 내려놓을 때 우는 경우는 즉각적으로 반응하는 것이 오히려 울음을 강화하게 되므로

(Hubbard & van Ijzendoorn, 1987), 울음을 구별하여 반응하는 부모의 민감한 양육행동이 필요하다.

아기에 따라서는 특별한 이유없이 아주 심하게 우는 콜릭(colic) 현상이 가끔 나타내는데 이러한 현상은 대개 3~4개월 이내에 자연적으로 없어진다. 콜릭의 원인은 기질적인 이유거나, 원활하지 못한 호흡조절, 생체리듬과 수면주기의 불일치 등 생리적인 이유로 나타나므로 그리 염려할 필요는 없다.

③ 수유

신생아는 하루에 8~12번 정도 먹지만, 위에서 말한 두 시간 주기의 잠자기와 깨기로 볼 때 하루에 10번 정도 먹는다고 할 수 있다. 소아 전문의들은 젖을 먹일 때는 횟수나 시간을 제한하지 말라고 권고하고 있다.

모유는 영양이나 건강, 두뇌 발달이나 정서적 측면에서 그 우수성이 널리 알려져 있다. 즉, 모유는 호흡기 질환 및 장 질환에 대한 면역체를 형성하여 감염을 예방해주며, 각종 소아 알레르기 예방이나 치아 배열 문제 예방에도 도움이 된다. 또한 두뇌신경의 발달을 도와 모유를 먹은 유아가 인공유를 먹은 유아보다 지능이 10점이나 높은 것으로 보고되고 있다(이근, 1999).

심리적 정서적 측면에서 볼 때, 모유수유는 아기와 어머니 간의 정서적인 안정이나 유대감을 높힌다(그림 5-9). 인공유 수유도 어머니가 아기를 잘 안고 먹이면, 어머니와 아기 간

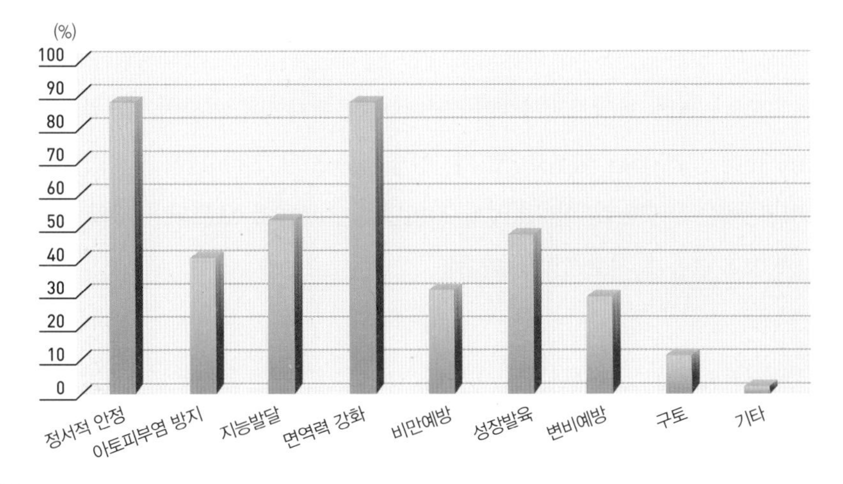

그림 5-9 모유가 좋은 이유
자료: 대한 가족보건복지협회, 2005

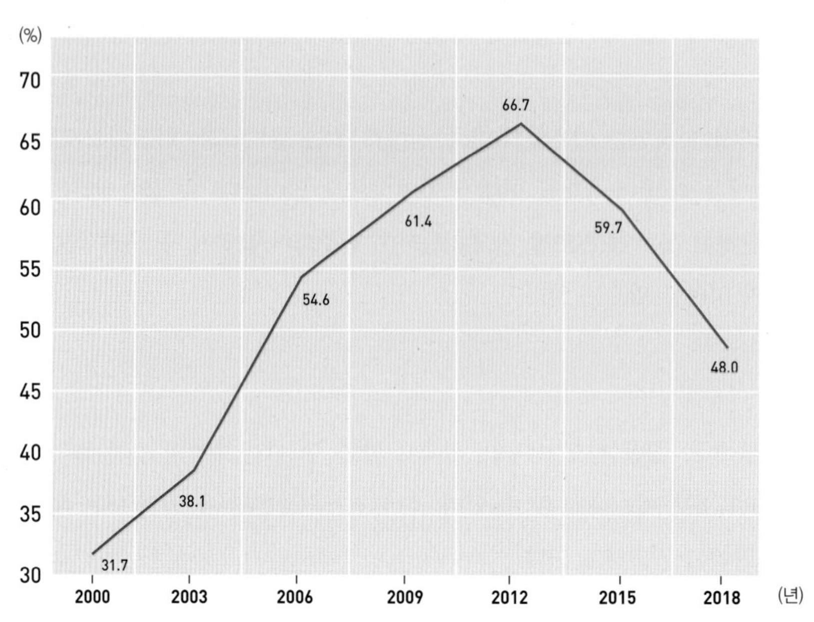

그림 5-10 우리나라 어머니들의 영아에 대한 모유수유율
자료: 한국보건사회연구원, 2018

사회적인 상호작용이나 민감성 또는 반응성에 문제가 없다는 보고(Field, 1977)도 있지만, 영양학 측면에서는 인공유의 고농도 단백질이 오히려 두뇌발달에 나쁠 수도 있다(이근, 1999). 그러므로 직장이나 모체의 건강상 이유로 부득이한 경우를 제외하고는 생후 몇 달 동안은 모유를 먹이는 것이 좋다.

한편, 1985년 59%이던 우리나라 어머니들의 모유수유율은 1990년대 초에 인공유가 영양학적으로 더 낫다는 인식이 확산되어, 1997년에는 14.1%로 저하되었다(한국보건사회연구원, 1998). 그러나 최근 한국보건사회연구원(2018) 통계자료에 의하면, 6개월까지 영아에 대한 모유수유율은 2000년 이후로 상당한 상승세를 보여, 2000년에 31.7%, 2006년에는 54.6%, 2012년에는 66.7%로 나타났으며, 2018년에는 48%로 보고되어 거의 절반에 가까운 어머니가 모유수유를 하고 있다(그림 5-10).

3. 신생아의 반사행동 : 적응적 반사와 원시적 반사

어떤 자극이 주어졌을 때 아기가 보이는 자동적인 반응을 반사행동이라고 한다. 신생아는 20여 가지의 선천적인 반사행동을 나타내며 이는 적응적 반사와 원시적 반사의 두 가지로 나뉜다. 적응적 반사는 아기의 일상적 생활에서 유용하게 쓰이는 한편, 원시적 반사는 단순히 미숙한 신경 상태를 반영하는 것이기 때문에 구별할 필요가 있다. 반사행동의 존재여부로 신생아의 신경발달을 평가하기도 한다.

(1) 적응적 반사

적응적 반사는 생존이나 보호와 관련된 것으로, 신생아가 나타내는 적응적 반사행동은 빨기(sucking), 먹이찾기(rooting) 및 파악(grasping) 반사가 있다. 이러한 적응적 반사는 대부분 나이가 들어가면서 사라지게 되나, 밝기에 따라 눈동자 크기를 조절하는 동공반사, 통각에 몸을 움츠리는 반사, 눈을 깜박이기, 재채기 등 자기 보호를 위한 적응적 반사행동은 성인이 되어도 그대로 남아 있다.

① 먹이찾기 반사

손가락이나 고무젖꼭지로 아기의 뺨에 자극을 주면 아기는 그 방향으로 머리를 돌리고 입을 벌리며 빨기운동을 시작하게 된다. 이러한 먹이찾기 반사는 음식물 섭취를 위한 생존적 행동으로 대개 생후 3~4개월경이면 사라진다.

② 빨기 반사

아기의 입에 손가락을 대면 곧 율동적으로 빨기 시작한다. 빨기 반사는 먹이 찾기 반사와 마찬가지로 생존을 위한 타고난 반사행동이며, 4개월 이후에는 의도적인 빨기로 대체된다.

③ 파악 반사

아기의 손바닥에 자극을 주면 아기는 무의식적으로 손에 닿은 것을 세게 움켜쥔다. 파악 반사는 움직이는 어미에게 매달려 있기 위해 유용했던 것이었으나, 현대에 이르러는 별로 유용하지 않아 인류의 진화로부터 온 반사행동이다. 파악 반사도 생후 약 3~4개월경이면 사라진다.

(2) 원시적 반사

원시적 반사는 신생아의 신경발달 상태를 반영하는 것으로, 뇌간이나 중뇌에 의해 통제되는 무의식적 운동이기 때문에 원시적 반사라고 불린다. 원시적인 반사들은 두뇌의 피질 부분이 발달하여 복잡한 두뇌 활동을 지배하게 되는 생후 6개월부터 1년 사이에 사라진다. 대표적인 예로는 모로 반사(Moro reflex), 바빈스키 반사(Babinski reflex), 걸음마 반사(walking reflex) 및 목강직 반사(tonic neck reflex)가 있다.

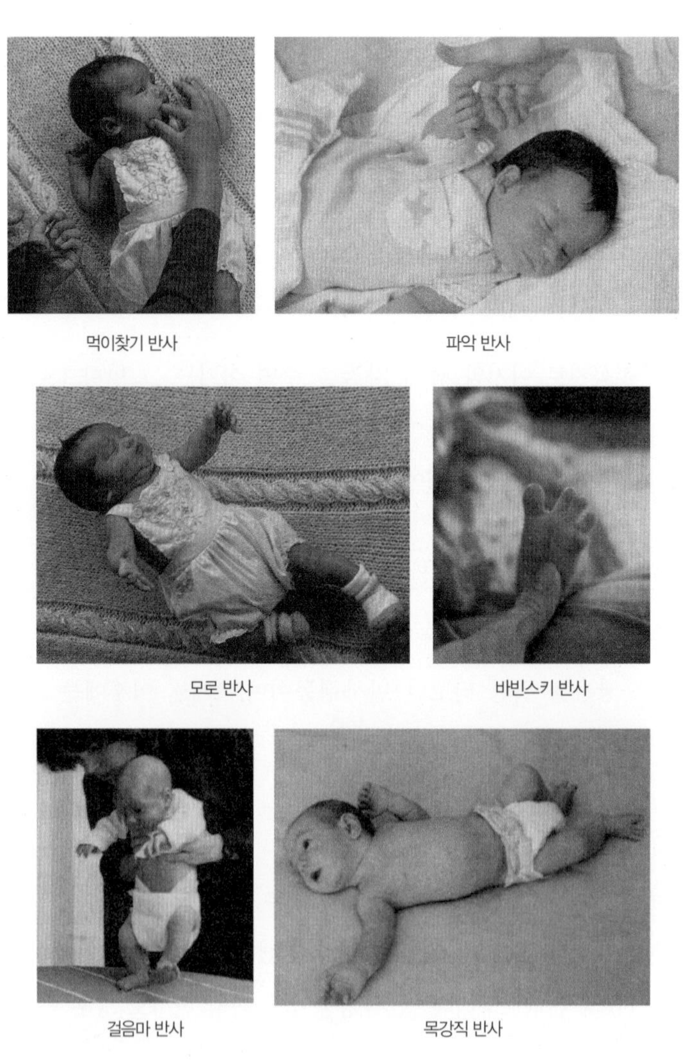

먹이찾기 반사 / 파악 반사 / 모로 반사 / 바빈스키 반사 / 걸음마 반사 / 목강직 반사

그림 5-11 신생아의 반사행동

자료: Papalia et al., 2003

① 모로 반사

아기를 놀라게 하면 나타나는 반사행동으로, 아기를 들어 올렸다가 갑자기 내려놓거나 갑자기 큰 소리를 들려주면 아기는 머리를 뒤로 젖히며 두 팔과 다리를 벌리고 손가락을 폈다가 두 팔은 무엇을 껴안듯 가슴 위로 가져온다. 모로 반사는 생후 4~6개월경 사라진다.

② 바빈스키 반사

아기의 발바닥을 건드리면서 자극을 주면 발가락을 폈다가 오므리는 반사행동을 나타내는데, 생후 9~12개월에 사라지게 된다.

③ 걸음마 반사

아기를 겨드랑이 밑으로 안고 맨발이 평면에 닿게 바로 세운 후 상체를 약간 앞으로 굽이면, 아기는 잘 협응된 걸음마 같은 동작을 보인다. 걸음마 반사는 생후 3~4개월경이면 사라지게 된다.

④ 목강직 반사

등을 바닥에 대고 눕히면 아기는 머리를 한쪽으로 돌리며 그쪽으로 팔과 다리를 펴고,

표 5–2 신생아의 반사행동

반사	자극	영아의 반응	소멸시기
먹이찾기 반사	뺨 자극 또는 입의 가장자리를 자극	머리를 돌리고 입을 벌려 빨기 시작	3~4개월에 사라짐
빨기 반사	물체를 입에 닿게 함	자동적인 빨기 시작	3~4개월에 사라짐
파악 반사	손바닥 자극	세게 움켜쥠	3~4개월에 약해짐
모로 반사	큰 소리나 위에서 아래로 떨어지는 것과 같은 갑작스러운 자극	깜짝 놀라며, 등을 활처럼 펴고, 머리는 뒤로 젖히고, 팔과 다리를 활짝 폈다가 빠르게 신체의 중심 쪽으로 웅크림	4~6개월에 사라짐
바빈스키 반사	발바닥 자극	발가락을 폈다가 오므림	9개월~1년에 사라짐
걸음마 반사	영아를 바닥에 세우고 발이 닿게 함	마치 걷는 것처럼 다리를 움직임	3~4개월에 사라짐
목강직 반사	등을 대고 눕힘	양손을 움켜쥐고 머리를 대개 오른쪽으로 돌림(검술가 포즈)	4개월에 사라짐

나머지 팔과 다리는 구부려서 마치 '검술가'와 같은 자세를 취한다. 이 반사는 생후 4개월 경에 사라진다.

4. 신생아의 감각능력

아기는 출생 시 이미 촉각 및 움직임에 대한 감각, 미각, 후각, 청각, 시각 능력을 어느 정도 갖고 태어나며 출생 후 이러한 감각능력은 급속히 발달한다. 감각능력의 발달은 두뇌의 감각관련 부분의 신경발달 순서나 아기의 경험내용에 따라 다르며, 인지적 발달이나 운동능력 발달에 직접, 간접으로 영향을 미치게 된다.

(1) 촉각 및 움직임에 대한 감각

태아는 자궁 속에서 움직이고 있었기 때문에 촉각이나 움직임에 대한 감각은 가장 잘 발달된 감각이다. 즉, 촉각에 대한 반응은 임신 2개월 된 태아에게서도 나타나며, 아기의 입 주변을 자극하면 젖꼭지를 찾는 먹이찾기 반사를 보인다. 움직임에도 민감해서 흔들어 주거나 움직여 줄 때 영아는 그 움직임을 알 수 있다.

(2) 미각과 후각

신생아는 맛이나 냄새에 대한 감각도 이미 잘 발달되어 있다. 아기들은 단맛, 신맛, 쓴맛에 어른과 비슷한 표정으로 반응하며, 달콤한 액체에 미소를 짓거나 강한 빨기 반응을 보임으로써 맛에 대한 선호나 구별능력을 나타낸다.

냄새에 대한 선호 역시 잘 발달되어서 신생아는 신선한 과일 냄새에 행복한 표정을 지으며 썩은 계란냄새에 찡그린다. 후각이 예민하다는 사실은 생후 4일된 아기가 자기 어머니의 가슴이 닿았던 브래지어를 다른 사람의 것보다 더 좋아하는 것으로도 알 수 있다(Cernoch & Porter, 1985). 이 같은 후각의 구별능력은 습관화 연구에서도 나타나, 아기에게 같은 냄새를 계속해서 맡게하면 아기의 호흡이나 신체적 활동 속도가 감소하게 되고, 새로운 냄새를 맡게하면 다시 호흡이나 활동 속도가 증가하여 냄새를 구별하고 있음을 알 수 있다.

(3) 청각과 언어지각

신생아는 소리에 민감해서 생후 3일에 소리가 나는 쪽으로 머리를 돌린다. 또한 섬세한 차이가 있는 음이나 말소리를 구별할 수 있다. 소리 구별능력 역시 습관화 현상으로 알 수 있는데, 아기가 계속해서 반복되는 소리를 듣다 보면 맥박이나 팔다리 운동은 감소하는 한편, 새로운 소리가 들리면 다시 맥박이나 운동이 증가한다.

더 흥미로운 점은 어머니의 심장박동 소리와 다른 아기의 울음소리를 녹음한 테이프에 대한 아기의 구별능력이다. 아기는 자궁에서 익숙해졌던 어머니의 심장박동 소리에 활동이 증가되고, 다른 아기의 울음소리에는 따라서 운다. 또한 아기들은 잡음보다는 사람의 소리를, 생소한 목소리보다는 친숙한 사람의 목소리를 더 좋아하는 것으로 나타나, 아기는 태어날 때부터 말 소리에 대한 관심이나 주의력을 갖고 있다고 볼 수 있다(Steinberg & Belsky, 1991). 소리에 대한 타고난 민감성은 아기가 환경을 탐색하는 데 도움이 되며 말소리에 대한 구별능력은 부모에 대한 애착행동이나 아기의 언어발달에 도움이 된다.

(4) 시각

시각은 출생 시 가장 덜 발달한 감각이다. 신생아는 두뇌와 안구의 구조 및 신경연결이 덜 발달하여 초점을 맞추기 힘들고 시력의 정확성이 떨어진다. 따라서 가까운 거리에 있는 것만 볼 수 있으며 흐릿한 모습으로 보이게 된다.

그러나 신생아는 움직이는 자극에 대한 추적능력을 나타내, 밝은 색깔의 물체나 사람의 얼굴을 따라 천천히 눈동자를 움직인다. 또한 직선보다 곡선, 단순한 형태보다는 복잡한 형태를 좋아하고, 어머니의 얼굴을 다른 여성의 얼굴보다 더 오래 응시하며, 빨강보다 파랑이나 녹색을 더 좋아함으로써 얼굴이나 색에 대한 선호를 나타낸다(Field, 1990). 더욱이 1개월 된 영아는 자기가 빨던 젖꼭지 모양을 다른 젖꼭지보다 더 선호하는 것으로 나타나(Meltzoff & Borton, 1979), 영아는 이미 감각기관 간의 통합된 지각능력을 갖고 있음을 알 수 있다.

03

신생아의 검진

1. Apgar 척도

병원에서 분만된 신생아들은 대부분 분만 1분 후, 그리고 다시 5분 후에 Apgar 척도를 이용해 2회의 검사를 받는다. 이 척도는 Virginia Apgar(1953) 박사가 만들어낸 것으로 신생아의 신체적 상태를 손쉽게 판단할 수 있는 가장 대표적인 검사이다.

Apgar 척도는 피부색, 맥박, 자극에 대한 반응, 근육 상태, 그리고 호흡을 측정하는 5개의 하위 측정들로 이루어져 있으며, 각 측정에서 0점, 1점 혹은 2점을 받아 최고점은 10점이 된다(표 5-3). 일반적으로 7점 이상은 신체적 상태가 좋다고 판단되며, 4~6점은 원활한 호흡을 위해 외부적인 도움이 필요하다. 만약 3점 이하로 점수가 낮을 때는 위험한 상태이므로 즉각적으로 의학적인 조치를 취하게 된다. Apgar 점수는 생후 첫 한 달 동안의 영아의 생존을 예측해주는 좋은 지표가 되고 있다(Casey et al., 2001).

표 5-3 Apgar 검사의 기준 및 점수

점수	A appearance (피부색)	P pulse (맥박)	G grimace (반사 민감성)	A activity (근육상태)	R respiration (호흡)
0	몸 전체가 푸른색	없음	무반응	축 늘어짐	없음
1	몸은 분홍색, 팔과 다리는 푸른색	느림(100 이하)	약간의 움직임	약하고 비활동적임	약한 울음, 불규칙한 호흡
2	몸 전체가 분홍색	빠름(100 이상)	울음	활동적 움직임	큰 울음소리, 규칙적 호흡

2. Brezelton 신생아 행동평가척도

Brezelton 신생아 행동평가척도(NBAS, Brezelton Neonatal Behavior Assessment Scale)는 출생 후 수일 내에 실시하는 것으로 신생아의 상태조절 능력, 반응능력, 운동능력 및 사람과의 상호작용능력 평가를 통해 주위환경에 대한 신생아의 반응을 측정하는 신경 및 행동 검사이다(Brazelton & Nugent, 1995). 예를 들어, NBAS가 측정하고 있는 행동측면의 하나인 상태조절 능력은 신생아가 내적 또는 외적 자극에 반응하여, 현재의 각성 상태에서 다른 상태로 변화시킬 수 있는 능력을 말한다. 즉, 어떤 아기는 혼자 울다가도 스스로 달래어지지만, 어떤 아기는 반드시 달래주어야만 한다. 또한, 아기마다 반응성이 달라 어떤 아기는 시각적인 자극에 더 잘 반응하고, 어떤 아기는 청각적 자극에 훨씬 더 반응적이다. NBAS는 신생아의 신경 발달상태를 측정하여 발달적 이상에 대한 실제적인 정보를 줄 뿐 아니라 영아발달 연구에도 많이 사용된다.

04
영아사망률

영아사망률은 영아 1,000명당 생후 첫 1년에 사망한 영아 수를 말한다. 국가의 건강상태에 대한 지표 중 하나인 영아사망률은 사회환경의 전반적인 개선에 따라 전 세계적으로 감소 추세에 있다. 우리나라의 경우 1920년대에 출생 영아 1,000명당 200명, 1955~1960년에 100명에 이르던 영아사망률이 1975~80년에는 37명으로 줄었으며(권태환, 김두섭, 1990), 특히, 1990년에 이르러 급격히 감소하여 12.8명, 1996년에는 8.5명, 2001년 현재는 6명으로 보고되고 있다(한국아동단체협의회, 2005). 이러한 감소추세는 2001년 이래로 꾸준히 이어져, 2011년에는 3명, 2019년에는 2.7명, 2020년 현재 2.5명으로 나타났다(통계청, 2020). 이러한 수치는 그림 5-12에서 보듯이 OECD 38개국의 평균 영아사망률인 4.2명이나 미국(5.7명)보다 상당히 낮은 수준이다(OECD, 2019). 영아사망률의 감소는 사회 전반에 걸친 공중보건의 개선에 따른 영양개선, 면역력증가, 출생 전후의 모자건강에 대한 배려, 위험한 임신의 조기진단 등에 기인한다.

영아사망은 대체로 생후 한 달 이내에 일어나게 되며, 상당부분 선천적인 병이나, 발육이상, 체중미달과 관련이 된다(통계청, 2020). 또한 영아사망은 건강하던 영아가 갑자기 호흡이 멈춰 죽는 돌연사증후군(SIDS, sudden infant death syndrom)으로 인한 경우도 많다. 생후

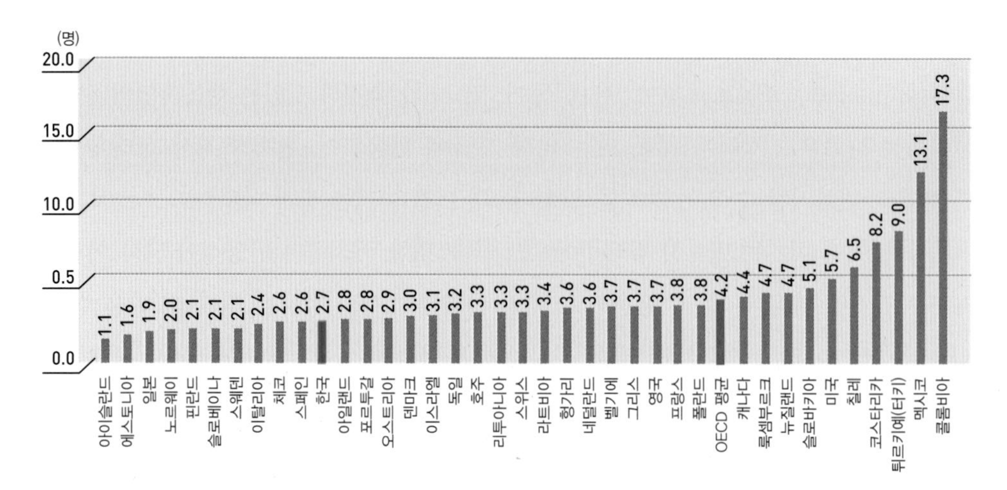

그림 5-12 **영아 사망률 국가간 비교**
자료: OECD 국가별 영아사망률, 2019.

2개월에서 6개월 사이에 흔히 나타나는 SIDS에 대한 정확한 원인은 밝혀지지 않고 있으나 호흡 문제와 관련이 깊은 것으로 추론되고 있다.

이에 미국의 의사들은 1992년 이래로 아기를 엎드려 재우지 말고 바로 누여 재울 것을 권고하고 있으며, 그 이후 1996년에는 SIDS가 1984년 대비 50% 가까이 감소하였고 2015년 현재도 계속 줄고 있다(Berger, 2018). 이외에도 저체중, 신체적 결함 등 다른 위험 요소들도 있지만 출산 전후로 어머니의 흡연에 노출되었던 아기가 그렇지 않은 아기보다 SIDS로 죽는 경우가 4배 더 많다고 보고된 바 있다(Mitchell et al., 1993).

05
우울증 어머니의 영아

정도의 차이는 있지만, 어머니들은 대부분 출산 전후로 어느 정도의 우울감을 경험한다. 그러나 어머니가 유전적 성향이나 정신건강의 문제 및 여러 가지 환경적인 스트레스로 인해 우울증이 심한 경우, 영아의 건강에 위협이 될 수 있으며 발달장애를 가져올 수도 있다.

우울증이 심한 어머니는 아기와 상호작용에서 그렇지 않은 어머니와는 다른 양상을 나타내, 긍정적인 표정보다 부정적인 표정을 더 많이 보이며, 언어적인 상호작용이 적고, 영아를 쳐다본다든지 만지는 행동을 덜 하며 아기의 울음에 민감하지 못하다(그림 5-13).

한편, 우울증 어머니의 영아 역시 밝은 표정이 적고, 시선회피가 많으며, 발성을 덜 하고, 저항적이며 활동성이 낮은 경향이 있다(그림 5-14). 이와 같은 행동이 어머니로부터 자

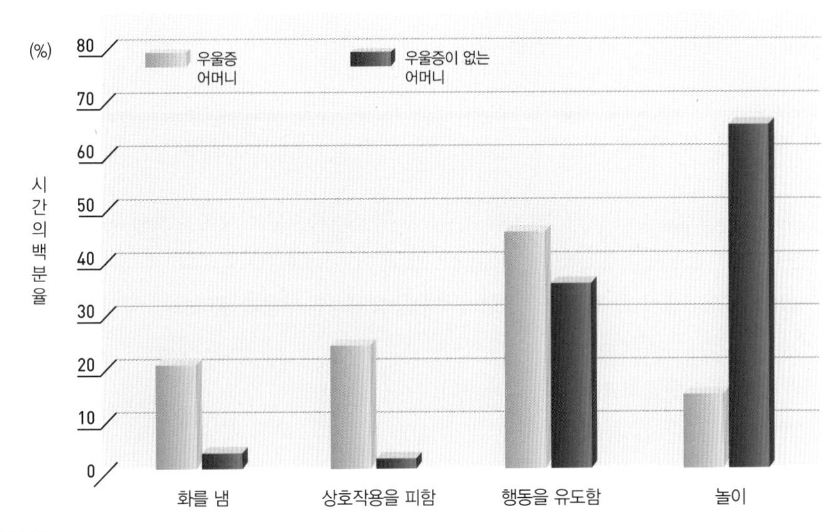

그림 5-13 **어머니가 영아에게 하는 행동 시간**
자료: Field, 1990

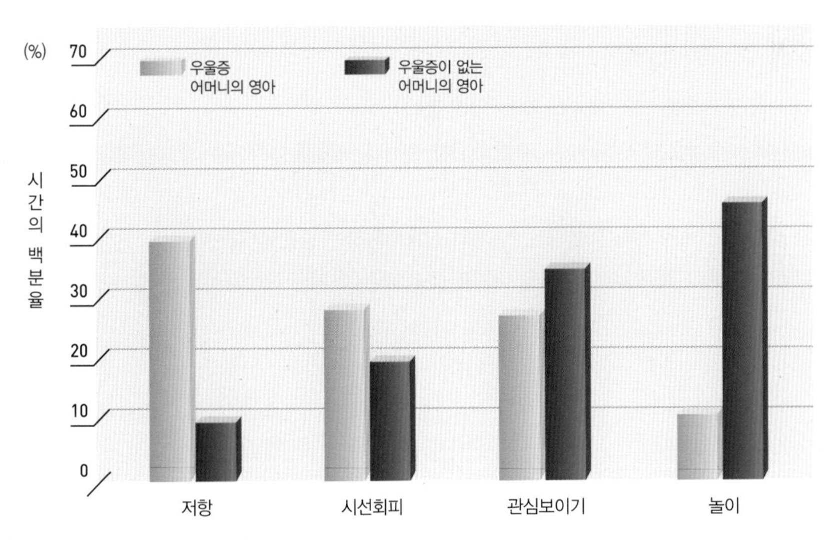

그림 5-14 **영아가 어머니에게 하는 행동 시간**
자료: Field, 1990

극을 덜 받았었기 때문인지, 혹은 출생 전 이미 어머니의 유전적 성향을 받았기 때문인지는 불분명하다(Field, 1990).

또한, 이러한 영아는 어머니의 긍정적인 행동에 반응을 더 잘하는 일반 영아보다, 어머니의 부정적인 행동에 더 많이 반응하며, 다른 성인과의 관계에서도 마찬가지로 나타나(Field et al., 1988), 그 기원이 무엇이든지 어머니의 우울증은 영아의 정서 사회발달에 상당한 영향을 미친다고 할 수 있다.

신 생 아 와 부 모 역 할

신생아를 위해 부모가 해야 하는 최선의 일은 영양 및 건강과 관련된 신체적 보호와 함께 애정을 가지고 아기의 요구에 정확하고 즉각적인 반응을 함으로써 기본적 욕구를 충족시켜주며 심리적 안정감을 주는 일이다. 신생아를 위한 구체적인 부모의 역할을 요약하면 다음과 같다.

1. 신생아가 울면 즉각 반응하고 자주 돌보아 준다.

아기가 배가 고파 울거나 기저귀가 젖어서 우는 경우가 아니면, 대개는 꼭 싸서 안아 주거나 흔들어 주며, 체온을 조정하거나 다독거려 주면 안정이 된다. 세심한 관찰과 경험을 통해 아기의 요구에 적합한 반응을 하는 것이 중요하다.

2. 신생아에게 자극을 주기 위한 자료는 선명한 색깔의 모빌(mobil)이면 충분하다.

모빌은 영아의 흥미를 끌게 만들어진 것이 좋다.

3. 아기의 자세나 위치는 자주 바꾸어 주는 것이 좋다.

낮 동안에는 되도록 엎드려 있게 하는 것이 고개를 들거나 시야를 넓혀 주는데 도움이 된다.

4. 아기가 맑은 정신으로 깨어 있을 때는 아기와 상호작용하는 습관을 갖는다.

기저귀를 갈아줄 때나, 목욕을 시키는 등 아기를 돌볼 때는 아기의 관심을 이끌며 함께 놀아준다.

PART 3

영아기와 걸음마기

영아기와 걸음마기는 태어나서 3세까지를 말한다. 이 시기에 영아는 중추신경계의 발달과 더불어 소근육 및 대근육 운동기능이 발달하며, 왕성한 탐색활동을 통해 지적 능력이 발달한다. 또한 다른 사람의 의사를 이해하는 능력 및 언어능력이 발달하고 여러 가지 정서가 분화되면서 점차 사회적인 개체로서의 기본적인 능력이 형성된다.

CHAPTER
6

영아기와 걸음마기의 신체·운동 발달

01 신체적 성장 및 발달
02 운동 발달

영아기의 신체적 성장 및 운동능력의 발달은 일생 중 그 어느 때보다 급속하게 이루어진다. 6장에서는 영아와 걸음마기 아동의 신체적, 운동적인 성장발달 내용과 이에 영향을 미치는 요인들을 살펴보고 두뇌와 신경계의 발달을 이해함으로써 신체적 성장 및 운동기술 발달 간의 유기적인 관계를 이해한다.

01
신체적 성장 및 발달

신체적인 성장발달은 운동발달과 함께 아동의 생활에서 여러 가지 중요한 의미를 지닌다. 첫째, 아기들은 신체적인 성장을 통해 새로운 행동이 가능해진다. 즉, 아기들은 동체의 힘이나 다리의 골격이 단단해져야 걸을 수 있고, 소변 통제기능과 관련된 근육이 발달하지 않으면 소변을 제대로 가릴 수 없듯이, 신체적인 성장은 아기의 행동발달과 밀접한 관계가 있다.

둘째, 아기들은 신체적인 성장을 통해 새로운 경험을 할 수 있다. 그냥 누워만 있는 신생아 때보다 앉을 수 있는 아기들은 손쉽게 물건을 잡을 수 있고, 기어서 다닐 수 있게 된 영아들은 훨씬 더 넓고 다양한 경험을 가질 수 있게 된다.

셋째, 신체적인 성장은 주변 사람들의 반응에 영향을 준다. 예를 들어, 누워만 있던 아기가 앉거나 기게 되면 아기에 대한 어머니의 반응이나 상호작용 방식 또한 달라져서 전보다 자주 '안 돼'라는 말을 많이 쓰는 한편, 아기의 능력에 적합한 새롭고 다양한 경험을 제공하게 된다.

넷째, 신체적인 성장은 자신의 외적인 모습이나 능력에 대한 아동의 자아개념에 영향을 미치게 된다. 결국 신체적인 성장 발달은 아동의 행동이나 운동능력 자체는 물론, 어렸을 때부터 아동이 경험하는 신체적, 심리적 환경과 밀접한 관련이 있어 아동의 발달을 위한 중요한 측면이 된다.

1. 신체크기의 변화

영아기 동안의 신체적 성장발달은 그 어느 때보다 급속하여 신장이나 체중은 현저한 변화와 발달을 보인다. 신체발달은 세포분열을 통한 세포수의 증가와 기존 세포의 크기를 증가시켜 가는 두 가지 과정의 산물이다. 일반적으로 출생 전에는 세포 수의 증가과정이, 출생 후에는 기존의 세포를 확장해가는 과정이 주된 발달내용이 된다.

(1) 체중

체중은 신체크기의 변화내용을 종합적으로 나타내주기 때문에 체중만 가지고도 아동의 성장상태를 알 수 있는 가장 좋은 단일지표라고 할 수 있다. 아기마다 개인차는 있지만 첫 1년 동안, 특히 첫 몇 개월 동안의 체중의 증가속도는 현저하여 이때의 성장속도는 일생 중 또 한 번의 급속한 신체적 변화가 일어나는 청소년기보다 더 급속하다.

영아는 첫 6개월 동안 매일 하루 30g씩 체중이 증가되어, 대개 생후 4개월경이 되면 출생 시 체중의 2배인 6~7kg이 된다. 그리고는 점차 성장속도가 다소 완만해져서 생후 1년경에는 출생 시 체중의 3배인 9~10kg이 된다. 결국 생후 1년의 체중 중 2/3는 첫 6개월에, 나머지 1/3은 다음 6개월에 증가된다고 할 수 있다.

한편, 생후 2년에는 출생 시 체중의 약 4배가 되며, 생후 2년 이후부터는 증가 속도가 점차 줄어든다. 이와 같은 체중의 증가는 신체의 크기가 증가하는데 따른 골격이나 근육, 신체 기관의 증가 외에도 지방 성분의 비율이 변화하기 때문이다.

우리나라 소아청소년 성장도표에 의하면, 출생 시 평균 체중은 남아 3.3kg, 여아 3.2kg로 성차는 비교적 적어 남아가 약 100g 정도 더 크다. 그러나 생후 1년 가까이 되면서 남아와 여아 간의 차이가 점점 더커져 생후 1년에 남아의 평균 몸무게는 9.6kg이고, 여아의 몸무게는 8.9kg으로 보고되고 있다(질병관리청, 2017). 남아와 여아 간에는 체중의 차이 외에도 체중증가의 원인에 있어서도 차이가 나서 남아는 근육이 증가하고 여아는 체지방이 증가한다.

그러나 체중증가율은 모든 아동에게 있어 일률적이지는 않다. 각 개인에 따라 유전적인 차이가 있으므로 증가 속도도 다를 수 있고, 성장기의 영양공급 상태에 따라서도 많은 영향을 받게 된다. 따라서 자녀의 체중이 평균치보다 미달이거나 혹은 출생 시에는 평균적인 체중을 갖고 태어난 아이가 첫 돌이 되었을 때 평균치인 9~10kg에 훨씬 못 미쳐서 부모들이 너무 걱정하거나 조급해하는 태도를 보이는 것은 바람직하지 않다. 다만 정상적인 영양공급을 해도 체중 증가율이 계속해서 둔화된다든지, 또는 평균체중에 상당히 미달 될 경우는 질병이나 기타 사유로 인한 이상이 있을 수 있으므로 소아과 전문의에게 검진해보는 것이 바람직하다.

(2) 신장

출생 시 우리나라 아기의 평균신장은 남아가 49.9 cm, 여아는 49.1cm로 여아가 약 1cm 정도 작게 태어난다. 신장의 성장 발달은 체중과 마찬가지로 생후 첫 1년 동안 급속한 성장을 나타내 1년간 25cm가 증가하여 첫 돌 경이 되면 출생 시의 1.5배인 75cm 정도가 된다. 또한 체중의 경우와 마찬가지로 첫 1년간의 신장 증가분 중 약 2/3는 생후 첫 6개월 동안 이루어진다. 1세 이후부터는 1년에 10~12cm 정도가 커서 2세에는 약 85cm가 되며, 2세 이후부터는 점차 성장 속도가 완만해진다(**그림 6-1**과 **표 6-1**).

한편, 신장은 체중과 달리 영양이 부족했을 때도 그다지 영향을 받지 않아 질병이나 영양부족 등 여러 가지 원인으로 인해 아동의 체중이 감소되는 경우에도 신장은 여전히 증가된다.

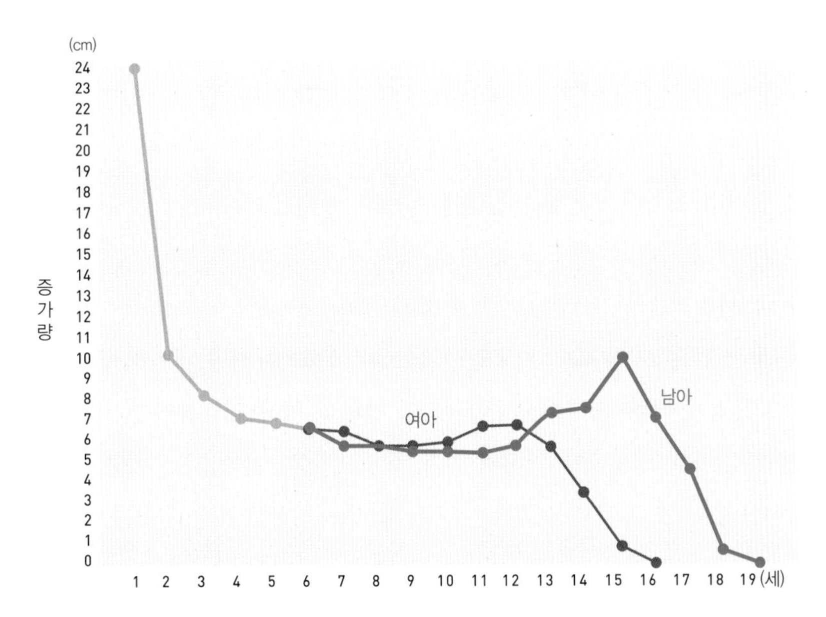

그림 6-1 **연령에 따른 신장의 증가율**
자료: Bee & Boyd, 2007 재인용(Tanner, 1990)

표 6-1 영아기와 걸음마기의 신장, 체중 및 두위

월령	신장(cm)		체중(kg)		두위(cm)	
	남	여	남	여	남	여
출생 시	49.9	49.1	3.3	3.2	34.5	33.9
6개월	67.6	65.7	7.9	7.3	43.3	42.2
12개월	75.7	74.0	9.6	8.9	46.1	44.9
18개월	82.3	80.7	10.9	10.2	47.4	46.2
24개월	87.1	85.7	12.2	11.5	48.3	47.2
36개월	96.5	95.4	14.7	14.2	49.8	48.4

자료: 질병관리청, 2017

(3) 근육과 지방

아기들의 외모에서 나타나는 가장 큰 변화 중의 하나는 생후 첫 1년 중반기에 접어들면서 통통한 모습의 아기가 되는 것이다. 태내기 말부터 증가하기 시작한 체지방은 출생 후에도 계속 증가하여 생후 9개월에 정점에 이른다. 이러한 체지방의 증가는 어린 아기가 체온을 일정하게 유지하는 데 도움을 주게 된다. 이후 걸음마기부터는 살이 빠지기 시작하면서 아동기까지 이러한 몸매는 계속 유지된다(Fomon & Nelson, 2002).

한편, 근육 발달은 지방과는 다른 양상을 보여 아동기까지는 천천히 증가하고 청년기가 되어서야 정점에 이른다. 따라서 근육이 덜 발달한 영아나 걸음마기 아동들의 근력이나 신체적인 협응력은 상당히 뒤떨어져 있다. 신체크기와 마찬가지로 지방과 근육의 구성에서도 성차가 있어 출생 시부터 여아는 근육에 비해 지방의 비율이 높으며, 이러한 차이는 아동기 내내 증가하여 청년기에 이르면 그 차이가 상당히 커진다.

2. 신체 비율의 변화

신체 각 부분은 각기 다른 발달속도로 성장하므로 신장 및 체중의 변화와 더불어 신체 비율도 달라지게 된다. 신체 각 부위의 발달은 발달원리에 따라 '머리에서 꼬리'로, '중심

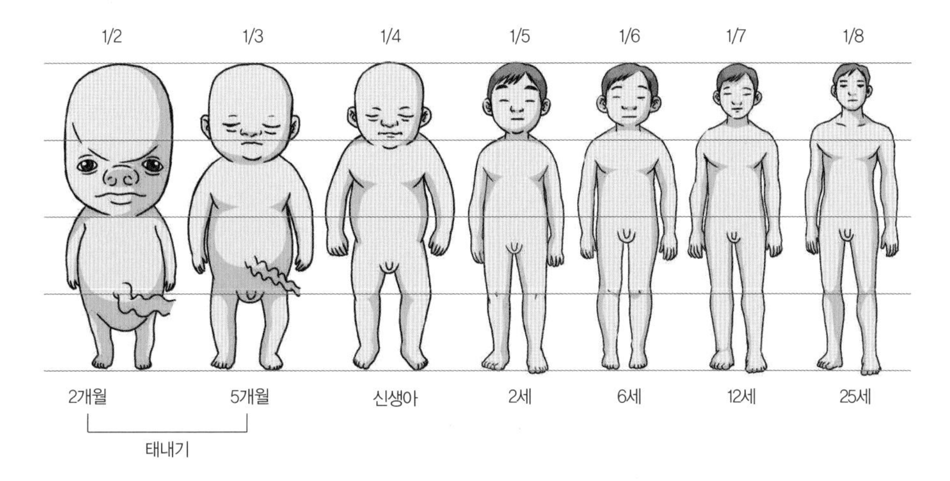

그림 6-2 연령에 따른 신체 비율의 변화
이 그림은 신체성장이 머리에서 꼬리로 진행된다는 것을 나타내준다. 신체의 다른 부분과의 비율로 볼 때 머리는 점점 작아지고 다리는 점점 길어진다.

에서 말초로'의 발달원리를 따르게 된다. 태내기 동안 머리 부분이 가장 먼저 발달하고 그 후에 신체 하부가 발달하였기 때문에, 출생 시 영아의 머리는 상대적으로 커서 신장의 1/4을 차지하는 반면에 다리는 신장의 1/3에 지나지 않는다. 그러나 영유아기와 걸음마기 동안 점차 신체의 아래 부분과 먼 부분인 팔과 다리가 발달하여 2세에는 머리가 신장의 1/5을 차지하는 한편, 다리는 신장의 거의 1/2을 차지한다. 그림 6-2에서 태아기부터 성인기까지 신체비율의 변화를 볼 수 있다.

한편 신체 비율이 변화함에 따라 중력의 중심도 변화한다. 즉, 영아기나 걸음마기 동안은 큰 머리와 짧은 다리로 인해 몸의 중심이 신체의 윗부분에 있기 때문에 걸을 때 균형을 잘 잡지 못하나, 3~4세가 되면 다리가 길어지고 중력의 중심은 아래로 내려가 훨씬 더 균형잡힌 자세를 취하게 된다.

3. 골격의 성장

같은 연령이라도 신체적인 성장속도는 각기 달라서 어떤 아동은 더 빠른 속도로 성숙한 신체에 도달하게 된다. 그러나 이러한 신체적 성숙은 키나 몸무게 등 겉으로 보는 것과는 다를 수도 있다. 신체적인 성숙을 평가하는 가장 좋은 방법은 뼈의 성장 측정치인 골(격)

연령을 이용하는 것이다.

(1) 일반적인 골격성장

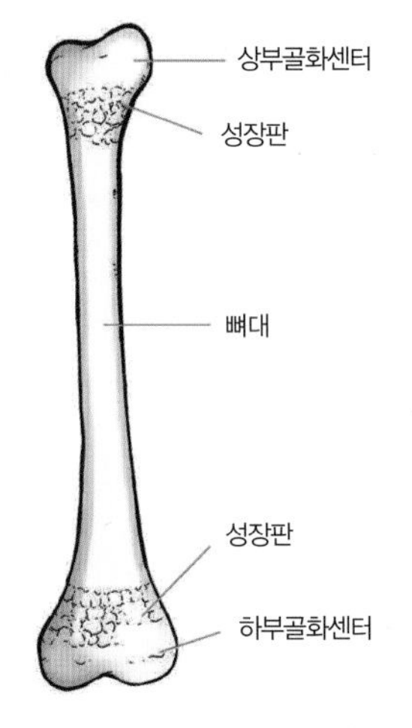

그림 6-3 **긴뼈의 골화센터**
연골세포는 골화센터의 성장판에서 생성되며 점차 단단해져 뼈가 된다.

배아의 골격은 처음에는 연골이라 불리는 연한 물질로 구성되는데, 이러한 연골세포는 임신 6주경부터 점차 단단해지면서 뼈의 모양을 갖추기 시작한다. 이같이 뼈가 점차 단단해지는 성장과정을 골화(ossification)라고 한다. 골화는 점진적인 과정으로 영아기부터 청년기까지 계속된다.

기본적인 모양을 갖춘 뼈에는 출생 직전에 골화센터(성장판)가 나타난다. 즉 출생 전후로 손가락, 팔과 다리 등 뼈마디의 양쪽 끝부분에 뼈를 만드는 세포가 있는 성장판이 있어 새로운 연골세포가 형성되고 골화가 진행됨에 따라 뼈는 점점 단단해진다(그림 6-3).

또한 새로운 골화센터들은 성숙이 이루어질 때까지 계속 형성되며, 골화가 진행됨에 따라 기본적인 골격구조에 새로운 뼈 조직들이 덧붙여 형성되어 뼈의 길이나 모양, 굵기에 변화를 가져온다. 손이나 손목뼈에 대한 방사선 촬영을 통해 추정되는 골(격)연령(bone age, skeletal age)은 신체적 성숙의 가장 좋은 지표로서 뼈의 수 및 뼈가 서로 맞닿아 있는 정도에 근거하여 측정된다(그림 6-4).

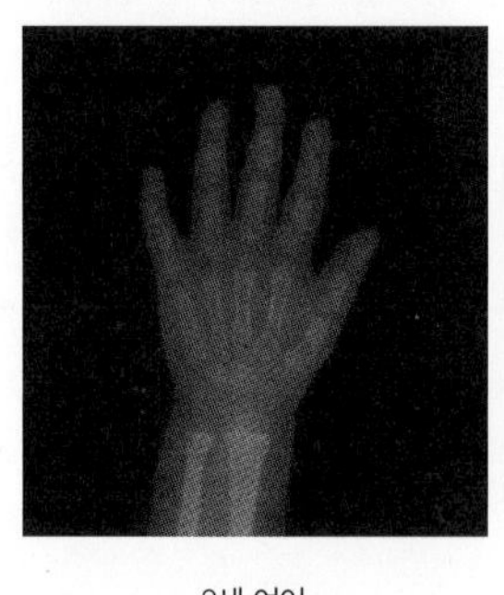

3세 여아

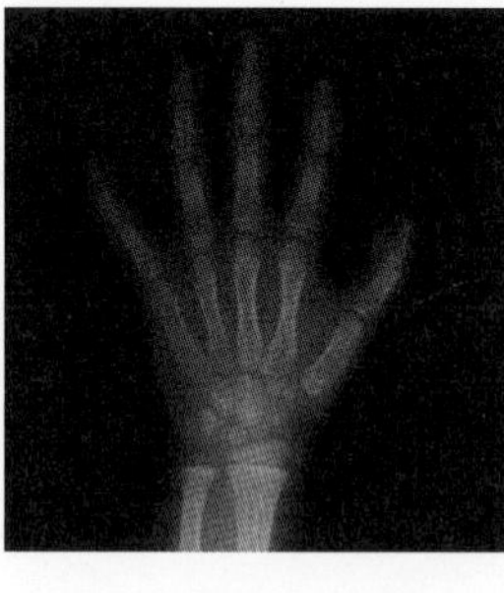

6세 여아

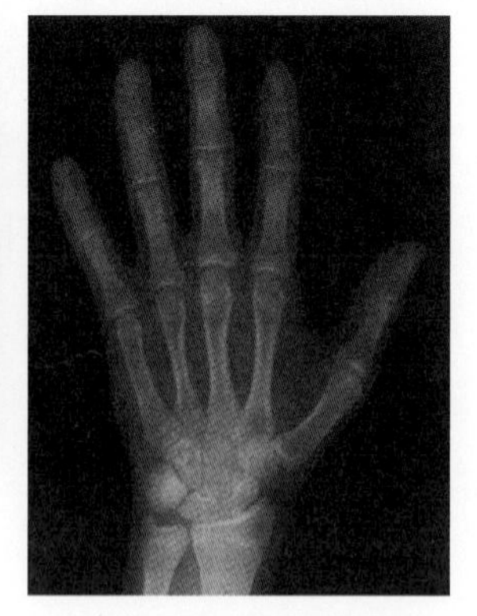

15세 여아

그림 6-4 **골(격) 연령**
연령이 증가함에 따라 손목뼈의 수가 증가하고 뼈는 점점 더 가까이 서로 맞닿아 있다.
자료: Tanner et al, 1983

뼈의 성장이나 골격경화 속도는 대부분 적절한 영양공급이나 호르몬에 따라 달라지며 골격의 각 부위에 따라서도 다르다. 출생 시에는 팔이나 어깨의 뼈가 다리나 골반뼈보다 길고 더 발달되어 있으나(Sinclair, 1978), 출생 후에는 하지의 골격발달이 빠른 속도로 이루어져 상지의 골격발달을 따라잡게 된다. 한편 출생 시부터 여아의 골격연령은 남아보다 앞서 있는데 이러한 성차는 영아기부터 아동기까지 점차 더 커지면서 여아가 남아보다 신체적 성숙이 더 앞서게 된다(Tanner et al., 2001).

(2) 두개골의 성장

두뇌크기의 성장으로 인해 두개골의 성장도 출생 후 첫 2년 동안 급속한 진전을 보인다. 출생 시 영아의 두개골은 골 형성이 완성되지 않은 6개 빈 부분(soft spots)으로 구분된 여러 개의 연골로 구성되어 있으며, 이러한 두개골의 구조는 분만 시 태아가 좁은 산도를 빠져 나오는데 도움이 된다**(그림 6-5)**.

두개골의 빈 부분인 천문들은 대개 12~18개월까지는 모두 닫히게 된다. 즉, 두개골 뒷부분에 있는 5mm 정도 크기의 삼각형 모양인 소천문은 생후 3~4개월 정도에 닫히고, 두개골의 앞부분에 있는 마름모 모양의 대천문은 약 2.5cm 크기로 만져서 느낄 수 있지만 점차 그 크기가 줄어 생후 14~18개월경에는 닫힌다(Snow, 1998). 두개골 뼈가 서로 합쳐진 부분은 봉합선이 형성되어 있어 두뇌가 성장함에 따라 두개골은 보다 쉽게 확장될 수 있다. 두개골 봉합선은 두개골 성장이 완성되는 청소년기에 완전히 사라진다.

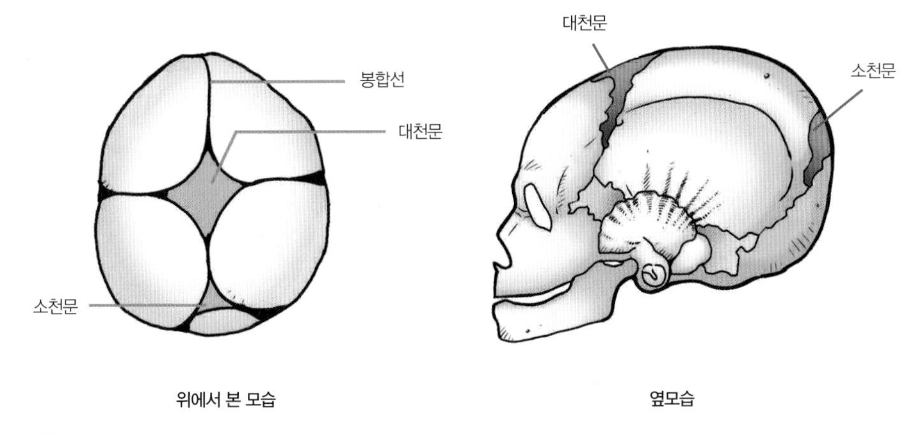

그림 6-5 **두개골의 천문**

한편, 두개골의 성장은 뇌의 발육과 밀접한 관계가 있으므로 뇌의 이상여부를 알기 위해서는 머리둘레의 측정이 매우 중요하다. 출생 시 신생아의 머리둘레는 개인차가 있기는 하지만 평균 34~35cm 정도로서 가슴둘레보다 더 크며, 출생 후 6개월에 약 42cm, 12개월에 45cm, 출생 후 3년에 약 50cm에 이른다. 이후 머리둘레의 증가율은 점차 둔화되어 15세가 되면 55cm로 어른의 머리둘레와 유사해진다. 머리둘레 성장이 정상에서 많이 벗어나 유난히 클 때나 작을 때는 여러 가지 원인으로 발생되는 대뇌증 혹은 소뇌증 등을 의심해 볼 수 있다(표 6-1 참조).

(3) 치아

태아기 때부터 치아는 잇몸 속에서 자라고 있으나 보통 첫 이는 출생 후 6~8개월부터 나오기 시작한다. 첫 이가 나온 후에는 매달 1개씩 이가 나와서 생후 1년이 되면 약 6~8개의 유치가 나오고, 1년 6개월이면 12개, 2년에는 16개 정도가 되며 생후 2년 반까지는 20개의 유치(乳齒)가 모두 나오게 된다. 영아마다 이가 나는데 대한 반응은 달라서 유치가 나올 때 몹시 짜증을 내는 아기가 있는가 하면 거의 영향을 받지 않는 아기도 있다. 이가 날 때는 잇몸이 근지러워 입에 닿는 물건들을 깨물려고 하기 때문에 장난감과 같은 치아발육기라는 아기용품도 개발되고 있다. 그림 6-6에서 보는 유치의 발생시기는 단지 평균에 불과한 것이며 개인에 따라서 많은 차이가 있다. 일반적으로 평균보다 6개월 정도 느리거

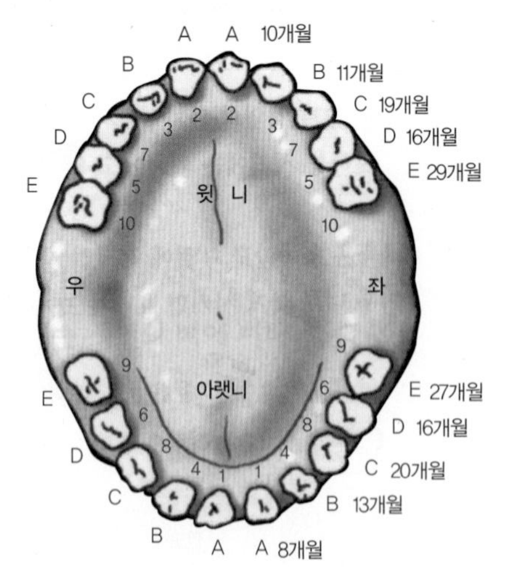

* 숫자는 이가 나오는 순서
A – 가운데 앞니
B – 옆니
C – 송곳니
D – 첫 번째 어금니
E – 두 번째 어금니

그림 6-6 **유치의 발생순서**

나 빠른 것은 정상적인 것으로 생각된다(McDonald & Avery, 1983). 그러나 유치 발생 시기가 지나치게 늦어질 경우는 칼슘부족과 같은 영양부족에 의해서일 수도 있으므로 균형잡힌 영양섭취가 중요하다. 치아의 발달은 대체로 골격발달과 관련이 있기 때문에 이가 일찍 난 아기는 신체적인 성숙에서도 앞서는 경향이 있다.

4. 두뇌와 신경계의 발달

출생 시 아기의 두뇌는 성인의 두뇌 무게의 25%에 지나지 않으나, 출생 후 급속한 변화를 보여, 표 6-2에서 보듯이 1세에는 이미 성인 두뇌 무게의 66%까지 증가하며, 5세에는 성인의 90%에 이르게 된다. 따라서 생후 1년 동안의 시기를 두뇌 성장의 급등기라고 한다.

한편, 두뇌와 신경계는 영유아기 및 아동기 동안 신경세포 간 교차점인 시냅스(synapse) 형성과 가지치기(pruning), 수초화(myelination) 및 두뇌 기능의 편재화(lateralization)과정을 거치면서 발달한다.

표 6-2 아동의 연령에 따른 두뇌의 평균무게

연령	대략 무게(g)	성인 무게에 대한 비율(%)
임신 2개월	3	1 이하
임신 5개월	51	4
임신 7개월	138	10
출생 시	350	25
생후 1세	908	66
2.5세	1,050	76
5세	1242	90
16세	1,330~1,380	100

(1) 신경계의 발달

두뇌는 신경세포(뉴런)와 보조세포로 이루어져 있으며, 신경망을 통해 신체 각 부분으로부터 정보를 받고 이를 조절 통합하여 다시 신체 각 부분으로 정보를 전달한다. 신경세포는 세포체(cell body), 수상돌기(dendrites), 축색돌기(axon)로 구성되어 있으며(그림 6-7) 정보를 받고 전달하는 기능을 한다. 한편, 보조세포(glial cell)는 신경세포를 보호하고 신경세포의

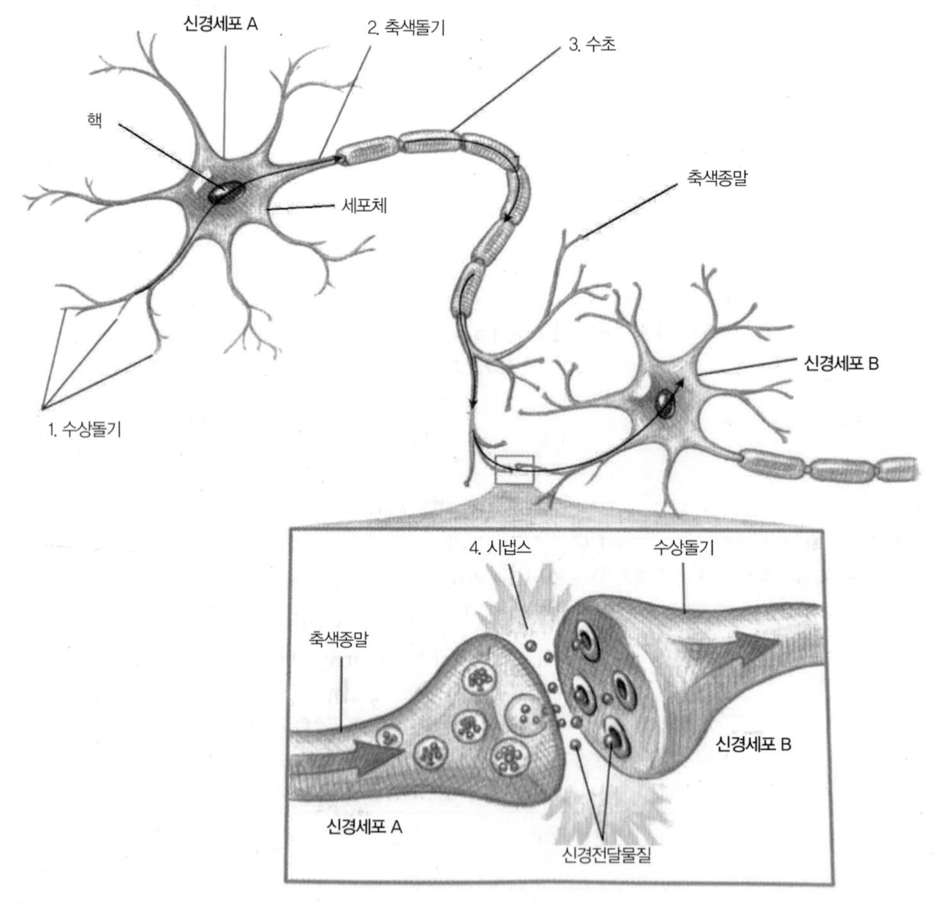

그림 6-7 신경세포의 구조

1. 세포체의 가느다란 신경섬유인 수상돌기는 축색돌기를 통해 다른 신경세포로부터 온 정보를 받는다.
2. 세포체로부터 뻗어나온 축색돌기는 다른 신경세포의 수상돌기로 정보를 내보낸다.
3. 신경섬유의 수초는 축색돌기를 감싸서 정보전달을 빠르게 한다.
4. 시냅스(신경세포의 축색돌기와 다른 신경세포의 수상돌기가 만나는 신경접합부)에 있는 신경전달물질은 신경세포에서 다른 신경세포로 정보를 전달한다.

성숙을 도와주며 두뇌 무게의 약 절반가량을 차지한다.

1천억 개에 달하는 두뇌의 신경세포는 출생 시에 이미 그 수가 거의 다 완성되어 있으며 출생 후 영아기와 걸음마기 동안에는 기존 세포들의 성장이 이루어진다. 즉 생후 첫 1년 동안은 신경단위 세포 간의 연결, 보조세포인 글리아의 증가 및 성숙, 신경세포의 크기 증대 등 급속한 성장을 보여 두뇌 무게가 상당히 증가한다.

특히 출생 후 2~3년 동안은 신경적 충동이나 자극을 받는 수용체인 수상돌기와 신경적 자극을 다른 세포로 전달하는 축색돌기 줄기가 확장되어 복잡한 신경단위 구조를 형성하는 한편, 다른 신경세포와 연결되는 부분에 시냅스를 형성한다. 시냅스에서는 소량의 화학물질을 내어 신경단위에서 다른 신경단위로 신경적인 자극을 전달하는 역할을 한다.

시냅스의 발달이 급속하게 이루어지는 영아기나 걸음마기에는 신경단위 간에 형성된 시냅스의 유지나 새로운 시냅스의 형성을 촉진하기 위해서는 환경적인 자극이 필수적이다. 또한 0~3세 시기에는 전두엽, 두정엽, 후두엽 등 대뇌피질의 모든 부분이 골고루 발달하기 때문에, 어느 한쪽으로 편중된 경험이나 학습은 좋지 않다(서유헌, 2006).

두뇌가 신경세포와 시냅스를 형성하는 초기에는 필요 이상으로 많은 신경세포와 시냅스들이 형성되어 2세가 되면 시냅스의 수(약 100조 개)가 절정에 이르게 된다(그림 6-8). 그러

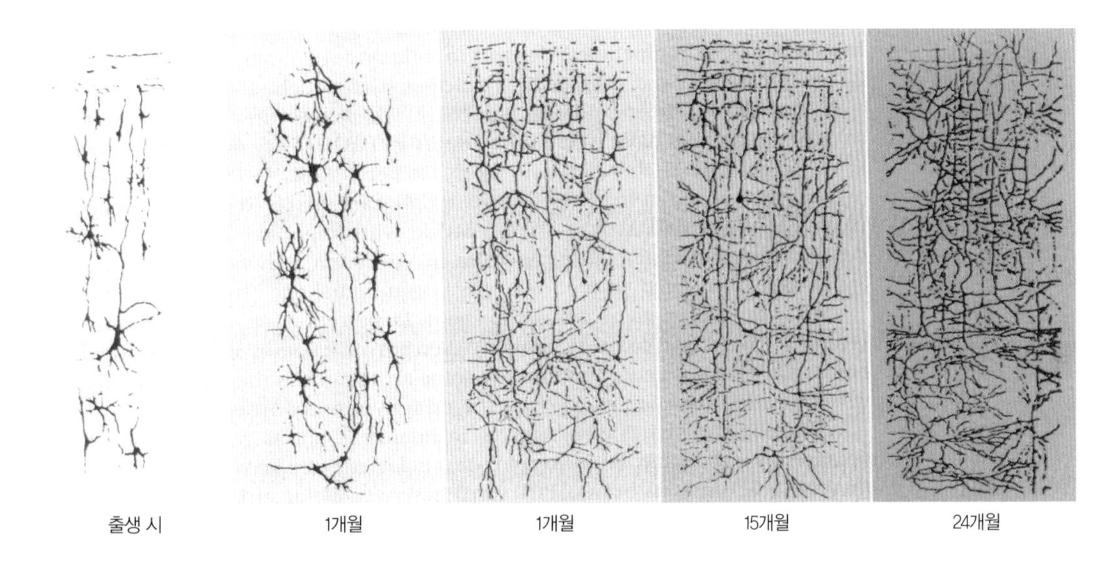

그림 6-8 생후 2년 동안의 신경망의 성장
첫 2년 동안 수상돌기, 세포체의 확장, 세포체 간의 연결을 짓는 시냅스들의 형성으로 두뇌의 밀도 및 무게가 증가한다.
자료: Santrock, 2007

나 점차 자극을 거의 받지 않는 신경세포들 또는 시냅스들은 소멸되거나 제거된다. 이것을 가지치기(pruning)라고 하는데 불필요한 신경의 가지치기를 통해 신경전달의 효율성은 더욱 커지게 된다. 신경의 가지치기는 적어도 10세까지 계속된다.

한편, 태아기 말부터 급속한 증식을 해왔던 보조세포인 글리아는 출생 후 지방질 물질을 내기 시작해서 개개 신경섬유를 둘러싸게 되는 성숙과정(myelination: 수초화라고 한다)을 더욱 가속하게 된다. 그림 6-7에서 보듯이 지방물질인 마엘린은 전선을 감싸듯이 신경줄기를 둘러싸서 수초(myelin sheath)를 형성함으로써 신경세포를 통해 전달되는 신호가 흩어지지 않고 그대로 잘 전달될 수 있게 보호한다. 정보전달의 효율성을 높이게 되는 수초화(myelination) 과정은 생후 2년 또는 그 이후까지 급속히 이루어지며, 4~5세 이후에는 그 발달속도가 완만해지면서 아동기까지 계속된다(그림 6-9).

결국, 영아기에는 새로운 신경세포의 형성이 끝나는 대신, 신경섬유의 길이나 두께의 성장, 시냅스의 복잡한 연결망 형성 및 가지치기 등 신경세포의 성장을 통해 신경전달의 효율성은 계속 증가된다. 신경세포의 성숙은 새로운 행동능력이나 가능성의 출현을 의미한다. 예를 들면, 신경계의 급성장기인 20개월에 아기는 목적 지향적인 행동(예: 높은 곳에 있는 물건을 가지려고 의자를 옮겨 놓고 기어오르는 행동)을 하고, 4세에는 언어를 말하고 이해하는

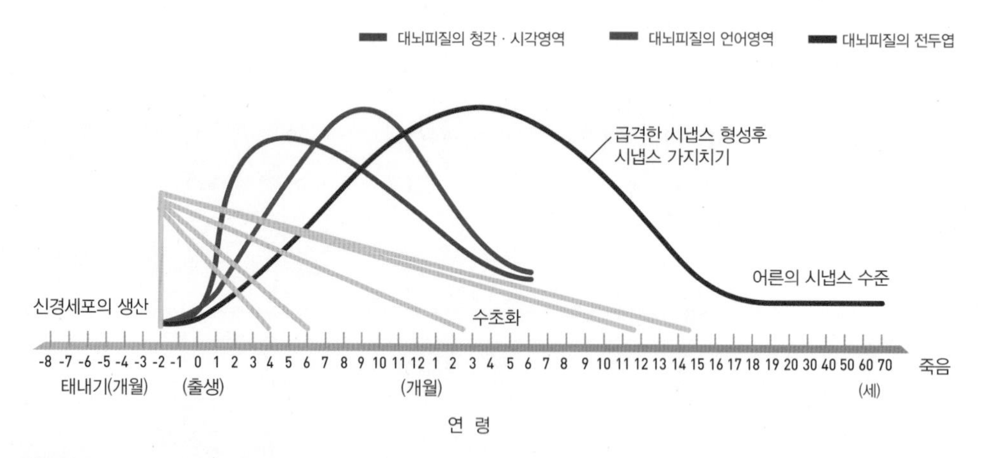

그림 6-9 두뇌발달의 주요 이정표 : 가지치기와 수초화

생의 첫 2년 동안 특히 대뇌피질의 청각, 시각, 언어영역에서 시냅스는 빠르게 형성된다. 사고를 담당하는 전두엽은 보다 장기간 시냅스 형성이 지속된다. 필요수준에 따라 각 영역에서 과잉 생산된 시냅스의 가지치기가 일어나게 된다. 전두엽의 시냅스 연결은 가장 늦게 성인수준에 이른다. 한편, 수초화는 첫 2년 동안 급속히 일어나고 그 후 아동기까지는 서서히 진행되며 다시 청소년기에 증가하게 된다. 여러 개의 노란색 선은 뇌의 영역에 따라 서로 다른 시기에 수초화가 일어나는 것을 뜻한다. 예를 들어, 언어영역은 시각이나 청각영역보다 오랫동안 수초화가 지속된다.

자료: Thompson & Nelson, 2001; Berk, 2005

능력이 상당한 수준에 이른다.

(2) 신경계의 구조와 기능 간의 관계

두뇌는 척수(spinal cord)와 뇌간(brain stem), 소뇌(cerebellum) 및 대뇌(cerebrum)로 나뉜다. 척수와 뇌간(중뇌, 뇌교, 연수 3개 구조물을 포함)에서는 호흡, 심장박동, 체온, 수면 등 기본적인 신체기능을 담당하며, 소뇌는 균형이나 운동적 협응능력을, 그리고 대뇌는 감각기관으로부터 정보를 받고 신체 움직임을 지시하며 사고를 관장한다.

두뇌 신경세포의 양적, 질적인 변화는 아동의 지적발달이나 지각능력, 운동능력의 발달과 밀접한 관련을 갖는 한편, 두뇌의 각 부분은 각기 다른 속도로 발달하기 때문에 그에 따른 기능적인 발달도 각기 다른 시기에 나타나게 된다. 예를 들어, 출생 전에는 척수에 있는 신경세포와 뇌간(척수와 연결된 두뇌의 아래부분)에 마엘린이 주로 형성되어 있기 때문에, 신생아는 반사운동이나 감각 등 기본적인 신체기능이 잘 발달되어 있다.

그러나 자의적인 운동능력이나 언어 및 인지과정과 관련된 대뇌피질 부분은 보다 늦게 발달한다. 예를 들어, 청각이나 시각과 관련된 시냅스의 증가는 생후 3~4개월에서부터 1년까지 발달하기 때문에 이 시기 영아는 여러 가지 지각능력을 나타낸다. 한편, 운동능력과 관련된 피질의 신경세포들은 몸의 윗부분에서 아래쪽으로 성숙과정이 진행되기 때문에 영아들은 다리근육을 조절할 수 있기 전에 몸통과 팔(동체)부분을 먼저 통제할 수 있게 된다. 또한 생후 6~15개월에는 두뇌 중 사고와 학습과정을 관장하는 대뇌피질 부분이 발달하고, 걸음마기에는 언어와 관련된 시냅스의 성숙으로 말을 배우게 된다.

(3) 대뇌피질의 발달과 편재화

대뇌의 표면에 있는 세포층인 대뇌피질은 두뇌의 가장 큰 구조로서 두뇌 무게의 85%를 차지하며 가장 많은 신경세포와 시냅스로 이루어져 있다. 대뇌피질은 뇌 부분 중 가장 늦게 성장을 멈추므로 뇌의 다른 부분보다 훨씬 더 경험 등 환경적 영향에 민감한 부분이다.

대뇌피질은 서로 같은 모양의 좌반구와 우반구로 구분되는 한편, 각각의 반구는 전두엽, 두정엽, 후두엽 및 측두엽의 네 영역이 나누어지며 각 영역은 서로 다른 기능을 하고

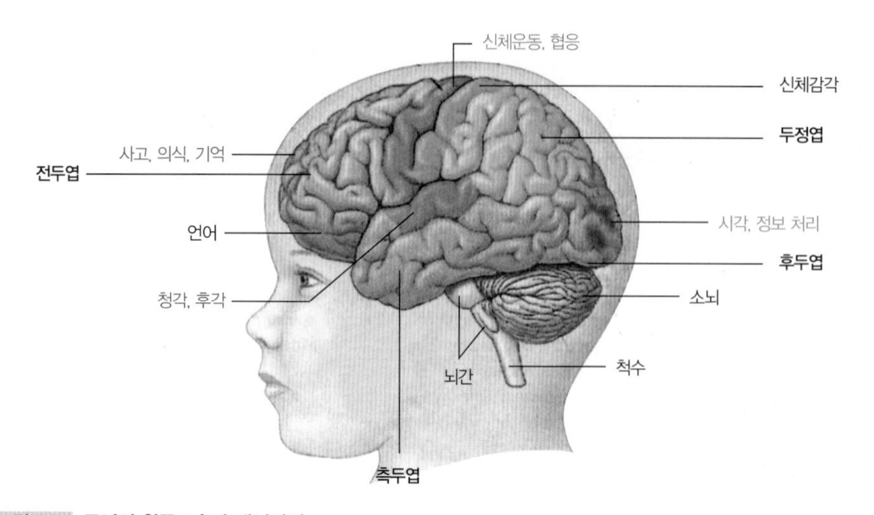

그림 6-10 **두뇌의 왼쪽모습과 대뇌피질**
대뇌피질(전두엽, 두정엽, 측두엽, 후두엽)은 좌우반구로 나뉘어 있으며 두뇌의 각 부분은 특정한 기능을 수행한다.

발달속도도 각기 다르다. 전두엽은 의도적인 움직임이나 사고를 담당하고 두정엽은 신체적인 감각을 처리하며, 후두엽은 시각, 측두엽은 청각과 관련된다(그림 6-10). 좌반구와 우반구는 서로 반대편 쪽 신체로부터의 정보를 지각하고 통제하는 한편, 좌우의 주된 기능 또한 서로 다르다. 좌반구는 언어나 사고능력 및 긍정적 정서를 주로 관장하는 한편, 우반구는 공간지각, 창의성 및 부정적 정서를 관장한다(Fox & Calkins, 1993).

이러한 좌우반구의 뇌 기능 분화, 즉 특정 정신기능이 대뇌의 좌우 중 어느 한쪽에 지우쳐 있는 경향성을 편재화(lateralization)라 한다. 신경학자들에 의하면, 기본적인 편재화는 유전적으로 결정되어 있지만 각 기능(예: 언어기능, 공간지각기능, 왼손잡이 등)의 편재화가 나타나는 시기는 유전과 경험의 상호작용에 따라 다르다. 예를 들어, 태아기 때 이미 두뇌의 언어기능은 어느 정도 편재화되어 있어, 태아는 들어온 언어정보를 왼쪽 두뇌에서 해석하기 위해 오른쪽 귀로 들으려고 고개를 돌린다. 한편, 언어기능의 완전한 편재화는 유아기 말경까지는 나타나지 않으며, 언어적 경험에 따라 두뇌의 편재화 속도는 다르다(Bee & Boyed, 2007). 또한 좌우반구의 편재화는 왼손잡이의 경우 오른손잡이와 반대일 수 있으나, 왼손잡이는 덜 편재화되어 좌우의 기능이 그다지 명확하게 구분되어 있지 않은 것으로 알려져 있다.

신경계의 발달에서 흥미로운 특성은 두뇌의 가소성(plasticity)이다. 두뇌의 가소성이란 두뇌가 아직 성장과정에 있는 상태에서는 경험에 의해 발달이나 학습이 달라질 수

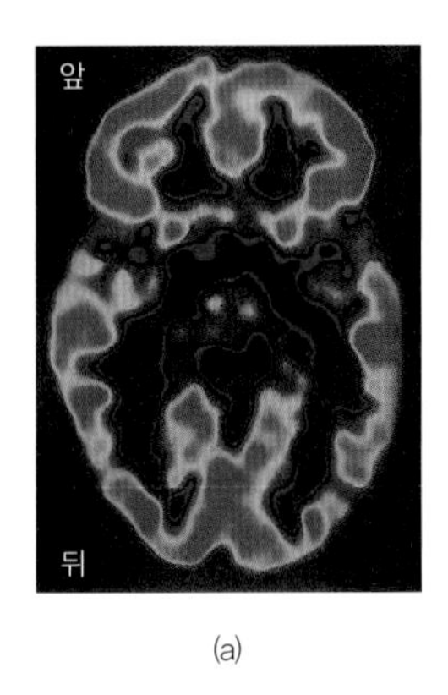

(a)

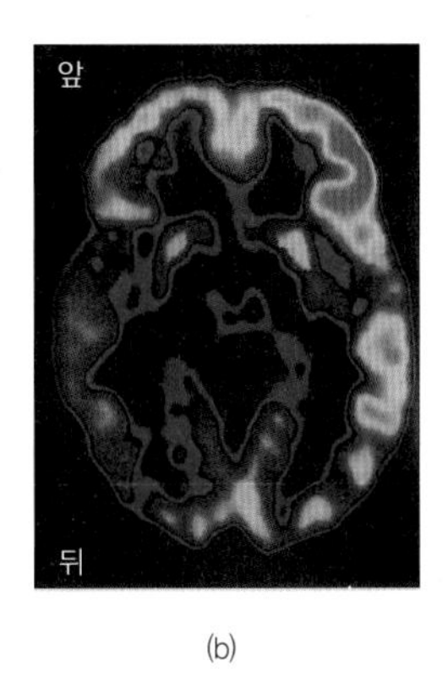

(b)

그림 6-11 초기 환경적 결핍과 뇌의 활동
(a) 정상 아동과 (b) 출생 후 고아원에서 심각한 환경결핍을 겪은 루마니아 고아의 PET(양전자 방사단층 X선 촬영법) 뇌 사진 스캔이다. PET 스캔은 가장 높은 뇌 활동에서 가장 낮은 뇌 활동까지 각각 빨간색, 노란색, 초록색, 파란색 그리고 검은색으로 반영된다. 위에서 볼 수 있듯이, 빨간색과 노랑색은 루마니아 고아의 뇌보다 정상 아동의 PET 스캔에서 훨씬 더 많이 보인다.
자료: Santrock, 2007

있다는 것을 의미한다. 시냅스 형성에 의한 수많은 신경세포들 간의 연결은 두뇌의 회복력에 도움이 된다. 따라서 두뇌가 성장하고 있는 시기에는 대뇌피질의 어떤 영역이 손상된 경우, 다행스럽게도 다른 영역에서 그 기능을 떠맡아 수행할 수도 있다. 특히 영아기나 걸음마기에는 두뇌의 가소성이 커서 환경적 경험으로 인한 영향을 많이 받기 때문에 출산 시 산소결핍이나 기타 난산으로 인한 신경계의 손상은 회복될 가능성이 높다.

같은 맥락에서 풍부한 환경적 경험으로 인해 아동의 행동발달 수준은 높아질 수 있는 반면에 결핍된 환경에 의해서는 발달적인 지연이 나타날 수 있다(그림 6-11). 두뇌발달이 미숙한 상태여서 아직 편재화되지 않은 시기에는 가소성이 더욱 두드러지는 한편, 아동기에 들어서면서 점차 두뇌발달의 가소성은 줄어들게 된다. 두뇌발달 과정은 기본적인 타고난 성숙 예정표와 환경 간의 상호작용 과정이기 때문에 두뇌성장이 급속히 이루어지는 시기에는 특히 환경적인 자극이나 경험이 중요하다.

5. 신체적인 성장에 영향을 미치는 요인들

신체적 발달은 일반적인 발달양상이 있음에도 불구하고, 개개 아동의 발달은 서로 다른 양상을 나타내게 된다. 신체적 발달에서의 개인차는 왜 생기며, 무엇이 발달에 영향을 주는 지 살펴보는 것은 발달을 이해하기 위해 중요하다.

(1) 유전적 영향

보편적인 신체발달 순서는 이미 예정되어 있지만 각 개인은 유전적으로 독특한 성장특성을 지니고 태어난다. 특히, 신체의 크기나 모습은 일란성 쌍생아가 이란성보다 신체적인 크기가 더 비슷하다는 사실에서도 알 수 있듯이 유전인자에 의해 크게 영향을 받는다. 발달의 속도 역시 유전적 요소에 의해 영향을 받아서, 일찍 성숙했던 부모의 자녀는 조숙한 발달을 보이는 경향이 있다.

신체적 성장은 성이나 인종에 따라서도 차이가 난다. 앞서 살펴보았듯이 출생 시 남아는 여아보다 약간 키가 더 크고 더 무겁다. 또한 아프리카계 미국 아동들의 골격은 백인 아동들보다 더 빨리 단단해지고 영구치도 더 빨리 나오며 신체적으로 더 크게 자란다. 이러한 인종적 차이는 오랜 역사를 거쳐 오면서 환경적인 영향을 받아 형성된 종 특유의 유전적 요인과 관련된다.

여러 종류의 호르몬 중 특히 티록신과 성장호르몬은 신체적 성장에 영향을 미친다. 티록신은 태아기와 영아기 초기 동안 특히 뇌의 성장과 관련되며 생후 2년까지 많은 양이 분비되다가 사춘기에는 양이 줄어들게 된다. 티록신이 부족하면 뇌 성장이 지연되거나 정신적 장애를 초래할 수 있다.

성장호르몬은 중추신경계와 내분비선을 제외한 신체 모든 기관에서의 세포 증식과 팽창에 영향을 미친다. 태아기 성장에는 필수적이지 않지만, 출생 후에는 성장호르몬이 부족하면 성장지연을 보이게 된다(Tanner, 1990). 최근에는 성장을 자극하기 위해 성장호르몬을 인위적으로 주입하기도 하지만, 시작 시기나 주입 기간, 또는 개인적 특성에 따라 효과는 다를 수 있으며 유전적 요인에 의해서도 제한된다.

(2) 환경적 영향

신체적 성장은 건강이나 영양상태, 생활 여건, 의료적 보호와 같은 환경적 요인에 의해서도 영향을 받는다. 실제로 과거 10~20년에 비해 여러 가지 환경적인 조건이 좋아진 최근에는 아동들의 신체 성장지수가 훨씬 높아졌고, 성적인 성숙도 빨라 사춘기가 앞당겨지고 있다.

① 영양 및 질병

영아가 섭취하는 음식물은 신체적 성장에 영향을 미치기 때문에 영양을 제대로 섭취하지 못하는 영아는 성장이 느리고 크게 자라지 못한다. 식량부족이 심각한 나라에서는 영양불량으로 인해 영아들이 마라스머스(marasmus)나 콰시오커(kwashiorkor)와 같은 식이로 인한 질병으로 고통을 받는다.

마라스머스는 생후 첫 1년 동안에 주로 나타나는데, 어머니가 영양불량이나 모유 부족으로 수유를 제대로 못 하거나 인공유가 부족한 나머지 아기에게 필수 영양소가 결핍되어 나타나는 질병이다. 이 경우 아기는 기아로 인해 뼈만 남거나 죽게 된다. 콰시오커는 마라스머스와는 달리 아기가 젖을 떼고 난 1~3년 사이에 나타나는 질병으로 단백질 섭취가 부족한 불균형한 식이에 기인한다. 이러한 질병으로 고생하는 아동들은 배가 부어오르고 비활동적이 된다. 극심한 영양불량을 겪은 아기들은 살아 남는다해도 신체적으로 왜소하며, 학습이나 행동발달에 심각한 문제를 나타낸다. 전체 아동의 67%가 심각한 영양결핍을 겪고 있고, 그중 30%가 12~24개월의 걸음마기 영아라는 북한 관련자료(Health-North Korea, 1998; Hoffman, 2003)를 보면, 북한에서 자라는 아동은 영양결핍으로 인한 신체적, 정신적 발육의 문제가 심각할 것으로 짐작된다.

한편, 장기간의 질병은 성장에 영향을 미쳐서 대체로 아픈 어린이는 질병이 있는 기간 동안 성장 속도가 느리다. 그러나 대개 병에서 회복되면 성장 속도도 빠르게 변화하여 정상아의 성장 수준까지 따라잡지만, 질병을 앓은 시기나 영양불량이 일어난 시기가 어렸을 때일수록 손상이 더 크고 지속적이어서 정상적으로 회복되기가 힘들다.

② 정서적인 스트레스

어린아이들은 정서적인 스트레스를 심하게 받을 때 성장호르몬의 분비가 감소되거나 전혀 분비되지 않아 성장장애를 일으키기도 한다. 일반적으로 신체적인 성장은 양육자의 애정이나 자극과는 무관한 것으로 생각하지만 아기에게는 양육자의 애정이나 자극이 음식물만큼이나 중요하다.

부모의 애정적 양육이 부족할 경우 나타나는 성장장애(inorganic failure to thrive)는 대개 생후 18개월경 이전의 영아에게서 나타난다. 어머니의 애정 부족은 가족 간의 갈등으로 인한 경우가 많은데, 이러한 가정에서 자란 영아들은 심리적인 욕구가 충족되지 못하여 무반응적이고 잘 먹지 않아서 성장지연을 보이게 된다. 영아기에 이러한 문제가 개선되지 않으면, 성장장애는 계속되어 신체적으로 작은 아이로 자라며, 장기적으로 지적, 정서적 장애를 겪게 된다(Dykman et al., 2001). 애정이나 자극이 결핍된 환경, 신체적으로 제한된 환경으로 인한 영향은 전쟁 후 열악한 보호기관에서 환경적인 자극을 받지 못하고 자란 영유아들이 성장장애를 나타내고 운동발달이 지연되었다는 사실(Spitz, 1945)로도 알 수 있다. 한편, 첫 3년은 정서를 관장하는 뇌가 일생 중 가장 빠르게 발달하기 때문에, 애정결핍은 후일 정서장애로 이어지기 쉽다(서유헌, 2006).

02

운동 발달

신체 근육의 움직임을 조절하는 능력에서 변화가 일어나는 것을 운동 발달이라고 한다. 운동기술의 발달은 신경계, 골격, 근육, 감각 등 모든 기관이나 조직들의 발달 및 협응과 관련된 복잡한 과정이다. 운동능력 면에서 거의 무력하던 영아들은 생후 첫 2년 동안 독립적이 되고 이동이 가능해진다. 즉, 이 시기 동안 영아들은 여기저기 환경을 탐색하고 행동을 조절하는데 필요한 대근육 운동기술과 보다 작고 섬세한 움직임에 관련된 소근육 운동기술을 발달시킨다.

1. 운동 발달의 기본원리

운동 발달은 신체 발달과 마찬가지로 머리에서 시작하여 다리 쪽으로, 몸의 중심으로부터 바깥쪽으로 발달해 간다. 따라서 영아는 가슴근육을 통제할 수 있기 전에 목부터 가누게 되고, 앉을 수 있게 된 후에야 걷게 된다. 또한 팔을 움직일 수 있게 된 후에야 손가락을 통제할 수 있게 된다.

또한 운동 발달은 전체적인 것에서 세부적인 것으로, 단순한 것에서 복잡한 것으로 발달해간다. 예를 들어, 아기들은 팔다리를 동시에 움직이다가 점차 팔, 또는 다리 등 몸의 각 부분을 독립적으로 움직일 수 있으며, 몸 전체를 움직이는 대근육 조절에서 보다 복잡하고 섬세한 운동인 소근육 조절로 발달해간다.

2. 운동능력 발달과 다른 발달 간의 관계

운동능력의 발달은 여러 측면에서 아동의 발달과 밀접한 관련이 있다. 즉 아기들은 운동능력의 발달을 통해 주변 환경을 탐색할 수 있고 호기심을 충족시키며 지식을 얻게 된다. 따라서 앉기, 기기, 서기, 걷기 등의 대근육 운동이나 이동운동, 또는 손이나 손가락을 사용할 수 있는 소근육 운동의 발달은 영아의 지각이나 인지발달에 결정적인 영향을 미친다.

뿐만 아니라 운동능력 발달은 사회정서 발달과도 관계가 된다. 예를 들면, 영아들은 이동운동 능력이 생겨야 깊은 곳이나 높은 곳에 대한 두려운 정서를 경험하게 된다. 또한 운동능력에 따른 정서적인 경험이 긍정적인지 부정적인지에 따라 획득한 운동적인 기술을 연습하고자 동기나 기회는 달라지며, 이로 인해 아동의 자아개념이나 인성에도 영향을 미치게 된다.

이외에도 운동능력의 발달은 부모나 형제관계에도 영향을 준다. 즉, 새로운 운동기술을 습득한 영아는 그 기술을 연습하고 싶어 하고 호기심을 참지 못하기 때문에 부모는 영아나 기물을 보호하기 위해서 때로 영아의 운동기회를 제한하기도 하고 처벌적이 되기도 한다. 특히 아이를 둘 이상 기르고 있는 어머니는 하나만 둔 어머니보다 스트레스를 더 많이 경험하게 되어 모-자녀 관계가 더 부정적이 될 수도 있다. 요약하면, 영아의 감각운동적인 활동은 지능발달은 물론 정서적, 사회적인 발달에서도 중요한 의미를 갖는 한편, 다른 사람의 반응에도 영향을 주게 되어 아동의 발달과 관련된다.

3. 영아기와 걸음마기에 발달하는 운동기술

영아기에는 반사운동을 비롯하여 대근육 운동이나 소근육 운동의 기본능력을 형성하고,

걸음마기에는 이를 기초로 점차 정교하고 섬세한 운동기술을 발달시키게 된다. 이 시기 동안 볼 수 있는 운동적인 행동들은 손의 통제력 및 눈과 손의 협응, 몸을 바로 세우기, 이동행동, 그리고 스스로를 돌보는 자조행동으로 분류할 수 있다.

운동능력 발달의 순서는 생물학적인 성숙의 영향을 크게 받기 때문에 거의 모든 영아에게 동일하게 나타나지만, 발달 속도나 출현 시기는 유전과 함께 영양상태나 경험 여부 등 환경의 영향을 받는다.

(1) 반사운동

생존적인 가치가 있는 반사운동이나 일부 원시적 반사는 영아기에도 계속 나타나지만, 두뇌의 성숙이 진행됨에 따라 대부분의 반사운동은 생후 약 3~4개월경 사라지고 점차 의도적인 신체적 행동을 나타내게 된다. 자신의 신체를 거의 의식적으로 조절할 수 없는 신생아에 비해 3~4개월에 시작되는 영아의 의도적인 행동은 발달적인 의미가 크다.

(2) 손의 통제

① 눈과 손의 협응

사물을 손으로 쥐거나, 쥐었다가 놓기, 또는 물체를 가지고 노는 능력의 발달은 영아기의 아주 중요한 운동 발달 측면이다. 우리에게는 간단하고 기본적인 손동작으로 보이는 것도 영아에게는 시간적으로나 공간적으로 눈과 손의 협응을 필요로 하는 복잡한 행동이다. 예를 들어, 물체를 손으로 잡는 소근육 운동능력은 물체에 다가갈 때 손을 펴고, 닿는 순간 손을 오므려야 하는 등 눈, 팔, 손, 손가락의 움직임 등이 관련되는 일이다. 따라서 생후 5개월 이전에는 각각의 동작들이 때에 맞춰 적절하게 이루어질 수 없으며, 눈과 손의 협응이 잘 이루어지지 않아서 사물을 제대로 잡을 수가 없다.

눈과 손의 협응은 몇 가지 단계를 거쳐 발달한다. 우선 신생아들은 어떤 물체를 보면 그것을 잡으려는듯이 무조건 손을 휘젓는 행동을 보이지만, 아직은 눈에 보이는 그 물건을 잡으려는 의도보다는 시각적 자극에 대한 관심을 나타내는 정도다. 그러나 생후 6~7주경부터는 몸을 움직이며 잡으려는 듯한 행동은 현저히 감소하고, 자기 손을 바라보는 시간이 점점 많아지는 등 사물을 응시하는 행동이 증가한다. 이 시기를 다음 단계와

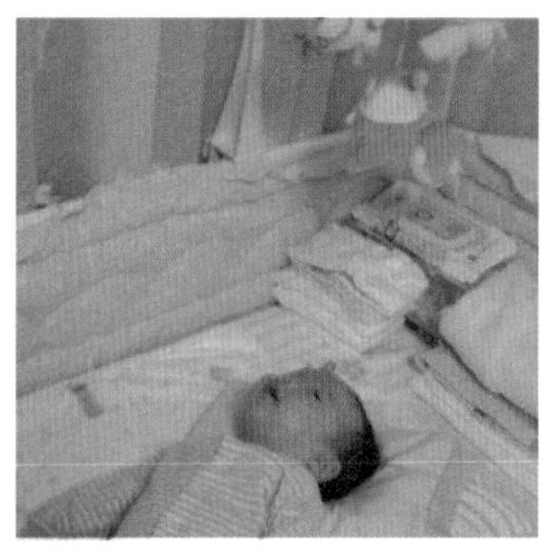

움직이는 사물 보기(2개월)

손뻗어 잡기(4개월)

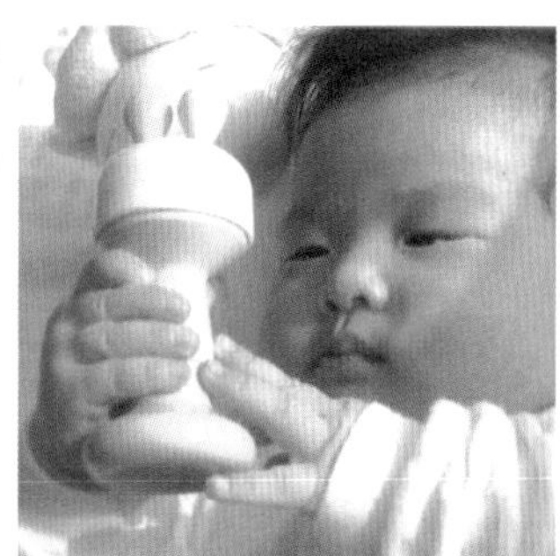

눈과 손의 협응(5개월)

그림 6-12 **눈과 손의 협응**

비교하여 잡기 전 단계(prereaching stage)라고 한다. 3~5개월경 시작되는 그다음 단계는 눈으로 보고 잡는 단계(visually directed reaching)로서, 아기는 시각적인 활동을 통해 우선 눈으로 사물을 확인하고 손을 뻗는 행동을 보인다. 이러한 경험이 반복되면서 아기의 눈과 손의 협응은 점점 자연스럽고 정확해진다(그림 6-12).

② 물체를 손으로 쥐기

약 3~4개월경 파악 반사가 사라지면 영아들은 손가락과 엄지로 쥐는 능력을 발달시키기 시작한다. 아기들은 대체로 처음에는 엄지손가락을 쓰지 않고 손가락과 손바닥을 사용하여 물건을 잡지만, 점차 엄지와 손가락 모두를 사용하여 사물을 집고 9개월경에는 어른들처럼 엄지와 검지를 사용하여 조그만 물건을 쥐고 집어 올린다(그림 6-13).

그러나 영아의 잡기 행동이나 능력은 물체의 크기나 모양에 따라 다르다. 작은 물체는

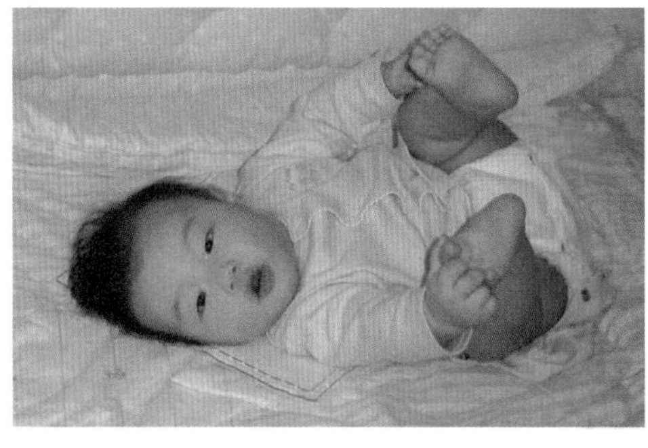

발잡기(5개월)

손가락으로 쥐기(9개월)

그림 6-13 **물체를 손으로 쥐기**

엄지와 검지로 집고 자기 손보다 큰 물체는 손가락 전부를 사용하거나 양손으로 잡는다. 또한 처음에는 어깨와 팔꿈치를 사용한 움직임을 보이다가 점차 손목과 손을 돌리고 엄지와 검지를 잘 조정하게 된다.

③ 물체를 가지고 놀기

영아는 일단 물건을 잡을 수 있게 되면, 연령에 따라 여러 가지 방식으로 장난감을 가지고 논다. 우선 2개월에는 물체를 쥐기만 하면 입으로 가져가고, 3개월경에는 쥐어 준 물건을 꼼짝하지 않고 오랫동안 응시한다. 4~5개월에는 이 손에서 저 손으로 물체를 옮겨 쥐며, 4~7개월에는 물체로 어떤 표면을 두들기거나 공중에서 휘젓는 행동을 하며 물건을 좌우로 흔들기도 한다.

한편, 6~10개월에는 사물을 이리저리 뒤집거나 찢고, 누르거나 잡아당기기도 하면서 자기가 한 행동으로 인한 결과를 탐색한다(그림 6-14). 8~11개월에는 사물을 떨어뜨리거나 던지면서 그것이 떨어지는 모습이나 그로 인한 소리에 흥미를 나타낸다. 예를 들어 9개월경 아기는 아기용 의자에 앉아 물체가 바닥에 떨어지면서 내는 소리나 다른 사람이 그 물체를 집어 올리는 것을 보고 좋아하면서 떨어뜨리는 행동을 반복한다. 생후 1년경이 되면 아기는 상호작용을 하기 위해 다른 사람에게 물건을 내밀기도 한다. 첫 2년 동안 영아의 소근육 움직임은 점점 더 정교해진다(표 6-3).

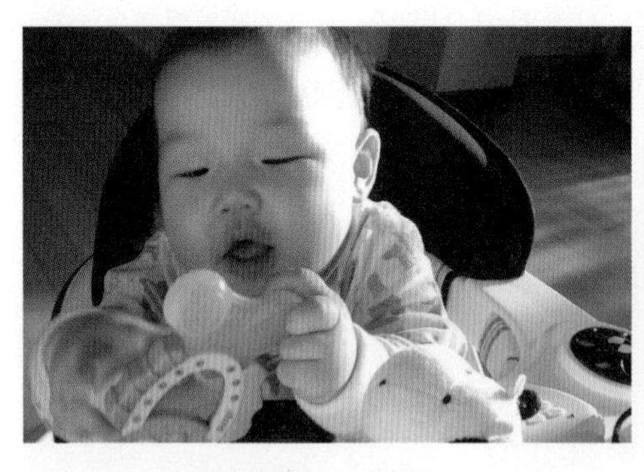
물체를 가지고 놀기(6개월)

잡아당기기, 찢기(7개월)

그림 6-14 **물체를 가지고 놀기**

표 6-3 영아기의 소근육 운동기술의 발달

시기	소근육 운동기술
출생~6개월	• 딸랑이를 잠깐 쥔다. • 딸랑이를 쥐고 논다. • 손가락을 세밀하게 살펴본다. • 매달린 물건에 손을 뻗는다. • 물체를 입으로 가져온다. • 두 개의 물체를 쥘 수 있다. • 이 손에서 저 손으로 물건을 옮긴다. • 표면에 물체를 탕탕 쳐서 소리를 낸다.
6~12개월	• 작은 물건에 주의집중하고 잡기 위해 손을 뻗는다. • 물건을 이리저리 살펴보고 시험해본다. • 딸랑이에 손을 뻗고, 잡고, 쥐고 있는다. • 물체를 잡기 위해 끈을 잡아당긴다. • 엄지와 손가락으로 잡는다. 종이를 찢거나 한다. • 어느 한쪽 손을 더 많이 사용한다. • 손이 안 닿는 곳의 물체도 잡으려고 애쓴다. • 서랍을 잡아 당겨 연다. • 숟가락으로 컵을 친다. 물체를 팽개친다. • 엄지와 집게손가락으로 건포도를 집어 올린다. • 용기에 3개 이상의 물건을 집어 넣는다.
12~18개월	• 모방하여 5cm 정도 크기의 블록을 두 개 쌓는다. • 큰 종이 위에 큰 크레용으로 휘갈겨 쓴다. • 두꺼운 종이로 된 책장을 두세 장 넘긴다. • 연필을 쥐고, 종이 위에 표시를 한다. • 모방하여 5cm 정도 크기의 블록 4개를 쌓는다.
18~24개월	• 어떻게 하는지 보면, 연필로 종이 위에 곡선을 그린다. • 두 손으로 문의 손잡이를 돌린다. • 어떻게 하는지를 보면 작은 병의 헐거운 뚜껑을 연다. • 큰 끼어맞추기 판에 물체를 맞추어 넣는다. • 어떻게 하는지를 보면 큰 지퍼를 잠그고 연다.

(3) 몸을 바로 세우기와 이동행동의 발달

몸을 바로 세우는 능력은 머리를 통제하기, 앉기, 서기 등의 행동이 이루어져야 가능하다. 이러한 자세들은 이곳에서 저곳으로 장소를 이동하는 능력인 이동 행동의 기초가 되며, 이동 행동을 통해 아기들은 탐색의 기회를 넓히고 앞으로 독립적인 행동을 할 수 있게 된다(그림 6-15).

① 머리의 통제

머리의 통제란 머리를 곧바로 세우고 자기 의지대로 움직일 수 있는 능력을 말한다. 신생아의 경우는 신경체계가 충분히 발달하지 않았기 때문에 머리의 통제가 불가능하였으나 생후 3주면 아기들의 90%는 엎드린 자세에서 턱이 보일 정도로 머리를 들 수 있고, 2개월 반경에는 표면에서 45도 정도까지 들어 올릴 수 있다.

② 뒤집기

아기가 한쪽에서 다른 쪽으로 몸을 뒤집는 행동은 이동 행동의 가장 초보적인 형태다. 아기는 머리를 옆으로 돌리고, 동체를 뒤틀며, 마지막으로 다리로 밀어 뒤집게 된다. 옆으로 누운 자세에서 뒤(등을 대고 누운 자세)로 뒤집는 것은 2개월에, 그리고 등을 대고 누운 자세에서 옆으로 뒤집는 것은 약 4개월 반에 가능하다.

③ 앉기

동체를 조절할 수 있게 되면서 아기들은 혼자 앉을 수 있게 되는데, 5개월경에는 몸을 받쳐주지 않은 상태에서 잠시 앉아 있을 수 있고, 6~7개월에는 혼자 제법 잘 앉아 있을 수 있다.

머리를 들기(2.5개월)

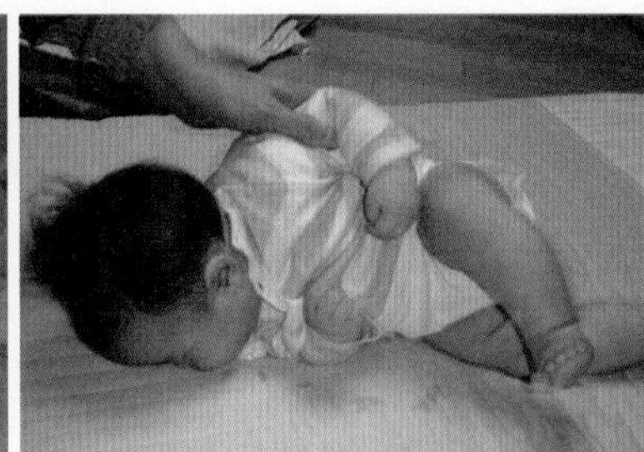
뒤집기(5개월)

앉기(6개월)

그림 6-15 **몸을 바로 세우기**

④ 기기

아기들은 혼자 앉을 수 있게 되는 7개월경에는 기기 시작한다(그림 6-16). 처음에는 머리와 가슴을 들고 배는 방 표면에 댄 상태에서 손과 팔꿈치에 의지하여 몸을 앞뒤로 움직여 간다(crawling). 그러나 점점 능숙해지면 아기들은 다리근육에 힘이 생기게 되고 이에 따

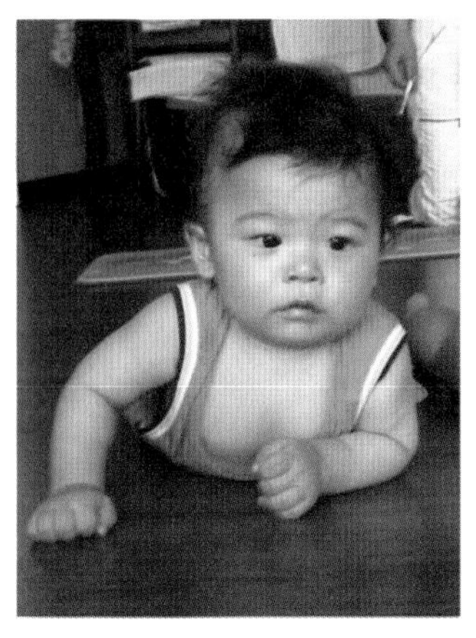

7개월

8개월

그림 6-16 **기기**

라 바닥에서 배를 뗀 채 무릎과 손으로 기게 된다(creeping) 또한 어떤 아기는 앉은 자세에서 몸을 움직여 이동하기도 한다(hitching). 기는 방식은 아기에 따라 개인차가 크다.

⑤ 서기와 걷기

아기들은 8~10개월에 의자나 선반 등 가구를 잡고 일어나 서기 시작한다. 이러한 행동은 대개 자기 눈높이 위에 있는 물건을 잡으려는 동기에서 비롯된다. 가구를 잡고 선 후에는

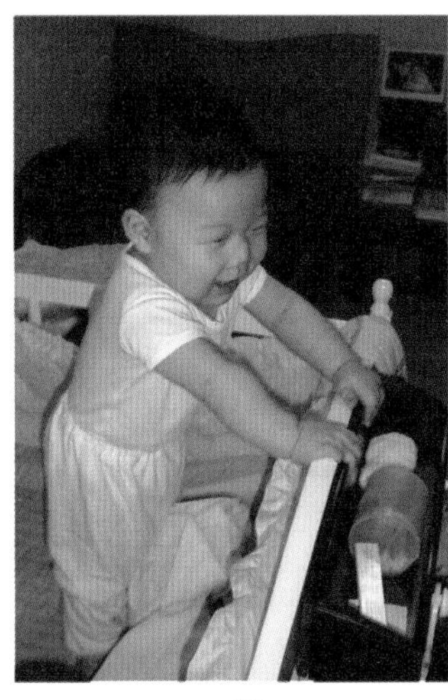

8개월

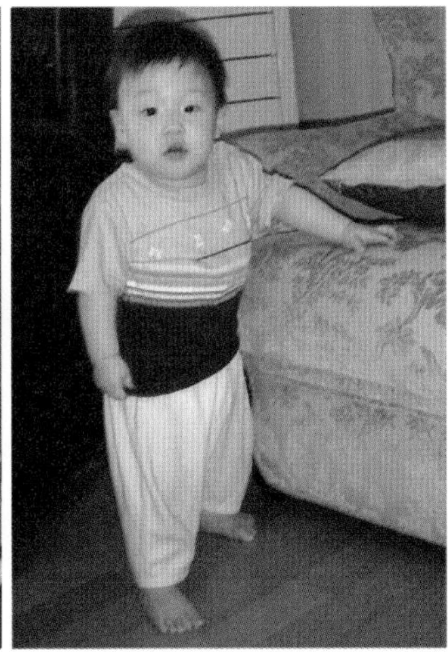

10개월

14개월

그림 6-17 **서기와 걷기**

가구에 의지하여 방 안을 돌아다니는 행동이 나타나는데, 이러한 과정을 거쳐 다리에 힘이 생기고 자신감을 얻게 된 10~14개월에는 한동안 혼자 서 있을 수 있게 되며, 곧 걷게 된다(그림 6-17).

일반적으로 12개월에는 아기가 첫걸음을 걷기 시작하는데, 걷는다는 것은 부모에게는 영아기의 가장 획기적인 발달이라고 할 수 있는 한편, 아기로서는 새로운 세계가 펼쳐지는 전환점이 된다. 영아기에 아기가 걷는 모습은 무릎을 조금 구부린 모습에 양팔과 양발을 넓게 벌려 몸의 균형을 잡으려고 애를 쓰나 균형 잡기가 힘들어 쉽사리 넘어진다. 대근육 운동기술의 발달 시기는 그림 6-18에 정리되어 있다.

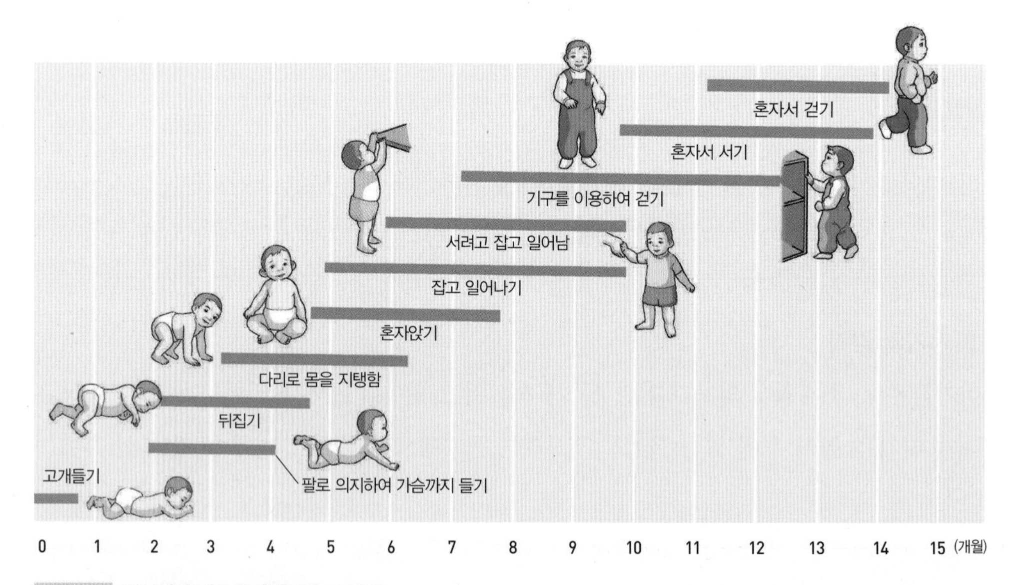

그림 6-18 영아기의 대근육 운동기술의 발달
자료: Santrock, 2007

⑥ 달리기와 계단 오르기

아기들은 걷기 시작하면서 달린다고 할 수 있다. 걷는 행동을 완전히 습득하기 전에 달리는 행동을 보이는 것은 아기들이 넘어지기 전에 균형을 잡기 위해 재빨리 발을 움직이기 때문이다. 달리는 행동은 18개월경부터 나타나는데 이때의 모습은 보폭이 일정하지 않고 뻣뻣하며 24개월 정도가 되어야 다소 빠르고 보폭도 크며 비교적 균형잡힌 모습으로 달릴 수 있다. 그러나 좀 더 완성된 달리기 형태는 3세 이후에나 가능하다.

한편, 아기들은 서거나 걸을 수 있기 전에 기는 형태로서 계단을 오를 수 있다. 걷기 시작한 후에는 어른의 손을 잡고 계단을 오를 수 있는데, 각 계단을 오를 때의 모습은 한쪽 발로 올라선 후 발을 모으고 다시 처음 시작한 그쪽 발로 다시 오르는 형태를 취한다. 발을 교대로 바꾸어 가며 계단을 오르는 형태는 3세경에 가능해진다.

(4) 자기를 스스로 돌보는 행동

옷을 입고, 용변을 가리고 음식을 혼자 먹는 기술 역시 영아기와 걸음마기에 걸쳐 발달한다. 이러한 행동은 성숙요인뿐만 아니라 아기 자신의 내적인 동기나 부모의 영향에 따라 상당히 다르기 때문에 아기마다 개인차가 크다.

① 옷을 벗고 입기

아기들에게는 입는 것보다는 벗는 것이 쉽다. 12~18개월 정도가 되면 아기들은 양말이나 신발 등 입은 것을 벗는데 관심을 나타내어 20개월경이면 75%의 아기들이 한 가지 정도는 벗을 수 있다(Frankenburg et al., 1992). 옷을 입고 벗는 기술은 대부분 18~36개월에 발달하기 때문에, 3세경이면 75%가량의 아동이 특별히 어려운 것이 아니라면 도움 없이 옷을 입고 벗을 수 있게 된다.

② 대소변 가리기

대소변에 대한 자발적인 통제 능력은 최소한 대소변 조절과 관련된 근육이 발달하는 15~18개월까지는 이루어지지 않으며, 대변 가리기, 낮 동안 소변 가리기, 밤 동안 소변 가리기의 순으로 가능해진다. 한편, 대소변 훈련은 반항(negativism)이 심해지는 생후 1년 반~2년보다는 24개월 이후부터 시작하는 것이 좋다. 24개월에 대소변 훈련을 시작했을 경우에는 4개월 이내에 끝낼 수 있지만, 더 일찍 시작하면 훈련기간이 더 길어진다. 즉, 대소변 훈련을 일찍 시작한다고 해서 아기가 더 빨리 대소변을 가릴 수 있는 것은 아니기 때문에, 걸음마기에 대소변 훈련 준비 정도를 파악하여 지도하는 것이 중요하다.

걸음마기에는 영아기와는 달리, 몇 시간 동안 실수를 하지 않게 되며, 젖는 것, 기저귀를 차는 것을 싫어하게 된다. 이러한 행동은 배변훈련을 받을 준비가 되었음을 시사한다. 또한 걸음마기에는 대소변에 관한 것을 말로 표현할 수 있어서 좀 더 협조적이 된다. 효과적인 훈련을 위해서는 잠에서 깨어난 후, 음식을 먹은 후, 자기 전 등 규칙적으로 배변하도록 하는 것이 좋으며, 지나친 강요보다는 아이의 노력을 격려해주고 칭찬해주는 자세

대소변 가리기

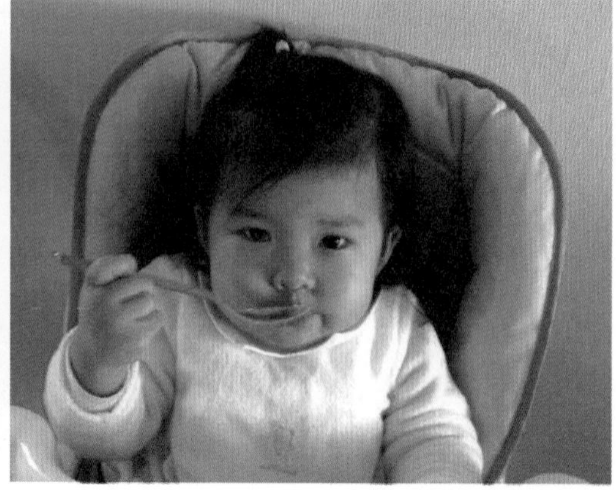
스스로 숟가락 사용해서 먹기

그림 6-19 **자조행동**

가 필요하다.

③ 스스로 숟가락을 사용하여 먹기

스스로 먹는데 필요한 여러 가지 기술은 1세 전후부터 시작하여 점차 정교화된다. 아기가 음식을 손가락으로 집거나 숟가락으로 담아 입으로 가져가고 입에 넣는 행동은 7~8개월경 시작된다. 그러나 1세 전후의 아기들은 음식을 입에 정확하게 가져가기보다는 얼굴에 가져간다. 숟가락을 잘 사용할 수 있기 위해 필요한 손목의 조절능력은 12~18개월에나 가능해지므로, 2세가 되어야 흘리지 않고 스스로 숟가락을 잘 사용할 수 있다.

(5) 영아기와 걸음마기의 안전

호기심과 더불어 영아기와 걸음마기에 증가하는 대근육과 소근육 운동능력 발달은 왕성한 탐색활동을 가능하게 하고 여러 가지 환경에 접할 기회를 증가시키기 때문에 그로 인한 사고도 빈번하게 일어난다.

미국의 소아과 의학 전문지에 발표된 바에 의하면, 생후 3개월까지는 어딘가에서 떨어지는 것, 3~5개월은 무엇인가에 부딪쳐 얻어맞는 것, 6~8개월에는 가구에서 떨어지는 것이 부상의 가장 큰 원인이다. 또한 9~11개월에는 물체를 집어 삼키는 것, 12~17개월에는 뜨거운 김이나 뜨거운 물을 들이마시지 않도록 조심하여야 한다. 특히 생후 15~17개월은 영아의 성장과정에서 가장 다칠 위험이 높은 시기로 지적되고 있다.

한편, 우리나라 통계청(2018) 자료에 따르면 1세 미만 아기의 경우 가장 많은 사고는 질식사고이며, 1~4세 사이에는 교통사고, 추락사고의 순으로 나타났다. 한편 어린이 사고는 교통사고를 제외하고는 대부분 가정에서 부주의로 인한 안전사고로 나타나 부모의 각별한 관심이 요구된다. 어린이 안전사고에 대해서는 9장에서 상세히 다루고자 한다.

표 6-4 영아기의 사고

개월	빈번한 사고
3개월 미만	떨어지기
3~5개월	부딪혀 다치기
6~8개월	가구 위에서 떨어지기
9~11개월	조그만 물체 삼키기
12~17개월	뜨거운 김이나 뜨거운 물을 들이마심

운동발달을 위한 부모의 역할

요즈음은 많은 부모들이 영유아의 운동발달을 촉진시키기 위한 방법으로 상업적인 프로그램에 현혹되는 일이 많다. 진정으로 아기의 발달에 관심을 갖고 잘 지도하기를 원하는 부모라면 아래와 같은 점에 유의하여야 할 것이다.

1. 운동발달을 위한 활동이나 자료들은 영유아의 발달단계에 적절한 것이어야 한다.
2. 영유아는 한 단계를 완수해야 다음 단계의 운동기술을 수행할 수 있으므로 발달을 서둘러서는 안 된다.
3. 각 영역의 운동발달에 필요한 활동이나 게임을 골고루 마련해 주어야 한다.
4. 영유아가 깨어 있는 동안에는 아기용 의자나 갇힌 놀이공간(play-pen)에 오래 있게 하는 대신 최대한 자유로운 상태에 있도록 한다.
5. 영유아의 활동을 최대한으로 촉진시켜 주기 위해서 되도록 얇게 입히는 것이 좋다.
6. 운동발달을 촉진시키기 위한 장난감들은 아기의 손에 직접 닿을 수 있는 거리보다 손을 뻗쳐서 닿을 수 있는 위치에 둔다.
7. 영아에게 블록을 쌓는 것, 용기에 장난감을 집어넣는 것, 블록을 마주 두드리는 등의 행동을 모방할 수 있게 보여준다.

CHAPTER 7

영아기와 걸음마기의 인지 발달

01 지각 발달

02 Piaget의 인지 발달 이론

03 영아의 학습방법

04 기억력과 지연모방

05 지적 발달의 개인차

06 언어 발달

영아기와 걸음마기는 신체적, 운동적 발달이 급속하게 이루어지는 한편, 탐색의 기회 및 경험의 증가로 지각 및 기억 능력을 비롯한 인지적인 발달과 언어능력이 발달한다.

01
지각 발달

인지(cognition)는 감각(sensation)과 지각(perception)에 기초하여 발달한다. 감각은 오감을 통해 얻게 되는 것이며 지각은 감각에 의해 모아진 정보를 조직하고 두뇌로 해석하는 과정이다. 따라서 수동적인 의미의 감각에 비해 지각은 능동적인 의미가 있다. 그러나 사실상 감각과 지각의 경계는 모호하여 어디까지가 감각수준이고 어디서부터가 지각이나 사고인지는 엄밀한 구분이 힘들다.

성인도 마찬가지지만 아동은 대체로 감각이나 지각과정에서 얻어진 자료에 근거하여 기억, 학습, 사고 및 문제해결 등의 정신적인 활동을 한다. 특히 영아는 말을 할 수 없기 때문에 지각능력을 연구하기 위해서는 선호도 측정법(preference technique)이나 습관화 및 탈습관화(habituation vs dishabituation) 방법이 주로 사용되어 왔다(2장 참조). 아래에서는 지각발달이론을 소개하는 한편, 영아의 인지발달과 밀접한 관련이 있는 시각과 청각을 중심으로 지각능력의 발달을 살펴보고자 한다.

1. Gibson의 지각 발달 이론 : 생태학적 접근

지각 발달에 관한 이론으로 잘 알려진 Gibson(1979; 2001)은 생태학적인 관점에서 영아기의 지각 발달을 설명하고 있다. 이들에 의하면, 환경은 그 자체가 많은 정보를 가지고 있기 때문에, 감각을 통해 정보를 얻거나 그것을 해석할 필요가 없이 바로 환경으로부터 필요한 정보를 끄집어내게 된다. 따라서 지각은 곧 행동과 연관된다. 예를 들어, 좁은 길(환경적 정보)을 갈 때는 몸을 다소 옆으로 돌려 걷고(행동), 위의 물건을 잡으려고 할 때(환경적 정보)는 두 손을 벌려 올리게(행동) 된다.

또한 Gibson에 의하면, 모든 물체는 사람이 그 물체와 상호작용을 하게 하는 기회를 제공하는 속성이 있다. Gibson은 이를 '행동 유도성(Affordance)'이라고 한다. 예를 들어, 어른에게는 냄비가 찌개를 끓이는 행동을 하는 데 사용되지만 걸음마기 영아에게는 냄

그림 7-1 영아의 지각적 판단능력에 관한 실험
이 미끄럼대는 영아의 지각적 판단력은 연구하기 위한 장치로서 가파른 정도를 조절할 수 있는 것으로서, 영아의 안전을 위해 관찰자가 함께 따라간다.

비가 마루바닥에 두드리는 행동을 하는 데 쓰인다.

영아나 걸음마기 아동들은 지각발달을 통해 점차 물체의 속성들을 보다 효과적으로 알아내거나 사용하게 된다. 즉, 걸을 수 있는 영아들은 경사가 급한 통로나 표면이 물렁물렁한 통로를 보게 되면, 그것이 기는 데 적합한지, 걷는 데 적합한지를 파악하고 각 물체의 속성에 따라 다른 행동하게 된다. 예를 들면, 걸을 수 있는 영아는 표면이 물렁물렁한 매트를 보면 잠시 멈추어서 탐색한 뒤, 걷는 대신 기어간다. 이외에도 기는 아기나 걷기 시작한 지 얼마 되지 않은 아기는 아주 가파른 미끄럼대를 아무런 조심성 없이 무작정 기거나 걸으려고 하는 반면, 능숙한 걸음마기 아동들은 가파르게 경사진 곳은 빨리 가면 안 되고 떨어질지 모른다는 것을 지각하여 조심스럽게 걷는다(Adolph, 1997; 그림 7-1). 즉 연령과 경험이 증가함에 따라 사물의 속성에 대한 이해가 달라지고, 그에 따라 영아나 걸음마기 아동들은 어떤 환경에서 어떻게 행동할지를 알게 된다.

또한 Gibson의 생태학적 지각 발달 이론에 의하면, 영유아는 환경 내의 사물이나 사건으로부터 사물의 변하지 않는 특성을 찾아내는 한편, 다른 사물과 구별되는 특성을 찾아냄으로써 주변 환경에 대한 정확하고 분화된 지각능력을 발달시켜간다.

2. 시각능력

환경을 탐색하는데 중요한 지각능력인 시각은 눈과 두뇌의 급속한 성숙에 따라 생후 7~8개월 동안 상당한 변화를 보인다. 사물에 초점을 맞추는 능력이나 색을 지각하는 능력이 부족했던 신생아기에 비해, 생후 2~3개월경에는 눈의 초점을 잘 맞추게 되고 여러 가지 색을 구별하게 된다(Teller, 1998).

움직이는 물체에 눈을 고정시키고 그 움직임을 추적하는 능력 또한 첫 6개월에 걸쳐 계속 향상된다. 한편, 신생아기에는 성인의 정상시력에 비해 10~30배 정도 낮았으나, 생후 6개월에서 1년 사이에 영아의 시력은 정상시력과 같아진다(Slater & Quinn, 2001). 아래에서는 사물의 특성 및 사물 간의 관계를 이해하는 데 필요한 깊이지각, 형태지각을 중심으로 시각능력의 발달을 살펴보고자 한다.

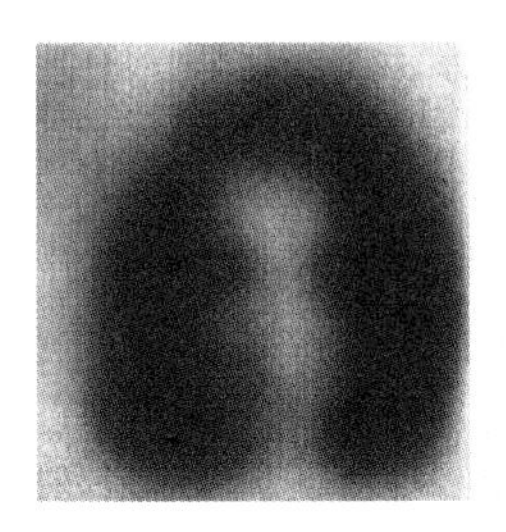
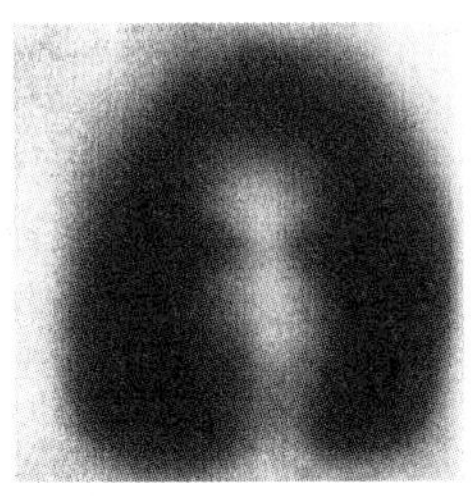

그림 7-2 **영아의 시각능력**
4개의 사진은 생후 1개월, 생후 2개월, 생후 3개월과 생후 1년이 된 영아의 눈에 보이는 얼굴 형태를 컴퓨터 조작을 통하여 나타낸 것이다.
자료: Santrock, 2007

(1) 모양과 얼굴에 대한 지각

물체에 대한 아기의 시각적 선호도를 측정한 연구에 의하면, 영아들은 생후 초기부터 무늬나 형태에 대해서 민감한 반응을 보여 단순한 자극보다는 무늬가 있는 모양이나 대비를 이룬 색과 모양을 선호하며 점차 더 복잡한 모양을 좋아하게 된다. 예를 들어, 영아는 생후 최초 몇 주 동안은 작은 무늬보다는 뚜렷하게 대비되는 진한 색과 큰 무늬 모양을 좋아한다. 그러나 시력이 어느 정도 발달한 생후 2~3개월경이 되면 작은 무늬 모양도 볼 수 있게 된다(그림 7-3).

또한 생후 1개월에는 얼굴 모습을 볼 때 머리나 턱 등 윤곽의 일부분을 보나, 2개월에

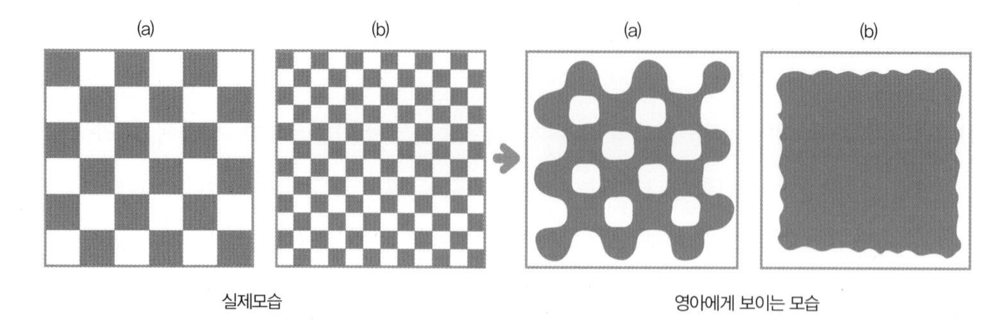

그림 7-3 **모양에 대한 영아의 지각 및 선호**

는 재빨리 눈동자를 돌려 잠깐씩 입, 눈, 이마 등 얼굴의 각 부분을 보며, 점차 각 부분을 조합하여 전체적인 모습을 지각하려 한다. 신생아는 사람 얼굴에 대한 타고난 선호도를 나타낸다는 주장(Fantz, 1961)도 있었으나(그림 7-4), 생후 1개월경에는 윤곽만 보기 때문에 특별히 사람의 얼굴을 더 좋아하지는 않는다는 견해도 있다. 그러나 얼굴 모습을 전체적으로 보게 되는 생후 2~3개월경에는 이상한 형태의 얼굴 모습보다는 사람의 얼굴을, 그리고 예쁜 얼굴을 더 좋아한다.

또한 습관화-탈습관화 연구에 의하면 영아는 새로운 자극을 더 좋아하는 것을 알 수 있다. 즉, 처음에 새로운 자극이 제시되면 그 자극을 오랫동안 바라보는 반응을 보이다가 그 자극에 오래 노출되면 흥미를 잃게 되어 보는 시간이 줄어든다.

이외에도 생후 3~4개월이 되면 앞으로 일어날 일에 대한 시각적인 예측을 하게 된다

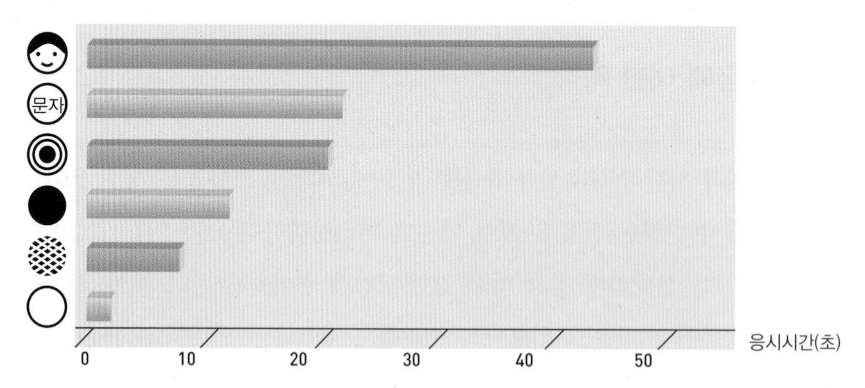

그림 7-4 **영아의 형태 선호**

생후 2, 3개월의 영아는 자극에 대한 선호도를 보여 색이나 밝기보다는 무늬가 있는 것을 더 선호한다. 영아는 얼굴을 가장 오래 응시하였고, 빨간색, 노란색 또는 하얀색과 같은 단색보다는 인쇄물이나 황소의 눈과 같이 생긴 것을 더 오래 응시하였다.
자료: Santrock, 2007

(Canfield & Haith, 1991). 예를 들어, 아기가 보는 화면에 흥미로운 영상자극을 왼쪽, 오른쪽, 왼쪽, 오른쪽 등으로 반복해서 규칙적으로 제시하면 3개월 이전의 아기와는 달리 3개월경 아기는 예측되는 쪽에 눈동자를 고정시키는 것으로 보아 시각적인 기대를 하고 있음을 알 수 있다.

한편, 얼굴 모습에 대한 지각 능력의 발달과 더불어 2~3개월 된 영아는 표정을 알고, 그에 따라 반응한다는 것을 알 수 있다. 예를 들어, 어머니가 행복한 표정을 지으면 행복하고 흥미로운 모습으로 어머니를 쳐다보고, 어머니가 화낸 표정을 지으면 울거나 굳은 표정을 보인다(Haviland & Lelwica, 1987). 또한 7~10개월에는 다른 사람의 여러 가지 감정적인 표정이나 목소리를 알고(Balaban, 1995; Walker-Andrews & Lennon, 1991), 10개월경에는 부모의 표정을 확인해보고 자신의 행동을 정하게 되는 사회적 참조행동(social referencing)을 나타낸다. 따라서 영아의 지각 능력은 인지발달은 물론 사회적 관계에도 중요한 역할을 하게 된다.

(2) 깊이지각

사물과 사물 사이의 거리 또는 자신과 사물 간의 거리를 아는 깊이지각은 주변 환경을 이해하고 운동적인 활동을 하는 데 중요하다. 예를 들어, 기어 다니는 아기가 깊이에 대한 지각이 없다면, 가구에 부딪 치거나 굴러 떨어지게 된다. 그렇다면, 영아들은 언제, 무엇을 단서로 깊이를 지각하게 되는가?

일반적으로, 거리나 깊이지각은 자신의 움직임이나 다른 물체의 움직임을 통해서(Kinetic cue), 양쪽 눈에 들어온 상(image)을 조정함으로써(binocular depth cue), 진하거나 흐림, 또는 물체의 크기나 선 등 원근을 통해서(pictorial depth cue; monocular cue), 가까운 것과 먼 것을 구분하고 깊이를 지각한다(Bee & Boyd, 2007).

Gibson과 Walk(1960)에 의해 고안된 시각절벽(visual cliff) 실험은 영아의 깊이지각 능력에 관한 연구로 유명하다. 그림 7-5에서 보는 바와 같이 시각절벽 실험은 체크무늬의 천을 테이블 유리 바로 밑에 깔거나 아래쪽 깊은 곳에 깔아 시각적으로 깊이가 지각되도록 고안되었다. 이러한 테이블 위에 기어 다닐 수 있는 아기를 올려놓은 후, 아기가 있는 반대편에서 어머니가 장난감을 흔들면서 아기가 어머니 쪽으로 건너오도록 유도한다. 실험결과, 기어 다닐 수 있는 나이의 아기들은 위험해 보이는 곳으로 오려고 하지 않음으로써

그림 7-5 **시각절벽**

얕은 곳과 깊은 곳을 구별하는 깊이지각 능력을 나타내었다.

그러나 시각절벽을 이용한 방법은 영아의 이동행동이 전제가 되기 때문에, 깊이지각이 언제 처음으로 나타나는지에 대해서는 알 수 없다는 문제점이 있다. 이에 연구자들은 기어다니기 전의 어린 영아도 깊이지각 능력이 있는지에 관심을 가지게 되었다. Campos 등(Campos et al., 1970)은 시각절벽 실험을 통해 2~4개월 영아가 깊은 쪽 테이블 위에 놓였을 때, 심장박동이 빨라진다는 것을 발견하고 영아는 기기 전에도 이미 깊이지각을 하고 있다고 결론지었다. 그러나 이것은 깊이에 대한 지각없이 단순한 시각적 차이로 인한 흥미의 표현으로 해석할 수도 있다.

한편, 물체의 움직임은 깊이지각에 중요한 단서가 될 수 있다. 스스로 움직일 수 없는 아기들도 엄마에게 안겨서 다닐 때, 자기 눈앞에서 사람이나 물체가 움직이는 모습을 보면서 깊이지각을 갖게 된다. 한 실험에 의하면 3~4주 된 영아는 움직이는 물체가 자기 얼굴 가까이 왔을 때 방어적으로 눈을 깜박거리거나 몸을 움츠림으로써(Nanez & Yonas, 1994) 깊이를 지각하고 있다는 것을 나타내었다. 이외에도 영아에게 특수하게 제작된 안경을 씌워 연구한 바에 의하면, 생후 약 2~3개월에 영아는 물체를 볼 때 양쪽 눈을 조정하기 시작한다. 이러한 능력은 6개월까지 계속 향상되기 때문에, 물건을 잡을 경우, 물체와 손의 거리를 맞추어 잘 잡게 된다. 6~7개월경 영아는 그림 단서(pictorial cue)에도 민감해서 뒤에 겹쳐서 보이는 것은 앞에 있는 것보다 먼 거리에 있다는 것을 안다(Sen et al., 2001).

결국 깊이지각 능력은 초기 영아기부터 나타나고, 특히 운동 발달이 진전됨에 따라 이

표 7-1 시(視) 지각 능력의 발달

	생후 1개월	생후 2~4개월	생후 5~12개월
형태지각	• 큰 무늬의 형태 선호 • 물체의 윤곽이나 한 가지 측면에 국한하여 탐색함	• 내부의 형태를 포함하여 자극물 전체에 대한 시각적 탐색 가능 • 무늬들이 조직적인 전체로 지각됨	• 점점 더 복잡하고 의미있는 모양을 지각
얼굴지각	• 단순한 얼굴 모양을 선호함	• 복잡한 얼굴 형태를 선호하며 낯선 여성보다 어머니 얼굴을 선호함	• 얼굴에 대한 미세한 구별이 가능 • 얼굴표정 등 전체로서 지각하는 능력이 생김
깊이지각	• 움직임 단서에 민감	• 양쪽 눈의 단서에 민감	• 그림 단서에 민감 • 높이에 대해 신중함

곳저곳 기어서 마음대로 움직이는 경험을 하게 되면서 점점 더 정교하게 발달하게 된다. 성인이 직접 운전하거나 걸어봄으로써 그 장소에 대해 상세히 알게 되듯이, 스스로 움직임에 따라 영아들은 주변 환경에 있는 물체의 위치를 이해하게 되며, 공간지각력의 확장 등 새로운 수준의 두뇌 발달을 이루게 된다(표 7-1).

3. 청각능력

아기의 청각능력은 귀의 구조, 두뇌, 그리고 신경계의 발달이 진행됨에 따라 영아기 동안 상당한 진전을 보인다. 영아는 이미 생후 1개월에 다른 사람보다 어머니의 목소리를 더 좋아하는 한편, '바'와 '파' 소리를 구별할 만큼(Trehub & Rabinovitch, 1972) 사람의 말소리에 대한 타고난 민감성을 보인다. 이러한 선천적 능력으로 인해 생후 6~8개월까지는 다른 나라 말소리에 대한 구별능력을 보이나, 점차 언어적인 구조에 민감해지고 모국어에 익숙해짐에 따라 10~12개월 이후부터는 다른 언어에 대한 구별능력이 사라지게 된다(Werker & Tees, 1984).

한편, 영아는 작거나 낮은 어조의 목소리보다는 크고 높은 어조로 말하는 것을 더 좋아하며(Aslin et al., 1998), 7~9개월경에는 자기가 듣는 말의 의미를 이해하는데 중요한 언어 단위에 좀 더 민감해진다(Hirsh-Pasek et al., 1987). 예를 들어, 어머니가 아기에게 이야기를 들려준다고 하자. 이때 "아기곰 푸우는 꿀을(쉼) 아주 좋아했는데 어느 날(쉼)…"이라고 말하는 것보다는 "아기곰 푸우는(쉼) 꿀을 아주 좋아했는데(쉼) 어느 날…"이라는 식으로 이야기의 흐름에 맞게 자연스러운 쉼을 두어 읽는 소리를 더 좋아한다. 또한 생후 1년경, 영아는 자기가 즐겨 듣는 노래가 평상시와 조금만 달라도 그 차이를 알아차릴 수 있을 만큼 소리의 전체적인 양상에 민감해진다.

4. 각종 감각체계 간의 통합을 통한 지각

인간은 일반적으로 환경으로부터 정보를 입수할 때 한 가지 이상의 감각적 정보를 통합하여 지각한다. 즉, 우리가 단단한 물건을 딱딱한 표면에 떨어뜨리면 날카로운 소리가 날 것이라는 알고 있듯이, 영아들도 감각적 정보를 통합하는 방식으로 환경을 지각한다(Spelke, 1987).

Meltzoff와 Borton(1979)의 연구는 감각체계 간 통합능력에 관한 실험으로 잘 알려져 있다. 연구자들은 1개월 된 아기들에게 부드러운 젖꼭지 또는 울퉁불퉁한 젖꼭지 각각을 빨린 후 부드러운 젖꼭지와 울퉁불퉁한 젖꼭지를 영상으로 보여주었는데, 아기들은 각기 자기가 빨아 본 젖꼭지를 더 오래 쳐다봄으로써 시각적 자극과 촉각적 자극을 연결시키고 있다는 것을 나타내었다(그림 7-6). 또 다른 연구(Spelke & Owsley, 1979)에 의하면, 생후 6개월경 아기는 녹음된 엄마의 목소리를 들을 때는 엄마를, 그리고 아빠 목소리를 들을 때는 아빠를 쳐다보는 행동을 보여, 영아는 청각적 정보와 시각적 정보의 통합능력을 발달시키고 있음을 시사하였다. 이러한 통합적 지각 능력은 영아가 환경 내에서 일어나는 일을 예측하고 이해하는 데 도움을 준다.

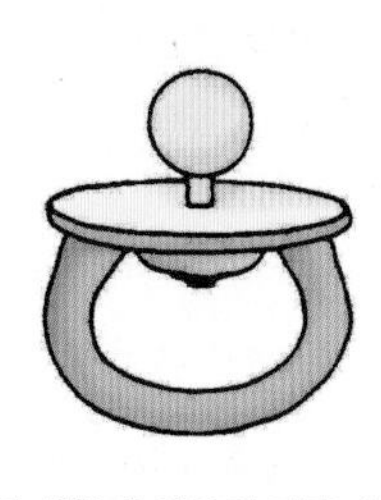

그림 7-6 **Melzoff와 Borton의 실험에 사용된 젖꼭지**

02

Piaget의 인지 발달 이론

Piaget는 인지적인 능력을 환경에 대한 적응능력으로 보며, 인지적인 발달은 도식(scheme)이 형성되고 발전되는 과정으로 보았다. 도식은 환경과 상호작용하는 데 사용되는 기본적인 행동양식이나 생각을 뜻하며, 행동적 도식과 정신적인 도식으로 구분된다.

행동적인 도식은 젖을 빨기, 장난감을 쥐거나 떨어뜨리기 등 조직화 된 행동양식이며, 정신적인 도식은 생각이나 개념 등 사고 과정과 관련된다. 예를 들어, 6개월경 아기는 재미삼아 마루바닥에 장난감을 떨어뜨리는 행동(행동적 도식)을 단순히 반복하지만, 18개월경 아기는 떨어뜨리기 전에 미리 생각하여 여러 가지 방식으로 떨어뜨리는 행동을 하게 된다. 연령이 증가함에 따라, 행동적인 도식은 좀 더 계획적이고 창의적인 정신적 도식으로 바뀌게 된다. 행동적 도식을 기초로 정신적인 도식이 가능해지므로 두 종류의 도식은 분리하여 생각할 수 없으며, 도식의 양이나 복잡성 및 융통성에 따라 인지적인 능력은 달라진다.

Piaget 이론에 의하면, 도식의 변화는 적응(adaptation)과 조직(organization)이라는 두 가지 과정에 의해 이루어진다. 우선 적응은 환경과의 직접적인 상호작용을 통해 도식을 형성하는 것으로, 동화(assimilation)와 조정(accommodation)이라는 활동을 통해 이루어진다. 동화 중에는 새로운 환경을 이미 가지고 있는 도식에 비추어 이해하려고 하며, 새로운 환경이 기존의 도식으로 이해되지 않을 때는 새로운 도식을 만들거나 기존의 도식을 바꾸는 조정이 일어나게 된다. 따라서, 인지적 변화가 많이 일어나지 않을 때는 동화 중이며 편안한 상태가 되기 때문에 평형을 이루지만, 인지적 변화가 빠르게 일어나는 동안은 인지적인 불일치가 생겨 불균형 상태가 되며 조정국면을 거치게 된다. 특히 영아기에서 걸음마기에 걸친 2년 동안은 인지적 조정이 많이 일어나는 복잡한 발달단계이다.

한편, 도식의 변화를 가져오는 또 다른 과정인 조직은 각각의 새로운 도식들이 형성된 후, 도식 간에 명확한 연관을 지어 확고한 인지적 체계를 형성하는 내적인 과정이다.

1. 감각운동 지능기

Piaget에 의하면, 생후 2년까지의 영아는 신체적인 활동과 감각을 통해 정보를 조직해서 환경을 이해하게 되기 때문에, 생후 2년 동안을 감각운동기(sensori-motor period)라고 부른다. 감각운동기는 6개의 하위 단계로 나뉘며, 영아는 감각운동기 동안 3가지 기본적 인지 능력을 발달시킨다.

첫째, 영아는 점진적으로 자신이 자기 주변 세상의 사물이나 다른 사람과 분리된 존재임을 알게 되고 이에 따라 점차 자기 신체 이외의 것으로 자신의 활동이나 인식을 확장시켜간다. 둘째, 영아는 자신의 행동을 계획하고 조정하는 의도적인 행동을 나타낸다. 셋째, 영아는 현재 볼 수 없고, 듣지 못하고, 느끼지 못하는 대상에 대해서도 그것이 어딘가 이 세상에 존재하고 있다는 대상항상성(object permanence) 개념을 획득하게 된다. 감각운동기의 6단계가 나타나는 시기는 영아마다 다르나, 그 순서는 일정불변하며 각 단계는 이전 단계에 기초하여 나타난다. 각 단계별 발달 특성을 살펴보면 다음과 같다.

(1) 1단계 : 반사기(출생~1개월)

이 시기 동안 영아는 타고난 반사행동들을 어느 정도 통제하기 시작한다. 예를 들어, 아기들은 젖꼭지가 입에 닿으면 반사적으로 '빨기' 행동을 한다. 그러나 아기는 얼마 지나지 않아 곧 입에 닿지 않아도 젖꼭지를 찾을 수 있게 되며 배가 고프지 않아도 빠는 행동을 함으로써 '빨기' 도식을 수정하고 확장시켜 간다.

(2) 2단계 : 1차 순환반응기(1~4개월)

영아는 우연히 한 행동이 감각적인 즐거움을 준다는 것을 알게 되어 다시 그 행동을 반복적으로 되풀이한다. 이 시기의 반복 행동은 자기 신체를 중심으로 한 것이어서 Piaget는 이러한 행동도식을 1차 순환반응이라고 일컫는다. 예를 들어, 우연히 엄지손가락을 빨게 된 아기는 그것을 빠는 즐거움으로 인해 점점 더 자주 빨게 된다.

또한 1차 순환반응기의 중요한 성취는 여러 종류의 도식을 조합할 수 있는 능력이 생긴다는 것이다. 예를 들어, 2~3개월경 아기가 소리 나는 쪽으로 고개를 돌리는 행동을 하는 것으로 보아, 듣기 도식과 보기 도식 간의 연결을 짓고 있음을 알 수 있다. 또한 이 단계에서 제한적이기는 하나 영아는 이전 경험에 기초하여 어떤 일을 예상할 수 있기 때문에, 어머니가 아기를 안고 젖을 주려고 하는 순간 '빠는 행동'을 이미 시작하기도 한다.

(3) 3단계 : 2차 순환반응기(4~8개월)

영아는 이제 물체를 조작하는데 흥미를 가지고 물체의 특성을 알아가게 된다. 자기 신체로 인한 감각적인 즐거움이 초점이 되는 1차 순환반응기와는 달리 이 시기는 자기 신체 이외의 대상에 대해 반복적인 행동을 하게 되므로 2차 순환반응기라고 한다. 영아는 어떤 대상이나 사람에게 우연히 한 행동이 흥미로운 결과를 가져온다는 것을 알게 됨에 따라 의도적으로 그 행동을 반복하게 된다.

따라서 2차 순환반응은 반사행동이 아니라 학습된 도식에 의한 행동이다. 예를 들어, 4개월된 영아는 우연히 발로 침대를 차자 눈앞 머리 위의 모빌이 움직이는 것을 발견하고 움직이는 모빌이 멈출 때까지 그것을 쳐다본다. 모빌이 멈추자 그것을 다시 쳐다보고 결국에는 발로 다시 차서 모빌을 움직인다. 즉, 자신의 행동과 모빌의 움직임 간에 연관을 맺으면서 아기는 행동을 반복하고 이차적인 순환을 형성하게 된다.

(4) 4단계 : 2차 도식협응기(8~12개월)

이 시기의 영아들은 기존에 형성한 도식을 활용하여 간단한 문제를 해결할 만큼 유동적이고 융통성 있는 반응을 보인다. 이제는 그야말로 지적인 행동이라고 할 수 있는 목표 지향적인 복잡한 행동을 한다. 즉, 어떤 목표에 도달하기 위해 여러 가지 다른 도식들을 조합하고 조정한다. 예를 들어, 영아는 어른이 손 안에 숨기고 있는 물건을 빼앗기 위해 그 손을 치우고(치우는 도식) 물건을 잡으려고(잡는 도식) 애쓴다. 한편, 어떤 일을 예상하고 그것을 막기 위해 의도적인 행동을 한다. 예를 들어, 엄마가 코트를 입고 나가려 하면 영아는 엄마를 따라 기어가며 칭얼댄다. 또한 다른 사람이 하는

그림 7-7 **감각운동기의 영아**
감각운동기의 영아는 움직임이나 감각적 경험을 통해 주변환경을 이해한다.

것을 보고 모방하여 행동한다.

(5) 5단계 : 3차 순환반응기(12~18개월)

영아의 지적 능력은 한 단계 더 진보된 양상을 보인다. 영아들은 반복적인 행동을 하기는 하지만 어떤 일이 생기는지를 보려고 의도적으로 자신의 행동에 변화를 주며 창의적인 행동을 시작한다. 즉, 이전 단계인 4단계의 영아들은 똑같은 행동을 계속 되풀이하는 반면, 5단계에 있는 영아들은 여러 가지 도식을 합하여 새로운 어떤 결과 또는 가장 좋은 결과를 얻는 방법을 찾아내려고 애쓴다. 따라서 3차 순환반응기는 활발한 실험을 통해 새로운 방법을 개발하는 시기, 또는 여러 가지 순환반응, 즉 시행착오를 거쳐 어떤 목적에 도달하거나 문제를 해결하는 시기이다(그림 7-8).

1차 순환반응기(1~4개월)

영아 자신의 신체를 중심으로 한 행동과 반응을 보인다.

2차 순환반응기(4~8개월)

행동이 다른 사람이나 사물로부터의 반응을 얻게 되고 이것은 영아로 하여금 같은 행동을 반복하게 한다.

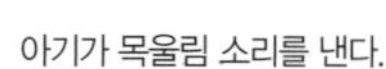

3차 순환반응기(12~18개월)

어떤 행동이 기분 좋은 결과를 가져오고, 이로 인해 영아는 유사한 결과를 얻기 위해 여러 가지 유사한 행동을 하게 된다.

그림 7-8 **1차, 2차, 3차 순환반응기**

인과관계에 대한 이해도 발달하여 자기자신의 행동이나 다른 사람의 행동으로 인해 어떤 결과가 나타나는지를 이해하기 시작한다. 또한, 여러 가지 사물들을 접하게 됨에 따라 주변에 있는 여러 사물 간의 관계를 이해하게 된다. 따라서 물건을 담는 그릇과 물건 간의 관계, 조각들과 전체 모양 간의 관계를 이해하기 시작한 영유아들은 물건들을 그릇에 주워 담고 조각들을 모으는 활동을 많이 한다.

(6) 6단계 : 정신적 결합기(18~24개월)

정신적 결합기는 전조작기인 유아기로 이행하는 시기로서 마침내 걸음마기 영아는 기억하고 있는 어떤 대상이나 행동 또는 사건을 정신적으로 그려내는 표상능력을 나타내기 시작한다. 따라서 걸음마기 아동은 시행착오적인 행동을 하는 대신 어떤 행동을 하기 전에 체계적으로 생각하기 시작한다. 또한 정신적인 표상이 가능해지면서 눈앞에서 직접 보지 않아도 기억해서 어떤 행동을 모방할 수 있다. 예를 들어, 전날 어떤 아이가 발버둥을 치면서 떼를 쓰는 것을 본 걸음마기 아동은 다음날 그와 비슷한 상황에서 그런 식으로 떼를 쓰는 행동을 하게 된다.

그림 7-9 **지연모방**
17개월인 이 영아는 생일케이크를 기억하여 소꿉놀이를 한다.

자기가 보았던 행동을 나중에 재현하는 형태의 모방을 지연모방(deferred imitation)이라 하는데, 이러한 정신적 표상이 가능해지면서 걸음마기 영아는 18개월경부터 가상놀이를 하기 시작한다.

2. 대상항상성

Piaget에 의하면 사람이나 사물이 눈앞에서 사라져도 어딘가에 존재하고 있다는 것을 이해하는 것을 대상항상성이라고 한다. 대상항상성은 감각운동지능기 여섯 단계 중 1단계와 2단계에서는 나타나지 않다가 3단계와 6단계 사이에 점차 발달하게 된다. 이를 구체적으로 살펴보면, 3단계에 속하는 4~8개월경 영아는 떨어진 물체를 잠시 찾지만, 보이지 않으면 곧 더 이상 그 물체는 존재하지 않았던 것처럼 행동한다. 4단계인 8~12개월에 이르면 영아는 어떤 물체를 자기가 보는 앞에서 한 장소에 숨겼다(A)가 다른 장소(B)로 옮겨도 처음에 본 장소에서 그 물체를 찾으려 한다(이러한 현상을 Piaget는 A, not B error라고 한다).

5단계인 12~18개월에 이르면 더 이상 이러한 현상은 나타나지 않고, 마지막에 숨겨진 곳에서 찾는다. 즉, 대상항상성은 보다 발달하여 영아가 보는 앞에서 위치를 세 번이나 바꾼 경우도 그 물건이 있는 위치를 찾아낼 수 있다. 그러나 아직은 자기가 보지 않을 때 숨긴 물체에 대해서는 그동안 무슨 일이 일어났을지 상상을 하지 못하기 때문에 찾을 수 가없다. 2세가 가까워오는 6단계에는 대상항상성에 대한 개념이 충분히 발달한다. 따라서 걸음마기 영아는 숨기는 것을 보지 못했더라도 숨긴 물건을 찾을 수 있다. 즉, 눈에 보이지 않는 물체라고 할지라도 실체는 계속 존재한다고 인식하기 때문에 물체가 사라지는 장면을 보지 않았더라도 여기저기를 찾아본다(표 7-2).

표 7-2 감각운동기의 인지발달

하위단계	월령	대표적 적응행동	대상항상성
1단계: 반사기	출생~1개월	신생아의 반사행동.	없음
2단계: 1차 순환반응기	1~4개월	자신의 신체를 중심으로 한 단순한 반복행동.	없음
3단계: 2차 순환반응기	4~8개월	주위환경에서 흥미 있는 결과를 가져오는 행동을 반복하려 함. 의도적 행동을 하나 목적지향적이지는 않음.	없어진 물체에 대해 약간의 관심을 보임
4단계: 2차 도식협응기	8~12개월	의도적이고 목적지향적인 행동을 함. 기존의 도식을 조합함. 여러 가지 사건을 예상하는 능력이 향상됨.	처음에 숨겨진 장소에서 물체를 찾을 수 있음
5단계: 3차 순환반응기	12~18개월	새로운 방법으로 사물의 특성을 탐구. 환경에 대한 호기심과 창의적 행동을 나타냄.	보는 앞에서 숨긴 대상을 찾으려고 여러 곳을 살펴보고 찾음
6단계: 정신적 결합기	18~24개월	사물과 사건의 내적 표상. 지연모방과 상상놀이를 함.	보지 못한 동안 옮겨 놓은 대상을 찾을 수 있음

3. Piaget 이론에 대한 새로운 시각

근래에는 Piaget의 6단계 대신에 가장 중요한 전환 시기인 3, 8, 12, 18개월의 4개 단계를 중요시하는 시각도 제기되고 있다(Fischer, 1987; Fischer & Silvern, 1985). 전환시기를 중심으로 한 4단계를 간략히 설명해보면 다음과 같다.

(1) 3개월 : 반사행동으로부터 우연한 발견으로의 전환기

영아는 첫 한 달 동안은 입에 젖꼭지를 넣어주면 빨고 싶어서가 아니라 반사적으로 빨기 때문에, 모든 물체를 같은 방식으로 빤다. 그러나 영아는 점차 인공수유 시의 젖꼭지와 어머니의 젖꼭지가 다르다는 것을 알고 다른 식으로 빨게 되는데, 이때가 감각운동지능의 시작이라고 볼 수 있다.

또한 3개월경에는 누워 있는 아기가 천정에 달린 모빌을 보며 흥분해서 팔을 내젓는다. 아기가 팔을 유심히 보는 순간 팔은 곧 없어진다. 아기는 또다시 모빌을 쳐다보다 팔을 휘젓고 팔을 보는 순간 팔은 다시 사라진다. 이런 식으로 동작은 반복되므로 Piaget는 순환적 반응(circular reaction)이라는 표현을 쓰고 있으며, 처음에는 주로 자신의 몸에 관련된 행동으로 나타난다.

이와 같은 우연한 발견에 따른 반복행동을 통해 영아는 초보적이지만 원인과 결과를 인식하게 되고, 이것이 기초가 되어 차차 의도성이나 탈중심화, 대상항상성이 나타나게 된다.

(2) 8개월 : 우연한 발견으로부터 의도적 행동으로의 전환기

이 시기의 영아는 아직도 순환적 반응으로 환경을 탐색하나, 자신의 신체 이외의 대상에 대해 반복행동을 하므로 Piaget는 2차적 순환반응이라는 표현을 쓰고 있다. 예를 들어, 5개월 된 영아는 모빌을 보고 기뻐서 팔다리를 움직였으나, 6~12개월에는 침대를 발로 차서 모빌을 움직인 후 동작을 멈추고, 모빌을 쳐다보다 다시 차는 등, 자신의 동작과 결과를 연결시킬 수 있게 된다. 즉, 자신의 신체에 대한 관심에서 자기 외의 것으로 관심내용이 바뀌면서 이제는 탈중심화되기 시작한다.

또한 이 시기 동안 대상항상성에 대한 개념이 생기기 시작하여 6개월경까지는 눈앞에서 사라진 것은 생각에서도 사라져서 놀던 공이 굴러 떨어져도 더 이상 찾지 않았으나, 8개월 경에는 다시 나타날 것을 기대하듯이 사라진 곳을 바라본다. 그러나 아직은 초보단계에 있어 숨긴 물체를 찾을 때 거의 항상 첫 번째 있던 곳을 찾는다. 예를 들어, 공을 탁자의 오른쪽 옆에 천으로 씌웠다가 다시 벗겨서 왼쪽으로 옮긴 후 아기가 보는 앞에서 다른 천으로 다시 씌워도 아기는 처음 숨겨졌던 오른쪽에서 그 공을 찾으려 한다.

(3) 12개월 : 의도적 행동으로부터 체계적인 탐색으로의 전환기

생후 2년째에 접어들면서 다른 중요한 전환이 일어난다. 영아는 점차 능동적이고 의도적이며 시행착오적인 탐색을 즐긴다. 이제는 대상항상성 개념이 더욱 성숙되어 마지막에 숨겨진 장소에서 공을 찾을 수 있다.

(4) 18개월 : 감각운동적 지능으로부터 상징적 사고로의 전환기

걸음마기 영아에게는 사물을 정신적으로 표상할 수 있는 능력이 생기기 시작한다. 예를 들어, 2살 된 아기는 장난감 장에 가서 소꿉장 냄비를 꺼내고, 잠시 있다가 스푼을 꺼내며 장난감 블록을 냄비에 넣고 젓는다. 이 아기는 "자기가 무엇을 하기를 원하나?", "무엇이 필요한가?", "어디서 가져오나?", "어떻게 그것을 하나?"에 대해 상상할 수 있기 때문에, 이러한 연속적 행동을 할 수 있게 된다. 또한 상징적 사고와 동시에 기억력이 증가하므로 과거를 현재와 관련지을 수 있고, 그에 따라 전에 보았거나 경험했던 행동을 그대로 모방해서 하는 지연된 모방이 가능해진다(예 : 장난감 곰에게 우유를 주거나 아빠가 책을 읽는 것을 흉내내는 등). 이 시기에 대상항상성 개념은 완전히 획득된다.

03
영아의 학습방법

학습(learning)은 경험이나 반복되는 연습을 통해서 얻게 되는 행동의 변화를 말한다. 습관화, 조건화, 모방능력 등 타고난 학습능력을 가지고 있는 영아는 그 능력을 바탕으로 경험을 통해 새로운 행동을 배우게 된다.

1. 습관화, 조건화 및 모방을 통한 학습

행동주의 이론에 의하면 자극에 대한 반응에서 나타나는 행동적 변화를 통해 학습이 일어났다는 것을 추론한다. 학자들은 습관화(habituation)나 조건화(conditioning)를 통해 영아가 학습능력을 가지고 있다는 것을 안다.

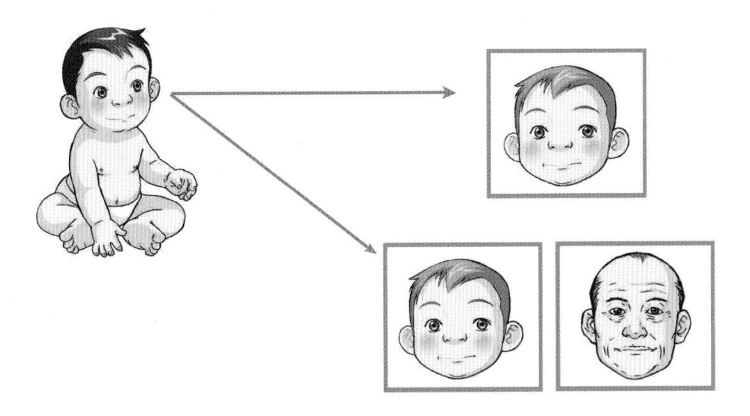

그림 7-10 **영아의 지각 및 인지연구에서 사용되는 습관화/탈습관화 실험의 예**
첫 번째 화면에서 영아에게 아기의 얼굴사진을 보여준다(습관화). 두 번째 화면에서 또 다시 아기의 사진을 보여준다. 그러나 이번에는 대머리 남자의 사진도 옆에 제시한다. 영아는 탈습관화되어 남자의 사진을 좀 더 오랜시간 응시한다. 이를 통해, 영아는 아기의 얼굴사진을 기억하고 있으며 남자의 얼굴은 아기의 얼굴과 다르다는 것을 지각하고 있음을 알 수 있다.

습관화란 학습의 가장 기본적인 형태로서 어떤 자극이 반복적으로 주어지면 새로운 자극에 대해 보이던 처음의 관심이나 지향반응의 강도는 점차 감소하거나 사라지게 되는 것을 말하며, 이러한 변화된 반응으로 보아 그 자극에 대해 학습되었다고 간주한다. 물론 새로운 자극이 다시 주어지면 지향반응은 다시 나타나 탈습관화(dishabituation) 된다. 태내기 말부터 나타나는 이러한 학습능력은 연령이 증가함에 따라 정보처리능력이 점점 더 효율적이 되면서 자극에 보다 빨리 습관화된다(그림 7-10).

학습은 또한 고전적 조건화나 조작적 조건화를 통해 이루어지기도 한다. 고전적 조건 형성의 경우, 무조건적 반응(예: 젖을 빠는 행동)을 일으키는 무조건적 자극(예: 어머니의 젖)과 동시에 중성적 자극(예: 이마를 쓰다듬는 어머니의 행동)을 반복하면 나중에는 이마를 쓰다듬는 행동만 하여도 젖을 빠는 행동을 보이게 된다(그림 7-11).

한편, 조작적 조건화의 예를 들어보면, 아기가 미소나 발로 차기 등의 행동을 보였을 때, 어머니가 그 행동에 대해 어떠한 반응을 보였는가에 따라 아기가 보였던 행동은 감소될 수도 있고 증가될 수도 있다. 즉, 아기는 자신의 행동과 그에 따르는 강화 사이의 관계를 학습하게 된다. 조건화를 통한 학습에서 영아에게 가장 효과적인 강화인자 중의 하나는 말하기, 만져주기, 아기의 얼굴을 들여다보기 등의 사회적인 강화이다. 예를 들어, 아

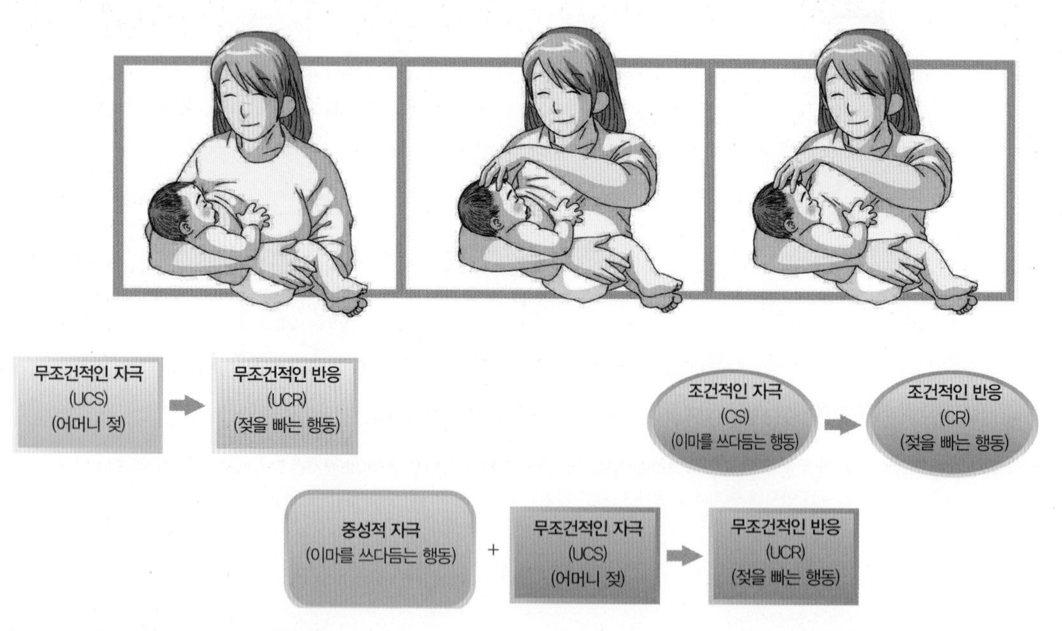

그림 7-11 **고전적 조건화의 단계**
어머니는 모유수유 시작 시 아기의 이마를 쓰다듬는 행동을 함으로써 아기가 빨기 행동을 하게 끔 조건화시키게 된다.

1. 아기가 어머니를 보고 반갑게 미소짓는다.

2. 어머니가 아기에게 다정하게 말하며 웃는다.

3. 아기가 어머니를 보면 미소짓게 된다.

그림 7-12 **조작적 조건화의 단계**

기가 미소를 짓거나 옹알이를 할 때마다 어머니가 미소를 지어줌으로써 미소나 옹알이를 더 많이 하게 할 수 있다(그림 7-12).

조작적 조건형성과 더불어 다른 사람의 행동을 따라 하는 모방능력은 영아의 학습에서 중요한 기능을 한다. 다른 아동이나 텔레비전이 행동의 모델이 되는 유아나 아동들과는 달리 영아의 경우는 부모가 가장 중요한 모델이 된다. 즉, 영아는 부모의 행동을 모방하고, 영아가 모방행동을 보이면 부모는 그 행동을 강화함으로써 영아는 그 행동을 학습하게 된다.

2. 놀이를 통한 학습

놀이는 영아의 가장 기본적인 학습방법 중의 하나다. 놀이는 자발적이며 그 자체가 즐거움을 주어 동기가 유발되는 것이고 그 방법을 가르칠 필요도 없는 자유로운 활동이다. Piaget(1971)는 놀이를 인지발달을 위한 매체로 보았으며 감각운동놀이 단계와 상징놀이 단계로 나누고 있다. Vygotsky(1962)도 놀이를 인지발달에 중요한 환경으로 보았으며 특히 상징놀이의 중요성을 강조하였다. 유사한 맥락에서 Bornstein(2003)은 영아기와 걸음마기의 놀이를 감각운동적인 탐색놀이와 상징적인 가상놀이로 구분하고 각 놀이유형을 네 가지 수준으로 나누고 있다.

(1) 감각운동적 놀이 : 탐색놀이

그림 7-13 **신체적 탐색놀이**
4개월인 이 영아는 손을 빠는 행동으로 즐거움을 얻는다.

감각운동 놀이는 영아가 감각운동적 도식을 연습함으로써 즐거움을 얻는 놀이이다. 생후 첫 1년 동안 나타나는 감각운동 놀이단계 중 첫 3~4개월 동안 영아는 감각적인 즐거움을 주는 자신의 신체를 가지고 논다(그림 7-13). 발로 차는 행동을 반복한다거나 주먹을 빠는 행동이 이 시기의 가장 보편적인 놀이이다.

또한 목울림 소리를 내거나 옹알이를 하면서 노는 것도 중요한 놀이형태이다. 그러나 6개월경부터는 물체를 가지고 놀기 시작한다. 이 시기에는 한 번에 하나씩 가지고 놀며, 입에 넣기, 흔들기, 두드리기, 열심히 쳐다보기, 이 손에서 저 손으로 옮겨 잡기 등을 하며 논다. 한편 9개월부터는 소리를 내거나 튀어 오르는 등 흥미로운 반응을 나타내는 물체를 가지고 놀며 이리저리 탐색하는 것을 즐긴다. 이러한 감각 운동적 조작을 통해 영아들은 물체의 특성에 대한 정보를 얻게 된다.

1년 말이 가까워오면, 영아는 단순한 놀이 형태 대신 두 개 이상의 물건을 가지고 기능적, 관계적인 놀이를 하기 시작한다(Belsky & Most, 1981). 영아는 이때 어떤 사물이 어떤 기능을 하는가를 알아가기 시작한다. 처음에는 머리 빗을 컵에 넣는 등 구별이 없이 사용하나 점차 뚜껑은 그 그릇 위에 놓는 등 물체 간의 적절한 관계를 이해하게 된다(표 7-3). 또한 12개월경에는 인과관계를 탐색하는 놀이를 즐긴다.

표 7-3 탐색놀이 4수준

놀이 수준	정의	예
1. 단순한 기능적 행동	하나의 사물에 특정한 영향을 줌	공을 던진다. 공을 꽉 쥔다.
2. 부적절한 결합행동	둘 혹은 그 이상의 사물을 부적절하게 결합	전화기 안에 공을 놓는다.
3. 적절한 결합행동	둘 혹은 그 이상의 사물을 적절하게 결합	주전자 위에 뚜껑을 놓는다.
4. 변환놀이	확실한 증거는 없으나 유사한 가상놀이	귀에 전화 수화기를 댄다.

(2) 가상놀이

가상놀이는 생후 18개월경부터 시작된다. 처음에는 자기자신에게 하는 가상놀이로 시작해서 점차 상대방에게 하는 가상놀이로 바뀌는 한편, 24개월경이 되면서 일련의 행동들을 결합하여 어떤 주제가 있는 가상놀이를 하게 된다. 또한 점차 실물 대신 가상의 물건으로 대체하기 시작하여 24개월경이 되면, 영유아는 대부분 하나의 대체물을 사용하고 그 이후 점차 하나 이상의 대체물을 사용하게 된다(Belsky & Most, 1981; Bornstein, 2003). 예를 들어, 처음에는 자기가 소꿉놀이 컵으로 마시는 흉내를 내던 걸음마기 아동은 그것으로 인형에게 우유를 먹인다. 또한 점차 두 개 이상의 가상놀이를 연결해서 전화를 걸고 수화기에 말하는 행동을 하며 한 개 이상의 대체물을 사용하게 된다. 즉 블록을 전화기로 대신하고 블록에 대고 말을 한다. 18개월경 시작된 가상놀이(상징놀이)는 걸음마기와 유아기에 걸쳐 가장 흔한 놀이 형태가 되면서 4~5세에 절정을 이룬다. Bornstein(2003)의 상징놀이 수준은 표 7-4와 같다.

표 7-4 **가상놀이 4수준**

놀이 수준	정의	예
5. 자기지향적 가상놀이	자기 자신에 대한 분명한 가상놀이	장난감 숟가락 또는 컵을 이용해 먹는다.
6. 타인지향적 가상놀이	다른 사물 또는 타인에 대한 분명한 가상놀이	인형을 껴안거나 뽀뽀한다.
7. 연속적 가상놀이	둘 혹은 그 이상의 가상행동을 연결	전화기의 다이얼을 돌리고, 수화기에 말을 한다.
8. 대체 가상놀이	하나 이상의 사물을 대체한 가상놀이	블록이 전화기인 듯 귀에 대고 말을 한다.

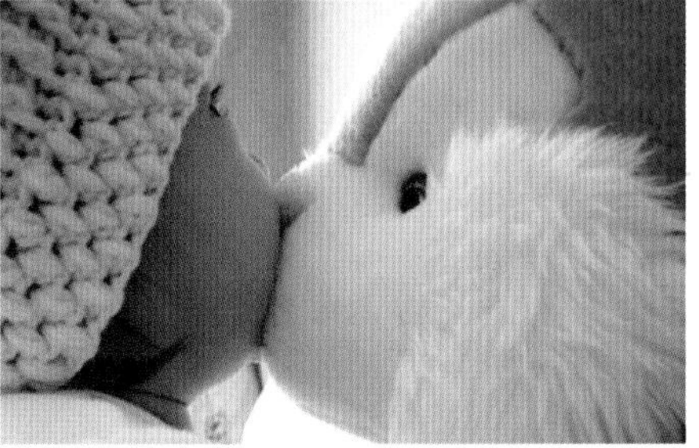

그림 7-14 **타인지향적인 가상놀이**

(3) 성인과의 상호작용을 통한 학습

영아기의 인지발달에 있어 가장 중요한 것이 감각운동적 경험이라고 제안한 Piaget와 달리, Vygotsky는 영아와 성인 간의 상호작용, 특히 언어적인 상호작용을 중요시하고 있다. 그는 영아가 사물을 조작함으로써 배운다는 점에서 Piaget의 의견에 동의하나, 문화적인 영향을 중요시해서 부모와의 사회적인 행동을 통해 여러 가지 인지능력을 발달시키게 된다는 점을 강조하고 있다. 그의 이론에 의하면 영아가 어떤 문제를 해결하거나 일을 끝낼 수 있도록 하기 위해 꼭 필요한 내용은 부모가 가르쳐 주어야 한다. 이때 부모는 되도록이면 영아가 스스로 학습하게 하고 마지막 필요한 순간에 상호작용을 통한 가르침을 주게 된다. 이러한 어머니의 행동은 걸음마기 아동의 상징놀이의 발달수준 향상과 밀접한 관련이 있는 것으로 밝혀지고 있다(Bornstein, 2003)(그림 7-15).

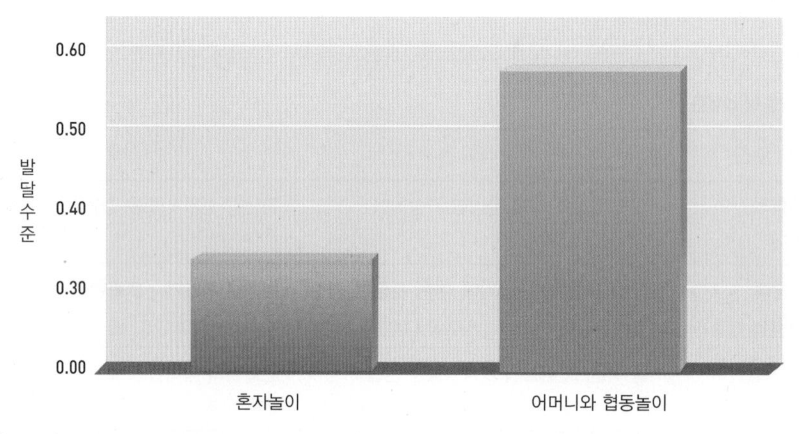

그림 7-15 가상놀이와 아동의 발달수준

아동은 어머니의 도움으로 혼자놀이로는 도달하기 힘든 최적의 발달수준을 이룰 수 있다.

자료: Bornstein, 2003

04
기억력과 지연모방

사람들은 대체로 3세 이전의 것은 기억할 수 없다. 그 이유에 대해 Piaget는 두뇌가 충분히 발달하지 못했기 때문에 초기의 일을 기억할 수 없다고 설명하는 한편, Nelson(1992)은 말을 할 수 있기 전까지는 기억할 수 없기 때문이라고 한다. 그러나 앞서 살펴보았듯이 습관화 연구나 선호도 연구에 근거해 볼 때, 말을 못하는 영아도 단기간의 감각적인 기억이나 이미지는 가지고 있다는 것을 알 수 있다. 기억이나 모방은 학습에 중요한 요소이기 때문에, 인지발달을 연구하는 학자들은 영아의 기억력과 모방능력에 관한 연구에 관심을 보인다.

1. 기억력

습관화 연구에 의하면 시각적인 정보에 대한 영아들의 기억은 연령이 증가함에 따라 좀 더 정확해지고 오랫동안 기억한다. 즉, 3개월경 영아는 하루 동안 기억하는 데 반해 1세에는 며칠 또는 수주일 동안 기억한다(Pascalis et al., 1998). 그러나 습관화-탈습관화 연구방법을 통해 영아의 기억을 연구하는 것은 아기의 상태에 따라 결과가 다를 수 있고 때로는 영아의 능력을 과소평가할 수 있다. 따라서 영아가 환경적 자극에 어떠한 행동을 취하는가를 연구함으로써 영아의 기억력을 더 잘 이해할 수 있다는 견해도 있다(Wilk et al., 2001).

조작적 조건형성 원리를 이용한 Rovee-Collier의 실험은 발로 차면 모빌이 움직인다는 것을 안 3개월 된 영아가 1주일 후에 그것을 기억한다는 것을 시사해준다. 즉, Rovee-Collier(1999)는 3개월 된 아기의 침대 위에 흥미로운 모빌을 달아둔 후 아기의 발에 끈을 매어 모빌과 연결하였다. 이 상황에서 아기는 발로 차고 그 결과 모빌이 움직이는 것을 보게 된다. 그러자 아기는 모빌을 움직이려고 계속 발로 차는 행동을 반복함으로써 조작적인 조건화를 나타낸다. 또한 며칠 뒤 그 모빌을 다시 달아두자 발에 끈을 매어 두지 않았음에도 아기는 발로 모빌을 여러 번 차서 그것을 기억하고 있음을 입증하였다. 그녀의

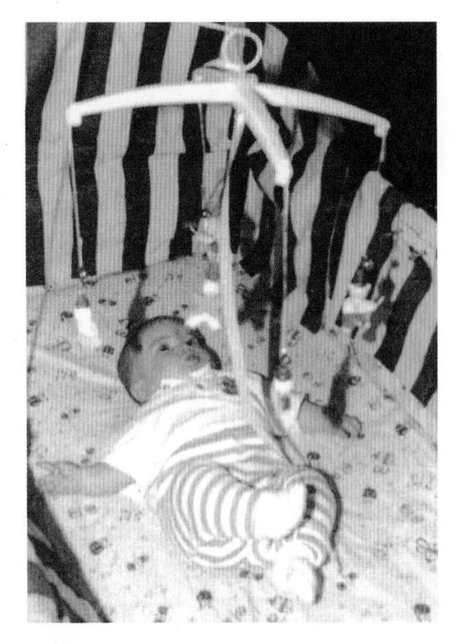

그림 7-16 **Rovee-Collier의 실험**
생후 2~6개월 영아는 2일에서 2주 후까지 기억할 수 있어서 모빌을 발로 차는 행동을 할 수 있었다. 아기가 모빌을 보자 발로 차는 행동을 보이고 있다.
자료: Papalia et al., 2003

실험에 의하면, 2개월 된 아기는 하루 동안 기억하고 3개월 된 아기는 일주일 정도 후까지 기억하며, 6개월 된 아기는 2주 후에도 기억하였다(그림 7-16).

그러나 초기의 기억력은 상당히 제한적이어서 2~6개월 된 영아는 똑같은 상황이 아니면 기억을 잘하지 못했으며(Rovee-Collier, 1993) 걸음마기에는 실험상황이 달라도 잘 기억하였다. 한편 Hartshorn 등(1998)은 철로를 따라 기차가 움직이게끔 단추를 누르는 실험과제를 통해, 18개월 된 걸음마기 영아는 13주 후까지도 그것을 기억한다고 보고하였다.

위의 연구들을 통해 볼 때 기억력은 영아기와 걸음마기에 걸쳐 체계적인 증가를 보인다는 것을 알 수 있다.

한편, 조작적인 조건화에 의한 기억행동은 재인(recognition)이라는 단순한 기억이다. 그에 반해 지연모방(deferred imitation)이나 회상(recall)은 지각적인 단서가 없는 상황에서의 기억이므로 훨씬 더 어렵다.

2. 비가시적 모방과 지연모방

Piaget에 의하면, 영아는 다른 사람의 표정을 보고 그것을 모방하는 행동은(자기가 짓는 표정을 자기가 볼 수 없는 비가시적인 모방) 생후 1년 가까이 되어야 가능하다. 또한 자기가 보았던 행동을 나중에 재현하는 지연모방은 내적인 표상이 필요하므로 감각운동기 말인 18개월 정도에 나타난다.

그러나 다른 연구자들에 의하면, 비가시적 모방행동은 Piaget가 주장한 시기보다 훨씬 더 일찍 나타난다. 즉, Field 등(1982)은 태어난 후 2일이 지난 신생아는 행복, 슬픔, 놀람을 나타내는 성인의 표정을 모방한다고 하였다. Meltzoff와 Moore(1977) 역시 생후 2~3주된 신생아는 혀를 내미는 성인의 표정을 모방한다고 주장하였다(그림 7-17).

지연모방이나 회상 역시 일찍 발달하여 대체로 영아는 1세에서 2세 사이에 사람이나 사물, 장소, 행동을 회상할 수 있다. 예를 들어, Meltzoff(1988)는 하루 전에 본 성인의 행동을 모방하는 지연모방도 9개월 영아에게서 이미 나타난다고 하였다. 또한 다른 영아가 장난감을 가지고 놀던 모습을 보았던 14개월 된 영아는 이틀 후에 그 아이가 가지고 놀던 장난감을 가지고 그 아이의 행동을 모방하여 놀았다(Hanna & Meltzoff, 1993). 한편, 1세 영아는 어른이 어떤 행동을 보여주었을 때 그 행동을 1달 후에 모방해서 행동하며, 2세 이후에는 3달 이상 기억하였다(Herbert & Hayne, 2000).

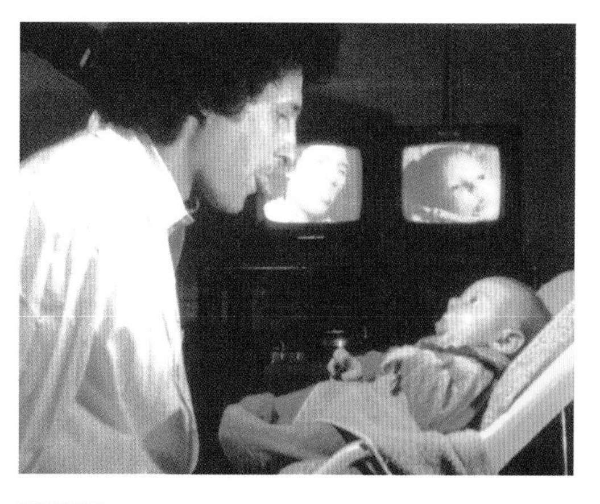

그림 7-17 **영아 모방에 대한 연구**
생후 2~3주 된 신생아가 혀를 내미는 모방을 하고 있다.
자료: Meltzoff & Moore, 1977

한편, 2000년대 후반부터 전 세계적으로 미디어 매체가 일상생활에 보편화되면서 최근에는 TV나 미디어 매체를 통한 영아나 걸음마기 아동의 기억이나 학습에 관한 연구도 이루어지고 있다. 6개월경 영아는 TV에서 본 간단한 행동을 24시간 동안 모방하며, 18개월에는 일련의 행동들을 2주 동안 기억하고(Barr et al., 2007), 2세경에는 1달 후에도 기억하는(Brito et al., 2012) 지연모방 행동을 보였다.

이러한 연구들은 영아의 기억력이나 모방능력이 Piaget의 주장보다는 훨씬 일찍 발달한다는 것을 시사한다. 그러나 어린 영아는 똑같은 상황이 아니면 기억을 잘못한다는 점, 기억은 연령의 증가에 따라 점차 더 장기적이 된다는 점에서, 영아의 기억은 구체적이며 체계적인 증가를 보인다는 Piaget의 견해를 지지하는 면도 있다.

05

지적 발달의 개인차

부모들은 대부분 자녀가 얼마나 머리가 좋은지, 또한 어렸을 때 머리가 좋은 아이가 커서도 머리가 좋은지 궁금해하며 지능검사에 관심을 갖는다. 지능검사는 지적인 과제에 대한 수행결과에 초점을 두기 때문에 인지 발달 과정, 즉 연령에 따른 사고의 변화에 초점을 두는 Piaget의 인지발달 이론이나 정보처리 이론과는 다른 접근방법을 취한다.

1. 영아기 지능검사

영아는 질문에 답하거나 지시를 따를 수 없기 때문에, 영아의 지능을 정확하게 측정한다는 것은 어려운 일이다. 따라서 자극을 제시하고 그에 대한 반응행동을 관찰하게 되며, 주로 지각이나 운동적인 반응으로 인지적 능력을 평가한다.

가장 흔히 쓰이고 있는 영아 지능검사는 1개월부터 3세 반까지의 영유아를 대상으로 하는 Bayley 영아발달 척도(Bayley Scale of Infant Development; Bayley, 1993)이다(표 7-5). 이 척도는 지각, 학습, 발성을 측정하는 정신척도, 소근육 및 대근육 운동기술과 관련한 운동척도, 검사자의 행동평정 척도 등 세 개의 하위부분으로 되어 있고, 검사점수에 대해서는 지능지수(IQ) 대신 발달지수(DQ)라는 개념을 사용한다.

영아검사는 시행 중 영아가 쉽게 산만해지고 지루해하기 때문에 영아의 실제 능력을 반영하지 못하는 경우가 많다. 또한 검사내용이 지각이나 운동능력 위주로 구성되어 있어서 언어, 개념, 문제해결 기술을 중심으로 한 아동용 지능검사와는 차이가 난다. 이러한 영아검사의 특성 외에도 영아의 발달은 환경적 경험에 의해 많은 영향을 받기 때문에 영아기 검사에서 나타난 발달수준으로 후의 지능을 예측하기는 힘들다. 그러나 영아기 지능검사는 현재의 발달상태를 비교적 정확하게 나타내주며, 특히 극도로 낮은 발달점수는 장기적인 발달문제를 예측해주기 때문에, 대개 문제를 미리 알아내고 이를 중재하기 위한 발달 선별검사로 활용되고 있다(Kopp, 1994).

한편, 영아기 지능검사가 지닌 문제점으로 인해 연구자들은 정보처리적 과정을 이용하여 영아 지능의 예측력을 높이고 있다. 이러한 연구들에 의하면, 영아기에 측정한 시각적 자극에 대한 습관화와 탈습관화 속도는 유아기부터 청소년기까지의 사고력 속도나 주의집중력, 기억력 등과 0.30 ~ 0.60의 상관을 나타내어 영아기 지능이 이후의 지능을 잘 예측해주었다(McCall & Carriger, 1993; Sigman et al., 1997). 또한 Piaget의 대상항상성 과제도 문제해결능력이라는 지능의 기본특성을 포함하기 때문에 후의 지능지수를 잘 예측해주는 것으로 보고되고 있다(Rose et al., 1992).

표 7-5 Bayley 검사 문항 예

연령(개월)	정신적 척도	운동적 척도
1	움직이는 사람에 따라 시선을 움직인다.	어깨를 잡아주면 머리를 든다.
3	매달려 있는 고리에 손을 뻗는다.	눕히면 옆으로 몸을 돌린다.
6	세부적인 데 흥미를 보이며 종을 만진다.	완전히 뒤집는다.
9	말을 하듯 종알거린다.	서는 자세로 몸을 일으킨다.
11~12	모방하여 장난감을 다독인다.	혼자 걷는다.
14~16	두 개의 단어를 적절하게 사용한다.	도움을 받아 계단을 오른다.
20~22	물체의 이름을 3개 정도 말한다.	두 발을 모으고 뛰어오른다.
26~28	4가지 색깔을 안다.	손동작을 따라 한다.
32~34	과거시제를 사용한다.	발을 교대로 계단을 오른다.
38~42	셈을 센다.	발을 교대로 계단을 내려간다.

자료: Bayley, 1993

2. 지적 발달과 가정환경

영아나 걸음마기 유아의 인지적 발달은 가정환경에 의해 영향을 받는다. 관찰과 부모면접을 통해 가정환경을 측정하는 HOME(Home Obseravtion for Measurement of the Environment)은 걸음마기 유아의 지적 발달 검사점수와 관련이 있고 1세부터 3세 사이의 지능점수의 감소 및 증가와 상관이 있는 것으로 보고되고 있다(Bradley et al., 1989).

영아 및 걸음마기 유아를 위한 HOME 척도의 요인은 부모의 정서적 및 언어적 반응성, 아동에 대한 수용성, 물리적인 환경의 조직성, 적절한 놀잇감의 제공, 아동에 대한 관심과 참여정도, 일상적인 자극의 다양성으로 구성된다(표 7-6). 특히 HOME 척도 중 물리적 환경의 자극정도, 부모의 애정 및 언어적 반응성은 영아나 걸음마기 유아의 IQ를 가장 잘 예측한다. 물론 이러한 HOME과 지적인 발달 간의 상관관계는 친부모일 경우 더 높게 나타나 유전적인 영향을 시사하고 있으나, 그럼에도 불구하고 가정환경은 영유아의 지적인 발달에 중요한 요소이다.

표 7-6 영아와 걸음마기 유아용 HOME 하위척도

HOME 하위척도	문항 예
정서적, 언어적 반응성	부모는 관찰자 방문 동안 적어도 한 번 아동을 어루만지거나 뽀뽀한다.
	부모는 관찰자 방문 동안 두 번 혹은 그 이상 자발적으로 아동에게 말을 한다. (꾸지람 제외)
부모의 수용성	부모는 관찰자 방문 동안 3번 이상 아동의 행동을 방해하거나 아동의 움직임을 제한하지 않는다.
물리적 환경의 조직	아동의 놀이환경은 안전하고 위험요소들이 없다.
적절한 놀잇감 제공	부모는 관찰자 방문 동안 아동에게 장난감이나 재미있는 활동을 제공한다.
부모의 참여	부모는 관찰자 방문 동안 아동을 시야에서 벗어나게 두지 않고 자주 쳐다본다.
다양한 일상적인 자극 기회	부모의 보고에 의하면, 아동은 날마다 적어도 한 번은 어머니나 아버지와 함께 식사한다. 아동을 자주 집 밖으로 데리고 나간다. (예: 부모와 함께 시장가기)

자료: Bayley, 1993

06

언어 발달

아기가 자라는 모습 중에서 가장 놀랍고 흥분되는 부분 중 하나가 언어의 발달이라고 할 수 있다. 부모는 아기와의 언어적인 의사소통을 통해 아기가 무엇을 느끼고 무슨 생각을 하는지 알게 될 뿐 아니라 언어를 통해 사고가 발달하기 때문에 언어 발달은 부모-자녀 관계 발달과 인지 발달에 핵심적인 요소가 된다. 아기들은 모국어가 무엇이든지 간에 거의 같은 시기에 같은 과정을 거쳐 언어를 발달시키게 된다.

1. 언어 발달 이론

언어 발달 이론은 경험이나 환경을 중요시하는 행동주의 관점, 복잡한 언어규칙을 분석하고 적용하는 능력을 타고난다고 하는 선천설, 그리고 타고난 능력과 경험의 상호작용을 강조하는 관점으로 나눌 수 있다.

(1) 행동주의 관점

행동주의 이론가인 Skinner(1957)에 따르면, 언어 발달은 다른 행동 발달과 마찬가지로 강화나 모방 등 학습의 원리에 의해 습득된다. 즉, 부모는 아기들이 하는 옹알이 소리에 미소를 짓거나 그 소리를 되받아 응답해주는 등 강화를 준다. 강화 외에 영아는 모방을 통해서도 복잡한 발음이나 문장을 배우게 된다. 예를 들어, 아기가 할머니 대신 '하니'라고 부를 때마다 부모는 아기의 말에 관심을 보이며 '할머니'라고 고쳐주는 한편, 모방을 통해 제대로 발음했을 때는 칭찬을 해줌으로써 아기는 말을 배우게 된다.

한편, 최근 환경론의 입장을 취하는 학자들은 언어 발달을 위해서는 아기에게 하는 어머니 말투(baby talk 또는 motherese)와 언어적 입력의 양이 중요하다고 주장한다(Bee & Boyd, 2007). 어머니 말투는 독특한 특성을 지니는 한편, 모든 문화에서 유사하게 나타난다. 즉, 모든 문화권에서 어머니들은 아기에게 말할 때 짧은 문장, 단순한 문장을 쓰며 정확한 발음과 높은 어조로 다소 과장된 표현을 하고, 아기가 하는 말을 확장하거나 반복해서 말하는 경향이 있다(표 7-7). 이러한 어머니 말투는 아기들이 흥미를 가지는 동시에 아기가 알고 있는 언어를 확장시켜주고 반복해 줌으로써 좀 더 쉽게 말을 배우는 데 도움이 된다.

행동주의 이론은 초기의 언어 발달을 어느 정도 설명해주기는 하나 강화나 모방만으

표 7-7 어머니 말투의 특징

• 높고 다양한 어조로 말한다.
• 단순화시킨 말, 구체적인 말을 사용한다.
• 천천히 말하며 문법적으로 간단하고 짧은 문장을 쓴다.
• 약간 변화를 주어 반복해서 말한다. "공 어디 있어? 저기 있는 공 보여?" "공 어디 있어? 공 저기 있네!"
• 아기의 말을 반복할 때는 그 말을 확장하여 좀 더 길고 문법적으로 정확하게 말한다. 엄마: (공을 가리키며) 저게 뭐야? 아기: 공! 엄마: (그대로 따라서) 공! 아기: 파란 공! 엄마: (확장하며) 그래, 그건 둥글고 파란 공이야.

로 언어 발달을 설명한다는 데 제한점이 있다. 즉, 아동은 행동주의적 관점과는 다르게 들어본 적이 없는 새로운 말과 복잡한 문장을 만들어 낸다. 뿐만 아니라 모델이 되는 어머니는 아기가 잘못된 말을 해도 다시 고쳐 말해주지 않는 경우가 많으며 어머니 스스로도 아기에게 '과자' 대신 '까까'라는 표현을 쓰는 등 단어나 문법에서 정확한 말을 사용하지도 않는다. 그럼에도 불구하고 아기들은 커가면서 정확하게 '과자' 라고 말하게 되는 것으로 보아 언어 발달을 모방이나 강화 등 환경적 경험으로만 설명하기는 힘들다.

(2) 선천설 : 생득 이론

강화나 모방을 통한 언어적인 경험을 중요시하는 Skinner의 행동주의 관점과는 달리 언어학자인 Chomsky(1957)는 언어에는 복잡한 문법구조가 있고 인간의 두뇌는 언어습득을 위한 타고난 능력이 있으며, 모든 문화에서 언어발달단계는 보편성이 있다는 근거를 들어 선천설을 주장한다.

Chomsky의 이론에 의하면 인간은 특정한 시기에 특정한 방법으로 언어를 배우도록 프로그램되어 있다. 또한 아동은 언어의 보편적인 규칙체계인 언어습득장치(LAD, Language Acquisition Device)를 타고나기 때문에 어떤 내용의 말을 듣든지 두뇌는 언어적인 내용들을 분석하고 이해하게 된다. 따라서 영아는 어떤 말을 할 때, 들은 그대로 말하는 것이 아니라 들은 내용을 이해한 후 문법 규칙들을 사용하여 새로운 문장을 만들 수 있게 된다.

생득 이론은 전 세계 아동들이 비슷한 언어발달 과정을 거친다는 점, 두뇌의 특정 부분이 언어와 관련이 있다는 점, 그리고 언어발달에 민감한 시기가 있다는 점에서 공감을 얻고 있다. 그러나 선천설은 문법 규칙이나 지식을 타고난다는 주장에도 불구하고 모든 언어에서 공통적인 규칙을 찾아내기가 어려울 뿐 아니라, 언어발달이 왜 개인적 경험에 따라 차이가 나는지를 설명하지 못한다.

(3) 상호작용론

오늘날 발달학자들은 타고난 언어적 능력뿐 아니라 언어적인 경험을 통해 언어의 출현시기나 표현이 달라지고 어휘에 대한 지식을 발달시켜간다고 생각한다. 더욱이 상호작용론을 주장하는 학자들은 언어학습의 사회적인 맥락을 강조한다. 즉, 언어습득 능력을 타고난 아동은 사회적인 상호작용 내에서 관찰과 참여를 통해 점진적으로 언어의 기능과 규칙성을 파악하게 된다. 상호작용론에서는 아동에 따른 유전적인 차이와 환경적인 경험의 차이를 인정하기 때문에 언어학습의 개인차를 예측하게 된다.

특히 Slobin(1997)은 Chomsky의 이론을 다소 수정하여 아기들은 태어나면서부터 사람의 말소리를 듣기 좋아하고 어머니 말투를 좋아하며 문장의 처음 부분과 끝부분 또는 문장의 강세에 관심을 두는 등 언어생성의 기본능력을 가지고 있으며, 경험을 통해 문법을 습득하고 언어를 발달시키게 된다고 주장한다. 또 다른 학자들에 의하면 영아는 여러 가지 언어환경 속에서 어떤 패턴들을 찾아내는 등 일반적인 인지전략을 적용해서 복잡한 언어를 이해하게 된다고 주장한다(Tomasello, 2003).

그러나 사실상 언어 발달은 발음, 어휘, 문법, 의사소통능력 등 언어의 각 발달측면에 따라 생물학, 인지, 사회적 경험이 서로 다른 정도로 영향을 미친다고 할 수 있다. 한 예로 걸음마기 영아의 어휘발달에 관한 연구(Bornstein et al., 2004)에 의하면, 명사가 다른 언어 범주보다 일찍 발달한다. 이 같은 결과는 명사 이해에 대한 언어규칙을 타고나기 때문에 모든 문화권에서 명사가 가장 먼저 나타난다는 입장을 지지한다. 그러나 같은 범주의 언어라도 사용빈도나 문장에서의 중요도 및 실용적 측면에서 볼 때 문화마다 차이가 있기 때문에 언어 발달에 차이가 난다는 연구결과는 환경의 중요성도 시사한다. 따라서 언어 발달은 선천적 능력과 환경적 경험의 상호작용으로 이해해야 할 것이다.

2. 영아기와 걸음마기의 언어 발달

언어 발달은 언어의 소리나 발성, 의미, 문법, 몸짓, 표정 등 언어의 여러 가지 구성요소를 사용하는 데 대한 규칙을 이해하고 그것을 적절한 규칙에 따라 복합적으로 사용할 수 있게 되는 과정을 말한다.

(1) 언어 이전 시기(prelinguistic phase)

① 소리의 지각

아기들은 사람의 소리와 다른 소리를 구별할 수 있으며, 어머니와 다른 사람의 목소리를 구별한다. 또한 자음과 모음의 구별은 물론, 자음이나 모음들 간 미묘한 차이를 구별하며, 모국어와 기타 언어와의 차이도 인식한다.

② 첫소리 : 목울림 소리(Cooing)와 옹알이(babbling)

아기가 처음 내는 소리인 울음은 처음에는 의사소통을 목적으로 하지는 않지만, 아기들은 점차 자라면서 외부적인 자극에 대한 반응이나 욕구충족을 위한 의사소통의 목적으로 울게 된다. 그리고 양육자, 특히 어머니들은 다른 사람보다 아기의 울음소리의 양상이나 상황에 근거해서 아기가 우는 이유를 더 잘 이해하고 아기의 욕구를 충족시키게 된다.

한편, 고통스러움의 신호로 사용되는 울음과는 달리, 아기는 만족스러움과 행복의 정서를 소리로 나타낸다. 모국어가 어떤 것이든 상관없이 아기들은 울고 거의 같은 시기에 비슷한 목울림 소리를 낸다. 즉, 1~2개월경이면 '아아…', '오오…' 등 모음을 반복하는 목울림 소리가 나타난다. 그러나 6~7개월경에는 점차 모국어와 유사한 소리, 즉 '바바…', '두두…', '나나…' 등 모음에 자음을 연합한 단음절의 소리를 내는 옹알이가 나타난다. 옹알이는 '마마' '다다' 등 첫 단어와 유사하기도 하나, 어떤 대상을 지칭하는 첫 단어와는 구별된다.

그림 7-18 **몸짓**
9개월인 이 영아는 자기가 원하는 것을 몸짓으로 나타낸다.

③ 몸짓(gesture)

9~10개월이 되면 아기는 어떤 것을 묻거나, 의미하거나, 원하는 것을 갖기 위해 팔을 뻗치거나 손가락으로 가리키거나 손을 오므렸다 폈다하는 등의 몸짓을 사용한다. 이때 '바이바이' 등의 몸짓 인사가 가능하다.

④ 언어의 이해

아기들은 말을 할 수 있기 전에 먼저 말을 이해할 수 있어서 대개 9~10개월이면 단어의 뜻을 안다. 10개월 된 아기는 약 30개의 단어를 알고 있고, 13개월이면 거의 100개의 단어를 이해하게 되어 간단한 지시를 따르게 된다. 그러나 이때까지는 말로 표현하는 단어는 소수이며 18개월이나 되어야 약 50개 정도의 단어를 말할 수 있다(Fenson et al, 1994). 즉 아기는 말로 표현(production)하는 능력보다 다른 사람의 말을 이해하는 능력(comprehension)이 훨씬 앞서 있다.

⑤ 자곤(jargon)

10개월경 나타나는 자곤은 옹알이가 대화처럼 길게 연결되어 일어나는 것으로 억양이 있고 몸짓이나 눈맞춤이 따르기 때문에 일종의 소리내기 놀이라고 할 수 있으며, 이때 아기는 대화를 하려고 애쓰는 것처럼 보인다. 이 시기를 전환점으로 하여 아기들은 언어이전(prespeech) 단계에서 언어(speech) 단계로 이동한다.

학자들 간에 이견이 있기는 하지만, 대체로 울음이나 목울림 소리, 옹알이, 대화 형태의 옹알이인 자곤(jargon)등 언어 이전의 소리(prespeech sounds)는 양육자의 관심이나 상호작용을 이끌어내고, 여러 가지 소리의 발성이나 억양, 의사소통을 연습하는 기회가 되므로 이후의 언어발달과 밀접한 관련을 갖게 된다(Snow, 1998). 생후 1년 가까이 되면서, 아기는 어머니에게 장난감을 쳐들어 보인다든지, 과자를 손가락으로 가리키는 등 다른 사람의 행동에 영향을 주기 위해 몸짓을 통한 의도적인 행동을 할 수 있게 된다.

(2) 첫 단어

일반적으로 생후 11~12개월이 되면 영아는 '맘마', '엄마' 등 한 단어로 첫말을 시작한다(Snow, 1998). 첫 단어는 자기에게 친숙한 대상이나 일을 일컫는 단어인 경우가 대부분이며, 11개월 된 어떤 영아가 우유나 주스를 일컫는 말로 '넌넌'이란 말을 쓰듯이, 어른이 사용하는 단어와는 다른 말인 경우도 흔하다. 대개 같은 음절을 반복하는 옹알이의 특성은 첫 단어 시기에서도 그대로 지속되지만 점차 의미를 아는 단어가 늘게 되면서 그 빈도는 줄어든다.

① 명칭 말하기

첫 단어는 주로 사물의 이름이나 움직이는 물체, 그것의 행동을 지칭하기 위한 것으로 명사가 사용되나 첫 단어 시기에는 발달 속도가 느려서, 한 단어를 반복해서 사용하며 서서히 단어를 배우게 된다. 그러나 평균적으로 볼 때, 생후 18개월부터는 급속하게 새로운 단어를 알게 되어 어휘 수는 상당한 증가를 보인다.

② 과잉 축소와 과잉 일반화

아기가 말을 배우는 초기에는 특히 단어를 너무 좁은 의미로 사용하는 과잉 축소(under-extension) 현상을 보인다. 예를 들어, 영아가 '신발'이라는 말을 할 때 자기의 빨간 신발만을 뜻한다.

그러나 보다 보편적인 형태는 한 단어를 지나치게 넓은 범위로까지 사용하는 과잉 일반화(over-extension) 현상이다. 예를 들어, '고양이'라는 단어를 다리가 네 개이고 털이 난 모든 동물에게 적용한다든지, 자기가 보는 모든 남자를 '아빠'라고 부른다. 이와 같은 과잉 일반화 현상은 아기가 다른 사물을 다르게 말할 만큼 충분한 어휘를 갖고 있지 않기 때문이기도 하다(Clark, 1987). 또한 발음이 힘들어서일 수도 있기 때문에 어휘 수가 증가하고 발음이 개선되면 점차 과잉 일반화는 사라지게 된다. 한 단어 시기에 나타나는 이러한 과잉 축소와 과잉 일반화를 통해 어휘의 발달은 계속되며, 인지발달과 상호작용하여 의미의 발달은 가속화된다.

③ 일어문의 시기(단어+몸짓)

언어학자들은 12~18개월경 아기가 몸짓과 한 단어를 혼합하여 문장처럼 말하는 일어문(holophrase) 시기부터 문법을 이해한다고 본다. 이 시기에 아기는 한 단어와 몸짓을 합하여 두 단어의 의미처럼 사용하기 시작한다. 즉, 손짓과 같은 몸짓이 나타난 후에 첫 단어가 나타났듯이, 두 단어 문장을 사용하기 전에 아기들은 한 단어와 몸짓을 같이 사용하여 의미를 전하는 단계를 거친다. 즉, 아빠의 구두를 가리키며 '구두'라고 말하던 아기는 얼마 지나지 않아 '아빠 구두'라고 말하게 된다. 이 시기에는 한 단어로 여러 상황이나 문장 전체 내용을 표현하기 때문에(Steinberg & Belsky, 1991), 아기가 '멍멍'이란 말을 할 때는 아기의 억양이나 몸짓, 또는 상황에 따라 '저기 강아지가 있다', '나에게 강아지를 줘', '강아지가 밥을 먹는다' 등 여러 가지 의미로 해석된다.

(3) 두 단어 시기

걸음마기 초기와는 달리, 인지 발달과 더불어 기억력이나 말하는 사람의 의도를 알아가게 됨에 따라 특히 18개월에서 24개월 사이에 어휘력은 급등하게 된다. 그 결과 영아는 18개월에 약 50여 개의 단어를 말하다가 24개월이 되면 6배 이상 늘어난 약 320개 단어를 말하게 된다. 대체로 어휘가 200개에 이르면 걸음마기 유아는 두 단어를 결합하기 시작한다(Fenson et al., 1994).

이 시기에는 앞서 말한 '아빠 구두'의 경우처럼 중요한 단어만 사용하기 때문에 전보체 문장이라고 한다. 즉, '저기 책', '우유 더', '엄마 자' 등 전보체 문장에는 명사, 동사, 형용사는 쓰이지만, 조사나 어미변화 등 문법과 관련된 말들은 모두 생략된다. 한편 2세와 3세 사이에 문법에 대한 규칙을 이해하기 시작한다.

(4) 문법의 출현

걸음마기 유아는 27개월에서 36개월 사이에 문법의 기초를 습득하여 전치사, 접속사, 복수나 과거시제를 사용하기 시작한다. 특히 24개월이 지나면서 어미변화를 많이 사용하게 된다.

걸음마기 유아는 '들'이나 '했다'처럼 복수 또는 시제에 따라 어미의 변형을 하는 한편 '우유 있어요?', '우유 아니야'처럼 의문문이나 부정문을 자주 사용한다. 그러나 문법 출현 초기에는 문법의 과잉 규칙성을 보여서 '형이 간다' 대신 '내가 간다'에서 사용하였던 것처럼 '형가 간다'로 표현하기도 한다(영어의 경우, went 대신 goed 라는 식으로 모든 과거형에 ed를 적용한다). 이러한 과잉 규칙성은 언어를 처음 배우는 어린아이들에게서 흔히 나타나는 현상으로 영어를 쓰는 한국 어린이가 우리말을 배울 때도 나타난다. 유아기인 3세 경부터는 복문을 사용하게 되는 한편 점점 더 복잡하고 긴 문장을 사용하게 된다.

3. 언어 발달의 개인차

언어 발달 과정은 모든 아기에 있어 그 순서가 거의 일정하지만, 언어 발달 속도나 언어유형에는 개인차가 있다. 언어 발달 속도의 차이는 인지능력처럼 어느 정도 유전적 요인에 의해 영향을 받기 때문에, 어떤 아기는 타고난 언어적 성향으로 인해 언어발달이 더 빠를 수도 있고 더 늦을 수도 있다. 8개월에 한 단어를 쓰기 시작하는 아기가 있는 한편, 18개월이 되도 말을 하지 않는 아기도 있으며 36개월이 되어도 단순한 문장만 사용하는 유아도 있다. 국내 한 연구(Bornstein et al., 2004)에 의하면, 20개월의 걸음마기 유아의 표현어휘는 3단어에서 253개 단어까지 나타나 상당한 개인차를 보인다.

대체로 여아가 남아보다 언어능력이 우세하다는 언어 발달에서의 성차는 두뇌 구조의 생물학적인 차이에 기인한다고 본다. 그러나 한편 언어능력의 성차로 인해 부모가 여아에게 더 많은 상호작용을 하기 때문이라는 견해도 있다(Leaper et al., 1998). 따라서 상호작용론에서도 지적하였듯이 타고난 능력에 기초한 언어능력은 언어적 환경을 통해 가속화된다고 할 수 있다.

성에 따른 개인차 외에도 어떤 아기들은 사물을 지칭하는 단어를 많이 쓰는 참조형(referential style) 언어를 더 많이 사용하고, 어떤 아기들은 자기나 다른 사람의 감정이나 요구에 관한 말, 즉 표현형(expressive style) 언어를 더 많이 쓴다. 이러한 언어 유형의 차이는 부모의 양육 행동이나 상호작용 양상 등 환경적인 요인으로 설명된다. 즉 참조형 언어를

표 7-8 영아기 및 걸음마기 언어 발달 이정표

연령	발달내용
출생 시	울음
1~2개월	목울림 소리와 웃음
3개월	말소리 놀이
6개월	옹알이 시작
8~10개월	단어를 이해하기 시작(보통 '안 돼' 혹은 자기 이름)
10~14개월	몸짓을 사용함. 첫 단어를 말함
18개월	어휘 급증 시작
20개월	몸짓 사용이 줄어들며, 사물에 대한 명명이 늘어남
18~24개월	두 단어 문장 사용. 언어 이해의 급격한 확장 : 50~200단어 이상을 말함
30개월	거의 매일 새로운 단어 학습. 3개 혹은 그 이상의 단어 결합. 이해 잘함. 문법적 실수를 하기도 함
36개월	1,000개 이상의 단어를 말함. 발음과 문법이 향상됨

많이 말하는 아기의 어머니는 상호작용에서 물체를 지칭하는 행동과 단어를 많이 사용하며, 아기도 물체 탐색에 더 관심이 많다. 반면에, 표현형 언어를 많이 말하는 아기의 어머니는 동사를 많이 사용하며 아기의 사회적인 발달도 빠르다. 아동의 언어에서 참조형과 표현형의 차이는 각 문화에 따른 명사나 동사 및 형용사의 어휘 수와도 관련된다(예: 영어에는 명사가 많으며 한국어에는 동사가 더 많다).

4. 언어 발달과 부모역할

언어 발달 과정은 단어를 말하기 훨씬 이전부터 시작된다. 따라서 울음이나, 몸짓 및 표정, 놀이 등의 언어 이전의 의사소통에 대한 성인의 관심이나 통찰력은 어린아이가 언어를 발달시키는 데 필요한 요소이다.

양육자와 아기 간의 상호작용은 언어 발달의 기초를 마련해준다. 수유할 때나 목욕할 때, 또는 기저귀를 갈아주면서 어머니가 보이는 표정이나 소리, 몸짓, 그리고 아기가 어머니의 행동을 따라 하는 것은 놀이의 형태면서 동시에 학습의 요소도 포함한다. 즉, 어머니는 아기에게 부드러운 소리나 표정으로 의사소통을 하고, 동시에 아기는 재미있는 것을 즐기며 계속 반복적 행동을 하게 되므로, 두 사람 사이에는 주고받는 연속적 행동이 나타나게 된다. 나아가 아기들은 점차 자기가 원하는 것을 얻기 위해 의도적으로 언어를 사용하게 된다. 13개월 영아의 언어 발달이 5개월 때의 어머니와 영아 간 상호작용의 영향을 받는다는 연구결과(박성연 등, 2005)는 언어발달을 위한 부모역할의 중요성을 시사한다. 결국, 효율적인 의사소통의 기초는 생후 첫 1년 동안 형성되며, 아기가 내는 소리를 의미 있는 것으로 받아들이고, 민감하게 반응해주는 양육자에 의해 더욱 가속화된다고 할 수 있다.

그림 7-19 **1세 아기와 어머니의 상호작용**

특히 부모와 걸음마기 유아의 서로 주고받는 대화나 그림책을 통한 대화는 영유아의 지식과 어휘력, 문법 및 의사소통능력을 확장시켜 줌으로써 초기의 언어 발달은 물론 아동기의 학업능력을 증진

그림 7-20 **걸음마기 아기와 어머니의 상호작용**

시켜 준다. 즉, 부모와 영유아 간의 대화는 영유아의 언어를 확장시켜 주는 근접 발달영역을 만들어 냄으로써 아동의 인지발달을 도와주게 된다.

Whitehurst와 Lonigan(1998)에 의하면, 2~3세 동안 일상적으로 집이나 보육기관에서 책을 읽는 경험을 한 경우, 그렇지 않은 집단의 영유아보다 언어능력이 앞서 있다. 반면에 영유아가 책을 읽고 싶어 해도 부모가 참을성 없이 무시하는 경우 아동은 더 이상 노력하지 않게 되고, 그 결과 언어 발달은 뒤떨어지게 된다(Baumwell et al., 1997).

영아의 지적발달과 부모역할

1. 활동을 단순화한다.

여러 가지 다른 크기의 컵을 겹겹이 넣는 활동을 할 때, 영아에게 우선 그 중에서 가장 큰 것과 작은 것을 쥐어 준다.

2. 새로운 활동을 할 때 중요한 부분을 지적해준다.

아기가 퍼즐 조각을 들고 있을 때, 그 조각이 들어가는 퍼즐 판의 위치를 손가락으로 지적해준다.

3. 6개월 이후의 영아에게는 어떤 활동을 하는 방법이나 문제를 해결하는 방법을 보여준다.

아기에게 블록을 차곡차곡 쌓아가는 모습을 보게 한다.

4. 어떤 활동을 할 때, 다음에는 어떻게 할 것인지 간단하게 말해준다.

5. 되도록 아기 스스로 알아갈 수 있도록 내버려 둔다.

아기가 도움을 필요로 하지 않거나 원하지 않을 때는 활동을 간섭하지 않도록 한다.

CHAPTER

8

영아기와 걸음마기의 정서·사회적 발달

01 인성발달 이론

02 정서적 발달

03 기질 : 인성의 기초

04 애착 발달

05 사회적 발달

다른 사람과의 관계에서 나타내는 사회적 행동은 자신의 정서 상태나 다른 사람의 정서적 반응에 기초하기 때문에 정서적 발달과 사회적 발달은 서로 밀접한 관련이 있다. 영아기 동안 아기들은 양육자와의 일상적인 상호작용이나 정서적 경험을 통해 자기 자신이나 다른 사람에 대한 기대를 형성하게 되고 이를 기초로 다른 사람이나 환경과의 관계에서 독특한 행동양식을 발달시키게 된다. 8장에서는 정서 · 사회적 발달과 관련된 내용으로 영아의 정서와 기질, 애착 관계의 발달 및 자아발달을 중심으로 그 특성과 발달적 변화를 살펴보기로 한다.

01

인성발달 이론

정신분석이론은 연령에 따른 각 발달단계와 관련된 사회·정서적 발달과정에 초점을 두고 인성발달에 필요한 요소들을 제시하였다. 대표적인 정신분석 이론인 Freud의 심리성적 이론과 Erikson의 심리사회적 이론은 행동의 주된 동기를 설명하는 데는 서로 차이가 있지만 두 이론 모두 어렸을 적 부모와의 경험을 중요시한다. 특히 Erikson의 심리사회적 이론은 생물학적 욕구를 중심으로 인간의 일부 발달단계만을 다룬 Freud 심리성적 이론의 문제점을 보완함으로써 아동의 인성발달에 대한 통찰력을 제공한다.

1. Freud의 심리성적 이론

Freud의 심리성적 이론에 의하면(표 3-2 참조), 출생에서 12~18개월까지의 영아는 구강기를 겪게 된다. 이 시기의 영아는 입이나 입술을 통해 쾌락을 얻으려 하며, 어머니는 아기에게 젖을 줌으로써 구강의 쾌락을 만족시켜 주기 때문에 애착 대상이 된다. Freud는 건전한 인성발달의 중요 요소로 영아기 동안은 구강의 충족과 관련된 수유 경험을 강조한다. 따라서 이 시기에 구강을 중심으로 한 욕구가 충족되지 못하면 성적인 에너지가 소위 구강기에 고착되어 나중에도 계속 입을 통해 쾌락을 얻고자 하는 행동을 나타내게 된다.

한편, 영아기가 끝날 무렵부터 3세까지인 걸음마기는 항문을 중심으로 쾌락을 추구하는 항문기에 속하며, 걸음마기 영아는 배변훈련을 거치게 되면서 자신의 욕구와 사회적 요구 사이에 새로운 갈등 국면을 맞이하게 된다. 걸음마기 영아의 불안감이나 갈등에 대한 적응 등 인성적 측면은 부모의 대소변훈련시기나 훈련방법에 따라 달라지게 된다.

2. Erikson의 심리사회적 이론

(1) 기본적인 신뢰감과 불신감

Erikson의 심리사회적 이론에 의하면(표 3-3 참조) 영아는 출생에서 12~18개월까지 신뢰감 대 불신감의 단계를 거친다. Erikson은 Freud가 주장하는 수유경험이나 구강의 욕구 충족보다는 어머니의 민감한 행동 등 양육의 질을 더 중요시한다. 즉, 양육자가 영아와의 관계에서 나타내는 애정적, 반응적, 일관적인 태도나 행동은 영아에게 신뢰감을 형성시켜 주는 초석이 된다. 양육자의 반응적 양육태도에 의해 영아는 세상에 대한 긍정적인 생각을 갖게 되고 주변에서 일어나는 일을 예측할 수 있으며, 자기가 주변 사람에게 영향력을 미칠 수 있다는 자기 능력에 대한 신뢰감을 발달시키게 된다. 신뢰감을 발달시킨 영아는 마음놓고 주변 환경을 탐색하게 된다.

반면에, 비일관적이고 비반응적인 양육자의 행동으로 인해 불신감을 갖게 된 영아는 다른 사람의 관심이나 친절을 믿지 못하며 위축된 행동을 보임으로써 이후에 사회적 또는 정서적인 문제를 경험하기 쉽다.

(2) 자율감과 수치감 또는 의심

Erikson은 대소변 훈련에 관한 부모의 태도가 심리적 건강에 중요하다는 Freud의 견해에 동의한다. 그러나 걷는 것을 배우고 말하는 것을 배운 걸음마기 영아들은 18개월경부터 배변 뿐 아니라 입고 벗기, 먹기 등 모든 생활 측면에서 자기가 의존해왔던 사람들로부터 독립하고자 하는 욕구가 생기기 시작한다. 걸음마기 영아의 자기주장적 행동은 흔히 '아니야', '싫어', '내가 할거야' 같은 말로 표현된다.

Erikson에 의하면, 18개월~3세까지의 걸음마기 영아에게 중요한 발달과제는 자율감과 수치심 및 의심의 갈등을 해결하고 자아통제와 외부통제의 균형을 취하는 일이다. 따라서 자기주장적 행동을 나타내기 시작하는 걸음마기 영아가 자기 스스로 할 수 있다는 자율감과 자기는 스스로 할 수 없다는 수치감이나 의구심 사이에서 그 갈등을 긍정적인 방향으로 해결하려면 부모의 비판적이지 않은 태도, 인내하며 기다려주는 태도 및 적절한 지도가 중요하다. 부모의 애정적이고 반응적인 태도나 자녀의 능력에 대한 적절한 기대는 걸음마기 영아에게 자율감을 길러주고, 나아가 자아통제력 등 건강한 인성발달을 도모하게 된다.

한편 이전 단계인 영아기 동안 부모와의 관계에서 신뢰감을 형성해 온 걸음마기 영아는 자기의 능력이나 판단을 신뢰하여 스스로 어떤 일을 시도하려는 의지를 보인다. 반면에 부모에게 신뢰감을 형성하지 못하였거나 부모가 아동의 행동을 강요하고 지나치게 통제하면 아동은 자신의 능력을 의심하게 되며 자아통제력을 발달시키지 못하게 된다.

02

정서적 발달

정서(emotion)는 흔히 감정(feeling)이라는 용어와 혼용되고 있다. 그러나 주관적이고 표현적인 요소가 강한 감정에 비교해 볼 때, 정서는 생리적, 신체적, 표현적, 인지적, 인성적 요소를 포함하는 포괄적 개념이다. 영아기 정서는 특히 양육자와의 관계나 자아에 대한 인식, 환경에 대한 탐색 등 영아의 주변에서 일어나는 사건들을 이해하는 데 있어 결정적인 역할을 하며 인성의 기초가 된다. 최근에는 다른 사람과의 관계 형성 및 유지와 관련지어 정서를 이해하려는 기능적인 측면이 강조되면서 정서발달 내용은 모든 발달시기에 걸쳐 중요시되고 있다.

영아기와 걸음마기에 발달하는 중요한 정서 내용은 기본적인 정서의 출현, 다른 사람의 정서에 대한 이해, 자의식적인 정서의 출현, 및 정서 조절능력이다. 특히 기본적 정서 표현이나 타인의 정서에 대한 이해를 기초로 발달하는 자의식적인 정서 및 정서 조절능력은 아동의 정서적 건강은 물론, 다른 사람과의 관계 형성이나 도덕적인 행동발달과 밀접한 관련이 있다.

1. 기본적 정서의 출현

기본적 정서 또는 일차적 정서란 생존과 관련된 진화의 역사 속에서 형성된 것으로 모든 인간에게 공통적이며, 표정으로 그 내용을 알 수 있다. 기본적 정서에는 즐거움(행복감), 흥미, 놀람, 두려움, 분노, 슬픔 및 혐오가 포함된다. 갓 태어난 아기들은 대체로 유쾌한 자극에 관심을 보이는 상태와 불쾌한 자극을 피하려는 상태의 두 가지 정서상태를 나타내지만, 이러한 정서는 점차 분명하고 구체적이며 조직적인 형태로 분화하게 된다. 예를 들어, 막연한 흥분상태나 불쾌의 감정을 나타내던 신생아는 6개월경이 되면, 부모가 재미있는 상호작용을 시도할 때 기쁜 표정, 반짝이는 눈빛, 즐거운 옹알이, 또는 편안한 자세로 반응하는 등 정서를 더욱 조직적으로 표현하게 된다. 반면에 반응이 없는 부모의 아기는 슬픈 표정, 짜증섞인 울음, 불안한 자세를 나타낸다. 기본적인 정서 내용 중 즐거움(행복함), 슬픔, 분노, 두려움이 가장 널리 연구되어 왔다.

(1) 즐거움(행복함)

아기는 표정이나 몸동작, 또는 음성으로 자신의 정서적인 상태를 표현하기 때문에 긍정적 정서인 즐거움은 미소나 웃음, 목울림 소리로 알 수 있다. 즉, 부드러운 음성이 들리거나 신기한 것이 보이면 관심이나 만족의 표시로 미소를 짓거나 웃고, 목울림 소리를 냄으로써 행복감을 표현한다.

신생아기에 반사적인 미소를 짓던 아기는 생후 6주에서 10주 사이에 사람의 얼굴에 반응하여 사회적 미소를 나타내기 시작한다. 생후 3개월~4개월 경에는 시각적 인지가 발달함에 따라 아는 얼굴을 보고 더 자주 미소를 짓는 선별적인 미소를 나타낸다(Sroufe, 1997). 소리 내서 웃는 행동은 4개월경이 되어야 나타나며 주로 부모와의 상호작용에서 웃는다. 처음에는 아기의 배를 간지럽게 한다든지, 장난스러운 말투를 사용해 아주 적극적인 자극을 주어야만 소리내서 웃지만, 6개월 이후가 되면 '까꿍놀이' 같은 시각적 자극이나 사회적 자극에 더 잘 웃는다.

1세 경에는 인지적 발달과 더불어 아기는 어떤 일을 예측하고 사소한 행동에도 웃는다. 특히 친숙한 사람과 상호작용할 때 더 자주 웃게 되어 영아와 양육자 간 유대관계가 강화된다. 1~2세에는 다른 사람과 사회적인 관계를 갖기 위해 의도적인 미소를 짓고, 놀

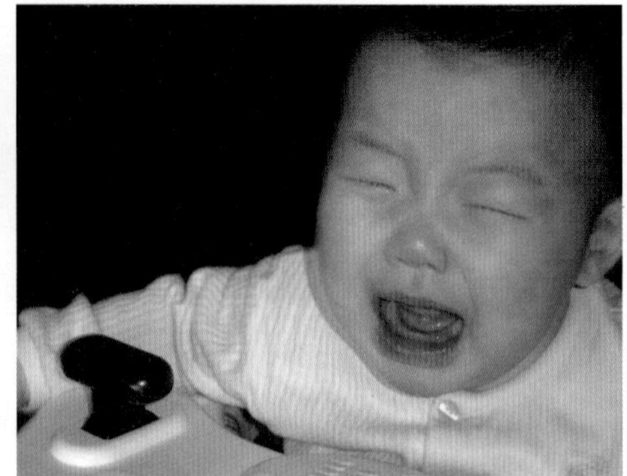

그림 8-1 **영아의 미소와 분노**

다가 흥미로운 장난감을 다른 사람을 향해 들어 보이는 등 다른 사람과 함께 즐거움을 나누려 한다(Berk, 2005).

(2) 분노와 슬픔

분노는 고통스러움에 대한 일반적인 반응으로 생후 첫 2개월 동안은 배가 고프거나, 아플 때, 또는 자극이 너무 많거나 적든지 해서 분노하게 되고 그것을 울음으로 표현한다. 4개월에서 7개월 사이에는 분노표현이 좀 더 명확하게 분화되며, 주로 자신의 행동이 좌절되는 상황에서 분노를 느낀다. 특히 장소를 이동해 움직일 수 있는 6개월 이후부터는 분노 표현이 더욱 빈번해지며(Emde et al., 1976), 영아기와 걸음마기 동안 계속 증가한다.

분노의 출현이나 표현방법은 연령에 따라 변화한다. 1세 이전에는 신체적인 제약이나 속박이 있는 상황에서 분노표현이 자주 나타나나, 2세가 되면 자의식의 표현이나 독립의 욕구로 인해 주로 어른의 요구에 심한 분노나 저항을 나타낸다. 또한 어린 영아는 울음이나 몸부림으로 분노를 표현하지만, 1세경에는 발을 구르거나 차기, 물건을 던지거나 부수어 버리는 행동을 한다. 2세가 되면 '싫어!', '안 돼!' 등의 언어와 함께, 밀치고, 깨물고, 때리는 등 과격한 행동이나 공격적인 행동으로 표현한다.

물건을 빼앗기거나 잠시 양육자와 헤어질 때도 분노나 슬픔이 나타나지만, 특히 슬픔은 친숙한 사람으로부터 애정을 받지 못할 때나 부모와의 상호작용에 문제가 있을 때 나타난다. 한 연구에 의하면, 어머니가 무표정한 얼굴(still face)을 하고 아기를 바라보면 아기는 어머니와 상호작용하려고 웃는 얼굴로 옹알이를 하며 몸을 활발히 움직인다. 그러나 어머니가 여전히 무표정한 모습으로 있으면 생리적인 부적응을 보여, 침을 흘리기도 하고 급기야는 고개를 돌리고 칭얼대며 울게 된다(Moore et al., 2001). 무표정 실험상황(Still Face Paradigm)의 이러한 결과는 여러 문화권에서 동일하게 나타나, 양육자가 반응을 하지 않을 때 나타나는 아기의 위축된 행동은 타고난 성향임을 시사한다(Kisilevsky et al., 1998).

어머니가 우울증으로 인해 장기간 아기와 상호작용을 하지 않거나 비반응적인 경우, 아기는 오랫동안 슬픔이나 불안을 겪게 되고 위축되어, 아기의 사회 정서발달에 부정적인 영향을 미칠수 있다. 최근에는 무표정 파라다임 대신, 어머니의 스마트폰 사용시간과 영아의 정서·사회행동 간의 관계를 살펴본 연구(Myruski et al., 2018)를 통해서도 부모의 반응성과 영아의 정서·사회발달 간의 관계가 밝혀지고 있다. Myruski 등에 의하면, 15개월 된 아기와 방에 같이 있지만, 스마트폰 사용시간이 많아 아기와 놀아주지 않고 비반응적인 어머니의 아기는 부정적인 정서를 더 자주 표현하고 긍정적인 정서를 덜 나타내며, 장난감을 가지고 놀거나 방안을 탐색하는 경우가 적었다.

(3) 불안과 두려움

아기는 7~9개월이 되면 낯선 사람이나 장소에 대한 경계심이나 불안, 두려움의 정서를 나타내어 울거나 매달리며 두려워하는 표정을 짓는다. 낯선 사람에 대한 두려움이나 낯가림은 생후 12개월경에 가장 심하게 나타나며(Snow, 1998), 두려움을 표현하는 정도는 낯선 대상의 나이나 성에 따라 다르다. 또한 곁에 엄마가 있는가, 아기에게 친숙한 장소인가 등의 상황에 의해서도 영향을 받는다.

또한 엄마에게 불안정한 애착을 형성하고 있는 아기에 비해 안정적인 애착관계를 형성한 아기는 낯선 사람에게 더 사교적인 반응을 보인다(Thompson & Lamb, 1983). 이외에도 문화에 따른 차이도 있다. 예를 들어, 어머니에 의해 주로 양육되기 때문에 낯선 사람과 접촉할 기회가 적은 문화에서 자라는 아기들은 어려서부터 가정 외 양육 경험을 많이 하는 문화권 아기들보다 낯선 이에 대한 두려움을 더 심하게 나타낸다(Super & Harkness, 1982). 우리나라 연구에 의하면, 평균적인 낯가림 시

그림 8-2 **불안과 두려움**

작시기는 6~7개월경이며, 낯가림 절정기는 9~10개월, 낯가림 종료시기는 대개 2~3세로 나타났다(도현심, 1985; 안지영, 도현심, 1998).

한편, 어머니와의 분리에 대한 두려움인 분리불안(separation anxiety)은 생후 8~9개월경 나타나기 시작하여 대체로 15개월에 절정을 이르며, 생후 2년 경이 되면 점차 사라진다(Lewis & Michalson, 1983). 우리나라 영아의 경우, 대체로 분리불안 시작 시기는 생후 10~11개월이고, 분리불안 절정기는 18개월이며, 48개월까지도 분리불안을 나타내는 아동이 상당수 된다(도현심, 1985). 분리불안은 어머니가 아기를 몸에 붙여서 기르는 정도가 높을수록(유명희, 1980) 크게 나타나며, 낯가림이 심하면 분리불안도 심한 것으로 보고되고 있다(안지영, 도현심, 1998). 이러한 결과는 격리불안이나 낯가림이 문화에 따른 영향을 받아 어머니가 주양육자인 문화에서는 분리불안이 더 심하고 오래간다(Super & Harkness, 1982)는 주장을 뒷받침한다.

낯가림이나 분리불안은 어머니에게 가까이 있으려는 생존적 가치가 있는 타고난 정서로 본다(Snow, 1998). 불안이나 두려움을 느끼는 강도는 타고난 생리적 조건에 의해서도 상당한 영향을 받는다(Kagan, 1994; Fox & Calkins, 1993). 그러나 영아에게 불안이나 두려움을 일으키는 자극(또는 대상)은 생후 18개월까지 계속 증가한다는 점에서 볼 때, 두려움 반응은 대상영속성 발달이나 다른 측면의 인지발달과 관련된다는 것을 시사한다.

2. 정서이해능력

표정과 목소리를 단서로 다른 사람의 정서를 이해하는 능력은 다른 사람의 정서적 신호를 받아들이고 그를 기초로 적절한 행동하는데 필요한 기술로서 정서·사회 발달에 중요한 역할을 한다. 영아는 아주 초기부터 정서에 대한 초보적 이해능력을 나타내어, 생후 3~4개월경 아기는 화난 얼굴, 슬픈 얼굴, 행복한 얼굴을 구별하여 행복한 얼굴표정을 더 오랫동안 쳐다본다. 또한 영아는 얼굴과 목소리의 미묘한 변화를 알아차릴 수 있어서 어머니가 표정과 목소리를 달리했을 때 그에 따라 영아의 반응은 달라진다(Campos et al., 1983). 예를 들어, 4~8개월 된 아기는 행복한 표정을 보면 미소를 짓고, 화난 표정에는 얼굴을 찡그리는 한편, 화난 목소리에 반응하여 운다.

표정의 이해는 약 9개월경 더욱 분명해져서, 아기들은 불확실한 어떤 상황에 놓이게

표 8-1 일차적 정서의 출현시기

3개월	2~6개월	0~6개월	6~8개월
기쁨, 슬픔, 혐오	분노	놀람	두려움 (18개월에 절정을 이룸)

되면 어머니의 표정을 보고 상황을 판단하여 자신의 행동을 조정하는 사회적 참조행동(social referencing)을 보인다. 예를 들어, 시각절벽 실험연구(Sorce et al., 1985)에 의하면 12개월 된 영아는 어머니가 미소를 지으면, 비록 두려워 보이더라도 깊어 보이는 유리판을 건너서 어머니에게로 오는 한편, 어머니가 두려워하는 표정을 지으면, 깊어 보이는 쪽으로 결코 건너려고 하지 않았다. 유사한 맥락에서 낯선 물체를 본 걸음마기 유아는 어머니가 웃는 표정을 지으면 그것에 두려움 없이 접근하는 한편, 어머니가 두려워하는 표정을 지으면 그것으로부터 피하려고 한다.

정서적 신호에 대한 반응성은 생후 1~2년 사이에 급속히 증가한다. 특히 환경탐색 능력을 확장시켜 가는 걸음마기 영아에게 있어 정서적 신호를 이해하는 능력은 환경을 이해하는 강력한 수단이 되며, 새로운 상황에 대처하는 방법을 알도록 도와준다. 또한 다른 사람의 의도나 선호를 파악하는 데 도움이 된다.

3. 자의식적인 정서의 출현

생후 1년 반 이후에는 기본적인 정서 발달과 더불어 다른 사람의 정서를 이해하게 되면서 자의식적인 정서가 나타난다. 자의식적 정서는 상당한 인지적 발달이 이루어진 후에야 나타나므로 첫 1년 이내에 나타나는 일차적 정서와는 달리 이차적 정서라고도 한다. 당황함(부끄러움), 감정이입, 질투(부러움)과 같은 자의식적인 정서는 주변 대상과 자기가 분리된 존재라는 자아 인식이 이루어지는 15개월~24개월 사이에 나타난다.

한편, 2세 반~3세 경에는 자아 인식과 더불어 사회적인 행동 기준이나 규칙, 또는 목표를 알게 됨에 따라 자부심, 수치심, 죄책감 등 자아 평가적인 정서가 나타난다. 예를 들어, 18개월 영아는 손으로 얼굴을 가린다든지 시선을 떨어뜨리는 등 부끄러움이나 당황스러움 정서를 나타내며, 30개월 된 걸음마기 영아는 어떤 과제를 잘했을 때, 평가적 정

표 8-2 자의식적인 정서(이차적 정서)의 출현 시기

1세 반~2세	2세 반~
감정이입, 질투, 당황함	자부심, 수치심, 죄책감

서인 자랑스러움을 느껴, 기뻐하며 의기양양해 한다. 따라서 자의식적인 정서는 자의식이나 인지의 발달, 여러 일차적 정서를 동시에 경험할 수 있는 능력 및 사회화 경험을 토대로, 자신에 대한 평가를 거쳐 표출되는 정서라 할 수 있다.

이차적 정서의 발달은 자신의 정서와 다른 사람의 정서를 이해해야만 가능하며, 사회적으로 바람직한 행동이나 목표를 추구하는 데 도움이 되기 때문에 성취지향적 행동이나 도덕적인 행동 발달에 중요한 역할을 한다.

(1) 감정이입과 동정심

감정이입은 다른 사람이 경험하는 정서를 그 사람과 같은 느낌으로 경험하는 것을 뜻하며, 동정심은 특히 다른 사람의 슬픔이나 고통에 대한 같은 느낌과 반응을 말한다. 이러한 정서적 느낌과 반응이 나타나려면 기본적으로 다른 사람의 정서 상태를 파악할 수 있는 인지적인 능력이 있어야 한다. 그러므로 신생아가 다른 아기가 우는 소리를 듣고 우는 것은 일종의 타고난 정서적인 모방행동이라고 보며, 감정이입 행동은 아니다.

생후 2년이 되면 영아는 다른 사람의 고통을 보고 인지적, 정서적, 행동적으로 감정이입을 나타낸다. Zahn-Waxler와 Radke-Yarrow(1990)에 의하면, 21개월 된 영아는 손을 다쳐서 아파하는 어머니의 얼굴을 들여다보며 근심 어린 표정으로 무슨 일인가를 묻고 어머니를 달래는 행동을 하였다. 감정이입 행동의 발달은 인지적인 성숙뿐 아니라 환경적 경험에 의해서도 영향을 받기 때문에 부모가 애정적이며 반응적일 때, 다른 사람의 입장을 설명해주는 양육태도를 보일 때 아동은 감정이입 행동을 더 잘 나타낸다.

(2) 자랑스러움과 수치심 또는 죄책감

3세경 나타나는 자랑스러움이나 수치심 등은 각각의 정서를 유발하는 상황이 다소 다르다. 사소한 실수로 인해 나타나는 당황스러움과는 달리 수치심은 실패나 도덕적인 위반,

또는 부정적인 결과가 반복될 때 나타난다. 반면에 자랑스러움은 하고자 하는 어떤 일을 제대로 잘 해냈을 때 느끼는 기쁨이다. 이러한 이차적 정서는 대부분 표정 외에도 어깨가 처진다든지, 고개를 숙인다든지(또는 그와 반대되는) 하는 신체적 행동도 함께 나타난다. 자랑스러움(자부심)이나 수치심의 정서표현은 아동의 성이나 기질에 따라 차이를 보이기도 하지만, 어릴 때부터 양육자의 사회화 목표에 의해 많은 영향을 받기 때문에, 문화에 따른 차이가 있다.

Park 등(1997)에 의하면, 부모가 개인적인 성공에 자부심을 느끼도록 북돋아주는 미국의 경우, 3세 유아는 실험상황에서 어떤 과제를 성공적으로 수행했을 때 자부심을 나타내는 표정이나 행동이 크고 현저했다. 반면에 자부심을 길러주기보다는 잘못한 일에 수치심을 느끼도록 길러진 경우가 많은 우리나라 3세 아동은 미국의 3세 아동보다 자부심을 나타내는 표정이나 행동을 덜 하였다(하유미, 1998).

4. 정서조절능력의 출현

정서조절이란 자신의 정서 상태를 편안한 수준으로 다스려서 자신이 목적하는 바를 이루는 행동을 말한다. 영유아들은 무엇 때문에 화가 나고 두렵고 슬픈지를 알게 되며, 각 정서에 다른 사람들이 어떻게 반응하는지를 보게 됨에 따라, 자기도 각 정서에 적절한 표현이나 행동을 하게 된다.

영유아가 자신의 정서 상태나 정서적 반응을 이해하고 편안한 상태로 자신의 정서를 수정하는 정서조절능력은 다른 사람의 정서를 이해하는 능력 및 부모와의 상호작용 경험과 밀접한 관련이 있다. 영유아기에 정서조절이 잘 이루어지면 자율감이나 사회적 발달은 물론 인지적인 발달도 잘 이루어지는 반면, 초기에 정서적 조절에 어려움을 겪게 되면 후에 여러 가지 적응문제를 겪게 된다(Crockenberg & Leerkes, 2000).

연령에 따른 정서조절능력을 살펴보면, 아주 어린 영아도 자극원으로부터 시선을 회피한다거나 고개를 돌리고, 손으로 밀치거나, 울음으로써 외부로부터의 지나친 자극, 또는 불쾌한 자극을 조절하려고 애쓴다. 예를 들어, 생후 2개월경 아기는 지나친 자극으로 인해 피곤해지면 손을 입에 넣거나 자기의 손을 응시하는 행동을 보임으로써 자신의 정서를 진정시키는 행동을 한다.

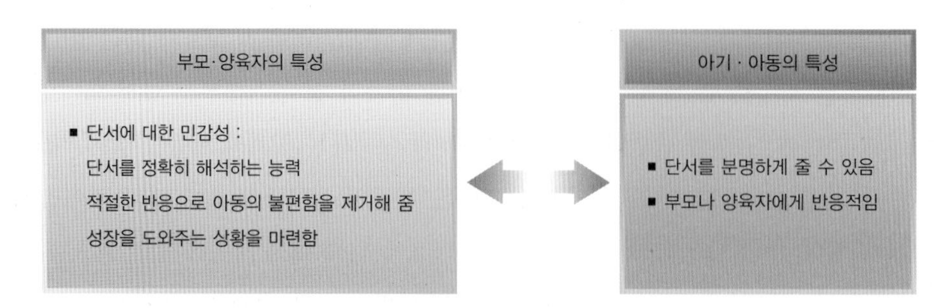

그림 8-3 **부모 및 영아의 특성과 부모-영아 간 상호작용**

그러나 대체로 영아는 자기 스스로 정서를 달래기는 힘들어 주로 양육자에게 의존하게 된다. 즉, 아기들은 불편한 정서를 없애고 바람직한 정서 상태에 있기 위해 어머니(또는 양육자)에게 울음이나 짜증 등 정서적 신호를 보내고 엄마는 달래주거나 아기의 관심을 다른 쪽으로 돌려서 아기를 진정시켜 주게 된다. 이때 어머니가 아기의 정서적 신호를 정확히 파악하고 적절하게, 애정적으로 반응하면 비교적 쉽게 달래어지지만, 반대로 아기가 격렬한 반응을 보일 때까지 내버려 두다가 반응을 하면, 그러한 정서를 강화하게 됨으로써 아기는 점점 더 정서를 스스로 조절하지 못하게 된다. 따라서 아기의 정서 상태가 너무 격해져서 통제가 힘들어지기 전에 미리 달래주는 것이 가장 좋은 방법이다(Thompson, 1994).

양육자와 영아 간의 상호작용이나 상호조절능력은 부모의 특성이나 영아의 특성에 따라 다르다. 미숙아나 기타 결함을 갖고 태어난 아기, 또는 우울증 어머니, 반응성이나 민감성이 낮은 어머니의 아기는 정서조절능력을 발달시키기가 힘들다. 부모와 영아 간에 이루어지는 조화로운 상호조절(그림 8-3)은 영아에게 정서적 만족감을 주고 자기가 주변세상을 통제할 수 있다는 느낌을 주기 때문에 정서·사회 발달에 중요한 의미를 지닌다.

생후 1년경 아기는 기거나 걸을 수 있게 되면서, 특정 정서를 일으키는 자극으로부터 스스로 물러나거나 관심을 다른 쪽으로 돌림으로써 좀 더 효과적으로 정서를 조절할 수 있게 된다. 걸음마기에 이르면, 주의 집중시간이 늘어나고 정신적 사고능력과 언어가 발달하면서 18~24개월경 영아는 '싫다', '무섭다' 등 정서를 말로 표현하게 되고, 자신의 기분이 좋아질 수 있게끔 양육자에게 도움을 청해서 정서를 조절하게 된다.

결국, 영유아기에 발달하기 시작하는 정서조절능력을 도와주기 위해서는 양육행동이 중요하다. 부모는 생의 초기부터 부정적인 정서보다는 긍정적인 정서를 더 강화해주고,

사회적으로 바람직한 정서 표현방식을 가르쳐줌으로써, 영유아들은 정서조절이 필요한 여러 상황에 적절하게 행동하는 방법을 터득하게 된다. 또한 부모가 자녀의 감정을 인정해 주지 않는 것보다 정서를 건설적인 방식으로 표현하고 문제의 근원을 해결하도록 도울 때, 아동은 정서적 갈등에 효과적인 방법으로 대처함으로써 보다 높은 사회적인 기술을 나타내게 된다(그림 8-4).

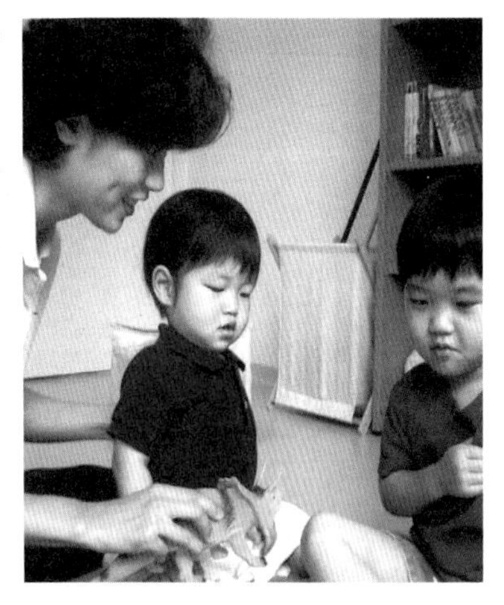

그림 8-4 **정서문제해결을 돕기**
이 어머니는 아동의 관심을 다른 곳으로 돌리게 함으로써 두 아동 간의 문제해결을 돕는다.

5. 정서 발달에 영향을 미치는 요인

정서지능이라는 용어가 보편적으로 사용되는 것으로도 알 수 있듯이 근래에는 특히 정서나 정서조절능력의 개인차에 관한 관심이 증가하고 있다. 정서나 정서조절능력의 발달과 관련된 요인으로는 생물학적 요인, 인지적 요인 및 사회화 요인을 들 수 있다.

(1) 유전적/생리적 요인

정서적 표현이나 행동은 두뇌의 발달적 변화와 밀접한 관련이 있다. 신생아는 감각적인 자극에 쉽게 흥분하지만, 중추신경계가 발달하고 감각관련 경로 간에 수초화가 진행됨에 따라 정서는 점점 분화되고 정서조절능력이 발달하게 된다(Srouf, 1997).

이를 구체적으로 살펴보면, 생후 3개월 동안은 정서와 관련된 대뇌피질이 점차 발달하면서 기본적인 정서가 점차 분화되기 시작한다. 9~10개월경에는 해마(hippocampus)가 커지고 전두엽이 변연계(limbic system) 및 시상하부(hypothalamus)와 상호연결을 이루기 때문에 감각적 경험과 동시에 해석하고 반응하는 능력이 발달한다(그림 8-5). 2세가 되면 전두엽이 발달하여 자의식적 정서가 나타나고 3세경에는 자율신경계의 호르몬의 변화로 평가적인 정서가 나타난다(Papalia et al., 2003). 따라서 신경계의 발달에 이상이 있으면 정서적인 발달에 문제가 생기게 된다.

두뇌의 신경화학물질인 카테콜라민(catecholamines)이나 호르몬인 코티솔(cotisol) 또한 정서성에 영향을 준다. 예를 들어, 스트레스가 쌓이면 두뇌의 코티솔 수준은 올라가 두뇌

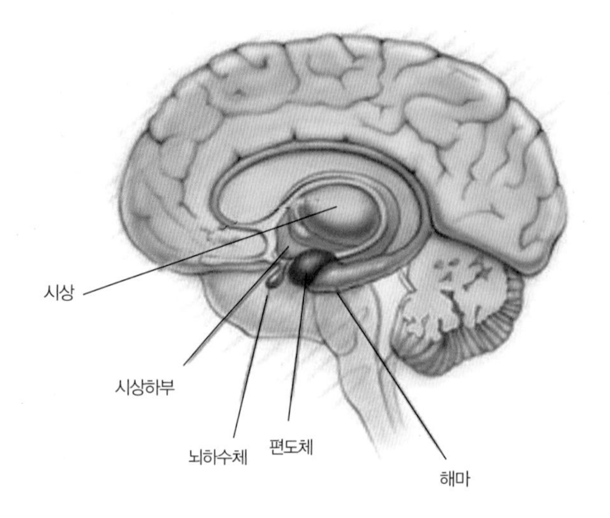

그림 8-5 **대뇌 변연계**
변연계는 편도체, 해마, 시상하부를 포함하는 대뇌 부위로 측두엽의 내면에 위치한다. 대뇌의 다른 부분과 연합하여 기억, 각성, 정서에 관여하며 내분비계 및 자율신경을 조절한다.
- 편도체: 아몬드 모양과 크기의 편도체는 정서 특히, 불안이나 공포 정서에 관여함
- 해마: 편도체 바로 옆에 위치하며 기억에 관여함
- 시상하부: 편도체의 신호와 해마의 기억에 반응하여 호르몬을 분비하고, 두뇌와 몸을 활성화함
- 시상: 대뇌피질과 대뇌의 아래 부분 간 정보를 전달함
- 뇌하수체: 시상하부의 신호를 받아 호르몬을 분비함

세포가 죽고 신경전달이 둔해져 두뇌의 정상적인 정서순환을 방해하며(Gunnar et al., 1996), 결과적으로 영아는 감정이입이나 애착형성 및 정서조절에 어려움을 나타낸다(Snow, 1998).

신경·생리적 특성의 영향을 받는 기질 또한 직접, 간접으로 정서표현에 영향을 미친다. 아기들은 태어날 때부터 감정표현이나 반응성에 있어 개인차가 있으며, 특히 반응성(reactivity)이나 활동성 수준(activity level), 쉽게 달래지는 정도(soothability)는 부정적 정서 및 긍정적 정서 표현과 직접적인 관련이 있다.

기질은 부모의 양육행동에도 영향을 줌으로써 간접적으로도 아동의 정서적 반응에 영향을 미친다. 예를 들어, 양육자는 까다로운 기질의 아기에게 애정적인 태도를 덜 하게 되고, 그에 반응하여 아기의 정서적 표현방식도 달라진다.

(2) 사회화 요인

신경·생리적 영향 외에도 정서의 발달이나 표현은 조건화, 벌, 강화, 직접적인 지도, 모방, 동일시 등 사회화 과정을 통해서도 이루어진다. 위에서 기술하였듯이 부모는 양육행동을

통해서, 또는 바람직한 정서를 가르침으로써, 정서적 반응의 모델이 됨으로써 아동의 정서발달이나 정서조절능력에 영향을 미치게 된다. 예를 들어, 부모는 아기의 긍정적 정서에 대해 환한 미소로서 선별적인 강화를 주거나 부정적인 정서를 억제하도록 조장함으로써 바람직한 정서를 길러주게 된다.

부모는 동일한 정서적 표현에 대해서도 여아와 남아에게 다르게 반응함으로써 성에 따른 적절한 정서표현을 가르친다. 예를 들어, 부모는 남아가 화를 내면 어느 정도 받아주는 한편, 여아가 화를 내면 나무라는 경향이 있어 남아는 여아보다 더 공격적인 정서를 나타내기 쉽다. 또한 어머니는 남아보다 여아에게 더 다양한 정서적 반응을 나타내기 때문에, 여아는 다른 사람의 정서를 더 잘 이해한다(Snow, 1998).

그러나 Weinberg 등(1999)은 생의 초기부터 영아는 정서표현이나 정서조절능력에서 성에 따른 차이를 보인다고 한다. 따라서 성에 따른 정서적 차이가 생리적이거나 기질적 요인에 기인한 것인지 아니면 사회화 요인에 의한 것인지 불명확하며, 두 요인 간의 상호작용에 따른 것일 가능성이 크다. 예를 들어, 여아는 부모와 눈 맞춤을 잘하고 양육자가 달래주는 행동에 대해 더 반응적이다(Snow, 1998). 반면에, 남아는 양육자에 대한 반응성이 낮고, 부정적인 정서를 잘 조절하지 못하기 때문에, 훈육을 더 많이 받게 되고(Berk, 2005) 결과적으로 정서표현이나 조절능력에서도 성차를 보이게 된다.

정서적 표현은 문화에 따라서도 차이를 보인다. 흥미롭게도 생후 11개월 된 미국 아기들은 더 많이 웃고 더 많이 우는 등 감정표현을 더 많이 하고, 중국 아기들은 상대적으로 표정이 적고 덜 울며 덜 웃는 것으로 나타나(Camras et al., 1998), 양육에서의 문화적 차이를 시사하였다.

동서양 문화에 따른 아동의 정서표현의 차이는 양육자의 사회화 방식과 관련지어 최근 서구 학자들의 상당한 관심을 끌고 있다. 비교문화적 관점에서 정서 사회화를 연구하는 대표적인 학자인 Trommsdorff와 Cole(2011)에 의하면, 부모는 그 문화에서 기대되고 있는 정서표현 방식(문화적 의미체계)에 따라 아동을 가르치고 기르게 된다. 예를 들어, 미국이나 독일 등 서구의 어머니들은 6세 아동의 자기주장적이고 솔직한 정서표현을 바람직하게 받아들이고 격려하는 한편, 동양 어머니들 특히 네팔 어머니들은 부정적이든 긍정적이든 정서를 드러내서 표현하기보다는 억제하는데 가치를 둔다(Cho et al., 2022). 또한 한국 어머니들은 긍정적인 정서를 드러내놓고 표현하는 것에 대해 제지하는 편이다(Park et al., 2012). 결국 개인주의 또는 집합주의 문화에 따른 양육신념이나 가치관에 따라 자녀의 정서적 표현에 대한 양육자의 민감성(sensitivity)이나 정서 사회화 방식은 다르고, 그에 따라 아동의 정서적 표현행동이나 정서조절능력도 차이를 보인다.

(3) 인지발달 요인

정서표현은 대부분 자극에 대한 해석이나 지각에 기초해서 일어나기 때문에 지적인 발달이 진행됨에 따라 영아의 정서내용이나 표현도 다양해진다. 예를 들어, 낯선 사람에 대한 두려움의 표현인 낯가림은 아기가 익숙한 얼굴과 모르는 얼굴의 차이를 인식하고 두려운 대상으로 지각함에 따라 나타난다. 또한 수치심이나 죄의식 같은 이차적인 정서는 자아인식이 발달한 후에야 나타나며, 사회적으로 바람직한 행동이 무엇인지를 알게 되어야 사회적 상황에서 자신의 정서를 조절할 수 있게 된다. 이러한 사실들은 정서발달이 인지발달과 밀접한 관련이 있다는 것을 의미한다. 그러나 인지발달 역시 신경계의 성숙 및 사회적 경험의 결과라는 점에 비추어 볼 때, 위의 세 입장에서 강조하는 요인은 각기 다르지만, 정서발달은 아동의 신경·생리적 체계, 인지적 체계 및 사회 문화적 체계 간의 역동적 상호작용으로 이해해야 할 것이다.

03
기질 : 인성의 기초

영아의 인성 발달에 관한 연구는 대부분 영아의 기질에 초점을 맞추어 왔을 만큼 인성과 기질은 동일한 개념으로 인식되어 왔다. 일반적으로 기질은 한 인간의 행동을 특징짓는 기본적인 행동양식(Thomas & Chess, 1977)으로, 영아기에 나타나는 정서성이나 각성 정도의 개인차로 정의된다(Campos et al., 1983). Kagan(1994)은 이러한 기질 정의들을 종합하여 '생의 초기에 나타나는 행동적, 정서적인 반응으로 유전에 기초를 둔 안정적인 특성'이라고 정의하였다. 인성발달 이전의 원 상태인 기질을 기초로 아동기 및 성인기의 인성발달이 이루어진다.

1. 기질의 구성요소

기질은 여러 가지의 차원으로 이루어져 있다. 가장 널리 알려진 기질모델은 Thomas와 Chess(1977)의 것으로서 활동수준, 규칙성, 접근/회피성향, 적응력, 반응의 발단점(역치), 반응강도, 기분/정서 상태, 주의산만, 주의력/지구력의 9개 차원으로 구분된다. 한편, Rothbart(1981)는 Thomas와 Chess의 차원들을 통합정리하여 활동수준, 달래기 쉬운 정도, 주의력 및 지구력, 두려움, 짜증내기, 긍정적 정서의 6개 차원으로 나누고 있으며, Buss와 Plomin(1984)은 활동수준, 정서성, 사회성의 3개 차원으로 나누고 있다(표 8-3). 이러한 기질 차원 중 학자들이 주로 연구하는 내용은 활동수준, 접근성/긍정적 정서성, 위축(또는 행동억제), 부정적 정서성, 주의집중력이라고 할 수 있다.

표 8-3 학자에 따른 기질차원

Thomas와 Chess	Rothbart	Buss와 Plomin
• 활동수준	• 활동수준	• 활동수준
• 규칙성	• 달래기 쉬운 정도	• 정서성
• 접근성/회피성	• 주의력/지구력	• 사회성
• 적응성	• 두려움	
• 반응의 발단점	• 짜증내기	
• 반응강도	• 긍정적 정서	
• 기분/정서상태		
• 주의산만 정도		
• 주의력/지구력		

한편, Thomas와 Chess(1977)는 출생 후 아기가 나타내는 9가지 기질 차원을 근거로 세 가지 기본적인 기질 유형, 즉 쉬운 기질, 까다로운 기질, 천천히 반응하는 기질의 아기로 분류하였다. 연구대상이 된 아기들의 65% 가량은 어느 한 유형에 속하여, 40%는 쉬운 아기, 10%는 까다로운 아기, 그리고 15%는 천천히 적응하는 아기였으며, 35%는 여러 가지 기질 특성이 혼합된 모습을 보여준다(그림 8-6과 표 8-4). 특히 까다로운 기질의 아기는 유아기나 아동기에 공격성이나 불안 및

그림 8-6 **까다로운 아기와 순한 아기**

표 8-4 기질의 세 가지 유형

쉬운 기질의 영아 (easy child)	까다로운 기질의 영아 (difficult child)	천천히 반응하는 기질의 영아 (slow-to-warm-up child)
• 음식섭취와 수면의 규칙성을 빨리 발달시킴 • 새로운 자극에 긍정적으로 반응하며, 변화에 빨리 적응함 • 평온하고 긍정적인 기분의 미소를 많이 짓고, 좌절에 대해 거의 저항없이 받아들이며, 쉽게 위안됨 • 양육자에게 기쁨과 즐거움을 줌 • 40%의 영아가 이 유형에 속함	• 신체기능이 불규칙하며, 음식섭취와 수면, 일과의 규칙성이 늦게 발달함 • 새로운 음식, 낯선 사람, 일상생활의 변화에 쉽게 적응하지 못함 • 다른 아기에 비해 더 오래, 더 크게 울 • 양육자의 많은 인내, 체력 및 자원을 필요로 함 • 10%의 영아가 이 유형에 속함	• 까다로운 아동보다는 규칙적이고, 쉬운 아동보다는 불규칙함 • 반응강도가 약하고, 새로운 자극에 잘 반응하지 못하며, 다소 부정적인 반응을 보임 • 양육자가 강압적이지 않으면, 적절한 적응을 보이고, 관심과 즐거움을 나타냄 • 양육자의 인내가 필요함 • 15%의 영아가 이 유형에 속함

위축행동 등 적응상의 문제를 가질 수 있기 때문에 많은 학자의 관심 대상이 되고 있다.

2. 기질측정

영유아의 기질은 주로 부모용 질문지나 면접을 통해서, 혹은 실험실에서의 관찰이나 교사의 관찰을 근거로 평가된다. 부모보고는 불안하거나 우울한 부모의 경우, 아기를 더 까다롭게 지각하는 등 편견이 작용할 수 있지만, 관찰자 평가와 대체로 적절한 상관을 나타낸다(Mangelsdorf et al., 2000). 또한 기질에 대한 부모의 지각은 영아에 대한 부모의 신념이나 반응행동에 영향을 미침으로써 이후의 기질발달을 예측할 수 있다는 장점이 있다.

부모의 자기보고식 기질척도는 Rothbart(Rothbart et al., 2000)가 개발한 영아용 IBQ(Infant behavior Questionnaire)와 아동용 CBQ(Children's Beahvior Que-stionnaire: Rothbart, et al., 2001)가 흔히 사용된다. IBQ에서는 두려움, 좌절, 긍정적 정서, 달래지는 정도, 산만/주의력 등의 기질내용이 포함되며, CBQ에는 외향성, 부정적 정서성 및 통제력 등의 성격적 특성이 포함된다.

한편, 실험실 상황에서 얻은 관찰자료는 생태학적인 타당도 측면에서 문제가 있다. 그러나 많은 연구들이 구조화된 실험상황을 설정하여 낯선 상황에 대한 영유아의 행동억제(또는 수줍음)나 탈억제된 행동(또는 사교적 행동)에 초점을 맞추어 영유아의 기질을 연구하고 있다(Park et al., 1997; 정옥분 등, 2002).

이외에도 심장박동수나 호르몬 수준, EEG 뇌파측정 등 주로 국외에서 주로 이루어지는 심리생리적 측정들(Fox et al., 2001)은 영유아의 기질 측정이나 기질의 지속성 등에 관한 이해에 상당한 공헌을 하고 있다.

3. 기질의 유전적·생리적 기초

정서와 마찬가지로 기질은 생리적인 특성에 기초하고 있다. 영아기부터 400명을 대상으로 시작한 기질에 관한 Kagan과 Snidman(1991)의 종단적 연구에 의하면, 낯선 상황에서 나타내는 행동억제는 눈동자 색이나 두뇌기능 등 유전적·생리적 특성과 관련된다. 예를 들어, 4개월에 새로운 자극에 심하게 울거나 짜증을 많이 내는 반응성이 높은 영아는 14개월과 21개월에 행동억제를 보였으며 이러한 생리적 특성과 행동억제 성향은 아동기와 청소년기까지 지속되었다.

한편 기질은 일란성의 경우 더 유사하고(표 8-5), 입양아의 경우는 친부모와 더 유사한 것으로 나타난 쌍생아 연구나 입양아 연구를 통해서도 기질이 유전적 요인의 영향을 받고 있음을 알 수 있다(Caspi, 1998; Plomin et al., 1993).

특히 수줍음, 정서성, 활동수준, 주의집중력 등의 기질은 타고난 특성으로 여겨진다. 예를 들어, 활동 수준에서의 성차를 연구한 바에 의하면, 이미 1세 이전에 남아가 여아보다 더 활동적인 것으로 나타나(Campbell & Eaton, 1995; Gartstein & Rothbart, 2003) 기질적인 차이가 생물학적 요인의 영향임을 시사하고 있다.

표 8-5 일란성과 이란성 쌍생아의 기질적 유사성

기질척도	14개월 시 상관관계		20개월 시 상관관계	
	일란성	이란성	일란성	이란성
부모평정				
정서성	.35	-.02	.51	-.05
활동성	.50	-.25	.59	-.24
사회성	.35	-.03	.51	.11
관찰자료				
행동억제	.57	.26	.45	.17

4. 기질의 지속성

여러 연구에서 기질은 비교적 지속적인 특성임이 입증되고 있다. 주의집중 시간, 활동수준, 까다로움, 사회성, 수줍음에서 낮거나 높은 점수를 받았던 아기는 유아기, 아동기, 심지어 성인기에도 비슷한 방식으로 반응한다. Rothbart 등(2001)은 영아기 때 IBQ 측정과 7세 때의 CBQ 측정을 통해 영아기 기질과 아동기 성격이 높은 상관이 있음을 보고하고 있다. 또한 3세 때의 기질은 18세와 21세의 성격과 밀접한 상관을 나타내었다(Caspi, 2000). 특히 긍정적 정서보다 부정적인 기분이나 까다로움 등 부정적인 정서적 특징들은 연령이 증가해도 상당히 지속적이었다(Belsky et al., 1991).

그러나 연구결과를 자세히 분석해보면, 대체로 이러한 기질의 안정성, 즉 한 시기에 측정한 기질점수와 다른 시기에 측정한 기질점수 간의 상관관계는 기질점수가 극단적으로 높거나 낮았던 집단을 제외하고는 그리 높지 않았다(박성연, 1998). 예를 들어, 아기 때 낯선 것에 대한 두려움이 아주 심했거나 두려움이 전혀 없었던 경우에는 보통 수준의 두려움을 나타냈던 경우보다 아동기나 청년기에도 그러한 성향을 더 많이 나타내었다(Kagan et al., 1989; Kagan, 1994). 반면에, 기질적 특성이 극단적이지 않은 중간집단의 경우는 대부분 기질의 변화를 보여, 생의 초기의 기질적 특성은 환경적 경험이나 양육행동에 의해 변화될 수 있음이 시사되고 있다(박성연, 1998; Arcus et al., 1992; Engfer, 1993; Park et al., 1997).

5. 기질과 환경

앞서 기술하였듯이 기질의 지속성 여부는 부모의 양육행동이나 환경적 변화에 의해 영향을 받는다(Belsky et al., 2001). 예를 들어 18, 21개월에 두려워하고 행동억제를 나타내던 걸음마기 남아는 부모가 그것을 수용하고 과보호하면 3세에도 여전히 두려워하고 행동억제를 나타낸다. 그러나 부모가 새로운 환경을 탐색해보도록 격려하면, 행동억제를 점점 덜 나타내었다(Park, et al., 1997). 또한 기질적 특성에서 변화가 있었던 영아나 걸음마기 아동은 생후 첫 2년 동안 보육을 경험하는 등 양육환경에 변화가 있었던 경우가 많았다(Fox et al., 2001). 따라서 환경적 경험은 초기의 기질적 특성을 중재하거나 강화한다고 할 수 있다.

더욱이 기질의 불안정성에 관한 위의 결과들은 환경적 경험이 아기의 타고난 기질에 같은 방식으로 영향을 미치지는 않는다는 것을 시사한다. 그러므로 아기의 기질과 부모의 양육행동 간의 조화 또는 부조화가 기질 발달에 상당한 영향을 미친다고 할 수 있다. 조화 또는 적합성의 개념(goodness of fit)은 기질과 환경이 어떤 식으로 어울려 바람직한 결과를 가져올 수 있는가 하는 문제와 관련된 개념이다(Thomas & Chess, 1977). 즉, 아기들은 각자의 기질 특성에 따라 독자적인 요구를 하므로, 같은 양육유형이라도 아기의 기질에 따라 다른 발달적 결과가 나타난다. 따라서 아기의 기질에 적합한 양육으로 아기의 적응을 돕는 것이 중요하다. 예를 들어, 수줍은 아기는 사교적인 아기와는 다른 방식으로 양육하여야 하며, 특히 까다로운 아기는 그러한 성향으로 인해 나타날 수 있는 부적응 행동을 최소화할 수 있도록 하는 부모의 양육이 필요하다. 결국, 아기의 기질과 부모의 양육 간의 부조화(poorness of fit)는 아기의 까다로운 기질이나 부적응 행동을 악화시키는 한편, 영아의 기질과 부모의 특성이 조화를 이룬 상호작용이 이루어질 경우에는 타고난 기질에 관계없이 바람직한 발달을 이룰 수 있다.

영유아의 기질적 특성은 문화에 따라서도 다르다(Putnam et al., 2002). 중국과 캐나다의 걸음마기 아동을 비교 연구한 바에 의하면, 중국이나 일본의 아기들은 북미의 아기들보다 더 순하고 적응적이며 행동억제를 더 많이 보인다(Chen et al., 1998). 이러한 차이는 대체로 아시아 국가들의 부모가 걸음마기 유아의 행동억제에 대해 비교적 수용적인 한편, 북미 부모들은 처벌적인 경향이 있기 때문으로 보인다. 최근에 Gartstein과 Putnam(2019)는 북 남미 대륙, 유럽, 아시아 등 여러 문화권의 연구자들과 함께 문화 및 부모의 양육행동에 따른 걸음마기 아동의 기질적 특성의 차이를 보고한 바 있다. 위의 내용을 종합해 볼 때 기질은 타고난 생물학적인 요소를 기반으로 환경과의 상호작용을 통해 나타나는 행동 특성임을 알 수 있다.

04
애착 발달

애착은 아기와 양육자 간의 친밀하고 강한 정서적인 유대관계로서, 아기는 애착을 통해 상호작용 시 기쁨을 느끼고 괴로울 때 위로를 받는다. 생후 1년이 되면 영아는 자기의 요구에 반응하는 친숙한 사람에게 애착을 나타내기 시작하며 영아기와 걸음마기에 걸쳐 애착관계를 발달시킨다.

애착 형성과정에서 영아가 경험한 양육자와의 상호작용 내용은 애착의 질을 결정짓게 되며 애착의 질은 정서조절능력은 물론 자의식 발달이나 앞으로의 사회적 관계 및 행동과 밀접한 관련이 있다. 따라서 영아가 성취해야 하는 최초의 사회적 발달과제는 양육자와의 친밀한 정서적인 유대관계인 애착을 형성하는 일이며, 이러한 과정에서 양육자는 지원적 역할을 하게 된다.

1. 애착 이론

(1) 정신분석 이론 및 행동주의 이론

어머니에 대한 영아의 애정적인 유대관계가 이후 인간관계의 원형이 된다는 것을 처음 주장한 사람은 Freud이다. Freud에 의하면, 어머니는 수유를 통해 아기의 1차적 욕구를 충족시켜주기 때문에 아기는 어머니를 좋아하게 되고 애착을 형성한다.

행동주의 이론에서는 Freud와는 다른 이유로 수유를 강조한다. 행동주의 이론에 의하면, 어머니는 수유를 통해 아기의 1차적 욕구인 배고픔의 욕구를 충족시켜 주는 동시에, 수유와 짝지어 일어나는 애정적 양육행동으로 인해 아기의 심리적인 욕구충족(즉, 2차적 욕구충족)의 대상이 되며, 결과적으로 아기는 어머니에게 애착을 형성하게 된다.

그러나 수유와 관련지어 애착을 설명하는 이론들은 여러 측면에서 비판을 받고 있다. Harlow와 Zimmerman(1959)의 유명한 실험에 의하면, 아기원숭이는 배가 고플 때를 제외하고는 늘 철사로 된 대리모보다는 천으로 감싼 대리모에게 매달려 있는 것으로 나타나, 수유보다는 따뜻한 애정이 애착형성에 더 중요하다는 것을 시사하고 있다(그림 8-7). 또한 아기는 수유행동과 관련이 없어도 자기를 따뜻하게 돌보는 할머니나 아버지에게 애착하는 것, 또는 아기들이 자기 이불에 애착하는 것은 수유가 중요한 요소라는 이들의 입장과 상반된다(그림 8-8). 또한 애착형성에서 수유행동을 중요시하는 이론들은 어머니의 행동에 초점을 맞춤으로써 영아의 능동적인 역할을 간과하고 있다.

그림 8-7 **Harlow의 실험**
포근한 천으로 감싼 어미에게 매달려 있는 원숭이

(2) Bowlby의 동물행동학적 이론

Bowlby(1969)의 동물행동학적 이론(ethological theory of attachment)은 가장 널리 받아들여지는 애착 이론이다. 그는 인간 행동의 대부분이 생존적 가치가 있는 적응적인 행동이라고 보고 그러한 개념을 양육자와 영아 간의 유대관계에 적용하였다. 또한 Lorenz의 각인(imprinting) 이론의 영향을 받아, 아기들은 위험으로부터 보호를 받고 환경을 탐색하는데 필요한 지원을 받기 위해 부모 곁에 가까이 있으려는 타고난 행동특성을 가지고 있다고 주장함으로써 애착발달에 있어 영아의 능동적인 역할을 강조하였다.

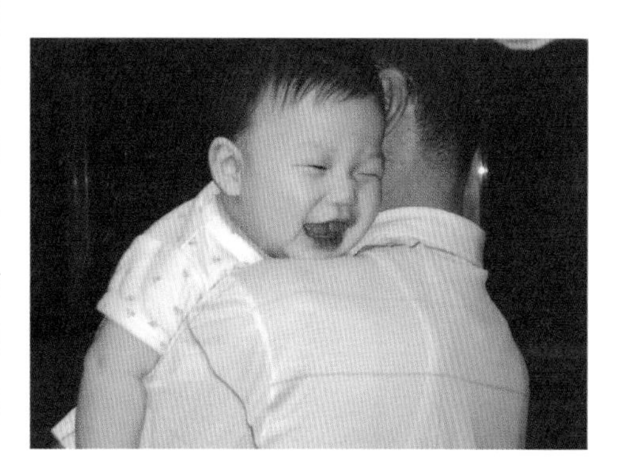

그림 8-8 **아버지와의 애착**
아기는 반응적인 양육행동을 보인다면 수유행동과는 관련이 없는 아버지에게도 강한 신뢰감과 애착을 나타낸다.

Bowlby의 애착 이론에 의하면, 양육자에 대한 영아의 애착은 양육자를 영아 곁으로 부르는 타고난 신호체계로부터 시작되며, 점차 정서 및 인지발달과 함께 온정적이고 반응적인 양육 경험에 의해 진정한 애착관계가 발달한다. Bowlby는 애착형성을 4단계로 나누어 설명하고 있다.

1단계 전 애착기(preattachment phase) : 출생에서 6주

신생아는 미소, 울음, 응시 등 타고난 신호체계로 양육자를 곁에 있도록 이끈다. 이 시기 영아는 엄마의 목소리와 냄새를 인식하지만, 아직 애착되지는 않았기 때문에 어머니가 아닌 다른 사람이 돌보아도 상관하지 않는다.

2단계 애착 시작기(beginning of attachment) : 6주에서 6~8개월

선별적인 사회적 반응이 나타나는 시기이다. 아기는 친숙한 사람과 그렇지 않은 사람을 구별하게 됨에 따라 자기가 좋아하는 사람에 의해 더 쉽게 달래진다. 또한 친숙한 사람에게 더 많은 사회적 반응을 나타내고 신뢰감을 형성하기 시작한다. 그러나 아직은 부모와 분리될 때 저항하지 않는다.

3단계 애착기(clear-cut attachment) : 6~8개월부터 18~24개월

애착이 명확하게 나타나는 시기로 아기는 6~8개월이 되면 특정 대상인 친숙한 양육자에게 다가가거나 따르는 등 애착을 나타내기 시작하며 분리불안 및 저항을 나타내는데 이러한 행동은 15개월경까지 계속 증가한다. 또한 애착 대상에게 접근을 유지하려 하는 한편, 환경을 탐색할 때나 위안이 필요할 때 애착 대상을 안전기지(secure base)로 활용한다.

4단계 동반자관계 형성기(formation of goal-corrected partnership) : 24개월 이후

정신적 표상 및 언어가 발달함에 따라 영아는 양육자가 나가도 돌아온다는 것을 이해하기 때문에 분리 저항은 점차 감소한다. 즉, 18개월~2세 이후부터는 분리에 무조건 저항하거나 매달리기보다는 요청하거나 타협하려 함으로써 자신과 어머니의 요구를 서로 맞추어 조절하기 시작한다.

영아는 위의 4단계를 거치는 동안 양육자와의 경험을 통해 부모-자녀 관계의 내적인 표상을 형성하며, 내적표상은 아동기는 물론, 전 생애에 걸친 상호작용에 영향을 줌으로써 인성의 핵심적인 요소가 된다. 내적표상인 내적 작업모형(internal working model)은 힘들 때 자기를 지지해줄 것이라는 애착대상의 유용성에 대한 기대나 신념으로서 앞으로의 인간관계에 대한 지침이 된다.

2. 애착 측정과 애착 관계의 질

영아는 대부분 2세까지는 양육자에 대한 애착을 형성하지만, 애착 관계의 질은 영아에 따라 상당한 차이가 있다. 연구자들은 애착의 질이 왜 차이가 나는지, 애착이 이후 발달에 어떠한 영향을 미치게 되는지를 파악하기 위하여 애착의 질을 측정하기 위한 방법을 개발하였다.

Ainsworth와 Wittig(1969)의 '낯선 상황 실험(Strange Situation Experiment)'은 12~24개월 된 영아들이 어머니에게 나타내는 애착 행동을 측정하기 위해서는 널리 쓰이는 방법이다. 이 실험은 표준화된 실험절차와 점수화 체계를 가지고 있으며, 3분 정도씩 진행되는 8개의 에피소드로 구성되어 있다(표 8-6).

표 8-6 낯선 상황 실험의 각 에피소드

에피소드	참여자	지속시간	내용
1	어머니, 아기, 관찰자	30초	관찰자는 어머니와 아기에게 실험실을 소개하고 떠난다(방 안에는 많은 장난감이 흩어져 있다).
2	어머니, 아기	3분	아기가 탐색하는 동안 어머니는 참여하지 않는다. 필요할 경우, 2분 후에 놀이를 격려한다.
3	낯선 이, 어머니, 아기	3분	**낯선 이가 들어옴** 1분: 낯선 이가 조용히 있다. 2분: 낯선 이가 어머니와 대화한다. 3분: 낯선 이가 아기에게 다가가고 이후 어머니가 살며시 방을 나간다.
4	낯선 이, 아기	3분 혹은 그 이하	**첫 번째 분리상황** 낯선 이는 아기의 반응에 따라 반응한다.
5	어머니, 아기	3분 혹은 그 이상	**첫 번째 재결합 상황** 어머니가 반갑게 들어와 아기에게 위안을 준다. 그러고 나서 다시 아기가 놀이를 하도록 한다. 그 후에 어머니가 "안녕~"이라고 말하며 방을 나간다.
6	아기 혼자	3분 혹은 그 이하	**두 번째 분리상황**
7	낯선 이, 아기	3분 혹은 그 이하	**두 번째 분리상황의 연속** 낯선 이가 들어와서 아기의 반응에 따라 행동한다.
8	어머니, 아기	3분	**두 번째 재결합 상황** 어머니가 들어와 아기를 반기고, 아기를 들어 안아준다. 그 동안에 낯선 이는 살며시 떠난다.

애착관계의 질은 각 에피소드에서 나타나는 양육자와 영아 간의 상호작용과 분리상황 및 재결합상황에서 영아가 나타내는 행동을 근거로 안정애착(B)과 불안정 애착 유형으로 나뉘며, 불안정애착은 불안정-회피애착(A), 불안정-저항애착(C) 및 불안정-비조직적 애착(D)으로 분류된다(Ainsworth et al., 1978; Main & Solomon, 1990).

안정애착아는 어머니를 안전기반으로 삼고 마음놓고 환경을 탐색하며, 재결합 장면에서 어머니와의 접촉이나 상호작용을 원한다. 또한, 아기는 어머니에게 매달려 있지 않고 방안에 있는 물건들에 관심을 보이며 낯선 사람에게도 긍정적으로 상호작용한다.

한편, 불안정-회피아는 어머니와 분리될 때 저항하지 않고 어머니가 돌아와도 피하거나 무시한다. 또한 재결합 시 안아주어도 매달려 안기지 않는다. 그러나 불안정-저항아는 어머니와 분리될 때 몹시 울며, 어머니와 재결합 시에는 접촉을 추구하고 유지하려는 경향은 보이나 양가 감정적인 특성을 보여 어머니를 향해 달려가 매달리지만, 동시에 발로 차거나 손으로 미는 등 저항행동도 나타낸다.

그러나 Main 등(Main & Cassidy, 1988; Main & Solomon, 1990)은 안정(B), 회피(A), 저항(C) 세 가지 애착 유형으로만 분류하는 데는 어려움이 있다고 보고, 이 세 가지 유형 외에도 불안정애착의 또 다른 유형으로 행동이 비조직적이고 어머니를 지향하지 않는 비조직적 애착(D) 유형을 추가하고 있다. D유형 영아들은 어머니와 재결합 시 뚜렷한 목표가 없이 행동하고 상반된 행동을 동시에 나타내는 비일관적이고 모순된 행동을 보인다(표 8-7).

또한 Ainsworth 등(1978)은 애착유형을 A, B, C로 세 가지 기본 유형으로 분류하는 것 이외에도 아기의 행동특성에 따라 더욱 세분화하여 A_1, A_2, B_1, B_2, B_3, B_4, C_1, C_2의 8가

표 8-7 애착 유형별 영아의 행동특성

애착 유형	특성
B유형(안정애착)	어머니를 탐색활동을 하기 위한 안전기반으로 이용함. 분리 시 울거나 울지 않음. 재결합 시 어머니에게 달려가 안기고, 쉽게 달래짐.
A유형(회피애착)	어머니가 있어도 별 반응이 없으며 어머니가 떠나도 괴로워하지 않음. 낯선 이에게도 어머니에게 하는 행동과 비슷함. 재결합 시 어머니를 피하거나 마지못해 반김. 안으면 매달리지 않음.
C유형(저항애착)	분리 전에도 어머니에게 가까이 있으려 해서 탐색을 하지 못함. 재결합 시 어머니에게 화를 내고 저항하거나 때리거나 밀쳐내는 행동을 함. 안아주어도 계속 울고 쉽게 달래지지 않음.
D유형(비조직적 애착)	가장 불안정한 애착으로 재결합 시 비조직적이고 모순된 행동을 보임.

지 하위유형으로 나누고 그에 대한 지침을 별도로 제시하고 있다. 이러한 하위집단들은 안정, 불안정애착 등 큰 범주에서는 공통적인 행동특성을 보이지만 자세히 살펴보면 어머니와의 상호작용 형태가 다소 다르다(표 8-8).

국외에서는 하위체계에 따른 연구들(Belsky & Rovine, 1987; Main et al., 1985)이 많다. 국내에서 이루어진 연구들은 주로 A, B, C 또는 D 등 대집단분류를 해왔으나 근래에 이르러는 하위분류를 이용한 연구들(박응임, 1995; 나유미, 1999)도 눈에 띈다. 각기 다른 하위집단에 속한 아기들은 각 하위유형을 형성하게 된 발달적 배경이 다름은 물론, 안정애착 또는 불안정애착 분류시에도 하위유형으로 구분하면 비교적 쉽게 분류될 수 있다. 따라서 애착관계를 보다 정확히 심층적으로 분석하기 위해서는 하위분류체계가 유용하다.

한편, 실험실에서 이루어지는 낯선 상황 연구 외에도 자연스러운 상황에서의 관찰을 통한 애착 Q-sort 측정법(AQS)(Waters & Deane, 1985)은 1세에서 5세 사이 아동의 애착을

표 8-8 애착 하위유형별 영아의 행동특성

애착 유형	특성
A_1	심하게 회피하는 아기. 재결합 시 어머니를 무시하며 거의 접근하지 않고 접촉을 거의 원하지 않음. 안으면 벗어나려고 발버둥 침. 어머니와 분리 시 불안해하지 않음.
A_2	A_1보다 덜 회피적임. 어느 정도의 반김과 접근추구가 있으나 회피와 함께 나타남. 안으면 이러한 두 가지 행동특성이 혼합되어 나타남. 어머니와 분리 시 불안해하지 않음.
B_1	재결합 시 반기나 멀리서 상호작용. 가까이 가려는 행동을 거의 보이지 않음. 어머니와 분리 시 거의 불안해하지 않음.
B_2	어머니에게 더 접근하려 하는 것 외에는 B_1과 비슷함.
B_3	아주 안정된 애착아임. 적극적으로 아주 좋아하며 어머니를 반김. 어머니를 만지고 안기려고 달려감. 분리 시 몹시 울며 불안해하나 재결합 시 어머니에 의해 곧 진정됨. 어머니에게 저항하거나 회피하지 않음.
B_4	헤어지기 이전 상황에서도 어머니와 접촉하고 싶어함. 재결합 시 쉽게 달래지지 않으나 어머니에 대한 저항은 없음. 격리되어 있는 동안 몹시 울고 불안해함. 낯선상황 실험 과정 내내 불안해하는 느낌이 역력함.
C_1	접근추구와 접촉유지를 격리 이전에도 강하게 나타냄. 재결합 시 접촉을 추구하면서도 동시에 심하게 저항함. 물건을 내던지거나 몸부림을 치면서, 또는 어머니를 때리면서 어머니에게 몹시 화가 나 성질을 부림.
C_2	C_1과 비슷하나 수동적인 것이 특징임. 탐색행동을 거의 하지 않으며, 상호작용을 먼저 시도하는 경우가 거의 없음. 활발하게 접촉을 추구하기보다는 접촉을 원한다는 신호를 보내서, 내려놓으면 완강하게 저항하지는 않지만 싫다는 단서를 보임.

측정하는 데 보다 효율적인 방법이다. 관찰자인 부모나 실험자는 아동의 애착관련 행동을 기술한 90개 문항을 Q-sort 방식에 의해서 '아주 그렇다'에서부터 '전혀 그렇지 않다'까지 9개의 범주로 분류하게 된다. Q-sort 애착점수는 그 기준에 따라 안정애착과 불안정애착으로 구분하게 되는데 낯선 상황 실험에서의 결과와 잘 일치되는 것으로 보고되고 있다(Waters et al., 1995).

3. 애착의 안정성 및 불안정성

애착 유형의 안정성에 관한 연구에 의하면, 대체로 단기적으로는 불안정하다고 보고되고 있다. 예를 들어, 1세에서 2세까지 영아의 애착 유형은 가족 내 스트레스가 있을 때나(Vaughn et al., 1979), 어머니의 취업, 탁아환경의 변화, 부모의 이혼 등 생활의 변화(Thompson et at., 1982)가 있을 때, 또는 양육자의 양육행동이 변화했을 때(Egeland & Farber, 1984) 불안정애착에서 안정애착으로 변하기도 하고 안정애착에서 불안정애착으로 변화되기도 하였다. 그러나 어머니의 취업여부 자체는 애착의 질과 관계가 없다는 연구(Belsky & Rovine, 1988)도 있어, 생활의 스트레스나 변화, 그 자체보다는 그로 인한 아버지나 어머니의 양육행동이 더 중요한 변인임을 시사하고 있다.

또한, 대체로 중류층 가정의 경우는 비교적 안정적이었던 반면에, 사회계층이 낮은 경우는 안정애착에서 다른 유형의 애착으로 바뀌거나 불안정애착의 종류가 변화되는 경우가 많았다(Belsky et al., 1996; Vondra et al., 2001).

애착 안정성은 애착 유형에 따라서도 안정성에 차이를 보여, 불안정애착보다 안정애착의 경우, 안정성이 더 높았다. 즉 영아기에 안정애착을 형성한 아기들은 유아기 심지어는 청소년 및 성인기에도 안정애착의 특성을 보였다(Hamilton, 2000; Waters et al., 2000). 예외적으로 불안정-비조직적 애착의 경우는 생후 2년까지 안정성을 나타내기도 하여(Hesse & Main, 2000), 아동학대 등 부정적 양육 행동이 심각할 경우는 영유아의 정서조절능력에 결함을 초래하게 되고 이로 인해 불안정애착이 지속될 수 있음을 시사하고 있다.

4. 애착 유형에서의 문화적 차이

낯선 상황 실험은 영아의 애착 안정성을 측정하는 강력한 도구로 사용되어 왔으나, 낯선 상황에서 나타나는 영아의 행동은 문화에 따라 다르게 해석될 수 있어서, 타당성 문제가 제기된다. 다시 말하면, 문화권에 따라 양육방법의 차이가 있으므로, 미국과는 다른 문화에서 자란 영아가 낯선 상황 실험에서 보이는 반응으로 과연 애착 안정성이나 애착 유형을 측정할 수 있는가 하는 점이다(이영 등, 1997).

미국의 중류층 가정을 대상으로 한 Ainsworth 등(1978)의 연구에서는 12개월 된 아기의 66%가 안정애착아인 B유형으로, 회피아인 A유형은 22%, 저항아인 C유형은 12%로 나타났다. 그러나 독일연구(Grossman et al., 1985)에서는 이와는 다른 비율을 나타내서 이러한 의문을 뒷받침하고 있다(그림 8-9). 실제로 어머니가 아기에게 독립적인 행동을 격려하는 독일에서는 불안정-회피아가 훨씬 많고 몸에 붙여 기르는 일본에서는 회피아가 적은 대신 저항아로 분류되는 경우가 많다. 이러한 문화적 다양성에도 불구하고 안정애착은 거의 모든 문화권에서 가장 보편적인 애착 유형이다(van IJzendoorn et al., 2005a).

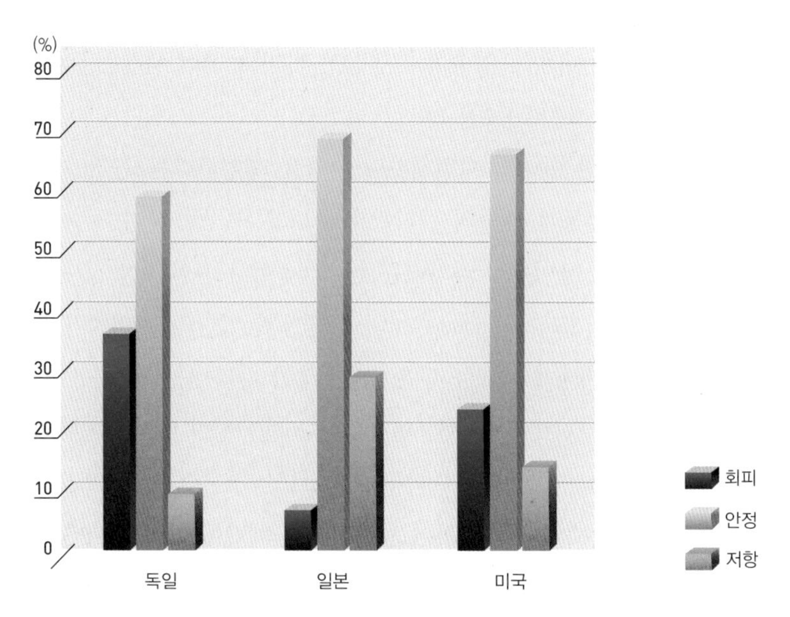

그림 8-9 낯선 상황 절차에서의 영아반응에 대한 비교문화 연구

독일 영아는 저항애착의 비율이 낮은 반면, 일본 영아는 저항애착의 비율이 높았다. 이러한 결과는 아동양육에 대한 문화적 차이를 나타내는 것으로 보인다.

5. 애착 발달에 영향을 미치는 요인

(1) 양육행동의 질

Ainsworth(1979)에 의하면 애착 발달에서 가장 중요한 요인은 생후 첫 1년간 영아가 부모와 함께 하는 상호작용의 질이다. 특히, 영아의 신호에 대한 어머니의 반응성 또는 민감성은 아기에게 세상에 대한 신뢰감을 갖게 해주기 때문에 애착 발달에 중요한 의미를 갖는다. 대체로 안정애착아의 어머니는 불안정애착아 집단에 비해 영아의 단서나 신호에 민감하여 서로 마주보고 상호작용하는 동안 반응적이며 애정적인 반면에, 불안정애착아의 어머니는 비일관적이고 민감하지 못하며 거부적인 행동을 보인다(Isabella & Belsky, 1991; van IJzendoorn et al., 2005a).

불안정애착아 중에도 특히, 저항아의 어머니는 아기가 보이는 신호에 대하여 무반응이거나 비일관적인 반응을 나타내는 한편, 회피아의 어머니는 간섭적이거나 과잉자극, 또는 거부적이어서, 어머니의 반응성 형태에 따라 영아의 애착 유형이 다르게 나타난다. 비조직적이고 비일관적인 행동을 보이는 애착 유형인 D유형은 부모로부터 학대, 방임이나 정서적인 무시 등의 부당한 양육행동을 경험한 아동들에게서 나타난다(Barnett et al., 1999; Main & Solomon, 1990). 애착 유형과 양육자의 민감성 및 반응성의 관계는 국내연구에서도 보고되고 있다(김종순, 1989; 박응임, 유명희, 1997).

한편, 영아가 어머니뿐만 아니라 아버지와도 애착을 형성한다는 증거(Lamb, 1977)에도 불구하고 아버지의 양육행동과 영아의 애착관계를 다룬 연구는 소수에 지나지 않는다. 그러나 아버지가 영아와의 놀이에서 나타내는 상호작용이나 육아참여 정도가 영아의 애착강도와 관련되며(Lamb & Tamis-Lemonda, 2004), 안정애착 집단의 아버지가 불안-회피애착 집단의 아버지보다 아기에게 적절한 반응을 더 많이 나타내는(이영환, 1992) 것으로 보아 어머니의 경우와 마찬가지로 아버지의 민감성이나 반응성이 영아의 안정애착과 관련이 있음을 알 수 있다.

양육행동의 질에 따른 애착 유형의 차이는 문화적인 배경에 따라 다르다는 주장도 있다. 즉, 독일 어머니들과 10개월 된 영아를 대상으로 한 Grossman 등(1985)에 의하면, 회피아 집단의 어머니들이 다른 집단의 어머니들보다 아기에게 특별히 더 무감각하지 않은 것으로 나타나, 아기의 요구에 대한 어머니의 민감성은 애착유형과 관계가 없었다. 결국

북부독일 문화에서는 전반적으로 양육에서 독립심과 자립심에 대한 요구를 많이 하기 때문에, 독일 영아의 회피행동은 이러한 문화적인 신념을 나타낸 결과로 해석할 수 있다. 같은 맥락에서, 일본의 영아는 그림 8-9에서 보듯이 저항애착이 많은데, 이는 저항애착과 관련된 양육행동 때문이기보다는 낯선 사람에게 아기를 맡기는 경우가 거의 없는 사회이기 때문에 낯선 상황 실험에서 일본 영아들이 미국이나 독일 영아들보다 더 심한 스트레스를 겪어 나타난 행동일 수 있다(Miyake et al., 1985).

양육행동이 애착발달에 미치는 영향이 문화에 따라 다르다는 것을 설명하기 위해 van IJzendoorn(2003)은 진화적 애착모델(Evolutionary Attachment Model)을 제안하였다. 그에 의하면, 애착발달은 생물학적, 진화적 보편성과 함께 양육행동 등 문화적인 특수성을 통합한 유전과 환경의 상호작용으로 해석된다.

(2) 영아의 기질

애착은 양육자와 영아 간의 관계에서 형성되는 것이기 때문에 영아의 특성에 의해서도 영향을 받는다. 즉, 영아의 기질이나 신호행동(signaling behavior)이 애착발달과 밀접한 관련이 있지만(Waters et al., 1995), 특히 기질은 상당한 관심을 받아왔다. 기질과 애착발달에 관한 연구를 종합해보면, 애착과 기질이 모두 생물적 요인에 기초를 두고 있어 서로 밀접한 관계가 있다고 보는 관점과 기질과 애착은 서로 독립된 개념이라는 관점이 있다.

우선 애착이 기질과 관련이 있다고 주장하는 입장에서는 애착 유형이 부모의 민감성과는 상관없이 영아의 기질적인 차이에서 오는 것이라고 본다. 예를 들어, Kagan(1998)은 낯선 상황에서 A, B, C 집단으로 분류되는 것은 어머니와 영아 간의 상호작용의 결과라기보다는 낯설고 기대하지 않은 사건으로 인해서 생기는 스트레스에 대해서 영아가 나타내는 민감성의 개인차를 반영하는 것이라고 주장한다. 이러한 견해는 정서적 반응성이 높고 까다로운 기질의 아기는 불안정한 애착을 형성하기 쉽다는 연구(Vaughn & Bost, 1999)로 뒷받침된다. Miyake 등(1985) 역시 가정관찰을 통해 측정된 3개월 된 일본 영아의 까다로운 특성은 낯선 상황 실험에서 나타나는 불안정-저항애착을 예측해주기 때문에, 애착 유형은 기질의 한 표현으로 보아야 한다는 입장을 지지하고 있다.

한편, 영아의 기질은 애착 유형과 직접적인 관련이 없다는 연구도 많다. 예를 들어, 질문지로 평가한 영아의 기질은 애착 유형에 따라 차이가 없었으며(Egeland & Farber, 1984),

3개월과 9개월에 어머니가 평가한 영아의 기질은 12개월에 낯선 상황에서 측정된 애착유형과 관련이 없었다(Belsky et al., 1984). 우리나라 아동을 대상으로 한 이영환(1992)과 박응임(1995)의 연구에서도 낯선 상황에서 측정한 애착 유형은 영아의 기질과 무관하였다.

이렇듯 상반된 결과는 영아의 기질이 어머니의 양육행동에 영향을 주어 결과적으로 애착 유형에 영향을 미칠 수 있다는 점을 시사하고 있다. 즉, 영아의 기질이 까다로울 경우 어머니의 민감성도 낮게 나타나, 영아의 기질이 양육의 질과 상호작용하여 애착에 영향을 준다는 것을 알 수 있다. 따라서 아동의 기질보다는 영아-어머니 관계의 질이 애착의 질을 더 잘 예측한다(Kochanska & Coy, 2002)고 본다. 예를 들어, 아기의 신호에 민감한 반응을 하도록 훈련을 받은 어머니의 아기는 출생 직후 까다로운 아기였음에도 불구하고 생후 12개월에는 안정애착아로 분류되었다는 보고(Van den Boom, 1994)는 아동의 기질보다는 어머니의 반응적 양육행동이 애착의 질에 결정적인 요인임을 확인해주고 있다. 유사한 맥락에서 어머니의 우울증이나 아동학대 등 문제가 많은 어머니의 경우, 불안정애착아가 많았으나, 미숙아나 발달장애 등 아동에게 문제가 있는 경우는 애착의 질에 거의 영향을 미치지 않는 것으로 보고되어(van IJzendoorn et al., 1992), 양육의 중요성을 시사하고 있다.

6. 애착의 발달적 효과

애착 이론에 의하면, 아동은 어렸을 때의 주된 양육자와의 경험을 통해 부모나 다른 사람에 대한 이해나 기대, 대인관계의 지침이나 각본이 되는 내적 작업모형을 형성하게 된다. 이러한 내적 작업모형에 의해 아동은 어떤 상황에 처했을 때 자기가 어떻게 반응해야 할지를 결정하게 된다. 특히 부모와의 긍정적인 상호작용 경험으로 발달된 안정된 애착관계는 아기가 어머니를 탐색을 위한 안전기지(secure base)로 생각하게 된다는 점에서 중요하다. 안정애착을 형성한 아기는 어머니를 안전기지로 생각할 수 있기 때문에, 어머니를 떠나 자유롭게 환경을 탐색할 수 있으며 두려운 상황이 되면 곧 다시 어머니에

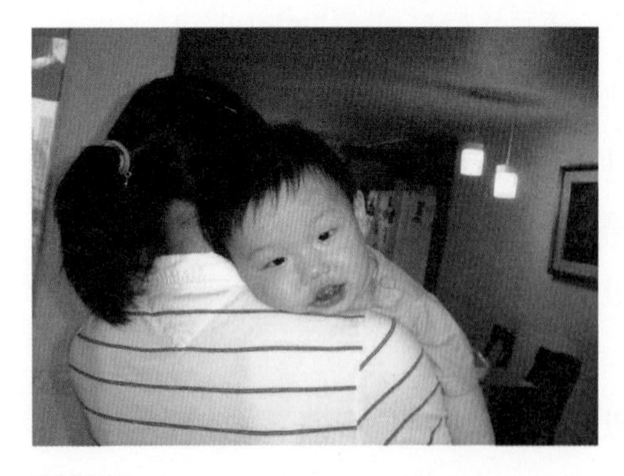

그림 8-10 **어머니에게 안정애착을 보이는 아기**

게 돌아와 위안을 구한다. 그러나 어머니를 안전기지로 생각하지 못하는 불안정애착아는 어머니 곁을 떠나지 못해서 환경탐색을 통한 학습의 기회가 제한되고 성취감을 느낄 기회가 적어지며, 환경에 대한 통제력을 갖지 못한다.

애착 관계의 질은 이후 성장 발달에도 장기적인 영향을 미쳐, 영아기에 안정된 애착을 형성했던 아기는 걸음마기에 어휘력이 높았고(Meins, 1998), 사교적이어서 또래와 긍정적인 상호작용을 하였다(Fagot, 1997). 유아기 동안도 사회적 능력이나 또래관계에서 유능한 것으로 보고되었다(Easterbrooks & Goldberg, 1990). 그러나 불안정애착을 형성한 영아는 걸음마기에 즐거움을 많이 표현하는 안정애착아와 달리, 두려움이나 분노 등 부정적인 정서나 행동억제를 더 많이 보이고(Kochanska, 2001), 5세에는 다른 아동에 대한 적대감을 많이 나타내며, 아동기에는 의존성을 보였다(Calkins & Fox, 1992; Kochanska, 2001). 한 종단연구에 의하면, 안정애착의 긍정적인 효과는 성인기의 인간관계에까지 지속적인 효과가 있는 것으로 보고되어(Zimmerman et al., 1995), 초기 애착관계의 질의 중요성을 시사하고 있다.

05
사회적 발달

1. 자아의 발달

영아는 양육자와의 상호작용이나 인지적인 발달과 더불어, 점차 자신을 다른 대상으로부터 분리된 개체로 인식하기 시작하며, 걸음마기 동안에는 자아에 대한 인식(self awareness)과 자아에 대한 정의(self-definition)를 발달시킨다.

(1) Marhler의 분리-개별화 이론

Mahle 등(1975)은 영아와 어머니 간의 관계의 질은 생후 2년쯤 나타나는 자의식의 기초를 마련해준다고 주장한다. 영아가 자신을 독립된 개체로 인식하게 되는 것은 공생관계

(symbiosis)와 분리-개별화(separation-individuation)의 두 가지 발달과정을 통해서다. 생후 2개월경 영아는 자신과 주위 환경 간 관계를 거의 인식하지 못한 채, 하나가 되어 있는데(공생관계), 이러한 친밀한 혼합관계에서 영아가 보이는 정서적 신호에 대해 어머니가 나타내는 즉각적인 반응성과 온정성은 영아가 자아를 발달시키는 기초가 된다.

두 번째 단계인 분리-개별화 과정은 4~5개월부터 시작된다. 영아는 자신을 주위 환경과 분리된 객체로 이해하기 시작하며, 기거나 걷게 되면서 양육자인 어머니는 정서적 지지원이 되고 영아는 부모로부터 점점 더 독립된 개체로 발달해간다.

(2) 자아인식의 출현

인지가 발달함에 따라 생후 2년경이 되면 자신의 모습을 상(image)으로 정확하게 인식하는 능력인 자아인식이 나타난다. 자아인식은 주로 자기 모습의 사진을 보고 자기이름을 말하는가를 보는 실험이나 거울 속에 비친 자기모습을 인식하는 실험을 통해 알 수 있다. 거울실험에 의하면, 9~12개월경 영아들에게 거울을 보여주면 대부분 거울을 보며 거울 속에 비친 아기의 모습과 상호작용을 하려는 듯한 행동을 한다(그림 8-11). 자유롭게 거울을 탐색하게 한 후 실험자는 아기의 얼굴을 헝겊으로 닦는 척하며 코에 루즈를 묻혀둔다. 그리고 다시 거울을 보게 한다. 자아인식을 나타내는 결정적인 증거는 아기가 거울에 있는 얼굴의 코 대신 자기 코를 만지는가 하는 점이다. Lewis와 Brooks-Gunn(1979)에 의하면, 9~12개월에는 자기 코를 만지는 아기가 없었고, 21개월경에는 75%가 자기 코

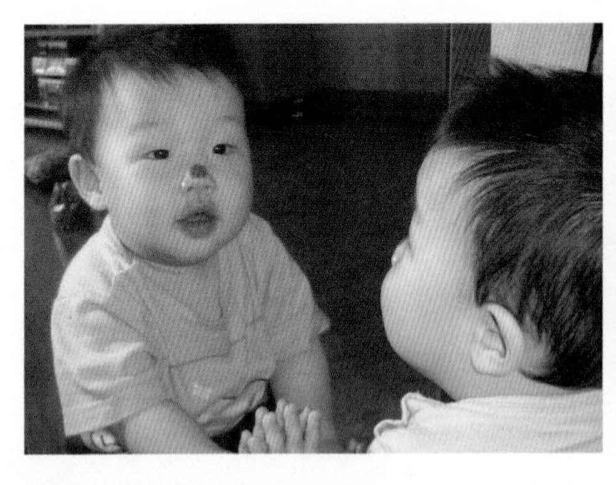

그림 8-11 자아인식

왼쪽의 10개월 된 아기는 코에 루즈가 묻은 자신의 모습을 전혀 인식하지 못한다. 그러나 오른쪽의 거울을 보는 30개월 된 여아는 자신의 모습임을 인식하고 있다.

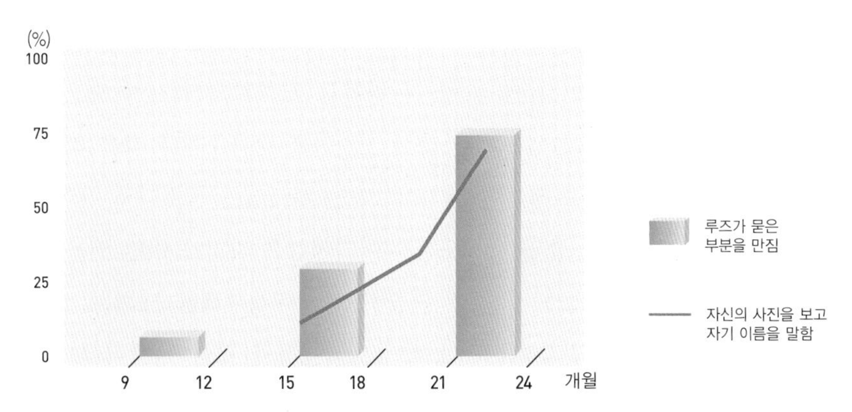

그림 8-12 **영아의 연령에 따른 자아인식의 발달**

를 만짐으로써 자아인식을 나타내었다. 이러한 결과는 자기사진을 보며 자기이름을 말하는 실험에서도 마찬가지로 나타난다(그림 8-12). 아기는 자아인식 과정을 거쳐 점차 자아 정의로 보다 진보된 개념을 갖게 된다.

(3) 자아에 대한 정의

아기는 말을 하기 시작하면서, 자신에 대해 말로 표현함으로써 좀 더 분명하고 정교한 자아개념을 갖게 된다. Stern(1985)은 이러한 자아를 언어적 자아(verbal self)라고 일컫는다. 말을 하는 걸음마기 영아는 '내 것'을 강조하기 시작하며, 크기나 모습, 나이, 성, 소유물과 관련하여 '나'와 '너'의 차이를 비교한다. 또한 다른 사람의 관점에서 자기를 보기 시작하기 때문에 15개월이면 자기이름을 부르며, 20~22개월경에는 '내가', '내 것' 등의 자기와 관계된 대명사를 많이 사용한다. 24개월경, 영아는 '나는 크다', '나는 논다', '내가 할 수 있어' 등 자기의 모습이나 행동 또는 능력을 묘사하는 말들을 사용함으로써 점점 더 자아에 대한 지식을 넓혀간다.

이러한 기본적인 지식을 기초로 영아의 자아개념은 발달하기 시작하며, 동시에 자아존중감(self-esteem)도 발달한다. 자기자신에 대한 사랑, 수용, 가치감이라고 할 수 있는 자아존중감은 자아개념에 기초를 둔 자신에 대한 가치평가라고 할 수 있다. 긍정적 자아개념을 가지면 높은 자아존중감을 갖고, 부정적 자아개념을 가지면 낮은 자아존중감을 갖게 된다.

건전한 자아개념은 아기가 부모나 양육자로부터 수용과 존중을 사랑을 받을 때 형성된다. 자아존중감이나 자아가치감(self-worth)은 영아들 스스로 자기가 착하고 부모를 기쁘게 해 드린다는 느낌이 들 때 생긴다. 따라서 기저귀를 갈아주거나 젖을 먹이는 등 아기를 돌보는 부모는 부정적인 표정으로 대하기보다는 부드러운 목소리로 아이에게 사랑한다는 느낌을 전해주는 것이 중요하다. 또한 자아가치감은 자기가 어떤 일을 생기게 할 수 있다든지, 다른 사람의 행동을 조정할 수 있다는 자아통제력을 느끼는 정도에 의해 영향을 받는다. 이에 부모는 민감하고 반응적인 양육행동을 통해 영유아에게 신뢰감과 통제감을 길러주는 것이 중요하다.

2. 자아통제력의 출현

자아통제력이란 사회적으로 바람직하지 않은 행동을 하려는 충동을 억제하는 능력으로 도덕적 행동을 하기 위한 필수적인 요소이다. 자아에 대한 인식은 자아통제력의 기초를 마련한다. 즉, 자기 스스로 자신의 행동을 지시하는 독립적인 개체로서 인식이 우선되어야 자아통제를 할 수 있기 때문이다. 또한 양육자의 지시를 회상할 수 있는 인지적인 표상능력과 기억능력이 있어야 한다. 자아통제의 초기모습은 12~18개월경 순종적 행동(compliance)으로 나타난다. 걸음마기 아동은 부모가 원하는 것이나 부모의 기대를 명확히 인식하고 요구나 지시에 따를 수 있다. 때로는 어른이 지시한 것과 반대로 자기주장적 행동을 하기도 하나, 부모의 애정적 태도나 지도를 경험해온 아동은 대체로 성인의 지시를 자기 것으로 받아들이기 시작한다(Kochanska et al., 1998).

18개월경부터 나타나는 자아통제력은 유아기까지 꾸준히 향상된다. 예를 들어, 일정 시간 동안 하지 말라고 한 행동을 하지 않고 기다리는 능력은 18개월에서 30개월 사이에 증가한다(Vaughn et al., 1984). 특히 언어능력이나 주의집중시간이 긴 영유아는 자아통제를 더 잘한다. 이러한 걸음마기 아동들은 금지된 행동을 하지 않기 위해 기다리는 동안 노래를 한다든지, 자신에게 혼자 말을 한다. 또한 어머니가 반응적이고 지지적인 경우, 자아통제 능력이 높았다(Kochanska et al., 2000). 자아통제력이 향상됨에 따라, 부모는 아동의 안전이나 소유물 또는 다른 사람을 존중하는데 필요한 여러 가지 규칙들을 만들고 아동은 사회적으로 바람직한 행동을 더 많이 발달시키게 된다. 그러나 걸음마기 아동은 여전히 규칙을 재차 기억하도록 일러주어야 자신의 행동을 통제할 수 있다. 따라서 애정적인 태도와 합리적인 요구, 부드럽지만 단호하게 규칙을 지키도록 요구하는 양육행동이 중요하다. 걸음마기 때 나타나는 자아통제력의 개인차는 유아기는 물론 아동기와 청소년기까지 지속되는 경향이 있다(Shoda et al., 1990).

3. 양육자 및 또래와의 상호작용

아동은 사회화 과정을 통해 한 사회에서 요구되는 특성을 배우고 다른 사람과 좋은 관계를 유지하며 그 사회의 기준에 부합되는 삶을 영위하는 사회인으로 자라나게 된다. 사회적으로 유능한 아동으로 자라나려면 양육자와의 관계 및 또래와의 관계가 바람직한 방식으로 형성되어야 한다.

(1) 양육자와의 사회적 상호작용

사회적 상호작용의 기본이 되는 행동은 쳐다보기와 말하기다. 그러나 언어능력이 제한된 영아는 미소나 웃음, 울음 등 정서를 통해 양육자와 의사소통을 하므로 영아의 정서는 양육자와의 상호작용이나 사회적 발달과 밀접한 관련이 있다.

한편, 표정이나 말소리를 통해 나타내는 어머니의 정서는 아기의 반응을 이끌고, 정서 표현에 담겨 있는 정보는 아기가 세상을 이해하게 되는 데 영향을 미치게 된다. 예를 들어, 아기에게 미소를 보이던 어머니가 갑자기 굳은 표정을 보이면, 아기는 어머니에게 향하던 상호작용을 멈추게 된다. 이같이 상호작용과정에서 영아가 양육자의 정서를 이해하는 것은 양육자와의 사회적 상호작용은 물론, 여러 사회적 상황에서 어떻게 행동해야 할지를 알게 하는 중요한 기능을 한다. 따라서 아기와 양육자 간 상호작용의 질은 이후 아기가 형성해 갈 사회적인 관계의 원형이 된다고 할 수 있다.

영유아들이 주로 하는 놀이는 사람과 노는 놀이(interpersonal play), 대상놀이(object play), 상징놀이(symbolic play)로 구분된다(Uzgiris & Raeff, 1995). 이중 특히 양육자와 노는 놀이는 중요한 사회화과정으로, 영아는 놀이를 통해 다른 사람과의 상호작용 기술을 연습하게 된다. 사람과 노는 놀이는 서로 쳐다보고 하는 상호작용, '까꿍 놀이', '따라잡기 놀이', '따로 따로' 등 아기와 하는 사회적 게임이나, 어머니와 아기 간 모방놀이, 아버지와 하는 신체적인 놀이가 있다. 이러한 놀이는 아기에게 즐거움을 줄 뿐 아니라, 상호작용 및 의사소통의 방법을 연습하는 기회가 된다.

(2) 또래와의 관계

그림 8-13 **또래에 관한 관심**
어린 영아는 다른 아기를 만지려 하는 등 또래에 관심을 보인다.

영아들은 첫 1년 동안은 어른과 함께 하는 놀이를 즐기나 1년 이후에는 어른의 지원을 받으며 독립적으로 놀기 시작하며(Whaley, 1990), 또래에 관심을 보이기 시작한다. 또래와의 관계는 아기의 사회와 과정에서 별로 중요하게 생각되지 않았기 때문에 별로 알려진 바가 없다. 그러나 아기들은 아주 어려서부터 또래들과 상호작용을 시작하며, 초기에는 그 관계가 짧고 단순해서, 서로를 탐색하는 형태에 머문다. 즉, 생후 2개월경 아기는 다른 아기들을 쳐다보기 시작하며, 3~4개월에는 다른 아기에게 손을 내밀거나 만지려 한다. 이 시기 상호작용은 대부분 짧은 시도나 반응이며, 상대방 아기에게 어떤 시도를 취해도 그 중 38~50%는 그 아기의 반응을 이끌어내지 못한다(Hartup, 1983). 아기들 간 사회적인 미소나 발성은 옹알이를 시작하는 6개월경에 나타나며, 이동 행동이 가능해지면 다른 아기를 쫓아다니고 눈이나 입, 귀를 만지는 등, 신체적인 접촉을 꾀하려 한다(그림 8-13).

생후 1년경이 되면, 초보적이기는 하지만 쳐다보고, 미소짓고, 소리를 내면서 서로 반응을 주고받는 행동을 한다. 14~18개월에는 나란히 앉아 노는 단순한 병행놀이를 시작하고, 18개월이 지나야 서로의 행동을 모방한다든지 쫓아다니는 등 관계적 행동을 보이며 또래에 관심을 나타낸다. 그러나 영아들은 대부분 또래의 상호작용 요구에 무심하고, 물체중심적 놀이를 하기 때문에 같은 주제를 가지고 함께 노는 경우는 거의 없다. 2세경에는 언어능력이 점차 발달함에 따라, 좋아하는 놀이친구가 생기고(Howes, 1988), 또래 간 사회적 상호작용이 나타나게 된다. 한편, 18개월부터 시작된 혼자서 하는 가상놀이는 3세가 되면서 점차 여럿이 하는 사회적 가상놀이로 발전하게 된다.

영아의 사회-정서 발달을 돕기 위한 부모역할

영아기와 걸음마기에 중요한 부모역할은 애정적인 양육자로서 기본적인 신뢰감을 주고 긍정적 자아 개념을 형성시켜 주는 역할(nuturant caregiving), 사회적인 상호작용(social reciprocity)을 발달시키는 역할, 발달을 위한 자극을 주는(stimulation) 역할로 대별할 수 있다. 이를 위한 구체적인 내용을 요약해 보면 다음과 같다.

1. 긍정적인 자아감을 형성

- 아기 이름을 잘 선정한다.
- 거울 앞에 아기를 안고 보여주며 신체 부위를 만지거나 이름을 대도록 한다.
- 두 달경부터 깨어지지 않는 거울을 주고 놀게 한다.
- 각 연령에 따라 아기의 사진을 찍어서 아기와 함께 보며 자신의 특징을 지적하고 놀아 준다.

2. 기본적인 신뢰감 형성

- 아기가 울거나 어떤 신호를 보낼 때 즉각적이고 일관적으로 반응한다.
- 아기를 다른 사람에게 맡기고 떠날 때 아기 몰래 떠나지 않는다.
- 까꿍 놀이나 숨바꼭질은 아기에게 사람은 사라졌다가도 되돌아온다는 것을 배우는 좋은 기회다.

3. 자율감을 길러주기

- 되도록 아기 스스로 많은 일을 하도록 격려한다.
- 아기가 어떤 일을 끝까지 할 수 있도록 부모가 해주는 대신, 해결방안을 제시해준다.
- 먹을 것, 입을 것 등 가능하면 아기가 선택하게 해준다.
- 안전한 범위 내에서, 적절한 감독하에 아기가 환경을 마음 놓고 탐색할 수 있도록 해준다.

4. 영아의 기질에 맞출 것

- 아기의 개성을 인정해준다.
- 아기의 기질 유형에 맞는 양육 방법을 취한다.
  예를 들어, 활동적이고 다루기 힘든 아기는 어느 정도의 환경적인 통제가 필요하고 자극을 덜 주어야 하며, 새로운 환경에 쉽게 적응하지 못하는 아기는 억지로 서둘러 적응하게 하기보다는 새로운 환경에 조금씩, 서서히 접근하도록 유도한다.

5. 양육자로부터 보호를 받고 있고 사랑받고 있다는 느낌을 전하기

- 아기의 단서에 민감해서 즉시 그에 적절한 반응을 한다.
- 발달적으로 적절한 장난감을 제공해주되, 장난감을 대면적 관계 대신으로 이용해서는 안 된다.

PART

4

유아기

유아기는 생후 3년부터 초등학교에 가기 전인 6세 미만의 시기로서 아동초기 또는 학령전기라고도 불린다. 이 시기 유아는 의사소통능력과 인지능력을 비롯하여 운동능력이 급속히 발달하는 한편, 또래와의 관계에 관심을 갖게 된다. 유아는 또래와의 사회적인 관계 경험을 통해 갈등 해결 방식, 정서조절능력 및 사회적인 규칙을 배우게 됨으로써 한 사회인으로 성장하는 기초가 마련된다.

CHAPTER
9

유아기의 신체·운동 발달

01 신체적 성장

02 운동 발달

03 건강

생후 초기 3년까지와는 달리 유아기 아동의 신체적 성장은 눈에 띌 정도의 변화를 보이지는 않는다. 그러나 신체적으로는 걸음마기보다 단단한 몸매를 갖추게 되는 한편, 뛰기, 달리기, 공 던지기, 그림 그리기, 액체를 따르기 등 대근육과 소근육 운동능력이 향상된다. 유아기의 신체·운동 발달은 신체적인 건강뿐만 아니라 여러 가지 경험으로 인한 인지능력의 발달 및 또래와의 사회적인 관계에 영향을 미치기 때문에 중요하다. 운동기술의 발달은 성숙에 따른 신체적 성장과 경험 및 훈련이 상호작용하여 이루어진다.

01

신체적 성장

1. 신장, 체중, 골격

유아기 동안 신장은 매년 5~7cm 정도 자라며 체중은 2~3kg씩 증가한다. 또한 남아가 여아보다 다소 큰 경향은 그대로 지속된다(표 9-1). 아직도 신장에 비해, 머리가 차지하는 비율이 크지만, 복부 근육의 발달 및 팔과 다리의 길이가 증가함에 따라 영아기와 달리 한결 날렵한 모습을 갖추게 된다(그림 9-1). 대체로 여아는 남아보다 지방조직이 좀 더 많고 남아는 근육조직이 많아진다. 또한, 신체적 성장에서의 개인차는 이전 시기보다 더 분명하게 나타나(그림 9-2) 어떤 아동은 3년 동안 15~20cm 자라기도 하고, 어떤 아동은 그보다 훨씬 덜 자랄 수도 있다.

그림 9-1 **영아와 유아의 신체적 모습의 비교**
자료: Berk, 2005

전반적으로 유아기에는 근육과 골격의 성장도 빠르게 진행된다. 즉, 2~6세 사이에 여러 골격 부위에서 약 45개의 새로운 골화센터(epiphyses)가 나타나, 연골이 빠른 속도로 경화됨에 따라 신체적으로 더욱 단단해진다(Berk, 2005). 골화센터에 대한 방사선 촬영을 통해 신체적인 성숙정도를

표 9-1 영아기 걸음마기의 신장, 체중 및 두위

연령	신장(cm)		체중(kg)		두위(cm)	
	남	여	남	여	남	여
3세	96.5	95.4	14.7	14.2	49.8	48.8
4세	103.1	101.9	16.8	16.3	50.5	49.6
5세	109.5	108.4	19.0	18.4	51.1	50.2
6세	115.9	114.7	21.3	20.7	51.7	50.9

자료: 질병관리청, 2017

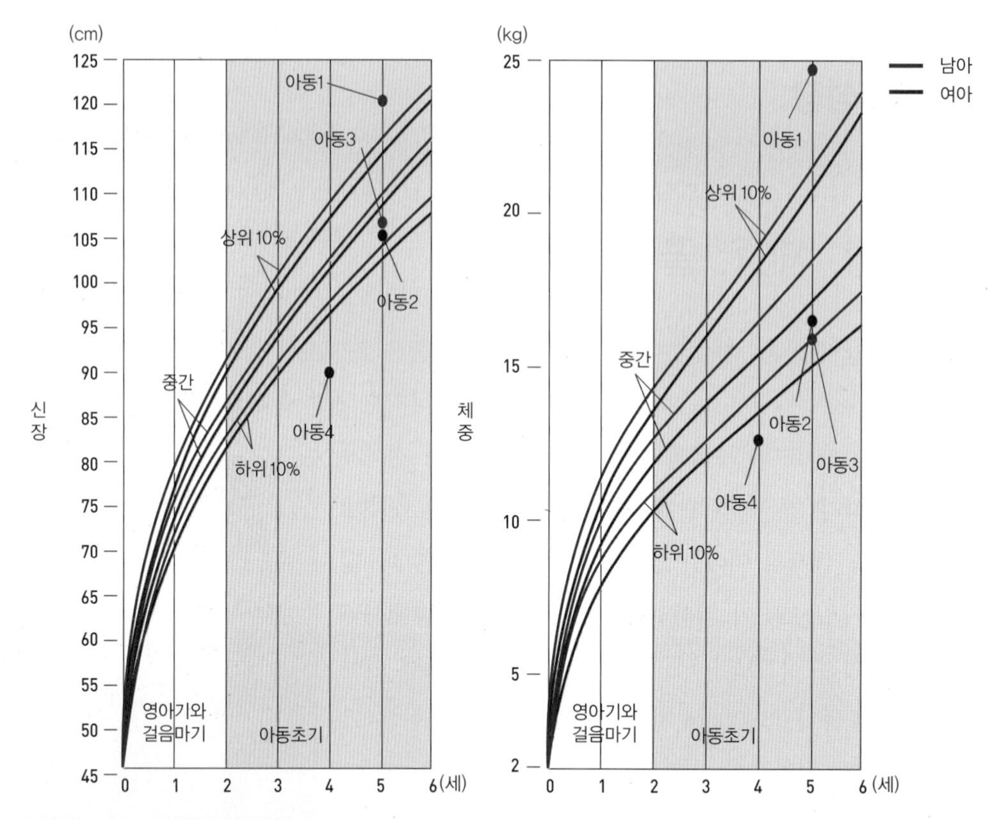

그림 9-2 신장과 체중의 일반적 성장곡선 및 개인차

유아기의 신장과 체중의 성장은 생후 2년 동안의 성장에 비해 완만해진다. 신장과 체중에서 여아는 남아보다 유아기 내내 약간 더 작고 가볍다. 또한 신장과 체중에서 상당한 개인차를 볼 수 있다.

예측해주는 골(격)연령을 알 수 있으며, 유아기와 아동기에 측정한 골(격)연령은 성장장애 진단에 도움이 된다.

한편, 영구치가 나오는 시기는 유전과 환경의 영향에 따라 다소 다르지만 대체로 유아기 말인 6세에 영구치로 바뀌기 시작한다. 임시적인 치아이기는 하지만 젖니의 부식은 영구치의 부식과 관련이 있기 때문에, 단 음식을 피하고 이를 잘 닦는 습관을 들이는 등 젖니를 잘 관리하도록 하여야 한다.

신체적인 성장과 더불어, 두뇌와 신경조직의 성숙은 여러 가지 운동기술의 발달을 가져오게 되며 호흡기, 순환기, 면역체계의 성숙과 기능향상으로 인해 점차 신체적인 활력이 다져지고 건강해진다.

2. 두뇌의 발달

두뇌의 무게는 30개월에 1,050g으로 성인 두뇌무게의 76%를 차지하던 것에 비해 5세 말에는 1,242g 정도로 성인 두뇌의 약 90%에 이른다. 한편 두뇌의 신경계는 수많은 시냅스(synapses) 형성과 신경섬유가 지방물질로 쌓이게 되는(myelination) 성숙 과정이 진행된다. 예를 들어, 4세경에는 전두엽(frontal lobes)에 있는 시냅스의 수가 성인의 2배에 이른다. 이처럼 많은 시냅스의 수는 두뇌의 가소성과 관련되어, 만약 두뇌의 특정부위가 손상을 입게 되면 다른 부위에서 그 기능을 대신 수행하는 데 도움이 된다. 그러나 신경단위 간의 연결을 위해 형성된 시냅스들은 환경적 자극 여부에 따라 유아기 후반에서부터 아동기에 걸쳐 가지치기(synapse pruning)가 이루어진다. 즉, 잘 쓰이지 않는 신경세포는 사라지고 그에 따라 시냅스의 수나 밀도는 감소하는 한편, 자주 자극을 받는 신경세포는 점점 더 정교화되면서 점차 두뇌의 가소성은 줄어들게 된다.

두뇌활동에 대한 뇌파기록(EEG)이나 기능적 자기공명영상(fMRI) 측정자료에 의하면, 전두엽 대뇌피질은 3세~6세 사이에 급속한 성장을 나타내 주의력이나 행동을 계획하고 조직하는 종합적인 사고능력이 발달한다(서유헌, 2006). 또한 좌반구의 대뇌피질은 특히 3~6세 사이에 활성화되며 그 이후는 감소한다. 그러나 우반구의 대뇌피질 활성화는 유아기부터 아동기에 걸쳐 꾸준히 증가한다(Thompson et al., 2000).

언어와 관련이 있는 좌반구 대뇌피질의 세 영역인 청각영역(primary auditory area), 브로카영역(Broca's area), 그리고 베르니케영역(Wernicke's area)의 시냅스 밀도의 변화를 보면(Huttenlocher, 2000), 3세 이전에 시냅스 밀도는 증가하고 그 이후 가지치기로 점차 감소하여 10세경이면 어른 수준에 이르는 것을 알 수 있다**(그림 9-3)**. 따라서 3세 이전에는 언어이해능력과 언어산출능력이 급속한 발달을 이루는 데 비해, 사춘기 이후에는 대뇌피질의 가소성이 줄어들며 새로운 언어를 배우는 능력도 점차 감소하게 된다.

한편, 두뇌의 성장 발달에 따라 인지 발달이나 운동 발달의 모습도 달라진다. 즉, 전두엽과 좌반구 대뇌피질 발달로 인해 언어기술과 운동능력은 유아기에 급속한 발달을 보인다. 그러나 우반구 발달과 관련이 있는 공간기술(예: 그림 그리기, 도형인식, 길 찾기)은 아동기와 청년기에 발달한다.

좌우반구의 발달속도가 차이가 있는 것으로 보아, 두뇌 발달은 각 기능이 점점 전문화되어가는 과정(편재화: lateralization)임을 알 수 있다. 예를 들어, 왼손이나 오른손 중 어느

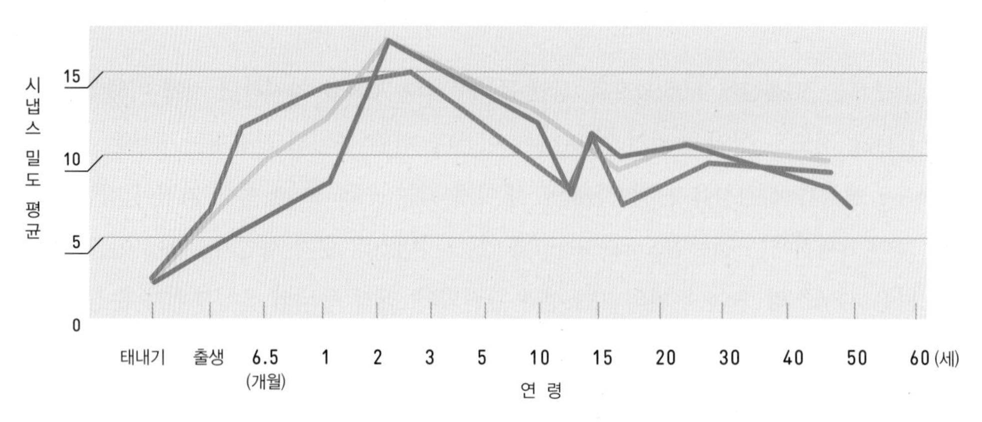

그림 9-3 언어처리와 관련된 대뇌피질 세 영역의 시냅스 밀도의 연령에 따른 변화

세 영역의 시냅스 밀도는 생후 첫 3년 동안 급속히 증가하며, 이 시기 동안 영유아의 언어능력은 빠르게 발달한다. 시냅스 밀도의 증가는 청각영역에서 처음 일어나며, 언어를 해석하는 것과 관련 있는 베르니케영역, 언어표현을 조절하는 브로카영역의 순서로 이루어진다. 이에 따라, 언어이해는 언어생성보다 먼저 발달한다. 가지치기를 통해 유아기 말과 아동기 동안 시냅스의 밀도는 감소하며, 대뇌피질의 가소성도 줄어든다.

자료: Berk, 2005

편을 더 많이 사용하는 '손잡이(handedness)' 경향은 대뇌피질 좌우반구의 발달이 어느 한쪽으로 우세한 것으로 1세에는 10%의 아기만이 손잡이 경향을 보이지만, 유아기에 그 경향은 강화되어 5세에는 90% 아동이 손잡이를 나타낸다. 왼손잡이(우측 반구의 편재화)는 오른손잡이(좌측 반구의 편재화)보다 편재화 정도가 덜 강하여 비교적 오른쪽도 잘 쓰는 경향이 있다. 손잡이는 유전보다는 환경의 영향에 의한다는 것이 지배적인 견해이다.

두뇌의 뒷부분 아래쪽에 있는 소뇌는 신체적 균형과 움직임을 통제하는 곳으로 대뇌피질과 연결되는 신경섬유의 성숙은 출생 후부터 시작되어 4세경에나 완성된다(Tanner, 1990). 따라서 유아기에 이르러야 신체적인 움직임이나 활동이 원활해지고 정교해진다. 이외에도 좌우반구를 연결해주는 신경섬유인 뇌량(corpus callosum)의 성숙도 3~6세 사이에 절정을 이루며, 이후 아동기와 청년기까지 서서히 발달한다(Thompson et al., 2000). 좌우의 뇌를 잇는 뇌량의 성숙에 따라 아동기에 이르면 신체적 움직임에서 사지의 협응이 잘 되는 한편, 주의, 지각, 기억, 언어, 문제해결 등 사고의 각 측면들 간에 통합을 이루게 된다.

3. 신체적 성장에 영향을 주는 요인

다른 발달영역과 마찬가지로 신체적인 성장발달은 유전적 요인에 의한 영향과 함께 환경의 영향을 받는다. 즉, 유전인자는 성장호르몬 분비를 통제함으로써 신체크기나 성장 속도에 영향을 미친다. 예를 들어, 아동의 신체의 크기나 성장 속도는 부모의 신체 크기나 성장 속도와 관련이 있으며, 인종에 따른 차이도 있어서 흑인들은 백인보다 신체적인 성장이 빠르다.

또한 신체적 성장은 영양상태에 기인하는 바가 크다. 도시에서 또는 풍요로운 환경에서 자란 아동들은 시골이나 영양상태가 좋지 않은 환경에서 자란 아동들보다 키가 더 크다. 한편, 아동이 자라는 동안 단기간의 영양실조나 질병으로 인한 일시적 성장지연이 있었던 경우는, 환경이 개선되고 질병으로 인한 문제가 회복되면 따라잡기(catch-up) 성장을 나타내 정상적인 발달을 이루게 된다. 그러나 장기적인 영양실조나 이후 환경이 개선되지 않은 경우는 성장지연이 그대로 지속된다. 특히 성장기 동안 영양결핍은 신체적 성장과 건강을 위협함은 물론 인지적, 사회 정서적 발달에도 문제를 낳게 된다(Park, 2003).

장기적인 영양실조 외에도 극심한 애정적 결핍을 경험하거나 정서적으로 스트레스를 오래 겪은 아동들 역시, 성장과 관련된 뇌하수체호르몬 분비의 변화로 인해 성장지연을 나타내기도 한다. 이러한 경우를 심리사회적 성장장애(psychosocial dwarfism) 또는 결핍성 성장장애(deprivation dwarfism)라고 한다.

02

운동 발달

1. 대근육 운동능력

신체운동 발달이 중심에서 말초로 진행됨에 따라 유아기에는 뛰뛰기나 달리기, 평균대 오르기 등 몸의 균형이 필요한 대근육 활동이 가능해진다. 유아는 영아기에 성취한 신체

2세

3세

5~6세

그림 9-4 **연령에 따른 대근육 운동능력**
자료: Berk, 2005

그림 9-5 **자전거를 타는 유아**
4세 된 이 여아는 보조바퀴가 달린 두 발 자전거를 탄다.

적인 능력을 기초로 반복적인 연습과 활동을 통해 달리기, 뛰어오르기, 뛰어내리기 등 운동기술을 정교화시킨다.

자신의 몸과 관련된 운동기술을 익히는 영아기와 달리, 유아기 운동 발달의 특징은 자기 몸과 물체와의 관계에 필요한 기술을 습득해간다는 점이다. 즉, 영아기에는 걷고, 달리고, 기어오르는 등 신체적 움직임 자체를 발달시키는 데 초점을 두었다면, 유아기에는 물체와 신체적 움직임 간의 관계와 관련된 기술을 발달시킨다. 예를 들어 공을 받거나 던질 때, 2세 유아는 공의 위치와 상관없이 두 발을 모아 선 채로 팔을 뻗기 때문에 공을 제대로 잡지 못하고 잘 던지지도 못한다. 3세 유아는 가슴으로 받으려고 다소 팔을 구부리기는 하나 몸을 움직여 적응하지 않아 잡기가 힘들다. 4~5세 유아는 몸체를 돌려 공을 던지고 손으로 공을 잡게 된다. 5~6세경에는 팔꿈치뿐만 아니라 어깨 등 몸체 전체를 움직이고 공의 움직임에 따라 몸체의 중심을 움직이는 등 몸과 물체의 협응이 훨씬 더 원활해져서 가슴 대신 손이나 손가락으로 공을 잡게 된다(그림 9-4). 또한 체력과 기술이 강화됨에 따라 운동능력에서 힘과 속도 및 지구력이 증가한다. 유아기의 운동기술이나 능력의 발

표 9-2 유아기의 연령별 대근육 운동 발달

연령	발달 내용
3세	• 발을 보지 않고 걷기, 뒷걸음으로 가기, 달리기, 돌고 멈추고 잘함 • 균형을 위해 계단 난간을 잡으며 발을 교대로 계단오름 • 낮은 높이의 물체나 계단을 뛰어 넘음. 높이 감각이 정확하지 않음 • 팔, 다리를 움직여 그네 타는 등 협응 능력 향상됨. 미숙하여 부딪치는 경우도 있음 • 물체의 속도나 높이에 대한 감각이 생기나 공 던지기를 할 때 과신하거나 지나치게 두려워함. 가슴으로 공을 받음 • 10cm 정도의 낮은 평균대에서도 한 발로 균형잡기가 어려움 • 활동적으로 놀이를 하나 쉽게 피로하여 휴식이 필요함 • 세발자전거를 탈 수 있음
4세	• 잘 달림 • 10cm 정도의 낮은 평균대에서도 한 발로 균형을 잡을 수 있음 • 발을 교대로 계단을 내려올 수 있음 • 줄넘기를 할 때 시간에 맞추어 넘을 수 있음 • 몸을 어느 정도 움직여 공을 던지고 손으로 받음 • 자기 행동의 한계를 비교적 잘 알지만, 아직도 안전을 위해 길을 건널 때 등 어른의 감독이 필요함 • 끈기를 보임. 상당히 오래 활력을 가지고 놀 수 있음
5세	• 뒷걸음으로 빨리 갈 수 있음 • 평균대를 잘 걸음, 물체를 뛰어넘음 • 뜀뛰기를 잘함, 줄넘기를 잘함 • 잘 기어오름, 자전거나 수영을 할 수 있을 만큼 움직임에 있어 협응이 잘 됨 • 공던지기와 받기를 잘함 • 운동 능력에서 지나친 자신감을 보임. 그러나 한계나 규칙도 받아들임 • 활력이 상당함, 거의 피로감을 보이지 않음

달은 이후의 여러 가지 사회적인 활동에 참여하는데 중요한 기반이 된다.

2. 소근육 운동능력

그림 9-6 **그림 그리기에 열중하는 유아**
유아는 그리기 등에 관심을 가지며 소근육 운동을 발달시킨다.

블록쌓기, 그림 그리기, 만들기, 가위질하기 등 소근육 운동의 발달 역시 상당한 진전을 이루어 3세경이면 스스로 음료수를 따르고 숟가락으로 음식을 먹으며, 용변을 볼 수 있다. 4세경에는 도움을 받으며 옷을 입을 수 있고, 5세경에는 도움 없이 옷을 입을 수 있다. 3~5세 유아는 정교한 동작을 민첩하

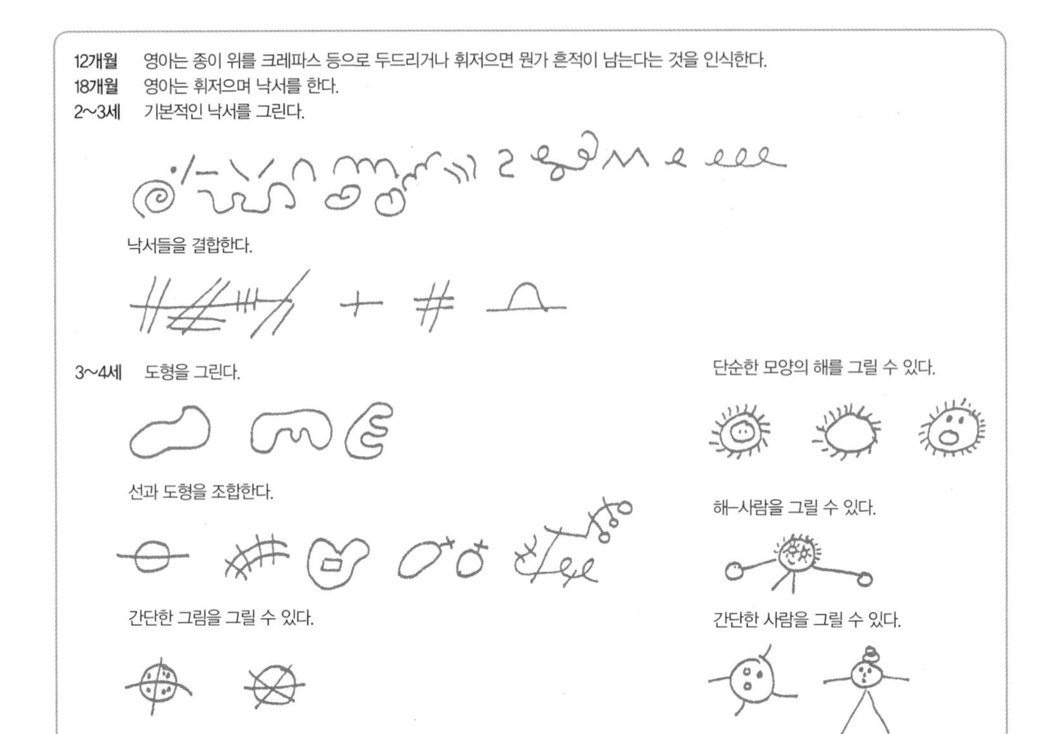

그림 9-7 **연령에 따른 '그리기' 능력의 발달**
자료: Berk, 2005

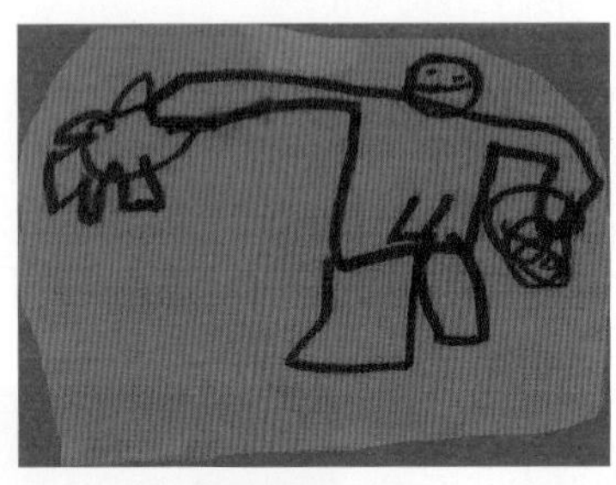

4세 남아의 그림

4세 여아의 그림

그림 9-8 **4세아의 그림**

그림 9-9 **5세아의 그림**
5세아의 그림은 4세에 비해 훨씬 정교해진 모습이다.

표 9-3 **연령별 소근육 운동 발달**

연령	발달 내용
3세	• 큰 peg를 peg판에 꽂을 수 있음, 큰 구슬을 뀀 • 액체를 좀 흘리면서 부을 수 있음 • 블록으로 탑을 쌓음 • 손의 정교한 협응이 필요한 일은 쉽게 피곤해함 • 원이나 어떤 형태의 모양을 그림 • 주먹 쥔 모습이 아니라 손가락으로 크레파스를 쥠 • 옷을 벗을 수(단추를 끼우는 등)는 있으나 입는 데는 도움이 필요
4세	• 작은 peg를 peg판에 꽂을 수 있음, 작은 구슬을 뀀 • 모래나 물을 작은 그릇에 담을 수 있음 • 조형물을 높이 쌓을 수 있으나, 공간 지각력이 낮아 쓰러지는 경우가 있음 • 작은 부품이 있는 놀잇감을 조작하는 것을 즐김, 가위사용을 즐김 • 단순한 모양을 섞어서 그림, 단순한 형태로 사람이나 물체의 모습을 그림 • 도움 없이 입고 벗을 수 있음, 이를 닦고 머리를 빗고 컵이나 숟가락을 제대로 사용함 • 신발 끈을 뀔 수 있으나, 묶지는 못함
5세	• 못질을 할 수 있음, 가위를 능숙하게 사용함 • 컴퓨터 키보드 사용함 • 15개 정도의 퍼즐을 쉽게 함 • 물체를 분해하고 조립함, 인형 옷을 입히고 벗김 • 모양을 그대로 따라 그림 • 사람을 그리고, 글자를 알아볼 수 있게 씀 • 겉옷 지퍼를 채움, 단추를 잘 잠금, 구두끈을 맴, 옷을 빨리 입을 수 있음 • 블록쌓기가 정교해짐

게 수행하지는 못하나, 점진적으로 단추 구멍에 단추를 끼우기나, 그림 그리기, 점토 만들기 등 소근육을 사용하는 기술 역시 발달한다.

한편, 지적인 발달과 더불어 끄적거리기 정도의 손놀림을 보였던 영아기나 걸음마기와는 달리, 3~4세에는 어떤 모양을 그리고 4~5세에는 알아볼 수 있는 그림을 그린다(그림 9-7, 9-8, 9-9). 유아기에는 소근육의 발달을 위해 그림 그리기 또는 레고 등과 같은 놀이가 도움이 된다.

3. 운동 발달의 개인차

유아기에는 대뇌피질의 운동영역이나 지각영역의 발달로 유아가 원하는 행동을 비교적 원활하게 수행할 수 있도록 협응이 된다. 근육과 골격이 강해지고 폐활량이 커져 뛰어내리기, 오르기, 달리기 등 모든 움직임에서 더 빨리 더 잘 할 수 있게 된다.

그러나 소근육이나 대근육 운동기술은 아동에 따라 개인차가 있어 어떤 아동은 훨씬 쉽게 과제를 수행하고 어떤 아동은 더 많은 어려움을 겪는다. 특히 정교한 작업이나 시각과 손동작의 협응이 필요한 과제 등에서 유아들은 실패와 좌절을 겪게 된다. 소근육 운동의 발달은 비교적 느리게 발달하므로 유아의 꾸준함이나 인내심과 더불어, 소근육 운동을 발달시킬 수 있는 기회 제공과 그에 적절한 도구, 양육자의 격려 및 시간 제약이 없는 자유로움이 요구된다.

일반적으로 운동 발달은 성에 따른 차이를 보여, 여아는 남아보다 정교함을 요하는 소근육 운동과 뛰어넘기 같은 대근육 운동기술이 앞서 있으며, 남아는 힘과 체력이 요구되는 달리기나 뜀뛰기 등과 같은 대근육 운동에서 두드러진 발달을 보인다. 그러나 건강 상태나 신체적, 심리적 특성, 또는 부모의 개인적인 신념 때문에 유아가 신체, 운동기술을 배우고 연습할 기회를 충분히 갖지 못해서 운동능력에 차이를 보이는 경우도 있다. 운동능력에서의 개인차나 신체운동능력에 관한 관심 여부는 아동이 성장함에 따라 더욱 커지게 된다.

신체운동 능력은 아동의 사회적 관계나 정서적 발달에도 영향을 미치기 때문에, 양육자는 유아의 신체적 성숙에 맞추어 적절한 크기의 안전한 놀잇감 및 기구를 제공함으로써 최적의 신체운동 발달을 이루도록 도와주어야 한다.

03
건강

1. 식습관

영양과 식습관은 골격성장이나 체격, 또는 질병에 대한 면역력과 관련이 있기 때문에 유아기 발달에서 매우 중요한 측면이다. 유아의 식욕은 예측하기가 힘들어 어떤 때는 잘 먹고 어떤 때는 전혀 손도 안 대는 경우가 있는데, 이러한 식욕감소는 정상적인 현상이라고 할 수 있다. 즉, 유아기에는 성장속도가 점차 완만해지기 때문에, 소요 열량이 덜 필요하고 이에 따라 적게 먹는다. 그러나 유아는 식사 때마다 먹는 양은 달라도 대체로 하루에 먹을 양은 먹게 되므로(Hursti, 1999), 한 끼를 잘 안 먹는다고 부모가 너무 염려할 필요는 없다.

한편, 걸음마기에는 가리지 않고 잘 먹던 아이도 유아기에 이르러는 한 가지 음식만 찾는 등 까다로운 아이가 되는 경우도 많다. 식습관이 까다로운 아이는 두 가지 유형으로 나눌 수 있다. 새로운 음식을 거부하는 경우(food neophobia)와 친숙한 음식인데도 잘 안 먹는 경우(pickiness)가 있는데 그 원인은 생물학적인 요인과 환경적인 요인에서 찾을 수 있다(Galloway, 2005). 즉, 새로운 음식에 대한 공포증처럼 기질적 또는 생물학적으로 새로운 음식을 먹지 않으려는 경우도 있으나, 까다로운 식성은 대부분 환경적인 이유에 기인한다.

환경적 이유 중 한 가지는 어렸을 때 부모가 억지로 먹이려고 해서 식습관이 잘못 형성된 경우이다. 그러므로 어떤 음식을 억지로 먹게 강요하지 말되, 자연스럽게 친숙해지도록 하는 것이 좋다. 강요하지 않으면서 자연스럽게 8~15번 정도 시도하게 되면, 대개는 싫어하던 음식을 먹게 된다는 연구결과(Sullivan & Birch, 1990)도 있다. 또한 식사 시 가정 분위기도 영향을 준다. 음식을 먹게 하려고 야단을 치거나(예: '깨끗이 다 먹을 때까지 후식은 절대 안 준다'), 일종의 거래(예: '조금만 먹으면 네가 좋아하는 초코렛을 줄께')를 하는 것은 그 음식을 오히려 더 싫어하게 되는 계기가 된다. 이외에도, 까다로운 식습관은 부모나 또래 등 주변 사람을 모방해서 나타난 결과일 수도 있기 때문에, 가족의 올바른 식습관이 중요하다.

그림 9-10 **까다로운 식습관과 관련된 요인**
자료: Galloway, 2005

유아에 따라서는 배가 고프다거나 포만감을 느끼는 정도에 차이가 있어 지나치게 많이 먹기도 한다. 어른과 마찬가지로 유아들의 식습관은 식생활 환경에 의해 영향을 받게 되므로 적절한 양과 질적으로 좋은 음식물을 섭취하도록 하는 배려가 필요하다. 그러나 아이가 먹는 음식의 양이나 시간에 대해 부모가 일일이 지나치게 통제하는 것은 유아가 자기통제력을 발달시키는 기회를 빼앗게 된다(Birch et al., 2003).

따라서 어려서부터 올바른 식습관 훈련을 통해 아동 스스로 자기의 식사량을 조절하는 능력을 길러주는 것이 중요하다. 대체로 3세 유아는 배가 부를 때까지 먹는 경향이 있지만, 5세경에는 자기 앞에 놓인 음식이 많으면 더 많이 먹게 되므로 적정 양의 음식을 주되, 억지로 다 먹게 하는 일은 없어야 할 것이다. 배가 고플 때 스스로 먹을 만큼 먹게 할 때, 자기에게 필요한 열량을 스스로 섭취할 수 있는 자기조절능력이 생기게 된다.

특히 어렸을 때의 식습관은 건강 및 식습관에 장기적으로 영향을 미치며 비만과 관련이 있으므로 유의해야 할 점이다. 6세 때의 비만한 아동은 25% 정도가 성인이 되었을 때 비만할 가능성이 있으며, 12세 때 비만한 경우는 75%가 성인이 되었을 때 비만을 나타낸다고 한다(Santrock, 2007).

2. 수면 습관

아동은 자는 동안 성장호르몬이 분비되기 때문에 수면은 신체적 성장 발달에 아주 중요한 측면이다. 잘 자고 잘 쉬어야만 놀거나 배우는 일도 잘 할 수 있다. 유아기 동안 수면 시간은 감소하여 2~3세에는 보통 12~13시간을 자지만, 4~6세에는 10~11시간을 잔다.

대개 3세 정도까지는 오후에 1시간에서 1시간 반 정도 낮잠을 자게 되지만 4세부터는 낮잠을 자려고 하지 않는다. 그러나 4, 5세까지는 낮잠을 자지는 않더라도 피곤하거나 지치지 않도록 조용한 상태에서 휴식시간을 갖는 것이 필요하다.

한편, 유아기에는 밤에 혼자 잠드는 것을 힘들어하는 경우가 많다. 이러한 경우는 적어도 10~11시간은 자도록 잠자는 시간을 규칙으로 정해놓고, 잠들기 전에 화장실에 가며, 위안물이 필요하면 그것을 가지고, 부모가 이야기책을 읽어주는 등 '잠자기 순서'를 일정하게 진행하는 것도 도움이 된다. 또한 유아들은 현실과 상상을 구별하기가 어려워, 밤에 악몽을 꾸는 경우가 많아 자주 깨기도 한다.

3~5세 유아들은 오줌을 싸서 옷을 적시는 일이 거의 없지만 어떤 유아는 5세까지도 밤에 자주 실수를 하는 유뇨증(야뇨증)을 보이기도 한다. 유뇨증은 신체적 또는 심리적 요인에 기인할 수 있을 수 있으나, 특별히 방광의 용량이 적다든지 신체적으로 이상이 있는 경우는 드물며, 대개는 특별한 조치 없이 커가면서 자연스럽게 나아지게 된다.

그러나 유뇨증에 대한 부모의 잘못된 반응행동으로 인해 지속되기도 하므로, 유아에게 수치심을 불러일으키거나 벌을 주기보다는 부모나 유아 모두 유뇨증을 심각하게 생각하지 말고 일과성인 일반적 문제로 인식하는 자세가 필요하다. 밤에 실수를 안 했을때 칭찬해주거나 밤에 깨워서 화장실에 가도록 도와주기, 또는 자기 전에 음료수를 적게 마시게 하는 등의 지도가 필요하다.

3. 사고

유아기의 크고 작은 안전사고는 복잡한 교통환경, 바쁜 일상생활, 열악한 보육환경 등 여러 가지 사회적인 조건 때문에 발생한다. OECD 19개국을 대상으로 1세부터 14세 아동의 사고로 인한 사망률을 조사한 미국의 2001년 통계자료에 의하면(Berk, 2005), 스웨덴이나 이탈리아, 영국은 아동 10만 명당 5~6명, 미국은 약 14명인데 반해, 우리나라는 약

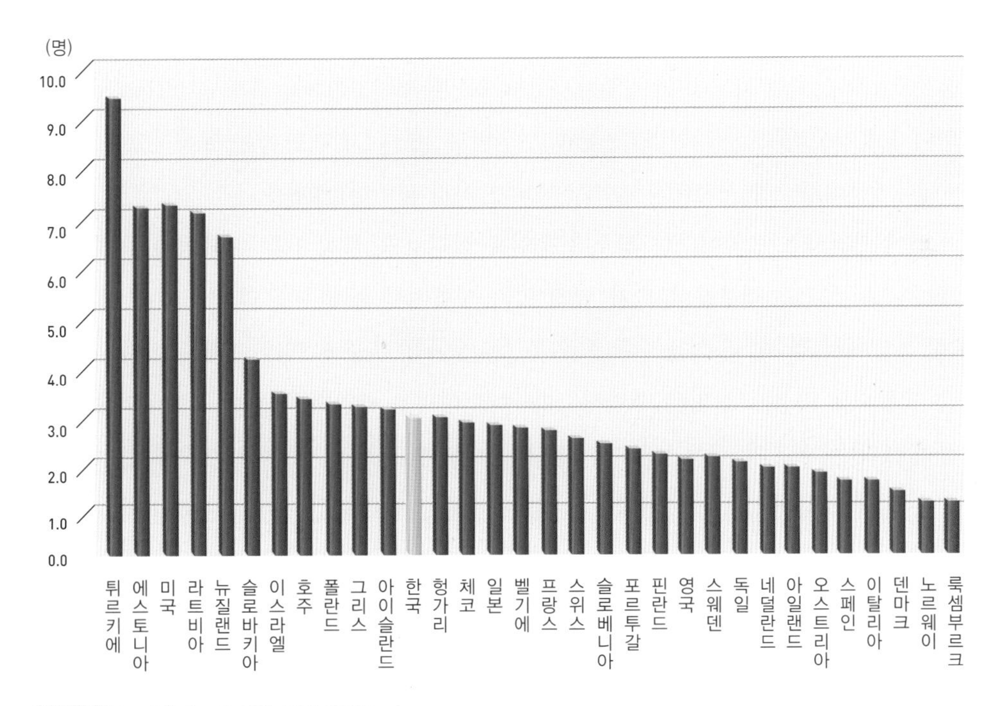

그림 9-11 국가별 사고로 인한 아동 사망률
OECD 국가 어린이 연령별 사고 사망률 순위(인구 10만 명당)
자료: 통계청, 2018

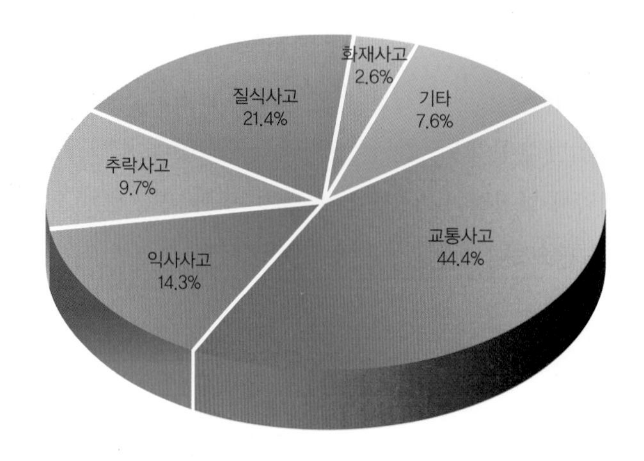

그림 9-12 14세 이하 아동의 주요 사망원인
자료: 통계청, 2018

26명으로 나타나 가장 높은 안전사고 사망률을 나타내었다. 그러나 그 수는 점차 줄어 1996년부터 2016년까지의 자료를 종합한 최근 통계청(2018) 자료에 의하면, OECD 32개국 중 우리나라는 12위로 아동 10만 명당 2.8명으로 보고되고 있다(그림 9-11).

한편, 1996년부터 2016년까지 안전사고로 사망한 14세 이하 아동의 주요 사망원인은 교통사고(44.4%), 질식사고(21.4%), 익사사고(14.3%), 추락사고(9.7%), 화재사고(2.6%) 순으로 나타나 교통사고가 가장 많았다(그림 9-12). 연령별로 보면, 1세 미만아는 질식사고(61.2%)가, 1~4세나 5~9세는 교통사고(각각 53.9%, 50.2%)가 가장 많았다(그림 9-13).

어린이 안전사고가 일어나는 장소나 원인을 살펴보면, 특히 1세 미만 영아의 경우 가장 많은 질식사고는 대부분 부모가 옆에 있는 상황에서 일어나며, 엎드려 재울 때, 부모와 한 침대에서 잘 때, 음식을 잘못 먹었을 때, 장난감 부품을 먹었을 때 등이다. 4세 이하는 교통사고 다음으로 많은 추락사고가 주로 아파트 베란다 창틀이나 놀이터에서 발생하며, 원인은 어른의 감독소홀로 나타난다. 이외에도 주로 가정에서 발생하는 어린이 화상은 화재에 의한 것보다는 커피나 국 등 뜨거운 액체로 인한 것이 대부분이다.

영아기나 유아기에 어린이 안전사고가 많은 것은 이 시기 아동은 호기심이 많고 활동성이 증가하는 한편, 신체적 균형감각이 떨어져 사소한 실수도 사고로 이어지기 때문이다. 성차도 나타나 기질적으로 활동성이 높고 놀이를 하는 동안 모험을 즐기는 남아는 여아보다 1.7배 정도 높은 안전사고를 나타낸다(한국보건사회연구원, 2004). 그러나 앞서 기술하였듯이 부모가 함께 있을 때, 가정 내에서 안전사고가 일어난다는 것은 어린이 안전에

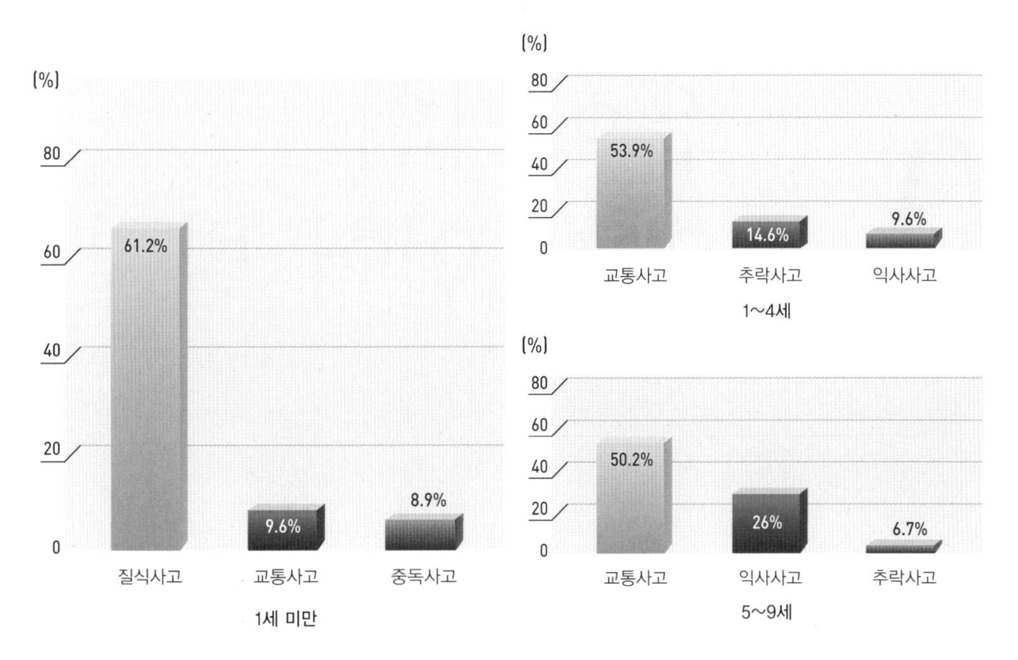

그림 9-13 **연령별 사고사망 유형순위**
자료: 통계청, 2018

대한 부모의 의식 부족이나 부주의에서 비롯된 것이므로 이에 대한 경각심이 필요하다. 또한 유아는 아직 스스로 어떤 규칙을 기억하기가 어렵기 때문에 부모나 교사가 아이에게 규칙을 일깨워주고 행동을 감독해야 한다. 그러므로 부모와 교사에 대한 철저한 안전교육을 통해 안전의식을 고취시킴으로써 유아의 안전사고 예방을 생활화할 수 있도록 해야 할 것이다.

특히 경제적으로 어려운 가정의 경우는 부모가 어린 자녀를 돌보는 대신 어린이만 남겨진 경우가 많아 사고를 당하기 때문에, 저소득층 가정 아동의 안전을 위한 정책적인 배려가 요구된다. 또한 아동의 안전사고를 예방하기 위해서는 자동차 안전은 물론 놀잇감이나 놀이시설의 안전을 위한 법률의 강화 및 지역사회의 물리적 환경개선도 필요하다.

CHAPTER 10

유아기의 인지·언어 발달

01 사고능력의 발달

02 언어 발달

유아기에는 정신적 표상능력의 발달로 영아기와는 질적으로 다른 인지적 능력을 나타내지만, 아직 정신적 조작능력은 상당히 제한적이기 때문에 전 조작적 사고기라고 한다. 또한 유아기는 어휘력의 증가와 문법능력의 발달로 다른 사람과의 의사소통능력이 급속히 발달한다. 10장에서는 유아의 사고능력, 정보처리능력 및 언어능력을 중심으로 그 발달적 특징을 살펴보고자 한다.

01
사고능력의 발달

사람들은 정보를 조작하고 변환하는 과정을 통해 개념을 형성하고 추론이나 비판적 사고를 통해 문제를 해결하게 된다. 유아기는 Piaget의 인지발달 단계 중 전 조작적 사고기(2세~7세)에 속하며 상징을 사용하는 능력이 급격히 증가하여 인지발달에 상당한 진전을 이루는 시기이다. 유아는 언어발달이나 정신적 표상능력의 발달로 인해 감각 운동적 지능이 지배적이던 영아와는 질적으로 다른 행동을 보인다. 그러나 정신적 조작능력이 제한적이어서 유아의 사고는 대체로 자기중심적이고, 사물의 본질보다는 외양에 의해 지배되며 직관적이고 비논리적인 사고를 나타낸다.

1. 전 조작적 사고기

전 조작적(preoperational thought) 사고기는 그 명칭에서도 알 수 있듯이 아직은 여러가지 정신적인 조작을 할 수가 없기 때문에 아동기에 나타나는 조작적 사고(operational thought)와는 다른 특성을 보인다. 전 조작기를 거치면서 유아는 점차 공간에 대한 이해, 인과관계, 사물의 실체, 분류, 수에 대한 이해를 하게 되는데, 이 중에서 어떤 능력은 이미 영아기 때 그 기초가 마련되어 있으며, 어떤 것은 아동기가 될 때까지 충분히 발달하지 않는다. 전 조작기는 상징적 사고기(symbolic function substage) 또는 전 개념기와 직관적 사고기(intuitive thought substage)의 두 가지 하위 단계로 나누어진다.

전 조작단계 중 그 초기단계인 상징적 사고기 혹은 전 개념기(2세~4세)에는 어떤 사물이나 사건 또는 경험을 나타내기 위해 상징이나 정신적 표상을 사용하기 시작한다. 예를 들어, 더운 날 밖에서 놀다 갈증이 난 유아가 '나 음료수 마실래'라고 말하는 것은 전에 음료수를 먹었고 그 맛이 시원했다는 것을 기억하고 그것을 마음 속에 심상(정신적 표상 또는 이미지)으로 떠올려서 나온 언어적 행동이다. 즉, 이 시기 유아는 물체를 지칭하는 단어를 알고 있기 때문에 자기 눈앞에 현재 어떤 사물이나 그에 관련된 단서가 없어도 어떤 물체의 특성과 모습을 그려내고 단어로 표현할 수 있다.

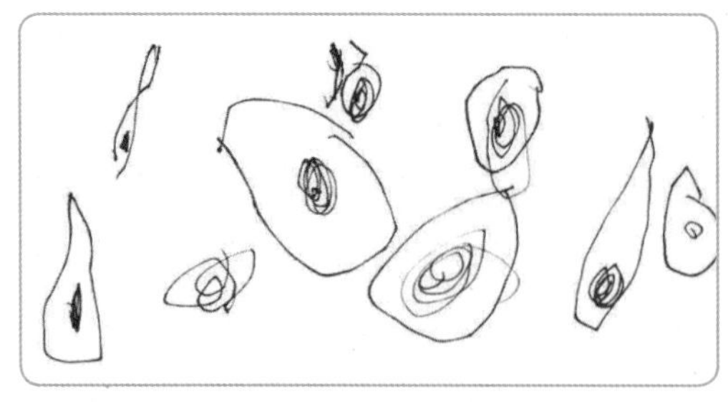

그림 10-1 **상징적 사고기 유아의 그림**

그림 10-2 **가상놀이**

이 3세 여아는 가상적으로 전화를 거는 행동을 하고 있다.

표상을 사용하는 능력이 발달함에 따라 유아기 아동은 행동하기 전에 미리 계획을 세울 수 있으며, 목적지향적인 행동을 하게 된다. 따라서 2세 미만의 영아는 같은 실수를 반복하는 경우가 많지만, 유아는 행동으로 옮기기 전에 예상되는 결과를 예측할 수 있기 때문에 시행착오를 덜 겪으며 자신이 정한 목표에 따라 행동한다.

또한 상징적인 사고력으로 인해 가상놀이를 많이 하게 된다. 2~3세경 유아가 '이것은 물고기야'라고 말하며 크레파스로 끄적거리는 것(그림 10-1), 자기가 전에 보았던 행동을 심상으로 기억해서 행하는 지연모방(deferred imitation) 행동, 그리고 장난감으로 음식을 먹는 시늉을 하는 등의 가상놀이(pretend play)는 전 조작기 초기단계인 상징적 사고기에 흔히 볼 수 있는 행동이다(그림 10-2). 이 외에도 이 시기 유아는 움직이지 않는 물체도 살아서 행동한다고 생각하는 물활론적(animism) 사고와 함께, 자신의 관점에서 사물을 이해하는 자기중심적인 사고(egocentrism)를 나타내, 다른 사람의 관점에서 생각하는 능력이 부족하며 다른 사람도 자기와 같은 방식으로 생각한다고 이해한다.

한편, 전 조작기의 후기단계인 직관적 사고단계(4~7세)에 속한 4~5세 유아는 겉으로 보이는 대로 또는 초보적인 논리를 적용하여 사물이나 현상을 이해하므로, 보존개념이나 분류능력, 서열화 능력에서 한계가 있으며, 비논리적인 사고를 한다. 그러나 사물에 대한 탐색활동, 사람과의 상호작용, 경험에 대한 사고과정을 통해 능동적으로 여러 가지 개념이나 정신적 조작에 대한 이해를 구축해간다.

이 시기 유아는 왕성한 호기심으로 '왜?'라는 질문을 많이 하게 된다. 이러한 사고능력의 발달은 좀 더 복잡한 학습능력은 물론 또래 간 사회적인 관계나 사회적 인지능력의 향상을 가져온다. 다음은 Piaget이 주장한 전 조작적 사고의 특징 및 한계에 대해 살펴보고자 한다.

2. 전 조작적 사고의 특징

(1) 인과관계에 대한 비논리적 추론

9개월 된 영아가 스위치를 켜고 누르는 행동이나 서랍을 열고 닫는 행동을 반복하는 것으로 보아, Piaget의 주장처럼 영아는 이미 자기가 한 행동과 그에 따른 결과를 보고 초보적인 인과관계를 이해한다(그림 10-3). 그렇지만 Piaget에 의하면, 전 조작기 유아는 일련의 사건이나 정보의 주된 요소에 초점을 맞추지 못하기 때문에, 어떤 사건에 대한 원인과 결과 관계를 적절하게 관련짓지 못한다. 즉, 어떤 사건이나 상황을 이해할 때 경험을 통해 얻게 된 정보를 바탕으로 일반화하여 추론하는 대신, 겉으로 나타난 특정 사실에만 초점을 맞추어 비논리적인 추론을 한다. 예를 들어, 자기가 나쁜 짓을 한 것과 병이 난 것이 거의 동시에 일어나면, 자기가 나쁜 짓을 해서 병이 났다고 생각한다.

그림 10-3 인과관계의 이해
9개월 된 이 영아는 서랍 고리를 잡아당기고 미는 행동을 반복함으로써 초보적인 인과관계를 이해하고 있다.

이야기 A

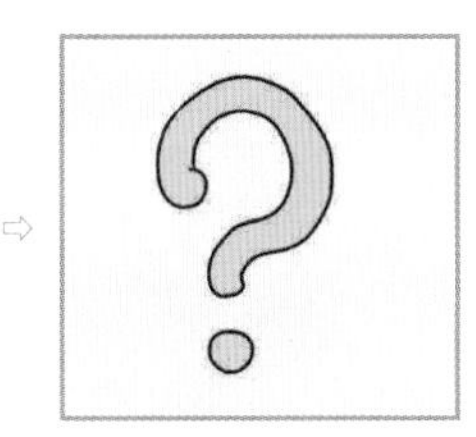

A에 대한 선택

그림 10-4 유아의 인과관계 이해를 검사하는 방법
유아에게 윗줄에 있는 그림을 보고 어떤 일이 일어났는지를 아랫줄에서 찾아 택하도록 한다. 3세 유아는 대부분 정답(안경이 물에 젖은 모습)을 고른다.

Piaget의 이론은 그 기초가 되었던 여러 가지 실험과제들이 어린 아동에게 친숙하지 않은 내용이거나 언어적인 내용을 많이 포함하여 아동의 능력을 과소평가한다는 지적을 받고 있다. Gelman 등(1980)은 익숙하고 구체적인 상황에서는 3세 유아일지라도 원인과 결과에 논리적 연결이 가능하다는 것을 보고하였다(그림 10-4). 한편, 유아는 마술과 같은 상상력이나 살아 있지 않은 사물에 생명을 부여하는 성향인 물활론적(animism) 사고로 인해 여러 가지 엉뚱하고 상상적인 두려움을 나타내기도 한다.

(2) 자기중심성

중심화된 사고의 한 형태인 자기중심성은 Piaget와 Inhelder(1969)의 세 개의 산 과제를 통해 잘 나타난다. Piaget에 의하면 유아는 자신의 관점에만 초점을 두는 사고의 중심화 경향으로 인해 다른 사람의 관점을 이해할 수 없다.

그림 10-5에서 보는 바와 같이 널빤지에 크기와 모양이 다른 세 개의 산 모형을 배치한

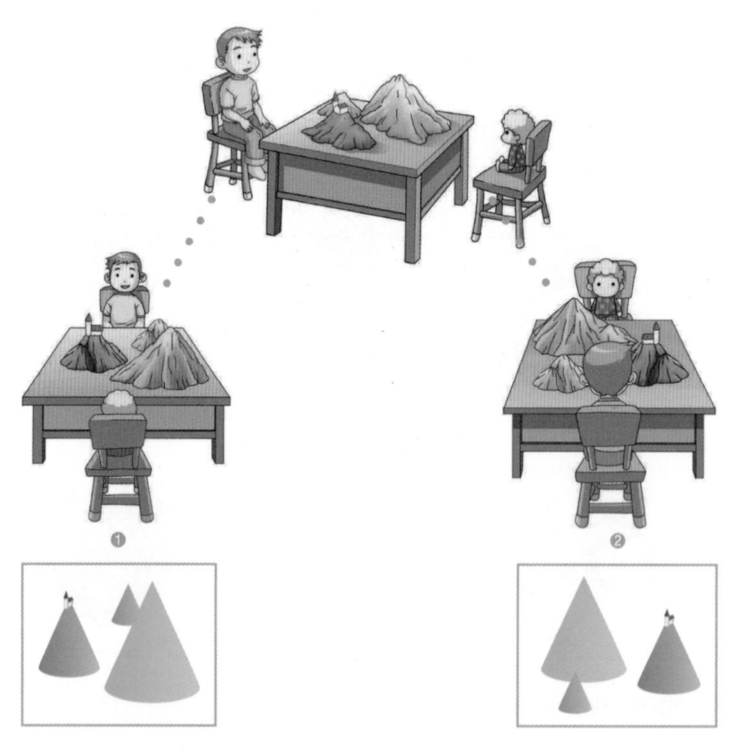

그림 10-5 **세 개의 산 과제**

후 유아에게 그 주위를 돌아보게 하여 모양과 크기 등 산의 모습을 보도록 한다. 그 후 한쪽 면 의자에 유아를 앉게 한 후 다른 한쪽 면에는 인형을 앉힌다. 그리고 유아에게 인형이 보는 산의 모습 ❶이 어떤 것인지 몇 개의 그림 중 고르게 하면, 3~4세 유아는 인형이 보는 위치에서의 산의 모습을 고르는 대신 자기가 보는 산의 모습 ❷을 선택한다. 이러한 결과는 전 조작기 유아가 상대방의 관점에서 사고하지 못하고 자기중심적으로 사고한다는 것을 의미한다.

그러나 앞서 언급했듯이 세 개의 산 실험에서 나타난 3~4세 유아의 자기중심적인 사고는 이 과제가 유아에게 친숙하지 않고 어렵기 때문이라는 비판도 있다. 실생활에서 보면, 2~3세 어린아이조차도 친구들 앞에 나가 자기가 그린 그림을 보여주면서 이야기할 때, 친구들이 그림을 볼 수 있도록 상대방을 배려하는 것을 알 수 있다. 이러한 사실로 보아 어린 유아는 자기에게 친숙한 상황에서는 자기중심성을 보이지 않지만, 자기가 경험해보지 않은 추상적인 상황에서는 자기중심성을 보인다고 할 수 있다.

(3) 보존개념의 한계

보존개념은 외형적으로는 변화되어도 원래의 상태에 아무것도 더하거나 감하지 않으면 양이나, 무게, 질량, 부피가 변화되기 이전과 같다는 개념이다. Piaget에 의하면 전 조작기 유아는 보존개념을 이해하지 못한다. Piaget의 보존개념 과제 중 하나인 액체 보존개념 실험에 의하면, 동일한 크기와 모양의 투명한 비커 두 개(A와 B)에 같은 양의 물을 붓고 물의 양이 같은지를 물었을 때, 전 조작기 유아는 A와 B의 물의 양이 같다고 대답한다. 그 후 실험자는 유아가 보는 앞에서 그중 한 비커(B)에 있던 물을 다른 모양, 즉 좁고 긴 비커(C)에 옮겨 담고 A와 C에 있는 물의 양이 같은지를 묻는다. 이 경우 3~5세 유아는 대개 C의 물 높이가 높다는 이유를 들어 C의 물이 더 많다고 대답함으로써 논리적인 오류를 나타낸다(그림 10-6).

유아가 보존개념을 갖지 못한 것은 중심화 성향, 비가역적 사고, 외양과 실체의 구별이 힘든 점, 변환이 이루어지는 과정보다는 변환된 마지막 상태나 결과에만 관심을 두는 전 조작 사고기의 특징에 기인한다. 이를 구체적으로 살펴보면, 유아는 사물을 판단할 때 한 가지 측면에만 초점을 두기 때문에, 이 실험에서 높이와 폭을 동시에 고려하지 못하는 중심화(centration)된 사고를 나타낸다.

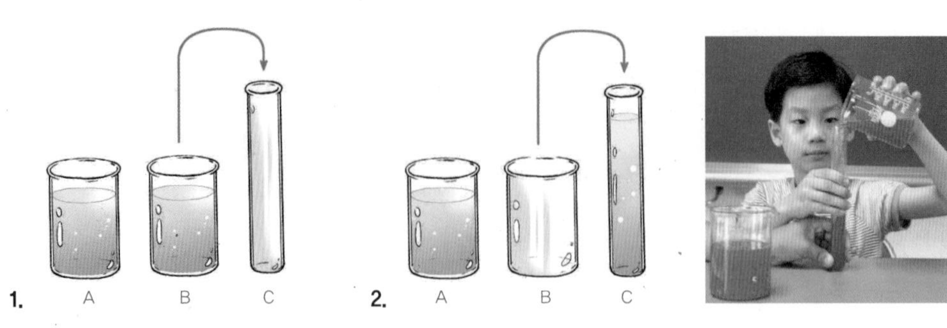

그림 10-6 **Piaget의 보존개념 과제**

비커 과제는 아동이 조작적 사고를 할 수 있는지를 판단하는 것으로 잘 알려진 과제이다.

1. 동일한 두 개의 비커(A와 B)를 아동에게 보여주고 실험자가 비커 B에 있는 액체를 가늘고 긴 비커 C로 옮겨 붓는다.
2. 비커 B와 C에 같은 양의 액체가 들어 있는지 아동에게 물으면, 전 조작기 아동은 "아니오"라고 대답한다. 어떤 비커에 더 많은 액체가 들어 있는지 물으면, 전 조작기 아동은 가늘고 긴 비커 C로 대답한다.

동시에 어떠한 조작이 양방향으로 일어날 수 있다는 가역성(reversibility)의 개념을 이해하지 못하여 비가역적 사고를 한다(irreversibility). 만약 C의 물을 다시 B로 옮겨 담으면 원래처럼 같은 양이 될 것이라는 가역적 사고를 한다면, 겉으로의 모습은 달라도 물의 양은 같다는 것을 이해하게 될 것이다. 또한, 물을 옮겨 담는 과정에는 관심을 두지 않고, 최종적 결과인 외적인 모습에만 초점을 맞추어 직관적인 생각을 하기 때문에 잘못된 답에 이르게 된다.

수나 양에 대한 보존개념은 전 조작기 끝 무렵인 5~6세경에 획득되지만, 무게, 질량, 부피 등에 대한 보존개념은 아동기에 성취된다.

(4) 외양과 실체 간의 구별능력

그림 10-7

3세인 이 유아는 외양과 실체의 구별이 어렵다.

사람이나 사물을 이해할 때, 모양이나 크기, 외양이 변해도 같은 것이라는 본질에 대한 인식, 즉 정체성에 대한 이해는 유아기 동안 점차 발달해간다. Piaget에 의하면, 5~6세 이전에는 정체성에 대한 이해, 즉 겉으로 그렇게 보이는 것과 실체 간의 구별능력이 부족하다. 한 예로 Flavell 등(1989)의 연구에 의하면, 3세 유아는 우유가 하얀색이라는 것을 이미 보아 알고 있었음에도 불구하고 초록색 색안경을 쓰게 한 후 우유의 색깔을 물으면 '초록색'이라고 말한다. 실체와 외양 간의 구별능력은 유아기 동안 발달하기 때문에 어린 유아들은 동물 모습으로 꾸민 사람을 보면, 사람인지 동물인지 의아해하고 두려워한다(그림 10-7).

외양과 실체 간의 구별능력은 두 가지 상반되는 생각을 해야 한다는 점에서 마음이론에서 기술하는 '잘못된 믿음(false belief)'과 관련이 있다.

(5) 분류능력

Piaget에 의하면, 큰 것과 작은 것, 같은 모양과 다른 모양, 같은 색과 다른 색, 생명이 있는 것과 없는 것 등 사람이나 사물의 유사점 및 차이점을 인식해야만 가능한 분류능력은 아직 덜 발달하였다. 따라서 3세 유아는 색 또는 크기 등 한 가지 기준에 의한 단순한 분류과제를 할 때도 다른 특성에 의해 산만해져서 분류가 힘들다(그림 10-8).

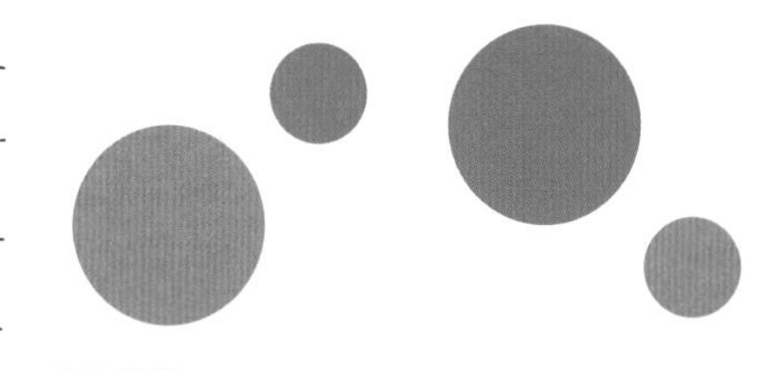

그림 10-8 크기와 색에 따른 분류
3세 유아는 색과 크기의 두 가지 특성이 있을 때는 한 가지 기준(색 또는 크기)에 의해 분류하라고 했을 때도 나머지 한 가지 특성에 의해 산만해져 분류가 힘들다.

그러나 Waxman과 Gelman(1986)에 의하면, 좋아하는 장난감과 싫어하는 장난감을 분류하는 등 유아에게 보다 친숙한 내용을 제시하면 3세 유아도 분류를 잘하였다. 또한 단순한 과제일 경우, 3~4세경에는 한 가지 기준(예: 색 또는 모양)에 의하여 물체를 집단으로 분류할 수 있는 능력을 보이며, 4~5세경에는 한 가지 이상의 기준(예: 색과 모양)에 의한 분류가 가능해진다.

한편, 4~5세 유아는 길이가 다른 여러 개의(6~8개 이상) 물체를 순서적으로 나열하는 서열화 과제에서는 사물들 간의 관련을 잘 이해할 수 없기 때문에, 길이 순서대로 정리하는데 어려움을 나타내 비일관적으로 나열한다(그림 10-9).

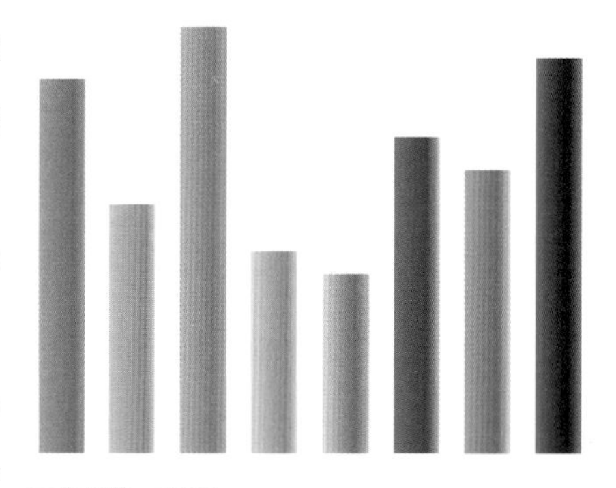

그림 10-9 서열화
유아는 6개 이상의 길이가 다른 막대를 2~3개 정도는 길이 순서대로 나열하나 6개 모두를 순서대로 나열하지는 못한다.

더욱이 유아기는 전체와 부분의 관계나 위계적 분류 등 복잡한 수준에서의 분류는 하지 못한다. 즉, 전 조작기 유아는 여러 개의 하위유목들이 하나의 상위유목에 포함된다는 유목포함의 개념을 이해하지 못해서, '꽃이 많은가?', '노란 꽃이 많은가?'라는 유목포함 과제를 물었을 때 전 조작기 유아는 전체와 부분을 비교하는 대신 부분과 부분을 비교한다(그림 10-10).

그림 10-10 **전체와 부분(유목포함)에 대한 분류개념** 유아에게 색깔이 다른 꽃 그림을 보여주고 오렌지 색깔의 꽃이 많은지 꽃이 많은지 물으면 전체와 부분을 비교하는 대신 부분과 부분을 비교하여 오렌지색 꽃이 많다고 응답한다. 이는 유목포함의 개념을 이해하지 못하기 때문이다.

3. 마음이론

마음이론(theory of mind)은 자기자신이나 다른 사람의 정신적 과정, 즉 생각이나 마음 상태에 대한 아동의 인식에 초점을 두고 있다. 마음이론을 처음으로 연구한 학자인 Piaget는 6세 미만의 유아는 마음속에서 생각하는 것과 실제 상황을 구별할 수 없어서, 마음에 대한 생각이나 이론이 없다고 결론지었다. 그러나 최근 연구들에 의하면, 어린 유아도 사람의 마음에 대해 알고 싶어 하므로 2~5세 사이에 자신이나 다른 사람의 마음에 대한 지식이 현저하게 발달한다(Flavell et al., 1995; Wellman, 2020).

마음이론을 연구하는 학자들에 의하면, 유아는 인지체계가 질적으로 변화함에 따라 무엇인가를 원하기(소망; desire) 때문에 어떤 행동을 하게 된다는 생각에서 점차 신념 때문에 행동을 하게 된다는 것을 이해하게 된다. 초보적인 수준이지만 2~3세 어린 유아는 다른 사람이 원하는 것을 알며, 다른 사람의 감정이 좋은지 나쁜지를 구별하여 이해할 수 있다. 나아가 3세 유아는 사람들은 자신이 소망하는 바에 따라 어떤 행동을 한다는 것을 이해하게 되며, 어떤 것을 원하면 그것을 가지려고 애쓴다는 것, 그리고 가질 수 없는 것이어도 가지고 싶어 할 수 있다는 것을 안다.

그러나 3세 아동은 생각(신념 또는 믿음)이 행동에 영향을 준다는 것을 이해하지 못하기 때문에, 잘못된 생각(false belief)을 가지고 어떤 행동을 할 수 있다는 것을 모른다. 다시 말하면, 사람은 대개 자기생각(신념)에 따라 행동하므로, 실제 상황과는 다른 생각을 가지고 어떤 행동을 할 수 있다는 것을 모른다. 지금까지 알려진 바에 의하면, 이러한 사고능력은 4~5세 사이에 출현하기 때문에 4세 미만의 유아는 잘못된 신념에 대해 이해하지 못한다.

5세가 되면, 유아는 생각한 내용(신념)이 실제(즉, 실제 보는 것, 말하는 것, 만지는 것 또는 아는 것)와 다를 수 있으며, 사람은 잘못된 신념을 가질 수 있다는 것을 이해한다(Wellman, 2020). 즉, 자기중심적 관점에서만 생각하는 어린 유아와 달리, 5세 유아는 사람의 마음속에는 여러 가지 생각이 있을 수 있다는 것, 직접 보지 않아도 생각은 한다는 것, 그리고 사람은 사실과는 다른 잘못된 믿음(false belief)을 가지고 그에 따라 행동할 수 있다는 것을 이해하게 된다.

마음이론이나 잘못된 신념에 관한 연구들에서 사용되는 실험의 예는 다음과 같다. 3세와 5세 아동 각각에게 다음과 같은 이야기를 들려준 후 질문을 하면 대체로 다음과 같이 답한다.

예시

〈이야기와 질문〉

이야기 : "어떤 아이가 자기가 좋아하는 과자를 자기 책상 위에 있는 상자 속에 넣어두고 유치원에 갔는데, 그 사이에 엄마가 상자 속에 있는 과자를 꺼내서 책상 서랍에 넣어 두었거든."

질문 : "유치원에서 돌아온 아이는 과자를 먹으려고 어디를 열어볼까?"

〈응답〉

3세 유아 : "책상 서랍을 열어요."
(자기가 들어서 알고 있듯이 그 아이도 알 것이라고 생각하는 자기중심적인 사고임)

5세 유아 : "책상 위에 있는 상자를 열어요."
(그 아이는 학교에 간 동안 엄마가 책상 서랍에 넣은 것을 보지 못했으므로 사실과 다른 잘못된 생각을 할 수 있다는 것을 이해함)

잘못된 신념에 대한 이해는 언어적 발달이나 인지체계의 성숙에 따라 발달하기 때문에(de Villiers & de Villiers, 2000; Wellman, 2020), 3세 유아가 이러한 과제에서 오답을 말하는 것은 과제가 지나치게 언어적이고 출연 인물이 여러 명이며 가상적인 상황을 설정하고 있기 때문으로 해석하는 관점도 있다. 즉, 영아가 타인이 자신의 기대와 다른 행동을 하는 것을 보았을 때 보이는 반응을 탐색한 연구(Baillargeon et al., 2010; Onishi & Baillargion 2005)들에 의하면, 과제를 단순화시키고 언어를 덜 사용하면, 15개월 영아도 잘못된 신념에 대한 이해 능력을 나타낸다는 것을 알 수 있었다. 이러한 연구는 마음이론이 4세 이후에나 발달한다는 기존의 생각과는 달리, 훨씬 더 일찍 발달한다는 것을 시사한다.

다른 사람의 감정, 욕구, 및 의도를 헤아리는 능력인 마음이론은 사회적 발달이나 사회적 관계에서 특히 중요한 사회적 인지능력(social cognition)의 초기형태로, 마음이론의 발달은 자기중심성 탈피와 함께 감정이입능력의 발달을 가져온다.

한편, 마음이론의 발달은 두뇌의 성숙 및 그에 따른 사고능력의 발달과 관련이 있지만, 유전이나 환경의 영향도 커서, 아동에 따라 개인차가 크다. 따라서 자기나 다른 사람의 마음상태에 대해서 자녀와 이야기하는 기회를 많이 갖는 것은 사회적인 이해를 돕는데 효과적이다(Song & Volling, 2017). 또한, 유아들은 또래나 어른과의 사회적인 상호작용을 통해 혼자 있을 때는 알지 못했던 여러 가지 새로운 사회적 개념들을 알게 되며, 도덕적 행동, 친사회적 행동, 감정조절 및 자아통제력(즉 자기조절능력) 등 사회의 한 구성원으로 바람직한 행동의 발달 및 사회적인 인지능력도 강화하게 된다.

4. 정보처리능력

유아가 오감을 통해 들어온 정보를 어떻게 해석하고 반응하는가 하는 정보처리능력이나 문제해결능력은 위험으로부터의 보호 등, 생존과 관련되어 있을 뿐 아니라, 지적인 활동이나 사회적인 관계에서 중요한 요소다. 정보처리 이론은 인간이 어떠한 과정을 거쳐 감각적인 정보를 이해하고 사용하게 되는가에 대한 통찰력을 제공해준다.

정보처리 이론의 기본가정은 세 가지로 요약된다(Siegler, 1998). 첫째, 사고(thinking)는 정보를 처리하는 과정이다. 둘째, '인지발달이 어떻게 일어나는가'라는 발달기제(mechanism)에 관한 설명은 세부적인 과정으로 명확하게 분석될 수 있다. 셋째, 인지발달은 정보처리가 더욱 효율적으로 되어가는 자기수정적(self-correcting) 특성을 지닌다.

따라서 정보처리 이론가들은 정보를 입력해서 반응을 산출하기까지의 과정에서 나타나는 입력과 산출의 관계 및 정보처리의 효율성 등에서 나타나는 발달적인 차이를 규명하고자 한다. 이들에 의하면, 유아가 일상생활에서 주변의 정보를 어떻게 받아들이고 얼마나 잘 기억하며 어떻게 회상하여 문제해결에 사용하는가는 인지 발달에 중요한 측면이다.

유아기를 거치면서 주의력이나 정보를 처리하는 속도 및 효율성이 증진된다. 그러나 아동기와 달리, 유아기는 정보에 대한 주의집중력, 기억용량, 기억전략 등 여러 가지 정보처리능력이 제한적이다. 이를 구체적으로 살펴보면, 우선 유아는 눈에 띄는 자극에 대해 주의를 집중하지만, 주의력은 곧 쉽게 분산된다. 또한 물체나 과제의 핵심에 초점을 맞추지 못하고, 불완전하고 비체계적인 방법으로 탐색하는 경향이 있다. 더욱이 전반적인 지식이 부족하기 때문에 무엇을 어떻게 기억해 두어야 하는지, 무엇을 회상해 내야 문제해결에 도움이 되는지 잘 모른다. 특히 기억용량이나 기억 방법이 충분하지 않을 뿐 아니라, 반복적인 암송 등 기억 방법을 가르쳐 준다고 해도, 그때마다 일러주지 않으면 효율적인 전략을 자발적으로 활용하지는 못한다(Flavell, 1970). 이외에도, 4~5세경 유아는 지난 일에 대한 기억인 회상 기억보다는 내일 유치원에 가져갈 물건을 기억하는 등 앞으로의 것을 기억하는 능력이 더 발달되어 있다. 유아기의 인지적 발달을 요약하면 표 10-1과 같다.

표 10-1 유아기의 인지적 발달

연령	발달 내용
3세~4세	• 전 개념적 사고, 사고의 자아중심성을 나타냄, 물활론적 사고를 함 • 지연모방행동, 상상놀이를 함 • 보존개념 없음, 3세 유아는 외양에 의해 판단함(외양과 실체를 구분 못함) • 단순한 기준에 의한 분류가 가능함 • 다른 사람의 의도에 대한 이해를 함
5세	• 직관적 사고 • 보존개념 어느 정도 형성, 외양과 실체의 구분이 점차 가능해짐 • 1~2가지 기준에 의한 분류는 가능하나 위계적 분류개념 없음 • 점차 선택적 주의집중력을 갖게 됨

5. 인지 발달을 위한 지도

아동은 능동적으로 지식과 이해를 구축해간다는 인지적 구성주의(cognitive constructivist) 입장을 주장하는 Piaget에 의하면, 인지발달은 환경에 대한 아동의 타고난 적응능력으로부터 비롯된다. 이론 부분에서 이미 살펴보았듯이 새로운 환경에 접하면서 탐색활동을 통해 형성되는 생각들은 조직화, 적응, 평형이라는 세 가지 상호관련된 인지발달 원리를 통해 끊임없이 수정되고 정리된다.

따라서 아동은 환경에 대해 스스로 능동적인 행동을 취함으로써 가장 효과적으로 배울 수 있다. 또한 인지 발달은 신체적인 성숙과 더불어 인지 발달 각 단계의 사고의 특성에 따라 주위 사물이나 환경에 대한 물리적 경험 및 사회적 경험을 제공하므로써 이루어진다. 양육자나 교육자의 역할은 직접적인 가르침이나 아동의 지식수준 이상의 것을 강요하기보다는 아동의 인지적 발달수준에 적합한 교육계획을 마련해 주는 일이다. 특히 반논리적인 특성을 지닌 전 조작적 사고기에는 가상놀이를 격려함으로써 주변 사람들의 역할에 대한 이해를 넓히고 추상적인 개념보다는 구체적인 사물로 이해를 돕는 것이 중요하다.

근접발달영역(ZPD, Zone of Proximal Development), 발판화(scaffolding) 및 언어와 사고의 관계를 강조한 Vygotsky는 사회적인 관계 경험을 통해 사고를 구조화한다는 사회적 구성주의(soical constructivist)의 입장을 취한다. 따라서 부모나 교사는 지도나 도움으로 아동이 발달을 최적화할 수 있도록 근접발달 영역 내에서 적절한 경험을 제공해주어야 한다. 또한 경험 많은 어른이나 또래 역시 협력자로서 아동이 기술이나 지식을 터득하도록 도와주어야 한다. 두 이론 모두 아동의 인지 발달을 위해서는 직접적인 지시자로서가 아니라, 이끌어주는 촉진자로서의 성인의 역할을 강조한다(표 10-2).

표 10-2 인지 발달에 관한 Piaget와 Vygotsky 이론의 비교

	Piaget	Vygotsky
사회문화적 맥락	거의 강조하지 않음	아주 강조함
구성주의	인지적 구성주의	사회적 구성주의
발달의 주요개념	도식, 동화, 조정, 조작, 보존개념, 분류, 가설적 추론	근접발달영역, 언어, 대화, 문화적 도구
발달단계	4단계를 강조	단계를 주장하지 않음
언어의 역할	언어의 역할을 최소화 함 인지 발달 → 언어 발달	언어의 중요성을 강조함 언어 발달 → 인지 발달
교육에 대한 견해	교육은 단지 이미 나타난 인지적 기술을 정교화 함	교육은 문화를 배우는 데 중요한 역할을 함
교육적 시사점	지시자가 아닌 조력자로서의 교사의 역할 아동이 환경을 탐색하고 지식을 얻도록 지지해줌	지시자가 아닌 조력자로서의 교사의 역할 어른 또는 경험이나 기술이 많은 또래와의 학습기회를 마련해줌

02

언어 발달

유아기에는 어휘나 문법, 의미, 화용론에서 급속한 진전을 보인다. 유아기는 특히 질문이 많은 시기이기 때문에 언어능력의 발달은 주변 세상에 대한 자기생각을 표현하는데 상당한 도움이 된다.

성인의 직접적인 가르침이 없이 자연적으로 언어를 터득하게 되는 것으로 보아 언어습득은 선천적이기는 하나, 의사소통 능력은 아동의 경험과 환경에 의하여 영향을 받는다. 따라서 성인과의 상호작용이나 언어능력이 더 발달한 아동과의 놀이는 유아의 의사소통 능력을 발달시키는 데 중요한 기능을 한다.

한편, 언어발달은 또래와의 사회적 관계에 중요한 역할을 할 뿐만 아니라, 사물에 대한 명칭 붙이기나 어떤 상황에 대한 설명을 가능하게 함으로써 개념 발달이나 일반화 능력 및 사고력 발달에 기여하게 된다.

1. 어휘력

개인차가 크지만 3세~5세 사이에 유아는 폭발적인 어휘력의 증가를 보여, 3세에 900~1,000개이던 것이 6세에는 약 8,000~10,000개의 단어를 말하게 된다. 이렇듯 급속하게 어휘를 습득할 수 있는 것은 유아가 어떤 상황에서 어떤 단어를 한 두번 듣게 되면 그 상황을 통해 단어의 의미를 알아채고 의미와 단어를 재빨리 머릿속에서 연결지어 기억하는 맵핑(mapping)이 가능하기 때문이다. 일반적으로 행동을 나타내는 동사보다는 사물의 이름인 명사에 대해 그 연결이 빠르다(Papalia et al., 2003).

또한, 3~4세 유아는 '개'라는 한 대상에 대해 '강아지' 또는 '개'라는 두 가지 단어가 쓰일 수 있고, '예쁘고 귀여운 강아지'처럼 두 가지 이상의 형용사가 한 명사에 같이 사용된다는 것도 알게 된다.

2. 문법

유아기 동안 문법도 상당히 발달한다. 매년 문장의 길이 또한 증가하게 되어, 간단한 몇 개의 단어만을 사용하던 문장이 더욱 복잡한 수준의 문장으로 발달한다. 3세에는 복수, 소유물, 과거시제, 형용사, 부사, 대명사, 전치사 등을 알지만 문장의 길이는 짧고 단순하며 문법적으로 틀리는 경우도 있다. 그러나 4~5세 사이에 유아들은 좀 더 긴 문장을 구사하고 접속사 또는 절을 포함한 복문을 사용하며, 평서문은 물론, 부정문, 의문문, 명령문을 쓴다(표 10-3). 5세 이후에는 수동태의 문장과 능동태의 문장을 사용하기 시작하지만 복잡한 문장의 경우는 그 의미를 이해하지 못하는 경우도 흔하다. 복잡한 문법규칙이나 의미에 대한 이해는 아동기에 걸쳐 좀 더 확실하게 획득된다.

표 10-3 유아의 연령별 의사소통능력

연령	발달 내용
3세	■ 어휘력 증가가 계속됨(900~1,000단어), 의미의 과잉일반화를 보임 ■ 3~4단어로 간단한 문장을 만듦 ■ 주고 받는 대화가 힘듦, 곧 화제를 바꿈 ■ 발음이 힘든 경우가 있음 ■ 같은 단어 반복과 음율이 있는 노래를 배우는 것을 좋아함 ■ 누가, 무엇, 왜? 등 질문이 많음 ■ 생각을 정리하여 언어로 표현, '왜냐하면…', '그러니까…' 등을 사용 ■ 이야기 책 내용을 기억하여 말함
4세	■ 어휘력 계속 증가(1,500~1,600단어) ■ 5~6 단어 이상의 문장 사용 ■ 단순한 노래부르기 좋아함 ■ 부가 의문문, 복문 사용 ■ 누가, 무엇, 왜? 등 질문이 많음
5세	■ 2,100~2,200 이상의 단어를 말함 ■ 복문 사용 ■ 대화를 주고 받음, 방해를 덜함 ■ 말로 자기 감정이나 경험을 나눔 ■ 유창하게 자신의 생각을 표현함

자료: Bredekamp & Copple, 1997; Owens, 1996

3. 의사소통능력

언어의 중요한 기능인 다른 사람과의 의사소통, 즉 사회적 언어(social speech)를 위해서는 화용론적 지식이 필요하다. 원하는 것을 요구하는 방법, 듣는 사람에 맞추어 대화하는 방법, 유머러스한 이야기를 하는 방법, 대화를 시작하는 방법 등 실제 사회적 상황에서의 의사소통능력은 모든 사회적 관계에서 중요한 의미가 있다.

언어를 사용해서 다른 사람과 의사소통하는 방법에 관한 지식은 유아기 동안 발달한다. 2세 아동은 다른 사람이 말하는 것과 관련하여 자신의 의사를 표현하려고 애쓰나 그 주제로 대화를 계속 이끌어가기는 힘들다. 반면에 문법이나 발음에서 언어능력이 발달하는 3세부터는 말이 많아지고 상대방이 알아듣는가에 대해 관심을 두기 때문에 상대방 역시 아동의 말을 이해하기 쉬워진다. 4세경에는 어린 아기에게 말할 때는 단순하게 말한다든지 함으로써 상대방의 연령에 따라 대화방식을 조정하기도 한다. 5세가 되면 상대방이 아는 내용에 맞추어 자기가 하는 말을 조정하며, 자기가 알거나 관심이 있는 내용에 대해서는 상대방과 편안하게 대화를 주고받는다(Owens, 1996). 또한 이 시기 아동은 다른 상황에서 다양한 각본(script)을 사용할 수 있게 된다. 예를 들어, 전화로 통화할 때, 식당에서 무엇을 주문할 때, 혹은 생일파티를 할 때 등 상황을 구별하여 그에 적절한 대화방식을 사용할 수 있게 된다.

그러나 의사소통이 이루어지는 과정에 대한 지식, 즉 상위 의사소통능력(meta communication)은 아직 덜 발달하여, 자기가 들은 내용을 이해하지 못해도 잘 이해하지 못한다는 것을 모른다. 따라서 유아를 대할 때 어른은 유아가 당연히 이해할 것이라고 생각하지 말고, 유아가 알아야 할 것은 반드시 명확하게 확인시켜 주어야 한다. 상위 의사소통능력은 아동기에 발달한다.

4. 혼잣말(개인적 언어)

유아기의 언어 발달에서 또 다른 특징은 개인적 언어 또는 혼잣말(private speech)이 나타난다는 것이다. 즉, 타인과 의사소통을 하려는 의도가 없이 자신에게 큰 소리로 말하는 행동은 유아기에 흔히 나타나는 정상적인 모습이다. 2~3세 유아는 재미로 음율이 있는 소리를 혼잣말로 반복하며, 좀 더 나이가 든 유아들은 자기가 생각한 것을 큰 소리로 말하거나 거의 들리지 않는 소리로 우물거리기도 한다.

Piaget는 혼잣말은 인지능력의 미성숙 때문이라고 주장한다. 즉, 다른 사람의 관점을 이해하지 못하기 때문에 다른 사람과 의미있는 대화를 못하고, 자기마음 속에 있는 생각을 표현하기 위해 자기중심적인 언어인 혼잣말을 사용한다고 보았다. Piaget에 의하면, 인지적인 성숙과 사회적 경험으로 인해 상징적인 사고가 발달하면서 자기중심성을 벗어나게 되는 전 조작기 끝 무렵에는 혼잣말도 사라진다.

Piaget와 마찬가지로 Vygotsky(1987)도 사고를 통합하기 위해서 개인적 언어가 나타난다고 본다. 그러나 Piaget와 달리, Vygotsky는 개인적 언어, 혼잣말을 자기중심적 언어로 간주하지 않고 자기와의 독특한 의사소통 방법인 내적인 언어(inner speech)라고 정의하였다. 그에 의하면, 유아는 혼잣말로 자신의 생각이나 행동을 조절하기 때문에 개인적 언어는 외적인 통제에서 내적인 통제로 옮겨가는 전환기에 중요한 기능을 한다. 따라서 유아기 동안 개인적 언어는 증가하다가 자신의 행동을 스스로 통제하기 시작하는 아동기 초기나 중반에는 점차 사라진다.

유아를 대상으로 혼자 말을 연구한 학자들은(Berk, 1986; Berk & Garvin, 1984) 사회적 언어를 많이 사용하는 유아가 혼자 말을 더 많이 사용한다는 것을 보고함으로써 개인적 언어는 사회적인 경험에 의해 촉진된다는 Vygotsky의 주장을 뒷받침하고 있다.

5. 외국어 교육

이미 수십년 전부터 우리나라는 영아나 유아들에게 외국어 교육을 시키는 부모들이 늘고 있어, 한국아동학회 《아동발달백서》(2001)에 의하면. 3~5세 유아의 약 50% 이상이 영어교육을 받고 있다. 또한 2007년에는 사립유치원의 90% 이상이 영어교육을 실시하고 있으며 이러한 추세는 계속 증가하여 2011년에는 95% 이상으로 보고되고 있다(송태규, 2020). 한편, 일찍부터 외국어에 노출되는 것이 어린 아동들에게 스트레스로 작용하여 정서적인 부담을 주는 것은 물론 모국어 습득에 지장을 가져오는 것이 아닐까 하는 우려의 소리도 높다.

이중언어 유치원에 다니는 미국 내 이민자 자녀를 연구한 바에 의하면, 유아의 경우

두 가지 언어(이중언어)를 말하는 것이 언어발달에 아무런 지장이 없으며(Hakuta, 2000), 오히려 주의집중력이나 개념형성, 분석적 능력 등 지적인 발달에 긍정적인 효과를 미친다는 결과도 있다(Bialystok, 2017; Costa et al., 2017). 예를 들어, 미국에 사는 4~5세 한국 유아를 대상으로 한 연구(Yang & Yang, 2016; Yang, Yang, & Lust, 2011)에 의하면, 이중언어(영어와 한국어)를 사용하는 유아가 영어만, 또는 한국어만 쓰는 유아보다 인지과제 수행에서 속도와 정확성이 더 뛰어났다.

그러나 우리나라 유아의 경우, 주변 생활환경이 다 한국어로 되어 있는데 특정시간 영어교육을 받는 것만으로 얼마나 외국어 교육의 효과를 볼 것인지에 대해서는 의문이 제기되고 있다. 더구나 어머니와의 말하기나 읽기를 통해 언어가 발달한다는 측면에서 볼 때, 영어 비디오를 보면서 지내는 영유아들의 경우, 외국어 습득의 효과나 정서적 안정 측면에서 볼 때, 이득보다는 손실이 더 많을 것으로 본다. 정확한 발음능력(Asher & Garcia, 1969)이나 새로운 언어를 배우는 능력은 12세 이후 급격히 감소하므로(서유헌, 2006; 이승복, 2006), 어렸을 때 외국어를 배우는 것이 나이가 들어서 배우는 것보다 더 쉽지만, 외국어를 배우는 데 결정적인 시기는 없다고 보는 견해도 있다.

CHAPTER 11

유아기의 정서·사회적 발달

01 정서 · 사회적 발달에 관한 이론
02 정서적 발달
03 사회적 발달
04 또래관계와 놀이
05 도덕성 발달

인지능력의 발달로 유아는 사회적 기준이나 다른 사람과의 비교에 근거한 이차적인 정서를 발달시키면서 다른 사람의 정서 상태에 대한 이해가 더욱 발달한다. 이에 따라 유아는 또래관계 등 사회적인 상황에 필요한 정서조절능력을 발달시키게 된다. 또한 사회적 경험이나 또래와의 놀이경험을 통해 자아개념, 성역할 및 도덕성 등 여러 가지 사회적 행동 발달의 기초를 다지게 된다.

01
정서·사회적 발달에 관한 이론

Freud의 심리성적 이론에 의하면 유아기는 Freud의 심리성적 발달단계 3단계인 남근기에 속한다. 이 시기에 유아는 자기와 다른 성의 부모에 대한 애정적 욕구와 사회적인 규범 간의 갈등을 경험하면서 부모의 사랑을 유지하기 위해 벌을 받을 수 있는 행동은 피하고자 한다. 그 결과 유아는 사회적인 도덕적 기준을 받아들이면서 성 유형화된 행동을 하기 시작하고 초자아를 발달시킨다.

한편, Erikson의 심리 사회적 이론에 의하면 이 시기 유아는 사회적인 개체로 살아가는데 필요한 주도성과 죄책감을 발달시키게 된다. 유아는 영아기와 걸음마기에 걸쳐 형성된 양육자에 대한 신뢰감과 자율감을 기초로 이제는 목적지향적이고 주도적인 행동의식을 갖게 된다. 따라서 새로운 문제를 열심히 해결하려 애쓰고 또래들과의 활동에 참여하려 하며, 자신이 성인의 도움으로 할 수 있는 일이 무엇인가를 알아내고자 애쓴다.

성 동일시를 통한 성역할 행동습득이나 양심의 발달, 그리고 주도적인 행동과 죄책감은 정서·사회 발달에 중요한 요소가 되므로 그에 적절한 부모의 지도가 필요하다. 성인의 지나친 통제나 처벌은 유아들에게 필요 이상의 죄책감을 갖게 하며, 결과적으로 독립적이고 주도적인 행동 발달을 저해할 수 있다.

02
정서적 발달

1. 정서의 본질

정서는 기쁨이나 분노, 두려움처럼 분명하게 나타나는 것도 있지만 피곤함이나 불편함을 느끼는 경우처럼 섬세하고 미묘한 것도 있다. 여러 가지 정서 내용은 기본적인 정서와 이

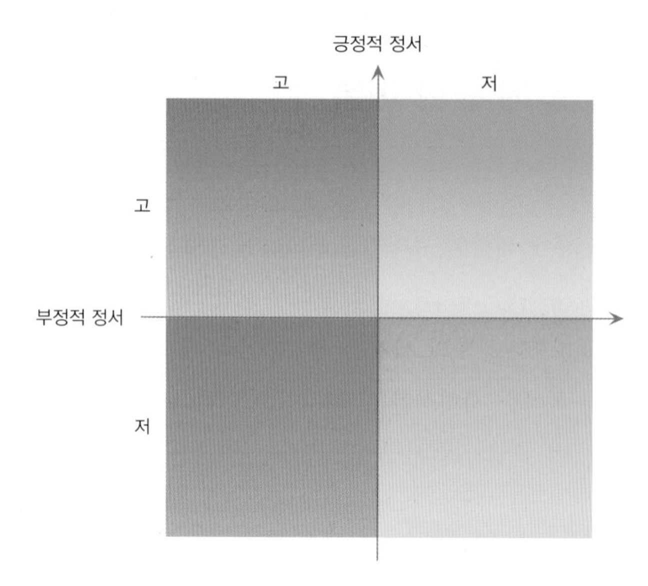

그림 11-1 **정서의 차원**

차적 정서, 쾌(快)의 정서와 불쾌(不快)의 정서, 긍정적 정서와 부정적 정서로 나뉜다. 특히 부정적인 정서와 긍정적인 정서는 한 차원에 있는 양 극단적인 특성이 아니라 두 개의 독립된 차원(Belsky et al., 1996)이기 때문에 긍정적인 정서와 부정적인 정서의 조합으로 아동의 행동을 이해할 필요가 있다(그림 11-1). 즉, 긍정적인 정서와 부정적인 정서의 높고 낮음에 따라 아동은 다른 행동 특성을 나타내게 된다(Park et al.,1997). 예를 들어, 긍정적 정서가 높고 부정적 정서가 낮을 때는 적응적 행동 특성을 나타내지만, 부정적 정서가 높고 긍정적 정서가 낮을 때 가장 까다로운 행동 특성을 보일 수 있다.

한편, 정서는 생리적인 변화와 함께 의식적인 경험(예: 즐거움을 생각하는 것) 및 행동(예: 웃는 것)을 일으키는 감정이다. 예를 들어, 어떤 경쟁적인 게임을 하면서 아동이 스트레스를 받거나 흥분할 경우 특정 호르몬이 분비되고 맥박이 증가하며, 이기고 싶다는 생각을 하고 이기려고 열심히 애쓰는 행동을 보인다. 또한 게임에서 이길 경우, 자부심을 느끼며 기쁨으로 손을 높이 쳐들며 환호한다. 반대로 게임에 질 경우, 실망스러움을 나타내며 고개를 떨구는 등 의기소침한 행동을 나타낸다.

2. 정서의 기능주의적 관점

근래에 이르러 정서 발달을 연구하는 학자들은 정서를 단순히 개인 내적인 현상으로만 이해하는 대신 적응적 관점, 즉 기능주의적 관점에서 이해하려 한다(Campos, 1994). 기능주의적 관점에 의하면, 정서는 특정한 상황에 적응하기 위한 개인적인 노력의 결과로 나타나므로, 정서적 경험을 일으키는 상황과 정서적 반응은 분리되어 생각할 수 없다.

기능주의적 관점에 의하면, 정서는 대부분 대인관계 상황에서 일어나며 목적지향적이다. 즉, 인간은 정서적 표현을 통해 다른 사람에게 자신의 감정 상태를 알려주는 한편, 사회적인 관계에서 자신의 행동을 조절하기도 한다. 예를 들어, 영아는 엄마를 보면 반갑다는 표시로 미소를 지으며 가까이 가려고 한다. 그러나 엄마의 반응이 무덤덤하면 영아는 울거나 화를 내며, 슬그머니 회피하는 행동을 보이기도 한다.

또한 자신이 목표로 하는 행동은 특정 정서를 불러일으키기도 한다. 예를 들어, 상대방의 위협을 피하고 싶다고 생각하면 두려워지며, 감추고 싶은 행동이 있으면 수치심을 느끼게 된다. 따라서 정서적 발달은 대인관계 및 사회적 행동 발달과 밀접한 관련이 있다.

3. 유아기의 정서적 발달

유아기에 나타나는 큰 변화는 상징적 표상 및 언어의 발달로 정서적 경험을 언어로 표현하게 되며, 자기와 다른 사람의 정서에 대한 이해력이 향상된다는 것이다. 동시에 사회적 상황에서 자신과 다른 사람의 정서를 이해하고 사회적인 기준에 맞게 정서적 표현을 조절하게 된다. 또한 자아개념 및 도덕성 발달로 수치심, 당황함, 죄의식, 부러움, 자랑스러움 등 자의식적인 이차 정서가 더욱 강화된다.

(1) 정서의 이해

2~4세 사이에 유아는 정서적인 표현을 하기 위한 어휘력이 상당히 증가할 뿐 아니라 인지적인 발달과 더불어 점차 특정 정서의 원인과 결과를 이해하게 된다. 따라서 각 상황과 관련된 정서 내용을 이해할 수 있다. 예를 들어, 3세경의 유아는 자기가 원하는 것을 얻

그림 11-2 **정서의 이해**
유아기 동안 아동은 정서의 원인과 결과 및 단서에 대한 이해가 급속히 확장된다. 이 사진에서 4세 아동은 아기가 왜 울고 있는지를 알아내려 하고 있다. 아마도 음식이 마음에 들지 않나 보다.
자료: Berk, 2005

었을 때 즐거워하고 자기가 원하는 것을 얻지 못했을 때 서운해하는 등 자신의 감정을 말로 표현하며, 다른 사람이 느낄 수 있는 정서에도 관심을 보인다. 그러나 아직은 정서적인 갈등 상황에서 자기감정을 다스리기는 힘들기 때문에, 3세경의 유아는 선물을 받아서 기쁘기는 하지만 자기가 원하던 것이 아닐 때는 실망을 나타내기도 한다.

한편, 유아기에는 서로 다른 모순된 단서가 있는 상황은 잘 이해하지 못하기 때문에, 그럴 경우, 주로 상황보다는 정서에 근거하여 이해한다. 예를 들어, 바퀴가 망가진 자전거를 타고 웃는 아이의 그림을 보여주면, 4~5세 유아는 '망가진' 상태보다는 '웃는다'는 정서적 단서에 초점을 맞추어 '자전거를 타는 것을 좋아하니까 기뻐한다'고 말한다. 그러나 좀 더 나이가 든 아동은 두 가지 단서를 다 고려하여 '아버지가 망가진 자전거를 고쳐준다고 약속해서 기뻐한다'고 말한다(Hoffner & Badzinski, 1989).

5~6세경부터 아동기에 걸쳐 아동은 점차 더 복잡한 정서도 이해하게 되며 같은 정서적 사건도 다른 사람이나 다른 상황에서는 다른 감정을 불러일으킬 수 있다는 것을 이해하기 시작한다.

(2) 정서조절능력

정서조절능력(emotion regulation)은 정신적인 건강이나 사회성 발달에 중요한 역할을 한다. 특히 유아기에는 활동범위가 가정에서 사회환경으로 확대되고 또래 간의 관계가 활발해짐에 따라, 정서조절능력이 더욱 중요해진다. 어떤 상황에 처해 자신의 정서상태와 정서적 반응을 이해하고 감정이나 행동을 조절하는 능력인 정서조절능력(Thompson, 1994)은 연령의 증가에 따라 발달적인 변화를 겪는다.

유아는 연령이 증가함에 따라, 부모의 지시나 통제에 의해 조절되던 외적인 정서조절에서 자기스스로 감정을 다스리게 되는 자기통제, 즉 내적인 정서조절을 하게 된다(Eisenberg, 1998). 따라서 영아기와는 달리 유아기가 되면 상대방의 표정이나 행동을 참고

하면서 자신의 부정적인 정서를 스스로 조절하게 된다.

또한, 자기의 정서를 이해함에 따라 정서를 말로 표현할 수 있게 되고 사회적인 기준에 맞추어 정서적 표현이나 행동을 조절해야 한다는 인식도 점차 증가한다. 따라서 다른 사람과의 관계에서 점차 자신의 실제 감정과는 달리 바람직하지 않은 정서는 감추기도 한다.

한편, 연령이 증가함에 따라 유아는 점차 인지적인 정서 조절 전략을 사용하게 된다. 예를 들어, 어른이 못 만지게 한 놀잇감이나 금지한 행동에 대해서 3~4세 유아는 장난감에 대한 호기심 대신 다른 곳으로 관심을 돌리거나 다른 생각을 함으로써 스스로 마음을 달랜다.

그림 11-3 **성질부리는 아동**

이외에도 갈등관계에서 부정적인 정서를 최소화하는 대처능력이나 스트레스를 효과적으로 처리할 수 있는 능력을 발달시킨다. 정서조절에 대한 이해와 정서조절능력의 발달로 인해 유아기 동안에는 점차 성질부리기 같은 감정적 폭발은 거의 나타나지 않는다.

(3) 자의식적인 정서의 발달

유아기에는 자아개념이 점차 발달하면서 다른 사람의 칭찬이나 비난에 민감해진다. 또한 부모가 원하는 기준이나 자신의 능력에 대한 인식 등 인지적 발달이 이루어짐에 따라 걸음마기 말부터 나타나기 시작한 자의식적인 정서(또는 이차 정서)는 좀 더 분명해진다. 자의식적인 정서는 자아에 대한 느낌(sense of self)에 상처를 주거나 강화를 주게 되며, 유아는 나이가 들어가면서 죄책감이나 수치심 또는 자랑스러움이나 자부심과 관련된 경험을 점점 더 많이 하게 된다.

유아는 대체로 어른의 평가에 의존해서 자신의 수행능력에 대한 평가기준을 정하기 때문에 자의식적인 정서는 부모의 양육행동에 따라 영향을 받는다. 늘 '잘했다'는 피드백을 주는 부모의 자녀는 자의식적인 정서가 상당히 강해서 어떤 과제에 실패하면 몹시 수치스러워하는 한편, 성공하면 지나치게 큰 자부심을 나타낸다. 반면에 과제수행 방법, 즉 어떻게 하면 더 잘할 수 있는지에 초점을 두는 부모의 자녀는 적절한 수준의 적응적인

그림 11-4 **자랑스러움의 정서**

수치심과 자부심을 나타내어(Lewis, 1998), 주도적인 행동 특성을 나타내게 된다.

지나친 수치심이나 죄책감은 열등감을 갖게 하거나 위축 행동, 우울감 또는 공격성 등 부적응을 초래할 수 있으며, 지나친 자부심 또한 자만심으로 인한 부적응 행동을 나타낼 수 있기 때문에 주도성과 죄책감의 균형적인 발달이 필요하다.

4. 정서적 행동의 개인차

유아의 정서적인 표현이나 행동은 개인차가 있다. 정서 발달은 인지발달에 기초하지만 정서적인 경험에 의해 영향을 받기 때문에, 특히 가족 내에서의 정서적 환경이 중요하다. Laible과 Thompson(1998)에 의하면, 어렸을 적 어머니와 안정적인 애착을 형성했던 유아는 다른 사람이 겪은 두려움이나, 분노, 슬픔에 대해 스스럼없이 어머니와 이야기를 나눔으로써 다른 사람의 정서에 대한 이해가 높다는 것을 보여주었다.

또한 부모의 양육방식에 따라서도 차이가 크다. 즉, 부모가 자녀의 정서표현에 민감하고 수용적일 때, 유아의 정서이해능력(Cassidy et al., 1992)이나 정서조절능력이 높은(김은경, 2005) 반면, 거부나 강압적인 양육행동을 보일 경우, 정서조절능력이 떨어진다(Park et al., 2012; Shields & Cicchetti, 1998). 비슷한 맥락에서, 자녀에게 애정적이고 민감하며 동정심을 보이는 부모의 자녀는 다른 사람의 고통에 대해 염려하는 행동을 나타내지만, 처벌적인 양육행동은 유아의 감정이입 행동 발달을 저해하게 된다.

결국 정서적 유능성은 인간관계에서 서로 간에 존중하고 반응적일 때 획득하게 되는 기술이다. 따라서 부모나 교사는 유아의 정서적 경험이나 요구를 잘 들어주고 반응해 줌으로써 정서를 조절하고 이해하는 능력을 길러줄 수 있어야 한다. 뿐만 아니라, 어떤 감정은 어떻게 표현하고 어떤 감정은 감추어야 하는지 지도해 줌은 물론 정서적 행동의 모델로서의 역할을 하여야 한다.

정서적인 표현이나 행동은 문화에 따라서도 차이가 난다. 즉, 다른 발달영역과 마찬가지로 정서표현의 경우도 부모는 문화적 가치에 기반을 둔 양육신념에 따라 자녀를 사회화시킨다. 최근 유아의 정서적 행동에 대한 부모의 사회화 신념과 아동의 정서적, 사회적 행동 발달 간에 관계에 대한 비교문화적 관점에서의 연구가 학자들의 관심을 끌고 있다. 한 예로, 우리나라를 포함한 아시아 국가의 경우 대체로 정서를 드러내놓고 표현하는 것에 대해 부정적인 시각을 갖고 있기 때문에, 독일이나 미국 부모보다 사회화 과정에서 정서표현을 통제하는 경향이 높다(예: Cho et al., 2022; Cheah & Park, 2006). 정서표현 및 정서조절능력은 사회적 행동을 비롯한 인성발달에 영향을 주고 나아가 인지적 능력과도 관련된다.

5. 정서지능

정서에 관심을 둔 학자들은 지능의 여러 측면 중에서 다른 사람과의 관계나 사회생활에서 중요한 실용적 측면의 정서지능을 강조하기도 한다(Salovey & Mayer, 1990). Goleman(1995)은 전통적인 지능보다 정서적 지능이 인간의 능력을 더 잘 예측한다고 주장한다.

정서지능이란 자기 자신과 다른 사람의 감정이나 정서를 구별하여 이해하고 이러한 정보를 바탕으로 자기 생각이나 행동을 적절하게 조절할 수 있는 능력으로, Goleman(1995)은 정서지능의 구성요소로 행동과 감정을 분리해서 정서를 인식할 수 있는 능력, 정서를 조절할 수 있는 능력, 다른 사람의 정서를 이해할 수 있는 능력 및 대인관계에서의 문제를 해결할 수 있는 능력을 들고 있다.

정서지능과 유사한 개념인 정서적 유능성은 특히 정서적 경험의 적응적 측면을 강조함으로써, 위에서 설명한 정서의 기능주의적 관점과 같은 맥락에서 이해된다. 정서적 유능성에 대한 대표적인 연구자인 Saarni(2000)는 사회적인 상황에서 필요한 여러 가지 다음과 같은 기술을 발달시켜야 한다고 주장한다.

- 자신의 정서상태에 대해 이해하기
- 다른 사람의 정서상태에 대해 이해하기
- 자신의 정서를 상황과 문화에 적절한 방식으로 말로 표현하기

- 다른 사람의 정서적 경험에 대해 정서적으로 민감하기(감정이입 행동)
- 내적인 정서와 외적으로 표현된 정서는 다르다는 것을 이해하기
- 자기조절 방법을 통해 부정적인 정서에 대해 적응적으로 대처하기
- 정서가 대인관계에 영향을 준다는 것을 이해하기

인간의 거의 모든 행동은 정서에 기반을 두고 있다고 해도 과언이 아닐 만큼 인간은 자기 자신의 감정 상태나 상대방에 대한 감정에 따라 행동이 달라진다. 그러므로 정서에 대한 이해나 조절능력은 개인의 심리적 안정은 물론 사회적인 관계 형성에 중요하다.

특히 두뇌의 신경계 발달 중 정서를 관장하는 대뇌피질은 영아기와 유아기에 발달하고, 어린 시절의 정서적 경험이 이후의 정서·사회 행동의 토대가 된다는 점에서 양육에 시사하는 바가 크다. 따라서 영유아기 동안은 과다한 지적 자극으로 스트레스를 주어서는 안 되며, 정서적인 안정을 통해 두뇌의 발달을 도모하는 데 초점을 두어야 할 것이다.

03

사회적 발달

유아기의 사회적 발달은 자아개념, 성역할 행동, 또래관계 및 도덕성 발달이 그 중심과제가 된다. 그 각각에 대해 살펴보고자 한다.

1. 자아에 대한 개념

자아개념(self-concept)은 인지적 요소와 정서적 요소를 포함하며, 신체, 가족, 외모, 능력 등 자신의 어떤 특정 측면에 대한 자기평가, 또는 자신의 능력이나 특성에 대해 가지고 있는 생각이나 느낌으로 정의된다. 인지발달 이론에 의하면, 자아에 대한 이해, 즉 자아인식(self awareness)은 자기의 역할이나 자기가 속한 집단에 기초를 둔 자아에 대한 인지

적 표상으로 자아개념의 핵심이다.

자아인식은 자기와 타인이 서로 독립된 존재라는 행동 주체로서의 자기에 대한 인식(I-self)에서 비롯되며, 점차 평가의 대상인 객체로서의 자기에 대한 인식(me-self), 즉 자아개념을 형성하게 된다. 앞에서 살펴보았듯이, 18개월~24개월경 사이의 영아는 거울에 비친 코에 입술연지가 묻은 자기 모습을 보면, 자기 코에 손을 대며 멋쩍어한다. 상(image)으로 자신의 모습을 알아보는 영아의 행동은 초보적인 자기이해능력을 의미한다. 인지발달과 더불어 초보적 자기이해에 기초한 주관적 자아(I-self)는 점점 더 확고해지며, 유아기에는 점차 자신의 심리적인 특성에 대한 지식과 평가인 객관적 자아(me-self)를 발달시켜 간다.

영아기와는 달리 의사소통이 수월해지는 유아기에는 면접을 통해 자신에 대한 유아의 생각을 알 수 있다. 자기생각을 언어로 표현할 수 있게 되는 유아기에는 '아기', '남자' 등 나이나 성에 근거하여, 또는 신체적 특징이나 물질적 특성으로 자기를 정의한다. 예를 들어, 3~4세 유아에게 자신에 대해 설명해보라고 하면, '나는 4살이구요, 키가 커요. 내 친구는 작아요', '나는 착해요', '나는 노란 티셔츠를 입었어요', '나는 이를 잘 닦아요', '나는 레고를 아주 잘해요'라는 식의 구체적인 내용으로 대답하며, 좋고 나쁨 등 정서적 특성이나 능력, 행동에 초점을 맞추어 자신을 기술하기도 한다.

유아기에는 자아의 각 측면에 대한 개념인 자아개념 외에도 자신의 가치감에 대한 판단 및 이와 관련된 감정인 자아존중감(self-esteem)이 발달한다. 자아존중감은 신체, 능력, 친구 등 각 특성에 대한 것일 수도 있고 전반적 평가일 수도 있다.

유아기의 자아존중감은 자기가 한 여러 가지 활동에 대해 대체로 호의적인 성인의 평가를 그대로 받아들인 것인 한편, 유아는 자기가 원하는 것과 자신의 실제 능력을 구별하기가 힘들고, 자아의 여러 측면을 통합할 수 없으므로, 자신을 과대평가한다(Harter, 2003). 또한 유아기에는 '좋다', '나쁘다' 식의 단순한 자아존중감(자아가치감)을 갖고 있으며, 아동기에 이르러야 점차 객관적이고 비판적인 자아가치감을 형성하게 되므로, 8세 이전의 아동에서는 자아에 대한 비판적 능력을 기대하기 어렵다.

그러나 인형(puppet play)을 이용한 면접을 통해 다른 사람이 자기를 어떻게 생각하는지에 대한 아동의 지각을 종단적으로 연구한 Verschueren 등(2001)에 의하면, 5세 때의 긍정적 또는 부정적 자아가치감은 8세 때의 긍정적 또는 부정적 자아가치감과 정적인 상관을 나타내, 이미 5세에 평가적인 자아개념을 가질 수 있다는 것을 시사하였다.

그림 11-5 **주도성 길러주기**
부모는 자녀가 하고자 하는 노력이나 시도에 긍정적인 반응을 보임으로써 주도성을 길러줄 수 있다.
자료: Berk, 2005

자신의 특성 및 능력에 대한 평가인 자아존중감은 자아 발달에서 가장 중요한 측면으로, 유아의 정서나 행동에 영향을 미치고 장기적으로는 심리적인 적응에 영향을 미친다. 연구들은 5세 아동의 자아개념은 5세와 8세 때 아동의 정서·사회적 적응을 예측해 줌으로써(Verschueren et al., 2001) 자아가치감이 정서·사회 발달에 미치는 긍정적 효과를 입증한 바 있다. 또한, 높은 자아존중감은 새로운 기술과 능력을 터득해가는 시기인 유아기의 주도성 발달에 기여한다.

따라서 부모는 사소한 잘못에도 자주 꾸짖어서 자녀의 자아존중감 발달을 저해하는 대신, 자녀의 노력이나 시도에 발판화 역할을 해 줌으로써 자아존중감을 높여 주고, 사회적 적응을 도와주며 주도성을 길러주어야 할 것이다.

2. 성역할 발달

성역할(gender role)이란 남자나 여자가 어떻게 생각하고 느끼고 행동해야 하는지에 대한 기대내용을 말하며, 성에 대한 인식인 성정체감이나 성역할 발달은 생물학적, 사회적, 인지적 요인에 의해 영향을 받는다.

(1) 성차

남자 또는 여자를 뜻하는 성(sex)은 생물학적인 구조나 기능과 관련된 성을 뜻한다. 생물학적인 성보다 넓은 개념의 성(gender)은 남자 또는 여자로서의 모습을 갖추는 것, 남자 또는 여자로서의 태도와 행동을 하는 것 등 남성성과 여성성 정도를 뜻하며, 한 사회의 문화나 사회화 내용과 밀접한 관련이 있다.

여자와 남자 간의 심리적, 행동적인 성차는 전반적으로 그리 크지는 않다고 보지만, 생물학적으로는 다소 차이가 있어 태내기부터 환경적인 스트레스에 취약한 남아에 비해 여아는 스트레스에 덜 민감하고 덜 취약한 편이며, 신체적으로는 남아가 좀 더 크고 무겁고 강하며 좀 더 활동적이다.

이후 2세경에 놀잇감이나 놀이활동, 놀이친구를 선택하는 데서 성차가 처음으로 나타나지만, 걸음마기 시기에는 때리고 깨물고 성질을 부리는 행동에서는 남아와 여아 간 차이가 없다. 그러나 3세 이후부터는 성차가 좀 더 분명하게 드러나기 시작하여 남아는 여아보다 공격성이 높고 문제행동을 더 많이 나타내며, 여아는 남아보다 친사회성 및 순종행동이 더 높은 것으로 보고되고 있다(Papalia et al., 2003). 성에 따른 행동의 차이는 생물학적 요인 외에도 인지발달 및 일상적 경험이나 사회적 기대 등 사회화에 기인한다.

(2) 성정체감 및 성역할

어린아이는 영유아기를 거치는 동안 여자 또는 남자로서의 인식인 성정체감(gender identity)을 갖게 되며, 각 문화권에서 여자 또는 남자에게 적절하다고 생각되는 행동 및 성격적 특성인 성역할(gender role)에 따라 행동하게 된다. 성유형화(gender typing)는 자신의 성을 알게 되면서 그 성에 기대되는 가치나 특성에 따른 행동을 배우고 습득하는 과정으로, 유아기에 이루어진다. 자신의 성에 맞는 행동을 배우는 과정인 성유형화는 사회적으로 기대되는 행동이 무엇인지에 대한 이해뿐 아니라 아동의 행동에 대한 사회적인 평판에 영향을 미치기 때문에, 사회적, 인성적 발달에서 중요한 부분이다.

한편, 성고정관념(gender-stereotype)은 특정 성에 기대하는 행동에 대한 일반화된 관념이다. 성고정관념은 2세 반~3세경부터 시작해서 유아기 동안 증가하며, 5세경 가장 심해서 유아들 스스로가 남아는 강하고 빠르다고 생각하는 한편, 여아는 두려워하거나 힘이 없다고 생각한다(Ruble & Martin, 1998).

(3) 성역할 발달에 관한 이론

심리적, 행동적 측면에서의 성차나 성역할 발달에 관한 이론은 생물학적 관점, 정신분석적 관점, 사회학습 관점 및 인지 발달적 관점으로 나누어진다. 그러나 어느 한 가지 이론으로 성역할 발달을 충분히 설명하기는 힘들다. 다른 발달영역의 경우와 마찬가지로 본성 또는 육성의 어느 한쪽의 문제라기보다는 두 요소의 상호작용으로 설명된다. 따라서 남아와 여아가 타고날 때부터 차이가 있기 때문에 다르게 기르고, 다르게 사회화되는 것인지, 아니면 다르게 기르기 때문에 성차가 나타나는지의 문제도 양 방향적인 관계로 이해해야 할 것이다.

① 생물학적 관점

생물학적인 접근에서는 성차가 나타나는 원인을 대부분 유전적인 차이나, 호르몬 또는 신경계 발달의 차이로 설명하고자 한다. 예를 들어, 여아는 언어적 유창성과 관련된 두뇌의 뇌량(우뇌와 좌뇌를 이어주는 연결조직)이 더 크기 때문에 좌우 두뇌 간의 협응을 도와 줌으로써 언어적 능력이 남아보다 우월하다(Halpern, 1997)고 한다. 또한 태내기 때, 남성 호르몬인 안드로젠 수치가 높았던 여아는 여자아이로 길러도 남자가 하는 놀이나 장난감을 좋아하는 '남자 같은' 아이로 자라는 경우를 볼 수 있다.

② 정신분석적 관점

유아기는 Freud의 남근기(3~6세)에 속하는 시기로 남아 여아 모두 자연스럽게 성에 대한 관심이 증가한다. Freud에 의하면 이 시기에 남아는 어머니를 성적인 관심 대상으로 보고 아버지를 자기의 경쟁자로 여기는 오이디프스 콤플렉스(Oedipus Complex)를 경험한다. 이러한 무의식적인 정서적 갈등과정에서 남아는 자기보다 힘이 센 아버지를 위협적인 존재로 지각하며 거세공포 등의 불안감을 느끼게 된다. 결국 남아는 불안감을 해소하기 위해 아버지를 경쟁자로 여기는 대신, 자기와 같은 성인 아버지의 태도나 행동, 생각을 그대로 따르게 되는 성 동일시 행동을 보이게 된다.

여아의 경우도 비슷한 상황을 겪는다. 남근기 초기에 여아는 엘렉트라 콤플렉스(Electra Complex)를 경험하여 아버지를 사랑하고 어머니를 아버지의 사랑에 대한 경쟁자로 여긴다. 이 과정에서 여아 역시 불안을 경험하게 되며, 결국에는 어머니의 역할이나 여성스러운 행동을 동일시하는 행동을 나타내고 성유형화된 행동을 발달시키게 된다. 성 동일시에 관한 정신분석적 관점은 다른 관점에 비해 설득력이 낮다.

③ 사회학습 이론 : 사회화 이론

Bandura의 사회학습 이론 또는 사회인지 이론(Bussey & Bandura, 1999)에 의하면, 아동은 자기가 속한 문화에서 바람직하게 받아들여지는 행동 기준을 습득하는 사회화 과정(socialization)을 통해 성역할을 배운다. 아동은 능력이 있으며 따스한 모습으로 비추어진

같은 성의 부모나 또래 등을 선정해 그들의 행동을 모방한다. 자기가 한 행동에 대한 다른 사람의 피드백이나 부모나 다른 성인의 가르침을 통해 성유형화된 행동은 더욱 강화된다. 유아기는 사회화 과정에서 매우 중요한 시기이기 때문에, 부모나 또래, 대중매체는 성역할 발달에 상당한 영향을 미친다.

부모의 영향

남성적, 여성적 성격특성과 관련하여 볼 때 부모에 의한 영향은 아주 일찍부터 시작된다. 출생 시부터 부모는 여아와 남아를 다르게 지각하고 다른 기대를 하며, 성에 적절한 성격특성이나 놀잇감, 놀이행동을 격려하는 반응을 보인다(한국아동학회 아동발달백서, 2002; Leaper, 2002). 특히 아버지는 생후 첫 1년 동안에도 남아와 여아를 어머니보다 더 다르게 대하며 생후 2년에는 아들에게 말을 더 많이 하고 활동적인 신체운동 놀이를 더 많이 하는 한편, 어머니는 딸에게 말을 더 많이 한다. 또한 아버지는 딸보다는 아들에게 더 성에 적절한 놀이행동을 기대하는 반면, 여아들에게는 놀잇감이나 옷, 게임 등을 선택할 때 훨씬 더 허용적이다(Sandnabba & Ahlberg, 1999).

그림 11-6 성역할 행동
3세인 이 여아는 엄마의 행동을 모방하여 성유형화된 행동을 한다.

한편, 3~6세 유아를 대상으로 한 사회화 신념에 관한 연구에 의하면, 한국 어머니는 남아보다 여아에게 더 친사회적 행동(예: 나누는 행동)을 강조하며, 친사회적 행동이나 부정적인 정서 조절이 중요한 이유에서도 도덕적 이유나 관습적인 이유를 더 많이 강조하는 등 어려서부터 성 고정화된 신념 및 기대를 갖고 있다(Park & Cheah, 2005).

아동의 성에 따른 부모의 기대나 가치관은 양육방식에 영향을 주기 때문에 성고정화된 가치관을 가진 부모와 그렇지 않은 부모의 자녀는 성유형화된 행동에서도 차이를 보이게 된다. 아버지가 가사나 육아에 직접 참여하는 비전통적인 가정에서 자란 아동은 남, 여아 모두 성유형화된 역할에 대한 인식이 낮고 성유형화된 놀이 행동을 훨씬 적게 한다는 연구결과(Turner & Gervai, 1995)는 이를 뒷받침한다.

그림 11-7 **여아들의 놀이**

또래의 영향

유아기에는 부모뿐 아니라 또래도 성유형화된 행동에 많은 영향을 미친다. 3세경부터 유아는 같은 성의 다른 아이들이 입는 옷이나 놀이에 민감하며, 어떤 행동이 성에 적합한 것인지 알게 되고, 4세경에는 그 기준에 맞추어 행동한다(Bussey & Bandura, 1992). 4세 유아가 선호하는 놀이에 관한 연구에 의하면, 유아의 놀이 선호는 또래에 의해 강화되며(Turner & Gervai, 1995), 유아는 동성끼리 놀면서 놀잇감 선택이나, 활동 수준, 공격성 등에서 서로의 행동을 모방하거나 긍정적인 반응을 얻게 됨으로써 성유형화된 행동을 점점 더 많이 하게 된다(Martin & Fabes, 2001).

또한 집단놀이에서 남아는 큰 무리를 지어 과격한 행동을 하면서 활동적으로 놀지만, 여아는 2명~3명이 조용히 놀면서 서로 이야기를 나누는 등 친밀한 관계를 즐긴다(그림 11-7). 유아들은 각각의 놀이집단 속에서 성에 적합한 행동양식이나 욕구가 인정받고 충족되기 때문에 성분리(sex-segregation) 현상은 점차 더 굳건히 자리 잡게 된다(Berk, 2005).

3~6세 유아들은 자기가 같은 성의 또래와 놀 때 또래로부터 인정받기가 더 쉽다는 신념을 가지는 한편(Martin et al., 1999), 자신이 속한 집단을 더 긍정적으로 생각하고 더 선호하게 되는 동성 우호주의를 갖게 되어 결과적으로 남자와 여자라는 두 하위문화가 형성된다(Maccoby, 2002).

대중매체의 영향

이야기책이나 TV, 만화 주인공들의 성격적인 특성은 아동의 성고정관념 형성의 한 요인이 되어 왔다. 동서양을 막론하고 오래전부터 어린이용 이야기책에서 남자는 영리하고 용감하게 묘사되는 반면, 여아는 수동적이고 의존적이며 친절한 것으로 묘사되어 왔다. 최근에 이르러, 서구에서는 물론 우리나라에서도 과거보다는 용맹하고 리더십이 있는 여자 주인공을 설정하는 경우가 늘고 있기는 하나, 아직도 남성 우월적인 내용이 더 많다는 것을 부인하기는 힘들다.

④ 인지발달적 관점

Kohlberg의 인지발달 이론

Kohlberg(1966)의 인지발달 이론은 성유형화된 행동을 하려면 우선 성에 대한 인지인 성 개념(gender concept)이 발달하여야 한다고 보았다. 즉, 영유아는 우선 자기나 다른 사람의 성(sex)을 알고 구분하게 된 후, 성항상성(gender constancy 또는 sex-category constancy)을 획득해야만 성역할을 이해하고 자신의 성에 맞는 성유형화된 행동을 하게 된다. 따라서 성항상성은 성역할 행동 발달에서 핵심적 개념이다.

Kohlberg의 이론에 의하면, 성항상성은 유아기 동안 3단계를 거쳐 발달한다. 첫 단계에서는 자기와 다른 사람의 성을 인식한다. 다음에는 '여자 또는 남자는 앞으로도 계속 여자 또는 남자일 것'이라는 생각을 갖게 되는데, 이때는 외형이나 성고정화된 행동에 의해 성을 판단한다. 마지막 단계에서는 '아무리 모습이 달라도(예를 들어, 남자가 귀걸이를 하거나 여자가 머리를 남자처럼 깎아도) 여자는 여자, 남자는 남자'라는 인식이 발달하여 성항상성 개념이 완성된다.

결국 Kohlberg는 성항상성 개념이 획득되어야만 성역할에 맞는 행동을 한다고 보지만, 성항상성 개념은 유아기 말인 6세까지도 충분히 발달되지 않는 한편, 그의 이론과는 달리 유아들은 성항상성 개념을 획득하기 전에도 이미 성유형화된 행동을 선호한다. 다시 말하면, 2세가 조금 지난 영유아들조차 여자아이는 인형을, 남자아이는 자동차를 좋아하며 같은 성의 친구를 좋아한다(Ruble & Martin, 1998)는 결과에 비추어 볼 때, 성항상성 개념이 획득되어야만 성유형화된 행동이 나타나는 것은 아니다. 그러나 성항상성 획득으로 인해 성유형화된 행동은 더욱 강화될 수 있다.

성도식 이론

Bem(1985)은 인지발달 이론과 사회학습 이론의 개념을 통합한 성도식 이론(gender-schema theory)을 제안하였다. 성도식 이론에 의하면, 영유아는 주변의 여러 가지 일들이나 사람들의 행동을 관찰하면서 성에 따른 정보들을 분류하고 조직한다. 즉, 남자와 여자는 다른 옷을 입고, 가지고 노는 장난감이나 놀이도 다르다는 것을 알게 되며, 일단 자기가 어떤 성이라는 것을 알게 되면 남아나 여아가 하기로 되어 있는 문화적인 행동도식에 따라 자신의 행동을 맞추어 간다(그림 11-8). 그러나 성에 대한 인식이나 지식이 증가할수록 성유형화된 행동이 더 강해지는 것이 아니라 더 약화된다는 점(Bussey & Bandura, 1999)에

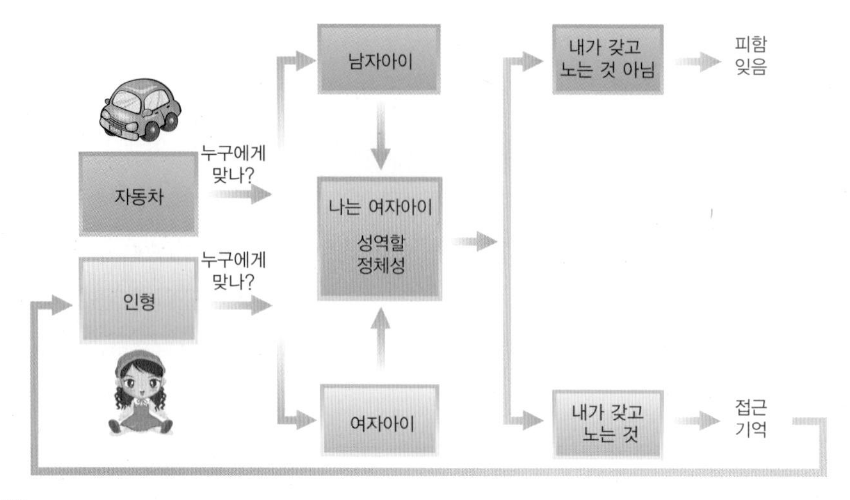

그림 11-8 **성유형화된 행동에 미치는 성도식의 영향**
여아는 성도식을 가지고 트럭과 같은 남성적인 장난감보다는 인형과 같은 여성적인 장난감에 관심을 보인다.

서 볼 때 성도식 이론은 설득력이 약하다. 또한 성고정 관념적 행동을 보이는 정도가 왜 아동마다 다른지, 발달의 개인차를 설명하지는 못한다.

04
또래관계와 놀이

1. 또래관계

유아기에는 자아에 대한 이해와 더불어 타인의 감정이나 생각에 대한 이해가 증가하고 의사소통능력이 발달함에 따라 또래와 상호작용하는 기술 역시 급속한 진전을 보인다. 또래관계를 통해 아동은 부모자녀 관계에서는 얻을 수 없는 수평적인 사회적 관계를 경험함으로써 다른 사람의 입장을 생각할 수 있는 능력이나 공평함에 대한 이해 등 바람직한 사회적 발달을 이룰 수 있다. 즉, 또래와의 상호작용을 통해 유아는 연령에 적절한 여러 가지 학습경험을 얻게 되고, 나아가 공통된 관심과 애착을 특징으로 하는 친구(우정)

관계(friendship)을 형성하게 된다(그림 11-9).

또래에 대한 관심은 이미 영아기부터 시작된다. 생후 3~4개월부터 아기들은 다른 아기를 보면 만지려는 행동을 보인다. 생후 6개월경에 이르면 다른 아기에 대한 관심은 더욱 증가하여 사회적인 미소를 보이거나 옹알이를 하며, 생후 1년이 되면 아주 초보적이지만 서로 주고받는 반응을 보여 쳐다보고 미소를 지으며 소리를 낸다. 1년 6개월경부터 걸음마기 영아는 다른 아이들이 하는 행동에 관심을 보이기 시작하며, 가까이에서, 또는 나란히 앉아 단순한 병행놀이(parallel play)를 한다. 병행놀이는 같은 장소에서 비슷한 장난감을 가지고 놀지만, 서로에게 영향을 주거나 상호작용을 하지는 않고 혼자 노는 형태이며 유아기까지 계속 나타난다.

그림 11-9 **유아의 사회적 관계**
유아들은 또래와의 생활을 통해 사회생활에 필요한 여러 가지 규칙이나 능력을 습득하게 된다.

유아기인 3세경이 되면 비로소 친구와 함께 놀기 시작한다. 3~5세 유아들은 자기와 비슷한 놀이를 하거나 좋은 경험을 했던 몇몇 친구와 함께 노는 경향이 있다. 좋아하는 또래와 자주 오랜시간 같이 놀면서 유아는 생애 최초로 친구관계를 형성한다. 유아의 인지발달 특성과 마찬가지로, 친구에 대한 개념도 상당히 활동 중심적이고 구체적이어서 즐거웠던 날은 'A'가 친구이지만, 갈등이 있었던 날은 'A'는 친구가 아니라고 말하기도 한다.

유아기의 친구관계는 정서적 지지와 사회적 지지원으로서 상당히 중요한 기능을 한다. 유아는 다른 또래보다 좋아하는 친구에게 몇 배 더 친근하게 애정을 표현하며(Hartup & Stevens, 1999) 친구가 있을 때 집단생활에서 훨씬 더 적응을 잘한다(Ladd & Price, 1987). 새로운 친구를 잘 사귀는 아동이나 또래들이 좋아하는 아동들은 집단생활에서의 학습경험으로부터 많은 것을 얻을 수 있다.

2. 수줍음과 행동억제

또래와 쉽게 친해지지 못하는 유아나 또래와의 경험에서 거부되는 아동들은 외로움을 느끼며 사회적인 부적응 행동을 나타내기 쉽다. 특히 또래와 잘 어울리지 못하는 자녀를 둔 부모는 아이가 유치원에 가게 되면서 점차 더 걱정이 많아진다. 이러한 아동들은 기질적으로 수줍음이나 행동억제를 보이는 아동들로서, 대개는 새로운 상황이나 사람에 대해 불안이나 두려움을 나타낸다. 수줍음은 주로 사람에 대한 불안이나 두려움으로, 쉽게 다가가지 못하는 행동 특성이지만, 행동억제는 친숙하지 않은 사람이나 사물, 또는 새로운 상황에 대한 불안이나 두려움으로 인해 위축된 행동을 보이는 것으로 수줍음보다 훨씬 더 포괄적인 개념이다.

수줍음이나 행동억제를 보이는 유아는 또래에게 쉽게 다가가지 못하고 또래의 접근행동에 대해 반응하지 않거나 수동적인 행동 특성을 보인다. 이러한 특성으로 인해 수줍음이나 행동억제를 보이는 아동은 또래로부터 점점 소외되거나 무시된다. 결과적으로 또래와 어울려 활동하거나 새로운 환경을 탐색하는 기회 및 학습의 기회도 적기 때문에 다른 아이에게 친절하고 친사회적인 행동을 보이는 유아에 비해 점점 더 뒤쳐진 발달을 보이게 된다.

한편, 새로운 환경이나 사람에 쉽게 다가가지 못하는 유아는 좀 더 쉽게 접근하는 유아와는 다른 생리적 특성을 나타내며, 나이가 들어서도 비교적 그러한 행동을 지속적으로 나타내기 때문에 행동억제는 유전에 기초한 타고난 특성이라고 본다(Kagan, 1998). 그러나 여러 연구들에서 행동억제는 부모의 양육행동에 의해 변화될 수 있는 것으로 시사되고 있다. 예를 들면, 영유아의 행동억제 특성에 대해 부모가 반응적이거나 과보호할 때 행동억제는 증가하며, 비반응적이고 지시적일 때 행동억제는 감소한다(Arcus et al., 1992; Park et al., 1997). 반면에, 부모가 행동억제에 대해 지나치게 우려하거나 비판적이며 통제적일 경우는 행동억제를 더 조장하며(박성연, 1998; 정옥분 등, 2002; Rubin et al., 1995), 부모가 애정적인 태도와 민감성을 보일 때 행동억제가 감소한다는 보고도 있다(박성연, 1998; 정옥분 등, 2003; Engfer, 1993). 따라서 기본적으로 아동의 행동억제에 반응적으로 대하되 적절한 통제를 함으로써 행동억제에서 벗어나도록 격려해주는 양육행동이 중요하다고 본다.

3. 놀이

(1) 놀이의 기능

놀이는 어린아이에게 생활의 즐거움을 주는 동시에 인지적 발달이나 신체적, 심리적 건강 및 사회적인 발달에 중요한 요소다. 즉 유아는 놀이를 통해 또래관계를 맺을 수 있으며, 스트레스나 축적된 긴장을 해소할 수 있다. 놀이를 통해 아동이 경험하는 긴장감이나 좌절감 또는 갈등을 해결하는 방법인 놀이치료는 아동의 정서적인 문제를 개선하는 데 널리 활용되고 있다.

또한 아동은 놀이를 통해 사물을 이해하고 즐겁고 편안한 상태에서 자신의 능력을 연습하고 기술을 습득하게 되므로 놀이는 인지적 발달에도 도움이 된다. 특히 영유아의 가상놀이는 창의력에 도움이 되며, 유아기에 가장 빈번한 사회적 극화놀이는 인지 발달과 사회적 발달에 도움이 된다. 뿐만 아니라 놀이는 탐색을 통해 아동의 무한한 호기심을 충족시켜준다.

그러나 현대에 이르러 사회가 점점 복잡해지고 산업화, 도시화 됨에 따라 유아들은 또래와 여러 가지 놀이활동을 통해 즐거움을 얻는 기회가 드물다. 즉, 유아들은 대부분 또래와 어울려 놀거나 가상적인 놀이에 참여하기보다는 TV나 비디오를 통해 만화를 보거나, 혼자 놀기 때문에, 사회적 놀이 기회가 점점 줄어들고 있다. Vygotsky는 유아의 인지적, 사회적 발달을 최적화하기 위해서는 또래와의 놀이를 통한 협동적 학습이 중요하며, 이 과정에서 성인(부모나 교사)이나 또래의 지원이 필요하다는 점을 강조하였다(Miller, 2002). 따라서 비디오 보기 또는 혼자 놀이가 흔한 요즈음의 유아들을 위해 놀이에 대한 부모의 인식이나 적절한 지도가 절실히 요구된다.

(2) 놀이 분류

유아의 놀이 형태는 사회적 관계에 초점을 둔 Parten의 고전적인 6가지 놀이 분류가 잘 알려져 있으나, 이외에도 인지적 측면과 사회적 측면을 동시에 고려한 현대적 놀이 분류도 있다.

① 고전적 놀이 분류

유아의 놀이를 처음으로 연구한 학자인 Parten(1932)은 또래 간 사회성을 중심으로 2~5세 유아들의 놀이를 관찰한 결과, 유아의 사회적 발달은 비사회적 놀이, 제한적 사회적 놀이, 사회적 놀이의 3단계로 진행된다고 하였다. 즉, 어린아이의 놀이는 유아기에 걸쳐 비사회적 형태의 놀이인 혼자놀이, 방관자놀이에서 전환기적 형태의 병행놀이를 거치고, 점차 연합놀이와 협동놀이로 대체된다(그림 11-10~13). Parten의 여섯 가지 놀이 형태의 정의는 다음과 같다.

- **비참여놀이(unoccupied play)**
  사실상 놀이라고 할 수 없는 형태다. 한 지점에서 방 안을 둘러보거나 어떤 뚜렷한 목적이 없이 배회한다.

- **혼자놀이(solitary play)**
  혼자서 독립적으로 놀며 자기가 하는 놀이에 푹 빠져 있는 듯 보이며 다른 것에 대해 별 관심이 없다. 2~3세 어린 유아들이 주로 하는 놀이이다.

- **방관자놀이(onlooker play)**
  다른 아이의 놀이를 관심을 가지고 보며 이것 저것 묻거나 이야기를 하지만, 정작 놀이에 끼어들지는 않는다.

- **병행놀이(parallel play)**
  흉내를 내듯 다른 아이와 같은 장난감을 가지고 놀지만 서로 독립적으로 논다. 어린 유아들이 주로 하는 놀이이다.

- **연합놀이(associative play)**
  여러 명이 같이하는 놀이로서 장난감을 주고받거나 같이 몰려다니며 노는 등, 조직적이지는 않지만 다른 아이와의 사회적인 상호작용을 즐기는 형태이다.

- **협동놀이(cooperative play)**
  다른 아이들 간에 그룹을 지어서 경쟁적, 조직적인 활동을 하는 놀이이다. 나이 든 유아에게서 볼 수 있는 놀이지만 유아기에는 그리 흔하지 않다.

연령이 증가함에 따라 비사회적 놀이에서 사회적 놀이로 대체된다는 Parten의 견해에

그림 11-10 **혼자놀이**

그림 11-11 **병행놀이**
아동들이 병행놀이를 하고 있다. 비록 그들은 나란히 앉아 있고, 비슷한 장난감을 사용하지만 서로의 행동에 영향을 주지는 않는다.
자료: Berk, 2005

그림 11-12 **연합놀이**

그림 11-13 **협동놀이**
아동들이 균형 저울을 조작하며 공동작업을 하고 있다. 유아기 아동은 종종 공동의 목표를 성취하기 위해 협동놀이를 한다.
자료: Berk, 2005

반해, 최근에는 유아기에 모든 유형의 놀이가 공존한다는 견해가 지배적이다. 즉, 유아가 노는 모습을 보면 방관놀이를 하다가 병행놀이로 바꾸기도 하고, 다시 연합놀이를 하는 등 수시로 놀이 형태를 바꾸는 모습을 보인다. 결국 나이가 들어감에 따라 사회적인 놀이의 빈도가 상대적으로 많아지기는 하나 혼자놀이나 병행놀이도 흔히 볼 수 있다. 따라서 최근에는 혼자놀이나 병행놀이의 양보다는 어떤 형태의 혼자놀이나 병행놀이를 하느냐가 관심사가 되고 있다. 한 예로 혼자놀이를 하는 경우에도 몰입하여 긍정적이고 구성적인 놀이를 할 경우는 적응상 문제를 보이지 않기(Rubin & Coplan, 1998) 때문에, 비사회적 놀이 자체를 문제로 보기보다는 어떤 유형의 비사회적 놀이인가가 중요하다.

② **현대적 놀이분류**

현대적 놀이분류는 인지적 발달과 사회적 발달 측면을 동시에 고려한다. 즉, 현대적 놀이분류에 의하면, 어떤 형태의 놀이든 유아는 연령이 증가함에 따라 인지적으로 좀 더 성숙된 형태를 보여, 단순하고 반복적이며 기능적인 놀이(2세까지)에서 점차 만들고 구성하는 놀이(3~6세)를 한다. 나아가 인지적 발달과 사회적 발달이 결합되어 나타나는 상상놀이나 가상 놀이(2~6세)로 발달해간다. 가상놀이는 유아기에 가장 흔히 볼 수 있는 놀이다(Rubin et al., 1983). 각 놀이 형태에 대한 설명은 표 11-1에 나타나 있다.

표 11-1 현대적(인지적) 놀이분류

놀이 유형	설명
기능적 놀이 (functional play)	물체를 가지고 또는 물체 없이 반복적인 운동 행동을 하는 놀이이다. 감각적 즐거움을 추구하며 생후 2년 동안 주로 볼 수 있다. 예: 방에서 뛰어다니기, 자동차를 이리저리 끌고 다니기, 점토를 주무르기
구성놀이 (constructive play)	감각 운동적 움직임이나 반복적인 연습을 통해 어떤 활동에 익숙해지면 자신이 생각해 낸 아이디어를 가지고 어떤 창작품을 만들어내는 놀이를 말한다. 연습놀이가 감소하고 가상놀이가 증가하는 유아기 때 주로 나타난다. 예: 블록으로 집짓기, 퍼즐 맞추기, 그림 그리기
가상놀이/상징놀이 (pretend/symbolic play)	가상 놀이 또는 상징 놀이는 물리적인 환경 대신 정신적인 표상이나 상징을 활용할 수 있게 되면서 나타나며 유아기에 가장 흔히 볼 수 있는 놀이 형태가 된다. 약 18개월부터 시작되는 가상 놀이는 4~5세에 가장 빈번하게 나타나며, 그 이후로는 점차 감소한다. 예: 소꿉놀이, 병원놀이, 학교놀이

4. 부모와 또래관계

부모는 직접, 간접으로 자녀의 또래관계에 영향을 미치게 된다. 우선 부모는 아동에게 또래와 지낼 수 있는 여러 가지 기회를 마련해줌으로써 또래관계 형성에 직접 도움을 줄 수 있다. 이러한 기회를 통해 부모는 자녀에게 또래와 관계를 맺는 방법을 직접 가르치거나 모범을 보임으로써 간접적인 영향을 미친다. 또래관계에 대한 부모의 제안이나 가르침은 자녀의 사회적 능력이나 또래수용에 도움이 된다(Mize & Pettit, 1997). 다른 아이와의 갈등을 해결하는 방법, 수줍어하지 않고 또래와 어울리는 방법, 다른 아이의 압력에 대처하는 방법들을 가르치는 경우, 또래관계는 좀 더 원만해진다.

한편, 부모의 양육방식이나 부모-자녀 관계는 또래관계의 기초가 된다. 유아기의 또래관계를 살펴보면, 상당히 공격적인 아동이 있는가 하면 공격적 행동의 대상이 되는 아동이 있다. Olweus(1993)에 의하면, 공격적인 아동의 경우는 부모의 양육행동이 거부적이고, 권위주의적이며, 공격성에 대해 허용적이고 가족 간에 불화가 잦다. 반면에 그 대상이 되는 아동의 부모는 불안해하고 과보호하는 행동을 보인다. 그러나 잘 적응하고 있는 아동의 부모는 공격성을 허용하지 않을 뿐 아니라 자녀에게 관심이 많고, 반응적이어서, 아동이 자기주장적 행동을 발달시키는 데 도움이 된다. 같은 맥락에서 부모에게 안정애착을 형성한 아동은 조화로운 또래관계를 형성한다(Schneider et al., 2001).

05
도덕성 발달

도덕성이란 인간으로서 당연히 해야만 하는 어떤 규칙이나 가치에 대한 생각(thinking)이나 행동(behavior), 정서(feeling)를 포함하는 개념이다. 따라서 무엇이 옳고, 무엇은 옳지 않은지에 대해 아동은 어떻게 생각하고 판단하는가, 도덕적 상황에서 아동은 실제로 어떻게 행동하는가, 도덕적인 문제에 대해 어떠한 정서를 느끼는가는 학자들의 중요한 연구주제가 되어 왔다.

가정에서 집 밖으로 생활 범위가 넓혀지는 유아기의 경우, 도덕 발달은 다른 사람과 함께 조화롭게 지내는 데 있어 중요한 발달영역이다. 도덕적인 행동은 누가 보든지 보지 않든지 간에 당연하게 그리고 자연스럽게 질서나 규칙을 지키는 일에서부터 시작되며, 영유아기 동안의 적절한 훈육 방법과 학습을 통해 그 기초가 마련된다.

그림 11-14 **길거리에 버려진 쓰레기들**
도덕적 행동은 어렸을 때 그 기초가 형성된다.

도덕성 발달에 관한 이론으로는 도덕적 정서 및 양심에 초점을 맞춘 심리성적 또는 심리사회적 이론, 도덕적 행동을 보고 따라하며(모델링), 강화하는 데 관심을 둔 사회학습이론, 그리고 도덕적 사고에 초점을 둔 인지발달 이론이 있다. 그러나 결국 도덕성 발달은 도덕적 정서와 도덕적 사고 모두에 뿌리를 두고 있다.

1. 도덕적 정서

3세경까지 나타나는 수치심, 죄책감, 감정이입 등의 정서는 도덕성 발달의 기초가 된다. 고전적 정신분석이론에 의하면, 유아는 남근기를 거치면서 불안이나 두려움을 피하고 애정을 계속 유지하기 위해서 같은 성의 부모를 동일시 하므로써 초자아(이상적 자아와 양심)를 형성하게 된다. 또한 동일시 과정을 통해 옳고 그름에 대한 부모의 사회적 기준을 내면화하는 한편, 같은 성의 부모에 대해 가졌던 공격성을 자기자신에게 돌리면서 죄책감을 경험하게 된다. 나아가 죄책감을 피하려고 옳지 않은 행동은 삼가게 되고 부모의 기준이나 사회적인 기준에 맞는 행동을 하게 된다. 결국 수치심이나 죄책감을 가진 아동은 점차 부모의 통제 대신 자기스스로 알아서(자기통제력) 도덕적인 행동을 하게 된다.

한편, 도덕적 정서인 감정이입(empathy)은 특히 친사회적 행동이나 이타적 행동의 동기가 되므로 아동의 도덕적 행동 발달이나 사회적 능력에 있어 중요한 역할을 한다. 감정이입은 다른 사람의 정서 상태나 상황을 알아채고 그 사람과 같은 감정을 느낄 뿐 아니라, 그 사람의 관점에서 생각할 수 있어야 한다. 즉, 다른 사람의 감정이 어떤 종류인지(예: 슬픔인지 분노인지), 그리고 어떠한 도움행동이 그 사람에게 도움이 될지에 대한 이해 등 인지적인 요소가 포함된다.

감정이입 발달에 관한 연구(Damon, 1988; Hoffman, 2000)에 의하면, 영아는 첫 1년 동안 다른 사람의 정서에 막연한 감정이입 반응을 보인다. 걸음마기 영아는 다른 사람의 정서를 이해하고 감정이입 반응을 보여 도우려 하지만, 자기중심적인 방식으로 도우려 한다. 예를 들어, 다른 아이가 다쳐서 울면 자기도 슬퍼하며, 그 아이를 달래주려고 자기가 좋아하는 장난감을 건넨다.

유아기에는 감정이입능력이 더욱 발달하여 감정이입적인 감정을 언어로 표현하게 된다. 즉, 어떤 상황에 놓인 다른 사람이 얼마나 슬픈지, 얼마나 속이 상할 것인지, 또는 힘이 들 것인지를 생각할 수 있게 되어 말로 그 감정을 표현하게 된다. 또한 유아는 같은 상황에서도 자기와 다른 감정을 가질 수 있다는 것을 이해하며 말이나 몸으로 그 상황에

표 11-2 연령에 따른 감정이입능력

연령 시기	감정이입 행동
영아기 초기	막연한 감정이입. 다른 아이가 우는 것을 보고 같이 슬퍼하나 자기와 다른 사람의 감정 사이에 구별이 안 되므로 일종의 모방임.
1~2세(걸음마기)	다른 사람의 감정상태를 어느 정도 이해하기 시작하여 다른 사람의 아픔에 근심 어린 얼굴로 감정이입을 보이나 효과적으로 돕지는 못한다.
3~6세(유아기)	같은 상황에서도 다른 사람은 자기와 다른 감정을 가질 수 있다는 이해를 바탕으로 점차 상황에 적절한 감정이입 행동을 하게 된다.
10~12세(아동기)	다른 사람의 불행이나 상황(예: 가난한 사람, 장애인)에 대한 감정이입이 발달한다.

적절한 감정이입 행동을 하게 된다. 이러한 감정이입 행동은 유아기와 아동기를 거치면서 더 빈번해진다. 아동기에는 다른 사람이 지금 겪는 감정에 대한 것뿐 아니라, 그 사람이 처한 전반적인 상황에 대한 감정이입을 나타낸다(표 11-2).

연령에 따른 발달 외에도, 죄책감이나 감정이입 등 도덕적 정서는 부모의 양육행동에 의해 학습되기도 한다. 즉 아동은 애정적이고 반응적인 부모의 행동을 모델링하거나, 다른 사람에게 미치는 영향에 대한 부모의 논리적인 설명이나 직접적인 가르침을 통해서 도덕적 정서를 발달시키게 된다. 반면에 다른 사람의 고통에 대해 무반응적인 부모나 처벌적인 부모는 도덕적인 정서가 무딘 아동으로 자라게 한다.

2. 도덕적 사고

아동이 어떠한 기준으로 옳고 그름을 판단하는지에 관한 대표적인 도덕적 사고 이론은 Piaget와 Kohlberg의 이론이다. Piaget는 아동의 연령에 따라 타율적 도덕성과 자율적 도덕성의 두 단계로 구분하였는데, 유아기는 타율적 도덕성 단계(2세~7세)에 속하며, 아동기부터 그 이후는 자율적 도덕성에 속한다.

타율적 도덕성 단계의 유아는 공정함이나 규칙은 절대적이어서 불변하는 것이며, 규칙을 어기면 즉시 벌을 받게 된다고 생각한다. 따라서 유아들은 잘못된 행동을 하면 곧 불안한 마음에 주변을 돌아본다. 또한 옳고 그름을 판단할 때 행동의 결과에만 초점을 맞춘다. 타율적 도덕성은 행동을 판단할 때 결과뿐만 아니라 의도도 고려해야 한다고 생각하는 아동기의 자율적 도덕성 단계와 비교된다. 예를 들어, 유아는 실수로 여러 개의 컵을 깬 경우가 장난치다가 컵 한 개를 깬 경우보다 나쁘다고 생각한다. 의도와 결과를 동시에 고려하지 못하는 유아기의 도덕적 판단은 동시에 두 가지 측면을 고려하지 못하는 중심화 경향과 외형에만 초점을 맞추는 전 조작기 사고의 특성을 반영하는 것이라고 할 수 있다.

Kohlberg는 도덕적 발달 수준을 전 인습적 수준, 인습적 수준, 및 후 인습적 수준의 세 수준으로 나누고 각 수준에 2가지 단계가 포함된 6단계로 나누고 있다. 유아기는 전 인습적 수준 중 1단계인 처벌 및 복종지향적 도덕성에 속하며, Piaget 이론과 마찬가지로 타율적 도덕성 단계다. 즉 유아는 어떤 행동으로 인한 물리적 결과에 따라 옳고 그름을 판단하기 때문에, 벌을 받으면 잘못한 것이고, 벌을 받지 않으면 잘못된 것이 아니라고 생각한다. 결국 4~7세 유아는 벌이 두려워서 어른의 말에 따르고 순종하는 타율적 도덕성을 나타낸다. Piaget와 Kohlberg의 도덕적 추론의 발달은 아동기(14장 참조)에서 상세히 다룰 것이다.

한편, Eisenberg는 도덕적 판단이나 추론에 근거하여 도덕성 발달단계를 구분한 Piaget나 Kohlberg와 달리, 아동의 친사회적 행동을 중심으로 도덕성 발달을 설명하고 있다. 즉, Eisenberg 등(1987)은 다른 아동을 돕는 일과 자신의 이익을 추구하는 갈등 장면을 제시한 후, 그에 대한 아동의 반응에 기초하여 쾌락지향적 도덕성과 필요지향적 도덕성으로 구분하였다. 이를 구체적으로 살펴보면, 유아들은 어려움에 처한 다른 아이를 돕는 것이 중요하다는 도덕적인 생각보다는 '내가 도와주면 다음에 그 아이도 나를 도와줄 것이다'라든지, '나는 친구 생일파티에 가서 놀아야 하니까 도와줄 수 없다' 든지로 답함으로써 자신의 이익을 추구하는 쾌락지향적인 선택을 한다. 그러나 점차 나이가 들어 아동기에 이르면 '내가 도와주면 그 아이가 슬퍼하지 않을 것이다'라는 식으로 다른 사

표 11-3 유아기의 도덕적 사고

이론	아동의 연령	발달단계	내용
Piaget	약 2세~7세	1단계 : 타율적 도덕성	• 권위자에 대한 순종 • 규칙은 절대불변 • 의도보다 결과에 치중
Kohlberg	약 4세~7세	1수준(전 인습적 수준) : 처벌과 복종지향적(타율적) 도덕성	• 벌을 받지 않기 위해 순종 • 의도보다 결과에 치중

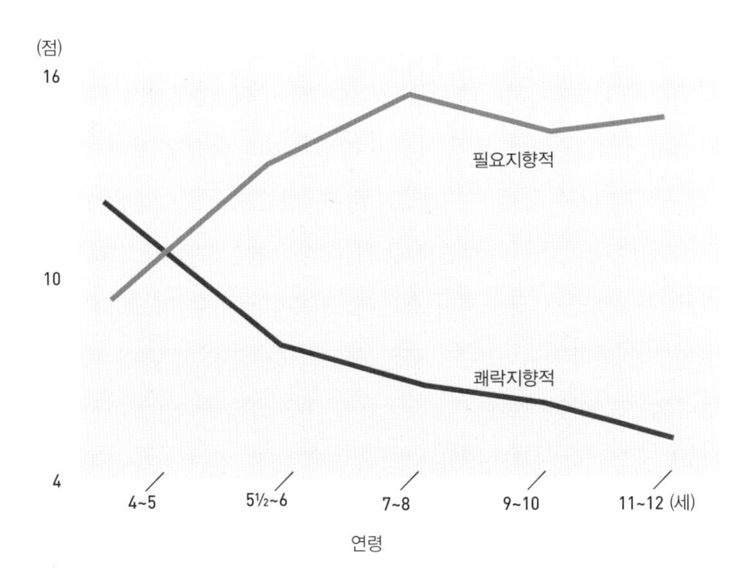

그림 11-15 친사회적 행동에 근거한 도덕성 발달의 연령적 변화
Eisenberg는 도덕성을 측정하기 위해 동일 아동 집단을 대상으로 친사회적 행동과 관련된 딜레마 시리즈를 제시하고 무엇을 해야 하는지를 질문하였다(예: 다친 사람 돕기). 그리고 그들의 추론을 분석하여 4점에서 16점까지 측정하였다. 그 결과 연령의 증가에 따라 자신의 쾌락을 추구하는 대신 다른 사람의 필요(요구)에 근거한 도덕성이 증가하였다.
자료: Eisenberg et al., 1987

람이 필요로 하는 일을 돕는 필요지향적인 도덕성을 보인다. 친사회적인 행동에 근거한 도덕성 발달의 연령적 변화는 그림 11-15와 같다.

3. 도덕적 행동

유아기의 도덕적 행동 발달을 이해하기 위해, 유아를 대상으로 주로 연구되어 온 주제인 규칙에 대한 순종행동과 다른 사람이나 물건을 해치는 공격적인 행동 발달에 관한 내용을 다루고자 한다.

(1) 순종행동

어른의 지시나 규칙을 따르는 순종행동은 잘못된 행동을 하지 않고 유혹을 참는 행동인(resistance to temptation) 자기통제력(자기조절능력)은 물론 이후의 도덕적 행동과도 밀접한 관련을 맺고 있어, 유아를 대상으로 많은 연구가 이루어져 왔다. 순종행동에 관한 실험실 연구에 의하면, 규칙을 따르는 순종행동과 자기통제력은 인지적 요소와 관련이 있다(Mischell, 2004). 예를 들면, 유아에게 흥미로운 장난감이나 물건을 보여주고 실험자가 나갔다가 돌아올 때까지 만지지 말라는 지시를 한 후, 방을 나가서 옆방에서 일방경으로 유아의 행동을 관찰한다. 이 경우 금지된 행동에 대해 '나는 아무리 그래도 안 할거야'라고 말하는 등 자기지시방법을 사용하거나 금지된 물건에서 눈을 떼고 다른 생각으로 주의를 전환함으로써 자기통제력을 보이는 유아는 순종을 잘하고(박성연 외, 2007), 규칙 위반 행동을 덜하였다(양아름, 방희정, 2011).

부모의 애정적 반응이나 일관성 있는 양육행동 또한 자녀의 순종행동이나 양심적인 행동 등 도덕적 행동 발달을 돕는다. 다시 말하면, 부모의 반응적, 일관적인 양육으로 부모-자녀 간 신뢰로운 관계가 형성되면, 자녀는 부모의 기대나 요구를 충족시키고 싶어하기 때문에 스스로 도덕적인 행동을 발달시키게 된다(Kochanska & Murray, 2000).

국외 연구에 의하면, 부모와 친밀한 관계에 있는 3~6세 유아는 부모의 가치를 내면화하여 자발적으로 순종하며(committed compliance) 양심적 행동을 하는 반면, 부모가 계속 지시하고 통제해야만 순종하는(situational compliance) 유아는 누가 보지 않을 때는 잘못된 행동을 하는 등 유혹에 쉽게 빠져든다(Kochanska et al., 1998).

부모의 양육행동과 순종행동 간의 관계는 국내 연구들에서도 입증되고 있다. 예를 들어, 교사가 보고한 사회적 상황에서의 5~6세 유아의 순종-불순종 행동과 어머니의 양육행동간의 관계를 연구한 용의선, 박성연(2011)에 의하면, 어머니가 강압적인 양육 행동을 하면, 유아의 자발적인 순종점수가 낮았다.

또한 실험실 상황에서 '장난감 치우기' 과제(요구에 대한 순종)와 '만족지연' 과제(금지된 행동에 대한 순종)로 연구한 바에 의하면, 아동의 기질도 순종행동에 영향을 미치는 변인으로 나타난다. 즉, 기질적으로 행동억제가 높은 남아는 대체로 순종행동이 높았으며, 특히 까다로운 기질의 남아는 어머니가 처벌적 양육을 덜 할 때 높은 순종행동을 보여(박성연 외, 2007), 기질이 순종행동에 미치는 영향은 양육행동에 따라 다를 수 있음도 시사하고 있다.

(2) 공격적 행동

공격적인 행동은 자신이 원하는 것을 얻고자 할 때, 또는 다른 사람의 위협으로부터 자신을 방어하기 위한 수단으로 나타나는 행동이다. 유아기에는 또래관계가 중요하므로 자신의 공격적인 욕구나 충동을 잘 조절하고 사회적으로 승인된 행동을 학습하는 일은 사회적 발달에서 중요한 발달과제다.

영아기부터 때때로 나타나는 공격성은 형제나 또래와의 상호작용이 많아지면서 좀 더 빈번해진다. 그림 11-16에서 보듯이, 생후 15개월부터는 형제 유무나 성에 따른 차이가 나타나 형제가 있는 남아나 여아는 형제가 없는 아이들보다 상대방을 위협하는 행동을 더 많이 하기 시작하며, 이러한 차이는 연령 증가에 따라 점점 더 커진다(Tremblay, 2004).

한편, 유아기에는 공격성의 형태나 유형에서도 발달적인 변화가 나타나, 도구적 공격성과 신체적 공격성은 점점 줄어드는 대신 적대적 공격성과 언어적 공격성은 증가한다(Tremblay, 2000). 즉, 영아기에는 갖고 싶은 물건이나 원하는 것을 얻기 위해 무조건 때리고 빼앗는 등 도구적이거나 신체적인 공격성을 주로 나타내지만, 유아기에는 어떤 문제에

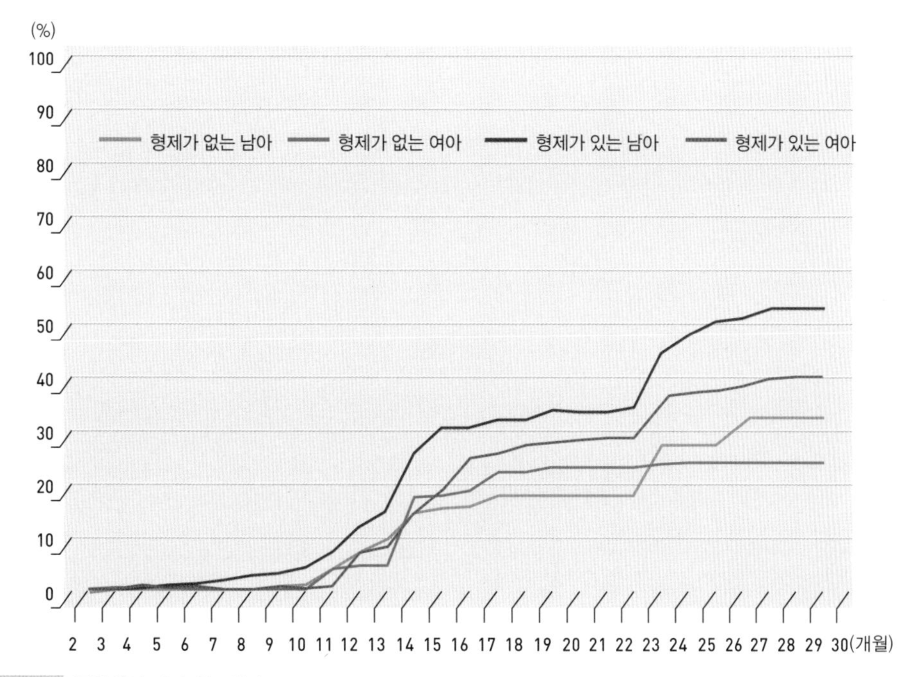

그림 11-16 **공격성이 나타나는 시기**

자료: Tremblay, 2004

대해 언어를 통해 서로 타협할 수 있기 때문에, 신체적 공격성은 줄어들고 언어적 공격성이 증가한다. 또한 유아기에 이르면 다른 사람이 한 행동의 의도를 이해하게 됨에 따라 다른 사람에 대한 적대감의 표현인 공격성, 즉 적대적 공격성을 나타내기도 한다.

성호르몬의 영향이나 성역할 사회화로 인해 공격성에서 성에 따른 차이도 나타난다. 즉, 남아는 남아다운 행동으로 다른 아이들을 지배하기 위해 신체적 형태의 적대적 공격성을 많이 나타낸다. 반면에 여아는 친밀한 또래관계 형성에 관심을 두기 때문에 다른 아동의 또래관계를 방해하기 위한 관계적 형태의 적대적 공격성을 더 자주 보인다. 따라서 유아기나 아동기에 여아가 남아보다 공격성을 덜 나타내기보다는 다른 형태의 공격성을 나타낸다고 할 수 있다(Crick et al., 1999).

어느 정도의 공격성은 정상적인 발달과정으로 볼 수 있으나, 충동적인 행동이나 불복종하는 행동은 때로는 장기적인 문제행동으로 이어질 수 있다. 장기종단적 연구에 따르면, 유아기에 공격성이 아주 높았던 아동은 청소년기에도 폭력이나 비행에 참여하는 경우가 많았다(Brame et al., 2001). 또한 부모의 거부적 양육행동이나 권위주의적, 강압적 양육방식은 공격성이나 비행을 예측하는 중요 변인으로 지적되고 있다(임희수, 박성연, 2002; Patterson, 1982; Russel et al., 2003).

PART

5

아동기

아동기는 6세에서 11세에 속하며 학령기 또는 아동 중기로도 불린다. 초등학교에 다니는 시기의 학령기 아동은 가정에서 학교로 생활반경이 확장되고, 일상생활에서 또래관계가 더욱 중요해짐에 따라 사회적 관계에 필요한 기술을 발달시킨다. 또한 학교생활에서 필요한 여러 가지 일들을 잘 해내려는 근면성을 보이며 열등감을 경험하기도 한다. 그러나 학교 공부로 인한 부담이나 친구들과 지내는 어려움 등으로 스트레스를 겪기도 하며, 이로 인해 정서적 문제를 일으키기도 한다.

CHAPTER 12

아동기의 신체·운동 발달

01 신체적 성장
02 운동 발달
03 건강과 비만

아동기 동안에는 제2의 신체적 성장 급등기인 사춘기가 시작되기 전까지 비교적 완만하고 꾸준한 신체적 성장이 나타난다. 아동기의 신체·운동능력의 발달은 신체적 건강과 직결됨은 물론 자신감이나 성취감을 통해 자아개념을 향상시킬 수 있으며, 또래와의 사회적 관계에도 긍정적인 영향을 미치게 된다.

01

신체적 성장

유아기와 거의 비슷하게 아동기 동안 신장은 매년 5~7cm 정도 자라며, 체중은 매년 2.5~4kg씩 증가한다. 또한 남녀 아동 모두 신체 하부의 성장이 급속하게 진행됨에 따라 다리가 길어지고 몸체는 날씬해진다. 특히 신체 비율의 변화가 두드러져 신장에 비해 머리둘레 및 허리둘레가 작아지면서 6세에 1/6이던 신체 비율은 11~12세가 되면 1/7이 된다. 성에 따른 차이도 나타나 남아는 골격의 크기가 커지고 근육이 발달함에 따라 여아보다 신체적으로 강해지는 한편, 여아는 남아보다 체지방이 많아지는데, 이러한 남아와 여아 간 특징적 차이는 성인기까지 계속된다. 또한 사춘기 시작 시기도 약 2년의 차이가 있어, 여아는 10세 경에, 남아는 12~13세경에 신체적인 급성장이 나타나 10세부터는 여아가 남아보다 커진다.

근래에 이르러 우리나라 아동의 평균 신장과 체중은 과거와 달리 더 커지고 더 무거워졌다. 교육인적자원부(2004) 통계자료에 의하면, 2004년과 25년 전인 1980년을 비교할 때 7세 아동의 신장은 남아, 여아 모두 약 6~7cm 더 커졌다. 또한 11세에는 남아, 여아 모두 약 10cm 가량 더 커졌다. 체중 또한 비슷한 경향을 보여, 남아와 여아 모두 7세는 25년간 약 5kg 더 무거워졌으며, 11세는 약 10~12kg 더 무거워졌다.

표 12-1 우리나라 6~11세 아동의 신장과 체중 발육치

연령	신장(cm)		체중(kg)	
	남	여	남	여
6세	121.1	119.3	24.8	23.3
7세	126.0	124.6	27.6	26.1
8세	132.0	130.6	32.0	29.7
9세	137.8	136.6	36.6	33.8
10세	143.1	143.6	41.2	38.8
11세	149.7	150.0	46.8	44.3

자료: 교육부, 2020

참고로 최근 교육부(2020)에서 발표한 2019년 학생표본 신체검사 현황 통계치를 표 12-1에 제시하였다.

02

운동 발달

1. 대근육 운동능력

아동기에 이르면 꾸준한 신체성장과 더불어 신체적인 통제가 더 원활해지기 때문에 아동의 몸 움직임은 유아기에 비해 훨씬 더 부드럽고 협응적이 되며 힘과 기술이 향상된다. 특히 초등학교 3학년~6학년 아동은 달리기, 뛰어오르기, 공을 다루기 등에서 점점 더 기술이 정교해진다. 이는 이 시기에 운동기술에 필요한 기본적인 네 가지 운동능력인 유연성, 균형감, 민첩성, 힘이 발달했음을 뜻한다. 물론 신체적 성장이 운동능력에 상당한 기여를 하고 있지만, 어떤 상황에 대한 반응시간, 즉 효율적인 정보처리 과정도 중요한 역할을 해서 11세 아동은 5세 유아보다 2배 이상 빨리 반응한다(Berk, 2004).

따라서 유아기는 자기 몸의 움직임을 익히는 시기라면, 아동기는 몸과 물체 간의 관계를 조정하는 기술을 터득하는 시기라고 할 수 있다. 예를 들어, 아동기에 이르면 공을 던지거나 받기, 또는 줄넘기 놀이를 할 때 물체와 자기 몸의 움직임 간의 공간적, 시간적 관계를 이해하고 몸이 그에 적절하게 반응할 수 있게 되어 공을 잘 잡고 던지며, 줄넘기를 잘 할 수 있다.

운동기술의 발달을 위해서는 신체적 성숙 외에도 신체적 활동의 기회와 반복적인 연습이 중요하다. 아동기에는 근력과 지구력이 증가하므로 신체적 활동의 기회가 주어진다면 경험과 연습을 통해 수영이나 자전거 타기, 스케이트 타기 등 여러 가지 스포츠를 잘 할 수 있게 된다.

아동기를 거치면서 아동은 유아기보다 훨씬 오랫동안 주의집중해서 앉아 있을 수 있지만, 신체적인 성숙 면에서는 아직 발달과정에 있어서 활동이 필요하다. 따라서 아동은 뛰거나 달릴 때보다 오랫동안 앉아 있는 경우에 훨씬 쉽게 피곤해진다. 활동적인 신체적 움직임은 여러 가지 운동기술 습득에 필수적인 요소이며, 신체·운동적 기술은 아동에게 생활의 즐거움과 활력을 주게 된다. 또한 운동기술로 인한 성취감이나 자신감을 주며 긍정적인 자아개념에 영향을 미친다.

이러한 이점에도 불구하고 지나친 경쟁 위주의 현대사회에서는 대부분의 학동기 아동들이 학업에 많은 시간을 보낸다. 특히 도시의 초등학교 아동들은 방과 후 시간 대부분을 활동적인 놀이보다는 학원 공부나 컴퓨터 게임 등 수동적인 활동에 시간을 보내고 있다. 이와 같은 초등학생들의 생활시간은 운동시간 부족으로 이어지고, 곧 체력 저하로 나타난다. 우리나라 초등학교 5~6학년 아동의 체력이 1972년부터 2004년 현재까지 100m 달리기, 오래 달리기, 제자리 멀리뛰기 종목에서 기록이 점점 나빠지고 있다는 교육인적자원부(2005) 통계연보 자료는 이를 뒷받침해주고 있다. 아동기는 그 어느 때보다 또래관계와 신체·운동적 활동이 중요한 시기라는 점에 비추어 볼 때, 아동의 생활시간은 아동발달과 관련지어 심각하게 생각해볼 문제이다.

2. 소근육 운동능력

소근육 운동 발달도 아동기 동안 향상된다. 6세에는 대부분 아동이 이름이나 글자를 쓸 수 있고 1에서 10까지 숫자도 비교적 정확히 쓰지만, 손목이나 손가락 대신 팔을 사용하기 때문에 큰 글씨로 쓴다. 그러나 7세경부터 크레파스보다는 연필을 더 좋아하고, 8~10세경에는 작은 글씨도 쉽게, 정확하게 잘 쓰게 된다. 10~12세가 되면 손의 조작 기술이 성인 수준에 이르며, 섬세하고 복잡한 수공예를 할 수 있고, 빠르고 어려운 작품을 악기로 연주할 수 있을 정도로 소근육 운동능력은 더욱 발달한다(Santrock, 2007).

또한 유아기 말인 6세가 되면 인물이나 상황을 그릴 때도 원근이나 크기에 따라 섬세하게 그리기 시작하며, 9~10세가 되면 전체적인 모습을 고려하는 동시에 섬세하면서도 다양한 모양으로 공간을 배열하여 그린다. 대체로 여아는 글쓰기나 그림 그리기 등 소근육 운동기술이 남아보다 우수하다.

03

건강과 비만

경제적인 풍요로움은 사회환경의 개선, 의료기술의 발달 및 풍부한 식품공급을 가져왔고, 이로 인해 과거에 비해 아동의 신장이나 체중은 향상되었으며 여아들의 초경 시작시기도 빨라지는 등 신체적인 발달은 현저한 증가추세를 보이고 있다.

위에서 살펴보았듯이 요즈음 초등학교 아동들은 과거에 비해 체격이 커졌음에도 불구하고 신체적으로는 허약하거나 비만하며, 지구력이나 근육의 힘이 없다. 또한, 교육인적자원부 통계연보(2005)에 의하면, 근시 아동이 1981년 2.7%에서 2004년은 35.8%로 나타나고, 2005년에는 10% 이상 더 증가하여 초등학교 아동의 시력이 급격히 감소하였음을 알 수 있다.

이외에도, 질병에 대한 면역력이 떨어지고 있으며 예전에는 성인에게서나 볼 수 있었던 당뇨병, 지방간, 고지혈증 등 여러 가지 질병이 흔히 발견되고 있어, 부모에게 경각심을 불러일으키고 있다. 이러한 건강의 적신호들은 상당 부분 아동의 생활시간이나 식습관 및 생활습관의 변화에 기인한다.

1. 식습관

영양학자들은 성장기에 있는 학동기 아동 경우, 하루 2,400kcal의 열량이 필요하며, 아침식사에서 하루 총열량의 1/4을 섭취할 것과 곡류, 야채, 과일 등 자연식을 섭취할 것을 권장하고 있다(Papalia, et al., 2003). 그러나 우리나라 유아나 아동들은 인스턴트 음식이나 단 음식, 기름기가 있는 음식물을 많이 섭취하고 있으며 간식의 경우도 패스트푸드나 당질 등 열량 위주의 음식을 섭취하고 있다(박현서, 안선희, 2003). 또한 초등학교 아동의 14.2%가 아침식사를 거르고 있어(보건복지부, 2001), 발육부진과 함께 체력약화, 집중력 결핍, 낮은 학업성취도 및 비만의 우려를 낳고 있다.

2. 비만

최근에 이르러 전 세계적으로 비만 발생율이 급증하고 있으며 발생연령 또한 점차 낮아지고 있어, 아동의 비만은 심각한 건강 문제로 대두되고 있다. 1981년부터 2000년 초까지 비만율의 시대적 추이를 살펴보면, 1981년부터 2002년까지 약 20년 동안 6~17세 사이 남아의 비만율은 1.4%에서 17.9%로 12.7배가 증가하였으며, 여아의 경우는 같은 기간 2.5%에서 10.9%로 4.3배가 늘어났다. 또한 비만치료를 받은 9세 미만 어린이가 2000년에는 456명이었으나 2003년에는 672명으로 3년 사이에 거의 1.5배가 증가하여(박영신 외, 2004) 비만이 더이상 성인만의 문제가 아님을 알 수 있다.

한편 2001년부터 2015년에 걸쳐 만 6세~11세 소아 청소년의 비만 유병률 추이를 살펴본 보건복지부(2016) 자료에 의하면, 최근 15년 동안 남아는 10.3%에서 13.7%로, 여아는 7.6%에서 9.6%로 증가한 것으로 나타나 비만 아동은 계속 늘고 있으며, 남아의 비만 유병률이 여아보다 높았다. 아동기의 비만은 신체적 건강이나 심리적 건강을 위협함은 물론 비만 아동의 75~80%가 성인 비만으로 이행하는 것으로 나타나 아동 비만에 대한 사회적 관심이 증대되고 있다.

비만(obesity)의 주요 원인으로는 유전적 요인과 환경적 요인을 들 수 있다. 유전 측면에서 보면, 비만은 비만과 관련된 몇몇 유전인자 중 지방조절과 관련된 유전인자의 결함으로 식욕을 조절하지 못하기 때문이다(Papalia et al., 2003). 또한 과체중 아동의 부모 역시 과체중인 경우가 많고 일란성쌍생아가 이란성쌍생아보다 비만 발생률이 더 높은 것으로 보아 유전이 비만의 가능성을 높인다고 할 수 있다(Berk, 2004).

환경적 측면에서 보면, 사회경제적 지위가 낮거나 건강에 대한 지식이 부족한 경우 지방이 높고 건강하지 못한 음식을 주로 섭취하게 되며, 스트레스가 많은 경우에도 단 음식을 먹거나 과식하는 등 바람직하지 못한 식습관을 보인다. 또한 아동 주위에 있는 가족이나 다른 사람들의 식습관도 영향을 미친다. 즉 가족이 어떤 음식을 먹는지에 따라 아동도 같은 종류의 음식을 먹게 되기 때문에, 부모가 비만하면 자녀들도 비만하게 되는 경향이 있다(윤군애, 2002).

무엇보다 비만과 관련된 가장 큰 요인은 운동량이다. 비만 아동은 TV 시청이나 컴퓨터 사용시간이 길고 활동량이 부족한 것으로 나타나고 있다. 특히 장시간 TV를 시청한다는 것은 신체적 활동이 거의 없고 수동적인 상태이기 때문에 비만을 가져오는 주된 원인이

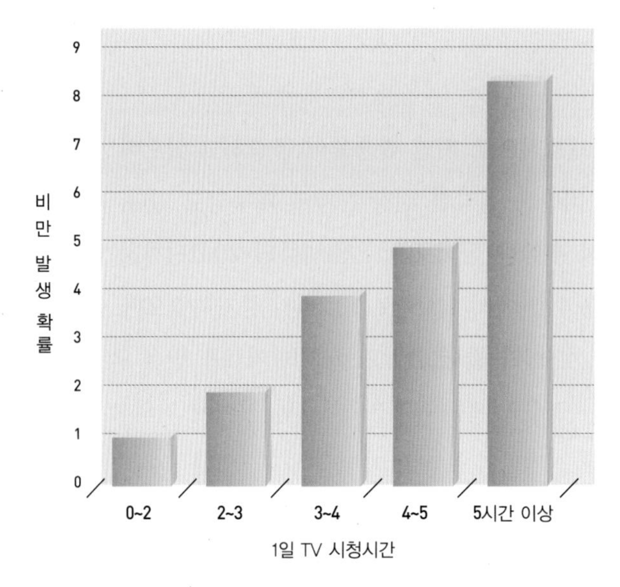

그림 12-1 **TV 시청시간과 비만과의 관계**
자료: Berk, 2004

된다. 10세~15세까지 아동을 대상으로 4년간 추적 연구한 Gortmaker 등(1996)에 의하면, TV 시청시간과 비만 발생률 간 밀접한 관련이 있는 것으로 나타나, 1일 TV 시청시간이 3~4시간 이상일 경우, 2~3시간 이내 일 때보다 비만 발생률이 2배 이상 높았으며, 5시간 이상일 경우는 4배 이상 높았다(그림 12-1).

3. 비만과 아동발달 간의 관계

아동기는 특히 비만으로 인한 신체적, 심리적 영향을 크게 받는다. 즉, 아동기는 신체적인 활동을 통해 유아기 동안 습득한 운동능력들을 통합하여 더욱 정교한 기술로 발달시켜야 하는 중요한 시기일 뿐 아니라 또래로부터 인정받는 것이 중요한 시기이다. 그러나 비만한 아동은 신체적인 활동에 대한 관심이나 기술이 부족하고 자신감이 결여되어서 또래로부터 점차 멀어지며, 이로 인한 정서적, 사회적인 문제를 먹는 것으로 대신함으로써 점점 더 비만해지게 되는 악순환을 겪게 된다.

우리나라 초등학교 4~5학년 1,501명을 대상으로 한 연구(정운선 등, 2003)에 의하면, 비만한 아동은 그렇지 않은 아동에 비해 전반적으로 자아존중감이 낮았다. 또한 자신의 신체 및 외모나 운동능력에 대해 열등감을 가지며, 또래 수용도가 낮고 또래로부터 많은 스트레스를 받고 있었다. 아동기의 또래관계가 아동의 학교생활 적응이나 사회적 적응에 중요한 의미가 있다는 점에서 볼 때, 비만 아동에 대한 사회적 관심 및 아동의 식습관이나 생활습관에 대한 부모의 적극적인 지도가 요구된다.

유아기와 아동기는 부모의 통제하에 있으며 부모의 영향을 받는 시기이기 때문에 비만 조절에 좋은 기회이다. 부모는 아동을 위해 지방이 적고 영양적으로 균형잡힌 섭식 습관을 갖도록 지도하는 한편, 신체적인 활동을 많이 하도록 격려함으로써 아동의 신체·운동 발달 및 심리적 건강을 지원해 주어야 할 것이다.

CHAPTER 13

아동기의 인지 발달

01 Piaget의 인지 발달 이론 : 구체적 조작기
02 지능
03 정보처리능력의 발달 : 기억력
04 언어 발달

아동은 초등학교에 입학하여 아동기를 거치는 동안 좀더 성숙한 정신적 조작능력을 보인다. 조작능력의 발달은 학업에 필요한 여러 가지 인지적 능력의 향상을 가져온다. 13장에서는 구체적 조작기인 아동기의 인지적 능력과 지능의 발달 및 정보처리능력에 대해 살펴보고자 한다.

01

Piaget의 인지 발달 이론 : 구체적 조작기

아동기는 Piaget의 인지 발달단계 중 구체적 조작단계(7세~11, 12세)에 속한다. 자기중심적 사고와 함께 사물의 외양에 의해 지배되는 직관적이고 비논리적인 사고의 특성을 보이던 유아기와는 달리, 7세경부터는 구체적이고 실제적인 사물에 대해 정신적인 활동, 즉 정신적 조작을 통해 사고하기 시작한다. 그러나 이 시기 사고능력은 구체적이고 사실적인 것에 국한되며 추상적인 대상에 대한 정신적 조작 능력은 청년기인 형식적 조작기에나 가능해진다. 구체적 조작기의 특징적인 발달 내용은 사고에서 탈중심화가 가능해지며, 가역적사고, 보존개념 형성 및 위계적 분류능력이 가능해진다는 것이다.

1. 탈중심화

아동기에 속한 아동은 사고를 할 때 한 가지 측면만 생각하는 중심화(centration) 경향에서 벗어나게 되어(탈중심화: decentration), 두 가지 이상의 측면을 동시에 고려할 수 있다. 앞서 살펴보았듯이, 유아기에는 똑같은 모양의 두 개의 유리컵(A컵과 B컵)에 담긴 같은 양의 물 중에서 어느 한 컵(예를 들어 B컵) 물을 다른 모양의 물 컵(C)에 옮겨 담았을 때 물의 높이가 높으면 그쪽의 물이 많다고 대답한다. 그러나 7~8세경 아동은 높이와 넓이 두 가지 측면에 모두 초점을 맞추어 사고할 수 있기 때문에, '모양이 다른 두 컵의 물의 양은 겉으로 보기에는 달라 보이나, 실제로는 물의 양이 같다'는 정답을 말하게 된다.

2. 가역성에 대한 이해

가역성이란 어떤 물체를 변환하여 다른 모양으로 만들었다 하더라도 다시 원래대로 돌아갈 수 있다는 개념이다. 위의 예의 경우, 가역적 사고를 하는 구체적 조작기 아동은 C컵에 있던 물을 다시 원래 있던 컵인 B컵에 옮겨 담으면 A컵과 물 높이가 같은 상태가 된다는 것을 이해한다.

마찬가지로 두 개의 같은 양의 점토 덩어리를 같은 모양의 동그랗고 납작한 두 개의 덩어리로 만든 후, 그 중 하나를 긴 막대기 모양으로 만들었을 때, 모양이 다른 두 개의 점토가 같은 양인가를 물으면 가역적 사고가 불가능한 5세 유아는 어느 한쪽(대개는 긴 쪽)이 더 많은 양이라고 말한다. 그에 비해 가역적인 사고가 가능한 7세 이후에는 긴 점토를 다시 원래의 동그랗고 납작한 모양으로 만들 수 있다는 가역성을 이해하기 때문에 모양은 달라도 두 점토의 양은 같다고 답한다.

3. 보존개념의 형성

보존개념이란 모양에 변화를 준다고 해도 더하거나 감하지 않는 한, 물체나 물질의 수, 양, 무게, 길이, 부피, 면적은 변화하지 않는다는 것을 이해하는 능력이다. 탈중심화 및 가역적 사고능력과 더불어, 동일성(모양이 변해도 더하거나 감하지 않는 한, 같은 것이라는 개념) 및 보상성(예를 들어, '가' 쪽은 폭이 넓지만 '나' 쪽은 길이가 길어서 '가'와 '나'의 차이는 서로 상쇄된다는 개념)의 이해를 통해 아동기에는 여러 가지 보존개념이 획득된다.

그러나 모든 물체나 물질에 대한 여러 종류의 보존개념이 동시에 형성되는 것은 아니라 보존개념의 내용에 따라 발달적인 차이가 있다. 수의 보존개념이 가장 일찍 형성되며, 길이, 액체의 양, 질량(덩어리 양), 무게의 보존개념 순으로 발달하며 부피에 대한 보존개념은 가장 늦게 발달한다. 예를 들어, 구체적 조작기 시작시기인 6~7세에는 그림 13-1에서 두 줄의 동그라미 수(또는 양)가 같다는 것을 알지만, 두 개의 점토 무게가 같다는 것을 알게 되는 것은 9세에나 가능하며, 둘의 부피가 같다는 이해는 11~12세에 가능해진다.

결국 구체적 조작기에는 보존개념이 형성되지만, 인지 발달 수준에 따라 각 내용의 보존개념 획득시기는 다르다. 이에 Piaget는 유사한 능력이라고 할지라도 한 특정 발달단계 내에서 반드시 같은 시기에 나타나는 것은 아니라는 수평적인 위계(horizontal d'ecalage)의 개념을 제안하였다. 수평적 위계란 비동시적인 발달을 뜻하는 것으로, 성장함에 따라 더 어려운 방식의 사고로 대체된다는 것(d'ecalage는 displacement 즉, 바뀌는 것을 말함)을 의미한다(Thomas, 2000).

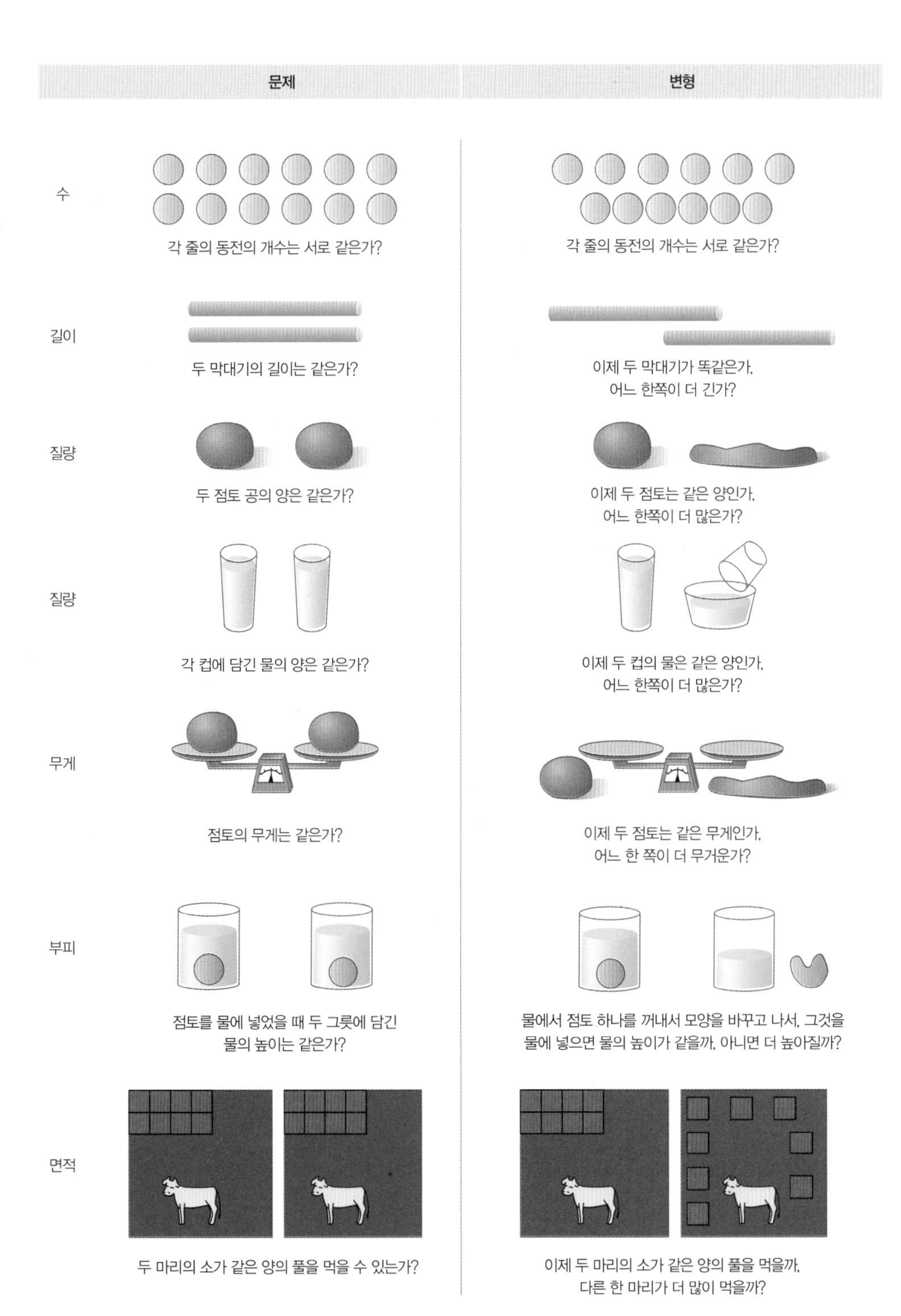

그림 13-1 Piaget의 보존개념 실험과제들

자료: Berk, 2005

4. 위계적인 분류능력

사물의 특성에 대한 정신적 조작 외에 구체적 조작기의 또 다른 중요한 사고발달 내용은 분류 능력으로, 아동은 사물을 어떤 기준이 되는 개념에 따라 유목 및 그 하위유목으로 나누거나 분류할 수 있으며, 그들 간의 상호관계를 이해할 수 있다. 예를 들어, 할아버지와 할머니에서 비롯된 가족들, 친척들 간의 수직적, 수평적 관계를 분류할 수 있다. Piaget에 의하면, 상호 간의 관계를 고려하는 분류 능력은 서열화(seriation) 능력과 어떤 결론을 이해하기 위해 관계들을 논리적으로 연결하는 능력인 이행성(transitivity)이 요구된다.

서열화 능력을 알기 위해 흔히 사용되는 과제는 책상 위에 8개의 길이가 다른 막대기를 놓아두고 그것을 길이 순서로 나열하게 하는 것이다. 그 경우 전 조작기 유아는 8개를 길이대로 나열하지 못하고 크거나 작은 2~3개 정도의 막대기만 어느 정도 길이 순서대로 나열한다. 그에 반해 아동기에는 8개 모두를 길이 순서대로 나열할 수 있다(그림 13-2).

또한 아동기에는 이행성 능력이 생겨 길이가 다른 세 개의 막대기 간의 관계를 이해할 수 있다. 즉, A가 가장 길고 B가 중간 길이며, C가 가장 짧은 경우, A가 B보다 길고(A > B), B가 C보다 길다면(B > C), A와 C의 관계가 어떤가를 물을 때, 아동은 A가 C보다 길다(A > C)는 것을 안다(그림 13-3).

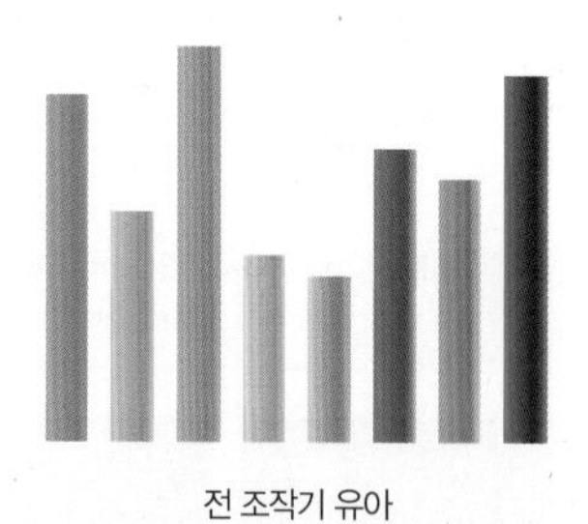

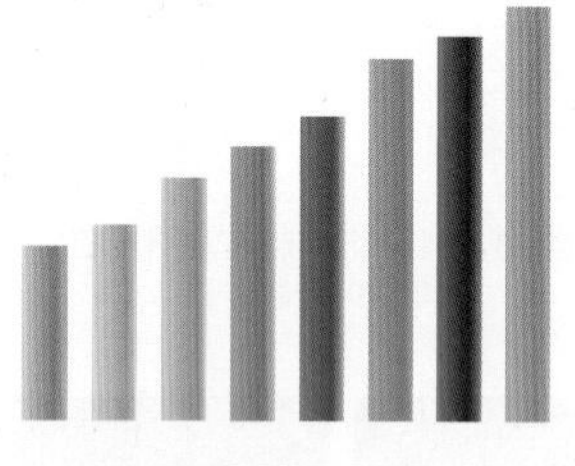

그림 13-2 **서열화 개념의 발달**

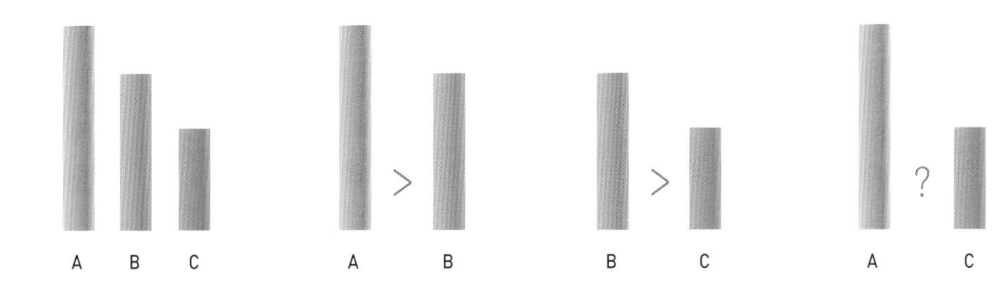

그림 13-3 **이행성 과제**

02

지능

1. 지능의 정의

아동이 초등학교에 가기 시작하면 학교 공부와 관련하여 지능에 대한 부모들의 관심은 더욱 높아진다. 사실상 지능이란 말보다 지능을 수치로 표시한 IQ라는 말을 더 흔히 사용하며, IQ가 학업능력을 예측한다고 본다. 즉 머리가 좋아서 또는 IQ가 높아서 공부를 잘하고, 머리가 나빠서 또는 IQ가 낮아서 공부를 못한다고 생각하기도 한다.

그렇다면 과연 지능이나 IQ란 무엇인가? 지능은 문제해결력, 적응력, 및 일상적 경험을 통한 학습하는 능력으로 정의된다. 이러한 인지적인 측면을 강조한 정의 외에도 창의력이나 대인관계능력, 실제적 생활능력으로 정의되기도 한다. 따라서 지능은 지적인 행동의 기반이 되는 능력으로 지식을 배우거나 활용하고, 개념과 관계를 이해할 수 있으며 일상적인 문제를 해결하고 여러 상황에 효과적으로 대처할 수 있는 능력으로 정의될 수 있다. 지능의 정의와 관련하여 지능은 어떻게 측정하는가, 지능을 구성하고 있는 요인들은 무엇인가, 지능에 영향을 미치는 요인은 무엇인가 하는 문제는 오랫동안 학자들 간에 상당한 논쟁이 있었다.

2. 지능의 측정과 지능검사

지능은 신장이나 체중처럼 직접 측정할 수 없으므로, 사람이 행하는 지적인 행동을 연구하고 비교함으로 간접적으로 측정할 수밖에 없다. 지능의 본질이나 구성요소는 다양하게 정의되고 있어서 어떤 내용을 어떻게 측정하는가의 문제는 학자들의 주요 관심사가 되어왔다. 지능은 개인 간 차이가 있으며 이러한 개인차는 안정적이고 지속적이라는 전제하에 주로 문제해결력, 적응력 및 학습능력을 측정한다.

가장 일반적인 측정법은 지능검사로 대표되는 정신측정적 접근이다. 정신측정법에서는 사람들이 실생활의 여러 측면에서 나타내는 능력을 정확하게 그리고 어떤 상황에서나 일관성 있게 측정할 수 있는 과제나 질문을 만들어내는 것이 중요하다. 따라서 좋은 지능검사는 타당도와 신뢰도를 갖추고 표준화된 것이다.

타당도(validity)란 검사가 측정하고자 하는 내용을 정확하게 측정하는 정도를 말한다. 예를 들어, 지능검사가 언어능력과 문제해결력을 측정하고자 한다면 그 두 가지 내용을 모두 포함하는 문항들로 구성된 것이어야 한다. 또한 이러한 지능검사 결과는 실제적인 적응능력 또는 학습능력을 예측할 수 있어야 한다. 신뢰도(reliability)란 검사가 항상 일관성 있게 반복적으로 같은 점수를 산출할 수 있는 정도를 말한다. 예를 들어, 오늘 치른 지능검사 점수가 높다면 6개월 후에 그 검사를 다시 치러도 역시 높은 점수를 예측할 수 있어야 한다.

한편, 표준화(standardization)란 지능의 개인차를 정확히 측정하기 위해서 모든 아동에게 동일한 검사 실시과정이나 점수화 방법을 개발하고, 검사점수의 비교기준인 규준(norm)을 만드는 과정이다.

지능검사는 연령, 사회계층, 또는 인종 등 각 집단을 위해 개발되므로 지능검사 결과를 각 집단에 적용하기 위해서는 규준이 마련되어야 한다. 규준을 통해 우리는 어떤 점수가 다른 점수와 비교하여 '높다', '낮다' 또는 '평균이다'라는 것을 알 수 있다.

(1) Binet 검사와 Stanford-Binet 검사

정신측정법의 시조라고 불리는 심리학자인 Galton은 19세기 초 지능은 천부적인 능력이라는 가정하에 두뇌의 크기, 반응시간, 기억력 등을 기초로 지능을 측정하고자 하였다.

그러나 그러한 검사들은 지능의 개인차에 대한 예측력이 낮았다. 이후 20세기 초 Binet는 프랑스 정부의 요청으로 정규 학습 과정을 잘 따라오지 못하여 특별교육을 받을 필요가 있는 아동들을 가려내기 위해 제자 Simon과 함께 1905년 지능검사를 개발하였다. Binet는 유전론적 입장을 취한 Galton과는 달리, 지능을 환경의 영향을 받으며 발달하는 특성으로 보았기 때문에, 지능검사를 연령이 증가함에 따라 단순한 능력에서부터 점차 복잡하고 추상적인 사고내용으로 구성하였다.

또한 Binet는 다른 사람과 비교한 상대적 정신능력 수준을 나타내기 위해 정신연령(MA, mental age)이라는 개념을 창안하였다. 그가 3~11세까지 아동을 대상으로 개발한 규준에 의하면, 평균 지능을 가진 아동은 지능검사에서 나타난 점수에 근거한 정신연령이 실제 나이인 생활연령(CA, chronological age)과 일치하는 한편, 지능이 높은 아동은 정신연령이 생활연령보다 높고, 지능이 낮은 아동은 정신연령이 생활연령보다 낮다.

그 후 1912년 Stern은 지능을 수치로 나타낼 수 있도록 지능지수(IQ, intelligent quotient)라는 개념을 고안하였다. IQ는 정신연령을 생활연령으로 나누어 100을 곱한 수치이다.

$$IQ = MA/CA \times 100$$

이에 따르면 평균 지능을 가진 사람의 IQ는 100이며, 평균보다 우수하면 IQ는 100 이상이고 평균보다 낮은 지능이면 IQ는 100 이하이다. 예를 들어, 생활연령(CA)이 7세인 아동이 9세의 정신연령(MA)을 가졌다면 IQ는 9/7×100=129이며, 7세 아동이 6세의 정신연령을 나타냈다면 IQ는 6/7×100=86이다.

그러나 정신연령과 생활연령에 근거한 IQ 수치의 의미는 각 연령마다 IQ 점수의 변량이 다르기 때문에, 모든 연령에 똑같이 적용될 수가 없다. 다시 말하면 IQ 129는 상대적으로 상당히 높은 점수이나, IQ 129의 7세 아동과 IQ 129의 10세 아동이 차지하는 상대적인 우위 정도는 다르기 때문에, 그 의미는 다르다. 이러한 문제점을 해결하는 방안으로 Wechsler 지능검사를 창안한 Wechsler는 편차 IQ라는 개념을 고안하였다. 편차 IQ 점수는 모든 연령에서 같은 의미를 지닌다. 현재 사용되고 있는 지능지수는 정신연령에 근거한 것이 아니라, 편차 IQ에 의한 것이다. 따라서 다른 사람과 비교한 상대적인 점수인 IQ 점수는 연령이 증가해도 거의 변하지 않는다.

Binet-Simon 검사는 여러 번의 개정을 거쳤으며 특히 Stanford 대학의 Terman

표 13-1 Stanford-Binet 검사문항의 예

언어적 문항	
어휘	카펫(carpet)은 무엇인가?
일반적인 정보	목요일 다음에는 무슨 요일이 올까?
언어적 이해	왜 경찰이 필요할까?
유사점	배와 기차가 어떻게 비슷하지?
산 수	만약 6만 원하는 옷을 25% 깎아주면 얼마일까?
지각-공간적-추리문항	
적목설계	적목으로 그림과 같이 만들어라.
그림개념	한 종류로 묶을 수 있는 물체를 위 아래 각각에서 하나씩 골라라. 1 2 3 4
공간적 시각화	왼쪽의 도안으로 만들 수 있는 상자는 오른쪽 중 어떤 것인가? a b c d e
작업기억 문항	
숫자기억	이 숫자들을 따라하여라. 이제 거꾸로 순서대로 반복하여라. **2 6 4 7 1 8**
문자와 숫자	숫자와 문자를 순서대로 따라한다. 처음에는 숫자부터 말하고 다음에는 문자부터 순서대로 말한다. **8 G 4 B 5 N 2**
처리속도 문항	
상징(모양)찾기	만일 왼쪽과 같은 모양이 오른쪽이 있다면 '예'에 표시한다. 만약 같은 모양이 없다면, '아니오'에 표시한다(되도록 빨리하기). 예 아니오

자료: Berk, 2005

은 Stern의 지능지수(IQ) 개념을 적용하여 대규모 규준을 개발하였다. 1985년 재개정된 Stanford-Binet 검사는 언어적 사고, 양적인 사고, 추상적/시각적 사고 및 단기기억의 4가지 사고(추리)내용을 측정한다. Stanford-Binet 검사는 2세~성인까지를 대상으로 하며 전 세계적으로 가장 널리 사용되는 개별지능검사다. Stanford-Binet 검사로 측정한 지능은 정상분포(normal distribution)를 나타내며(그림 13-4), 그림에서 보듯이 대부분의 사람들, 즉 인구의 약 2/3 가량이 IQ 100을 평균으로 IQ 84~116 사이에 분포되고 있으며 IQ 68 이하 또는 IQ 132 이상은 100명 중 약 2명꼴로 나타난다.

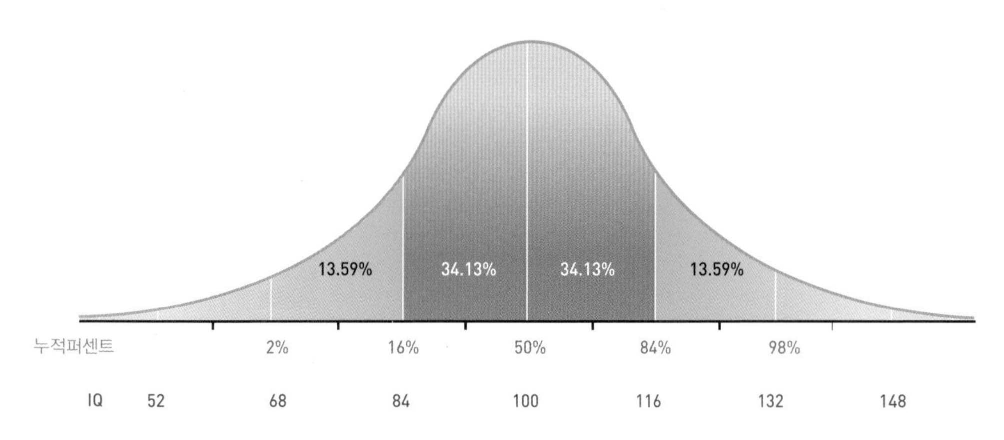

그림 13-4 **Stanford-Binet IQ 점수와 정상분포곡선**
지능지수의 분포는 정상분포 곡선에 근접하고 있다. 대부분의 사람들은 중간 범위의 점수에 해당된다.

(2) Wechsler 지능검사

Stanford-Binet 검사 외에도 가장 널리 사용되는 개별 검사는 Wechsler 지능검사다. 1939년 Wechsler는 성인용 지능검사를 발표한 이래 5차례의 개정을 거쳐, 현재의 Wechsler Adult Intelligence Scale-V(WAIS-V)를 개발하고, 이후 6세~16세 아동용 Wechsler Intelligence Scale for Children-V(WISC-V)와 2세 6개월~7세 7개월 유아용 Wechsler Preschool and Primary Scale of Intelligence-IV(WPPSI-IV)를 고안하였다.

Stanford-Binet 검사 다음으로 널리 쓰이고 있는 Wechsler 검사는 한국판 웩슬러 지능검사(예: 성인용 K-WAIS-V, 아동용 K-WISC-V, 유아용 K-WPPSI-IV)로도 개발되어 사용되고 있다.

표 13-2 WISC-V 검사 하위문항 예

	언어이해
공통성	'사물이 어떤 점에서 비슷한가?'를 묻는 여러 가지 질문에 답하려면 논리적, 추상적으로 생각하는 능력이 요구된다. 예: • 톱과 망치는 어떤 점이 비슷한가? • 동그라미와 삼각형은 어떤 점이 비슷한가?
이해	이 하위검사에서는 개인의 판단이나 상식을 측정하는 것이다. 예: • 어떤 사람이 식당을 나갈 때 잊어버리고 책을 두고 나가는 것을 네가 본다면 너는 어떻게 해야 하나? • 은행에 돈을 넣어두면 어떤 이점이 있나?
	비언어
토막짜기	아동은 검사자가 보여주는 디자인과 같게 만들기 위해 여러가지 색의 적목을 조합하여야 한다. 시각-운동적 협응, 지각적 조직력, 공간적/시각적인 영상을 그려볼 수 있는 능력이 요구된다. 예: • 왼쪽에 있는 4개의 적목으로 오른쪽의 모습과 같이 만들어보아라.

자료: 김도연 등, 2021

(3) 지능검사 점수의 의미

Stanford-Binet 검사나 Wechsler 검사는 검사자와의 신뢰감이 형성된 편안한 상태에서 개별적으로 시행되도록 고안된 검사로서, 지능이 아주 높은 아동을 선별하거나 학습에 문제가 있는 아동을 진단하는 데 주로 사용된다. 그러나 경제성이나 간편성을 이유로 집단으로 지능검사가 이루어지는 경우가 많다.

한편, 지능검사들은 대부분 독립적인 몇몇 정신능력 측정점수와 함께, 일반적 지능(general intelligence) 또는 추론능력(reasoning ability)을 나타내는 총점인 IQ를 제공하며, 교사나 부모는 IQ 점수만으로 아동의 성취도나 능력에 대해 고정관념이나 편견을 갖는 경우가 많다.

지능검사를 효과적으로 활용하기 위해서는 다른 여러 가지 정보와 함께 사용해야 한다. 특히 특별교육 대상을 선정하는 경우는, 지능검사 결과 외에도 가정환경이나 사회적 능력, 적성검사 등 기타 자료들을 종합하여 신중한 결정을 내려야 할 것이다. 원래 지능검사는 학교에서의 적응을 예측하기 위하여 개발된 것이기 때문에 아동기의 지능검사 점수는 학교 성적을 잘 예측해주고 학업능력에 따라 학생을 선별하는데 유용한 자료로 활용되기도 한다. 그러나 지능검사 점수로는 실제로 배워서 얻은 능력(achievement)과 새로운 지식을 배울 수 있는 기본적인 지적 능력(aptitude)을 구별하기는 어려우며, 지적인 행동의 다른 측면들, 즉 사회적 기술이나 창의력, 상식 등을 평가할 수는 없다는 지적을 받고 있다. 이외에도 대부분의 전통적인 지능검사는 중산층에 유리한 내용이나 언어로 구성되어 문화적인 편견이 있다는 비판도 받고 있다(Berk, 2005).

3. 지능의 구성요소

우리가 흔히 알고 있는 지능검사 점수는 지능이 일반적인 정신능력(general ability), 또는 단일한 특성이라는 것을 의미한다. 그러나 검사 결과를 결정짓는 일반적인 정신능력을 지능이라고 하는 것인지, 아니면 서로 다른 능력들의 조합을 지능이라고 하는지에 대해서는 심리학자들 간 이견이 있다. 다시 말하면, 지능은 여러 가지 다른 능력들로 구성되어 있는데, 그 능력들이 서로 연관되어 있는지, 아니면 서로 독립적인 능력들로 구성되어 있는지에 관해서는 여러 이론이 제기되어 왔다.

지능검사로 잘 알려진 Wechsler는 지능의 요소를 일반적인 능력과 다수의 특수 능력들로 세분화한 심리학자지만, 그 이전에 이미 Spearman(1927)은 요인분석을 통해 지능의 구성요소를 2개 요인으로 밝힌 바 있다. 즉, 그는 어떤 한 검사과제에서 잘하는 아동은 대체로 다른 검사과제에서도 잘하나, 과제에 따라 점수가 다양하다는 것을 발견하고, 지능은 공통적인 정신능력인 일반요인(g factor)과 각기 다른 과제에 필요한 능력인 특수요인(s factor)이 있다는 지능의 2요인설을 주장하였다.

이후 Thurston(1938) 역시 여러 지능검사에 대한 요인분석을 통해 지능검사는 일반적인 지능을 측정하는 것이 아니라, 여러 특수요인들을 측정한다는 다요인설(Multifactor theory)을 제안하였다. 그의 이론에 의하면 지능은 서로 독립적인 7개의 기본적 정신능력, 즉 언어이해력, 언어유창성, 공간지각력, 추리력, 지각속도, 수리능력 및 기억력으로 구성되어 있다.

4. Gardner의 다중지능 이론과 Sternberg의 3원지능 이론

다요인을 주장하는 정신측정이론가들과 마찬가지로 Gardner와 Sternberg는 지능을 단일능력으로 보지 않고 여러 개의 독립된 능력으로 구성된다고 주장한다. 그러나 Spearman의 2요인설이나 Thurston의 다요인설이 지능의 본질을 규명하기 위해 전통적인 정신측정법인 지능검사에 기반을 두었다면 Gardner와 Sternberg는 일반적인 지능에 대한 지나친 강조, 요인분석의 타당성 및 지능검사 자체에 대한 의문을 제기하며 전통적인 지능검사로 측정되지 않는 능력을 강조하였다.

Gardner(2006)의 다중지능 이론(Theory of Multiple Intelligence)에 의하면, 지능은 지능검사가 측정하는 언어능력, 수리력, 공간지각력의 3개 지능 외에도 지능검사가 측정할 수 없는 6개 지능, 즉 음악적, 신체운동적, 대인관계적, 자기이해력, 자연주의적, 실존주의적 지능 등 모두 9개를 포함한다(표 13-3). 따라서 전통적인 검사를 통해 다른 아동들과 비교한 점수로 지능을 측정하는 것이 아니라, 개개 아동이 나타내는 능력이나 결과물을 직접 관찰함으로써 평가한다. 이중 어느 한 영역에서의 지능이 높다고 해서 다른 영역의 지능도 높은 것은 아니기 때문에 Gardner는 지능을 재능과 유사한 개념으로 본다. 그에 의하면, 각 지능은 타고난 것이며, 오랜 교육을 통해 개개 아동이 지닌 지적인 강점, 즉 재능

표 13-3 Gardner의 지능의 9요인

지능	정의	활용되는 분야
언어	언어 의미 이해 및 사용능력	글쓰기, 편집, 번역
논리-수리	수의 조작, 논리적 문제해결	과학, 의학, 경영
공간	환경, 공간 내 사물 간의 관계 판단력	조각가, 도시계획
음악	음율을 지각하고 창작하는 능력	작곡, 지휘
신체운동	민첩하고 정교하게 움직이는 능력	춤, 운동, 수술
대인관계	남을 이해하고 의사소통하는 능력	가르침, 연극, 정치
자기이해	자신을 이해하는 능력	상담, 임상학자, 소설가
자연주의	종을 구별하는 능력	사냥, 낚시, 농사, 요리
실존주의	삶과 죽음, 인간본성에 관한 사고능력	영적인 리더, 철학자

이 발현된다고 주장한다.

Gardner와 마찬가지로 전통적인 정신측정법을 거부하는 Sternberg는 3원 지능이론(Triarchic Theory of Intelligence)을 주장한다. 그는 지능을 아동이나 성인이 여러 환경에 적응하고 자기가 살아가는 환경적 맥락을 선택하고 형성해 가는데 필요한 정신능력으로 정의한다. 따라서 그의 3원 지능이론은 정보처리기술, 과제 경험, 맥락적 요인을 포함한 서로 연관이 있는 세 개의 하위이론들로 구성된다. 이를 구체적으로 살펴보면, 분석적 요소(componential element)는 지적인 행동의 기본이 되는 정보처리능력을 말한다. 즉 학업에 필요한 분석적 능력으로 배운 지식을 문제해결에 적용하는 전략, 지식습득, 상위인지, 자기조절능력 등으로 전통적인 지능검사가 측정하는 내용이다. 경험적 요소(experiential element)는 과거 경험에서 얻은 지식을 바탕으로 새로운 일에 대해 어떤 식으로 생각하는가 하는 창의력이나 통찰력을 뜻한다. 맥락적인 요소(contextual element)는 실제적인 지능으로 현재 처한 환경에 어떻게 대처하고 적응해 가는가와 관련되며 개인적 목표를 위해 환경을 만들어가고 선택해가는 실용적인 능력을 말한다(그림 13-5).

사람들은 각각의 능력 정도는 다르지만 모두 분석적, 경험적, 맥락적 지능의 3가지 능력을 가지고 있다. 따라서 그의 이론은 공부를 잘하거나 IQ가 높은 사람일지라도 왜 사회에 나가서는 성공적인 생활을 하지 못하는지 설명해 줄 수 있다. Sternberg(1993)가 고안한 Sternberg Triarchic Abilities Test(STAT)는 초등학교부터 대학생에 이르기까지 개인의 분석적, 경험적(창의적), 맥락적(실제적) 능력을 측정하고 있다. Gardner와 Sternberg의

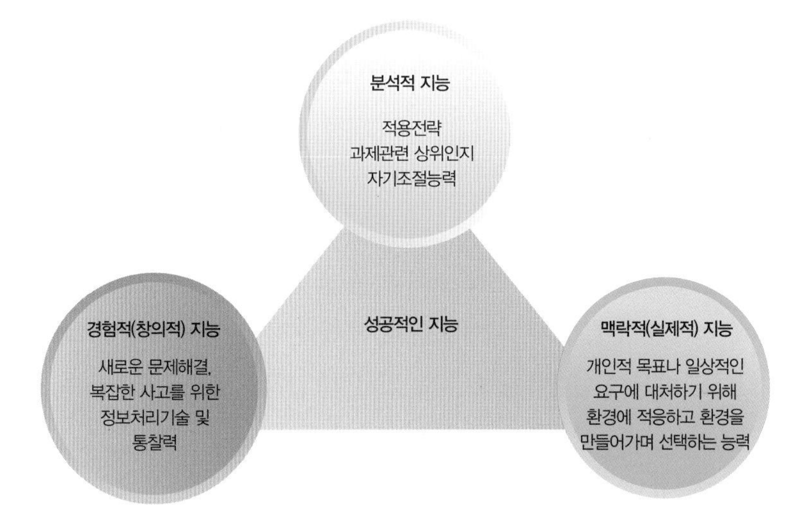

그림 13-5 **Sternberg의 3원지능 이론**

지능이론은 영재나 특별한 재능이 있는 아동의 교육에 상당한 영향을 미치고 있다.

5. 초기 지능의 안정성과 변화

어릴 때의 지능이 아동기의 지능이나 성인이 되었을 때의 지능과 어떠한 상관관계가 있는가 하는 시간의 경과에 따른 지능의 안정성은 오랫동안 발달연구나 교육연구에서 관심을 가져온 주제다.

지능의 안정성에 관한 연구들에 의하면, Gesell 발달검사나 Bayley 검사로 측정한 영아기의 지능은 유아기나 아동기에 Stanford-Binet 검사로 측정한 지능과 상관이 없는 것으로 나타난다. 이러한 결과는 영아기 지능검사가 주로 운동적인 내용으로 구성되어 있다는 점에 기인한다(7장 참고).

반면에 새로운 것에 대한 반응이나 주의력(attention) 등 정보처리적 접근 방법으로 측정된 영아기 지능점수는 표준화된 지능검사로 측정된 아동기와 청소년기의 지능과 유의한 상관을 나타내었다(Bornstein & Krasnegor, 1989; DiLalla, 2000; Kavsek, 2004). 따라서 지능의 안정성은 측정 방법이나 지능검사가 측정하는 내용과 관련이 있다는 것을 알 수 있다.

또한 대부분의 연구결과들은 지능의 안정성이 측정 당시의 아동 연령과 관계가 있으며, 학령기부터는 비교적 지능의 안정성이 높다는 데 동의하고 있다. 예를 들어, Gottfried 등(2006; 2009)의 Fullerton 종단연구 결과에 의하면, 1세 때 지능은 17세에 측정한 지능과 낮은 상관(r = .16)을 보였고, 3.5세에 측정한 지능은 17세 때 지능과 비교적 높은 상관을 (r = .44) 나타냈다. 반면에 학령기부터는 지능의 안정성이 훨씬 높아, 6세와 8세에 측정한 지능은 17세 때 지능과 각각 r = .67, r = .77의 상관을 나타내 지능의 안정성은 연령이 증가함에 따라 점점 더 안정적이 된다는 점을 시사하였다.

이러한 결과는 독일의 종단적 연구(Schneider et al., 2014)에서도 확인되고 있다. Schneider 등에 의하면, 4세, 12세, 17세 23세에 측정한 지능 간에는 중간에서 높은 정도의 상관을 나타내 아동의 연령이 높을수록, 검사 간 간격이 짧을수록 지능의 안정성이 높았다.

한편, 아동은 지능검사 점수에서 상당한 변화를 보이기도 한다. 한 가정에서 자란 두 영아의 지능검사 점수에서의 차이가 초등학교 시기에 측정한 지능검사에서는 오히려 점수의 우위가 바뀌는 경우도 있다(Santrock, 2007). 이외에도 2세 반~17세 아동을 대상으로 연구한 결과, IQ의 변화 폭은 평균 28점이었으며 3명 중 1명이 30점 이상 변화하였다는 보고(McCall et al., 1973)도 있다. 이러한 결과들은 지능이 환경적 경험에 따라 유아기와 아동기에 걸쳐 변화될 가능성이 크다는 것을 뜻한다.

6. 지능에 영향을 미치는 요인

다른 모든 발달 내용과 마찬가지로 지능은 유전과 환경 두 가지 요인의 복잡한 상호작용에 의해 영향을 받는다. 따라서 지능점수로 표현된 지적 능력이 과연 어느 정도 타고난 유전적 특성에 의한 것인지, 어느 정도 환경에 의해 변화된 것인지 그 상대적인 영향력을 명확하게 구분하기는 힘들다. 이는 환경적인 경험으로 타고난 지적인 능력이 변화되기도 하고, 유전적으로 타고난 지적 능력 때문에 아동이 접하게 되는 환경 내용이 달라질 수도 있기 때문이다.

(1) 유전

Jensen(1969)은 일란성 쌍생아와 이란성 쌍생아의 지능에 관한 비교고찰을 통해 환경은 지능에 거의 영향을 미치지 않으며, IQ 점수의 차이는 타고난 유전 때문이라고 주장하였다. 그가 고찰한 바에 의하면, 일란성 쌍생아 간의 지능은 평균 .82의 상관관계를 나타내었고 이란성은 평균 .50의 상관관계를 나타내 .32의 차이를 보였다.

Jensen의 주장은 학자들 사이에 상당한 논쟁을 불러일으켰다. 즉 그가 고찰한 연구들은 전통적인 IQ 검사 결과로 지능의 일부 측면만을 다루고 있으며, 유전적 요소에 초점을 두어, 환경적인 차이는 고려하지 않았다는 점에서 비판을 받았다. 더욱이

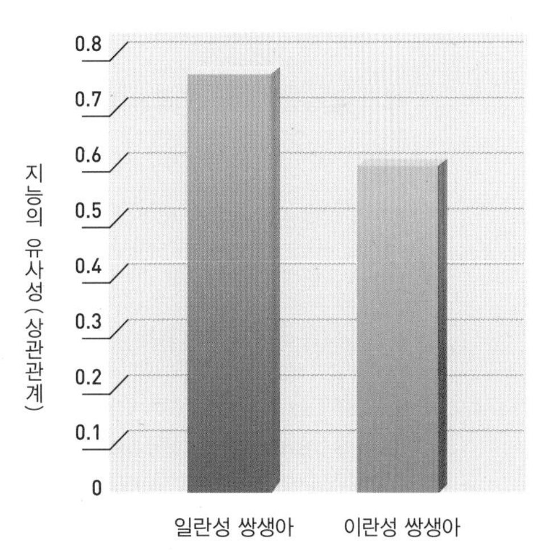

그림 13-6 쌍생아 간 지능의 상관관계
지능검사 점수는 일란성 쌍생아 간에는 .75, 이란성 쌍생아 간에는 .60을 나타내 두 가지 유형의 쌍생아 간 차이는 .15 정도이다.

Grigorenko(2000)의 고찰에서는 일란성 쌍생아(.75)와 이란성 쌍생아(.60) 간지능 차이가 .15로 나타나(그림 13-6), Jensen의 주장보다 유전적 영향이 훨씬 적다고 보고하였다.

반면, 쌍생아연구나 입양연구를 통해 유전이 지능에 미치는 영향력이 상당히 크다는 것을 시사한 결과도 있다. IQ 점수의 유전가능성에 대해 여러 쌍생아 연구결과를 종합한 Bouchard와 McGue(1981)에 의하면, 함께 자란 일란성 쌍생아의 지능간 유사성이(r = .85), 함께 자란 이란성 쌍생아의 지능간 유사성(r = .58)보다 훨씬 더 높아 유전의 영향을 알 수 있다. 그러나 또한 함께 자란 일란성 쌍생아 간 유사성(r=.85)이 서로 다른 곳에서 자란 일란성 쌍생아 간 유사성(r =.67)보다 훨씬 더 높게 나타나 환경도 지능에 영향을 미친다는 것을 알 수 있다(표 13-4).

유전의 영향은 입양연구에서도 밝혀지고 있다. 입양연구로 유명한 Texas Adoption Project(Loehlin et al., 1994)와 Minnesota Transracial Adoption Study(Scarr et al.,1993)에서는 나이가 들어서 18세에 측정한 아동의 IQ 점수는 친모의 IQ와 상관을 보였으나 양부모의 IQ와는 관련이 없는 것으로 나타나, 유전적인 영향을 시사하고 있다(표 13-5).

이 같은 결과는 아동기, 청년기에 이르면서 입양아와 친자녀 모두 자기 친부모와 더 높은 유사성을 보인다는 연구결과(Plomin et al., 1997)나 IQ 변량에 대한 유전적 요인의 영향 정도를 나타내는 지표인 유전율(heritability)은 연령의 증가에 따라 점점 더 커져서 아동기에는 35%, 성인기에는 75%로 증가하였다(McGue et al., 1993)는 결과를 뒷받침한다. 유전

표 13-4 쌍생아 형제 간 IQ 유사성

함께 자란 일란성 쌍생아	.85
서로 다른 곳에서 자란 일란성 쌍생아	.67
함께 자란 이란성 쌍생아	.58
서로 다른 곳에서 자란 형제(이란성 쌍생아 포함)	24

표 13-5 18세에 측정된 입양아의 IQ와 친모 및 양부모의 IQ 간 상관관계

	Texas 연구	Minnesota 연구
친모의 IQ 점수	.44	.29
양모의 IQ 점수	.03	.14
양부의 IQ 점수	.06	.08

적 영향이 나이가 들수록 더 크게 나타나는 것은 연령이 증가함에 따라 다른 사람이나 환경의 영향을 덜 받는 한편, 자신이 타고난 유전적 성향에 의해 스스로 환경을 선택하게 되기 때문으로 해석된다(Neisser et al., 1996; Scarr & Weinberg, 1983).

(2) 환경

지능에 대한 유전적 요인의 영향이 강조되기는 하지만, 위에서도 잠시 살펴보았듯이 IQ점수는 환경적 경험의 영향도 받는다(van Ijzendoorn et al., 2005b). 즉, 많은 연구에서 빈곤가정 아동이나 부모가 교육을 덜 받은 가정의 아동은 중산층 가정의 아동보다 IQ가 낮다고 보고하며, 가난한 가정에서 태어나 중산층 가정으로 입양된 아동의 경우, 생모의 IQ보다 10~15점이 더 높은 것으로 나타나(Scarr et al., 1993) 중산층의 가정에서 자라는 것이 IQ를 높여 준다는 사실을 입증하고 있다.

또한 가정환경검사(HOME, Home Observation for Measurement of the Environment)로 측정한 바에 의하면, 부모와 자녀 간의 상호작용 및 참여정도, 가정의 물리적 환경점수는 아동의 IQ를 예측해 준다. 특히 영아기 때 어머니의 반응성 및 애정, 학습을 촉진하는 환경제공은 유아기나 아동기의 지적인 능력을 가장 잘 예측해주었다(Bradley et al., 2001).

유사한 맥락에서 Tong 등(2007)의 장기 종단연구에 의하면, 사회경제적 지위, 어머니의 IQ 및 HOME 점수가 높을수록 모든 연령층 아동(즉 2, 4, 7, 11~13세 때 측정)의 IQ 점수가 높았다. 또한 3세에 측정한 가정환경의 질은 특히 유아기나 아동 초기(2세, 4세)의 IQ에 영향을 크게 미쳤고 어머니의 IQ나 사회경제적 지위는 아동 중기나 후기 아동의 IQ에 영향을 미쳤다. 이러한 연구들은 아동이 자라는 가정의 사회경제적 지위뿐만 아니라, 가정의 심리적 환경이나 양육행동이 아동의 지능발달에 영향을 미친다는 것을 시사한다.

따라서 학자들은 경제적인 여건이 좋지 않아 지적인 자극을 받지 못하는 환경에 있는 아동을 대상으로 초기중재를 통해 지적발달을 향상시키는데 관심을 두고 있다(Ramey et al., 2001). 초기중재 연구에서 밝혀진 바에 의하면, 영아기부터 일찍 시작하여 오랫동안 지속한 중재 프로그램이 빈곤가정 아동의 지적인 향상에 가장 효과적이었다. 또한 양질의 보육환경이나 학교교육 역시 지능에 긍정적인 영향을 미친다. 보육자의 언어적 자극, 물리적 환경 및 활동 등 보육환경의 전반적인 질은 인지 발달이나 언어 발달과 밀접한 관련이 있다(McCartney et al., 1985).

03
정보처리능력의 발달 : 기억력

정보처리능력은 세상에 대한 정보를 처리하는 과정, 특히 기억과 사고과정에 관련된 능력이기 때문에 지능과 밀접한 관련이 있다. 따라서 어려서부터 감각적인 정보를 받아 들이고 해석하는 능력이 뛰어나면 후의 지능검사 점수도 높다.

정보처리능력의 발달은 Piaget의 인지 발달단계와는 달리, 연속적인 과정으로서 특히 아동기에는 정보처리과정에 관련된 여러 측면이 급속히 발달한다. 즉, 기억용량의 증가와 더불어 정보처리의 기본적 과정인 처리 속도와 처리의 정확성이 증가한다. 또한 어떻게 기억이 되는지를 이해하게 됨에 따라(즉, 정보처리 과정에 대한 이해) 여러 가지 기억법들을 알게 되고 그것을 효율적으로 사용할 수 있게 된다. 이외에도 세상 전반에 대한 이해나 관련 지식이 증가함에 따라 기억력도 향상된다.

1. 기억의 종류

기억 없이는 정보가 처리되지 못하기 때문에 기억은 정보처리 과정의 핵심 내용이다. 영아기에서 살펴보았듯이 전에 보았던 것을 다시 보고 알아채는 재인기억은 일찍부터 발달하나, 기억으로부터 정보를 산출해내는 회상능력은 유아기에도 덜 발달하였다. 예를 들어, 잃어버린 자기 장갑을 물건찾기 상자에서 찾아낼 수는 있지만(재인기억), 잃어버린 장갑이 어떤 모양인지는(회상기억) 잘 기억하지 못한다. 또한 유아기의 기억은 단순하여 인상적인 것만 기억하며 대부분은 단기기억으로 머물지만, 아동기가 되면 회상기억이 급속히 발달한다.

기억의 한 종류인 일반적 기억(generic memory)은 친숙하고 반복적 사건에 대한 기억으로, 2세경부터 시작된다. 어린이집에 가기 위해 버스를 타는 것을 생각하는 것은 그 한 예이다. 이에 비해 일화기억(episodic memory)은 특별히 인상적인 상황에 대해 상세한 시간과 장소 및 내용을 기억하는 경우이다. 유아기에는 기억용량이 부족하기 때문에 일화기억도 일시적이어서 반복적으로 일어나지 않는 한, 수주 또는 몇달 동안 일시적으로만 지속된다.

일화기억의 한 부분이기는 하나, 자기생애 역사에 특별한 의미를 지닌 기억인 자전적 기억(autobiographical memory)은 구체적이며 장기적이다. 3세 이전에는 자전적 기억이 드물며 4세경부터 시작해서 5~8세 사이에 증가하기 시작하고 수십 년 동안 계속된다. 이로 보아 언어능력은 장기기억과 관련이 있는 것으로 보인다(Fivush & Schwarzmueller, 1998). 특히 자전적 기억은 자신이 직접 참여한 경우, 그리고 부모가 어떠한 장면에서의 경험을 설명해 주었을 때 더 잘 기억된다.

2. 기억과정과 기억용량

기억과 관련된 정보처리 과정은 정보를 기억으로 가져오는 부호화(encoding), 나중을 위해 정보를 일정 기간 보유하는 저장(storage), 필요할 때 저장된 정보를 꺼내 오는 인출(retrieval)의 3개 과정으로 이루어진다. 정보는 감각기억(sensory memory), 작업기억(working memory), 및 장기기억(long-term memory)의 3가지 '저장창고'에 기억된다.

감각기억은 감각적인 정보를 일시적으로 가지고 있는 것으로, 방금 전에 본 것은 영아나 5세 유아, 어른 등 나이와 관계없이 모두 잘 기억해내는 것으로 보아 연령에 따른 변화가 거의 없다(Siegler, 1998). 감각기억은 부호화되지 않으면 곧 사라져 버리는 한편, 부호화되고 인출되는 정보는 작업기억에 저장된다.

작업기억은 단기기억의 저장소로, 이해하려 애쓰고, 기억하려고 하며, 생각하려고 하는 활동적인 정보처리 과정이 이루어진다. 작업기억은 전 전두엽 피질(prefrontal cortex)에서 이루어지기 때문에 생후 6개월 이후부터 서서히 발달하는데 작업기억의 효율성은 정보를 처리할 수 있는 두뇌의 용량과 관련이 있다. 아동기에는 특히 기억용량이 급속히 증가하기 때문에, 만약 6개의 숫자를 들려주고 그 반대 순서로 기억하게 하면 5~6세 유아는 2개 숫자만을 기억하는 반면, 청소년기 아동은 6개 모두를 역순으로 말할 수 있게 된다. 작업기억은 글자나 단어, 문장을 서로 연결하는 읽기에 상당히 중요하기 때문에 기억전략을 배우고 적절히 활용하는 것은 학업에 도움이 된다.

작업기억으로부터 얻은 정보는 장기기억으로 옮겨져 몇 분, 몇 시간, 몇 일 또는 수 년 동안 저장되기도 하는데 장기기억 용량은 아동기 말경 상당히 거대해진다. 결국 감각기억 및 작업기억과 함께 장기기억은 새로운 아이디어와 반응을 만들어냄으로써 아동기 동안 훨씬 더 효율적인 학습을 하게 된다.

한편, 정보처리 과정을 총괄하여 조정하는 중앙 실행부는 정보를 때로 무한정 장기간 저장하는 장기기억으로 저장하기도 하고, 장기기억에 있는 정보를 작업기억으로 불러들이는 역할도 한다. 따라서 장기기억에서 중요한 부분은 저장용량 뿐 아니라, 과거에 배워서 아는 정보를 얼마나 빠르게 그리고 정확하게 작업기억으로 불러오느냐 하는 것이다. 아동에 따라 개인차는 있지만, 신경계의 발달과 더불어 선택적으로 필요한 정보를 지각하고, 체계적인 비교나 적절한 연결을 통해 문제를 해결하며, 정보처리 속도도 빨라지는 등, 정보를 효율적으로 처리하는 능력은 아동기에 걸쳐 꾸준히 증가한다.

3. 상위기억

기억과정에 대한 이해인 상위기억은 연령과 더불어 점차 발달한다. 초등학교 1학년이 되면 공부를 더 오래 많이 하면 더 잘 기억하고, 새로 배우는 것보다 다시 배우면 더 쉽게 된다는 것, 시간이 지나면 점차 잊어버린다는 것을 알게 된다. 초등학교 3학년이 되면 상위기억이 훨씬 더 발달하여 어떤 사람은 더 잘 기억하고 어떤 것은 더 기억하기 어렵다는 것도 알게 된다.

4. 기억전략

아동기에서 기억과 관련한 특징적인 발달 내용은 유아기와 달리, 여러 가지 정보 중 불필요한 것은 관심을 두지 않고 의식적으로 중요한 것에 주의를 기울이는 선택적 주의력이 증가하는 것이다. 즉, 신경계의 성숙에 따라 아동기에는 해결해야 할 상황에 오랫동안 집중할 수 있고, 관련된 정보에 초점을 맞추는 한편 관련이 없는 정보는 걸러내게 되고, 기억해야 할 정보와 잊어버려야 할 정보를 선택적으로 취하게 된다.

또한 유아기에는 자발적으로는 물론, 기억 방법을 가르쳐 주어도 필요할 때 그 방법을 사용할 줄 모르는 산출결함(production deficiency)를 보이나, 아동기에는 기억하기 위해 자발적으로 여러 가지 전략을 사용하게 된다. 즉, 연령이 증가함에 따라 기억에 도움이 되는 여러 방안을 터득하게 되고 적절하게 사용하게 된다.

주로 많이 쓰이는 기억 도움 전략들로는 메모하기나 자명종 시간을 맞추기 등 외부적인 도움방법(external memory aids), 의도적으로 반복적인 연습을 함으로써 기억을 돕는 암송이나 시연(rehearsal), 그리고 기억할 내용을 서로 관련이 있는 것끼리 범주화하는 조직화(organization) 방법이 있다. 또한 서로 관련이 없는 내용일 경우, 상상적인 장면으로 시각화하거나 이야기를 꾸며 정신적인 연상을 하는 정교화(elaboration) 방법이 사용된다.

기억전략의 발달적 변화를 보면, 6세에는 시연하도록 가르칠 수 있고 7세 이후에는 다른 사람이 상기시켜 주지 않아도 새로운 상황에서 스스로 암송 또는 시연을 하게 된다. 한편 10세~11세가 되어야, 새로운 상황에 스스로 조직화나 정교화를 활용할 수 있다. 그러나 그 이전에도 다른 사람이 조직화 방법을 가르쳐 주거나 이야기를 만들어주면 더 잘 기억할 수 있다. 또한 아동은 점차 기억과제에 따라 다른 전략을 쓰게 되며, 하나 이상의 기억전략을 동시에 사용함으로써 기억력을 높이게 된다.

5. 관련 지식과 기억

일반적으로 잘 알고 있는 내용의 경우, 생소한 내용에 대한 것을 기억할 때보다 훨씬 더 잘 기억할 수 있다. 따라서 과거에 가졌던 경험, 현재 접할 수 있는 기회, 그리고 개인적인 동기는 어떤 분야의 지식을 증가시키게 되어 어떤 것을 기억하는데 도움이 된다. 예를 들어, 공룡에 관한 책을 많이 보았거나 공룡모형 전시회를 볼 기회가 있는 아동, 공룡에 대해 알고 싶은 동기가 강한 아동은 공룡의 이름이나 역사 등 그와 관련된 내용이나 개념을 훨씬 더 잘 기억한다. 또한 연령이 증가함에 따라 아동은 여러 가지 주제에 대한 지식이 더 많아지고 이에 따라 점차 더 많은 내용을 더 쉽게 기억할 수 있게 된다.

04
언어 발달

초등학교에 입학하는 시기인 아동기에 접어들면서 어휘력이나 문법에 대한 이해가 증가한다. 또한 단어가 의미하는 것에 대한 생각이 바뀌게 되고, 철자법과 단어의 소리를 익히게 되는 등 언어적 능력이 발달함에 따라 읽기나 쓰기가 가능해진다. 학업을 수행하는 데 필요한 능력인 이러한 기술들은 아동의 사고력을 촉진하게 된다.

1. 어휘와 문법의 발달

유아기 말이 되면 이미 상당한 어휘를 가지고 있어서 아동기에 어휘가 얼마나 빠르게 발달하는지 알아채기는 힘들다. 그러나 학교에 다니기 시작하면서 아동은 여러 상황을 통해서 또는 책 읽기를 통해서 매일 20개의 새로운 단어를 알게 되어, 아동기 말인 11세에는 약 10,000개의 어휘를 가진 6세에 비해 4배나 증가한 40,000개의 단어를 알게 된다(Berk, 2004).

한편, 여러 내용의 지식이 조직적으로 정리되면서 아동은 단어에 대해 생각하며 정확하게 사용하게 되고, 어휘를 범주화하기 시작한다. 즉, 유아들은 어떤 단어를 들을 때 그 단어와 관련한 행동이나 지각적 측면을 떠올리는 한편, 아동기가 되면 들은 단어에 대해 그와 관련된 범주나 의미를 생각한다. 예를 들어, '칼'이라는 단어를 들을 때 유아는 '사과를 자르는 것'으로 응답한다면, 아동은 '톱과 비슷한 것', '손을 베일 수도 있는 것'이라고 반응한다.

또한 학령기 아동은 언어를 분석적으로 생각하게 되면서 같은 단어라도 섬세한 차이가 있다거나 다양한 의미를 내포하고 있다는 것을 이해한다. 예를 들어, "멋진 녀석'이라고 했을 때 외모가 근사하다는 뜻도 되지만 성격 등 심리적인 뜻도 있다는 것을 안다.

9세 이후가 되면 대부분 아동은 복잡한 문법 규칙을 알게 되며 그 의미를 이해하게 된다. 이에 따라 학령기 아동의 언어는 성인의 언어처럼 길어지고 복잡해진다. 즉 논리적이고 분석적인 사고능력이 발달함에 따라 문장의 구조도 점점 더 정교화되어 복문 사용이 증가하고 가정법이나 비교법을 활용한 문장을 사용하게 된다.

2. 의사소통능력

아동기의 언어 발달 내용 중 특히 중요한 것은 다른 사람과 효과적으로 의사소통하는 능력이 발달하는 것이다. 즉 아동은 어떤 것을 요청하는 방법, 이야기를 시작하고 이끌어가는 방법, 듣는 사람에 맞추어 의사소통하는 방법에서 상당한 진전을 보인다. 또한 다른 사람의 관점을 취할 수 있으며 서로 주고받는 대화가 가능해진다. 뿐만 아니라, 어른에게는 겸손한 용어를 써야 한다는 것을 알며, 다른 어른과 부모에게 말하는 방식을 구분하여 다르게 말하기도 한다.

아동기에는 의사소통과정에 대한 이해인 상위 의사소통(meta communication) 능력도 발달한다. 따라서 지시사항과 그에 따른 결과 간에 일련의 관계가 있다는 것을 이해할 수 있다. 예를 들어, 아동에게 집 모형을 보여준 후 지시하는 대로 따라 함으로써 모형과 똑같은 집을 만들라는 과제를 준다고 하자. 아동기인 8세 아동은 지시사항이 정확하지 않거나 올바르지 않으면, 지시사항이 정확할 때와 다른 결과가 나올 수 있다는 것을 알기 때문에, 지시가 다르면 그것을 알아채고 의아한 표정을 짓는다. 그러나 유아는 상위 의사소통능력이 발달하지 않아서 지시사항 중 무엇이 잘못되었는지를 모른다.

3. 읽기와 쓰기 능력

책을 읽는 것은 재미 때문이거나 어떤 사실을 알기 위해서, 또는 생각하기 위해서이다. 읽기 능력 발달과 관련하여 Chall(1983)은 아동의 연령에 따라 0~5단계로 설명하고 있다. 표 13-6에서 보듯이, 0단계(6세 이전)는 책이 의미가 있는 단어로 되어 있다는 것을 알고 기

표 13-6 읽기 능력의 발달단계

단계	연령	능력
0 단계 : 읽기 전 단계	6세 이전	영유아는 왼쪽에서 오른쪽으로 읽기. 간판 등 글씨 읽기, 철자 알기, 이름 쓰기
1 단계 : 읽기 초기 단계	6~7 세	소리내어 읽을 수 있음. 글자와 소리연결. 자주 나오는 단어가 있는 책을 읽는다.
2 단계 : 유창하게 읽는 단계	7~ 8세	이미 아는 내용을 확고히 하며 유창하게 읽으려고 친숙한 책을 읽는다.
3 단계 : 배우기 위해 읽는 단계	8~14세	모르는 것, 새로운 것을 배우려고 읽는다.
4 단계 : 여러 관점을 갖는 단계	15~18세	여러 자료를 읽고 비교, 대조한다.
5 단계 : 재구성 단계	18세 이후	아는 것을 강화하기 위해 읽는다.

억으로 책을 읽는 단계다. 1단계(6~7세)는 읽기 초기 단계로 글자를 보고 소리내어 읽는 단계다. 2단계(7~8세)는 익숙한 글자를 유창하게 읽지만, 내용은 잘 모르며 읽는 수준이다. 3단계(8~14세)는 배우기 위해 읽는 단계로 글로부터 정보를 얻는 단계다. 4단계(15~18세)는 읽기를 통해 다양한 관점을 이해하게 되며, 18세 이후인 5단계는 아는 내용을 더 강화하기 위해 읽는 단계이다.

특히 2~3단계인 아동기의 읽기는 글자라는 상징과 기억 속에 저장된 내용을 연결지어 해석하고 의미를 부여하는 기초적인 능력을 기르는 한편, 새로운 지식을 배우는 시기로서 어떤 내용에 대한 이해나 사고와 관련된 학습 능력뿐 아니라 사회생활을 위해 중요한 능력이다. 따라서 아동이 어떻게 읽기를 시작하는지, 그리고 읽기를 가르치기 위한 효과적인 방법은 무엇인지는 부모나 교사에게 상당한 관심사가 되고 있다.

읽기를 효과적으로 가르치는 방법으로는 통합적 언어학습 방법(whole language approach)과 기본적 기술 및 음성론적 접근(basic skill and phonetic approach)의 두 가지 관점이 제시되고 있다(Ruddell. 2006). 통합적 언어학습 방법에 의하면, 읽기는 아동의 자연스러운 언어학습과 함께 이루어져야 한다. 따라서 읽기 자료는 이야기책처럼 전체적이고 의미가 있는 내용이어야 하며, 이를 통해 아동은 의사소통이라는 언어의 기능을 이해하게 된다. 또한 읽기는 듣기나 쓰기 등 다른 기술과 연결지어서 배우고, 실제적인 사회생활이나 과학 등 다른 주제들과 연관지어서 읽고 쓰고 이야기를 나누면서 배울 때 더 효과적이다.

반면에 기본적 기술 및 음성론적 접근에 의하면, 읽기를 가르치기 위해서는 음성학과 활자를 소리로 바꾸는 기본 규칙을 가르쳐야 한다고 주장한다. 따라서 아동에게 기본적인 규칙을 이해하게 한 후에 복잡한 읽기 자료인 책이나 동요를 소개해야 한다. 이 두 가지 접근법 모두 읽기 학습에 효과가 있는 것으로 보고되고 있다(Durkin, 2004).

한편, 쓰기 능력은 읽기 능력과 함께 진행된다. 쓰기는 2~3세경 종이에 어떤 흔적을 남기는 데 관심이 있는 '끄적거리기'에서부터 시작된다. 이 시기에는 그림인지 쓰기인지 구별이 안 되지만, 점차 그림 그리기와 쓰기는 구별되기 시작한다. 섬세한 소근육운동 기술이 발달하는 4세에는 이름을 또박또박 쓰기 시작하며, 5세경에는 간단한 단어를 그대로 따라서 쓸 수 있다. 또한 자기가 그리고자 하는 모습을 종이 여기저기에 표시하며 공간을 채우는 그림 그리기와는 달리 글씨를 쓰라고 하면 왼쪽에서 오른쪽 방향으로 진행하며 쓴다. 초등학교 초기에는 글자 모양을 뒤집어서 쓰기도 하나, 대체로 다른 발달이 정상이면 읽기나 쓰기의 문제는 없다. 부모나 교사는 잘못된 쓰기에 대해 비난이나 과민 반응으로 사기를 꺾는 대신, 책을 많이 읽도록 하고 글을 쓰는 연습 기회를 많이 주는 것이 중요하다. 또한 글을 잘 쓰기 위해 자기생각을 정리해서 초안을 만들고 수정하는 등 효율적인 쓰기 지도를 병행할 필요가 있다.

CHAPTER 14

아동기의 정서·사회적 발달

01 정서 · 사회적 발달에 관한 이론
02 정서적 발달
03 사회적 발달
04 도덕성 발달

아동기는 학교생활을 통해 사회적인 관계가 확대되므로, 교사나 또래와의 관계가 아동의 발달에 상당한 영향을 미치기 시작한다. 아동은 또래집단이나 사회의 문화적인 가치를 받아들이고 그에 적응해가는 과정에서 여러 가지 긍정적, 또는 부정적인 정서적 경험을 하게 된다. 또한, 지나친 경쟁사회 속에서 학업으로 인한 부담이나 집단주의 성향은 초등학교 아동에게조차 여러 가지 사회적, 정서적 문제행동을 일으키는 원인이 되기도 한다.

01
정서·사회적 발달에 관한 이론

Freud의 심리성적 이론에 의하면, 아동기는 유아기에 나타났던 성적인 충동이 억제되는 잠복기로서 아동의 에너지는 사회적인 관심이나 현실적인 성취로 전환된다. 또한, Erikson의 심리 사회적 이론에 의하면, 아동기는 성인의 기대와 아동의 성취동기 간에 갈등을 경험하면서 근면성과 열등감을 발달시키는 시기이다.

아동은 공식적인 교육을 받게 되고 학업과 관련된 기술을 배우기 시작하면서 자기나 또래 등 각자의 능력을 알게 되고 앞으로의 사회생활에서 필요한 여러 가지 기술들을 익히게 된다. 이 시기 아동은 자기가 하는 일을 열심히 하려고 애쓰고, 그 결과에 따라 유능성이나 근면성이 더욱 발달하게 되기도 하고 열등감을 경험하기도 한다. 아동기 동안 발달된 근면성은 긍정적이고 현실적인 자아개념, 성취에 대한 자부심, 도덕적인 책임감, 또래와의 협력 등 사회적 발달에 좋은 영향을 미친다. 그러나 부모나 교사 또는 또래와의 경험이 부정적일 경우는 자기가 하는 일에 자신이 없고 맡은 일을 제대로 못 한다고 느끼는 열등감을 발달시킬 위험도 있다.

02
정서적 발달

1. 자의식적 정서

유아기 초기에 나타나기 시작한 자부심이나 죄책감 또는 수치심 등 자의식적 정서는 아동기 동안 계속 발달하여, 아동은 점차 자의식적 정서를 내면화함으로써 개인적인 책임감을 발달시키게 된다. Harter(1996)는 부모가 금한 행동을 아동이 하는 상황(수치심/죄책감을 느끼는 상황)과 아동이 평균대 위에서 어려운 동작을 잘 해내는 상황(자부심을 느끼는 상황)의 두 가지 내용을 설정하고, 각각의 상황을 부모가 보았을 때와 보지 않았을 때, 아동 자신의 느낌이 어떨 것인지, 그리고 부모의 느낌은 어떨 것인지를 4~8세 아동에게 물었다. 그 결과, 4~5세 아동은 수치심이나 자부심에 대해 언급하지 않았고 5~6세 아동은 막연히 부모가 수치스럽게 생각하거나 자랑스러워할 것이라고 답하였다. 그러나 6~7세 아동은 부모가 본다면 자기가 죄책감을 느끼거나 자부심을 가질 것이라고 말했다. 한편 7~8세 아동은 부모가 보지 않아도 자기 스스로 수치스럽거나 자랑스러울 것이라고 응답하였다. 이로 보아 유아기와는 달리 아동기에는 자의식적인 정서가 내면화된다는 것을 알 수 있다. 자의식적 정서의 내면화를 통해, 아동은 성인의 감독이 없어도 스스로 성취지향적 행동을 할 수 있게 된다.

또한 의도보다 결과에 초점을 두는 유아기와는 달리, 어쩌다 잘못된 결과나 불운으로 인한 결과에 대해서는 죄의식을 느끼지 않는 한편, 나쁜 의도나 잘못된 행동에 대해서만 죄책감을 느끼게 된다. 이러한 변화는 도덕성이 훨씬 더 성숙했다는 것을 뜻한다. 성숙한 죄책감이나 수치심은 자아존중감이 상처를 입지 않도록 앞으로 더 잘하려고 애쓰게 하며, 자부심은 더 많은 도전정신을 갖게 하므로 아동발달에 긍정적인 영향을 미친다.

2. 정서의 이해

초등학교 시기 동안 정서에 대한 이해력이 증가함에 따라, 아동은 외적인 어떤 일보다 자신의 내적인 마음 상태(행복하거나 슬픈 생각 등)에 초점을 두어 정서를 설명하는 경우가 많다. 또한 두 가지 이상의 감정을 동시에 이해하는 능력도 발달하여, 아동은 한 상황에 대해 두 가지 비슷한 감정(예: 분노와 슬픔)이나 두 가지 상반된 감정(미움과 애정)을 느낄 수 있다는 것을 알게 된다. 예를 들어, 나이 든 초등학교 아동은 동생이 말썽을 부려서 밉지만, 동생이 귀엽다고 말한다.

복잡한 정서를 이해함에 따라 아동은 사람들이 겉으로 나타내는 표정은 속마음과 다를 수 있다는 것도 깨닫게 되는데(Saarni, 2000), 이러한 경험은 자의식적인 정서에 대한 인식을 더욱 발달시키게 된다. 예를 들어, 수치심은 자기의 부족함에 대한 분노와 부모를 실망시킨 데 대한 슬픔이 합쳐진 감정이라는 것을 이해하게 된다. 또한 정서적 단서와 상황적 단서를 종합하여 어떤 상황에서 어떤 감정을 느낄 수 있을 것인지 정서적인 추론을 할 수 있게 된다. 정서에 대한 이해력 향상은 사회적 상황에서의 행동에 영향을 주게 된다.

3. 정서조절능력

자신과 다른 사람의 정서에 대한 이해 및 어떤 상황과 정서 간에 복잡한 관계를 이해하게 됨으로써 아동은 정서를 말로 표현하는 능력이나 자신의 부정적인 정서를 조절하는 능력이 향상된다. 또한 아동기에는 또래와 비교하여 자기 행동을 되돌아보는 한편, 또래의 인정을 받고 싶어 하기 때문에, 자신의 부정적인 정서를 조절하는 능력을 발달시키게 된다. 즉, 아동은 정서적 행동에 대한 사회적인 요구나 기준을 의식하고 그에 부합되는 행동을 하려고 애쓰며, 자신의 감정을 다른 방향으로 전환하는 방법도 스스로 찾게 된다.

한편, 아동은 부모나 교사, 또래와의 경험을 통해 사회적으로 바람직한 정서 표현방식을 배우게 되고, 정서를 행동으로 표현하기보다는 점점 언어로 표현하게 된다. 정서조절이 잘 되는 아동은 감정이입적이고 친사회적이며 또래 수용도가 높은 반면, 정서조절을 잘 못하는 아동은 또래 수용도가 낮고 부정적인 정서적 행동을 나타내게 된다. 특히 여아의 경우는 불안해하며, 남아는 공격적인 성향을 보이게 된다.

4. 조망수용능력

조망수용능력(perspective taking)이란 다른 사람의 관점에서 그의 생각과 감정을 상상할 수 있는 능력으로 아동기 동안 상당한 진전을 보인다. Selman(1980)은 사회적인 갈등상황에 대한 아동 인터뷰 반응을 근거로 조망수용능력의 발달을 아동초기의 자기중심적 관점에서 청소년기의 성숙한 조망수용 수준까지 다섯 수준으로 구분하고 있다.

미분화 수준인 3~5세에는 자기와 다른 사람이 다르다는 것은 인식하고 있으나 자기와 다른 사람의 관점(생각이나 감정) 간에 차이가 있다는 것은 모른다. 6~8세가 되면, 각자 자기가 접한 정보에 따라 서로 다른 생각과 감정을 가질 수 있다는 것을 인식하지만,

표 14-1 조망수용 능력의 발달수준

수준	대략의 연령(세)	설명
수준 0 미분화된 조망수용	3~5	아동은 자기와 다른 사람이 다른 생각과 감정을 가질 수 있다는 것을 알지만 둘 간의 차이를 잘 모른다.
수준 1 사회정보적 조망수용	6~8	아동은 사람들이 각기 다른 정보를 얻을 수 있기 때문에 다른 관점을 가질 수 있다는 것을 이해하나, 한쪽 입장만 생각한다.
수준 2 자기반영적 조망수용	8~10	아동은 '다른 사람의 입장'에서 자신의 생각이나 감정, 행동을 볼 수 있다. 또한 다른 사람의 입장도 알지만 상호공통적인 입장을 취하기는 힘들다.
수준 3 제3자 입장에서의 조망수용	10~12	아동은 두 사람 간의 상황을 벗어나 공정한 제3자의 입장에서 자기와 다른 사람이 어떻게 보이는지를 생각할 수 있다.
수준 4 사회인습적 조망수용	12~15	제3자 입장에서의 조망수용은 사회적 가치에 의해 영향을 받는다는 것을 이해한다.

자료: Selman, 1980

한쪽 입장에서만 생각한다. 8~10세에는 각자 다른 관점을 가지고 있어서 자기나 상대방의 관점에 서로 영향을 미칠 수 있다는 것을 알고 있다. 상대방의 의도나 목적, 행동을 판단하기 위해 입장을 바꾸어 생각해 보지만 상호공통적인 관점을 취하기는 어렵다. 한편, 10~12세 아동은 각각의 입장에서 벗어나 공정한 제3자의 입장에서 생각할 수 있다. 12~15세에는 상호적인 조망수용 관점을 취한다고 해서 다 만족할 수는 없다는 것을 알며, 사회의 모든 구성원이 받아들이는 사회적인 가치 기준의 필요성을 이해하고 이에 따른다(표 14-1).

조망수용능력의 발달은 자기중심적인 생각에서 벗어나 자신을 이해하고 다른 사람을 이해하는데 도움이 되는 것은 물론, 사회적 기술을 발달시키는 데 중요한 역할을 한다. 그러나 같은 연령의 아동일지라도 인지적 발달 수준이나 성인 및 또래와의 경험, 즉 상대방의 입장을 생각해 본 경험 여부에 따라 조망수용능력 수준은 차이가 크다. 조망수용능력이 낮은 아동은 상대방의 생각이나 감정을 이해하기 힘들기 때문에, 죄책감을 느끼지 않고 성인이나 또래에게 함부로 행동하기도 한다. 반면에, 조망수용능력이 잘 발달한 아동은 또래가 필요로 하는 것이 무엇인지를 잘 이해하기 때문에, 또래와 효과적인 의사소통을 하며 또래관계에서의 지위나 우정의 질이 높다.

5. 정서 발달과 부모

아동이 나타내는 정서에 대한 부모의 반응방식은 아동의 정서적 발달이나 사회적 적응에 영향을 미친다. 부모가 자녀의 감정을 사소한 일로 대수롭지 않게 받아들이거나, 정서적 행동에 대해 벌을 주거나 부정적인 반응을 나타낼 때, 아동의 감정은 더욱 격해지며 사회적 적응은 더 어려워진다.

부모는 권위주의적인 태도로 아동의 감정을 억압하기보다는 힘든 감정을 이해해주고 사회적으로 바람직한 방법으로 표현함으로써 문제를 해결할 수 있도록 도와주어야 한다. 또한, 정서적 문제의 근원을 효과적으로 해결하려 애쓰며, 왜 사람들은 그렇게 행동하는지를 자녀와 함께 이야기하는 태도가 필요하다. 다른 사람의 정서에 관한 이야기를 자주 나눌 때, 아동의 감정이입능력이나 친사회적 행동은 향상된다.

아동기는 학교생활이 대부분을 차지하기 때문에, 학업이나 친구관계에서 오는 정서적 부담은 때로 정서적인 부적응 행동을 낳게 된다. 따라서 부모는 아동에 대한 지나친 요구나 기대 대신, 아동의 지적 능력이나 사회적인 능력을 고려한 세심한 배려를 통해 아동이 학교생활과 관련하여 긍정적인 경험을 갖게 해주고, 자신감 및 유능감을 길러주는 데 노력을 기울여야 한다.

최근에 이르러 아동기에 우울증을 경험하는 경우가 늘고 있고, 폭력 등 과격한 공격적 행동을 보이거나 혼자 고립되어 인터넷에 몰입해 지내는 아동들이 많아지고 있어 사회문제가 되고 있다. 이러한 부적응 행동이나 정서적인 장애는 대체로 아동이 경험하는 과도한 학업 부담이나 정신적 스트레스에 기인하지만, 자신이나 다른 사람의 정서를 이해하는 능력이 부족하거나 바람직한 정서조절능력이 결핍된 데 기인하기도 한다. 따라서 지적 능력에 관한 관심보다는 정서적 발달에 관한 세심한 관심과 지도가 우선되어야 한다.

6. 아동기의 정서적 장애 : 우울감

대부분의 초등학교 아동들은 정서적으로 잘 적응하나, 초등학교에 들어가면서 정신건강과 관련하여 치료를 받는 아동들이 매년 증가하고 있다. 새로운 환경에 대한 불안이나 스트레스로 우울증 행동을 보이는 아동, 반항이나 공격성 등 품행장애를 보이는 아동들은 학업 수행의 어려움이나 불안감, 친구관계를 맺지 못하는 등 학교적응과 밀접한 관련이 있다. 여기서는 특히 최근 급증세를 보이는 아동기의 우울증에 대해 간단히 살펴보고자 한다.

아동기 우울증의 명확한 원인은 잘 알려지지 않았으나 대체로 유전적 요인과 인지적 요인, 가정 환경적 요인으로 설명된다. 쌍생아 연구에 의하면, 아동기의 경우 유전적인 요인에 의한 영향은 비교적 적다. 그보다는 양육자와의 초기 상호작용 경험이 기초가 되며, 학업과 관련된 스트레스가 더 관련이 있다(Cicchetti & Toth, 1998). 특히 Bowlby의 애착 이론, Beck의 인지 이론, 그리고 Seligman의 학습된 무기력(learned helplessness) 이론은 많은 관심을 끌고 있다.

Bowlby(1989)의 애착 이론에 의하면, 어렸을 적의 양육방식, 즉 사랑과 애정을 받지 못한 상실감(loss)으로 인해 불안정한 애착을 경험한 경우, 부정적인 인지적 도식(cognitive schema)을 갖게 되고 이러한 도식은 아동기를 포함한 이후의 경험을 해석하는 데 영향을 미치게 된다. 따라서 초기의 상실 경험은 이후의 경험에 영향을 미치고, 나아가 이후의 여러 가지 상실감과 합쳐서 우울증을 가져올 수 있다.

Beck(1973)은 어렸을 때 발달과정에서 자기비하나 미래에 대한 자신감이 없다는 인지적 도식(cognitive schema)을 갖게 된 아동은 우울하게 된다고 한다. 이러한 습관적 사고로 인해 아동의 부정적인 경험은 점점 더 커지게 된다. 즉, 우울한 아동은 부정적인 측면에만 지나치게 관심을 두는 경향이 있고, 부정적인 결과를 가져오게 된 원인은 모두 자기에게 있다고 생각한다.

한편 Seligman(1975)의 학습된 무기력 이론에 의하면, 아동은 자기 힘으로는 어쩔 수 없는 장기적인 스트레스나 고통 등 부정적인 경험을 겪으면서 우울감을 경험하게 된다. 우울한 아동은 결국 모든 일을 자기 탓으로 돌리게 되며 앞으로 일어나는 모든 일에 대해서도 통제할 힘이 없다고 생각하게 된다. 결과적으로 무기력함은 지속되며 수동적인 행동과 우울증을 낳게 된다.

위의 이론적 관점들에 비추어 볼 때, 부모와의 관계나 상호작용에서 오는 스트레스나 고통이 원인이 되어 자신감이나 자기통제력에 관한 아동의 인지적인 구조가 바뀔 수 있다. 아동기의 우울은 청년기 및 성인기의 우울이나 사회적 적응에 장기적인 영향을 미칠 수 있다는 점에서 양육방식에서의 세심한 배려가 요구된다.

03
사회적 발달

아동기의 중요한 사회적 발달내용은 자아개념, 도덕성 발달, 또래관계 및 성역할 발달이라고 할 수 있다. 각각에 대해 살펴보고자 한다.

1. 자아개념

유아기에는 자아에 대한 정의가 가족, 자기가 좋아하는 것, 자기의 신체적 특징, 소유물 등 외적인 특성에 관한 것이거나 어떤 특별한 행동 및 구체적인 능력을 중심으로 한 것이었으며, 대체로 현실성이 없고 과대평가하는 경향이 있었다. 그러나 인지 발달과 더불어 사회적 활동 범위가 넓어짐에 따라 8세~11세 아동은 '다른 아이들이 나를 좋아한다', '싫어한다' 등 자신의 특성을 또래와 비교하여 기술하게 된다. 또한 서로 다른 감정들을 이해함에 따라 현실적이고 비판적이면서도 균형이 잡힌 자아개념을 갖게 된다(Harter, 2006). 예를 들어, 8세 아동은 '나는 수학은 못하지만, 국어와 사회는 잘해요'라는 식으로 자신

표 14-2 자아개념의 발달

내용 \ 특징 \ 연령	4~7세	8~11세	12~15세
	범주	비교	대인관계
신체적	나는 예뻐요.	나는 다른 아이보다 큰 편이예요.	나는 키가 작아서 아이들이 얕보아요.
활동적	나는 레고를 잘해요.	나는 공부는 잘 못하지만 운동은 잘해요.	운동을 잘해야 친구들에게 인기가 있으니까 나도 운동을 잘 하려고 해요.
사회적	내 친구는 영이예요.	엄마는 내가 남보다 공부를 잘하기 바라기 때문에 나는 공부를 열심히 해요.	나는 수줍어서 친구를 잘 못 사귀어요.
심리적	나는 기뻐요.	나는 다른 아이보다 착해요.	나는 이해심이 있어서 친구들이 나에게 고민을 터놓고 이야기해요.

을 설명한다. 즉 흑백논리의 자아개념이 아니라, '어떤 것은 잘하고 어떤 것은 못하나, 전반적으로 나는 어떻다'는 식의 통합적인 개념을 좀 더 잘 언어적으로 표현하게 된다. 아동기가 진행됨에 따라 12~15세 아동은 대인관계, 특히 또래관계 속에서 자신의 모습을 인식하게 된다(표 14-2).

한편, 다른 사람의 기대를 내면화함에 따라 이상적인 자기(ideal self)와 현실적인 자기(real self)를 비교할 수 있으며, 다른 사람과 비교하여 볼 때 자기가 사회적인 기준에 어느 정도 도달해 있는지도 이해한다. 따라서 아동기 아동의 자아개념은 다른 사람과 비교하거나 이상적 자기와 현실적 자기를 비교함으로써, 유아기와 달리 훨씬 더 자기반성적이고 정확하며 객관적이다(Harter, 2006).

2. 자아존중감

자아개념의 발달적 변화로 인해 아동들은 자아개념에 대한 평가적 측면인 자아가치감(self-worth), 즉 자아존중감(self-esteem)을 발달시키게 된다. 7~8세 아동은 학업능력, 사회적 능력, 신체·운동 능력, 신체적 외모의 네 가지 측면에서 자아존중감을 형성하게 되고, 나이가 들어가면서 좀 더 세분화 된다(Marsh & Ayotte, 2003). 그림 14-1에서 보듯이, 학업능력

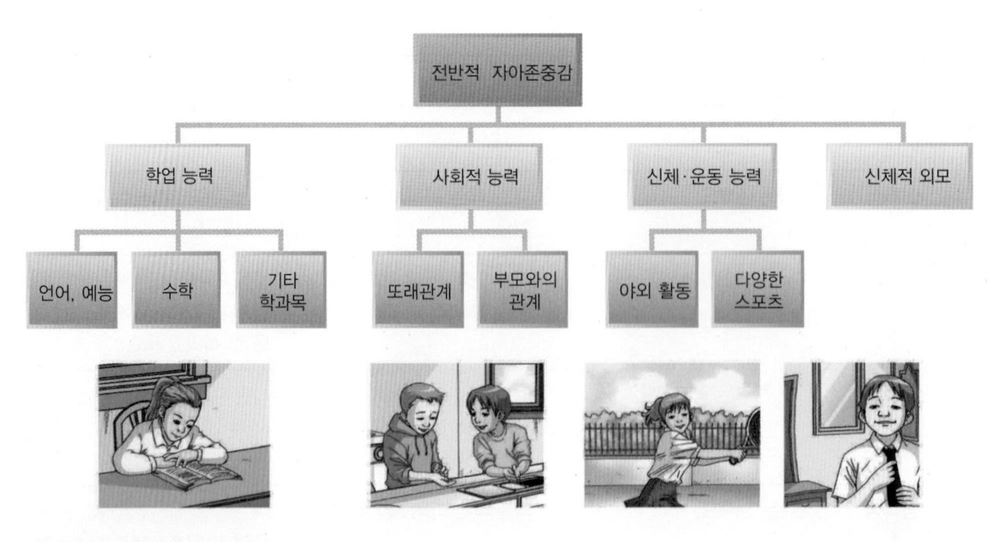

그림 14-1 자아개념의 구성요소
자료: Berk, 2005

이 과목에 따라 나누어지기도 하고 사회적 유능성도 또래관계와 부모와의 관계로 나뉘어질 수 있다. 각각의 자아가치감은 합쳐져 전반적인 자아가치감(즉, 자아존중감)을 형성하게 된다.

Erikson에 의하면, 아동의 자아존중감은 자기가 성취한 결과물이나 일에 대해 자신의 능력을 어떻게 평가하는가에 기초하기 때문에, 아동기는 자아존중감 발달에 있어 아주 중요한 시기다. 사회에서 요구되는 기술을 습득하는 과정을 성공적으로 이루어내면 유능감을 경험하는 한편, 그렇지 않으면 열등감이나 무능함을 경험하게 된다. 특히 우리나라의 경우, 초등학교 아동이 공부를 잘하는 것은 자아가치감과 관련이 깊다.

한편, 8~12세 아동을 대상으로 외모, 학업, 행동, 운동능력 및 또래수용도가 자아에 대한 전체적인 평가에 어떠한 영향을 미치는가를 연구한 Harter(2006)에 의하면, 외모가 가장 중요한 요소였으며 그 다음으로 또래수용도가 큰 영향을 미쳤다. 우리나라에서도 외모는 자아가치감에 가장 중요한 요인으로 밝혀지고 있다(정운선 등, 2003).

연령에 따른 변화를 보면, 아동은 인지적인 발달과 더불어 자신의 학업적 성취나 능력을 다른 아동과 비교할 수 있게 되고 여러 측면에서 자신을 평가하게 되기 때문에, 특히 아동기 초기에는 유아기에 비해 자아존중감이 낮아진다. 그러나 아동들은 대부분 자아가치감을 지키기 위해, 자신의 성취목표와 사회적인 비교기준 간에 균형을 취하려고 애쓴다. 또한 여러 측면에서 자신의 약점과 강점에 대한 현실적인 평가를 하고 통합함으로써 4~6학년부터는 자아존중감이 점차 회복되어 청소년기까지 안정적인 양상을 보이게 된다(Trzesniewski et al., 2003).

자아존중감은 성취동기와도 관련된다. 자아존중감이 낮은 아동은 자기자신에 대해 부정적 감정으로 자기비난을 하거나 기대를 낮게 갖기 때문에, 과제를 해결하기 위해 끈기있게 노력하는 대신 쉽게 포기한다. 반면에 자아존중감이 높은 아동은 실패의 원인을 자기내부에 두기보다는 정보 부족이나 문제해결 방법의 문제 등 외적인 것에서 찾으며, 더 열심히 노력한다.

3. 마인드셋과 그릿

앞에서 살펴본 바와 같이 아동기의 정서적 발달이나 자아에 대한 개념은 자기통제력이나 자신의 능력에 대한 자신감 및 성취동기와 밀접한 관련이 있다. 이와 유사한 맥락에서 Dweck의 마인드셋(마음가짐)과 Duckworth의 그릿(근성)에 관한 주장은 자신의 잠재력에 대한 믿음이 성취지향적 행동이나 자신이 추구하는 목표를 성공적으로 달성해내는데 필요한 절대적 요인임을 강조하고 있다.

마인드셋(mindset)이란 자신의 인지적 능력에 대한 믿음에서 오는 정신자세나 마음가짐을 의미하는 것으로, 특정한 상황에서 개인이 갖게 되는 생각이나 느낌과 함께 그에 따른 행동을 유발하게 된다(Dweck, 2006; 2017). Dweck은 자신의 재능이나 능력에 대해 어떠한 생각을 가지고 있는지에 따라 개인의 성공여부가 달려 있다고 보고, 두 가지 마음가짐, 즉 성장 마인드셋(growth mindset)과 고정 마인드셋(fixed mindset)으로 구분하고 있다. 성장 마인드셋을 가진 아동은 타고난 능력은 다르지만 누구든 노력을 통해 그 능력을 변화시키고 성장시킬 수 있다고 생각한다. 또한 실패를 배움의 기회로 보기 때문에 쉬운 과제보다는 도전적 과제를 선택하는 경향이 있으며, 비록 실패한다 해도 끈기를 가지고 노력을 더 많이 하면 자신의 수행능력을 향상시킬 수 있다고 믿는다.

그러나 고정 마인드셋을 가진 아동은 아무리 노력해도 자신의 능력은 바뀔 수 없으며, 성공이나 실패는 똑똑한 정도에 달려있다고 보기 때문에, 도전하기를 꺼리며 실패를 두려워한다. 따라서 고정 마인드셋을 가진 아동은 새로운 과제에 도전하기보다는 항상 성공하게 되는 쉬운 과제를 선택하는 경향이 있으며, 실패했을 때 무력감을 느끼고 자신을 실패자로 생각한다.

마인드셋의 차이는 부모의 피드백에 의해 형성된다. 성장 마인드셋을 가진 아동의 부모는 "정말 집중해서 열심히 했구나", "네가 더 열심히 노력하면 잘 할 수 있다고 생각해", "네가 어려운 과제에 도전하고 최선을 다했다는 게 훌륭해"와 같이 아동의 성장에 초점을 두고 노력이나 끈기, 열정을 격려하며 칭찬해준다(또는 어떤 점에서 노력이 부족했는지를 지적). 이렇게 하면 아동은 배움이란 타고난 능력에 의해 얻어지는 것이 아니라 노력의 과정이 성장과 배움으로 이어진다는 것을 깨닫게 된다.

고정 마인드셋을 가진 아동의 부모는 자녀에게 자신감을 북돋아주기 위해 "너는 참 똑똑해", "너는 타고난 운동선수야", "너는 수학은 못 해"와 같이 아동의 지능이나 재능을 판단하는 칭찬 또는 비판을 하지만, 이러한 피드백은 아동의 동기나 성과를 망치게 되는 역효과를 낳는다. 즉, 부모가 자녀의 노력 대신 재능을 칭찬하면 성공은 곧 똑똑함이고 실패는 곧 멍청한 것이 되므로, 인지적이든 정서적이든 힘든 일은 피하려고 하기 때문에, 배움을 가로막는 장애물이 된다.

한편, 그릿(Grit)은 현재의 역량으로는 버거운 도전적 과제가 주어졌을 때 절대 포기하지 않고 노력하는 끈기, 투지, 불굴의 의지를 모두 아우르는 개념이다. Duckworth(2016)는 분야와 관계없이 성공한 사람들에게서 나타나는 공통적인 특징은 지능이나 재능, 환경보다 그릿(근성)임을 강조하였다. 그릿은 타고난 능력은 노력을 통해 바뀔 수 있으며, 한 번 실패해도 끝이 아니라는 믿음, 즉 성장 마인드셋을 가지고 있는 경우 발달하게 된다.

열정과 지구력이 핵심인 그릿은 4가지 요소를 가지고 있으며 수년에 걸쳐 순차적으로 발달한다. 첫째는 관심으로 열정은 일을 진정으로 즐기는 데서 시작한다. 둘째는 연습으로 어제보다 잘하려고 매일 단련하는 끈기이다. 셋째는 목적을 가지고 목적한 그 일이 중요하다는 확신으로 열정을 무르익게 한다. 넷째는 희망으로 상황이 어려울 때나 의심이 들 때도 계속 앞으로 나아가는 법을 알게 된다.

그릿은 부모의 지지와 존중, 높은 기대와 요구가 있는 민주적 양육태도와 밀접한 관련이 있다. 부모가 사랑해주고 존중해주며 기대와 요구를 하면, 아동은 부모를 존경하고 부모의 요구를 이해하며 부모를 역할모델로 삼아 장기적 목표를 향한 열정과 끈기인 그릿을 갖게 된다.

04
도덕성 발달

도덕성 발달은 어려서부터 길러진 방식이나 사회적 기준의 내면화가 중요한 역할을 한다. 유아기에는 부모나 다른 사람의 행동을 보고 따라하거나(모델링), 칭찬 때문에 도덕적인 행동을 하게 되지만, 아동기에 이르면 이를 기초로 올바른 행동에 대한 내면화된 규칙을 갖게 되어, 자발적으로 신뢰감을 주는 행동을 하게 된다. 또한 아동은 인지적 발달에 따라 옳고 그름에 대해 적극적으로 생각하게 될 뿐 아니라, 사회적 상황에 대한 조망 능력과 추론이 가능해지면서 도덕적 이해력이 향상된다.

1. 도덕적 사고

Piaget나 Kohlberg의 인지발달 이론에 의하면, 아동은 인지능력이 발달함에 따라 점차 자신의 도덕적 기준을 발달시킨다. 즉, 아동의 도덕 판단은 자기중심적 관점에서 벗어나 다른 사람의 관점에서 이해하게 되고, 외부로부터 요구되는 규칙에 얽매이던 상태에서 상황을 고려한 유연하고 내적인 판단기준으로 진보해간다. 따라서 성숙한 도덕적 사고는 탈중심화(decentration)하여 한 가지 이상의 관점에서 사물을 파악할 수 있는 능력이 생기면서부터 가능해진다고 할 수 있다.

한편, Piaget는 아동이 경쟁이나 협동, 공유 등 또래와의 상호작용을 통해 도덕성의 요소인 공정함과 정의로움에 대한 개념을 발달시킨다고 보고 도덕 발달에서 또래의 역할을 강조한다. Kohlberg 역시 또래의 중요성을 인정하나, 또래 뿐 아니라 모든 사회적 관계가 다른 사람의 관점을 취할 수 있는 경험을 제공함으로써 도덕적인 발달을 가져온다고 주장한다(Papalia et al., 2003).

(1) Piaget의 이론

Piaget(1932)는 게임 규칙과 관련하여 유아 및 아동의 행동을 관찰하고 면접한 결과를 토대로, 아동은 타율적 도덕성과 자율적 도덕성의 2단계를 거치면서 점진적으로 도덕적 사고를 발달시킨다고 하였다.

1단계 - 권위에 대한 복종(2~7세) : 타율적 도덕성

전조작적 사고기에 속하는 1단계는 권위에 대한 복종에 근거하여 도덕적인 행동을 하는 타율적 도덕성(heteronomous morality)을 나타낸다. 즉, 7세 이하 유아는 규칙은 절대적이며 변할 수 없는 것으로 생각한다. 또한 중심화(centration)된 사고의 특성상, 도덕과 관련된 문제에 대해서도 다른 측면을 생각하지 못한다. 따라서 어떤 행동의 옳고 그름을 판단할

때, 의도는 고려하지 않고 행동에 따른 결과에만 초점을 맞춘다.

2단계 - 상호존중과 협력(7, 8~11세) : 자율적 도덕성
구체적 조작기에 속하는 2단계는 자율적 도덕성(autonomous morality) 단계로 7, 8~11세 아동은 사람이 규칙이나 법을 만든 것이며, 서로 간의 동의와 합의를 거쳐 변경될 수 있다는 것을 이해한다. 다른 사람들과 상호작용을 하며 여러 가지 입장을 접하게 되면서, 아동은 옳고 그름에 대한 절대적인 기준이 있다는 생각을 점차 버리게 되며(moral relativism stage라고도 한다), 공평성에 기준한 정의의 개념을 발달시키게 된다. 따라서 의견이 일치되지 않을 때는 해결하기 위한 다른 방법을 찾게 되며, 규칙은 외적으로 부여된 것이 아니라 서로 간의 조정을 통해 정해진다고 이해한다. 또한 어떤 행동을 판단할 때 한 가지 이상의 측면에서 사고할 수 있기 때문에, 결과와 함께 의도도 고려해야 한다고 생각한다.

한편, 2단계를 지난 11세 이후에는 형식적 조작기에 속하는 시기로서 3단계로 보기도 하는데(Papalia et al., 2003), 이 시기는 자율적 도덕성이 더욱 향상되어, 상황을 고려한 공평성에 기준하여 도덕적인 판단을 한다. 예를 들어, 나쁜 의도는 없었으나 실수로 잘못하였을 경우라 하더라도 2세 아동에게보다는 10세 아동에게 더 엄한 기준을 적용한다.

종합하면, 도덕적인 사고나 판단은 인지적인 발달과 더불어 자기중심적이고 처벌지향적이며, 결과에 따른 판단 및 외적인 통제를 중요시하는 경향으로부터 점차 여러 측면에서 상황을 파악하고 결과뿐 아니라 의도를 고려하는 자발적인 통제 경향으로 발달한다.

(2) Kohlberg의 이론

도덕적 사고의 발달을 최초로 기술한 이론가는 Piaget(1932)이지만, 이를 기초로 한 Kohlberg의 도덕 발달 이론(1969)은 이후 발달학자들에게 상당한 영향을 미쳤다. 그는 면접법을 이용해 아동에게 도덕적 갈등 상황에 관한 이야기를 들려주고 그에 대한 아동의 도덕적 사고내용을 분석함으로써 도덕 발달 이론을 발전시켰다. 그의 이론의 근거가 된 하인츠 딜레마(Heinz dilemma)를 정리하면 다음과 같다.

한 여성이 암으로 죽어가고 있었다. 의사들 생각에 그 여자를 구할 수 있을 것이라는 약이 있었는데 어떤 약사가 최근에 그 약을 개발하였다. 약사는 그 약을 만드는데 들었던 돈의 10배인 2,000달러를 약값으로 요구하였다. 병든 여자의 남편인 하인츠는 돈을 빌리기 위해 아는 사람들을 찾아가 겨우 1,000달러를 모았다. 하인츠는 약사를 찾아가 1,000달러에 그 약을 주든지 아니면 나머지는 나중에 갚게 해달라고 사정하였다. 약사는 '나는 이 약을 만들었으니 이것으로 돈을 많이 벌겠다'며 거절하였다. 절망한 하인츠는 아내를 구하려고 약국을 부수고 들어가 그 약을 훔쳤다. 하인츠는 그렇게 해야만 했는가, 왜 그런가, 왜 그러면 안 되는가? (Kohlberg, 1969).

그는 이에 대한 각 연령층 아동의 반응을 근거로 도덕적 문제에 대한 견해는 인지 발달에 따라 변화하며, 도덕 발달이란 도덕적 기준을 내면화하게 되는 발달적 변화라고 결론지었다. Kohlberg는 도덕적 발달 수준을 도덕적 가치의 내면화 정도에 따라 전 인습적

표 14-3 Kohlberg의 도덕적 사고발달 3수준과 6단계 및 하인츠 행동에 대한 찬반 견해의 예

전 인습적 사고 수준	찬성	반대
1단계 : 타율적 도덕성	아내를 죽게 두면 하인츠가 곤란해지니까 안 된다.	하인츠는 잡혀서 감옥에 갈 것이다.
2단계 : 수단적 목적 및 교환의 도덕성	하인즈가 잡히면 약을 돌려주면 되고, 아마 감옥에 그리 오래 있지 않을 것이다.	약사는 경영자니까 돈을 벌어야 한다.
인습적 사고수준	**찬성**	**반대**
3단계 : 서로 간의 기대 및 합의된 의견 '착한 아이' 도덕성	하인츠는 좋은 남편으로서 할 일을 한 것이다.	아내가 죽어도 하인츠의 잘못은 아니다. 이기적인 약사가 문제다.
4단계 : 법과 질서의 도덕성	아무것도 안 하면 아내를 죽게 하는 것이다. 아내가 죽으면 그것은 남편의 책임이다.	훔친다는 것은 어떠한 경우에도 나쁘다.
후 인습적 사고수준	**찬성**	**반대**
5단계 : 사회적 계약 및 개인적 권리의 도덕성	이러한 상황에 대한 법이 없다. 훔치는 것은 나쁘나 하인츠는 어쩔 수 없었다.	훔친다고 비난할 것은 없으나 아무리 극한 상황이어도 자기 마음대로 해서는 안 된다.
6단계 : 보편적 윤리의 도덕성	훔쳤다고 사회규칙에 부끄러운 것은 아니다. 그러나 양심에는 꺼릴 것이다.	자기 아내뿐 아니라 다른 인간의 고통, 생명의 존엄성을 생각하며 행동을 결정해야 한다.

자료: Santrock, 2007

수준, 인습적 수준 및 후 인습적 수준의 세 가지로 구분하였으며 각 수준은 2개의 단계가 포함되어 모두 6단계로 나누어진다(표 14-3).

수준 1 : 전 인습적 수준(pre-conventional level)

외적인 통제에 의해 행동하는 수준으로 도덕적인 가치가 내면화되지 않은 상태이다. 전 인습적 수준의 1단계는 Piaget의 도덕발달 이론과 마찬가지로 타율적 도덕성 단계, 즉 처벌 및 복종지향 단계(4~7세)로 아동은 처벌이 두려워서 어른의 말에 따르고 순종한다. 한편, 2단계(7, 8~10, 11세)는 수단적 목적 및 교환의 도덕성으로 자신에게 이익이 있는 일을 꾀하려 하고 다른 사람도 그렇게 한다고 생각한다. 따라서 '옳다'는 것은 '공평한 것'을 말한다. 예를 들어, 다른 아이를 도와주는 것은 다른 아이도 자기를 도와주기를 바라기 때문이다.

수준 2 : 인습적 수준(conventional level)

인습적 수준에서는 도덕적 기준을 내면화하고 있지만, 여전히 윗사람이 정한 기준이나 사회적 규칙 등 외적 기준에 준한다. 다른 사람을 기쁘게 하기 위해서, 또는 사회적 질서를 지키기 위해서 도덕적인 행동을 한다. 인습적 수준은 10세 이후에나 가능해지며 대부분의 사람들은 성인기까지도 이 수준을 넘지 못한다.

인습적 수준의 첫 단계인 3단계는 서로 간의 기대 및 합의된 의견에 따른 도덕성이다. 이 단계에서는 다른 사람에 대한 믿음이나 배려, 충성심에 가치를 둔다. 아동이나 청소년들은 대개 부모의 도덕적 기준을 따르기 때문에 '착한 아이(good boy/good girl) 지향' 도덕성이라고도 한다. 4단계는 사회적 관심 및 양심의 도덕성(또는 법과 질서의 도덕성)으로 사회적인 질서, 법, 정의 및 의무에 근거를 두어 도덕적 판단을 한다. 결국 3단계는 개인 간의 관계에 관심을 두고 있는 반면, 4단계는 개인과 집단 간의 관계로 관심이 옮겨진다.

수준 3 : 후 인습적 수준(post-conventional level)

마지막 단계인 후 인습적 수준은 도덕적 가치의 내면화가 충분히 완성된 수준이다. 사람들은 이 수준에 이르면 도덕적인 기준은 서로 상충될 수 있다는 것을 인식하게 되며, 권리나 정의에 근거하여 나름의 판단을 하게 된다.

후 인습적 수준은 형식적인 조작이 가능해지는 청년기에 이르러서야 어느 정도 가능하지만, 성인이 되어도 이 수준에 이르는 경우는 드물다. 후 인습적 수준의 첫 단계인 5단계는 사회적 계약 및 개인적 권리의 도덕성이다. 이 시기는 법의 타당성을 평가하는 한편, 인간의 기본적 권리와 가치가 법을 능가하는 중요한 가치라고 생각한다. 6단계는 보편적 윤리의 도덕성으로 생명의 존엄성이나 인간의 보편적인 권리에 근거한 도덕성을 갖게 된다.

(3) Kohlberg의 이론에 대한 평가

Piaget나 Kohlberg의 도덕발달 이론은 내적 측면에서의 도덕성(즉, 욕구나 충동 조절)보다는 사회전반에 대한 이해를 기초로 대인관계를 조절하고 갈등을 중재하는데 필요한 사고인 도덕적 추론에 초점을 두었다는 점에서 이론적 의미가 크다. Piaget의 도덕발달 이론과 마찬가지로, 도덕적 수준 및 단계가 인지발달 및 연령에 따라 순서적, 보편적으로 나타난다는 그의 이론은 상당한 지지를 받고 있다. 특히 그가 주장하듯이 전 인습적 수준인 1, 2단계는 대부분 초등학교 시기에 볼 수 있으며, 인습적 수준인 3, 4 단계는 청소년 중기에 나타나 성인기까지 가장 많이 나타나는 도덕적 사고라는 것은 여러 연구에서 입증되었다.

그러나 도덕적 발달을 평가하는 방법인 하인츠 딜레마는 아동이 일상생활에서 접하는 문제가 아니라는 점이 지적되고 있다. 또한 후 인습적 수준인 5, 6단계는 성인에게서 거의 나타나지 않는 등, 발달단계의 보편성이나 문화적 보편성 문제, 그리고 도덕적 추론의 근거가 남성적 가치에 편향되었다는 점에서 그의 이론은 비판을 받고 있다.

단계의 보편성

Kohlberg는 도덕적 사고의 각 수준이나 단계는 연령에 따라 순서대로 나타난다고 생각하였다. 그러나 20년에 걸친 장기종단적 연구(Colby et al.,1983)에 의하면, 10세에 1, 2단계는 감소하고 4단계는 전혀 나타나지 않았다. 또한 4단계는 성인기에도 62%만 나타나며 5단계도 대체로 10% 정도에 머무르고 있고 6단계는 전혀 나타나지 않았다(그림 14-2). 한편 6, 9, 12, 15세 및 부모를 대상으로 한 횡단적 연구(Walker, de et al., 1987)에서도, 위의 종단적 연구와 반드시 같지는 않지만 10세에는 2단계가, 16세에는 3단계가 보편적이라는 점, 그리고 5, 6단계는 거의 나타나지 않는다는 점에서 비슷한 결론을 얻을 수 있다(표 14-4).

결국 Kohlberg의 이론은 낮은 수준에서 높은 수준으로 일정한 순서대로 발달단계가

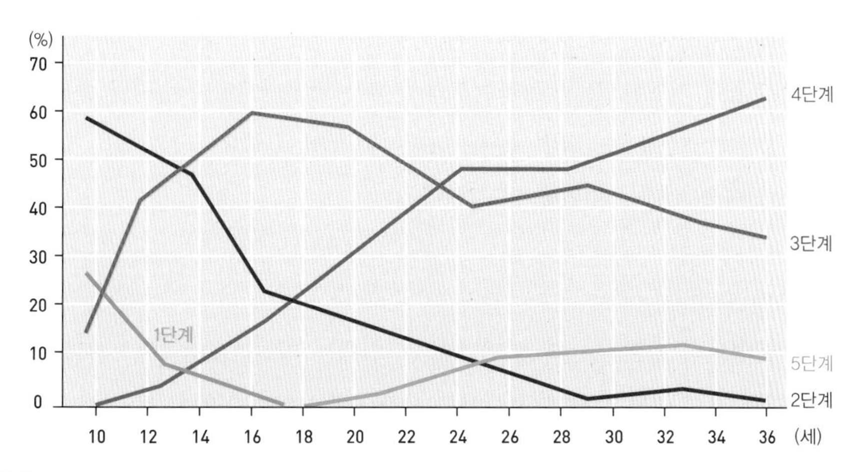

그림 14-2 도덕성 발달에 관한 종단적 연구결과

자료: Colby et al., 1983

표 14-4 각 도덕적 사고단계에 속한 아동과 성인의 백분율(%) : 횡단적 연구

나이 \ 단계	1	1~2	2	2~3	3	3~4	4	4~5	5
6세	10	70	15	5					
9세		25	40	35					
12세			15	60	25				
15세				40	55	5			
부모				1	15	70	11	3	

자료: Walker, et al., 1987

나타나고, 각 단계가 나타나는 보편적인 연령이 있다는 점에서 지지를 받고 있다. 그러나 각 단계는 Kohlberg가 주장한 시기보다 늦은 연령에 발달하는 한편, 6단계의 출현 가능성은 의문시되고 있다.

유사한 맥락에서 범문화적인 타당성의 문제도 제기된다. 즉, 도덕적 추론의 단계가 범문화적이라고 주장하는 Kohlberg의 이론은 4단계까지는 대체로 모든 문화권에서 그가 예측한 순서대로 발달해 보편성이 인정되지만, 5~6단계는 다른 문화권에서는 나타나지 않는 경우도 많다(Snarey, 1987). 특히 높은 수준의 도덕적 추론기준은 문화에 따라 다르므로, 다른 문화권에 동일하게 적용되기는 힘들다는 비판을 받는다. 예를 들어, 공동집단의 이익이나 행복을 추구하는 이스라엘이나 자비로움을 강조하는 네팔 스님의 도덕적 추론 수준은 정의로움에 기초한 Kohlberg의 도덕적 추론 발달단계로는 설명될 수가 없다. 다시 말하면, 정의에 초점을 둔 그의 이론은 다른 문화권에서 중요시되고 있는 도덕적 개념은 간과하고 있다는 점에서 비판을 받고 있다.

성차와 돌봄의 도덕성

위에서 설명하였듯이 Kohlberg의 도덕적 추론 단계는 정의로움에 관한 판단에 기초하고 있다. 따라서 그의 이론은 돌봄이나 다른 사람에게 상처주지 않기 등 여성적 가치(care perspective)보다는 정의로움(justice perspective)이라는 남성적 가치에 편향되어 있다는 견해도 있다.

Gilligan(1982)의 주장에 따르면, 도덕성은 공정과 돌봄의 두 가지 다른 성향이 있는 한편, 여아는 돌봄지향적이고 남아는 정의지향적이다. 그녀는 이를 입증하기 위해 6세~18세 여아를 인터뷰한 결과, 여아들은 대개 도덕적 갈등 상황을 인간관계에 중점을 두어 지각한다는 것을 발견하고 도덕적 추론에 성차가 있다고 주장하였다. 그러나 이후 이루어진 돌봄(care)이나 정의(justice) 관련 연구를 종합해보면, 성에 따른 차이보다는 도덕적 문제상황에 따른 차이를 보여, 남녀 아동 모두 대인관계에 관한 갈등 문제는 돌봄의 관점에서, 사회적인 갈등 문제를 다룰 때는 정의의 관점에서 도덕적 추론을 하였다(Santrock, 2007).

결국 Gilligan의 주장에 대해서는 논쟁의 여지가 남아 있지만, Kohlberg 이론의 근거가 된 정의는 도덕성의 한 측면일 뿐이라는 점에서 공감을 얻고 있다.

기타

Piaget나 Kohlberg의 이론은 도덕성 발달에서 사고력의 발달, 즉 인지적인 발달 측면을 강조하는 한편, 부모의 영향은 고려하지 않았다. 또한 도덕적 행동은 정의에 관한 사고능력뿐 아니라 감정이입이나, 죄의식, 괴로움 등 정서에 의해 동기화됨에도 불구하고 정서의 중요성을 간과하고 있다는 비판을 받아왔다. 그러나 근래에는 도덕 발달에 관한 인지발달 이론가들도 부모의 역할을 강조하는 한편, 정서적인 발달이 도덕 발달에 영향을 준다는 것을 인정하고 있다.

(4) 공평성 개념의 발달

도덕성 발달과 관련된 개념으로 아동기에는 어떤 물건을 나누어 가지는 데 관한 공평성(fairness) 개념 또한 발달한다. Damon(1988)에 의하면, 3세까지는 특별한 이유 없이 다른 아이가 그렇게 하니까, 또는 나누어 가지면 재밌게 놀 수 있으니까 물건을 나누어(sharing) 가진다. 한편 4세 유아는 나누어 가지는 행동이 중요하다는 인식은 가지고 있으나, '내가 나누어 가지지 않으면 저 애가 나랑 놀지 않으니까 나누어 준다'는 식의 자기이익 중심이어서 공평성 개념은 거의 없다.

공평성 개념은 초등학교에 입학하는 아동기에 접어들면서 나타나기 시작한다. 1단계는 동등함/평등함(equality) 단계로, 5~6세 아동은 누구나 모든 것(어떤 보상이나 먹을 것 등)을 똑같이 나누어 가져야 한다고 생각한다. 따라서 공평함은 동등함이나 평등함과 같은 의미로 쓰인다. 그러나 오래지 않아 이점이나 보상(merit)을 생각하는 2단계로 접어들어, 6~7세 아동은 좀 더 열심히 한 사람이 더 많은 양을 가져야 공평하다고 생각한다. 마지막 3단계는 박애/선행(benevolence) 단계로 8세 이후가 되면 아동은 자기보다 좀 뒤떨어진 아동에게 더 많은 것을 나누어 주어야 한다고 생각한다.

연구에 의하면 일반적인 예상과는 달리, 아동은 어른이 '나누어 가지라'고 가르치고 요구하기보다는 또래 간 상호작용에서 주고받는 나누기 행동을 통해 다른 사람의 관점을 취할 수 있고, 공평성의 개념을 이해할 수 있게 된다. 공평성의 개념이 발달하면 또래 간 문제를 보다 효과적으로 해결하게 되며, 기꺼이 다른 사람들과 나누어 가지는 등 친사회적 행동을 발달시키게 된다(Damon, 1988; Eisenberg et al., 2006).

아동이 스스로 그렇게 하든 어른이 시켜서든, '나누기'는 사회적 관계를 위해 반드시 필요한 행동이며, 공평함이나 옳고 그름에 대한 생각을 갖게 된다는 점에서 발달적으로 중요한 의미가 있다.

2. 도덕적 행동

도덕적 사고가 곧 도덕적 행동을 의미하는 것은 아니다. 도덕적 사고 수준은 높아도 사람들은 내가 왜 굳이 나서야 하는가, 그러면 내게 어떤 해가 오지는 않을까 등의 이유로 옳은 일인 줄 알면서도 행동으로 옮기지 않는 경우가 많다. 따라서 도덕적 행동은 도덕적 사고와 함께 중요한 연구주제가 되고 있다.

도덕성 발달과 관련하여 고전적인 정신분석 이론에서는 무의식적인 죄책감이 중요하다고 보았으나, 근래 학자들은 부정적 정서(예: 수치심, 죄책감)뿐 아니라 긍정적 정서(감정이입, 동정심, 자부심)의 역할 또한 강조한다. 즉 발달학자들은 감정이입, 수치심이나 죄책감의 정서는 어린 시기부터 나타나 아동기 이후까지 계속 발달하며, 이러한 정서로 인해 도덕적 가치를 획득하고 도덕적 행동의 동기가 부여된다고 한다(Damon, 1988; Eisenberg & Fabes, 1998).

어떤 아동들은 왜 다른 아동을 돕고 같이 나누어 쓰는 친사회적 행동을 더 잘하며, 나아가 아무 보상이 없어도 남을 위해 희생하는 이타적 행동을 하는지, 또 어떤 아동들은 왜 다른 아동을 괴롭히거나 반사회적인 행동을 하는지, 아동기에 특히 중요한 도덕적 행동인 친사회적 행동과 공격성 및 또래 괴롭힘을 중심으로 살펴보고자 한다. Malti와 Song(2018)에 의하면, 친사회적 행동과 공격성 등은 정서·사회 발달의 중요 요소인 자의식적 정서(죄의식), 타인지향적 정서(공감) 및 정서조절능력과 밀접한 관련이 있다.

(1) 친사회적 행동

다른 사람을 돕고 이롭게 하기 위한 의도적, 자발적인 행동으로 정의되는 친사회적 행동은(Eisenberg et al., 2006) 또래수용이나 친구관계의 질 등 아동의 사회적 관계 및 적응에 영향을 미친다. 또한 친사회적인 행동을 많이 하는 아동은 그렇지 못한 아동에 비해 주관적 행복감이 더 높고, 사회적 상황에 맞는 적절한 행동을 더 잘 보이며, 당면한 문제에 대해 건설적인 방법으로 대처하는 경향이 높다.

도덕적 정서인 감정이입이나 이와 관련된 친사회적인 행동은 영아기에 처음 나타난다. 다른 아이들과 상호작용하는데 관심을 갖기 시작하는 2세경부터 영아는 감정이입을 나타내, 우는 아이나 다른 사람을 위로하기 위해 자기 장난감을 주는 등 초보적인 친사회적 행동을 보이기 시작한다. 이러한 초기의 친사회적 행동은 감정이입에 의한 것만은 아니며, 호의적인 상호작용을 하고 싶다는 일종의 신호이기도 하다.

이후 유아기와 아동기 동안 조망수용(perspective taking)능력 및 공감능력의 발달적 변화에 따라, 아동기 전반에 친사회적 행동이 점점 증가할 뿐만 아니라(Eisenberg et al., 2006) 다른 사람이 처한 상황적 특성을 고려한 감정이입과 친사회적 행동을 보인다(Damon, 1988; Davidov et al., 2013).

또한 친사회적 행동의 동기 측면에서 볼 때, 자기에게 손해인가, 이익인가를 저울질하며 칭찬을 받고 비난을 피하려는 자기중심적 동기가 주였던 유아기와 달리, 아동기에는 자기중심성이 점점 감소하게 되어 '착함'이라는 사회적 기준을 택하게 된다. 나아가 친사회적 행동은 당연한 원칙과 가치로 내면화 된다(Eisenberg et al., 2006).

한편, 친사회적 행동(prosocial behavior)이나 이타적 행동(altruism)의 증가는 지금까지 살펴본 도덕적 사고 및 도덕적 정서의 발달은 물론 정서조절능력과도 밀접한 관련이 있다. 최근 연구에 의하면, 자신의 정서적 경험이나 고통을 잘 조절해야만 편안한 마음이 되어 다른 사람이 무엇을 필요로 하는지 알고 그들을 도울 수 있기 때문에(Hastings et al., 2014), 정서조절이 잘되는 아동이 친사회적인 행동을 더 많이 하게 된다(Eisenberg et al., 2015 고찰 참고; Song et al., 2018).

특히 정서조절과 친사회적 행동 간의 긍정적인 관계가 아동초기(4세)와 아동중기(8세)에 걸쳐 지속적이었음을 보고한 Song 등(2018)은 정서조절능력이 타인에 대한 동정심이나 신뢰감을 매개로 친사회적 행동을 하게 된다고 밝혔다. 따라서 정서조절능력이 타인을 배려하고 친사회적 행동을 실천하는데 중요한 역할을 한다는 것을 알 수 있다.

(2) 공격성

친사회적 행동과 마찬가지로, 공격적인 행동은 영아기부터 시작되며, 발달과정을 거치며 지속되는 경향이 있다. 아동의 공격적인 행동은 여러 가지 형태가 있으며 그 원인도 다양하다. 특히 공격성은 어렸을 때 부모-자녀 관계의 질이나 아동의 정서조절능력과도 관련이 깊고, 부모의 양육행동 및 공격적 행동을 보고 배움으로써 세대 간 전이된다는 점(박성연, 2002)에서 부모의 양육이나 지도방식이 중요하다.

공격성의 발달적 변화

표 14-5에서 보듯이 공격성은 영아기부터 나타나, 2~4세 유아들은 대부분 자기가 원하는 장난감이나 장소를 차지하기 위한 도구적 공격성(instrumental aggression)을 나타낸다. 도구

표 14-5 아동의 공격성 형태와 빈도의 발달적 변화

내용 \ 연령	2~4세	4~8세
신체적 공격성 빈도	가장 높음	차차 감소
언어적 공격성 빈도	2세에는 거의 없음. 언어발달에 따라 증가	신체적 공격성보다 빈번해짐
공격성 형태	도구적 공격성	적대적 공격성
발생시기	부모와의 갈등 후	또래와의 갈등 후
원인	놀잇감 또는 놀이기구	지위경쟁
성차	점차 성차가 나타남	공격성 유형에서의 성차가 나타남

적 공격성은 사회적인 놀이상황에서 흔히 나타나며, 자주 싸우는 아동은 다른 또래들과 잘 어울리는 아동이어서 도구적 공격성은 사회적 발달에 필요한 한 과정이라고 할 수 있다. 유아기 동안에는 점차 자아통제력이 발달하면서 자기가 원하는 것을 기다릴 줄 알게 되고, 말로 표현하게 되어 공격적인 행동이 감소하지만, 항상 그런 것은 아니다. 대체로 2세에 다른 아이를 때리거나 장난감을 잡아채는 행동을 더 자주 보였던 유아는 5세에도 신체적 공격성을 나타내어(Tremblay, 2000; 2004), 공격적 행동은 지속적인 경향이 있음을 알 수 있다.

6~7세 이후가 되면 대부분 아동은 자기중심적 행동이나 공격적인 행동을 덜 하게 되고 협조적이며 감정이입적인 행동을 더 많이 보이고 의사소통을 좀 더 잘 할 수 있게 된다. 즉, 다른 사람 관점에서 그 사람이 왜 그러한 행동을 하는지 이해하기 시작하고 사회적 관계에서 긍정적인 방식으로 자기주장을 할 수 있게 된다. 그러나 격한 놀이를 할 때는 어린 유아와 마찬가지로 감정조절능력이나 감정이입능력이 부족해 또래와의 관계에서 화를 내기도 한다. 즉 아동기 동안에는 전반적으로 공격적인 행동은 줄어들지만, 공격적 행동을 조절하는 방법을 배우지 못한 아동은 이후에도 계속 파괴적이거나 반사회적인 행동을 나타내게 된다(박성연, 강지흔, 2005; Malti et al., 2019; Shields & Cicchetti, 1998).

한편, 공격적인 행동은 성에 따라 차이가 있다. 남아는 남성 호르몬인 테스토스테론이 많아서 여아보다 더 공격적이라는 견해가 지배적이다. 대체로 남아는 영아기부터 남에게서 물건을 빼앗는 행동을 더 많이 하고, 여아는 원하는 것을 얻고자 할 때 공격적인 행동 대신 말로 해결하는 경향이 있다(Coie & Dodge, 1998; Tremblay, 2004). 그러나 아동기에

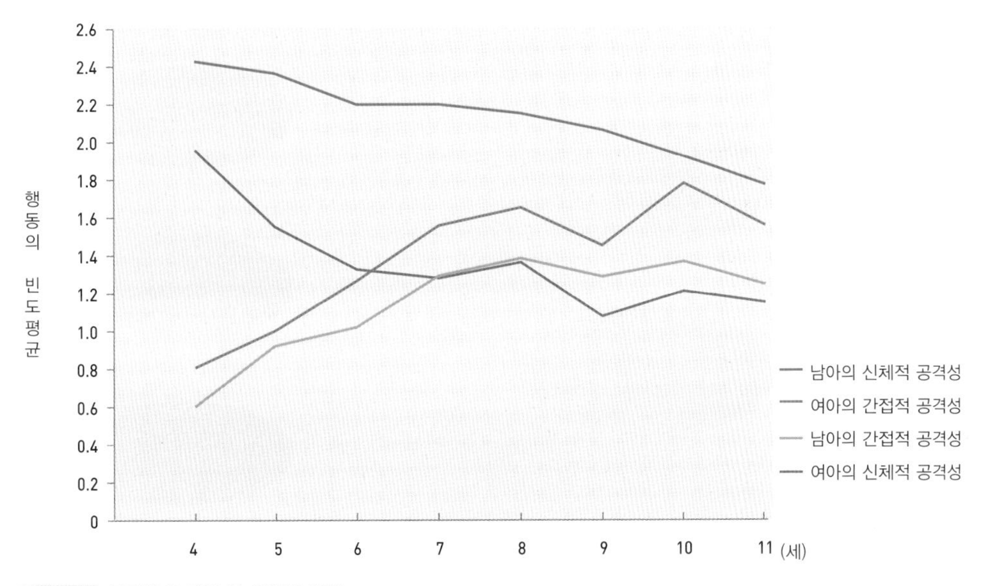

그림 14-3 **공격성의 성별 및 연령별 변화**
자료: Tremblay, 2004

이르면 남아와 여아 간의 공격성은 양에서는 별 차이가 없으나 유형에서는 차이를 보인다. 남아는 주로 언어적 위협이나 완력으로 직접적/신체적 공격성(direct/physical aggression)을 나타내는 반면, 여아는 소문내기나 놀리기, 비하하기 등 관계를 해치거나 방해하는 간접적/관계적 공격성(indirect/relational aggression)을 더 많이 나타낸다(그림 14-3).

공격성 발달의 근원

공격성은 진화론적인 측면에서의 유전적 요인, 생물학적 요인인 기질을 비롯하여 양육행동을 포함한 가정환경, 사회환경 및 정보처리 능력에서 그 근원을 찾을 수 있다(Malti & Rubin, 2018 고찰 참고).

우선 기질적으로 정서적 반응강도가 강하고 조절능력이 낮은 아동은 분노를 공격적인 행동으로 표현하며(박지숙 등, 2009), 부모의 신체적 처벌이나 비일관적인 양육행동, 애정 결여, 거부적인 태도 등은 아동에게 스트레스를 주어, 공격적인 행동을 조장하게 된다. 반사회적 행동의 순환적 고리를 주장한 Patterson(1995)에 의하면, 고집스러운 아동의 행동에 대한 부모의 부정적인 태도와 강압적인 양육행동은 아동과 부모간 힘겨루기 과정을 통해 점점 더 바람직하지 않은 행동을 지속하도록 강화한다. 일단 이러한 악순환의 고리가 형성되면 부모가 아무리 자녀를 위해 새로운 노력을 한다고 해도 아동의 행동은 좀처

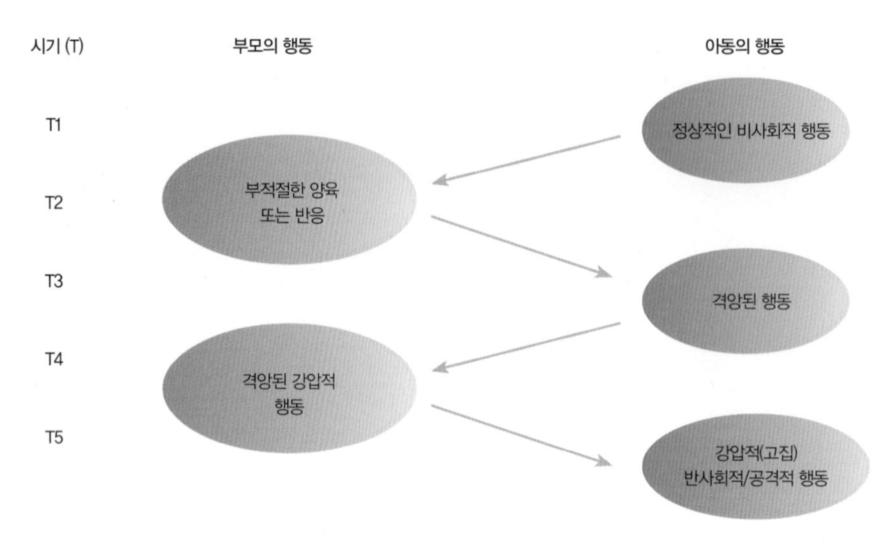

그림 14-4 **부모의 부정적 태도와 아동의 부정적 행동의 순환고리**

럼 수정되기 어렵다(그림 14-4).

이외에도 미디어나 실제 환경에서 공격성에 많이 노출되는 것은 공격적 행동을 불러일으킨다. 사회학습 이론에 관한 실험에 의하면, 공격적인 모델을 본 아동들은 그렇지 않은 모델을 본 경우보다 좌절상황에서 공격적인 행동을 더 많이 한다(Bandura et al., 1961).

공격적 행동은 문화에 따라서도 다르게 나타난다. 미국 아동들은 일본 아동들보다 더 화를 잘 내고 감정조절능력이 떨어지며 더 공격적인 행동을 보인다(Zahn-Waxler et al., 1996). 이러한 결과는 부모의 양육행동의 기초가 되는 사회화에 관한 신념이 서양의 개인주의와 동양의 집합주의 가치관에 의해 영향을 받기 때문이다(Cheah & Park, 2006; Raval & Walker, 2019). 그러나 문화에 따라 아동의 공격성 정도가 다르다고 해도 동서양 모두 강압적이고 비반응적인 부모의 양육행동이 공격성과 관련이 높은 것으로 보고되어(박성연, 2002; Coie & Dodge, 1998; Hart et al., 1998) 양육의 중요성을 강조하고 있다.

공격성은 인지적 요소와도 관련된다. 사람에 따라서는 같은 상황에 대해서도 서로 다른 반응행동을 보여 공격성을 보이기도 한다. 이러한 반응행동의 차이는 사회적인 정보를 어떻게 지각하고 해석했느냐 하는 정보처리 과정의 문제에서 비롯된다. 예를 들어, 두 가지 경우를 생각해보자. 지나가다가 어떤 아이가 던진 공에 슬쩍 머리를 맞은 아동 A는 우연한 일로 생각하며 그냥 웃고 지나친다. 그러나 아동 B는 화를 내며 그 아이에게 달려들어 공격적인 행동을 보인다. 아동 B는 그 아이가 고의로 나를 해치려고 했다고 생각하며(hostile bias; 적대적 편향) 보복 또는 자기방어로 반응적 공격성(reactive aggression)을 나타낸 것이다. 거부 또는 학대를 받아왔던 아동들은 일반적으로 다른 사람의 행동에 대해 자기를 해치려고 한다는 적대적 생각을 하기 쉽다. 또한 완력이나 강압적인 행동이 자기가 원하는 것을 얻는데 효과적이라고 잘못된 생각을 하는 아동은 화가 나서가 아니라, 일부러 공격적 행동을 하는 주도적 공격성(proactive aggression)을 보인다.

결국 부모는 아이의 공격성을 자칫 강화해주거나 보상해주는 행동을 해서는 안될 뿐 아니라, 설명을 통해 다른 사람의 행동에 대한 이해를 도와주어야 하며, 화가 날 때 어떻게 감정을 조절해야 하는지 건설적인 방법을 가르쳐주거나 모델이 되어 줌으로써 공격적 행동이 발달하지 않도록 도와야 한다. 또한 아동이 공격적 행동을 정당화하거나 효과적인 방법으로 생각하지 않도록 사회적인 정보를 처리하는 방식을 가르쳐주어야 한다.

(3) 또래괴롭힘

또래괴롭힘(Bulling)은 자기자신을 방어하지 못하는 사람을 지속적, 의도적으로 괴롭히는 행동으로 정의되며 전 세계적으로 어떤 사회에서나 어떤 학교에서나 일어난다(Berger, 2018). 또래괴롭힘은 소집단이 형성되기 시작하는 유아기부터 나타나지만, 괴롭힘이 가장 많이 나타나는 시기는 아동기다(Boulton & Smith, 1994). 이 같은 경향은 우리나라에서도 확인되고 있다. 초등학교 4학년~고등학교 3학년 재학생을 대상으로 한 교육부의 학교폭력 실태조사에 의하면, 초등학교 아동의 피해 응답율은 3.6%로 나타나 중학교(0.8%)나 고등학교(0.4%)에 비해 훨씬 높은 응답율을 보였다(교육부, 2019).

일반적으로 피해아는 특별히 밉상이거나 유별난 아동이라고 생각할 수 있으나 사실은 그렇지 않다. 대개는 대상 아동이 가진 몇 가지 특성(예; 약하거나, 신경 쓰이게 하거나, 남과 다르게 옷을 입는다거나 교사가 특별히 예뻐하거나 등) 때문이기도 하고, 대항할 힘이 없어 피해자가 된다. 특히 남아 가해자는 주로 작고 약한 남아에게 신체적인 공격을 가하고, 여아 가해자는 수줍거나 부드러운 성향을 보이는 여아를 언어로 괴롭힌다.

또한 또래괴롭힘은 또래관계의 질과도 밀접한 관련이 있다. 가해자, 피해자 모두 또래관계에서 낮은 또래수용도와 낮은 자아존중감을 나타내며, 사회적 기술이 부족하고 복종적이거나 위축된 행동을 보이며 때로는 공격적인 성향을 보이기도 한다(이은주, 2001; Schwartz, et al., 2000).

또래 지위와 관련하여 보면, 비인기아 중 무시아(neglected)는 무시되기 때문에 대체로 또래괴롭힘의 희생자가 되지 않는다. 그러나 비인기아 중 위축되어 거부되는(withdrawn-rejected) 아동은 고립되어 있고 우울하며 친구가 없어서 또래괴롭힘의 피해자가 되기 쉽다. 반면에 공격적 거부아(aggressive-rejected)는 친구도 없고 동조자도 없기 때문에 가해자이면서 피해자(bully-victims)가 된다. 이런 아동은 또래괴롭힘에 제대로 대처하지도 못해서 괴롭히는 행동을 점점 더 많이 하게 되므로 가장 큰 고통을 받는다(Dukes et al., 2009).

또래괴롭힘의 형태는 주로 신체적 괴롭힘(때리고, 꼬집고, 세게 밀치기, 발로 차기 등), 언어적 괴롭힘(놀리기, 조롱하기, 별명 부르기), 관계적 괴롭힘(소외시키거나 따돌리기), 사이버 괴롭힘(휴대폰, 컴퓨터 등을 이용한 괴롭힘)의 네 가지 유형으로 나뉜다. 특히 앞의 세 가지 유형, 즉 신체적, 언어적, 관계적 괴롭힘은 초등학교 시기, 또는 그 이전에도 나타나지만 사이버 괴롭힘은 더 나이가 든 아동이나 청소년들 사이에 자주 행해진다(Berger, 2018).

우리나라 초등학교에서도 유사한 경향이 나타나, 학교생활 중 자주 접하는 또래괴롭힘 유형은 언어폭력(42.8%), 신체폭력(14.6%), 집단따돌림(12.9%), 사이버 괴롭힘(8.7%), 스토킹(6.3%) 순이다. 특히 최근에는 과거에 비해 사이버 괴롭힘이 높아진 것으로 보고되고 있

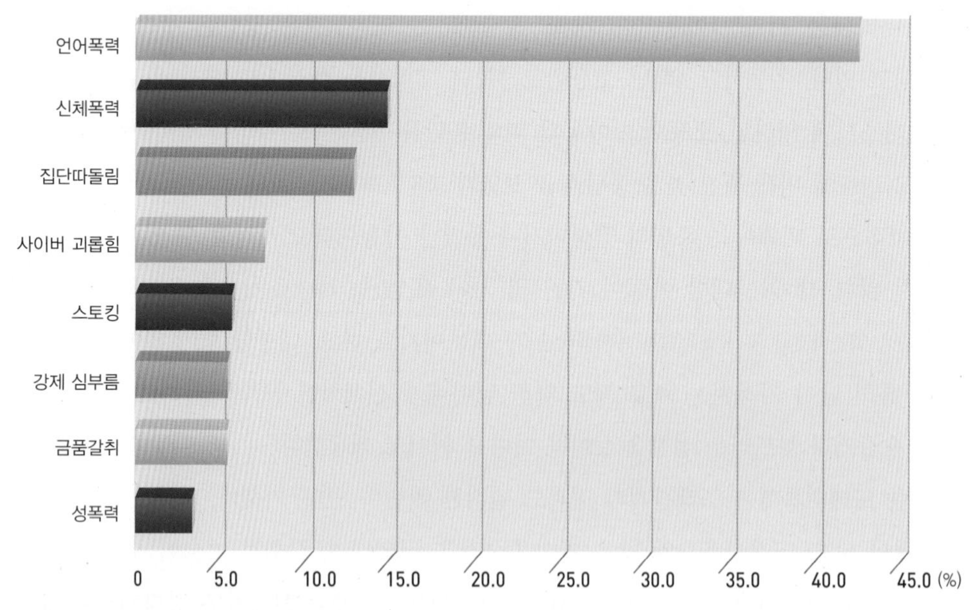

그림 14-5 **초등학교 아동의 학교폭력 유형**
자료: 교육부, 2022

다(교육부, 2022; 그림 14-5).

괴롭힘의 유형은 성에 따라서도 차이를 보인다. 가해 남아는 괴롭힘의 대상인 남아나 여아에게 신체적인 힘(외현적 공격성)을 사용하지만, 여아는 주로 다른 여아에게 언어적, 관계적인 공격성을 나타낸다(심희옥, 2007).

괴롭힘(Bullying) 행동은 유전적인 어떤 성향에 기인할 수도 있으나, 가해아나 피해아 모두 체벌이나 거부적 행동, 지나친 통제 또는 방임 등 양육행동과 관련이 있다(Olweus, 1993). 또한 어렸을 때 정서조절 및 자아통제력을 길러주지 못했거나 형제간 적대감, 불안정애착 등으로 취약했던 아동은 외현적 공격성을 발달시키고 그 결과 또래괴롭힘의 가해자나 피해자가 될 수 있다(Turner et al., 2012), 또래괴롭힘으로 인한 영향은 장기적이어서, 가해자는 점차 더 난폭해 질 수 있으며, 피해자는 이런 피해에 대해 자기자신을 비난함으로써 점점 더 우울해지고 어른이 되어서까지 여러 가지 정서적인 문제로 고통을 겪게 된다.

최근에 이르러 초등학교에서 또래괴롭힘으로 인한 피해 아동수가 계속 증가하고 있으며, 괴롭힘의 양상도 다양해지고 있어, 아동의 사회 심리적 적응을 해치는 것은 물론 심각한 학교 문제가 되고 있다. 따라서 초등학교 아동의 또래괴롭힘에 대한 대책 및 예방교육이 그 어느 때보다 절실하다.

3. 도덕성 발달과 부모

아동이 자기가 속한 사회의 한 일원으로 행동하고 적응하는데 필요한 관습이나 기술들, 가치관 및 행동을 발달시키는 과정을 사회화(socialization)라고 한다. 아동기의 사회화 내용 중 특히 중요한 측면은 도덕성 발달이다. 부모는 어린 영아기부터 사회화 과정에서 주체적인 역할을 담당하며 유아기, 아동기에 걸쳐 도덕성 발달에 상당한 영향을 미친다. 행동주의나 사회인지 이론의 관점에서는 강화와 벌, 모델링 등 양육환경 요인을 강조한다. 부모가 처벌적 양육행동을 많이 한 경우 아동의 신체적인 공격성이 높고 친사회적 행동이 낮았다는 연구결과(Romano et al., 2005)는 도덕성 발달을 위해 어떤 훈육이나 양육행동이 효과적인지를 시사한다.

훈육방식 중 애정철회 방법은 아동이 잘못된 행동을 할 때 부모가 사랑을 주지 않거나 말을 하지 않음으로써 아동에게 도덕적 행동을 하도록 한다. 강압적인 방법은 체벌을 주거나 아동이 하고 싶어 하는 것을 못하게 함으로써 아동을 훈육한다. 귀납적 방법은 아동이 한 행동이 다른 아이에게 미치는 영향이나 해서는 안 되는 이유를 논리적으로 설명하는 행동이다.

애정철회 방법이나 강압적인 방법은 아동에게 적대감이나 불안감을 갖게 하지만, 합리적, 귀납적인 방법은 왜 어떤 행동은 해서 안 되는지를 설명함으로써 아동의 이해를 돕게 된다. 아동의 나이에 따라 다르기는 하지만 대체로 귀납적인 방법이 애정철회나 강압적인 방법보다 도덕성 발달에 더 효과적이다. 훈육방식 외에도 부모가 자녀에게 다른 사람의 관점에서 생각해 볼 기회를 주거나 도덕적인 행동을 솔선해서 하는 것도 도덕성 발달에 긍정적인 영향을 미친다(Eisenberg & Valiente, 2002).

4. 또래관계

Harris(1998, 2000)의 집단사회화 이론(group socialization theory)은 또래가 아동의 발달에 결정적인 영향을 미친다고 주장한다. Harris의 이론은 사회화를 담당하는 주체인 부모의 영향력을 과소평가한다는 비판(Vandell, 2000)을 받고 있지만, 초등학교에 입학하면서부터 아동의 생활 범위는 또래와의 관계로 확장되기 때문에, 아동의 행동에 미치는 또래의 영향이 상당히 커지게 된다는 점에서는 논란의 여지가 없다.

(1) 또래의 역할

아동기는 또래가 생활 그 자체라고 할 만큼 많은 시간을 또래와 함께 보낸다. 또래집단은 가까운 곳에 사는 아이들이 학교에 같이 가면서 자연스럽게 형성된다. 대개 또래는 같은 성으로 구성되기 때문에 관심사가 대체로 같고, 성에 적절한 행동을 배우는 데 도움이 된다. 초등학교에 다니는 아동은 부모의 영향력에서 점점 벗어나기 시작하며, 친구들과의 관계를 통해 자기가 지켜온 가치 중 어떤 것은 그대로 지켜가고 어떤 것은 버리게 된다.

아동기 아동은 자신을 또래와 비교함으로써 자기에 대해 좀 더 현실적이고 분명한 자기효능감을 갖게 된다(Bandura, 1994). 또한 또래집단을 통해 자기의 요구와 다른 사람의 요구를 어떻게 적절하게 맞추어가야 하는지, 그리고 언제 양보하고 언제는 주장을 끝까지 굽히지 않아야 하는지 등 자기가 속한 집단에서 잘 지내는 방법을 배우게 된다.

이러한 의미에서 아동기에는 어느 정도의 또래 동조성이 필요하지만 때로는 또래집단의 압력 때문에, 자기스스로 판단하기보다는 또래집단에 지나치게 동조함으로써 과격한 행동이나 반사회적인 행동을 배우기도 한다.

(2) 또래집단에서의 지위

또래 수용도나 인기도는 아동기에 점점 더 중요해진다. 또래집단에서의 지위는 인기아(popular), 무시아(neglected), 거부아(rejected), 양면아(controversial) 및 일반아(average)의 다섯 가지 유형으로 나뉜다(Santrock, 2007).

인기아는 또래집단에서 가장 친한 친구로 자주 지목되는 아동으로, 대체로 다른 아동에게 정서적 지지를 잘해주고, 다른 사람의 이야기를 열심히 들어주며, 밝고 믿음직하며 자기주장을 건설적으로 하는 특성을 보인다. 무시아는 친한 친구로나, 싫어하는 친구로 지목되는 경우가 거의 없으며, 대개 수줍거나 조용하며 수동적이고 반응을 별로 하지 않는다.

거부아는 친한 친구로 지목되는 경우가 거의 없지만 싫어하는 친구로 자주 지목되며, 대개 산만하고 공격적이어서 학교 성적도 낮고 다른 아이들을 방해하는 행동을 많이 한다. 따라서 거부아는 무시아보다 학교 가기를 싫어한다든지 외로워하는 등 적응상 어려움을 더 많이 겪는다(Parker & Asher, 1987). 가장 친한 친구로 지목되면서 동시에 싫어하는 친구로도 지목되는 양면아(controversial 또는 mixed)는 공격적이면서 동시에 친사회적인 행동을 보인다(Coie & Dodge, 1998). 이러한 남아는 또래에게 공격적이기는 하지만 리더로서 인식되는 한편, 여아는 또래에게 오만하게 비추어지기(Papalia, et al., 2003) 때문에, 양면아로 분류되는 아동은 또래집단에서 두려움과 함께 존경의 대상이 된다(Guerra et al., 2011).

학자에 따라서는 인기아와 비인기아로 나누고, 비인기아를 세 가지 유형, 즉 거부되지는 않지만, 친구로 별 관심을 받지 못하는 무시아(neglected), 수줍고 불안해해서 거부되는 위축된 거부아(withdrawn-rejected), 그리고 저항적이고 반항적인 행동 때문에 거부되는 공격적 거부아(aggressive-rejected)로 분류하기도 한다(Berger, 2018). 또래와 잘 지낼 수 있도록 무시아나 거부아에게 여러 가지 효과적인 상호작용 방법을 가르치는 일은 아동의 학교적응은 물론, 이후의 사회적 발달을 위해서도 중요한 일이다.

(3) 친구(우정)관계

인기도가 한 아동에 대한 집단의 의견이라면, 친구 간 우정은 서로에게 관심을 가지고 헌신하며 주고받는 쌍방적인 관계이다. 아동은 나이가 들어가면서 인지적, 정서적 발달이 진행됨에 따라 친구관계에 대한 개념이나 친구를 대하는 행동방식도 변화한다.

유아기에는 친구를 함께 노는 대상으로 인식하지만, 아동기 친구는 심리적인 것에 기초를 두고 있어서, 서로 성격이 맞고 서로를 지지해주며 뜻이 통하는 대상이다. 그러므로 신뢰가 깨지거나 도움이 필요한 상황에서 돕지 않을 경우, 약속을 지키지 않을 경우, 친구(우정)관계는 위협을 받게 된다.

이러한 특성 때문에 아동기의 친구관계는 선택적이며, 대체로 수년 동안 지속되는 안정성을 보인다. 또한 아동기 친구는 대개 성격적으로도 비슷하고 인기도, 학업성취도, 및 친사회적 행동 측면에서도 유사성을 보이게 된다(Hartup, 1999). 특히 여아는 남아보다 친구관계에서 친밀감을 많이 강조하기 때문에 다른 집단에 대해 배타적인 경향이 있다.

Selman(1980)에 의하면, 우정에 대한 개념은 연령에 따라 중복되는 다섯 단계를 거치면서 변화한다. 즉, 유아들의 우정은 대부분 일시적인 놀이친구로서 일방적인 도움 관계인 0단계나 1단계에 속한다. 한편 아동기는 대부분 이기심에 근거한 상호호혜적 관계인

표 14-6 Selman의 친구(우정)관계의 단계

단계	특징적 내용
0단계(3세~7세) 일시적인 놀이친구	• 자기중심적이어서 다른 아동의 입장을 이해하지 못 함 • 지역적인 근접성, 소유물, 장난감에 가치를 둠
1단계(4세~9세) 일반적인 도움	• 자기가 원하는 것을 해주는 것이 친구임
2단계(6세~12세) 쌍방적인 협조	• 서로 주고받지만 공동의 관심보다는 이기적인 관심임
3단계(9세~15세) 친밀함 및 상호공유관계	• 지속적이고 공동으로 협조하는 관계임 • 소유하고 싶어하고 요구가 많음
4단계(12세 이후) 자율적인 상호의존	• 의존이나 자율에 대한 친구의 요구를 존중해 줌

2단계에 속하지만, 9살 이후부터는 점차 친밀감 및 서로 간에 공유하는 관계인 3단계에 접어들게 된다(표 14-6).

믿을 수 있는 친구가 있고 친구로부터 도움을 받을 수 있는 관계인 친구관계는 아동기를 거치면서 점점 더 중요해진다. 이 시기 아동들은 같이 시간을 보내는 친한 친구가 3~5명 있지만 대개는 한 번에 1~2명씩 함께 놀며(Hartup & Stevens, 1999), 친구관계를 통해 행복을 느끼며 학교에 대해 긍정적인 태도를 갖게 된다. Gottman과 Parker(1987)에 의하면, 친구관계는 다음의 6가지 기능을 한다.

- **동반자 기능**
  친숙한 파트너로서 기꺼이 놀아주고 같이 협력해서 일한다.
- **자극적 기능**
  흥미로운 정보와 즐거움, 재미를 느끼게 해준다.
- **물리적 지원 기능**
  여러 가지 실제적 지원과 도움을 준다.
- **심리적 지원 기능**
  격려와 심리적 지지를 통해 능력감과 가치감을 갖게 해준다.
- **사회적 비교 기능**
  자기가 제대로 잘 하고 있는지 비교기준이 되어 준다.
- **친밀감/애정의 기능**
  서로에게 솔직한 자기모습을 보이게 되어, 따뜻하고 친밀하며 신뢰로운 관계를 갖게 해준다.

5. 성역할 발달

유아기 동안 형성되고 발달한 성역할에 대한 인식은 아동기 동안 점차 확장되는 한편, 남성스러움과 여성스러움에 대한 견해인 성정체감 역시 변화한다.

(1) 성고정관념

유아는 4세경이 되면 장난감을 선택하거나 역할 놀이를 할 때 성고정관념(gender-stereotyped beliefs)을 나타내, 여아는 인형, 또는 간호사를 선호하는 한편, 남아는 자동차 또는 경찰을 선호하는 행동을 보인다.

유아기에 획득된 성고정관념은 초등학교에 다니면서 점점 확장되기 시작한다. 즉, 아동기에는 점차 사람의 성격적 특성을 생각하게 되면서 어떤 것이 그 성에 더 전형적이고 더 적합한 특성인지를 알게 된다. 예를 들어, '씩씩함', '공격적'은 남자에게, '의존적', '동정적'은 여자에게 더 어울리는 특성이라고 생각한다. 또한 학업과 관련해서도 읽기, 미술, 음악은 여아가 더 잘하는 과목이고 수학, 과학 및 체육은 남아가 더 잘하는 교과목이라고 생각한다. 이러한 성고정관념은 특정 과목에 대한 선호나 자신감, 그리고 능력에 대한 인식에도 영향을 주게 된다. 실제로 여아가 남아보다 더 높은 학업성취도를 나타낸다는 보고가 있음에도 불구하고, 남아가 여아보다 더 머리가 좋다는 성고정관념을 갖고 있기 때문에, 여아 스스로 자신의 능력을 과소평가하는 경향이 있다(Stetsenko et al., 2000).

성역할에 대한 이해나 성고정 관념은 아동 스스로 다른 아동의 행동을 관찰한 결과이기도 하지만, 부모나 교사로부터의 기대나 행동(예: 칭찬이나 격려, 또는 나무람이나 무시)으로 인해 습득되기도 한다. 그러나 아동기가 끝날 무렵, 아동은 여러 가지 성고정관념을 알고 있음에도 불구하고 남자나 여자가 할 수 있는 일에 대해 비교적 융통성 있는 생각을 하게 된다.

(2) 성정체감

아동기 동안 여아와 남아는 각기 다른 성정체감 발달양상을 보인다. 초등학교 3~6학년 사이에 남아는 남성적인 성격특성에 대한 정체감을 점점 더 강화하게 되는 한편, 여아는 여성적인 특성에 대한 정체감을 점차 약화시키게 된다. 물론 여아들은 여성적인 특성을 더 많이 나타내지만, 자기가 다른 성(즉, 남자)의 행동 특성도 많이 가지고 있는 것으로 자신을 묘사한다. 또한 실제 행동 측면에서 볼 때도 남아는 남성적인 것에 집착하는 반면에, 여아는 더 다양한 여러 가지 활동에 참여하게 된다.

아동기에 나타나는 성정체감 발달과 그에 따른 행동에서의 이러한 변화는 남성적인 직업특성에 더 많은 우월성을 부여하는 사회 전반적인 분위기에 기인한다. 그러나 그 어떤 요인보다 아동기에는 부모와 또래가 성정체감 발달에 상당한 영향을 미친다(Gelman et al., 2004; Maccoby, 2002). 부모는 여아에게보다는 남아에게 성역할과 일치하는 행동을 더 많이 요구한다. 또한 여아와 같이 놀거나 여성적인 행동을 하는 남아는 또래로부터 배척되는 경우가 많지만, 여아는 남아처럼 행동해도 또래 간 지위에 별 영향을 받지 않는다. 결국 남아는 여아보다 부모나 또래로부터 성유형화된 행동에 대한 압력을 더 크게 받기 때문에(Matlin, 2004), 남아의 성 정체감은 점점 더 강화된다고 할 수 있다.

PART 6

양육환경과 아동발달

아동의 발달은 자기자신은 물론 자기를 둘러싼 미시체계, 외체계, 거시체계, 시간체계 등 여러 환경체계 간의 역동적인 상호작용에 의해 이루어진다. 이러한 환경체계들은 서로 영향을 주고받기 때문에 각각의 영향을 분리하여 이해하기는 힘들다. 6부에서는 아동이 직접 속해 있는 환경인 미시체계에 초점을 맞추어, 15장에서는 부모나 형제 등 가족 내적 환경을 중심으로, 16장에서는 대중매체와 보육시설 및 학교 등 가족 외적 환경을 중심으로, 이들 환경이 아동발달에 미치는 영향을 살펴보고자 한다.

CHAPTER 15

가족 내적 환경

01 가족과정
02 부모
03 형제자매관계
04 사회변화와 가족

아동의 발달과정에서 부모를 비롯한 가족은 가장 중요한 일차적 환경이다. 따라서 가족 내 역동성을 이해하지 않고는 아동의 행동이나 발달을 이해하기 힘들다. 아동이 타고난 무한한 가능성은 아동의 발달을 지원하는 가정의 심리적, 물리적 환경에 의해 그 기초가 마련되고 발현될 수 있다. 15장에서는 가족 내에서 이루어지는 역동적인 상호작용 과정을 알아보고 부모와 형제의 영향력을 살펴보며 사회변화에 따른 현대가족의 특징을 이해한다.

01
가족과정

아동의 사회적 경험은 가족 내에서의 상호작용을 통해 처음 시작된다. 가족, 특히 부모는 아동이 속한 문화에서 보편적인 습관이나 기술, 행동이나 가치관을 발달시키는 과정인 사회화(socialigation)의 대행자로서 아동발달을 위한 일차적 환경이다. 그러므로 가족구조(부모, 형제, 조부모 유무나 가족 수 등), 가족 분위기(가족의 경제적, 사회적, 심리적 요인 등) 및 가족내 상호작용 과정은 아동의 사회화 및 발달의 기초가 된다.

가족은 세대, 성, 역할 등 여러 하위체계로 구성된 하나의 사회적 체계로서 서로 영향을 미친다. 우리의 몸이 순환계, 소화계, 신경계 등 여러 하위체계로 구성되어 있고, 우리의 신체적, 심리적 상태가 이러한 체계들과 영향을 주고받듯이, 가족의 구조적 특성, 부모의 특성, 아동의 특성, 부모-자녀 관계(parent-child subsystem), 부부관계(husband-wife subsystem) 등 가족 내 여러 하위체계들은 서로 직접 또는 간접으로 영향을 주고받는다. 아래에서는 부모와 형제에 초점을 둔 가족 과정과 사회적 변화에 따른 가족 과정에 대해 살펴보고자 한다.

02
부모

1. 부모의 역할

(1) 바람직한 부모의 역할

부모의 역할은 자녀의 건강한 성장과 행복을 위해 자녀가 필요로 하는 것을 무조건적으로 충족시켜 주는 일이다. 즉, 부모는 자녀들에게 다른 사람과의 관계에서 필요한 여러 가지 능력과 기술을 가르쳐주며(structuring), 자녀를 이해해주고 자녀의 필요나 요구에 따뜻하게 반응해 줌(nurturance)으로써 자신과 다른 사람을 사랑하는 마음을 길러주고, 신뢰감과 안정감을 제공해주어야 한다(Bigner, 2005).

이를 위해 부모는 자녀의 말이나 행동적인 단서에 민감해야 하며, 애정적이고 일관적이며 신뢰감을 줄 수 있는 확고하고 분명한 양육행동을 보여야 한다. 또한, 선택의 자유를 주어 자녀가 부모의 양육행동을 받아들이든지 거부하든지 상관없이 무조건적 애정(unconditional love)을 주는 지지적인 양육행동을 해야 한다. 이러한 양육을 통해 아이들은 다른 사람과의 관계나 자기자신을 위해 어떻게 행동해야 하는지, 어떻게 해서는 안 되는지에 대한 규칙을 알게 된다. 또한 자신에 대한 긍정적 개념인 자아가치감을 형성하게 되며 다른 사람을 존중하는 태도를 갖추게 되므로 원만한 인간관계를 유지할 수 있다.

(2) 아동의 연령에 따른 부모의 역할

부모는 자녀의 사회화를 위한 주체로서 역할 뿐 아니라 자녀의 심리적 안정감이나 인지적 발달을 위해서도 중요한 역할을 한다. 유능한 부모는 아동의 발달적 변화에 맞추어 자신의 행동을 조절하거나 적응시켜간다. 따라서 유능한 부모가 되기 위해서는 우선 아동의 연령에 따른 발달적 특징이나 발달과정을 이해할 필요가 있다.

영아기에는 부모가 돌봄을 통해 영아의 생존을 보장해주고 심리적인 안정감을 제공해주는 필수적인 존재이기 때문에 부모와 영아 간의 관계는 생물학적으로나 심리적으로 가장 친밀하고 중요한 관계이다. 특히 이 시기 부모는 영아와의 신체적인 접촉을 통해 인간적 정서와 도덕적 행동의 기반이 되는 감각적, 감정이입적 경험을 영아에게 제공해 주는 중요한 역할을 한다(정범모, 2005). 또한 점차 놀이를 통한 상호교환적 활동에 참여하게 되며, 이 과정에서 부모의 도움행동(비계, scaffolding)은 영아 혼자서 이룰 수 있는 발달 수준보다 더 높은 수준으로 이끌어 줌으로써 영아의 발달을 최적화하는 기능을 한다(Bornstein, 2002).

한편 걸음마기에는 신체적인 통제를 통해 아동을 훈육하거나 여러 가지 환경적인 자극과 탐색의 기회를 제공하게 된다. 또한 걸음마기부터 유아기까지 이루어지는 부모-자녀 간 상호작용은 정서 조절하기, 규칙 배우기, 자율성, 형제나 또래 간의 싸움 조정 등에 집중된다(Edward & Liu, 2002).

아동기에는 부모-자녀 간의 상호작용 시간이 점차 줄어들기 때문에 부모는 아동 스스로 생활의 즐거움을 찾을 수 있도록 도와주어야 하며, 합리적인 대화나 설명을 통해 아동의 행동을 지도하여야 한다. 또한 일일이 아동의 행동을 통제하기보다는 자기관리에 대한 책임을 갖게 하면서, 학교생활이나 또래관계를 관심을 가지고 지켜보는 일이 중요하다(Collins et al., 2002). 아동기는 부모통제에서 점차 자기통제로 이행하는 과정 중에 있어서 부모와 자녀는 서로 행동을 조절하는 상호통제 과정을 거치게 된다. 상호통제 과정 중에는 부모가 앞에 나서지 않으면서 자녀를 감독하고 지도하며 지원해 주어야 한다. 또한 자녀와 직접 상호작용할 때는 시간을 효과적으로 활용하여 질적인 시간을 갖는 한편, 아동 스스로 자신의 행동을 감독하고 적절한 행동 기준을 택하도록 하되, 언제 부모의 도움이 필요한지를 아는 능력을 길러주며 이를 강화해주어야 한다.

아동기부터 활동범위나 생활환경이 또래와 학교로 확장됨에 따라 아동은 점차 또래의 영향을 많이 받게 되지만, 부모는 여전히 가장 큰 영향력을 미친다(Collins et al., 2000). 특히 어렸을 때부터 가정 내에서의 경험을 통해 바람직한 부모-자녀 관계를 형성하였을 때는 부모의 충고나 지도를 더 잘 받아들인다.

2. 양육행동 유형

자녀를 어떻게 키우는 것이 좋은 것인가, 양육행동에서 가장 중요한 요소는 무엇인가에 관한 내용은 모든 부모의 관심사이다. 아동발달 이론의 발전과 더불어 양육행동에서의 강조점은 변화되어, 때로는 애정이 중요시되었고 때로는 엄격함을 강조하는 양육이 중요시되었다. 1970년대 이후 가장 널리 관심을 받아 온 양육방식에 관한 견해는 벌이나 허용을 견제하는 한편, 통제와 애정을 강조한 Baumrind(1971)의 분류다.

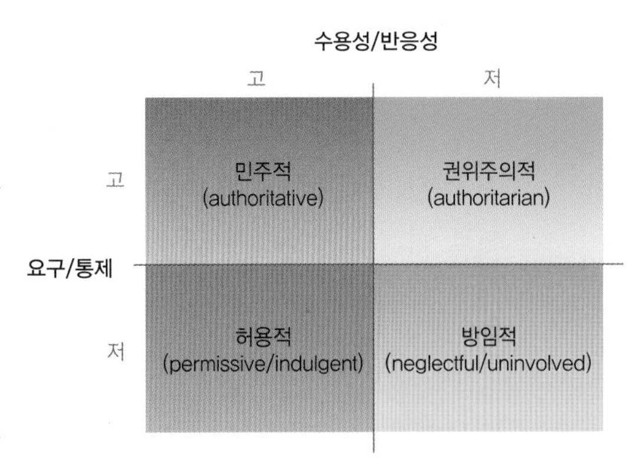

그림 15-1 **양육유형의 분류**

Baumrind는 부모와 유아 간 상호작용에 대한 관찰과 유아의 사회적 능력을 연구한 결과, 부모의 수용 정도와 참여, 통제 정도, 자율성 정도를 근거로 3가지(민주적, 권위주의적, 허용적) 양육유형을 밝혀내고 이에 따른 아동의 전형적인 행동 특성을 기술하였다. 이후 Maccoby와 Martin(1983)은 Baumrind의 3가지 유형에 4번째 유형인 방임적 양육유형을 추가하였다. 이 네 가지 양육유형은 아동에 대한 부모의 수용(애정) 및 반응성 정도와 요구 및 통제 정도의 높고 낮음에 근거한다(그림 15-1).

(1) 권위주의적 양육

부모는 자녀에게 일방적으로 지시하며 무조건 따를 것을 요구하고 엄격하며 처벌적이다. 따라서 부모-자녀 간에 거리감이 있고 따뜻함이 없으며 쌍방적인 언어적 교환이 거의 없다. 이렇게 자란 아동은 불만과 불안, 위축 행동을 보이며, 남아는 때로는 공격적인 방식으로 행동하기도 한다.

(2) 민주적 양육

자녀의 자율성을 격려하지만, 일정한 한계 내에서 아동의 행동을 통제한다. 부모는 어떤 규칙에 대한 이유를 설명해주고 자녀의 의견을 존중해줌으로써 부모-자녀 간 언어적 상호작용이 많고 자녀에게 따뜻하고 애정적이다. 이렇게 자란 아동은 자기가 사랑받고 있다는 것을 알고 어떻게 행동해야 한다는 것을 이해하기 때문에 자신감과 자아통제력이 있으며 사회적 능력이 우수하다.

(3) 허용적 양육

허용적인 부모는 자녀의 생활에 깊은 관심을 가지고 참여하지만, 제한이나 통제는 거의 하지 않고 아이가 원하는 대로 하게 한다. 이렇게 자란 아동은 자아통제력이 낮고 항상 모든 것이 자기 뜻대로 될 것으로 기대하며, 자기중심적, 충동적, 지배적으로 행동하여 또래와의 관계에서 어려움을 겪는다. 허용적 양육을 하는 부모는 자녀의 창의력을 기르기 위해서라고도 하지만, 대개는 부모가 자녀에 대한 통제력을 잃었을 때 나타내는 행동이다.

(4) 방임적 양육

자녀의 일에 전혀 관심이 없다. 자녀와 정서적으로 분리되어 있으며 자녀에게 요구하는 것도 없고, 자녀의 결정이나 생각에 무심하다. 이러한 부모 밑에서 자란 아동은 자부심이 낮고 자아통제력이나 정서조절능력이 없으며 학업능력이나 사회적 능력이 낮다. 청소년기에는 반사회적인 행동을 자주 한다. 방임적인 양육은 부모가 자녀에 대한 관심보다는 자기자신의 스트레스나 우울감에 빠져 있는 경우에 주로 나타나며, 방임이 심한 경우는 아동학대에 속한다.

예상할 수 있듯이 부모의 민주적인 양육행동은 아동의 발달에 긍정적인 영향을 미친다. 민주적인 양육이 발달에 가장 효과적인 이유는 첫째, 민주적인 부모는 기준과 한계를 설정해주는 한편, 자녀에게 필요한 지도를 해줌으로써 자녀는 자아통제력과 책임감, 자신감 및 독립심을 기를 수 있다. 둘째, 민주적인 부모는 자녀와 개방적인 의사소통을 함으로써 자녀가 자기 생각을 솔직하게 표현할 수 있도록 해준다. 이러한 경험으로 인해 아동은 또래와의 갈등 상황에서 사회적으로 성숙한 문제해결력과 적응능력을 보인다. 셋째, 부모의 애정과 관심으로 인해 자녀는 부모의 양육방식을 잘 수용하며 바른 가치관과 행동을 내면화하게 된다(Hart et al., 2002).

민주적인 양육의 이점에도 불구하고 우리나라를 비롯하여 중국, 일본 등 유교권의 문화에서는 애정이나 수용성이 낮고 통제가 높은 권위주의적 양육행동을 보이는 부모가 많다. 유교문화권에서의 권위주의적 양육행동은 전통적으로 통제적이기는 하지만, 자식에 대한 애정과 지지를 기반으로 하고 있어서 오히려 지적인 성취 등 아동의 발달에 긍정적인 영향을 미치기도 한다. 그러나 중국 아동을 대상으로 한 연구에 의하면, 권위주의적인 통제 행동이 지나쳐서 강압적으로 될 경우는 서구문화에서와 마찬가지로 부정적인 효과를 나타내어, 아동의 학업능력은 떨어지고 공격성이 증가하며 또래관계에서 문제를 나타내게 된다(Chen et al., 2000).

3. 역기능적인 부모

한편, 역기능적 양육행동을 중심으로 부모 유형을 분류한 Bigner(2006)에 의하면, 요구가 많은(demanding) 부모, 비판적인(critical) 부모, 지나치게 관여하는(over-functioning) 부모, 무관심한(disengaged) 부모, 무력한(ineffective) 부모 및 학대하는(abusive) 부모가 이에 속한다.

(1) 요구가 많은 부모

자녀에게 일방적으로 부모가 설정한 기준이나 이상에 맞추어 행동하도록 요구하고 강요한다. 부모는 대개 자녀의 능력이나 나이에 상관없이 권위주의적인 방식으로 자녀를 기르며, 죄의식을 유발하거나 지나친 간섭을 한다. 이렇게 자라는 자녀는 부모의 인정을 받으려고 애쓰며 때로는 부모를 속이는 행동을 하기도 한다.

(2) 비판적인 부모

비판적인 부모는 모든 것에 완벽할 것을 추구하기 때문에 자녀의 행동을 조절하려고 할 때 주로 잘못을 탓하거나 비판을 일삼는다. 엄격한 요구와 평가적이거나 비판적 태도로 인해 부모-자녀 관계는 소원하며 부모나 자녀 모두 자신에 대해 자부심이 낮고 불만족하게 된다.

(3) 지나치게 관여하는 부모

부모는 자녀의 행동에 대해 모든 책임을 지려고 하고, 자녀의 생활 모든 측면에 대해 일일이 다 간섭해야 한다고 느끼기 때문에 과보호하는 특성을 보인다. 이러한 관계에서 자란 아동들은 스스로 생각하거나 혼자 결정을 내리는 일, 출생가족(family of origin)에서 독립된 존재로 생활하는 것을 배우지 못해 의존적이며 자립심이 결여되어 있다. 지나치게 관여하는 부모는 대개 자녀에게 모든 것을 해 줌으로써 자녀가 순종하도록 하게 하며, 그렇게 함으로써 자신을 가치있는 존재라고 생각하는 경우가 많다.

(4) 무관심한 부모

자녀와 정서적으로 유리된 관계를 나타내거나 부모로서 해야 할 역할을 하지 않는 부모다. 때로는 다른 일이 너무 많거나 건강이 좋지 않기 때문일 수도 있으나, 무관심한 부모는 자랄 때 부모로부터 사랑을 받지 못했기 때문에, 부모가 되어서도 자녀에게 사랑을 주지 못하는 경우가 많다. 이러한 부모 밑에서 자란 아이들은 심리적인 만족감이나 복지감이 떨어지고 자아가치감이 낮아 건강한 심신 발달이 저해된다.

(5) 무력한 부모

무관심한 부모와 유사한 형태인 무력한 부모는 아동의 요구를 충족시켜 줄 수 없고 부모로서 해야 할 일들을 하지 않는 경우이다. 여러 가지 이유가 있겠으나, 무력한 부모는 대개 신체적으로 무기력하여 자신의 욕구를 우선시하기 때문에 자녀의 요구는 충족되지 못하고 일정한 훈육원칙도 없다. 이러한 가정에서 자라는 경우는 어린아이조차도 자기 동생을 보살피는 등 능력 이상의 일을 감당해야 하고, 자신의 가치를 느끼지 못하므로 자아개념이 낮다.

(6) 학대하는 부모

우리나라에서도 부모의 아동학대는 이미 사회적인 문제가 될 정도로 상당히 빈번하게 이루어지고 있으며, 이로 인해 자녀는 정신적, 신체적으로 상당한 손상을 입는다. 학대하는 부모들의 특성을 분석해보면, 자신이 불행한 아동기를 보냈거나, 아동학대의 피해자인 경우가 많다. 이같이 좋은 부모역할 모델을 보지 못한 경우 외에도, 학대하는 부모는 사회적으로 고립되었거나 정서적으로 미숙하며, 자아존중감이 낮고, 감정이입 능력이 결여되어 있다. 또한 처벌적인 양육행동이 효과적이라는 확신도 학대의 한 원인이 되고 있다. 학대하는 부모는 아동의 행동을 다루는 데 있어 오랫동안 상당한 어려움을 겪어온 경우가 많고, 특히 신체적으로 학대하는 부모는 자신이 하는 행동이 아이를 가르치기 위해서라고 믿기 때문에 잘못된 행동이라는 생각을 거의 하지 않는다. 이 경우 스트레스로 인한 부모의 분노나 증오가 조절되지 못한 채 아동에게 그대로 표출되기 때문에 자녀는 신체적,

심리적으로 상당한 상해를 입게 된다.

보건복지부(2020) 통계보고서에 의하면, 2014년 아동학대 건수는 10,027건, 2015년에는 11,715건이었으나, 이후 급격히 증가하여 2016년에는 18,700건, 2017년에는 22,367건, 2018년에는 24,604건으로 보고된다. 아동인구는 점차 감소하고 있는 한편, 학대 피해 아동 발견율이 꾸준히 증가한다는 점은 우리 사회의 여러 가지 문제점을 시사하고 있다.

특히 2018년 보고된 아동학대 사례 24,604건 중 약 40%가 7세~12세에 집중되고 있어 학대 대상 아동은 초등학생이 가장 많았으며, 말을 하지 못하는 1세 미만과 1~3세 영아에 대한 학대도 각각 2.0%, 9.3%로 보고되고 있어, 그 심각성을 더하고 있다(그림 15-2).

또한 아동학대의 약 80%는 가정에서 부모에 의해 이루어지며, 학대유형은 정서적 학대, 신체적 학대, 방임의 순으로 나타난다. 특히 초등학교 남아는 여아에 비해 신체적 학대를 많이 받고, 여아의 경우는 성적 학대나 정서적 학대가 많았다. 가정 내 폭력이나 아동학대는 장기적인 영향을 미쳐 다음 세대로 학대 행동이 대물림될 뿐 아니라, 아동의 정서조절 능력의 결여 및 공격적 행동의 증가를 초래하고 또래관계의 어려움이나 우울감, 학업실패 등의 문제를 야기한다.

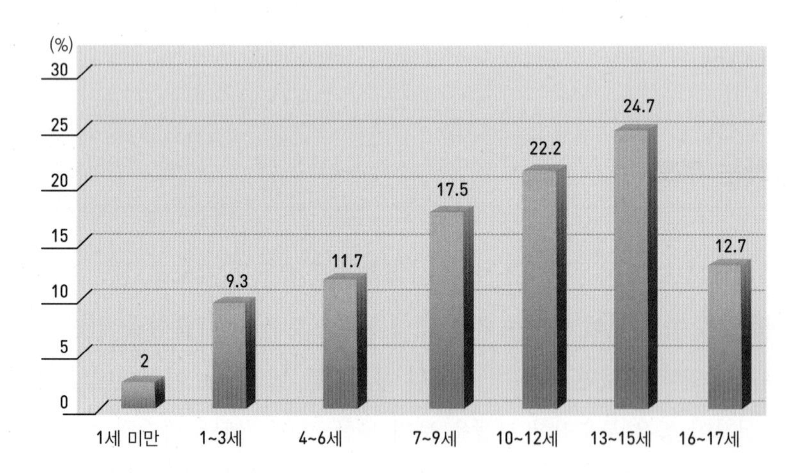

그림 15-2 **연령에 따른 아동학대 백분율**
자료: 보건복지부, 2020

4. 부모의 양육행동에 영향을 미치는 요인

Bronfenbrenner의 생태학적 체계 이론에 의해 영향을 받은 Belsky(1984)는 양육행동이나 아동의 발달에 영향을 미치는 요인들을 설명하기 위해 가족과정 모델(family process model)을 제안하였다(그림 15-3). 그에 의하면, 양육행동이나 부모-자녀 관계의 질은 부모가 어려서부터 자라온 역사, 부모의 인성, 부부관계, 부모의 직업, 사회적인 지원체계 및 아동의 특성 등 여러 요인의 복합적이고 누적적인 영향을 받음으로써 아동발달에 영향을 준다. 따라서 아동의 발달은 가족원의 개인적인 특성 및 가족의 내적, 외적 체계 간의 역동적인 상호작용의 산물이다.

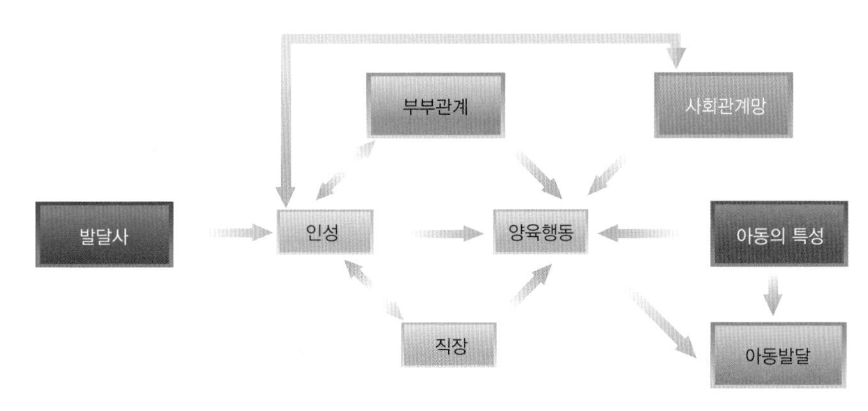

그림 15-3 **Belsky의 가족과정 모델**
자료: Belsky, 1984

(1) 부모의 발달사

부모의 행동특성이 가정마다 다른 이유는 부모가 어려서부터 성장해온 역사가 양육행동에 반영되어 부모와 자녀 간 상호작용의 질을 결정하기 때문이다. 인간의 발달은 발달과정 중 일어나는 여러 사건의 영향을 받아 변화될 수 있으므로 초기경험이 이후 행동에 절대적인 영향을 미친다고는 할 수 없다. 그러나 대체로 어렸을 적 양육경험은 자신이 부모가 되었을 때 형성하게 되는 부모-자녀 관계의 질과 관련이 깊다.

양육행동의 세대 간 전이는 많은 연구에서 입증되고 있는데, 자기가 자란 출생가족(원가족)에서 경험한 지지적인 양육은 성인이 되었을 때의 긍정적인 부모-자녀 관계와 관련이 깊다(Belsky et al., 2001). 같은 맥락에서 성장기에 자기부모와 긍정적인 유대를 형성했던 어머니들은 자녀에게 합리적이고 애정적인 양육행동을 보여(박성연, 임희수, 2000) 어렸을적 가족관계의 질이 장기적인 효과를 나타낸다는 것을 시사한다. 반면에 학대하는 가정에서 자란 아동은 성장하면 학대하는 부모가 될 확률이 높고(Belsky, 1981), 권위주의적인 가정에서 자라온 아버지들은 아들에게 권위주의적인 양육행동을 하는 경향이 높다(박성연, 2002).

세대 간 양육행동이 전이되는 것은 부모들이 대체로 출생가족에서 자신이 보고 자라왔던 방식을 모델링하여 자녀를 양육하기 때문이다. 자신이 자라온 방식에 만족하고 현재에 자기모습에 만족하는 사람은 자기자녀에게도 같은 방식으로 양육하려고 한다. 그러나 부모가 자신에게 해왔던 양육방식에 불만을 갖고 '부모가 되면 나는 절대 그렇게 하지 않겠다'라던 사람조차도 자기부모의 양육방식을 거의 그대로 답습하게 되는 경우가 종종 있어 발달사가 중요하다는 것을 알 수 있다. 특히 부부 중 어느 한 사람 또는 부부 모두 출생가족에서 가족관계가 원만하지 않았거나 양육에 문제가 있었던 경우에는 자기 자녀에게도 역기능적 양육을 할 가능성이 높다.

(2) 부모의 인성

그림 15-4 **행복한 부부와 자녀**

양육행동은 양육자의 기분에 따라 달라지기도 하지만, 비교적 지속적인 특성인 인성에 따라 다르게 나타난다. 바람직한 양육행동과 관련된 부모의 성격특성으로는 감정이입 능력이 높거나 변덕스럽지 않고 한결같은 인성특성, 독선적이지 않은 성격, 정서적으로 따뜻한 특성을 들 수 있다. 예를 들어, 감정이입능력이 높은 어머니는 자녀와 긍정적인 상호작용을 하는데 반해, 자기중심성이 강한 어머니는 자신의 관심사나 일에 몰입되어 있기 때문에 아동의 요구에 대한 민감성이 떨어진다(Bornstein, 2002). 특히 어머니의 우울증은 생활만족감이나 활력을 감소시켜 자녀에 대한 반응성이 낮고, 자녀와 조화로운 상호작용을 하지 못하기 때문에 자녀의 반응도 점차 감소하게 된다.

(3) 부부관계

부부 간의 관계는 가정 분위기를 통해 자녀의 심리적인 안정에 직접적인 영향을 미치는 한편, 부모-자녀 간 상호작용이나 양육행동을 통해 간접적으로 영향을 미친다. Engfer(1990)는 부부관계 및 모-자녀 관계에 영향을 미치는 요인에 관한 4가지 가설을 제안하였다. 유출(spill-over) 가설에 의하면, 부부관계가 좋으면 모-자녀 관계에 긍정적 영향을 주고, 반대로 부부관계가 나쁘면 모-자녀 관계에도 부정적 영향을 미친다. 반면 보상(compensation) 가설에 의하면, 부부관계가 좋으면 모-자녀 관계에 관심을 덜 가지게 되므로 아동발달에 부정적인 영향을 주는 한편, 오히려 부부관계가 나쁘면 모-자녀 관계가 강화되기도 한다. 이외에도 어머니가 자녀를 까다롭다고 지각하는 경우 부부 간 갈등이 생기기도 하고, 어머니의 성격적 특성이 부부관계나 모-자녀 관계에 영향을 미치기도 한다(그림 15-5).

그러나 대부분의 연구에서 행복한 부부는 자녀에게 반응적이고 애정적이라는 일관된 결론을 내리고 있으며(Grych, 2002), 대체로 부부관계가 좋지 않을 때는 부모-자녀 관계도 나쁘다. Cox 등의 연구(1989)에 의하면, 태내기 동안 부부 간 친밀도가 낮았던 경우, 3세 자녀에 대한 어머니의 양육행동은 비반응적이고, 아버지 역시 양육에 덜 관여하였다. 그러나 부부관계가 좋을 때나 남편이 아내의 양육을 지지해줄 때, 영아에 대한 어머니의 민감성이나 반응적 양육행동은 증가하였다(Bornstein, 2002).

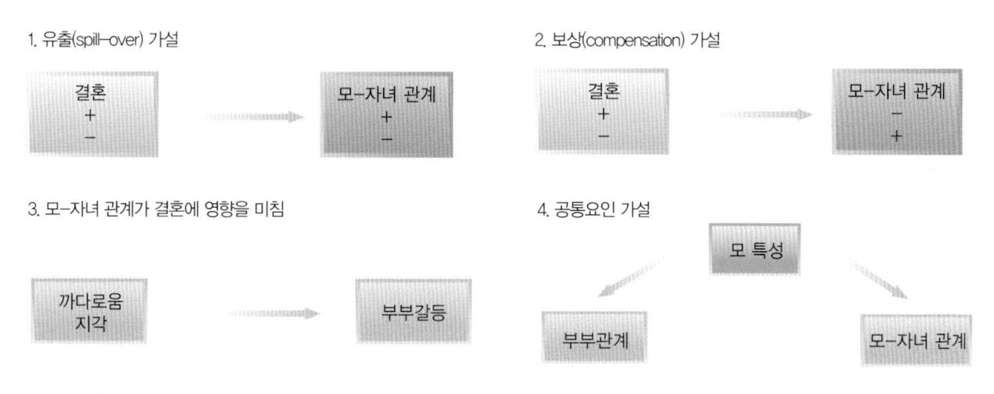

그림 15-5 부부관계 및 모-자녀 관계에 영향을 미치는 요인에 관한 가설들
자료: Engfer, 1990

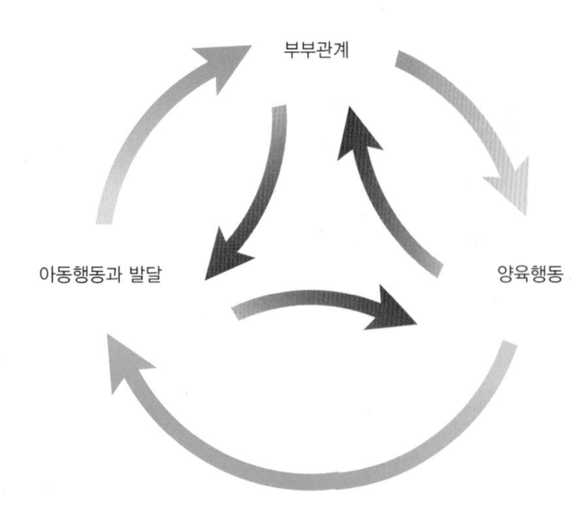

그림 15-6 **부모와 자녀 간 상호작용의 역동성**
자료: Belsky, 1981

부부 간의 갈등은 양육행동 뿐 아니라, 아동의 외현적인 문제행동(Cummings & Davies, 1994)이나 영아의 비조직적인 불안정 애착행동(Owen & Cox, 1997)과도 밀접한 관련이 있다. 우리나라 청소년 상담자료에 의하면, 부부관계가 나쁠 때 부모는 자녀와 불필요한 동맹을 맺고 과잉보호하는 경향이 있어서 자녀가 문제행동을 보이는 경우가 많다(유순덕, 2005).

부부관계, 양육행동, 아동발달 간에 이루어지는 인과관계는 일방향적이라기보다 순환적이며, 이러한 순환적 관계는 Belsky(1981)의 역동적 가족과정 모델에서 잘 나타나 있다(그림 15-6). 예를 들어, 아버지의 양육참여는 원만한 부부관계를 바탕으로 하며, 아버지의 능동적인 양육참여는 어머니의 양육부담을 덜어주어 어머니의 결혼만족도를 높여준다. 결과적으로 자녀는 어머니의 바람직한 양육행동과 밝은 가정 분위기로 인해 긍정적인 발달을 이루게 된다. 이 같은 역동성을 고려해 볼 때, 아동의 행동 문제는 부부관계를 중재함으로써 그 효과를 더 높일 수 있다.

(4) 아동의 특성

부모의 인성이나 양육행동이 아동에게 영향을 주듯이 아동의 연령, 출생순위, 성 및 기질적 특성은 부모의 행동 및 아동발달에 영향을 준다. 예를 들어, 첫 자녀에 대한 기대 수준은 둘째 이하 자녀에 대한 기대보다 높은 한편, 아동의 성이나 출생순위에 따른 차별적인 양육행동은 아동의 인지 발달 및 사회정서 발달에 차이를 가져오게 된다. 또한 까다로운 자녀에 대한 부모의 반응은 쉬운 기질을 가진 자녀에 대한 반응과 다르다.

출생순위 및 성

현대에 이르러 소자녀 추세에 따라, 아들, 딸 구별 없이 자녀를 적게 두는 경향에도 불구하고 첫아기를 대하는 어머니의 태도나 행동은 둘째나 그 이후 아기에게 대하는 행동이나 태도와 다르다. 처음으로 아기를 가진 부모는 그 기쁨으로 여러 가지 원대한 포부를 갖고 양육에 몰입하지만, 아기를 키워본 경험이 없어서 여러 가지 염려로 스트레스를 받기도 한다.

우리나라는 물론 어느 가정이나 맏이, 특히 장자에게 더 많은 관심과 기대를 하고 있어서 양육행동에서도 차이를 보이게 된다. 어머니는 대체로 둘째 이후 아기보다 첫아이에게 언어적 자극이나 반응 및 애정 표현을 더 많이 하며, 첫아이의 기질을 더 까다롭다고 지각한다(Bornstein, 2002). 둘째 아기가 태어나면, 첫아이만 있을 때와는 다르게 부부 간 또는 가족원 간 책임이나 역할분담도 명확하게 달라진다. 따라서 사회적인 환경이나 물리적인 환경측면에서 첫아기는 둘째 이후 아기들과 전혀 다른 경험을 하게 된다. 최근에는 한 자녀 가정이 늘어나면서 자식에 대한 부모의 기대나 집착이 전보다 더 커지고 있다.

부모는 자녀의 성에 따라서도 양육행동이나 양육신념에서 차이를 보인다. 부모는 아주 초기부터 아기의 성에 따라 옷 색깔이나 아기에 대한 태도 및 반응행동에서 차이를 나타낸다. 예를 들어, 어머니는 남아보다는 여아에게 언어적인 상호작용을 더 많이 하고 남아에게는 신체적인 자극을 더 많이 준다. 그러나 양육행동에 관한 광범위한 고찰에 의하면, 부모의 반응이나 양육행동은 성에 따른 차이라기보다는 아동의 성과 기질의 복합적인 영향으로 본다(Leaper, 2002). 또한 양육신념 측면에서 보면 문화에 따라 다소 정도 차이는 있겠으나, 부모는 대체로 딸의 경우는 아들보다 사회적 관계를 중시하여 남을 돕는 행동이나 감정이입 행동을 강조한다. 반면, 공격적인 행동에 대해서 딸보다 아들에게 더 허용적이다(Park & Cheah, 2005).

아동의 기질

영아가 타고난 기질적 특성을 부모가 어떻게 지각하는가에 따라 양육행동은 달라진다. 쉬운 기질의 아기는 순하다고 지각되어 어머니에게 만족감을 주며, 양육 자신감을 갖게 한다. 반면에 부정적인 정서가 높은 자녀는 어머니로 하여금 강압적인 양육행동을 하게

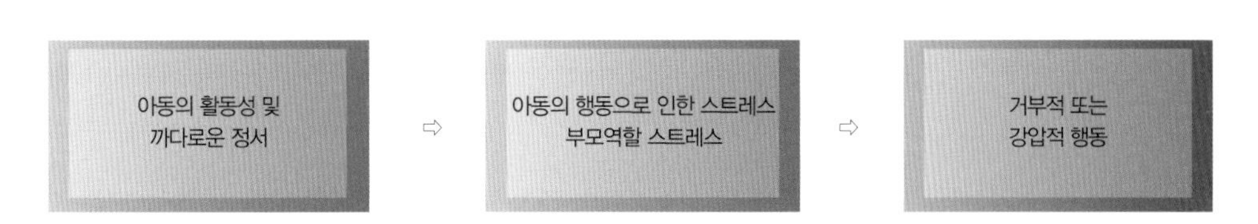

그림 15-7 **아동의 기질이 부모의 강압적 행동에 영향을 주는 과정**

한다(Clark et al., 2000). 즉, 그림 15-7에서 보듯이, 지나치게 활동적이거나 까다로운 아동은 부모에게 부모 역할로 인한 스트레스를 주게 되고, 이로 인해 부모는 거부적이거나 강압적인 양육행동을 하게 된다. 강압적, 통제적 행동은 아동의 까다로운 기질을 더욱 강화해서 문제행동으로 발전하게 된다.

한편, 아동의 까다로운 기질과 양육 행동 간의 관계는 어머니의 양육효능감에 따라 다르게 나타난다. 다시 말하면, 기질이 까다롭다고 해서 모든 어머니가 양육에서 어려움을 겪는 것은 아니며, 특히 어머니가 자녀의 까다로운 기질에 대해 대처할 자신이 없는 경우(즉, 양육효능감이 낮은 경우)에 역기능적 양육행동을 하게 된다.

(5) 사회경제적 지위 및 직업

가족 내 요인 외에도 부모의 사회경제적 지위나 직업은 가족 간 상호작용이나 양육환경에 영향을 주어 간접적으로 아동에게 영향을 미친다. 즉, 부모는 자녀를 기르는 과정에서 사회경제적 지위나 직장에서의 경험에 따라 사회화 목표를 설정하며 그에 따라 양육행동도 달라진다(Crouter & McHale, 2005). 예를 들면, 하류계층의 부모는 사회적 기준에 대한 복종과 일치를 강조하는 반면, 중·상류층 부모는 자신감과 자기주도적 행동을 강조한다. 따라서 하류계층의 부모는 권위주의적 가정 분위기 속에서 지시적이고 처벌적인 양육을 하는 데 반해, 중·상류층 부모는 민주적인 분위기 속에서 개방적인 의사소통과 규칙을 함께 논의하는 등 덜 지시적이다(Hoff et al., 2002).

사회계층에 따른 물리적 환경이나 부모의 심리적 스트레스 역시 부모-자녀 간 상호작용에 영향을 주어 아동의 발달에 부정적인 영향을 미치게 된다. 하류층 어머니들은 아기에게 자극을 덜 주고 물질적으로 풍요롭지 못하므로 놀잇감 등을 충분히 마련해주지 못한다. 또한 이들은 대체로 심리적인 안정감이 떨어지므로 아동에게 비일관적이고 거친 양육방식을 취하게 된다(Brooks-Gunn & Duncan, 1997). 특히 경제적인 어려움에 처한 아버지는 사기가 저하되어 자녀와 부정적인 상호작용을 하게 되며, 자녀들 역시 자신감이 결여되어 우울을 경험하고 학업이나 사회적 행동에서 부적응을 나타낸다(박민선, 1999; Brooks-Gunn et al., 1998).

한편, 중류층 어머니들은 아직 말을 알아듣지 못하는 아기에게도 여러 가지 정교한 언어로 체계적인 말을 한다. 예를 들어, 이스라엘의 중·상류층 어머니들은 사물에 대한 명칭을 말하거나 무엇(What)에 대한 질문을 많이 함으로써 아기의 언어발달이나 자기표현을 촉진시키며, 이에 따라 아기들은 다른 계층의 아기들보다 더 일찍 더 많은 말을 하게 된다(Hart & Risley, 1995).

(6) 사회관계망

부모는 친척, 친구, 동료 등 사회관계망으로부터 정보적 지지는 물론, 양육에 대한 정서적 지지나 구체적인 도움인 도구적 지지를 받는다. 사회적 관계망으로부터의 지원은 양육으로 인한 부담을 줄여주고 적극적인 대처전략을 마련해 줄 수 있기 때문에, 사회관계망의 수 및 친밀도 또는 만족감은 양육행동과 관련된 중요한 요인이다. 사회관계망이 크고 친밀하며, 관계망으로 인한 만족감이 높을수록 부모는 더 애정적이며, 덜 간섭적인 행동을 하는 등 긍정적인 양육을 하게 된다(Cochran & Walker, 2005). 핵가족과 정보화로 특징지어지는 현대사회에서는 특히 공식적인 부모교육이나 부모지원 프로그램을 통해 부모에게 정서적 지원과 정보적 도움을 주는 일이 필요할 것이다.

5. 문화와 신념

(1) 문화

모든 가족, 사회, 국가는 각각 독특한 문화를 지닌다. 그러므로 부모-자녀 간 상호작용 양상이나 양육행동은 국가나 지역의 문화는 물론 사회의 분위기, 또는 가정의 사회경제적 지위 등 크고 작은 여러 측면의 문화에 따라 차이를 보인다. 우리나라와 같이 비교적 작은 영토에서도 지역마다 사람들의 행동 특성이 다르며, 같은 서울지역에서도 강북과 강남의 문화적 차이가 있어 교육을 비롯한 자녀 양육방식에 차이를 보인다.

문화에 따른 어머니들의 양육신념이나 목표 및 행동의 차이는 비교문화연구자들에게 상당히 흥미로운 정보를 제공한다. 부모는 자녀가 자라 그 사회에서 제대로 자신의 몫을 다하며 살아가는데 필요한 여러 가지 기술과 능력을 가르치는 데 목표를 두고 아이를 기른다. 따라서 양육목표는 물론, 목표를 달성하기 위한 방법도 문화의 영향을 받기 때문에 양육행동은 각 문화마다 독자성을 지니게 된다(Harkness & Super, 2006).

예를 들어, 미국과 일본, 한국은 그 현대화 정도에서 상당히 유사한 점도 있으나, 교육이나 양육에서 부모가 강조하는 내용은 상당히 다르다. 아직도 집합주의 및 가족주의 성향이 강한 동양권에서는 사회적 관계를 중요시하며 윗사람에 대한 예의를 강조한다. 그리고 동양권 문화에서는 아기와의 관계에서도 미국에서와 같이 물체중심적 상호작용을 하기보다는 사회적 관계중심의 상호작용을 한다(Bornstein, 2003). 또한 어렸을 적부터 독립성을 엄격하게 가르치는 미국인에 반해, 아시아계 미국인들은 어렸을 때는 아이의 행동에 관대하고 애정적이며 허용적이지만, 커가면서 상당히 엄격하게 훈육하며, 자기조절을 요구하고 복종과 정서적인 성숙을 강요한다(Garcia Coll et al., 1995). 따라서 아동의 행동이나 발달이 국가나 사회 및 지역, 가정의 분위기에 따라 차이가 나는 것은 당연한 일이다.

한편, 같은 방식으로 양육을 한다고 해도 아동의 발달에 미치는 영향은 문화에 따라 다르다. 예를 들어, 서구에서는 부모의 통제적 행동을 억압이나 독재적 행동으로 받아들여 발달에 부정적인 결과를 가져오는 반면, 우리나라나 일본 등 아시아에서는 관심이나 애정으로 받아들여 아동의 학업성취도를 높이는 등 긍정적인 영향을 미친다(Trommsdorff & Kornadt, 2003).

(2) 양육신념

양육신념이란 부모들의 행동에 영향을 주는 인지적 요소로서 광범위한 내용에 걸쳐 사용되고 있다. 양육신념에는 아동발달에 대한 지식 및 자녀관 등 여러 내용이 포함될 수 있으나, 여기서는 아동의 행동에 대한 판단, 양육효능감, 사회화 목표 및 양육에 관한 신념을 중심으로 살펴보고자 한다.

부모는 아기의 표정이나 소리 또는 손발의 움직임을 보고 아기가 원하는 것이 무엇인지, 상태가 어떤지, 아기가 어떠한 것을 할 수 있는지를 판단하며 각자 나름의 양육신념을 갖게 된다. 부모의 판단이나 양육신념은 아기의 반응이나 경험을 토대로 이루어지며, 이에 따라 부모의 행동이 달라진다. 따라서 부모가 아기를 어떻게 지각하고 생각하는가는 아기의 일상생활이나 발달과 밀접한 관련이 있다. 또한 아동의 행동을 내적인 요인(예: 타고난 기질이나 성격)으로 보는지, 아니면 외적인 요인(예: 훈련 여부)으로 판단하는지는 문화에 따라 차이가 나며, 그에 따라 양육행동도 달라진다.

한편, 어머니의 양육효능감은 아기의 기질이나 양육스트레스와 밀접한 관련이 있기 때문에, 어머니가 아기와의 상호작용에서 갖게 된 경험은 양육효능감 발달에 영향을 미친다. 아기가 기질적으로 순해서 다루기 쉬우면 양육효능감이 높지만, 까다로우면 양육 스트레스로 인해 양육효능감은 낮아진다.

아이를 잘 키울 수 있다는 자신감이나 효능감(parenting efficacy)이 높은 어머니는 효능감이 낮은 어머니보다 아기와 상호작용을 많이 하고 아기의 신호를 좀 더 정확하게 파악할 수 있기 때문에, 아기에게 보다 반응적이고 아기와 조화를 이룬 양육행동을 하게 된다. 반면에 양육효능감이 낮은 어머니는 양육행동을 통해 아기의 긍정적인 반응을 이끌어내지 못해서 스스로를 자책하게 되고, 이로 인해 효능감은 점점 더 낮아지게 된다(Bornstein, 2002). 우울한 어머니들은 대개 아기를 까다롭다고 지각하며, 그로 인해 효능감이 저하되고 점차 더 우울해지게 된다(Gross et al., 1994; Teti & Gelfand, 1991). 어머니가 아기를 기르는 초기에 경험한 양육효능감은 이후에도 양육행동에 지속적인 영향을 미친다.

부모의 사회화 목표나 신념 또한 양육행동에 영향을 미친다. 아동을 어떻게 키울 것인가에 대한 부모의 생각에 따라 자녀에게 애정적일 수도 있고 처벌적일 수도 있다. 유아의 정서표현에 대한 어머니의 반응에 관한 국가간 비교 연구(Cho et al, 2022), 걸음마기 영아의 기질에 대한 신념 연구(윤기봉, 박성연, 2013), 유아의 친사회적 행동에 관한 신념 연구(Park & Cheah, 2005)들은 문화가 어머니의 양육신념 및 양육행동에 상당한 영향을 미치고 있음을 입증하고 있다.

03 형제자매관계

사회화 과정에서 형제관계는 부모나 또래와의 관계와는 다른 독자적인 역할을 한다(Vandell, 2000). 즉, 아동은 형제간 갈등경험을 기초로 사회적인 관계를 이해하게 되며, 형제관계를 통해 배우게 된 사회적 기술은 또래 간 상호작용에 영향을 미친다(Brody, 1998). 형제 간에서의 역할이나 관계는 연령, 형제 수, 나이 터울, 성, 출생순위에 따라 달라진다.

그러나 최근에 한 자녀 가정을 비롯한 소자녀 가정이 증가함에 따라 부모의 양육행동도 달라지고 있으며, 형제관계의 영향이나 출생순위로 인한 발달적 차이도 예전과는 다를 수 있다.

1. 연령에 따른 형제관계의 변화

영아들은 어려서부터 형제에게 애착을 보이지만, 걷게 되고 자기주장적이 되는 18개월 이후부터는 형제 간 갈등이 불가피해지고 싸움은 급격히 증가한다. 특히 유아기에는 소유권으로 인한 형제 간 싸움이 자주 나타나 누구의 장난감이며 누가 먼저 그것을 가지고 놀 권리가 있는지에 대하여 격한 싸움을 벌이기도 한다. Ross(1996)에 의하면, 유아는 대략 15분마다 한 번씩 소유권 싸움을 한다. 그러나 사회적인 이해력이 발달하면서 형제 간 갈등이나 싸움은 건설적인 방식으로 바뀌게 되고 어린 형제도 화해하려는 태도를 보인다. 즉, 형제 간에는 경쟁적인 측면도 있으나 서로 간에 애정이나 관심을 보여, 유아가 어린 형제와 노는 것을 보면 싸우기보다는 협동적이며 놀이 위주의 행동을 더 많이 한다(Abramovitch et al., 1986; Kramer, 2010).

아동기가 되면 형제관계는 좀 더 평등한 관계, 우정적 관계로 발전하여 서로 돕고 협력한다(Dunn, 2002). 형제관계는 여전히 협상방법을 터득하는 기회로 활용되면서(Ram & Ross, 2001), 아동은 싸움이나 갈등을 통해 상대방의 요구나 관점을 이해하게 되고, 좋은 관계

그림 15-8 **남매와 형제**
형제는 우애나 보살핌 등 또래관계와는 다른 경험을 제공한다.

를 유지하면서 싸우는 방법, 동의하거나 타협하는 방법을 배우게 된다(Hughes, 2011).

또한 형제는 매일 서로 보면서 함께 지내야 한다는 것을 알기 때문에 싸움 후에는 곧 그것을 만회하려고 애쓴다. 그러나 나이가 들어가면서 가족과 지내는 시간보다 또래와 지내는 시간이 많아지고 형제와 지내는 시간은 줄어들기 때문에, 형제로부터 얻던 정서적인 만족감도 덜 필요하게 된다.

2. 형제 수, 출생순위 및 성 구성

형제관계에 관한 연구들은 주로 1970년대 전후로 이루어졌는데, 이 시기 학자들의 관심은 형제 수, 출생순위 및 형제 성 구성에 집중되었다. 이러한 연구들은 가정 내에서 자녀가 처한 독자적인 위치에 따라 부모와의 관계나 형제관계에서의 경험이 다르며 그로 인한 발달적 결과도 다르다고 가정한다. 그러나 1990년 이래 소자녀 가정이 보편화됨에 따라 형제관계에 관한 연구나 출생순위에 따른 발달적 차이를 살펴본 연구는 찾아보기 힘들다. 대신 맏이나 외동이의 특성, 한 자녀와 두 자녀 이상 가정의 비교, 두 형제간 성 구성(혼성 대 동성)에 따른 발달적 차이에 관한 연구로 관심이 옮겨졌다.

일반적으로 외동이는 버릇이 없고 의존적이며 사회적으로 적응이 잘 안 되고 외로움을 많이 탄다고 알려져 왔다. 이러한 생각은 형제관계가 사회적 기술을 터득하는 장이 되기 때문에 외동이는 형제가 여럿인 가정에서 자란 아동과 발달적인 차이를 보일 것이라는 가정에서 비롯되었다. 그러나 외동이에 관한 115개 연구결과를 분석한 Falbo와 Polit(1986)에 의하면, 외동이는 교육적 성취, 직업적 성취 및 지적능력에서 형제아보다 우수하였고, 성취동기나 자아존중감이 더 높았으며, 전반적인 적응이나 사회성은 형제아와 차이가 없었다. 외동이가 사회적 기술이나 또래수용에서 형제아와 차이가 없다는 결과는 우리나라 연구(박성연, 송나리, 1993)에서도 보고된 바 있다.

맏이는 동생이 태어나기 전까지는 어른들의 관심이 첫아이에게 집중된다는 점에서 외동이와 비슷한 입장이지만, 대체로 부모는 외동이보다 맏이에게 더 많은 것을 기대한다. 맏이는 학교나 사회에서 성공적인 생활을 함으로써 부모에게 만족감을 주어야 함은 물론, 동생들에게 모범적인 행동을 보여야 하고 잘 보살펴주어야 한다는 부모의 기대를 받는다(Abramovitch et al., 1986). 부모의 기대는 평생 지속되기 때문에 맏이는 성취지향적이고 지배적이며 책임감이 높지만, 스트레스나 죄의식, 불안 등 정서적인 문제를 나타내기도 한다. 그러나 과거와 달리 대부분 형제가 한두 명인 현대가정에서는 출생순위에 따른 행동적 특성이 많이 약화되었다고 본다.

형제 간 성 구성이나 터울은 아동의 행동발달을 예측하는 또 다른 요인이다. 형제 간 성이 다를 경우는 경쟁이나 싸움이 덜 일어나지만, 같은 성이라도 남자 형제 간 싸움이 자매 간보다 훨씬 더 빈번하게 나타난다(Minnett et al., 1983). 또한, 터울이 짧으면 부모의 형제 간 비교나 차별적 대우가 더 빈번하고 그로 인해 형제 간 갈등, 적대감, 부적응이 더 많이 나타난다. 우리나라의 경우, 형제 간 터울이 3~4년이던 과거에 비해 1~2년으로 단축되는 추세이며 늦둥이 출산이 점차 증가하고 있어, 앞으로는 터울이 거의 없거나 지나치게 긴 경우도 형제관계 연구의 한 변인이 될 수 있을 것이다.

형제의 수나 출생순위, 성 구성에 따라 발달양상이 다름에도 불구하고, 최근에는 한 해 출생아 수가 급격히 줄고 있어, 2021년 현재 우리나라 합계출산율이 0.81로 보고되고 있다. 2021년 한 해 출생아 수가 26만 500명인 것은 20년 전인 2001년의 절반을 밑도는 수치로(통계청, 2022), 앞으로 출생순위나 형제 관계에 관한 연구는 더욱 줄어들 것으로 예상된다.

3. 형제관계와 부모

부모는 형제 간 비교를 할 때가 많다. 특히 여러 가지 활동에 참여할 기회가 많아지는 아동기 동안에는 부모가 아동의 특성이나 성취를 다른 형제와 비교하게 되는 경우가 더 많다. 따라서 형제 간 경쟁이 증가하며, 부모로부터 관심이나 인정 및 혜택을 덜 받는 아동은 부모나 다른 형제에게 적대적이거나 부적응한 행동을 보이기도 한다(Dunn, 2002).

앞서 기술하였듯이 형제 간 경쟁이나 갈등이 있다고 해도 아동기에는 서로 간 동료의식을 갖고 위 형제는 동생의 공부나 친구 문제를 도와주며, 가족 내 문제에 서로 도움을 주고 받는다. 특히 아래 형제는 위 형제를 따르고 행동을 모방함으로써 사회적 기술을 터득하므로 부모는 형제 간 애정적인 관계를 강조함으로써 형제의 이점을 최대한 얻을 수 있도록 해주어야 한다. 더욱이 부부의 조화로운 공동양육(coparenting) 및 자녀와의 긍정적 관계는 영유아기 형제 간 우애와 밀접한 관련이 있으며(Song & Volling, 2015), 나아가 이후 친사회적 행동의 초석이 된다는 점에서도 형제관계에서 부모의 행동이나 중재적 역할은 중요하다.

한국아동학회, 한솔교육문화 연구원(2001) 보고에 의하면, 형제가 싸울 때 부모의 개입은 대체로 양쪽 모두 야단치는 것으로 나타난다. 그러나 형제가 싸울 때 부모가 개입할 것인가 하는 문제는 싸움의 내용에 따라 다르다. 형제 간 싸움이 건설적인 내용일 경우는 자기들 스스로 해결에 이르도록 내버려두는 것이 좋지만, 분노의 감정이 격해서 서로 다칠 수도 있는 상황에서는 개입하여야 하며, 부모는 침착하게 각 형제의 감정이나 입장을 인정해주고 무엇이 문제인지를 분명히 일러준 다음 스스로 알아서 해결하도록 해야 한다(Perlman & Ross, 1997).

04
사회변화와 가족

현대사회의 여러 가지 변화와 더불어 아동에게 영향을 미칠 수 있는 중요한 가족 내 환경으로는 취업모의 증가, 아버지 역할의 변화, 및 이혼가정의 증가를 들 수 있다.

1. 취업모

사회경제적 변화에 따른 취업모의 증가는 부모-자녀 관계를 비롯한 가족관계, 육아방식 및 양육행동에 상당한 변화를 가져왔다. 최근 통계자료에 의하면, 6세 이하의 영유아를 가진 어머니의 약 45%, 7~12세 아동을 가진 어머니의 약 54%가 취업모인 것으로 보고되고 있다(통계청, 2021). 어머니의 취업은 어머니의 손길을 많이 필요로 하는 어린아이의 일상생활은 물론, 어머니와 아동의 심리적 관계나 양육방식 및 태도, 나아가 아동발달에 영향을 미치는 중요한 요인으로 인식되고 있다.

어머니의 취업이 양육행동이나 아동발달에 미치는 영향은 아동의 연령 및 성, 그리고 어머니의 근무시간 및 직업만족도 등에 따라 다르다. 미국 NICHD의 대규모 장기 종단 연구에 의하면, 아기가 태어난 후 9개월 이전에 어머니가 주당 30시간 이상 일을 했을 경우, 가정환경의 질이나, 어머니의 반응성, 보육기관의 질을 통제(같다고 보더라도)하더라도 3세 때 유아의 인지적 능력이 비취업모의 유아보다 낮았다(Brooks-Gunn et al., 2002). 이는 출산 후 첫 1년 이내 시작한 취업이나 일하는 시간의 양이 발달에 부정적 영향을 미친다는 것을 시사한다. 따라서 부득이 1년 이내에 일을 시작할 경우, 근무시간의 양을 고려하는 등 세심한 주의가 필요하다.

성에 따른 차이도 있어 초등학교에 다니는 중류층 가정의 아동 중 특히 남아의 경우는 어머니의 취업이 학업에 부정적인 영향을 미치는 것으로 보고된다(Goldberg et al., 1996). 그러나 취업모의 딸들은 독립적이며, 딸이나 아들 모두 비취업모의 자녀보다 동등한 성역할 개념을 가짐으로써 오히려 어머니의 취업이 아동기 남녀 아동의 발달에 긍정적인 영향을 미친다는 견해도 있다(Bee & Boyd, 2007). 이러한 긍정적 영향은 취업모가 대체로 자녀에게 명확한 규칙을 주는 한편, 독립심과 동등한 성역할을 강조(Bronfenbrenner & Crouter, 1982; Parke & Buriel, 1998)하는 것도 한 요인이 된다.

한편, 어머니의 취업이 영유아의 지적인 발달이나 심리사회적 행동에 부정적인 영향을 거의 미치지 않는다는 보고도 있다(Gottfried et al., 2002; Harvey, 1999). 특히 어머니가 직업을 갖기를 원하고 그 직업에 만족할 때 어머니는 바람직한 양육행동을 취하고, 그 결과 아동의 발달은 긍정적인 것으로 나타난다(Greenberger & Goldberg, 1989). 그러나 일과 관련된 스트레스 등 상황에 따라서는 양육행동을 통해 아동발달에 부정적인 영향을 미칠 수도 있다. 이 외에도 남편의 지지여부, 사회경제적 지위 및 대리 양육의 종류에 따라서도 어머니의 취업이 아동에게 미치는 영향은 다르다.

2. 아버지의 역할

대부분의 문화권에서 아버지가 자녀 양육에 참여하는 시간은 상당히 제한적이기 때문에, 어머니가 일차적인 양육자 역할을 담당해왔다. 그러나 최근에는 취업모의 증가와 더불어 육아나 아동의 발달에 대한 아버지의 인식도 달라지고 양육참여도 점차 늘고 있다. 남편과 아내 둘만의 결혼생활에서 첫아이가 출생하게 되면 아내는 육아로 바빠지게 되

그림 15-9 **아버지와 자녀**
아버지의 양육참여는 가족관계나 아동발달에 긍정적인 영향을 미친다.

고, 남편의 결혼만족도는 감소하게 되지만(Belsky & Pensky, 1988), 아버지의 적극적인 양육참여는 자녀의 발달은 물론 아버지로서의 정체성과 부부관계에 긍정적인 영향을 미친다. 즉 아버지는 양육참여를 통해 가장으로서 역할뿐 아니라, 도덕적 지도자 및 훈육자, 성역할 모델로서 자녀의 발달에 직, 간접적인 영향을 미친다.

아버지의 양육참여는 여러 가지 요인에 의해 영향을 받는다. NICHD Early Child Care Research Network(2000)에 의하면, 아버지의 근무시간이 짧고 어머니의 근무시간이 길 때, 젊은 부부일 때, 남아일 때, 아버지가 자녀와의 놀이에 더 많은 시간 참여하였다. 또한 부부 간 친밀도가 높고 육아에 대해 비전통적인 신념을 가졌을 때 자녀와의 놀이에서 더 민감하게(즉 적절한 반응을 하며) 잘 놀아주었다.

실제 양육 능력 면에서 볼 때 영아에 대한 아버지의 반응성이나 민감성은 어머니 못지 않은 것으로 밝혀지고 있으며(Parke, 2001), 신체적인 돌봄 행동이 위주인 어머니와 달리 아버지는 활동적인 놀이를 주로 해서(Lamb, 2000), 짧은 시간이지만 아이에게는 어머니와는 질적으로는 다른 즐거운 경험을 주게 된다.

또한 영아기부터 그 이후로도 아버지가 자주 자녀와 긍정적인 상호작용을 갖는 것은 자녀에게 심리적 안정감을 주는 것은 물론, 인지적, 사회적 발달에 직접적인 영향을 미친다(Cabrera et al., 2000). 아버지가 민주적인 양육을 할 때 아동은 외현적 문제나 내현적 문제를 덜 나타내었으며(Marsiglio et al., 2000), 5세 때 아버지가 양육에 많이 참여했던 아동은 성인이 되어 31세 때 측정한 감정이입능력이 높았다(Koestner et al., 1990). 또 다른 장기종단연구에 의하면, 41세 때 부부관계의 질과 친구관계로 측정된 사회적 친밀도는 아동기 때 경험했던 아버지의 애정과 긍정적인 관계가 있었다(Franz et al., 1991).

한편, Abidin(1992)의 양육행동 모델에서는 부부관계나 결혼만족도가 양육행동에 미치는 영향보다는 부부 간 양육 협력이나 양육 일치도가 높을 때 더 바람직한 양육행동을 많이 한다는 점을 강조하고 있다. 즉, 아버지와 어머니가 육아에 대해 같은 견해를 갖고 조화로운 관계를 유지할 때, 자녀 양육에 서로 협조적이 되어 바람직한 발달적 결과를 가져오게 된다.

부모가 서로 생각이 달라 양육에 비협조적인 가정에서 자라는 4세 유아는 놀이상황에서 사회적응에 어려움을 나타내며(McHale et al., 1999), 부부가 협력적일 때 맏이가 동생을 더 잘 보살핀다는 연구(Song & Volling, 2015)는 아버지와 어머니 간의 협력적인 공동양육(coparenting)이 중요하다는 것을 시사한다.

3. 이혼가정

최근 우리나라에서도 이혼율이 급격히 증가하고 있다. 통계청(2022) 자료에 의하면, 2021년 우리나라 총 이혼 건수인 10만 2천 건 중 미성년 자녀가 있는 경우도 40.4%로 나타나고 있어 미성년 자녀의 발달이나 적응에 대한 심각한 우려를 낳고 있다.

이혼가정의 아동은 양친이 있는 가정의 아동보다 학업성취도가 낮고 내적인 행동문제나 외현적인 행동문제를 보이며, 자아존중감이 낮고 또래와의 관계에서 어려움을 겪는다. 또한 이혼가정의 아동은 가족과 상호작용을 하지 않으려 함으로써 부모에게서 멀어지는 경향을 보인다(Hetherington & Stanley-Hagan, 2002).

이혼에 대한 아동의 적응력은 아동의 성이나 연령, 기질 및 이혼 전 아동의 적응 정도에 따라 다르다. 어린 아동들은 이혼에 대해 불안해하고 이혼을 자신의 탓으로 돌리는 경향이 있지만 비교적 빨리 적응하는 편이고, 좀 더 나이 든 아동은 부모의 반응에 민감하고 양쪽 부모 사이에서 갈등을 느끼며 불안해한다. 또한 기질적으로 쉬운 아동이나 성숙한 아동은 이혼에 대한 대처 능력이 비교적 높은 한편, 기질적으로 까다로운 아동이나 어머니와 함께 사는 남아는 여아보다 적응상 어려움을 더 많이 겪는다.

이혼으로 인한 아동의 적응이나 발달은 그 원인에 따라 가족의 역동성이 다르지만, 한부모 가정의 특성에 의해서도 차이가 난다. 일반적으로 모자 가정은 재정적 자원이 부족하고 부자 가정은 정서적 자원이 부족하여 어려움을 겪게 된다. 또한 부모가 이혼 후 자녀에게 지나치게 허용적이거나, 역으로 지나치게 통제적인 경우, 아동은 적응이나 발달에서 어려움을 겪게 되며, 이혼 후 친부모와의 관계가 원만하지 못하거나 지속적인 갈등에 휩싸일 때는 정서적 문제나 학업적 문제가 두드러진다(채규만, 1997).

때로는 자녀가 부부 간의 갈등이나 불행 속에서 자라는 것보다는 부모가 이혼을 하는 것이 오히려 아동에게 좋은 영향을 미칠 수도 있다고 가정된다. 그러나 이혼가정은 대부분 경제적인 어려움과 더불어 심리적인 불안정 속에서 자녀 양육이 제대로 이루어지지 않기 때문에, 이혼한 부부 간 갈등뿐 아니라 부모-자녀 간 갈등이나 형제 간 갈등이 더욱 고조될 수도 있다. 따라서 아동을 위해서는 불행한 결혼생활이라도 그대로 유지하는 것이 낫다는 견해도 있다(Hetherington & Stanley-Hagan, 2002).

한편, 상당수 이혼가정 아동이 잘 성장하고 있다는 보고도 있어(Bee & Boyd, 2007), 가족구조가 변화해도 아동에게 양육적이며 지지적인 환경을 제공한다면 큰 문제가 없음을 시사하기도 한다. 그러나 이혼으로 인한 가족의 어려움은 특정 문화나 사회에 따라 심각성에 차이가 있음을 인정해야 할 것이다.

한국아동단체협의회(2005) 통계자료에 따르면, 우리나라의 경우는 최근 급격히 증가한 이혼율로 인해, 응답자의 약 80%가 이혼이나 별거로 인해 자녀에 대한 부모의 관심이 줄어들거나, 자녀가 학교에 가기 싫어하는 등 자녀 양육 및 자녀의 적응에 부정적인 영향을 미친다고 보고하고 있다. 또한 초등학교 4학년부터 중학교 2학년까지 추적한 한국 청소년 패널데이터를 분석한 바(김현식, 2013)에 의하면, 이혼가정의 아동은 성적이 떨어지고 내향적, 외향적 문제가 증가하는 등 학업성취도와 사회심리적 적응에 부정적 영향을 나타내었다. 따라서 이혼으로 인한 부적응 문제는 일반적으로 알려진 것보다 훨씬 심각하다고 볼 수 있다.

CHAPTER 16

가족 외적 환경

01 대중매체
02 보육기관
03 학교

아동발달에 직접적인 영향을 주는 대표적인 가족 외 환경은 TV 등 대중매체와 보육환경 및 학교환경을 들 수 있다. 어린아이들은 생후 1년 이전부터 TV의 영상이나 비디오에 흥미를 나타내고, 유아기부터는 스마트폰이나 컴퓨터를 접하게 되면서 미디어 이용이 아이의 생활시간 중 상당 부분을 차지하게 된다. 또한 일찍부터 어머니 대신 타인으로부터 양육을 받는 경우가 늘고 있고, 또래 및 교사와의 관계를 통해 전인적인 발달의 터전이 되어야 할 학교환경은 이미 초등학교 시기부터 입시를 위한 준비의 장이 되어가고 있다. 이러한 양육환경의 변화로 인해 아동의 발달 역시 이전과는 다른 양상을 보일 것으로 전망된다.

01
대중매체

아동은 일상생활 중 TV, 비디오, 컴퓨터, 스마트폰 등 미디어 매체 이용에 상당 시간을 보내고 있다. 2020년 전국 만 3세~9세 어린이의 보호자 2,161명을 대상으로 한 한국갤럽연구소(2021) 조사자료에 의하면, 어린이의 하루 평균 미디어 이용시간은 약 4시간 45분이었다. TV, 스마트폰, 태블릿PC, 컴퓨터 등 4대 매체 중 TV 시청시간이 2시간 10분으로 가장 길었고, 다음으로 스마트폰이 약 1시간 21분, 태블릿PC (약 48분), 컴퓨터(약 26분) 순이었다(그림 16-1).

연령별 미디어 이용시간은 3~4세가 4시간 8분, 5~6세가 4시간 24분, 7~9세가 약 5시간 36분으로 나이가 많을수록 더 길었다. 우리나라 만 3세~4세 어린이가 하루 4시간 이상 미디어를 이용한다는 것은 2~4세 어린이는 하루 1시간 이상 전자기기 화면을 보지 않도록 권고하는 세계보건기구(WHO)의 기준을 4배 이상 초과하는 결과다.

한편, 만 3~4세 어린이의 47.4%가 만 2세 전에 스마트폰을, 73.4%가 TV를 보기 시작하여 상당수의 어린이가 2세 이전부터 TV와 스마트폰을 접하고 있음을 알 수 있다. 이러한 결과는 만 2세 미만 어린이는 스마트폰을 비롯한 전자기기 화면에 노출되지 않을

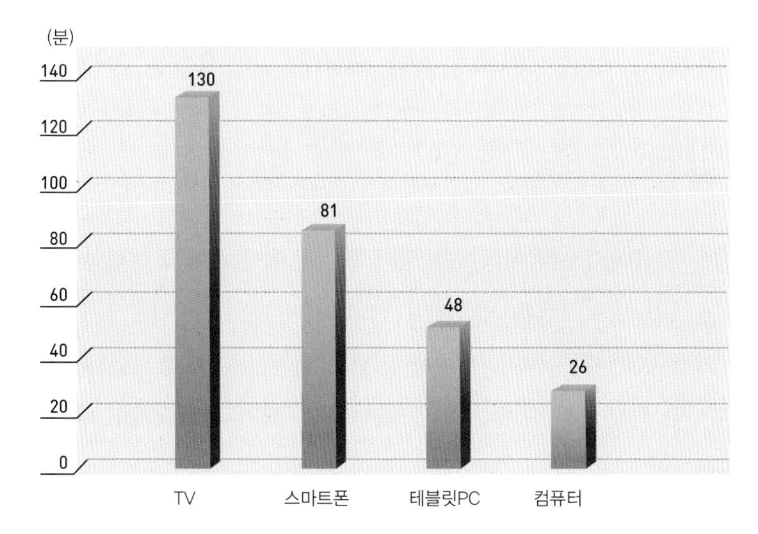

그림 16-1 **우리나라 만 3세~9세 아동의 1일 미디어 이용시간**
자료: 한국갤럽연구소, 2021

것과 1세~4세 어린이에게 최소 3시간 이상의 다양한 신체활동을 하도록 권고하고 있는 WHO의 기준에 어긋나 아동의 신체적 발달을 저해할 수 있다.

뿐만 아니라 이 조사의 보호자 10명 중 약 7명이 미디어의 부적절한 언어를 걱정(74.9%)하고 무분별한 광고노출(68.9%)이나 콘텐츠의 폭력성(68.0%)을 염려하고 있다는 점에서 정서·사회성 발달 측면에서 우려되는 바가 크다. 유아 및 아동의 생활시간 중 상당 부분을 차지하는 미디어가 아동의 발달에 미치는 영향을 살펴보고자 한다.

1. 신체적 건강

활동적인 놀이나 옥외 체험활동을 통해 신체적 성장이나 운동기술을 발달시켜야 하는 영유아는 TV 시청, 스마트폰 이용 등 수동적인 형태의 놀이를 함으로써 신체적인 성장이나 운동능력 발달은 물론, 건강을 해칠 수 있다. 또한 인터넷을 통한 정보검색이나 게임에 보내는 시간이 급속하게 증가하는 초등학교 아동의 경우 신체적 활동이 줄어 비만의 위험성이 커진다. 예를 들어, Andersen 등(1998)은 하루 4시간 이상 TV를 시청하는 아동은 2시간 이하 시청하는 아동보다 체지방이 더 많은 것으로 보고하고 있다. 이외에도 TV 시청이나 인터넷 이용은 수면시간을 줄이게 되어 불충분한 수면으로 인한 여러 가지 건강상 문제를 초래하게 된다.

2. 인지발달

TV 시청 경험은 영유아기부터 아동기에 걸쳐 인지적 측면에서 긍정적인 영향을 미칠 수 있다. 특히 교육적인 프로그램은 세상에 관한 여러 지식을 얻는 데 도움을 주어 인지능력에 변화를 가져온다. 예를 들어, 유아를 위한 교육용 TV 프로그램(예: Sesame Street)은 유아의 어휘력이나 학교 준비도, 읽기에 도움이 되며, 장기적인 효과도 나타나 특히 남아의 경우는 유아기에 교육적인 프로그램을 많이 시청할수록 고등학교 때 학업성적이 더 높은 것으로 나타난다(Anderson et al., 2001).

반면에, TV 시청을 많이 하는 아동은 책을 잘 읽지 않고 학교 공부를 멀리하기 때문에 읽기나 셈하기 등 학업에 뒤진다는 견해도 있다. 그러나 어렸을 때의 TV 시청시간이 고등학생의 학교 성적에 미치는 부정적 효과는 여아에게서만 다소 나타났으며(Anderson et al., 2001), 주로 성적이 뒤떨어진 아동이 TV를 많이 본다(Bee & Boyd, 2007)는 점에서 TV 시청과 학업성적 부진과의 인과관계를 단정적으로 말하기는 힘들다.

한편 TV 시청경험이 인지 발달에 미치는 영향은 나이에 따라 다르다. 영아기와 유아기에는 TV에 비친 지각적 영상에 몰입하지만, 대체로 8세 이전에는 내용을 잘 이해할 수 없을 뿐더러 TV에서 그려진 내용과 현실을 구별하기가 어렵다. 그러나 초등학교에 들어가면 아동은 설명을 통해 내용을 이해하게 되고 TV 장면들을 서로 연결지으며 인과관계를 이해할 수 있어서 도움이 된다.

또한 프로그램의 내용에 따라 다소 차이가 있기는 하지만 TV는 시각적이고 수동적인 매체이므로 일반적으로 창의력이나 언어표현 능력에는 도움이 되지 않는다. TV를 많이 시청하는 유아는 상상놀이를 적게 하며(Howes & Matheson, 1992), 부모 등 실제 인물을 모방하여 가상놀이를 하기보다는 허구적인 영웅을 모방하는 경우가 많다. 실제로 TV 시청의 부정적 영향으로 가장 심각하게 지적되는 것은 아동이 당면한 문제에 대해 스스로 어떤 해결책을 찾기보다는 드라마 장면에서 연출되는 비현실적인 해결방안에 익숙해져서 수동적인 학습자가 되게 한다는 점이다.

더욱이 최근에 전자기기가 보편화되면서 TV 외에도 스마트폰이 일종의 '아이 돌보기' 수단으로 활용되고 있으며, 어른의 지도나 감독 없이 영유아들이 혼자서 TV나 비디오 동영상을 보는 경우가 늘고 있어 아동의 언어 발달 및 인지 발달에 부정적 영향을 미칠 수 있다. 사물에 대한 이해나 개념형성에 중요한 기능을 하는 언어는 부모와의 직접적인 언어적 상호작용을 통해 발달하기 때문에, 영유아의 전자기기 사용은 언어 발달이나 의사소통능력 및 인지 발달 지체의 한 요인이 될 수 있다.

3. 정서 및 사회적 행동

어렸을 때부터 TV나 컴퓨터, 스마트폰 등 디지털기기를 너무 많이 접하는 아동은 정서적, 사회적 행동에서 문제를 나타낼 수 있기 때문에, 우리나라 2세이하 영아의 약 절반이 스마트폰을 장난감처럼 사용하고 있는 현실은 영유아의 정서적, 사회적 발달에 대한 우려를 낳고 있다. 부모가 어린아이에게 스마트폰을 쥐여주는 가장 큰 이유는 아이를 달래기 위해서이기 때문에 아이는 점차 스마트폰이 없을 때 불안해지고 짜증을 자주 내는 등 정서를 조절하지 못하게 된다. 또한 언어나 인지 발달이 지체됨에 따라 다른 아이들과의 의사소통능력이 떨어져서 외톨이가 되거나 언어로 자신의 의사를 표현하는 대신 물건을 던지는 등 신체적 행동이나 공격적 행동을 나타내게 된다.

미디어 매체가 정서·사회적 행동에 미치는 부정적인 영향은 그동안 유아나 아동을 중심으로 연구되어 왔으나, 영유아기의 공격적 행동은 장기적으로 지속되는 경향이 있기 때문에 어렸을 때부터 매체 사용에 대한 부모의 올바른 지도와 양육행동이 중요하다.

공격성

디지털매체 이용으로 인한 정서·사회적 행동에 관한 연구는 주로 유아나 아동을 대상으로 이루어져 왔다. 근래에 이르러 특히 TV 폭력물 시청이나 비디오게임이 공격성에 미치는 영향이나 인터넷으로 성에 대한 잘못된 정보를 얻는 등의 문제는 아동의 정서·사회 발달은 물론 심각한 사회문제가 되고 있다.

불행하게도 TV 프로그램의 상당 부분이 폭력적인 장면을 포함하며, 아동이 즐기는 인터넷게임 또한 대부분 폭력적이고 자극적이다. 따라서 인터넷게임은 물론 과다한 TV 시청은 폭력이나 공격적인 프로그램을 자주 접하게 되는 계기가 되고 이로 인해 아동의 사회적인 행동도 폭력적이고 공격적인 양상으로 나타난다.

실험적인 연구나 종단적인 연구들은 TV 폭력물 시청과 공격적인 행동 간의 인과적 관계를 입증하고 있다. 특히 아동기에는 폭력물에 대한 감수성이 높고, 이로 인한 영향은 장기적이다. 일반적으로 공격적인 프로그램에 오랫동안 노출되면 폭력에 무감각해지는 한편, 프로그램 속에서 공격성은 정당화되거나 강화를 받는 것으로 묘사되기 때문에 쉽게 학습된다. 그림 16-2에서 보듯이 한 종단 연구(Huesman & Eron, 1986)에 의하면 아동기의 TV 시청시간 양은 청소년기 및 성인 초기 남녀의 공격성과 관련이 있었으며, 특히 남자의 경우 이러한 경향이 두드러졌다.

또한 유아를 대상으로 한 실험 연구에 의하면 여러 번에 걸쳐 공격적인 만화프로그램을 본 집단과 폭력성이 없는 만화를 본 집단 간에 나타나는 놀이 행동을 비교한 결과, 공격적인 만화 프로그램을 본 A 집단의 유아들이 B 집단의 유아들보다 공격적인 행동을 더 많이 하였다(Steur et al., 1971). 따라서 폭력적 내용의 TV 프로그램 시청은 공격성이나

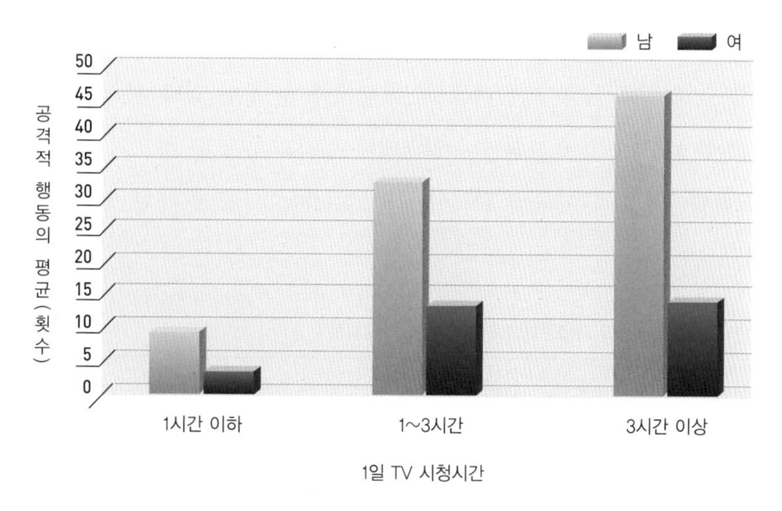

그림 16-2 **TV 시청시간과 공격성 간의 관계**

반사회적인 행동을 발달시킨다고 할 수 있다. 그러나 다른 사회적 행동과 마찬가지로 TV 폭력물 시청과 공격성 간의 관계는 아동의 공격적인 성향이나 공격적 행동에 대한 태도, 아동의 행동에 대한 어른의 관심과 감독 등 복합적 요인들의 영향을 받는다. 특히 심리적으로나 행동적으로 문제가 있는 아동은 그렇지 않은 아동보다 공격적인 TV 프로그램을 더 많이 시청하게 되며 심리적 문제를 더욱 악화시키게 된다.

한편, Robinson 등(2001)은 3~4학년 아동들에게 6개월간 TV 시청시간을 스스로 감독하도록 동기화시키고 시청시간을 줄이는 중재 프로그램을 시행한 결과, 실험집단 아동의 공격성은 통제집단에 비해 현저하게 감소하였다. 이 같은 연구결과는 TV 시청시간을 줄이면 공격성이 감소될 수 있다는 것을 시사한다.

성에 대한 태도

청소년은 물론 어린 아동들도 학교에서의 성교육보다는 대부분 인터넷을 통해 성에 대한 지식을 얻는 경우가 많다. TV나 인터넷을 통해 접하게 되는 성에 대한 개방성이나 부정확하고 비현실적인 성에 대한 묘사는 아동의 호기심을 불러오기에 충분하다. 이러한 영상에 무방비한 상태로 노출되는 아동들은 성에 대한 잘못된 인식이나 허황한 상상을 하게 되고, 때로는 호기심으로 인한 성적인 행동을 하게 된다.

사실상 공격성이든 성적인 행동이든 매체에서 묘사되고 있는 내용은 사실과 다르게 과장되어 있다는 점에서도 아동에게 왜곡된 지식과 태도를 갖게 한다. 근래에는 TV 프로그램에 대해 선정성, 폭력성 등의 정도를 등급화하여 표시하도록 하고 있으나 오히려 이것이 아동들로 하여금 그 프로그램에 더 이끌리게 할 수도 있다. 그러므로 현재로서는 아동이 부적절한 내용의 프로그램이나 인터넷에 접하지 않도록 부모가 규제하고 감독하는 일이 중요하다. 표 16-1에 아동의 TV 시청이나 컴퓨터 사용에 대한 일반적인 지도지침을 제시하였다.

표 16-1 아동의 TV 시청과 컴퓨터 사용규제에 관한 일반적 지도지침

전략	설명
TV 시청과 컴퓨터 사용을 제한하기	• 어린이가 볼 수 있는 것(시간제한이나 특정 프로그램)을 제한하는 명확한 규칙을 정하고 그 규칙을 충실히 지킬 것. • TV나 컴퓨터 사용을 아이를 돌보는 대용물로 활용하지 말 것. • 아동의 침실에 TV와 컴퓨터를 두지 말 것.
TV나 컴퓨터 사용을 보상이나 벌로 사용하지 말기	• TV나 컴퓨터가 보상이나 벌로 사용되면 아동은 점점 더 그것에 매력을 느낀다.
적절한 TV 및 컴퓨터 경험은 고무하기	• 교육적이고 친사회적인 TV나 컴퓨터 활동은 인지적, 사회적 기술에 도움이 된다.
이해를 도와주면서 자녀와 함께 TV 보기	• 프로그램에 대해 함께 이야기를 나눔으로써 무비판적으로 수용하기보다는 TV 내용을 평가하도록 가르친다.
TV 내용과 일상적 학습경험을 연관짓기	• 예를 들어, 동물에 관한 프로그램은 동물원 방문이나 동물에 관한 책을 찾기 위한 도서관 방문이나 애완동물에 대한 관찰과 보살핌 방법을 자극할 수도 있다.
TV와 컴퓨터 사용의 모델이 되기	• 부모의 시청유형이 아동의 시청유형에 영향을 미치므로 부모 스스로 과다한 TV 시청이나 폭력적인 미디어 내용을 피하여야 한다.
온정적이고 합리적인 양육	• 온정적이며 합리적인 요구를 하는 부모의 아동은 교육적이고 친사회적인 내용의 매체를 더 좋아하고, 폭력적인 내용에 덜 이끌린다.

02
보육기관

미국의 경우 지난 20여 년 동안 취업여성 인구가 급증하면서 1999년 현재 6세 이하의 아이를 둔 어머니의 약 61%가 취업하고 있다(NICHD, 2002). 이에 따라 서구에서는 타인 양육(non-maternal care)이 아동발달에 미치는 영향에 대한 관심이 지속되어 왔으며 국가적 차원에서 보육프로그램의 질에 대한 문제가 꾸준히 제기되어 왔다.

우리나라 역시 6세 이하의 영유아를 가진 어머니의 약 45%가 취업하고 있고(통계청, 2021), 가족형태도 소가족, 핵가족이 대부분이어서 놀이방, 어린이집 등 점차 가정 밖에서 다른 사람에게 육아를 맡기는 일이 늘고 있다. 따라서 보육기관이나 보육의 질에 대한 관심은 어린아이를 가진 취업모들의 최대 관심사가 되고 있다. 더욱이 보육 여건은 우리나라 저출산 경향의 한 요인이 되고 있어 보육시설의 확충과 보육시설의 질적인 향상은 국가의 주요 정책과제가 되고 있다.

친자(親子)시간의 희소화가 사회병리의 근원이라고 주장하는 정범모(2005)는 현대산업사회의 특성상, 불가피하게 부모와 자녀가 같이 시간을 보내는 (친자)시간이 극도로 줄어들 수 밖에 없다면, 대안적인 사회적 제도, 정책, 시설로서 그 시간을 복원하고 보충할 수 있어야 한다고 강조한다. 특히 친부모와 같은 정을 가지고 보육에 헌신할 수 있는 교사의 자질 향상은 그 무엇보다 중요한 과제로 지적되고 있다. 우리나라의 보육현황을 파악하고, 보육이 아동발달에 미치는 영향을 살펴보고자 한다.

1. 우리나라 가정의 변화와 보육현황

근래에 이르러 우리나라 가정의 두드러진 변화 중에서 아동발달과 관련하여 직접적인 관련이 있는 것은 기혼여성의 취업률 증가라고 할 수 있다. 한국여성정책연구원 자료(2001)에 의하면, 여성 취업률은 출산기 및 양육기인 20대 중반에서 30대 중반 사이에 급격히 떨어진다. 이러한 현상은 아이를 기르는 문제가 여성의 가장 중요한 역할이고 책임이라는 생각이 지배적이고, 맞벌이 가족의 가장 큰 당면문제가 자녀양육 및 교육문제로 인식되는(한국 여성개발원, 1986)데 기인한다고 본다. 그러나 앞으로 사회는 인구의 절반을 차지하는 여성의 노동력을 점점 더 필요로 할 것이며, 자아실현의 욕구를 충족시키기 위한 여성의 심리적 욕구도 점차 강해질 것이기 때문에 어린 자녀가 있는 기혼여성의 취업과 보육 요구는 구미와 마찬가지로 점차 더 가속화될 전망이다.

최근 보육에 대한 사회의 관심이 급증함에 따라 1991년도 처음으로 제정되었던 '영유아보육법'은 여러 차례 개정을 거쳐 2005년 1월 29일 영유아보육법시행령과 시행규칙(여성부령 제14호)이 발표되어 정부의 주요 정책 사업으로 추진되고 있다. 보육정책이 추진되는 배경으로는 사회인구학적 변화 및 노동시장의 변화 등을 들 수 있으나, 무엇보다 다양한 가족형태로 인한 가정의 아동 양육기능 저하가 가장 큰 원인이라고 할 수 있다.

양적인 측면에서 볼 때, 우리나라 전체 어린이집 수는 1991년에 1,919개소였던 것이 1995년에는 9,085개소, 2000년 19,276개소, 2005년에는 28,367개소로 급속한 증가를 보였다. 이러한 증가세는 계속되어 2010년 38,021개소, 2015년에 42,517개소였으나 2020년 35,352개소, 2021년에는 33,246개소(보건복지부, 2022)로 점차 줄고 있다.

예상할 수 있듯이 보육시설을 이용하는 6세 이하의 아동수도 같은 경향을 보여 1991년에는 약 4만 8천명이던 것이 1995년에는 약 29만 명, 2000년 약 69만 명, 2005년에는 약 99만 명, 2010년 약 128만 명으로 상당한 증가를 보였으며, 이후 2015년에는 약 145만 명, 2020년 약 124만 명, 2021년에는 약 118만 명으로 보고되고 있다(보건복지부, 2022). 2015년 이후부터 어린이집 수와 이를 이용하는 어린이 수가 점차 줄고 있는 것은 해마다 낮아지고 있는 출산율(2021년에 .81)에 기인한 것으로 보인다. 어린이집 수와 아동 수는 그림 16-3, 그림 16-4와 같다.

최근까지만 해도 6세 미만으로 규정하고 있는 보육 관심 대상 아동은 주로 3세 이상에 집중되어 있어, 2세 미만의 영아를 위한 보육시설은 매우 드물었고 이용율도 낮았다. 이 같은 현상은 영아보육에 대한 수요가 많지 않았고, 사회적인 인식도 저조했다는 등 몇 가지 이유로 설명될 수 있겠다. 그러나 무엇보다도 많은 보육시설 운영자들이 교사 한

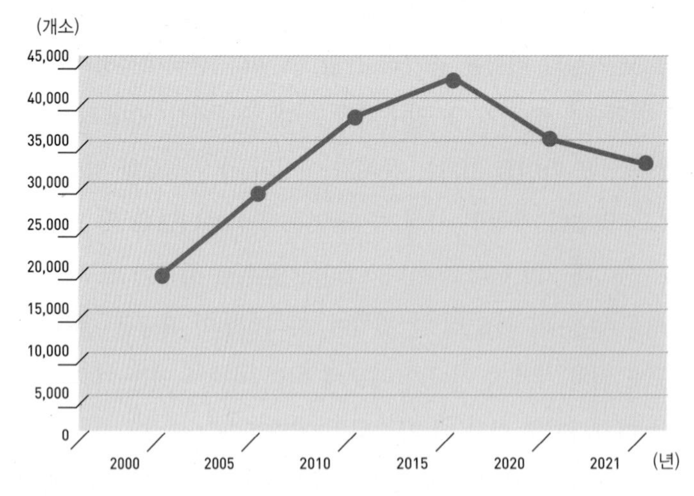

그림 16-3 연도별 어린이집 수

자료: 보건복지부, 2022

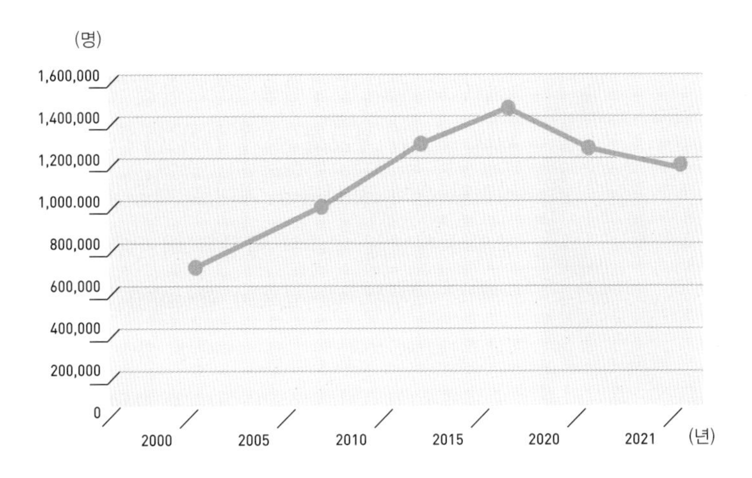

그림 16-4 **연도별 보육아동 수**
자료: 보건복지부, 2022

명당 높은 영아의 비율, 영아 보육프로그램 내용의 미비, 또는 기타 영아의 취약한 조건들 때문에 운영상 경비가 많이 들고, 신체적, 심리적 부담이 크며 위험부담이 큰 영아보육 운영을 기피해왔기 때문이라고 할 수 있다.

한편, 취업모로서는 그동안 안심하고 맡길 만한 질 높은 영아보육 시설을 찾기도 어려웠을뿐더러 어린 영아를 보육 기관에 맡긴다는 일에 죄의식을 느끼는 경우가 많아, 힘들더라도 친정 또는 시댁으로 아기를 아침, 저녁으로 맡기러 다닌다든지, 아예 일주일 동안 맡기고 주말에만 가족이 모이는 것이 현실이기도 하였다. 그나마 맡길 친정이나 시댁이 없는 경우에는 영아들이 하루 종일 방 안에서 손위 형제에게 맡겨져 안전사고의 위험을

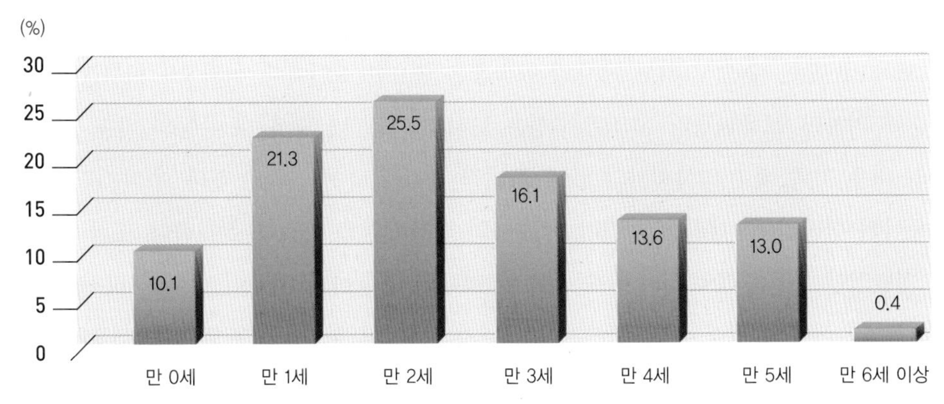

그림 16-5 **연령별 보육시설 이용률**
자료: 보건복지부, 2022

그림 16-6 **영아보육**

안고 지냈다고 할 수 있다. 이와 같은 현실은 부모에게 긴장감이나 심리적 부담을 주게 됨은 물론, 영아의 발달을 위해 필요한 부모와 아기 간의 끊임없는 상호작용과 애정적인 관계, 보살핌을 제대로 제공할 수 없다는 점에서 영유아 발달에 지대한 영향을 미치게 된다.

이에 정부는 영아보육의 활성화를 위해 1996년부터 영아전담시설 지정제도를 추진해 왔으며, 2005년 여성가족부는 민간시설 영아반 지원을 확대하였다(이미화, 2005). 그 결과, 2008년 어린이집을 이용하는 0~2세 영아는 약 50만 명으로 6세 이하 어린이집 이용 아동의 약 45%이었으며(보건복지가족부, 2008), 2021년, 만 2세 미만 영아는 약 67만 명으로 전체 어린이집 이용 아동의 약 57%를 차지하고 있다(보건복지부, 2022)(**그림 16-5**).

2. 보육의 질

질적으로 우수한 보육환경은 직장에서 일하는 동안 자녀를 맡겨야 하는 부모들의 최대 관심사임과 동시에 아동발달과 직결된 중요한 문제이다. 영유아 보육의 질은 주로 아동과 교사 간의 상호작용, 보육시설의 구조적 특성 및 교사의 지속성에 의해 결정된다. 즉, 교사와 아동 간 상호작용의 질 및 접촉 빈도, 교사 대 아동 비율, 집단(학급)의 크기, 교사의 교육 및 훈련 수준, 그리고 교사의 이직률은 중요한 요인이다. 이외에도 NAEYC(1986) 기준에 의하면, 보육환경의 질적 우수성은 교사의 자질 및 교사 대 아동의 비율, 프로그램의 내용, 가족 및 지역사회와의 관계, 물리적 환경에 달려 있다고 한다. 우선 ① 교사는 영유아와 함께 하는 생활을 즐기며, 영유아의 성장발달을 이해하여야 한다. 또한 영유아의 개별적인 요구를 충족시켜줄 수 있도록 교사와 영유아의 비율이 낮아야 하며(**표 16-2**), 교사는 각 아동의 성장과 발달을 관찰하고 기록하여야 한다. ② 프로그램의 내용(영유아가 함께하는 활동과 놀이)을 통해 성장과 발달을 도와줄 수 있어야 한다. 보육센터는 영유아에게 적절하고 충분한 시설과 놀잇감을 갖추고 영유아가 이에 쉽게 접할 수 있도록 해야

표 16-2 연령에 따른 교사와 아동의 비율

아동의 연령	교사 대 아동의 비율
0~1세	1 : 3
1~2세	1 : 5
2~3세	1 : 7
3~4세	1 : 15
4세 이상	1 : 20

자료: 보건복지부, 2022

한다. 또한 언어발달을 돕고 주변 세상에 대한 이해를 확장해주어야 한다. ③ 가족 및 지역사회와의 연계로 가족의 요구를 지원해주어야 하며, 그들의 의견에 귀를 기울이고 센터 활동에 참여할 수 있도록 한다. 지역사회를 통한 학습기회를 활용하고 가족과 정보를 나눈다. ④ 물리적 환경으로는 건강과 안전을 우선시하며 최적의 실내 및 실외 공간을 확보하여야 한다.

한편, 보육이나 대리 양육이 보편화되면서 과연 어린아이를 보육기관에 맡겨도 괜찮은 것인가, 언제부터 보육을 시작하는 것이 좋은가, 어떤 보육프로그램이 좋은가, 보육은 아동발달에 어떠한 영향을 미치는가 등의 문제가 끊임없이 제기되어 왔다. 예를 들어, 생후 1년 이내에 시작한 보육이나 종일제 보육 등 장시간의 영아보육은 아동의 문제행동과 관련되며, 이러한 위험을 피하기 위해서는 특히 첫 1년에는 보육시간을 줄여야 한다는 주장(Belsky, 2001)도 있으나, 보육 시작시기와 아동의 발달과는 관계가 없다는 견해(Scarr, 1998)도 있다. 또한, Howes(1990)는 보육을 시작한 시기 자체로 인한 영향보다는 보육의 질과의 상호작용을 밝힘으로써 보육의 질이 보육 시작시기보다 더 중요하다고 주장하였다.

3. 보육이 아동발달에 미치는 영향

미국의 대표적인 10개 지역으로부터 1,400여 명의 아동을 대상으로 1991년부터 시작된 NICHD의 종단적 연구에 의하면, 보육의 질과 보육시간(양)은 어머니의 양육행동이나 아동의 행동발달에 영향을 미치는 중요한 변인으로 나타난다(NICHD Early Child Care Research

Network, 2001; 2002). 즉, 집단의 크기, 교사와 아동의 비율, 물리적 환경, 양육자의 특성 등에 근거하여 볼 때, 질적으로 낮은 보육시설을 이용하는 영유아는 순종이나 자기통제력, 또래관계 등에서 사회적인 능력이 낮은 것으로 보고되고 있다. 반면에 양질의 보육은 영유아의 언어능력, 인지능력, 또래관계, 어머니와의 협력적 행동과 정적인 관계를 나타내었다. 보육시간(양)과 보육의 질의 중요성은 우리나라 연구들에서도 확인되고 있다.

(1) 인지적 발달

일반적으로 보육경험 자체는 아동의 인지적 발달에 있어 대체로 유익하지도, 해가 되지도 않지만 보육의 질, 보육 시작시기, 사회계층 및 보육의 안정성(즉, 얼마나 자주 보육유형이나 보육기관이 바뀌는가?)에 따라 그 영향이 다르다. 즉, 생후 1년 이내에 시작한 보육은 영유아 인지발달에 해가 된다는 주장이 있는가 하면(Baydar & Brooks-Gunn, 1991), 인지발달에 오히려 긍정적인 영향을 준다는 결과도 있다(Andersson, 1989; Field, 1991). 그러나 보육의 긍정적인 효과는 주로 보육의 질이 높을 경우, 저소득층 유아에게서 나타난다는 생각이 지배적이며 중산층의 경우는 특별한 효과가 없는 것으로 보고된다.

우리나라 3~5세 아동을 대상으로 한 연구에서도 질적으로 우수한 보육 프로그램을 실시했을 경우, 저소득층 아동은 일반 아동과의 발달적인 차이가 줄어들어 언어능력 및 표현력에서 긍정적인 효과가 있었다(김명순, 2004). 그러나 저소득층 아동일 경우에는 특별히 질 좋은 보육이 아니더라도 어린 시기부터 시작하여 계속 보육경험을 했을 때 유아기나 아동기에 높은 지적 능력을 나타낸다는 보고도 있어(Caughy et al., 1994), 보육경험기간과 지속성도 중요하다는 것을 시사한다.

계층에 따른 보육 효과의 차이는 초등학교 아동의 방과 후 보육프로그램 효과에서도 나타나, 방과 후 정규적인 보육에 참여한 경우 저소득층 아동에게서만 인지 발달이 향상된다고 한다(Posner & Vandell, 1994). 따라서 가정환경 조건이 열악한 경우는 보육이 가정의 부정적 영향을 중재해주는 보호요인으로 작용할 수 있으며, 특히 질 높은 보육일 경우, 그 효과가 더 크게 작용하여 저소득층 영유아의 인지능력이 더욱 향상된다.

(2) 정서·사회적 발달

애착

어린 영아를 보육기관에 보낼 경우 어머니와 영아 간 애착이나 유대감에 영향을 미칠 것인가 하는 문제는 많은 어머니의 관심사다. 주당 30시간 이상 보육을 하거나 생후 1년 이내에 보육을 시작하는 것은 어머니에 대한 애착이나 사회적응에 부정적인 영향을 미친다는 주장도 있으나(Belsky & Rovine, 1988) 그 반대의 주장도 있다(Field, 1991; Lamb et al., 1992). 부정적 견해에 따르면, 보육으로 인한 반복적인 분리경험이 영아와 어머니 사이의 애착발달을 저해해서 영아의 정서적 안정감에 영향을 미치고 불안정-회피애착을 증가시킨다(Belsky & Rovine, 1988). 이에 반해, Field(1991)는 보육경험을 한 영아가 재결합 시 회피나 무시하는 반응을 보이는 것은 보육을 이용하는 영아들이 반복적인 분리경험으로 인해 나타내는 적응적 반응이거나 독립적인 행동의 표현일 수도 있어, 반드시 문제로 볼 사항은 아니라고 주장한다. 또한 Lamb 등 (1992)에 의하면, 어머니가 주당 40시간 일한다고 해서 5시간 일하는 경우보다 특별히 더 심한 불안정애착을 나타내지는 않았다.

이러한 상반된 주장에도 불구하고 대체로 보육과 사회·정서 발달에 관한 대다수 연구는 초기의 보육경험이 어머니와의 애착에 손상을 입히지 않는다고 결론짓고 있다. 즉, 아무리 다른 양육자와 많은 시간을 함께 보내더라도 영아는 어머니에게 더 애착을 보이며, 아프거나 스트레스가 큰 상황에서는 더욱 어머니와 애착한다. 이 같은 결과는 이스라엘처럼 영아기부터 공동보육을 하는 키브츠 영아(Field, 1991)나 우리나라 취업모의 영아(이영 등 1994)에게서도 입증되고 있다. 결국 중요한 것은 보육의 질이 애착과 관련된 행동인 부모의 민감하고 반응적인 양육행동에 영향을 주며(Belsky, 1997) 보육의 질과 양육행동의 질이 함께, 또는 상호작용하여 애착이나 문제행동에 영향을 준다는 사실이다(NICHD, 2001; 박성연, 고은주 2004; 양연숙, 조복희, 2001).

불순종 행동 및 공격성

보육경험과 관련하여 많은 연구가 이루어진 것은 공격성과 불순종 행동에 관한 것이다. 부모 외의 다른 사람과의 관계에서 볼 때, 보육시설에 다닌 유아들은 그렇지 않은 유아에 비해 또래나 성인에게 협조적이면서 동시에 불순종적이고 주장적이며 공격적이라는 것이 일반적인 결론이다. 그러나 문제행동은 보육경험 자체보다는 보육 시작시기나 보육

시간(양), 보육의 질과 복합적으로 관련된다.

우선 보육 시작시기 및 양과 관련하여 살펴보면, 영아기에 주당 20시간 이상 보육경험을 했을 경우 유아의 공격성이나 불순종 행동이 증가한다는 연구결과가 있다(하지영, 박성연, 2005; Belsky, 2001; Howes, 1990), 반면에 영아기부터 주당 40시간 이상, 장기간에 걸쳐 보육을 경험한 유아는 영아기 이후에 보육을 경험했거나, 시간제 보육을 했던 유아보다 사회성이 좋고, 놀이나 또래 간 상호작용에서 더 긍정적인 행동을 보인다는 결과도 있다(Andersson, 1992; Field, 1991).

그러나 보육 시작시기나 보육경험의 양이 공격성이나 불순종 행동에 미치는 영향은 보육의 질에 따라 달라진다. Howes(1990)에 의하면, 어릴 때 일찍부터 보육을 경험한 유아는 특히 보육의 질이 떨어질 때, 덜 순종적이고 사려성이 부족하였다. 유사하게 보육시간(양)은 3~4세 유아의 공격성과 직접적 관련이 있었지만, 보육의 질은 어머니의 양육 행동 및 보육시간과 상호작용하여 아동의 공격성에 영향을 미쳤다(박성연, 고은주, 2004). 즉, 양질의 보육은 어머니의 거부적 양육 행동 및 장시간의 보육으로 인한 부정적인 영향을 중재하여 공격성을 낮추었다. 따라서 양질의 보육은 어머니에게 심리적 안정감을 줌으로써 유아에 대한 어머니의 반응적인 행동을 증가시키고 결과적으로 아동발달에 긍정적인 영향을 미친다고 할 수 있다.

(3) 생태학적 관점에서 본 보육의 영향

보육경험으로 인한 영향은 위에서 기술한 보육관련 요인들 뿐 아니라 아동과 부모를 둘러싼 여러 환경과의 관계인 생태학적 관점에서 이해되어야 한다. NICHD 연구(1997)에 의하면, 보육경험으로 인한 부정적 효과는 보육 관련 요인이 가정 내외의 특정한 환경적 요인과 결합될 때 가중된다. 예를 들어, Belsky 등(1996)은 주당 20시간 이상의 영아기 보육경험은 부모의 성격이나 부부의 결혼만족도, 아동의 기질, 친척이나 친구로부터의 사회적 지지, 사회계층, 직장조건 등에서 취약(risk) 요인이 있는 경우, 걸음마기 유아의 문제행동을 증가시킨다고 보고하였다.

박성연, 고은주(2004)도 보육의 질이나 경험 자체보다는 여러 요인이 누적적, 복합적으로 아동발달에 영향을 미치는 것으로 보고하고 있다. 이들은 아동의 기질, 어머니의 통제적 행동, 주당 보육 이용시간, 보육의 질, 보육변경 횟수의 5개 변인을 공격성의 위험요인

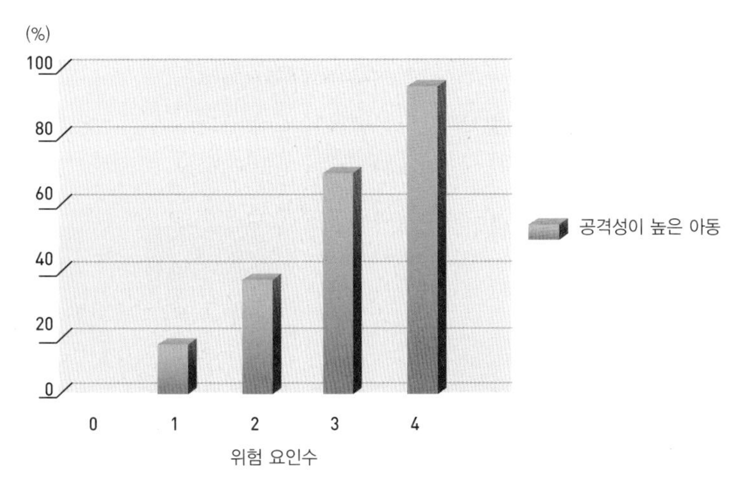

그림 16-7 **각 위험수준에서 아동의 공격성 점수가 평균보다 높을 가능성**
자료: 박성연, 고은주, 2004

으로 보고 그 누적적인 효과를 분석한 결과, 그림 16-7에서 보듯이 위험요인이 누적되었을 때 그로 인한 부정적 영향은 더욱 증가되었다. 이는 보육환경, 아동의 특성, 가정환경 등 아동이 직접 관련된 미시체계(환경)가 상호연계하여 보육으로 인한 발달적 결과에 영향을 미친다는 것을 시사한다.

외체계인 사회의 경제구조나 어머니의 직업조건은 간접적으로 아동의 보육경험 및 발달에 상당한 영향을 미친다. 즉, 어머니의 직업조건은 사회경제체계나 교육수준 및 사회계층 등 어머니의 개인적인 특성에 의해 영향을 받고, 이는 어머니의 가치관이나 심리적 건강에 영향을 주는 동시에 가정의 심리적, 물리적 환경에 영향을 주게 된다. 예를 들어, 출퇴근 시간의 융통성, 유급 육아휴직 제도, 직장 보육시설은 어머니의 자아존중감이나 부모 역할 자신감, 부모-자녀 관계 및 상호작용, 부부관계에 긍정적인 영향을 미침으로써 아동의 발달에 영향을 준다. 반면에 직장에서 느끼는 감정이나 기분은 직접적으로 모-자녀 간 상호작용에 영향을 주어, 직업으로 인해 우울하고 스트레스가 많으면 아이에게 반응적인 양육행동을 하지 못한다(Crouter & McHale, 2005). 마찬가지로 보육조건이나 보육의 질은 가족의 경제적 자원에 의해 영향을 받는 한편, 보육환경은 가정환경 및 양육행동과 상호연계하여 아동발달에 영향을 미친다. 어머니의 직업조건과 아동의 일상적 경험에 따른 아동 발달은 그림 16-8과 같다(Menaghan & Parcel,1991).

보육의 질이 떨어지고 맞벌이 부부를 지원하는 고용정책이 빈약한 한, 일에 지친 부모는 부부관계, 부모자녀 관계에서 스트레스를 갖게 되며, 이로 인해 장시간의 영아보육으

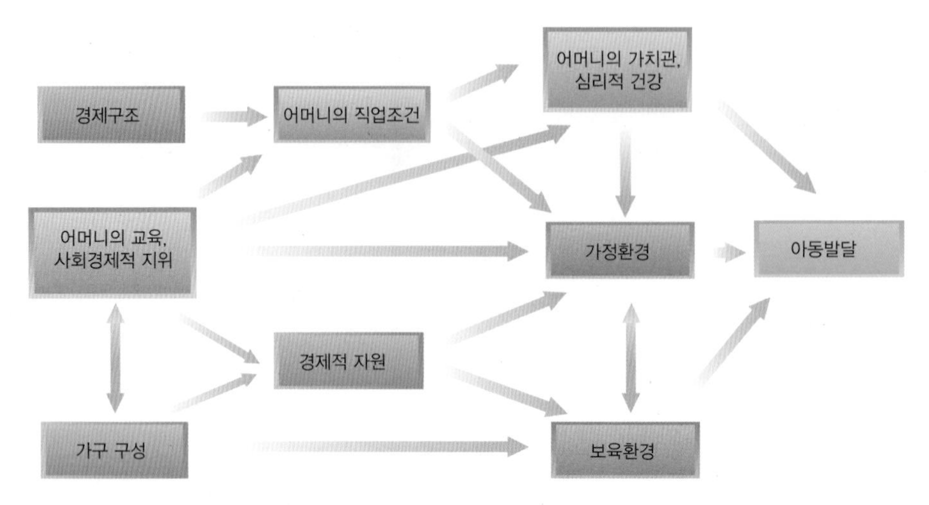

그림 16-8 **어머니의 직업조건과 아동의 일상적 경험에 따른 아동의 발달**
자료: Menaghan & Parcel, 1991

로 인한 부정적인 영향은 가중된다. 그러므로 영유아보육에 따른 위험 요소를 줄이기 위한 노력은 고용정책은 물론, 발달에 긍정적인 영향을 미칠 수 있는 보육경험, 그리고 아동의 일상경험과 관련된 가족 과정에도 맞추어질 때 그 실효를 거둘 수 있을 것이다. 결국 아동과 가족 모두에 대한 진정한 관심이 있는 보육정책만이 질적으로 우수한 보육을 보장한다고 할 수 있다.

03
학교

자녀를 학교에 보낸 부모라면 누구나 자기자녀가 공부를 잘하고 친구들과 잘 어울려서 학교생활에 적응하기를 바란다. 학교생활에의 적응은 아동이 속한 미시체계 및 미시체계들 간의 관계(Bronfenbrenner의 중간체계)에 따라 달라진다. 아동의 학업성취도와 관련된 미시체계로 아동의 특성, 부모의 특성, 학교의 특성 및 사회경제적 지위로 나누어 살펴보고자 한다.

1. 아동의 특성

Erikson의 심리사회적 이론에 의하면, 유치원이나 초등학교에서의 아동의 행동은 이미 이전 단계인 영아기나 유아기에서의 사회심리적인 발달단계를 거치면서 그 기초가 마련된다. 학교에서 공부를 잘하는 아동은 그 이전 발달단계에서 신뢰감, 자율감 및 주도성을 발달시켜 왔기 때문에 자신의 능력에 대한 자신감이나 자기통제력에 대한 믿음인 자아효능감이 높다.

자아효능감이 높은 아동들은 배우는 일에 관심이 많고 도전적인 목표를 설정하며 목표에 도달하기 위해 적절한 전략들을 계획하고 활용한다. 또한 열심히 노력하고 어려움에 처해도 끈기있게 도전하며, 필요할 경우 주위 사람들에게 도움을 청하기도 한다. 반면에 자아효능감이 낮은 아동들은 잘 해낼 것이라는 자신감이 없어서 쉽게 좌절하고 포기하며 의기소침해진다. 따라서 아동의 자아효능감은 학업성취에 결정적 요인 중 하나다 (Bandura, 2001).

2. 부모의 양육방식

부모는 자녀가 공부를 잘할 수 있도록 공부할 수 있는 장소와 분위기, 공부에 필요한 자료 제공 등 교육적인 환경을 마련해준다. 또한 부모가 TV 시청시간이나 잠을 자는 시간, 방과 후 활동 등 아동의 일상생활을 관심있게 살펴보고 점검함으로써 아동의 학업성취도를 높일 수 있다.

그러나 무엇보다 중요한 것은 아동의 성취동기를 높이는 일이다. 어떤 부모는 자녀가 좋은 성적을 내면 칭찬이나 물질적 보상을 통해 인정해주고, 나쁜 성적에는 벌을 주어서 자녀가 공부를 잘하도록 하는 외적인 동기부여 방법을 사용한다. 그러나 또 어떤 부모는 자녀의 능력이나 노력을 칭찬함으로써 내적인 동기를 유발하도록 격려한다. 이러한 긍정적인 피드백은 아동에게 자기가 수행한 일에 대한 정보를 줌으로써 아동의 유능감을 높여주며, 나아가 내적인 동기를 갖게 한다, 반면에, 비난 등 부정적인 피드백은 아동에게 자기는 능력이 부족하다는 생각을 가지게 함으로써 내적인 동기를 저해하게 된다. 내적인 동기유발은 아동이 스스로 선택해서 책임을 지고 학습하게 하므로 외적인 동기부여보다 훨씬 더 효과적이다.

대체로 부모의 민주적 양육방식은 아동에게 배우는 일 자체에 대해 긍정적인 태도와 관심을 갖게 하고, 격려를 통해 정서적으로나 사회적으로 안정감을 주어 훨씬 더 높은 학업성취도를 이루게 한다. 그러나 문화에 따라서는 민주적인 양육방식 자체보다는 다른 요소가 성취동기에 더 큰 영향을 미친다. 말하자면, 교육열이 높은 한국을 비롯한 아시아 문화권에서는 부모가 자녀교육에 대한 높은 기대를 갖고 있으며, 성공적인 학업성취를 적극적으로 인정해 주고 지원해 줌으로써 아동의 성취동기를 높여주게 된다. 따라서 양육방식 못지않게 부모의 교육열이나 참여, 높은 기대는 아동의 성취동기와 밀접한 관련이 있다.

3. 학교의 특성

(1) 학급의 크기

학교는 학급의 크기, 교육철학, 교사와 학생 간의 상호작용 등에서 차이를 보여 아동발달에 영향을 준다. 학급의 크기가 작은 경우, 교사는 학생들을 나무라고 훈육하는 데 시간을 보내는 대신 학생들에게 더 많은 관심을 가지고 긍정적인 상호작용을 할 수 있다. 또한 작은 집단에서 공부하는 아동들은 학업에 더 잘 집중할 수 있고 학교에 대한 태도도 긍정적이다. 유치원부터 초등학교 3학년까지 작은 집단에서 공부해 온 아동들은 4학년부터 중학교까지 높은 학업성취도를 나타내었다는 연구결과(Nye et al., 2001)는 이러한 사실을 뒷받침한다.

(2) 교육철학

교육에 대한 철학적 입장은 교사 중심의 직접 교육법(direct instruction approach), 인지적 구성주의(cognitive constructivist approach), 사회적 구성주의(social constructivist approach)로 나눌 수 있다. 교사 중심의 직접 교육방법은 전통적인 학습방식으로 교사가 중심이 되어 학습과 학업성취도를 강조하며, 3'R's, 즉 읽기, 쓰기, 셈하기를 중심으로 가르치는 것이다. 그러나 근래에는 교사가 마련한 학습경험을 기초로 아동이 능동적으로 지식을 구성해나가는 인지적 구성주의적 접근(예: Piaget)이나 협동적인 학습을 강조하는 사회적 구성주의적 접근 (예: Vygotsky)등 아동 중심의 교육으로 전환되면서 아동의 자연스러운 흥미나 관심을 중요시하게 되었다.

이에 따라 오늘날 학교 교육은 유치원 교육에서부터 여러 가지 주제를 통합하여 아동의 관심과 재능에 따른 교육을 하도록 하고 있다. 예를 들어 초등학교의 경우, 사회 교과에서 쓰기와 읽기를 가르치고, 디자인이나 모형을 통해서 수학을 가르치며 문제해결이나 협동과제를 통해 배우도록 한다. 특히 최근에는 일상적인 활동을 통해 4번째 'R'인 사고력(reasoning)을 강조한다. 따라서 이상적으로는 획일화된 교육 대신 아동의 능력에 맞는 개별적 맞춤교육과 함께 암기나 분석적 사고 능력 외에도 창의력과 실용적인 능력을 강화해서 아동의 재능을 극대화하려는 노력이 필요할 것이다.

(3) 교사

학교 교육의 질 중 특히 교사의 특성은 학생의 성취도에 지대한 영향을 미친다. 교사의 중요한 특성은 질서가 있고 강압적이지 않은 분위기에서 체계적인 교육을 하고, 학생에 대한 깊은 관심과 기대를 갖고 철저히 모니터링을 하는 일이다. 이러한 교사는 학생의 관심을 유도하고 학습을 흥미롭게 이끌어가며, 질문하고 들어주는 양방향적인 의사소통과 신뢰를 주는 언행을 하며, 개개 아동의 이해에 관심을 가짐으로써 아동의 학업성취도를 높일 수 있다.

한편, Stevenson(1995)은 미국 아동이 수학과 과학점수에서 한국이나 중국 등 아시아 아동들보다 낮은 이유로 교육시간 부족을 들고 있어, 교사가 교육을 하는 양(시간)도 학업능력에 중요한 변인임을 시사하였다. 또한 자녀의 수학능력을 타고난 능력으로 보는 미국 부모들과 달리 아시아 부모들은 노력과 훈련의 결과로 생각하기 때문에 자녀에게 노력을 강조하고 공부에 많은 도움을 줌으로써 학업성취도를 높인다(Chen & Stevenson, 1989). 결국 교사가 학생들에게 투자하는 시간과 노력, 교육의 질, 그리고 부모의 역할이 복합적으로 아동의 인지적 발달이나 학업성적 및 적응에 영향을 미친다고 할 수 있다.

4. 사회경제적 지위

사회경제적 지위는 가정의 분위기, 학교의 질, 이웃 지역사회의 조건 및 부모의 양육방식에 영향을 미치기 때문에 학업성취도에 있어 중요한 요소이다. 일반적으로 사회경제적 지위가 높으면 부모는 학습을 지지해주는 환경을 마련해 줄 수 있으며, 긍정적인 목표를 세우고 아동의 능력을 향상시키고자 노력한다. 또한 이러한 가정이나 지역사회에서는 학교와 가정 간의 긴밀한 유대를 통해 아동의 학습을 지원해 줄 수 있다. 이외에도 가정의 사회경제적 지위에 따른 이웃 환경이나 지역사회 환경은 학교 교육의 질이나 또래집단의 태도 등에 영향을 미침으로써 아동의 학업성취도에 영향을 미친다.

그러나 사회경제적 지위가 유일한 영향요인은 아니다. Gottfried 등(1998)의 종단 연구에 의하면, 8세 때 인지적으로 자극을 주는 환경에서 자란 아동은 인지적 자극이 적은 환경에서 자란 아동보다 9세, 10세, 13세 때 측정된 학업에 대한 내적동기 점수가 훨씬 높았으며, 이러한 인지적 자극 환경의 효과는 사회경제적 지위를 통제했을 때도 나타났다. 따라서 가정의 사회경제적 지위나 계층보다 더 중요한 요소는 자녀의 성취를 북돋아 주는 양육행동이나 애정적이고 친밀한 가족과정이라고 할 수 있다.

참고문헌

건강보험심사평가원(2021). **제왕절개 분만율.** 건강보험심사평가원.

교육부(2019). **교육통계연보.** 한국교육개발원.

교육부(2020). **교육통계연보.** 한국교육개발원.

교육부(2022). **교육통계연보.** 한국교육개발원.

교육인적자원부(2004). **교육통계연보.** 교육인적자원부.

교육인적자원부(2005). **교육통계연보.** 교육인적자원부.

권태환, 김두섭(1990). **인구의 이해.** 서울대학교 출판부.

김도연, 김현미, 박윤아, 옥정(2021). **K-WISC-V의 이해와 실제.** 시그마프레스.

김명순(2004). 저소득층 영유아를 위한 보육의 긍정적 효과. **영유아보육과 파트너쉽, 삼성국제학술대회 발표자료집, 6,** 247-266.

김은경(2005). **부모의 정서표현 수용태도, 유아의 정서조절능력 및 사회적 능력간의 관계.** 이화여자대학교 대학원 석사학위논문.

김종순(1989). **영아의 애착, 자아인식 및 사물 영속성 보존능력과 가정환경의 상호관련성 연구.** 중앙대학교 대학원 박사학위논문.

김현식(2013). 부모이혼이 자녀성장에 미치는 영향. **보건복지 Issue & Focus, 175,** 1-8.

나유미(1999). 문제해결과정에서의 어머니-유아 상호작용과 관련 변인: 애착과 기질. **아동학회지, 20**(4), 75-89.

대한가족보건복지협회(2005). **모유 수유에 대한 실태조사.**

도현심(1985). **어머니의 수유방식 및 자녀접촉 정도가 대물애착 발생에 미치는 영향.** 이화여자대학교 대학원 석사학위논문.

박민선(1999). 경제 불황에 따른 부모의 양육태도와 아동의 적응. **아동학회지, 20**(2), 57-74.

박성연(1998). 영아기 정서성 및 부모의 양육행동에 따른 3세 아동의 행동억제. **대한가정학회지, 35**(4), 19-33.

박성연(2002). 아버지의 양육행동과 남아의 공격성간의 관계 및 세대 간 전이. **아동학회지, 23**(5), 35-50.

박성연, 강지흔(2005). 남, 여 아동의 정서조절 능력 및 공격성과 학교생활 적응 간의 관계. **아동학회지, 26**(1), 1-14.

박성연, 고은주(2004). 보육경험과 아동특성 및 어머니의 양육행동이 아동의 공격성에 미치는영향. **한국가정관리학회지, 22**(2), 23-35.

박성연, 서소정, Bornstein, M. (2005). 어머니-영아간의 상호작용방식이 영아발달에 미치는 영향. **아동학회지, 26**(5), 15-30.

박성연, 송나리(1993). 외동이의 사회적 능력 및 인지능력 발달에 관한 연구. **아동학회지, 14**(1), 91-107.

박성연, 임희수(2000). 2~3세 유아에 대한 어머니의 양육행동과 관련된 변인들, **아동학회지, 21**(1), 59-72.

박성연, Rubin, K., 정옥분, 윤종희, 도현심(2007). 아동의 성, 기질, 행동억제 및 어머니의 양육행동과 아동의 순종행동 간의 관계. **아동학회지, 28**(4), 1-17.

박영신, 이동환, 최중명, 강윤주, 김종희(2004). 23년간 서울지역 초, 중, 고등학생의 비만추이. **대한소아과학회지, 47**(3), 247-256.

박응임(1995). 영아-어머니 간의 애착유형과 그 관련 변인. **아동학회지, 16**(1), 113-131.

박응임, 유명희(1997). 애착의 지속성에 관한 단기 종단적 연구: 영아기의 낯선 상황 애착유형과 유아기의 애착안정성. **아동학회지, 18**(2), 33-46.

박지숙, 임승현, 박성연(2009). 아동의 성, 기질, 어머니의 양육행동과 아동의 정서조절능력이 사회적 위축 및 공격성에 미치는 영향. **아동학회지, 30**(3), 85-98.

박현서, 안선희(2003). 학령전 아동의 식습관과 사회적 행동과의 관계. **한국영양학회지, 36**(3), 298-305.

보건복지가족부(2008). **보육통계**. 보건복지가족부.

보건복지부(2001). **국민영양조사**. 보건복지부.

보건복지부(2016). **2015년 국민 건강통계**. 보건복지부.

보건복지부(2020). **2018년 아동학대 주요통계**. 보건복지부.

보건복지부(2022). **보육통계**. 보건복지부.

보건복지부(2022). **보육사업안내**. 보건복지부.

사주당 이씨(1937). **태교신기**. 풍천.

서유헌(2006). 아동발달과 뇌 발달의 이해. **2006 한국아동학회 춘계학술대회 자료집(건강한 아동, 건강한 뇌)**, 43-65.

송태규(2020). 유치원 교육과정의 편성·운영과 관리: 영어 교육활동의 실태 및 인식을 중심으로. **지방교육경영, 23**(2), 1-22.

심희옥(2007). 또래괴롭힘과 외현과 관계적 공격성에 관한 횡단 및 종단연구: 성별을 중심으로. **한국생활과학회지, 16**(6), 1107-1118.

안지영, 도현심(1998). 자녀양육행동, 아동의 낯가림 경험 및 분리불안과 어머니의 분리불안. **대한가정학회지, 36**(8), 14-20.

양아름, 방희정(2011). 아동의 만족지연능력과 주의기제: 집행주의 및 주의분산책략을 중심으로. **한국심리학회지: 발달, 24**(1), 39-57.

양연숙, 조복희(2001). 타인양육 영아의 어머니에 대한 애착. **아동학회지, 22**(1), 51-66.

용의선, 박성연(2011). 유아의 순응 및 불순응 행동: 어머니의 양육행동, 아동의 성, 연령 및 사회적 상황과의 관계. **아동학회지, 32**(3), 43-57.

유명희(1980). **유아의 대물애착의 성격규명을 위한 한 연구**. 이화여자대학교 대학원 석사학위논문.

유순덕(2005). 상담경험을 통해 본 부모의 역할. **2005 한국아동학회 춘계학술대회 자료집(오늘의 부모: 역할과 지원대책)**, 61-64.

윤기봉, 박성연(2013). 걸음마기 영아의 기질적 특성에 관한 어머니의 신념과 반응. **아동학회지, 34**(1), 103-121.

윤군애(2002). 아동기 과체중 위험인자로서의 TV 시청시간, 사회계층요인, 부모의 과체중 및 부모의 활동수준. **대한지역사회영양학회지, 7**(2), 177-187.

이미화(2005). **영아보육의 통합적 지원방안.** 2005 한국아동학회 추계학술대회 자료집: 저출산, 고령화 사회에서의 자녀양육지원을 위한 통합적 방안모색, 3-18.

이근(1999). **아기에게 친근한 병원 만들기 위원회 홈페이지**(http://mm.ewha.ac.kr/~leek-eun).

이승복(2006). 뇌와 언어발달: 언어습득의 신경적 기초. **2006 한국아동학회 춘계학술대회 자료집(건강한 아동, 건강한 뇌)**, 69-74.

이영, 박경자, 나유미(1997). 애착 Q-set의 국내 준거 개발 연구. **아동학회지, 18**(2), 131-148.

이영환(1992). '낯선상황'에서 영아의 아버지에 대한 애착에 관한 사례연구. **아동학회지, 13**(2), 5-18.

이은주(2001). 공격적 행동의 유형 및 성별에 따른 집단 괴롭힘 가해아동과 피해아동의 또래관계 비교. **아동학회지, 22**(2), 167-180.

임희수, 박성연(2002). 어머니가 지각한 아동의 기질, 어머니의 정서조절 및 양육행동과 아동의 정서조절간의 관계. **아동학회지, 23**(1), 37-54.

정범모(2005). **현대사회와 부모의 역할: 친자시간의 문제.** 2005 한국아동학회 춘계학술대회 자료집(오늘의 부모: 역할과 지원대책), 3-12.

정옥분, 박성연, Rubin, K., 윤종희, 도현심(2002). 걸음마기 아동의 행동억제. **아동학회지, 23**(4), 71-88.

정옥분, 박성연, Rubin, K., 윤종희, 도현심(2003). 영아기 기질 및 부모의 양육행동에 따른 2-4세 아동의 행동억제에 관한 단기종단연구: 8개국 비교문화연구를 위한 기초연구. **한국 가정관리학회지, 21**(3), 29-38.

정운선, 이혜상, 박응임(2003). 비만 아동의 의생활, 식생활 및 심리적 특성. **대한가정학회지, 41**(1), 155-167.

질병관리청(2017). 소아 청소년 성장자료. 질병관리청.

채규만(1998). 이혼이 자녀에 미치는 영향과 심리치료적 접근방법. 인간발달연구, 5(1), 190-212.

최유리(2006). **어머니의 육아방식 및 양육지식에 관한 연구: 12개월 이하의 첫 자녀를 둔 어머니를 중심으로.** 이화여자대학교 대학원 석사학위논문.

하유미(1998). **아동의 성, 초기 기질 및 어머니의 양육행동에 따른 아동의 정서 표현: 자부심과 수치심을 중심으로.** 이화여자대학교 대학원 석사학위논문.

하지영, 박성연(2005). 아동의 기질, 어머니의 양육행동 및 보육경험이 아동의 불순응 행동에 미치는 영향. **아동학회지, 26**(2), 55-74.

한국갤럽조사(2021). **2020년 어린이 미디어 이용조사.** 문화체육관광부, 한국언론진흥재단.

한국보건사회연구원(1998). **의료기관 모자보건 관리현황과 발전방향.** 한국보건사회연구원

한국보건사회연구원(2018). **전국 출산력 및 가족보건·복지 실태조사.** 한국보건사회연구원.

한국아동단체협의회(2005). **통계로 본 한국아동상황 2004.** 한국아동단체협의회.

한국아동학회, 한솔교육문화연구원(2002). **아동발달백서.** 한솔교육.

한국여성개발원(1986). **여성통계 연보.** 한국여성개발원

한국여성정책연구원(2001). **여성통계 연보.** 한국여성정책연구원

홍강의(1986). **소아과학.** 대한교과서주식회사.

통계청(2018). **사고에 의한 어린이 사망: 1996–2016.** 통계청.

통계청(2020). **2019년 출생통계.** 통계청.

통계청(2021). **2020년 하반기 지역별 고용조사 맞벌이 가구 및 1인 가구 고용현황.** 통계청.

통계청(2022). **2021년 출생통계.** 통계청.

Abidin, R. (1992). The Determinants of Parenting Behavior. *Journal of Clinical Child Psychology, 21*(4), 407-412.

Abramovitch, R., Corter, C., Pepler, D. J., & Stanhope, L. (1986). Sibling and peer interactions: A final follow-up and comparison. *Child Development, 57*(1), 217-229.

Adolph, K. E. (1997). Learning in the development of infant locomotion. *Monographs of the Society for Research in Child Development, 62*(3), i-162.

Ainsworth, M, (1979). Infant-mother attachment. *American Psychologist, 34*(10), 932-937.

Ainsworth, M., & Witting, B. (1969). Attachment and exploratory behavior of one year-olds in a strange situation. In B. M. Foss (Ed.), *Determinants of infant behavior*(Vol. 4, pp. 111-136). Methuen.

Ainsworth, M., Blehar, M., Waters, E., & Wall, S. (1978). *Patterns of attachment.* Lawrence Erlbaum Associates.

Andersen, R. E., Crespo, C. J., Bartlett, S. J., Cheskin, L. J., & Pratt, M. (1998). Relationship of physical activity and television watching with body weight and level of fatness among children: Results from the third national health and nutrition examination survey. *Journal of the American Medical Association, 279*(12), 938-942.

Anderson, D. M., Huston, A, C., Schmitt, K. L., Linebarger, D. L., & Wright, J. C. (2001). Early childhood television viewing and adolescent behavior. *Monographs of the Society for Research in Child Development, 66*(1), i-154.

Andersson, B. (1989). Effects of public day care-A longitudinal study. *Child Development, 60*(4), 857-866.

Andersson, B. (1992). Effects of day-care on cognitive and socioemotional competence of thirteen-year-old Swedish schoolchildren. *Child Development, 63*(1), 20-36.

Arcus, D., Gardner, S., & Anderson, C. (1992). *Infant reactivity, maternal style, and the development of inhibited and uninhibited behavioral profiles.* Paper presented in a Symposium on Temperament and Environment at the Biennial Meeting of the International Society for Infant Studies, Miami.

Asher, J., & Garcia, R. (1969). The optimal age to learn a foreign language. *Modern Language Journal, 53*(5), 334-341.

Aslin, R. (1981). Experimental influences and sensitive periods in perceptual development: A unified model. In R. N. Aslin, J. R. Alberts, & M. R. Peterson (Eds.), *Development of perception: Psychological perspectives: The visual system*(Vol. 2, pp. 45-93). Academic Press.

Aslin, R. N., Jusczyk, P. W., & Pisoni, D. B. (1998). Speech and auditory processing during infancy: Constraints on and precursors to language. In W. Damon (Ed.), *Handbook of child psychology: Cognition, perception, and language*(5th ed., Vol. 2, pp. 147–198). John Wiley & Sons, Inc.

Baillargeon, R., Scott, R. M., & He, Z. (2010). False-belief understanding in infants. *Trends in Cognitive Sciences, 14*(3),110–118.

Balaban, M. (1995). Affective influences in startle in five-month-old infants: Reactions to facial experiments of emotion. *Child Development, 66*(1), 28-36.

Bandura, A. (1977). *Social learning theory.* Prentice Hall.

Bandura, A. (1994). Self-efficacy. In V. S. Ramachaudran (Ed.), *Encyclopedia of human behavior*(Vol. 4, pp.71-81). Academic Press.

Bandura, A. (2001). Social cognitive theory: An agentic perspective. *Annual Review of Psychology, 52*(1), 1-26.

Bandura, A., Ross, D., & Ross, S. A. (1961). Transmission of aggression through imitation of aggressive models. *Journal of Abnormal and Social Psychology, 63*(3), 575-582.

Barnett, D., Ganiban, J., & Cicchetti, D. (1999). Maltreatment, negative expressivity, and the development of Type D attachments from 12 to 24 months of Age. *Monographs of the Society for Research in Child Development, 6*4(3), 97-118.

Barr, R., Muentener, P., & Garcia, A. (2007). Age-related changes in deferred imitation from television by 6-to18-month-olds. *Developmental Science, 10*(6), 910-921.

Baumrind, D. (1971). Current patterns of parental authority. *Developmental Psychology, 4*(1, pt. 2), 1-103.

Baumwell, L., Tamis-LeMonda, C. S., & Bornstein, M. H. (1997). Maternal verbal sensitivity and child language comprehension. *Infant Behavior and Development, 20(2*), 247-258.

Baydar, N., & Brooks-Gunn, J. (1991). Effects of maternal employment and child-care arrangements on cognitive and behavioral outcomes. *Developmental Psychology, 27*(6), 932-945.

Bayley, N. (1993). *Bayley Scale of Infant Development* (2nd ed.). Psychological Corporation.

Beck, A. T. (1973). *The diagnosis and management of depression.* University of Pennsylvania Press.

Bee, H., & Boyd, D. (2007). *The Developing child* (11th ed.). Allyn & Bacon.

Belsky, J. (1981). Early Human experience: A family perspective. *Developmental Psychology, 17*(1), 3-23.

Belsky, J. (1984). The Determinants of Parenting: A process model. *Child Development, 55*(1), 83-96.

Belsky, J. (1997). The Effects of nonmaternal care on child development. **1997 한국아동학회 추계학술대회 자료집**, 1-10.

Belsky, J. (2001). Emanuel Miller Lecture: Developmental risks (still) associated with early child care. *Journal of Child Psychology and Psychiatry, 42*(7), 845-859.

Belsky, J., & Most, R. (1981). From exploration to play: A cross-sectional study of infant free play behavior. *Developmental Psychology, 17*(5), 630-639.

Belsky, J., & Pensky, E. (1988). Marital change across the transition to parenthood. *Marriage and Family Review, 12*(3-4), 133-156.

Belsky, J., & Rovine, M. (1987). Temperament and attachment in the strange situation: An empirical approachment. *Child Development, 58*(3), 787-795.

Belsky, J., & Rovine, M. (1988). Nonmaternal care in the first year of life and the security of infant-parent attachment. *Child Development, 59*(1), 157-167.

Belsky, J., Bakermans-Kranenburg, M., & van IJzendoorn, M. (2007). For better and for worse: Differential susceptibility to environmental influences. *Current Directions in Psychological Science, 16*(6), 300-304.

Belsky, J., Dormitrovich, C., & Crnic, K. (1997). Temperament and parenting antecedents of individual differences in three-year-old boy's pride and shame reactions. *Child Development, 68*(3), 456-466.

Belsky, J., Fish, M., & Isabella, R.(1991). Continuity and discontinuity in infant negative and positive emotionality: Family antecedents and attachment consequences. *Developmental Psychology, 27*(3), 427-431.

Belsky, J., Heish, G., & Crnic, K. (1996a). Infant positive and negative emotionality: One dimension or two? *Developmental Psychology, 32*(2), 289-298.

Belsky, J., Rovine, M., & Taylor, D. (1984). The Pennsylvania Infant and Family Development Project, III: The origin of individual differences in infant-mother attachment: Maternal and infant contributions. *Child Development, 55*(3), 718-728.

Belsky, J., Woodworth, S., & Crnic, K. (1996b). Troubles in the second year: Three questions about family interaction. *Child Development, 67*(2), 556-578.

Belsky, J., Jaffee, S., Hsieh, K., & Silva, P. (2001). Child rearing Antecedents of Intergenerational Relations in Young Adulthood: A Prospective Study. *Developmental Psychology, 37*(6), 801-813

Bem, S. L. (1985). Androgyny and gender schema theory: A conceptual and empirical integration. In T. B. Sonderegger (Ed.), *Nebraska Symposium on Motivation, 1984: Psychology and gender*(pp. 179-226). University of Nebraska Press.

Berger, K. (2018). *The developing person: Through childhood and adolescence.* Worth publishers.

Berk, L. (1986). Private speech: Learning out loud. *Psychology Today, 20*(5), 34-42.

Berk, L. (2004). *Development through the lifespan*(3rd ed.). Allyn & Bacon.

Berk, L. (2005). *Infants and children.* Allyn & Bacon.

Berk, L., & Garvian, R. (1984). Development of private speech among low-income Appalachian children. *Developmental Psychology, 20*(2), 271-286.

Bialystok, E. (2017).The bilingual adaptation: How minds accommodate experience. *Psychological Bulletin, 143*(3), 233-262.

Bigner, J. (2006). *Parent-Child Relations: An Introduction to Parenting*(7th ed.). Pearson Merrill Prentice Hall.

Birch, L. L., Fisher, J. O., & Davison, K. K. (2003). Learning to overeat: Maternal use of restrictive feeding practices promotes girls' eating in the absence of hunger. *American Journal of Clinical Nutrition, 78*(2), 215-220.

Blumberg, M. S., & Lucas, D. E. (1996). A developmental and component analysis of active sleep. *Developmental Psychobiology, 29*(1), 1-22.

Bornstein, M. H. (2002). Parenting infants. In M. H. Bornstein (Ed.), *Handbook of parenting*(2nd ed., Vol. 1, pp. 3-43). Lawrence Erlbaum Associates.

Bornstein, M. H. (2003). *Children at work scientists at play.* 인간생활환경연구소 석학초청 세미나.

Bornstein, M. H., & Krasnegor, N. A. (1989). *Stability and continuity in mental development.* Lawrence Erlbaum Associates.

Bornstein, M. H., Park, S, & Cote, L. (2004). 걸음마기 한국아동의 어휘발달: 단어유목, 어휘구성, 성 차 및 개인차에 관한 기초분석. **한국아동학회지, 25**(2), 19-39.

Bouchard, T., & McGue, M. (1981). Familial studies of intelligence: A review, *Science, 212*(4498), 1055-1059.

Boulton, M. J., & Smith, P. K. (1994). Bully/victim problems in middle-school children: Stability, self-perceived competence, peer perception, and peer acceptance. *British Journal of Developmental Psychology, 12*(3), 315-329.

Bowlby, J. (1969). *Attachment and loss*(Vol. 1). Basic Books.

Bowlby, J. (1989). *Secure and insecure attachment.* Basic Books.

Bradley, R. H., Caldwell, B. M., Rock, S. L., Ramey, C. T., Barnard, K. E., Gray, C., Hammond, M. A., Mitchell, S., Gottfried, A. W., Siegel, L., & Johnson, D. L. (1989). Home environment and cognitive development in the first 3 years of life: A collaborative study involving six sites and three ethnic groups in North America. *Developmental Psychology, 25*(3), 217-235.

Bradley, R. H., Corwyn, R. F., Burchinal, M., McAdoo, H. P., & Coll, C. G. (2001). The home environments of children in the United States, Part II: Relations with behavioral development through age thirteen. *Child Development, 72*(6), 1868-1886.

Brame, B., Nagin, D., & Tremblay, R. (2001). Developmental trajectories of physical aggression from school entry to late adolescence. *Journal of Child Psychology and Psychiatry, 42*(4), 503-512.

Brazelton, T. B., & Nugent, J. K. (1995). *Neonatal Behavioral Assessment Scale.* Mac Keith Press.

Bredekamp, S., & Copple, C. (Eds.). (1997). *Developmentally appropriate practice in early childhood program*(rev. ed.). NAEYC.

Brito, N., Barr, R., McIntyre, P., & Simcock, G. (2012). Longterm transfer of learning from books and video during toddlerhood. *Journal of Experimental Child Psychology, 111*(1), 108-119.

Brody, G. H. (1998). Sibling relationships quality: Its causes and consequences. *Annual Review of Psychology, 49,* 1-24.

Bronfenbrenner, U. (1979). *The ecology of human development.* Harvard University Press.

Bronfenbrenner, U., & Crouter, A. (1982). Work and family through time and space. In S. B. Kamerman & C. D. Hayes (Eds.), *Family that work: Children in a changing world*(pp. 39-83). National Academy of Science.

Bronfenbrenner, U., & Evans, G. W. (2000). Developmental science in the 21st century: Emerging theoretical models, research designs, and empirical findings. *Social Development, 9*(1), 115-125.

Brooks-Gunn, J., & Duncan, G. J. (1997). The effects of poverty on children. *The Future of Children, 7*(2), 55-71.

Brooks-Gunn, J., Britto, P. R., & Brady, C. (1998). Struggling to make ends meet: Poverty and child development. In M. E. Lamb (Ed.), *Parenting and child development in "non-traditional" families*(pp. 279-304). Lawrence Erlbaum Associates.

Brooks-Gunn, J., Han, W., & Waldfogel, J. (2002). Maternal Employment and Child Cognitive Outcomes in the First Three Years of Life: The NICHD Study of Early Child Care. *Child Development, 73*(4), 1052–1072.

Brooks-Gunn, J., McCarton, C., Casey, P., McCormick, M., Bauer, C., Bernbaum, J.,Tyson, J., Swanson, M., Bennett, E., Scott, D., Tonascia, J., & Meinert, C. (1994). Early intervention in low- birth- weight premature infants. *Journal of the American Medical Association, 272*(16), 1257-1262.

Buss, A. & Plomin, R. (1984). *Temperament: Early developing personality traits.* Lawrence Erlbaum Associates.

Bussey, k., & Bandura, A. (1992). Self-regulatory mechanisms governing gender development. *Child Development, 63*(5), 1236-1250.

Bussey, k., & Bandura, A. (1999). Social cognitive theory of gender development and differentiation. *Psychological Review, 106*(4), 676-713.

Cabrera, N. J., Tamis-LeMonda, C. S., Bradley, R, H., Hoferth, S., & Lamb, M. E.(2000). Fatherhood in the twenty-first century. *Child Development, 71*(1), 127-136.

Calkins, S. D., & Fox, N. A. (1992). The relations among infant temperament, security of attachment, and behavioral inhibition at twenty-four months. *Child Development, 63*(6), 1456-1472.

Campbell, D. & Eaton, W. (1995). *Sex differences in the activity level in the first year of life: meta analysis.* Poster presented at the biennial meeting of the Society for Research in Child Development, Indianapolis.

Campos, J. (1994, Spring). The new functionalism in emotions. *SRCD Newsletter, 1,* 9-11.

Campos, J., Langer, A., & Krowitz, A. (1970). Cardiac responses on the visual cliff in pre-locomotor human infants. *Science, 170*(3954), 196-197.

Campos, J., Caplovitz, K., Lamb, M., Goldsmith, H., & Stenberg, C. (1983). Socio-emotional development. In M. M. Haith, & J. J. Campos (Eds.), *Handbook of child psychology: Infancy and child development psychobiology*(4th ed., Vol. 2, pp. 783-915). Wiley.

Camras, L. A., Oster, H., Campos, J., Campos, R., Ujie, T., Miyake, K., Wang, L., & Meng, Z. (1998). Production of emotional and facial expression in European American, Japanese, and Chinese infants. *Developmental Psychology, 34*(4), 616-628.

Canfield, R. L., & Haith, M. M. (1991). Young infants' visual expectations for symmetric and asymmetric stimulus sequences. *Developmental Psychology, 27*(2), 198-208.

Casey, B. M., McIntire, D. D., Leveno, K. J. (2001). The continuing value of the Apgar score for the assessment of newborn infants. *New England Journal of Medicine, 344*(7), 467-471.

Caspi A. (1998). Personality development across the life course. In N. Eisenberg (Ed.), *Handbook of child psychology: Social, Emotional, and personality development*(5th ed., Vol. 3, pp. 311-388). Wiley.

Caspi A. (2000). The child is father of the man: Personality continuities from childhood to adulthood. *Journal of Personality and Social Psychology, 78*(1), 158-172.

Cassidy, J., Park, R. D., Butkovsky, L., & Braungart, J. M. (1992), Family peer connections: The roles of emotional expressiveness within the family andchildren's understanding of emotion. *Child Development, 63*(3), 603-619.

Caughy, M., Dipietro, J. & Strobino, D. (1994). Day care participation as a protective factor in the cognitive development of low-income children. *Child Development, 65*(2), 457-471.

Cernoch, J. M., & Potter, R. H. (1985). Recognition of maternal axillary odors by infants. *Child*

Development, 56(6), 1593-1598.

Chall, J. S. (1983). *Stages of reading development.* McGraw-Hill.

Cheah, C., & Park, S. (2006). South Korean mothers' beliefs regarding aggression and social withdrawal in preschoolers. *Early Childhood Research quarterly. 21*(1), 61-75.

Chen, C., & Stevenson, H. W. (1989). Homework: A cross-natural examination. *Child Development, 60*(3), 551-561.

Chen, X., Liu, M., & Li, D. (2000). Parental warmth, control, and indulgence and their relations to adjustment in Chinese children: A longitudinal study. *Journal of Family Psychology, 14*(3), 401-419.

Chen, X., Hastings, P. D., Rubin, K. H., Chen, H., Cen, G., & Stewart, S. L. (1998). Childrearing attitudes and behavioral inhibition in Chinese and Canadian toddlers : A cross-cultural study. *Developmental Psychology, 34*(4), 677-686.

Cho, S. I., Song, J. H., Trommsdorff, G., Cole, P. M., Niraular, S., & Park, S. Y. (2022). Mothers' reactions to children's emotion expressions in different cultural contexts: Comparisons across Nepal, Korea, and German. *Early Education and Development, 33*(5), 858-876.

Chomsky, N. (1957). *Syntactic structures.* Mouton.

Cicchetti, D., & Toth, S. L. (1998). The development of depression in children and adolescents. *American Psychologist, 53*(2), 221-241.

Clark, E. (1987). The principle of contrast: A constraint on language acquisition. In B. MacWhinney (Ed.), *Mechanisms of language acquisition*(pp. 1-33). Lawrence Erlbaum Associates.

Clark, L. A., Kochanska, G., & Ready, R. (2000). Mothers' personality and its interaction with child temperament as predictors of parenting behavior. *Journal of Personality and Social Psychology, 79*(2), 274–285.

Cochran, M., & Walker, S. (2005). Parenting and Personal Social Networks. In Luster, T. & Okagaki, B. O (Eds.), *Parenting; An ecological perspective*(pp. 235-274). Lawrence Erlbaum Associates.

Coie, J. D., & Dodge, K A. (1998). Aggression and antisocial behavior. In N. Eisenberg (Ed.), *Handbook of child psychology: Social, emotional, and personality development*(5th ed., Vol. 3. pp.779-862). Wiley.

Colby, A., Kohlberg, L., Gibbs, J., & Lieberman, M. (1983). A longitudinal study of moral judgement. *Monographs of the Society for Research in Child Development, 48*(1-2), 1-124.

Collins, W. A., Maccoby, E. E., Steinberg, L., Hetherington, E. M., & Bornstein, M. H. (2000). Contemporary research on parenting: The case for nature and nurture. *American Psychologist, 55*(2), 218-232.

Collins, W. A., Madsen, S. D., & Susman-Stillman, A. (2002). parenting during middle childhood. In M.

H. Bornstein (Ed.), *Handbook of parenting: Children and parenting*(2nd ed., Vol. 1, pp. 73-101). Lawrence Erlbaum Associates.

Costa, A., Vives, M-L, & Corey, J. (2017). On language processing shaping decision making. *Current directions in Psychological Science, 26*(2), 146-151.

Cox, M. J., Owne, M. T., Lewis, J. M., & Henderson, V. K. (1989). Marriage, adult adjustment, and early parenting. *Child Development, 60*(5), 1015-1024.

Crick, N., Casas, J., & Ku, H. (1999). Relational and physical forms of peer victimization in preschool. *Developmental Psychology, 35*(2), 376-385.

Crockenberg, S., & Leerkes, E. (2000). Infant social and emotional development in family context. In C. H. Zeanah, Jr (Ed.), *Handbook of Infant mental health*(2nd ed., pp. 60-90). Guilford.

Crouter, A., & McHale, S. (2005). The long arm of the job Revisited; Parenting in Dual-Earner Families, In Luster, T. & Okagaki, B. O (Eds.), *Parenting; An ecological perspective*(pp. 275-318). Lawrence Erlbaum Associates.

Cummings, E. M., & Davies, P. T. (1994). Maternal depression and child development. *Journal of Child Psychology and Psychiatry, 35*(1), 73-112.

Damon, W. (1988). *The moral child.* Free press.

Damon, W., & Hart, D. (1988). *Self understanding in childhood and adolescence.* Cambridge University Press.

Davidov, M., Zahn-Waxler, C., Roth-Hanania, R. and Knafo, A. (2013). Concern for others in the first year of life: Theory, evidence, and avenues for research. *Child Development Perspectives, 7*(2), 126-131.

De Villiers, J. G., & De Villiers, P. A. (2000). Linguistic determinism and the understanding of false beliefs. In P. Mitchell & K. J. Riggs (Eds.), *Children's reasoning and the mind*(pp. 191-228), Psychology Press.

DiLalla, L. F. (2000). Development of intelligence: Current research and theories. *Journal of School Psychology, 38*(1), 3-8.

Dondi, M., Simon, F., & Caltran, G. (1999). Can newborns discriminate between their own cry and the cry of another newborn infant? *Developmental Psychology, 35*(2), 418-426.

Dukes, R., Stein, J., & Zane, J. (2009). Effect of relational bullying on attitudes, behavior and injury among adolescent bullies, victims, bully-victims. *The Social Science Journal, 46*(4), 671-688.

Duckworth, A. (2016). *Grit: The power of passion and perseverance*(Vol. 234). Scribner.

Dunn, J. (2002). Sibling relationships. In P. K. Smith & C. H. Hart (Eds.), *Handbook of childhood social development*(pp. 223-237). Blackwell.

Durkin, D. (2004). *Teaching them to read*(6th ed.). Allyn & Bacon.

Dweck, C. (2006). *Mindset: The new psychology of success.* Penguin Random House.

Dweck, C. (2017). *Mindset-updated edition: Changing the way you think to fulfill your potential.* Hachette UK.

Dykman, R., Casey, P. H., Ackerman, P. T., & McPherson, W. B. (2001). Behavioral and cognitive status in school-aged children with a history of failure to thrive during early childhood. *Clinical Pediatrics, 40*(2), 63-70.

Easterbrooks, M., & Goldberg, W. (1990). Security of toddler-parent attachment: Relation to socio-personality functioning during kindergarten. In M. Greenberg, D. Cicchetti, & E. Cummings (Eds.), *Attachment in the preschool years: Theory, research in the intervention*(pp. 221-244). University of Chicago.

Edward, C. P., & Liu, W. (2002). Parenting toddlers. In M. H. Bornstein (Ed.), *Handbook of parenting*(2nd ed., Vol. 1, pp. 45-71). Lawrence Erlbaum Associates.

Egeland, B., & Farber, E. (1984). Infant-mother attachment: Factors related to its development and changes over time. *Child Development, 55*(3), 753-771.

Eisenberg, N. (1998). The socialization of socioemotional competence. In D. Pushkar, W. M. Bukowski, A. E. Schwartzman, E. M. Stack, & D. R. White (Eds.), *Improving competence across the lifespan*(pp. 59-78). Plenum.

Eisenberg, N., & Fabes, R. A. (1998). Prosocial development. In N. Eisenberg (Ed.), *Handbook of child psychology*(5th ed., Vol. 3, pp. 1-29). Wiley.

Eisenberg, N., & Valiente, C. (2002). Parenting and children's prosocial and moral development. In M. H. Bornstein (Ed.), *Handbook of parenting: Practical issues in parenting*(pp. 111–142). Lawrence Erlbaum Associates.

Eisenberg, N., Fabes, R. A., & Spinrad, T. L. (2006). Prosocial development. In N. Eisenberg (Ed.), *Handbook of child psychology: Social, emotional, and personality development*(6th ed., Vol. 3, pp. 646-718), Wiley.

Eisenberg, N., Spinrad, T. L., & Knafo-Noam, A. (2015). Prosocial development. In M. E. Lamb & R. M. Lerner (Eds.), *Handbook of child psychology and developmental science: Social, emotional and personality development*(7th ed., Vol. 3, pp. 610–656). Wiley.

Eisenberg, N., Shell, R., Pasternack, J., Lennon, R., Beller, R., & Mathy, R. M. (1987). Prosocial development in middle childhood: A longitudinal study. *Developmental Psychology, 23*(5), 712-718.

Ellis, B., & Boyce, W. (2008). Biological sensitivity to context. *Current Direction in Psychological Science, 17*(3), 183-187.

Emde, R., Gaensbauer, T., & Harmon, R. (1976). Emotional expression in infancy: A biobehavioral study.

Psychological Issues, 10(1), 1-200.

Engfer, A. (1990). The interrelatedness of marriage and the mother-child relationships. In R. E. Hinde & J. Steven-Hinde (Eds.), *Relationships within families*(pp. 104-118). Clarendon Press.

Engfer, A. (1993). Antecedents and consequences of shyness in boys and girls: A six-year longitudinal study. In K. H. Rubin & J. B. Asendorpf (Eds.), *Social withdrawal, inhibition, and shyness in childhood*(pp. 49-79). Lawrence Erlbaum Associates.

Fagot, B. I. (1997). Attachment, parenting, and peer interactions of toddler children. *Developmental Psychology, 33*(3), 489-499.

Falbo, T., & Polit, D. F. (1986). Quantitative review of the only child literature: Research evidence and theory development. *Psychological Bulletin, 100*(2), 176-189.

Fantz, R.(1961). The origin of form perception. *Scientific American, 204*(5), 66-72.

Fattibene, P.,Mazzei, F., Nuccetelli, C., & Risica, S. (1999). Prenatal exposure to ionizing radiation: Sources, effects, and regulatory aspects. *Acta Paediatrica, 88*(7), 693-702.

Fenson, L., Dale, P., Reznick, J., Bates, E., Thal, D., & Pethick, S. (1994). Variability in early communicative development. *Monographs of the Society for Research in Child Development, 59*(5), i-185.

Field, T. (1977). Effects of early separation, interactive, deficits, and experimental manipulations on infant-mother face-to-face interaction. *Child Development, 48*(3), 763-771.

Field, T. (1990). *Infancy.* Harvard University Press.

Field, T. (1991). Quality infant day care and grade school behavior and performance. *Child Development, 62*(4), 863-870.

Field, T. (2001). Massage therapy facilitates weight gain in preterm infants. *Current Directions in Psychological Science, 10*(2), 51-54.

Field, T. M., Woodson, R., Greenberg, R., & Cohen, D. (1982). Discrimination and imitation of facial expressions by neonates. *Science, 218*(4568), 179-181.

Field, T., Healy, B., Goldstein, S., Perry, S., Bendell, D., Schanberg, S., Eugene A., Zimmerman, E. A., & Kuhn, C. (1988). Infants of depressed mothers show “depressed” behavior even with nondepressed adults. *Child Development, 59*(6), 1569-1579.

Fischer, K. (1987). Relations between brain and cognitive development. *Child Development, 58*(3), 623-632.

Fischer, K., & Bidell, T. (1998). Dynamic development of psychological structures in action and thought. In R. M. Lerner (Ed.), *Handbook of Child psychology: Theoretical models of human development*(5th ed., Vol. 1, pp.467-562). Wiley.

Fischer, K., & Silvern, L. (1985). Stages and individual differences in cognitive development. *Annual Review of Psychology, 36*(1), 613-648.

Fivush, R., & Schwarzmeuller, A. (1998). Children remember childhood: Implications for childhood amnesia. *Applied Cognitive Psychology, 12*(5), 455-473.

Flavell, J. H. (1970). Developmental studies of medical memory. In H. W. Reese & L. O. Lipsitt (Eds.), *Advances in child development and behavior*(Vol. 5, pp. 181-211). Academic.

Flavell, J. H., Green, F. L., & Flavell, E. R. (1989). Young children's ability to differentiate appearance reality and level 2 perspectives in the tactile modality. *Child Development, 60*(1), 201-213.

Flavell, J. H., Green, F. L., & Flavell, E. R. (1989). Developmental changes in young children's knowledge about the mind. *Cognitive Development, 5*(1), 1-27.

Flavell, J. H., Green, F. L., & Flavell, E. R. (1995). Young children's knowledge about thinking. *Monographs of the Society for Research in Child Development, 60*(1), i-113.

Fomon, S. J., & Nelson, S. E. (2002). Body composition of the male and female reference infants. *Annual Review of Nutrition, 22,* 1-17.

Ford, R. P., Schluter, P. J., Mitchell, E. A., Taylor, B. J., Scragg, R., & Stewart, A. W. (1998). Heavy caffeine intake in pregnancy and sudden infant death syndrome. *Archives of Disease in Childhood, 78*(1), 9-13.

Fox, N. (1994). Dynamic cerebral processes underlying emotion regulation. *Monographs of the Society for Research in Child Development, 59*(2-3), 152-166.

Fox. N., & Calkins, S. (1993). Multiple-measure approaches to the study of infant emotion. In M. Lewis & J. Haviland (Eds.), *Handbook of emotion*(pp. 167-184). Guilford.

Fox, N., Henderson, H., Rubin, K., Calkins, S., & Schmidt, L. (2001). Continuity and discontinuity of behavioral inhibition and exuberance: Psychophysiological and behavioral influences across the first four years of life. *Child Development, 72*(1), 1-21.

Franz, C. E., Mclelland, D., & Weinberger, J. (1991). Childhood antecedents of conventional social accomplishment in middle adults: A 26-year prospective study. *Journal of Personality and Social Psychology, 60*(4), 586-595.

Galloway, A. T. (2005). *Developing a penchant for picky eating: Predispositions and parental influences.* 인간생활환경연구소, 이화창립기념초청강연회.

Garcia Coll, C. T., Meyer, E. C., & Brillion, L. (1995). Ethnic and minority parents. In M. H. Bornstein (Ed.), *Handbook of parenting*(Vol. 2, pp. 189-209). Lawrence Erlbaum Associates.

Gardner, H.(2006). *Multiple intelligence: New horizons.* New York: Basic Books.

Gartstein, M. A., & Putnam, S. (Eds). (2019). *Toddlers, Parents, and Culture.* Routledge.

Gartstein, M. A., & Rothbart, M. K. (2003). Studying infant temperament via the revised infant behavior questionnaire. *Infant behavior and Development, 26*(1), 64-86.

Gelman, R., Bullock, M., & Meck, E. (1980). Preschooler's understanding of simple object transformations. *Child Development, 51*(3), 691-699.

Gelman, S., Taylor, M., & Nguyen, S. (2004). Mother-child conversations about gender. *Monographs of the Society for Research in Child Development, 69*(1), 1-14.

Gesell, A. (1929). Maturation and infant behavior patterns. *Psychological Review, 36*(4), 307-319.

Gibson, E. J. (2001). *Perceiving the affordances.* Lawrence Erlbaum Associates.

Gibson, E., & Walk, R. (1960). The "visual cliff." *Scientific American, 202*(4), 64-71.

Gibson, J. J. (1979). *The ecological approach to visual perception.* Houghton Mifflin.

Gilligan, C. F. (1982). *In a different voice.* Harvard University Press.

Goldberg, W.A., Greenberger, E., & Nagel, S. K. (1996). Employment and achievement: Mothers' work involvement in relation to children's achievement behaviors and mothers' parenting behaviors. *Child Development, 67*(4), 1512-1527.

Goleman, D. (1995). *Emotional intelligence.* New York: Basic Books.

Goodlin-Jones, B. L., Burnham, M. M., & Anders, T. F. (2000). Sleep and sleep disturbances: Regulatory processes in infancy. In A. J. Sameroff, M. Lewis & S. M. Miller (Eds.), *Handbook of developmental psychology*(2nd ed., pp. 309-325). Kluwer.

Gortmaker, S., Must, A., Sobol, A., Peterson, K., Colditz, G., & Dietz, W. (1996). Television viewing as a cause of increasing obesity among children in the United States. 1986-1990. *Archives of Pediatric and Adolescent Medicine, 150*(4), 356-362.

Gottfried, A. E., Fleming, J. S., & Gottfried, A. W. (1998). Role of cognitively stimulating home environment in children's academic intrinsic motivation: A longitudinal study. *Child Development, 69*(5), 1448-1460.

Gottfried, A.; Gottfried, A., & Bathurst, K. (2002). Maternal and dual-earner employment status and parenting. In M. H. Bornstein (Ed.), *Handbook of parenting*(2nd ed., Vol. 2, pp. 207-230). Lawrence Erlbaum Associates.

Gottfried, A., Gottfried, A., & Guerin, D.(2006). The Fullerton Longitudinal Study: A long-term investigation of intellectual and motivational giftedness. *Journal for the Education of the Gifted, 29*(4), 430-450.

Gottfried, A., Gottfried, A., & Guerin, D. (2009). Issues in early prediction and identification of intellectual giftedness. In F. D. Horowitz, R. F., Subotnik, & D. J. Matthews (Eds.), *The development of giftedness and talent across the life span*(pp. 43-56). American Psychological Association.

Gottman, J., & Parker, J. (Eds.). (1987). *Conversations of friends.* Cambridge University Press.

Greenberger, E., & Goldberg, W. (1989). Work, parenting, and the socialization of children, *Developmental Psychology, 25*(1), 22-35.

Grigorenko, E.(2000). Heritability and intelligence. In R. J. Sternberg (Ed.), *Handbook of intelligence.* Cambridge University Press.

Gross, D., Conrad, B., Fogg, L., & Wothke, W. (1994). A longitudinal model of maternal self-efficacy, depression, and difficult temperament during toddlerhood. *Research in Nursing & Health, 17*(3), 207-215.

Grossmann, K., Grossmann, K. E., Spangler, G., Suess, G., & Unzner, L. (1985). Maternal sensitivity and newborns' orientation responses as related to quality of attachment in northern Germany. *Monographs of the Society for Research in Child Development, 50*(1-2), 233-256.

Grych, J. H. (2002). Marital relationships and parenting. In M. H. Bornstein (Ed.), *Handbook of parenting*(2nd ed., Vol. 4, pp. 203-225). Lawrence Erlbaum Associates.

Gunnar, M., Brodersen, L., Krueger, K., & Rigatusu, R. (1996). Dampening of behavioral and adrenocortical reactivity during early infancy: Normative changes and individual differences. *Child Development, 67*(3), 877-889.

Guerra, N., William, K., & Sadek, S. (2011). Understanding bullying and victimization during childhood and adolescence: A mixed methods study. *Child Development, 82*(1), 295-310.

Hack. M., Flannery, D. J., Schlucher, M., Cartar, L., Borawski, E., & Klein, N. (2002). Outcomes in young adulthood for very-low-birth-weight infants. *New England Journal of Medicine, 346*(3), 149-157.

Hakuta, K. (2000). Bilingualism. In A. Kazdin (Ed.), *Encyclopedia of psychology.* American Psychological Association and Oxford University Press.

Halpern, D. F. (1997). Sex differences in intelligence: Implications for education. *American Psychologist, 52*(10), 1092-1102.

Hamilton, C. E. (2000). Continuity and discontinuity of attachment from infancy through adolescence. *Child Development, 71*(3), 690-694.

Hanna, E., & Meltzoff, A. (1993). Peer imitation by toddlers in laboratory, home, and day-care contexts: Implications for social learning and memory. *Developmental Psychology, 29*(4), 701-710.

Harkness, S. & Super, C. (2006). Themes and variations: Parental ethnotheories in Western culture. In K. Rubin & O. Chung (Eds.), *Parenting beliefs, behaviors, and parent-child relations*(pp. 61-80). Psychology Press.

Harlow, H. E. & Zimmerman, R. (1959). Affectional responses in the infant monkey. *Science, 130*(3373), 421-432.

Harris, J. (1998). *The nurture assumption: Why children turn out the way they do.* Fress Press.

Harris, J. (2000). Socialization, personality development, and the child's environment. *Developmental Psychology, 36*(6), 711-723.

Hart, C. H., Nelson, D. A., Robinson, C. C., Olsen, S. F., & McNeilly-Choque, M. K. (1998). Overt and relational aggression in Russian nursery-school-age children: parenting style and marital linkages. *Developmental Psychology, 34*(4), 687-697.

Hart, C. H., Newell, L. D., & Olsen, S. F. (2002). Parenting skills and social/communicative competence in childhood. In J. O. Greene & B. R. Burleson (Eds.), *Handbook of communication and social interaction skill*(pp. 771-816). Lawrence Erlbaum Associates.

Hart, B., & Risley, T. R. (1995). *Meaningful differences in the everyday experience of young American children.* Paul H Brookes Publishing.

Harter, S. (1996). Developmental changes in self-understanding across the 5 to 7 shift. In A. J. Sameroff & M. M. Haith (Eds.), *The five to seven year shift: The age of reason and responsibility*(pp. 207–236). University of Chicago Press.

Harter, S. (2003). The development of self-representations during childhood and adolescence. In M. R. Leary & J. P. Tangney (Eds.), *Handbook of self and identity*(pp.610-642). Guilford.

Harter, S. (2006). The self. In N. Eisenberg (Ed.), *Handbook of child psychology: Social, emotional, and personality development*(6th ed., Vol. 4, pp.505-570). Wiley & Sons.

Hartshorn, K., Rovee-Collier, C., Gerhardstein, P., Bhatt, R. S., Wondoloski, T. L., Klein, P., Gilch, J., Wurtzel, N., & Campos-de-Carvalho, M. (1998). The ontogeny of long-term memory over the first year-and a half of life. *Developmental Psychologist, 32*(2), 69-89.

Hartup, W. W. (1983). Peer relations. In E. M. Hetherington (Ed.), *Handbook of child psychology: Socialization, personality, and social development*(4th ed., Vol. 4, pp. 103-196). Wiley.

Hartup, W. W. (1999). *Peer relations and the growth of the individual child.* paper presented at the meeting of the Society for Research in Child Development, Albuquerque.

Hartup, W. W., & Stevens, N.(1999). Friendships and adaptation across the life span. *Current Directions in Psychological Science, 8*(3), 76-79.

Harvey, E. (1999). Short-term and long-term effects of early parental employment on children of the National Longitudinal Survey of Youth. *Developmental psychology, 35*(2), 445-459.

Hastings, P. D., Miller, J. G., Kahle, S., & Zahn-Waxler, C. (2014). The neurobiological bases of empathic concern for others. In M. Killen & J. Smetana (Eds.), *Handbook of moral development*(2nd ed., pp. 411–434). Psychology Press.

Haviland, J., & Lelwica, M. (1987). The induced affect responses: 10-week-old infants' responses to three emotion expressions. *Developmental Psychology, 23*(1), 97-104.

Health-North Korea (1998). *Alarming Rates of Malnutrition Among Children.* Hartford Web Publishing.

Herbert, J., & Hayne, H. (2000). The ontogeny of long-term retention during the second year of life. *Developmental Science, 3*(1), 50-56.

Hesse, E., & Main, M. (2000). Disorganized infant, child, and adult attachment: Collapse in behavioral and attentional strategies. *Journal of the American Psychoanalytic Association, 48*(4), 1097-1127.

Hetherington, E. M., Stanley-Hagan, M. (2002). Parenting in divorced and remarriedfamilies. In M. H. Borstein (Ed.), *Handbook of parenting*(2nd ed., Vol. 3, pp. 287-315). Lawrence Erlbaum Associates.

Hirsh-Pasek, K., Kemler Nelson, D. G., Jusczyk, P. W., Cassidy, K. W., Druss, B., & Kennedy, L. (1987). Clauses are perceptual units for young infants. *Cognition, 26*(3), 269-286.

Hoff, E., Laursen, B., Tardiff, Y. (2002). Socioeconomic status and parenting. In M. H. Bornstein(Ed.), *Handbook of parenting: Biology and ecology of parenting*(Vol. 2, pp. 231-252). Lawrence Erlbaum Associates.

Hoffman, M. L. (2000). *Empathy and moral development: Implications for caring and justice.* Cambridge University Press.

Hoffmann, M. E. (2003). The "Flower Swallows":North Korean Children's Development during a Time of Crisis. In Gill-chin Lim & Namsoo Chang (Eds.), *Food problems in North Korea: current situation and possible solutions.* Consortium on Development Studies & Ewha Womans University Human Ecology Research Institute, Yambian Center. Oreum Publishing House.

Hoffmann, W. (2001). Fallout from the Chernobyl nuclear disaster and congenital malformations in Europe. *Archives of Environmental Health, 56*(6), 478-483.

Hoffner, C., & Badzinski, D. M. (1989). Children's integration of facial and situational cues to emotion. *Child Development, 60*(2), 411-422.

Horowitz, F. D. (1987). *Exploring developmental theories: Toward a structural behavioral model of developnent.* Lawrence Erlbaum Associates.

Howes, C. (1988). Peer interaction of young children. *Monographs of the Society for Research in Child Development, 53*(1), i-92.

Howes, C. (1990). Can the age of entry and the quality of infant child care predict adjustment in kindergarten? *Developmental Psychology, 26*(2), 292-303.

Howes, C., & Matheson, C. (1992). Sequences in the development of competent play with peers: Social and social pretend play. *Developmental Psychology, 28*(5), 961-974.

Hubbard, F., & Van IJzendoorn, M. (1987). Maternal unresponsiveness and infant crying: A critical replication of the Bell & Ainsworth study. In L. W. C. Tavencchio & M. H. van IJzendoorn (Eds.), *Attachment in social networks*(pp. 339-378). Elsevier.

Huesman, L., & Eron, L. (1986). *Television and the aggressive child: A cross-national comparison.* Lawrence Erlbaum Associates.

Hursti, U. K. (1999). Factors influencing children's food choice. *Annals of Medicine, 31,* 26-32.

Hughes, C. (2011). *Social understanding and social lives: From toddlerhood to the transition to school.* Psychology Press.

Hursti, U. K. (1999). Factors influencing children's food choice. *Annals of Medicine, 31*(1), 26-32.

Huttenlocher, P. R. (2000). Synaptogenesis in human cerebral cortex and the concept of critical periods. In N. A. Fox, L. A. Leavitt, & J. G. Warhol (Eds.), *The role of early experience in infant development*(pp. 15-28). Johnson & Johnson Pediatric Institute.

Isabella, R., & Belsky, J. (1991). Interactional synchrony and the origins of infant-mother attachment: A replication study. *Child Development, 62*(2), 373-384.

Izard, C. (1979). *The maximally discriminative facial movement scoring system.* Unpublished manuscript, University of Delaware.

Jensen, A. R. (1969). How much can we boost IQ and scholastic achievement? *Harvard Educational Review, 39,* 1-123.

Kagan, J. (1994). *Galen's prophecy.* Basic Books.

Kagan, J. (1998). Biology and the child. In N. Eisenberg (Ed.), *Handbook of childpsychology: Social, emotional, and personality development*(5th ed., Vol. 3, pp. 177-236). Wiley.

Kagan, J., & Snidman, N. (1991). Temperamental factors in human development. *American Psychologist, 46*(8), 856-862.

Kagan, J., Reznick, J., & Gibbons, J. (1989). Inhibited and uninhibited types of children. *Child Development, 60*(4), 838-845.

Kavsek, M. (2004). Predicting IQ from infant visual habituation and dishabituation: A meta analysis. *Journal of Applied Developmental Psychology. 25*(3), 369-393.

Kisilevsky, B. S., Hains, S. M. J., Lee, K., Muir, D. W., Xu, F., Fu, G., Zhao, Z. Y., & Yang, R. L.(1998). The still-face effect in Chinese and Canadian 3-to 6-month-old infants. *Developmental Psychology, 34*(4), 629-639.

Kochanska, G. (2001). Emotional development in children with different attachment histories: The first three years. *Child Development, 72*(2), 474-490.

Kochanska, G., & Coy, K. C. (2002). Child emotionality and maternal responsiveness as predictors of reunion behaviors in the Strange Situation: Links mediated and unmediated by separation distress. *Child Development, 73*(1), 228-240.

Kochanska, G., & Murray, K. T. (2000). Mother-child mutually responsiveorientation and conscience development: From toddler to early school age. *Child Development, 71*(2), 417-431.

Kochanska, G., Murray, K. T., & Harlan, E. T. (2000). Effortful control in early childhood: continuity and change, antecedents, and implications for social development, *Developmental Psychology, 36*(2), 220-232.

Kochanska, G., Tjebkes, T. L., & Forman, D. R. (1998). Children's emerging regulation of conduct: Restraint, compliance, and internalization from infancy tothe second tear. *Child Development, 69*(5), 1378-1389.

Koestner, R., Franz, C., & Weinberger, J. (1990). The family origins of empathic concern: A 26-year longitudinal study. *Journal of Personality and Social Psychology, 58*(4), 709-717.

Kohlberg, L. (1966). A cognitive developmental analysis of children's sex-role concepts and attitudes. In E. E. Maccoby (Ed.), *The development of sex differences*(pp. 82-173). Stanford University Press.

Kohlberg, L. (1969). Stage and sequence: The cognitive developmental approach to socialization. In D. A. Goslin (Ed.), *Handbook of socialization theory and research*(pp. 347-480). Rand McNally.

Kopp, C. B. (1994). Infant assessment. In C. B. Fisher & R. M. Lerner (Eds.), *Applied development psychology*(pp. 256-293). McGraw-Hill.

Korner, A., Hutchinson, C., Koperski, J., Kraemer, H., & Schneider, P. (1981). Stability of individual differences of neonatal and crying pattern. *Child Development, 53*(1), 83-90.

Kramer L. (2010). The essential ingredients of successful sibling relationships: An emerging framework for advancing theory and practice. *Child Development Perspectives, 4*(1), 80–86.

Ladd, G. W., & Price, J. M. (1987) Predicting children's social and school adjustment following the transition from preschool to kindergarten. *Child Development, 58*(5), 1168-1189.

Laible, D., & Thompson, R. (1998). Attachment and emotional understanding in preschool children. *Developmental Psychology, 34*(5), 1038-1045.

Lamb, M. E. (1977). Father-infant and mother-infant interaction in the first year of life. *Child Development, 48*(1), 167-181.

Lamb, M. E., & Tamis-Lemonda, C. S. (2004). The role of the father: An introduction. In M. E. Lamb (Ed.), *The role of the father in child development*(4th ed., pp. 1-31). John Wiley & Sons Inc.

Lamb, M. E. (2000). The history of research on father involvement: An overview. *Marriage and Family Review, 29*(2-3), 23-42.

Lamb, M. E., Bornstein, M. H., & Teti, D. M. (2002). *Development in Infancy*(4th ed.). Lawrence Erlbaum Associates.

Lamb, M., Sternberg, K., & Prodromidis, M. (1992). Non-maternal care and the security of infant-mother attachment: A reanalysis of the data. *Infant behavior and Development, 15*(1), 71-83.

Leaper, C. (2002). Parenting girls and boys. In M. H. Bornstein (Ed.), *Handbook of parenting*(2nd ed., Vol.1, pp. 189-227). Lawrence Erlbaum Associates.

Leaper, C., Anderson, K. J., & Sanders, P. (1998). Moderators of gender effects on parents' talk to their children: A meta-analysis. *Developmental Psychology, 34*(1), 3-27.

Lerner, R. M. (2002). *Concepts and theories of human development*(3rd ed.). Lawrence Erlbaum Associates.

Lewis, M. (1998). Emotional competence and development. In D. Pushkar, W. Bukowski, A. E. Schwartzman, D. M. Stack, & D. R. White (Eds.), *Improving competence across the lifespan*(pp. 27-36). Plenum.

Lewis, M., & Brooks-Gunn, J. (1979). *Social cognition and the acquisition of self.* Plenum.

Lewis, M., & Michalson, L. (1983). *Children's emotions and moods: Developmental theory and measurement.* Plenum.

Liaw, F., & Brooks-Gunn, J. (1993). Patterns of low-birth weight children's cognitive development. *Developmental Psychology, 29*(6), 1024-1035.

Lindenberger, U., & Baltes, P. B. (2000). Life span psychology theory. In A. Kazdin (Ed.), *Encyclopedia of psychology*(pp. 52-57). Oxford University Press.

Loehlin, J., Horn, J., & Willerman, L. (1994). Differential inheritance of mental abilities in the Texas Adoption Project. *Intelligence, 19*(3), 324-336.

Luster, T., & Okagaki, L. (1993). *Parenting: An ecological perspective.* Lawrence Erlbaum Associates.

Maccoby, E. (2002). Gender and group process: A developmental perspective. *Current Directions in Psychological Science, 11*(2), 54-58.

Maccoby, E. E., & Martin, J. A(1983). Socialization in the context of the family: Parent-child interaction. In P. H. Mussen (Ed.), *Handbook of child psychology*(4th ed., Vol. 4, pp.1-101). Wiley.

Mahler, M., Pine, R., & Bergman, A. (1975). *The psychological birth of human infants.* Basic Books.

Main, M., & Cassidy, J. (1988). Categories of response to reunion with the parent at age six: Predictable from infant attachment classification and stable over one-month period. *Developmental Psychology, 24*(3), 415-426.

Main, M., Kaplan, N., & Cassidy, J. (1985). Security in infancy, childhood, and adulthood: A move to the level of representation. *Monographs of the society for research in child development, 50*(1-2), 66-104.

Main, M., & Solomon, J. (1990). Procedures for identifying infants as disorganized/disoriented during the Ainsworth Strange Situation. In M. Greenberg, D. Cicchetti, & M. Cummings (Eds.), *Attachment in the preschool year: Theory, research, and intervention*(pp. 121-160). University of Chicago press.

Malti, T., & Rubin, K. H. (2018). Aggression in childhood and adolescence: Definition, theory, and history. In T. Malti & K. H. Rubin (Eds.), *Handbook of child and adolescent aggression*(pp. 3-19). Guilford Press.

Malti, T., & Song, J-H. (2018). Social-emotional development and aggression. In T. Malti & K. H. Rubin (Eds.), *Handbook of child and adolescent aggression*(pp. 127-144). Guilford Press.

Malti, T., Song, J-H., Colasante, T., & Dys, S. (2019). Parenting the aggressive children. In M. H. Borsnstein (Ed.), *Handbook of parenting: Children and parenting*(3rd ed., Vol. 1, pp. 496-522). Routledge.

Mangelsdorf, S. C., Schoppe, S. J. & Burr, H. (2000). The meaning of parental reports: A contextual approach to the study of temperament and behavior problems. In V. J. Molfese & D. L. Molfese (Eds.), *Temperament and personality across the life span*(pp. 121-140). Lawrence Erlbaum Associates.

Marsh, H. W., & Ayotte, V. (2003). Do multiple dimensions of self-concept become more differentiated with age? The differential distinctiveness hypothesis. *Journal of Educational Psychology, 95*(4), 687-706.

Marsiglio, W., Amato, P., Day, R. D., & Lamb, M. E. (2000). Scholarship on fatherhood in the 1990s and beyond. *Journal of Marriage and Family, 62*(4), 1173-1191.

Martin, C. L., & Fabes, R. A. (2001). The stability ad consequences of young child's same-sex peer interactions. *Developmental Psychology, 37*(3), 431-446.

Martin, C. L., Fabes, R. A., Evans, S. M., & Wyman, H. (1999). Social cognition on the playground: Children's beliefs about playing with girls versus boys and their relations to sex segregated play. *Journal of Social and Personal Relationships, 16*(6), 751-771.

Matlin, M.(2004). *The psychology of women*(5th ed.). Wadsworth.

McCall, R. B., Applebaum, M. I., & Hogarty, P. S. (1973). Developmental change in mental performance. *Monographs of the Society for Research in Child Development, 38*(3), 1-84.

McCall, R. B., & Carriger, M. S. (1993). A meta-analysis of infant habituation and recognition memory performance as predictors of later IQ. *Child development, 64*(1), 57-79.

McCartney, K., Scarr, S., Phillips, D., & Grajek, S. (1985). Day care as intervention: Comparisons of varying quality programs. *Journal of Applied Developmental Psychology, 6*(2-3), 247-260.

McCormick, M. C., McCarton, C., Brooks-Gunn, J., Belt, P., & Cross, R. T. (1998). The infant health and development program: Interim summary. *Journal of Developmental and behavioral Pediatrics, 19*(5), 359-371.

McDonald, R., & Avey, D. (1983). *Dentistry for the child and adolescent*(4th ed.). Mosby.

McHale, S. M., Crouter, A. C., & Tucker, C. J. (1999). Family context and gender role socialigation in middle childhood: Companing girls to boys and sister to brothers. *Child Development, 70*(4), 990-1004.

Meins, E. (1998). The effects of security of attachment and maternal attribution of meaning on children's linguistic acquisitional style. *Infant Behavior and Development, 21*(2), 237-252.

Meltzoff, A., & Borton, R. (1979). Intermodal marching by human neonates. *Nature, 282,* 403-404.

Meltzoff, A. N. (1988). Infant imitation and memory: Nine-month-old infants in immediate and deferred tests. *Child Development, 59*(1), 217-225

Meltzoff, A. N., & Moore, M. K. (1977). Imitation of facial and manual gestures by human neonates. *Science, 198*(4312), 75-78.

Menaghan, E., & Parcel, T. (1991). Transitions in work and family arrangement. In K. Pollerner, & K. McCartney (Eds.), *Parent-Child relations throughout life.* Lawrence Erlbaum Associates.

Miller, P. H. (2002). *Theories of developmental psychology*(4th ed.). Worth.

Minnett, A., Vandell, D., & Santrock, J. (1983). The effects of sibling status on sibling interaction: Influence of birth order, age spacing, sex of the child, and sex of the sibling. *Child Development, 54(*4), 1064-1072.

Mischel, W. (2004). Toward and integrative science of the person. *Annual Review of Psychology, 55,* 1-22.

Mitchel, E., Ford, R., Steward, A., Taylor, B., Becroft, D., Thompson, J., Scragg, R., Hassall, I., Barry, D., Allen, E., & Roberts, A. (1993). Smoking and sudden infant death syndrome. *Pediatrics, 91*(5), 893-896.

Miyake, K., Chen, S. J., & Campos, J. J. (1985). Infant temperament, mother's mode of interaction, and attachment in Japan: An interim report. *Monographs of the Society for Research in Child Development, 50*(1-2), 276-297.

Mize, J. & Pettit, G. S. (1997). Mothers' social coaching, mother-child relationship style, and children's peer competence: Is the medium the message? *Child Development, 68*(2), 312-332.

Mizukami, K., Kobayashi, N., Ishii, T., Iwati, H. (1990). First selective attachment begins in early infancy: A study using telethermography. *Behavior and Development, 13*(3), 257-271.

Moore, G. A., Cohn, J. E., & Campbell, S. B.(2001). Infant affective responses to mother's still face at 6 months differentially predict externalizing and internalizing behaviors at 18 months. *Developmental Psychology, 37*(5), 706-714.

Moore, K. (1989). *Before we are born*(3rd ed.). Saunders.

Myruski, S., Gulyayeva, O., Birk, S., Perez-Edgar, K., Buss, K., & Dennis-Tiwary, T. (2018). Digital disruption? Maternal mobile device use is related to infant social-emotional functioning.

Developmental Science, 21(4), 1-9.

NAEYC (1986). Position statement on developmentally appropriate practice in programs for 4 and 5 years olds. *Young Children, 41*(6), 20-29.

Nanez, J., Sr., & Yonas, A. (1994). Effects of luminance and texture motion on infant defensive reactions to optical collision. *Infant Behavior and Development, 17*(2), 165-174.

Neisser, U., Boodoo, G., Bouchard, T. J., Jr., Boykin, A. W., Brody, N., Ceci, S. J., Halpern, D. F., Loehlin, J. C., Perloff, R., Sternberg, R. J., & Urbina, S. (1996). Intelligence: Knowns and unknowns. *American psychologist, 51*(2), 77-101.

Nelson, K.(1992). Emergence of autobiographical memory at age 4. *Human Development, 35*(2), 172-177.

NICHD Early Child Care Research Network. (1997). The effects of infants child care on infants-mother attachment security: Results of the NICHD study of early child care. *Child Development, 68*(5), 860-879.

NICHD Early Child Care Research network. (2000). Characteristics and quality of child care for toddlers and preschoolers. *Applied Developmental Science, 4*(3), 116-135.

NICHD Early Child Care Research Network. (2001). Child care and children's peer interaction at 24 and 36 months: The NICHD study of early child care. *Child Development, 72*(5), 1478-1500.

NICHD Early Child Care Research Network. (2002). Parenting and family influences when children are in childcare: Results from the NICHD study of early child care. In J. G. Borkowski & S. L. Ramey (Eds.), *Parenting and the child's world*(pp.99-123). Lawrence Erlbaum Associates.

Nye, B., Hedges, L. V., & Konstantopoulos, S. (2001). Are effects of small classes cumulative? Evidence from a Tennessee experiment. *Journal of Educational Research, 94*(6), 336-345.

OECD(2019). OECD Statistics Homepage. http://stats.oecd.org

Olds, D. L., Henderson, C. R., & Tatelbaum, R. (1994). Intellectual impairment in children of woman who smoke cigarettes during pregnancy. *Pediatrics, 93*(2), 221-227.

Olweus, D.(1993). *Bullying at school: What we know and what we can do.* Blackwells.

Onishi K. H, & Baillargeon R. (2005). Do 15-month-old infants understand false beliefs? *Science, 308*(5719), 255–258.

Owen, M. T., & Cox, M. J. (1997). Marital conflict and the development of infant-parent attachment relationships. *Journal of Family Psychology, 11*(2), 152-164.

Owens, R. E.(1996). *Language development*(4th ed.). Allyn and Bacon.

Papalia, D., Gross, D., & Feldman, R. D. (2003). *Child development.* McGraw-Hill.

Park, S. (2003). The effects of malnutrition on child behavior: A focus on social-emotional functioning. In G. C. Lim & N. Chang (Eds.), *Food problems in North Korea:current situation and possible solutions*(pp.95-106). Consortium on Development Studies & Ewha Womans University Human Ecology Research Institute, Yambian Center. Oreum Publishing House.

Park, S., & Cheah, C. (2005). Korean mothers' proactive socialization beliefs regarding preschoolers' social skills. *International Journal of Behavioral Development, 29*(1), 24-34.

Park, S. Y., Trommsdorff, G. & Lee, E. G. (2012). Korean mothers' intuitive theories regarding emotion socialization of their children. *International Journal of Human Ecology, 13*(1), 39-56.

Park, S., Belsky, J., Putnam, S., & Crnic, K. (1997). Infant emotionality, parenting, and 3-year inhibition: Exploring stability and lawful discontinuity in a male sample. *Developmental Psychology, 33*(2), 218-227.

Parke, R. D. (2001). Parenting in the new millennium: Prospects, promises, and pitfalls. In J. P. McHale & W. S. Grolnick (Eds.), *Retrospect and prospect in the psychological study of families*(pp. 85-114). Routledge.

Parke, R. D., & Buriel, R. (1998). Socialization in the family: Ethnic and ecological perspectives. In N. Eisenberg (Ed), *Handbook of child psychology. Social, emotional and personality development*(5th ed., Vol. 3, pp.463-552). Wiley.

Parker, J. G., & Asher, S. R. (1987). Peer relation and later personal adjustment: Are low-accepted children at risk? *Psychological Bulletin, 102*(3), 357-389.

Parten, M. (1932). Social participation among preschool children. *Journal of Abnormal and Social Psychology, 27*(3), 243-269.

Pascalis, O., de Haan, M., & Nelson, C. A. (1998). Long-term recognition memory for faces assessed by visual paired comparison in 3-and 6-month-old infants. *Journal of Experimental Psychology: Learning, Memory, and Cognition, 24*(1), 249-260.

Patterson, G. R. (1982). *Coercive family processes.* Castalia Press.

Patterson, G. R. (1995). Coercion-A basis for early abe of onset for arrest. In J. McCord (Ed.), *Coercion and punishment in long-term perspective*(pp. 81-105). Cambridge University Press.

Perlman, M. & Ross, H. (1997). The benefits of parent intervention in children's disputes: An examination of concurrent changes in children' fighting styles. *Child Development, 68*(4), 690-700.

Piaget, J. (1932). *The moral judgement of the child.* Harcourt Brace.

Piaget, J. (1951). *Play, dreams and imitation in childhood.* Norton.

Piaget, J.(1971). *Biology and knowledge.* University of Chicago Press.

Piaget, J., & Inhelder, B. (1969).. *The psychology of the child.* Basic Books.

Plomin, R. (1999). *Genetics and general cognitive ability.* Nature, 402, C25-C29.

Plomin, R., Emde, R., Braungart, J., Campos, J., Corley, R., Fulker, D., & DeFries, J. C. (1993). Genetic change and continuity from fourteen to twenty months: The MacArthur Longitudinal Twin Study. *Child Development, 64*(5), 1354-1376.

Plomin, R., Fulker, D. W., Corley, R., & Defries, J. C. (1997). Nature, nurture, and cognitive development from 1 to 16 years: A parent-offspring adoption study. *Psychological Science, 8*(6), 442-447.

Posner, J. K., & Vandell, D. L. (1994) Low-income children's after-school care: Are there beneficial effects of after-school programs? *Child Development, 65*(2), 440-456.

Prysak, M., Lorenz, R. P., & Kisly. A. (1995). Pregnancy outcome in nulliparous women 35 years and older. *Obstetrics and Gynecology, 85*(1), 65-70.

Putnam, S. P., Sanson, A. V., & Rothbart, M. K. (2002). Child temperament and parenting. In M. H. Bornstein (Ed.), *Handbook of parenting: Children and parenting*(2nd ed., Vol 1, pp. 255-278). Lawrence Erlbaum Associates.

Ram, A., & Ross, H. S. (2001). Problem solving, contention, and struggle: How siblings resolve a conflict of interests. *Child Development, 72*(6), 1710-1722.

Ramey, S. L., Ramey, C. T., & Lanzi, G. R. (2001). Intelligence and experience. In R. Sterberg & E. Grigorenko(Eds.), *Environmental effects on cagnitive abilities*(pp. 83-115). Psychology Press.

Raval, V. V., & Walker, B. L. (2019). Unpacking culture: Caregiver socialization of emotion and child functioning in diverse families. *Developmental Review, 51,* 146–174.

Riegal, K. (1973). Dialectical operations: The final period of cognitive development. *Human Development, 16*(5), 346-370.

Robinson, T. N., Wilde, M. L., Navracruz, L. C., Haydel, K. F., & Varady, A. (2001). Effects of reducing children's television and video game use on aggressive behavior: A randomized controlled trial. *Archives of Pediatric and Adolescent Medicine, 155*(1), 17-23.

Romano, E., Tremblay, R., Boulerice, B., & Swisher, R. (2005). Multilevel Correlates of Childhood Physical Aggression and Prosocial Behavior. *Journal of Abnormal Child Psychology, 33*(5), 565-578.

Ross, H. S. (1996). Negotiating principles of entitlement in sibling property disputes. *Developmental Psychology, 32*(1), 90-101.

Rose, S. A. Ferryman, J. F. & Wallace, I. F. (1992) Infant information processing in relation to six-year cognitive outcomes. *Child Development, 63*(5), 1126-1141.

Rothbart, M. K. (1981). Measurement of temperament in infancy. *Child Development, 52*(2), 526-578.

Rothbart, M. K., Ahadi, S. A., & Evans, D. E. (2000). Temperament and personality: Origins and outcome. *Journal of Personality and Social Psychology, 78*(1), 122-135.

Rothbart, M. K., Ahadi, S. A., Hershey, K. L., & Fisher, P. (2001). Investigations of temperament at three to seven years: The Children's Behavior Questionnaire. *Child Development, 72*(5), 1394-1408.

Rovee-Collier, C. (1993). The capacity for long-term memory in infancy. *Current Directions in Psychological Science, 2*(4), 130-135.

Rovee-Collier, C. (1999). The development of infant memory. *Current Directions in Psychological Science, 8,* 80-85.

Rubin, K., & Coplan, R. (1998). Social and nonsocial play in childhood: An individual differences perspective. In O. N. Saracho & B. Spodek (Eds.), *Multiple perspectives on play in early childhood education*(pp. 140-170). State University of New York Press.

Rubin, K., Fein, G., & Vandenberg, B. (1983). Play. In P. H. Mussen (Series Ed.) & E. M. Hetherington (Vol. Ed.), *Handbook of child psychology: Socialization, personality, and social development*(Vol. 4., pp. 694-774). Wiley.

Rubin, K., Stewart, S. L, & Chen, X. (1995). Parents of aggressive and withdrawn children. In M. Bornstein (Ed.), *Handbook of parenting: Children and parenting*(Vol. 1, pp. 255-284). Lawrence Erlbaum Associates.

Ruble, D. N., & Martin, C. L (1998). Gender development. In W. Damon (Series Ed.) & N. Eisenberg (Vol. Ed.), *Handbook of child psychology: Social emotional and personality development*(5th ed., Vol. 3, pp. 933-1016). Wiley.

Ruddell, R. (2006). *Teaching children to read and write*(4th ed.). Allyn & Bacon.

Russel, A., Hart, C.H., Robinson, C., & Olsen, S. F. (2003). Children's social and aggressive behavior with peers: A comparison of the US and Australia, and contributions of temperament and parenting styles. *International Journal of Behavioral Development, 27*(1), 74-86.

Saarni, C. (2000). Emotional competence: A developmental perspective. In R. Bar-On & J. D. A. Parker (Eds.), *The handbook of emotional intelligence: Theory, development, assessment, and application at home, school, and in the workplace*(pp. 68–91). Jossey-Bass.

Sadler, T. W. (2000). *Langman's medical embryology*(8th ed.). Williams & Wilkins.

Salovey, P., & Mayer, J. D. (1990). Emotional intelligence. *Imagination, Cognition, and Personality, 9*(3), 185-211.

Sandnabba, H. K., & Ahlberg, C. (1999). Parent's attitudes and expectations about children's cross-gender behavior. *Sex Roles, 40*(3), 249-263.

Santrock, J. W. (2007). *Child Development*(11th ed.). McGraw-Hill.

Scarr, S. (1998). *American child care today. American Psychologist, 53*(2), 95-108.

Scarr, S., & McCartney, K. (1983). How people make their own environment: A theory of genotype -> environment effects. *Child Development, 54*(2), 424-435.

Scarr, S., & Weinberg, R. (1983). The Minnesota Adoption Study: Genetic differences and malleability.

Child Development, 54(2), 260-264.

Scarr, S., & Weinberg, R., & Waldman, I. (1993). IQ correlations in transracial adoptive families. *Intelligence, 17*(4), 541-555.

Schneider, B., Atkinson, L., & Tardif, C. (2001). Child-parent attachment and children's peer relations: A quantitative review. *Developmental Psychology, 37*(1), 86-100.

Schneider, W. Niklas, F., & Schmiedeler, S. (2014). Intellectual development from early childhood to early adulthood: The impact of early IQ differences on stability and change over time. *Learning and Individual Differences, 32,* 156-162.

Schwartz, D., Chang, L., & Farver, J. (2000). *Correlates of victimization in Chinese children's peer groups.* Paper presented at the XIV Biennial Conference of ISSBD, July, Beijing.

Seligman, R. L. (1975). *Learned helplessness.* W. H. Freeman.

Selman, R. L. (1980). *The growth of interpersonal understanding.* Academic.

Sen, M. G., Yonas, A., & Knill, D. C. (2001). Development of infants' sensitivity to surface contour information for spatial layout. *Perception, 30*(2), 167-176.

Shields, A., & Cicchetti, D. (1998). Reactive aggression among maltreated children: The contributions of attention and emotion regulation. *Journal of Clinical Child Psychology, 27*(4), 382-395.

Shoda, Y., Mischel, W., & Peake, P. K. (1990). Predicting adolescent cognitive and self-regulation competencies from preschool delay of gratification: Identifying diagnostic conditions. *Developmental Psychology, 26*(6), 978-986.

Siegler, R. S. (1998). *Children's thinking*(3rd ed.). Prentice-Hall.

Sigman, M., Cohen, S. E., & Beckwith, L. (1997) Why does infant attention predict adolescent intelligence? *Infant Behavior and Development, 20*(2), 133-140.

Sinclair, D. (1978). *Human growth after birth*(3rd ed.). Oxford University Press.

Skinner, B. (1957). *Verbal behavior.* Prentice Hall.

Slater. A., & Quinn. P. C. (2001). Face recognition in the new born infant. *Infant and Child Development, 10*(1-2), 21-24.

Slavich, G. M., & Cole, S. W. (2013). The emerging field of human social genomics. *Clinical Psychological Science, 1*(3), 331-348.

Slobin, D. I. (1997). On the origin of grammaticalizable notions: Beyond the individual mind. In D. I. Slobin (Ed.), *The cross-linguistic study of language acquisition*(Vol. 5, pp. 265-324). Lawrence Erlbaum Associates.

Snarey, J. (1987, June). A question of morality. *Psychology Today,* 6-8.

Snow, C. (1998). *Infant development*(2nd ed.). Prentice-Hall, Inc.

Song, J.-H. & Volling, B. L.(2015). Coparenting and children's temperament predict firstborns' cooperation in the care of an infant sibling. *Journal of Family Psychology, 29*(1), 130-135.

Song, J.-H. & Volling, B. L.(2017). Theory-of-Mind development and early sibling relationships after birth of a sibling: Parental discipline matters. *Infant and Child Development, 27*(1), E 2053.

Song, J.-H., Colasante, T., & Malti, T. (2018). Helping yourself helps others: Linking children's emotion regulation to prosocial behavior through sympathy and trust. *Emotion, 18*(4), 518-527.

Sorce, J., Emde, R., Campos, J., & Klinnert, M. (1985). Maternal emotional signaling: Its effect on the visual cliff behavior of 1-year-olds. *Developmental Psychology, 21*(1), 195-200.

Spearman, C. (1927). *The ability of man.* Macmillan.

Spelke, E. (1987). The development of intermodal perception, In P. Salapatek, & L. Cohen(Eds.), *Handbook of infant perception: From perception to cognition*(Vol. 2, pp. 233-273). Academic Press.

Spelke, E., & Owsely, C. (1979). Intermodal exploration and knowledge in infancy. *Infant Behavior and Development, 2,* 13-27.

Spiker, D., Ferguson, J., & Brooks-Gunn, J. (1993). Enhancing maternal interactive behavior and child social competence in low birth weight, premature infants. *Child Development, 64*(3), 754-768.

Spitz, R. A. (1945). Hospitalism: An inquiry into the genesis of psychiatry conditions in early childhood. *Psychoanalytic study of the child, 1*(1), 53-74.

Sroufe, L. (1997). *Emotional development.* Cambridge University Press.

Steinberg, L., & Belsky, J. (1991). *Infancy, childhood, & adolescence.* McGraw-Hill.

Stern, D. N. (1985). *The interpersonal world of the infant: A view from psychoanalysis and developmental psychology.* Basic Books.

Sternberg, R. J. (1993). *Sternberg Triarchic Abilities Test.* Unpublished manuscript.

Stetsenko, A., little, T. D., Gordeeva, T., Grasshof, M., & Oettinggen, G. (2000).Gender effects in children's beliefs about school performance. *Child Development, 71*(2), 517-527.

Steur, F. B., Applefield, J. M., & Smith, R. (1971). Televised aggression and interpersonal aggression of preschool children. *Journal of Experimental Child Psychology, 11*(3), 442-447.

Stevenson, H. G. (1995). *Missing data: On the forgotten substance of race, ethnicity, and socioeconomic classifications.* Paper presented at the meeting of the Society for Research in Child Development, Indianapolis.

Sullivan, S. A., & Birch, L. L. (1990). Pass the sugar, pass the salt: Experience dictates preference. *Developmental Psychology, 26*(4), 546-551.

Super, C., & Harkness, S. (1982). The infant's niche in rural Kenya and metropolitan America. In L. L. Adler (Ed.), *Cross-cultural research at issue*(pp. 247-255). Academic Press.

Tanner, J. M. (1990). *Fetus into man*(2nd ed). Harvard University Press.

Tanner, J., Healy, M., Goldstein, H., & Cameron, N. (2001). *Assessment of akeletal maturity and prediction of adult height*(3rd ed.), Saunfers.

Tanner, J. M., Whitehouse, R. H., Cameron, N., Marshall, W. A., Healy, M. J. R., & Gildstein, H. (1983). *Assessment of skeletal maturity and prediction of adult height*(2nd ed.). Academic Press.

Teller, D. Y. (1998). Spatial and temporal aspects of infant color vision. *Vision Research, 38*(21), 3275-3282.

Teti, D. M., & Gelfand, D. M. (1991). Behavioral competence among mothers of infants in first year: The mediational role of maternal self efficacy. *Child Development, 62*(5), 918-930.

Thomas, A., & Chess, S. (1977). *Temperament and development.* Brunne/Mazel.

Thomas, R. M. (2000). *Comparing theories of child development*(5th ed.). Wadsworth.

Thompson, R. A. (1994). Emotion regulation: A theme in search of define. In N.A Fox (Ed.), The development of emotion regulation. *Monographs of the Society for Research in Child Development, 59*(2-3), 25-52.

Thompson, R. A., & Lamb, M. (1983). Security of attachment and stranger sociability in infancy. *Developmental Psychology, 19*(2), 184-191.

Thompson, R. A., Lamb, M., & Estes, D. (1982). Stability of infant-mother attachment and its relationship to changing life circumstances in an unselected middle-class sample. *Child Development, 53*(1), 144-148.

Thompson. P. M., Giedd. J. N., Woods, R. P., Macdonald, D., Evans, A, C., & Toga A. W. (2000). Growth patterns in the developing brain detected by using continuum mechanical tensor maps. *Nature, 404*(6774), 190-192.

Thurstone, L.(1938). *Primary mental abilities.* University of Chicago Press.

Tomasello, M. (2003). *Constructing a language: A usage-based theory of language acquisition.* Harvard University press.

Tong, S., Baghurst, P., Vimpani, G., & McMichael, A. (2007). Socioeconomic position, maternal IQ, home environment and cognitive development. *Journal of Pediatric, 151*(3), 284-288.

Trehub, S., & Rabinovitch, M. (1972). Auditory-linguistic sensitivity in early infancy. *Developmental Psychology, 6*(1), 74-77.

Tremblay, R. E. (2000). The developmental aggressive behavior during childhood: what have we learned in the past century? *International journal of behavioral Development, 24*(2), 129-141.

Tremblay, R. E. (2004). The development of human physical aggression: How important in early childhood? In L. A. Leavitt & D. M. B. Hall (Eds.), *Social and moral development: Emerging evidence on the toddler years*(pp. 221-238). Johnson & Johnson Pediatric Institute.

Trommsdorff, G. & Cole, P. M. (2011). Emotion, self-regulation, and social behavior in cultural context. In X. Chen & K. H. Rubin (Eds.), *Socioemotional development in cultural context*(pp. 131-163). Guilford Press.

Trommsdorff, G., & Kornadt, H. J. (2003). parent-child relations in cross-cultural perspectives. In L. Kuczynski (Ed.), *Handbook of dynamics in parent-child relations*(pp. 271-306). Sage.

Trzesniewski, K. H., Donnellan, M. B., & Robins, R. W. (2003). Stability of self-esteem across the life span. *Journal of personality and Social Psychology, 84*(1), 205-220.

Turner, H., Finkelhor, D., Ormrod, R., Hamby, S., Leeb, R., Mercy, J., & Holt, M. (2012). Family context, victimization, and child trauma symptom: Variations insafe, stable, and nurturing relationships during early and middle childhood. *American Journal of Orthopsychiatry, 82*(2), 209-219.

Turner, P. J., & Gervai, J. (1995). A multidimensional study of gender typing in preschool children and their parents: Personality, attitudes, preferences, behavior, and cultural differences. *Developmental Psychology, 31*(5), 759-772.

Uzgiris, I., & Raeff, C. (1995). Play in parent-child interactions. In M. Bornstein(Ed.), *Handbook of parenting*(Vol. 4, pp. 353-376). Lawrence Erlbaum Associates.

Van den Boom, D. (1994). The influence of temperament and mothering on attachment and exploration: An experimental manipulation of sensitive responsiveness among lower-class mothers with irritable infants. *Child Development, 65*(5), 1457-1477.

Van IJzendoorn, M. H. (2003). *Cross-cultural aspects of attachment in infants and young children: Universal and culture-specific component.* Invited keynote speech presented at the ISSBD Asian Regional Workshop, Seoul.

Van IJzendoorn, M., Bakermans-Kranenburg, M., & Sagi-Schwartz, A. (2005a). Attachment across Diverse Socio-cultural contexts: The Limits of Universality. In K. Rubin & O. B. Chung (Eds.), *Parental beliefs, behaviors, & parent-childrelations: A cross cultural prospective. ISSBD Publication*(pp. 107-142.)

Van IJzendoorn, M., Juffer, F., & Poelhuis, C. (2005b). Adoption and cognitive development: A meta-analytic comparison of adopted and nonadopted children's IQ and school performance. *Psychological Bulletin, 131*(2). 301-316.

Van IJzendoorn, M. H., Goldberg, S., Kroonenberg, P. M., & Frenkel, O. J. (1992). The relative effects of maternal and child problems on the quality of attachment: A meta-analysis of attachment in clinical samples. *Child Development, 63*(4), 840-858.

Vandell. D. L. (2000). Parents, peer groups, and other socializing influences. *Developmental Psychology, 36*(6), 699-710.

Vaughn, B. E., & Bost, K. K. (1999). Attachment and temperament: Redundant, independent, or interacting influences on interpersonal adaptation and personality development? In J. Cassidy & P. Shaver (Eds.), *Handbook of Attachment: theory, research, and clinical applications*(pp. 265-286). Guilford Press.

Vaughn, B. E., Kopp, C. B., & Krakow, J. B. (1984) The emergence and consolidation of self-control from eighteen to thirty months of age: Normative trends and individual differences. *Child Development, 55*(3). 990-1004.

Vaughn, B., Egeland, B., Sroufe, L., & Waters, E. (1979). Individual differences ininfant-mother attachment at 12 and 18 mothers: Stability and change in families under stress. *Child Development, 50*(4), 971-975.

Verschueren, K., Buyck, P., & Marcoen, A. (2001). Self-representations and socioemotional competence in young children: A 3-year longitudinal study. *Developmental Psychology, 37*(1), 126-134.

Vondra, J. L., Shaw, D. S., Searingen, L., Cohen, M., & Owen, E. B. (2001). Attachment stability and emotional and behavioral regulation from infancy to preschool age. *Development and Psychopathology, 13*(1), 13-33.

Vygotsky, L. S. (1962). *Thought and language.* Massachusetts Institute of Technology Press.

Vygotsky, L. S. (1987). Thinking and speech. In R. W. Rieber, A. S. Carton (Eds.), & N. Minck(Trans.), *The collected works of L. S. Vygotsky: Problems of general psychology*(Vol. 1, pp.37-285). Plenum(Original work published 1934).

Wachs, T., & Gandour, M. (1983). Temperament, environment and six-month cognitive-intellectual development: A test of the organismic specificity hypothesis. *International Journal of Behavioral Development, 6*(2), 135-152.

Walker, L. J., de Vries, B., & Trevethan, S. D. (1987). Moral stages and moral orientation in real-life and hypothetical dilemmas. *Child Development, 58*(3), 842-858.

Walker-Andrews, A., & Lennon, E. (1991). Infants' discrimination of vocal expressions: Contributions of auditory and visual information. *Infant Behaviorand Development, 14*(2), 131-142.

Waters, E., & Deane, K. E. (1985). Defining and assessing individual differences in attachment relationships: Q-methodology and the organization of behavior in infancy and early childhood. *Monographs of the Society for Research in Child Development, 50*(1-2), 41-65.

Waters, E., Merrick, S., Treboux, D., Crowell, J., & Albersheim, L. (2000). Attachment security in infancy and early adulthhood: A twenty-year longitudinal study. *Child Development, 71*(3), 684-689.

Waters, E., Vaughn, B. E., Posada, G., Kondo-Ikemura, K., Heinicke, C. M., & Bretherton, I. (1995). Caregiving, cultural, and cognitive perspectives on secure-base behavior working models(new growing points of attachment theory and research). *Monographs of the society for research in child development, 60*(2-3), 216-233.

Waxman, S., & Gelman, R. (1986). Preschoolers' use of super-ordinate relations in classification and language. *Cognitive Development, 1*(2), 139-156.

Weinberg, M. K., Tronick, E. Z., Cohn, J. F., & Olson, K. L. (1999). Gender differences in emotional expressivity and self-regulation during early infancy. *Developmental Psychology, 35*(1), 175-188.

Weissman, M. M., Warner, V., Wickramaratne, P. J., & Kandel, D. B. (1999). Maternal smoking during pregnancy and psychopathology in offspring followed to adulthood. *Journal of the American Academy of Child and Adolescent Psychiatry, 38*(7), 892-899.

Wellman, H. M. (2020). *Reading Minds.* Oxford University Press.

Werker, J., & Tees, R. (1984). Cross-language speech perception: Evidence for perceptual reorganization during the first year of life. *Infant Behavior and Development, 7*(1), 49-63.

Whaley, K. (1990). The emergence of social play in infancy: A proposed developmental sequence of infant-adult play. *Early Childhood Research Quarterly, 5*(3), 347-358.

Whitehurst, G. J., & Lonigan, C. J. (1998). Child development and emergent literacy. *Child Development, 69*(3), 848-872.

Wilk, A. E., Klein, L., & Rovee-Collier, C. (2001). Visual-preference and operant measures of infant memory. *Developmental Psychology, 39*(4), 301-312.

Yang, S. & Yang, H. (2016). Bilingual effects on deployment of the attention system in linguistically and homogeneous children and adults. *Journal of Experimental Psychology, 146,* 121-136.

Yang, S., Yang, W., & Lust, B. (2011). Early childhood bilingualism leads to advances in executive attention: Dissociating culture and language. *Bilingualism: Language and Cognition, 14*(3), 412-422.

Zahn-Waxler, C., & Radke-Yarrow, M. (1990). The origin of empathic concern. *Motivation and Emotion, 14*(2), 107-130.

Zahn-Waxler. C., Friedman, P. J., Cole, P. M., Mizuta, I., & Hiruma, N. (1996). Japanese and U. S. preschool children's responses to conflict and distress. *Child Development, 67*(5), 2462-2477.

Zeskind, P. S., & Ramey, C. T. (1981). Preventing intellectual and interactional sequelae of fetal malnutrition: A longitudinal, transactional, and synergistic approach to development. *Child Development, 52*(1), 213-218.

Zimmerman, P., Fremmer-Bombik, E., Spangler, G., & Grossman, K.(1995). *Attachment in adolescence: A longitudinal perspective.* Poster presented at SRCD, Indianapolis, 1995.

ㄱ

가상놀이 193, 195, 272, 310
가역성 276, 331
가지치기 153, 156, 257
각인 78, 235
간접적/관계적 공격성 379
감각기억 349
감각운동기 184
감각운동놀이 193
감각운동 지능기 74
감각체계 간 통합능력 182
감수분열 91
감정이입 222, 312, 376
감정이입능력 378
감정조절능력 378
강압적인 양육행동 405
강화 68, 203
개인차 24
개인적 언어 285
객관적 자아 297
거부아 385
거세공포 300
거시체계 81
걸음마 반사 133
검사법 43
결정적 시기 28, 79
경험적 요소 343
경험주의 38
고전적 조건화 66, 192
고정 마인드셋 366
고착 214
골(격)연령 149, 150, 256
골화 150
골화센터 255
공감능력 376
공격성 317, 377, 379, 432
공격적 거부아 382, 385
공동양육 412, 416
공생관계 245
공유환경 28
공통요인 가설 403
공평성 369, 375
과잉 일반화 208
과잉 축소 현상 208
관계적 공격성 383
관찰학습 이론 69
교류 모델 31
구강기 61, 214
구성놀이 310
구조적 면접법 43
구조화된 관찰법 42
구체적 조작기 74, 331
권위주의적 양육 396
귀납법 42
귀납적 방법 57, 384
규범적 접근법 37
규준 336
규준 연령 37
그림 단서 180
그릿(근성) 367
근면성 357
근접발달영역 83, 212, 282
금지된 행동에 대한 순종 316
긍정적 정서 217, 226, 290, 376
기능적 놀이 310
기본적 기술 및 음성론적 접근 354
기억 348
기억과정 349
기억력 197
기억용량 280, 349
기억전략 280, 350
기질 226, 228, 243, 316
기질의 불안정성 233
기질의 세 가지 유형 230
기질의 안정성 232
기질 정의 228
기질차원 229
기질척도 230
기질측정 230
기형발생인자 106
깊이지각 179, 180

ㄴ

남근기 61, 289
낯가림 219, 220
낯선 상황 실험 237

내면화 59, 316
내배엽 100
내부세포군 102
내적인 동기 435
내적인 언어 286
내적 작업모형 80, 236, 244
내적표상 236
놀이 249, 307
놀이 분류 307
뇌간 157
뇌량 258
눈과 손의 협응 164
능동적인 유전-환경 상호작용 32

ㄷ

다요인설 341
다운증후군 97
다중지능 이론 342
대근육 운동능력 259, 324
대뇌 157
대뇌피질 157
대뇌피질의 가소성 258
대리강화 69
대립유전자 94
대상놀이 249
대상항상성 184, 187, 188
도구적 공격성 317, 377, 378
도구적 지지 407
도덕성 발달 383
도덕원리 60
도덕적 가치의 내면화 370, 371
도덕적 사고 311, 368, 369
도덕적 사고 이론 313
도덕적 정서 311
도덕적 행동 375
도식 72, 183
독립변인 45
돌봄지향적 도덕성 374
돌연사증후군 137
동물행동학 40, 78
동반자관계 형성기 236
동시집단 효과 47
동정심 222
동화 72, 183
두뇌의 가소성 158, 257
두뇌활동 감지법 52
두 단어 시기 209
두정엽 157
따라잡기 성장 259
또래괴롭힘 381, 382
또래수용도 365, 381
또래의 역할 384
또래 지위 382, 385

ㄹ

라누고 124
렘(REM) 수면 127, 128
리비도 58

ㅁ

마유 125
마음이론 277, 278, 279
마인드셋 366
맥락적 모델 39
맥락적인 요소 343
맵핑 283
먹이찾기 반사 133
모델링 이론 69
모로 반사 133
모유수유 129
목강직 반사 133
목울림 소리 206
목적지향적인 행동 272
몸짓 206
무시아 382, 385
무조건적 애정 394
무표정 실험상황 218, 219
문법의 과잉 규칙성 209
문제해결능력 280
문화와 기질 233
문화와 신념 407
문화적 보편성 372
물체의 속성 176
물체중심적 놀이 250
물체중심적 상호작용 408
물활론적 사고 272, 274
미디어 이용시간 419
미숙아 보육기 122
미시체계 81
미주신경의 긴장도 52
민감기 28, 79
민주적 양육 396

ㅂ

바빈스키 반사 133
반사기 184
반사행동 130
반사회적인 행동 376, 379
반응강도 229
반응성 226
반응의 발단점(역치) 229
반응적 공격성 381
반항 171
발달과정 17
발달과제 62
발달단계 19
발달단계의 보편성 372
발달 선별검사 200
발달의 기제 26
발달의 원리 22
발달적 위기 63
발달지수 200
발생학적 인식론 71
발아기 99, 100
발판화 83, 282
방관자 놀이 308
방어기제 59, 60
방임적 양육 397
배변훈련 171, 214
배아기 99, 101
배아판 102
배우체 89, 91
배종기 99, 100
백지상태 35
범문화적인 타당성 373
베르니케영역 257, 258
변연계 225
변증법적 모델 39
병행놀이 250, 305, 308, 309
보상 403
보육경험 431, 432
보육시간 429
보육 시작시기 429
보육의 안정성 430
보육의 질 428, 429
보조세포 103, 154
보존개념 272, 275, 276, 331, 332
본능 58
부모보고법 54
부모의 개입 413
부모의 기대 411
부모의 발달사 401
부모의 아동학대 399
부모의 인성 402
부모통제 395
부부관계 403
부정적 정서 226, 290, 376
부정적 정서성 229
부호화 349
분류과제 277
분류능력 272
분리-개별화 246
분리불안 220
분만단계 116
분석적 요소 343
불규칙 수면 127
불순종 행동 432
불안정-비조직적 애착 238
불안정애착 238, 242, 245
불안정-저항애착 238
불안정-회피애착 238
브로카영역 257
비가시적인 모방 198
비가역적 사고 275, 276
비계 394
비공유환경 28
비논리적인 사고 272, 331
비논리적인 추론 273
비동시적인 발달 332
비만 266, 326, 327, 328
비사회적 놀이 308, 309
비연속적 발달 33
비인기아 382
비조직적 애착 238
비참여 놀이 308
비판적인 자아가치감 297
빨기 반사 133

ㅅ

사회계층 406
사회관계망 407
사회문화적 관점 40
사회문화적 이론 83
사회성 231
사회인지 이론 69
사회적 가상놀이 250

사회적 관계중심의 상호작용 408
사회적 구성주의 282, 436
사회적 기준의 내면화 367
사회적 상호작용 249
사회적 언어 285
사회적인 강화 192
사회적인 놀이 308
사회적인 미소 305
사회적 인지능력 279
사회적 자극 217
사회적 참조행동 179, 221
사회학습 이론 68
사회화 383, 393
사회화 과정 249, 300
사회화 신념 295, 301
산출결함 351
3차 순환반응기 186
상관계수 45
상관연구설계 44
상동염색체 92
상위기억 350
상징놀이 193, 195, 249, 310
상징적 사고기 271
상호작용 모델 31
상호작용의 질 242
상호통제 과정 395
생득 이론 204
생리적 심리측정법 44
생물적 생태학적 모델 82
생식(성)세포 91
생애발달적 관점 39
생태학적 관점 39
생태학적인 타당도 230
생태학적 체계 이론 81
생활연령 337
서열화 272, 277, 334
선별적인 강화 227
선별적인 미소 217
선천설 204
선천성 기형 109
선택적 주의력 350
선호도 측정법 175
성개념 303
성고정관념 299, 387
성기기 62
성도식 이론 303
성 동일시 행동 300
성분리 현상 302
성선설 35
성세포 89
성숙론자 26
성역할 발달 298, 299, 387
성염색체 93
성유형화 299, 301, 303
성장곡선 256
성장 마인드셋 366
성장장애 161
성장지연 259
성정체감 299, 387, 388
성차 298, 300
성차와 돌봄의 도덕성 374
성취동기 365, 435
성취 지향적 행동 358
성항상성 303
세 개의 산 실험 275
세대 간 전이 377, 401
세포체 103, 154
소근육 운동능력 261, 325
소뇌 157
손잡이 258
수동적 유전-환경 상호작용 31
수상돌기 103, 154
수정란 89, 99
수줍음 306
수초 154
수초화 153, 156, 225
수치심 222, 293, 312, 357
수평적인 사회적 관계 304
수평적인 위계 332
순종행동 248, 315, 316
순차적 연구설계 47, 49
습관화 135, 175, 191, 192
습관화-탈습관화 51, 178
습관화/탈습관화 실험 191, 197
시각적 선호도 측정 52
시각절벽 179
시간체계 81
시냅스 154, 257
시냅스 형성 153, 155
시냅스 밀도 258
시상하부 225
시연 351
신경세포 103
신경세포의 구조 154
신경전달물질 154

신뢰감 대 불신감 215
신뢰도 336
신생아기 124
신생아의 감각능력 134
신생아 행동평가척도 136
신체적 공격성 317, 378
신호행동 79, 243
실체와 외양 간의 구별능력 277
실험실 실험법 46
실험연구설계 45
실험조건 46
심리사회적 단계 63
심리사회적 성장장애 259
심리사회적 이론 215
심리성적 단계 61
심리성적 이론 214
심박률 44
심박수 측정법 52
심상 271
쌍생아연구 346
쓰기 능력 355

ㅇ

아동기의 언어 발달 353
아동용 CBQ 230
아동의 기질 405
아버지의 반응성 415
아버지의 양육참여 415
안전기지 244
안전사고 사망률 268
안정애착 238
안정애착아 242
애정철회 방법 383, 384
애착 431
애착 Q-sort 측정법 239
애착관계의 질 79, 245
애착기 236
애착 안정성 237, 240
애착 유형 238, 243
애착 유형에서의 문화적 차이 241
애착의 질 234, 237, 244
애착 이론 235
애착 형성단계 79
야뇨증 266
양막낭 103
양면아 385
양수검사 114
양심 59
양육신념 227, 407, 408
양육행동 306
양육효능감 406
양적인 발달 75
어머니 말투 203
어머니의 근무시간 414
어머니의 민감성 242
어머니의 반응성 242
어머니의 양육효능감 409
어휘력 283
어휘발달 205
언어규칙 205
언어 발달 205, 352
언어 발달 이론 202
언어산출능력 257
언어생성의 기본능력 205
언어의 이해 207
언어 이전 시기 206
언어이해능력 257
언어적인 공격성 317
언어적 자아 247
언어학습의 개인차 205
엘렉트라 콤플렉스 300
역기능적 양육행동 398, 406
역동적인 체계관점 40
역치 229
연속성 대 비연속성 85
연속적 발달 33
연역법 41, 57
연합놀이 308
열등감 357
열성인자 95
염색체 92
영아사망률 137
영아-어머니 관계의 질 244
영아용 IBQ 230
영아의 기질 243
영아의 시력 177
영아 지능검사 200
영양세포층 100
오이디프스 콤플렉스 300
옹알이 206, 207
외국어 교육 286
외동이의 특성 411
외모 365
외배엽 100

외부세포군 100
외부적인 도움방법 351
외양과 실체의 구별 275
외적인 동기부여 435
외적인 정서조절 292
외적인 통제 369
외체계 81, 433
왼손잡이 258
요구에 대한 순종 316
우반구 157
우반구의 대뇌피질 활성화 257
우성인자 94
우연적인 반응 68
우울증 어머니 139
우정 304
우측 반구의 편재화 258
원시적 반사 131
위계적 분류능력 331
위축되어 거부되는 아동 382
위축된 거부아 385
유기체적 특수성 29
유뇨증 266
유목포함 277
유발적 유전-환경 상호작용 32
유사분열 91
유산방지제 106
유아기의 도덕적 사고 314
유아의 식욕 264
유전 대 환경 85
유전론자 26
유전율 346
유전형 92, 98, 99
유출 가설 403
융모막 채취법 114
의도적인 미소 217
의도적인 반응 68
의미의 과잉일반화 284
의사소통능력 285
이란성 쌍생아 93
이란성 쌍생아의 지능 345
이론의 형성과정 56
이상적인 자기 364
이상적인 자아 59
이질적인 대립유전자 94
2차 도식협응기 185
2차 순환반응기 185
2차적 욕구충족 234
이차적 정서 221, 222
이차 정서 291, 293
이타적 행동 312, 376, 377
이행성 334
이혼가정 416, 417
인공유 수유 129
인과관계 45
인과관계의 이해 273
인기아 385
인성 228
인성발달 214, 216
인습적 수준 314, 371
인지 175
인지발달 원리 281
인지적 구성주의 281, 436
인지적인 정서 조절 전략 293
인출 349
일란성 쌍생아 94
일란성 쌍생아의 지능 346
일반요인 341
일반적 기억 349
일어문 208
1차 순환반응기 184
일차적 정서 217
일화기억 349
읽기 능력 354, 355
임상 면접법 43
임상법 43
임신 가능기 91
입양연구 346

ㅈ

자곤 207
자극과 반응의 원리 66
자기강화 69
자기조절능력 280, 316
자기주장적 행동 215
자기중심성 274
자기중심적 369
자기중심적인 사고 272
자기중심적인 언어 286
자기통제 395
자기통제력 312, 316
자랑스러움 293
자발적 순종 316
자발적인 통제 369
자부심 223, 293, 358
자아 58, 245

자아가치감 248, 364
자아개념 247, 296, 297, 363
자아인식 246, 296, 297
자아존중감 247, 297, 298, 364, 381
자아통제력 216, 248, 280
자아효능감 435
자연적 관찰법 42
자연적인 실험법 46
자유 연상법 58
자율감과 수치심 및 의심 215
자율적 도덕성 313, 314, 369
자의식적 정서 221, 225, 293, 357, 376
자의식적 정서의 내면화 358
자전적 기억 349
작업기억 349
잘못된 믿음 277, 279
잠복기 62, 357
잠재력에 대한 믿음 366
장기기억 349, 350
재인 198
재인기억 348
저장 349
저체중 120
저항애착 238
적대적 공격성 317
적대적 편향 381
적응 72, 183, 281
적응력 229
적응적 반사 131
적합성의 개념 233
전두엽 157, 225, 257
전보체 문장 209
전 애착기 235
전 인습적 수준 314, 370, 371
전 조작적 사고기 271
전 조작 지능기 74
전통적인 학습이론 65
접근성/긍정적 정서성 229
접근/회피성향 229
접합체 89, 92, 99
정교화 351
정보적 지지 407
정보처리능력 280
정보처리능력의 발달 348
정보처리 속도 350
정보처리의 효율성 76, 280
정보처리 이론 40, 76
정상분포 339
정서 216
정서 발달과 부모 361
정서 사회화 227
정서 사회화 방식 228
정서성 231
정서의 기능주의적 관점 291
정서의 이해 291, 358
정서의 차원 290
정서이해능력 220, 294
정서적 신호 220, 221, 224
정서적 유능성 294, 295
정서적 장애 361
정서적 지지 407
정서적 행동의 개인차 294
정서조절능력 223, 227, 228, 292, 294, 359, 376, 377
정서조절능력의 개인차 225
정서지능 295
정서지능의 구성요소 295
정서표현 226, 227
정신연령 337
정신적 결합기 187
정신적인 도식 72, 183
정신적 조작 331
정신적 조작능력 271
정신적 표상 271
정신측정적 접근 336
정의로움 368
정의지향적 374
제3의 변인 45
조건반응 66
조건자극 66
조건화 191
조망수용능력 359, 360, 376
조산아 120
조작적 사고 271
조작적 조건화 66, 192
조정 72, 183
조직 72, 183
조직화 281, 351
조형 68
조화 233
종단적 연구설계 47, 48
종속변인 45
종 특유의 성향 27
좌반구 157

좌반구 대뇌피질 257
좌측 반구의 편재화 258
죄책감 289, 293, 312, 357, 376
주관적 자아 297
주도성 289
주도성 발달 298
주도적 공격성 381
주도적인 행동 294
주의력/지구력 229
주의산만 229
주의집중력 280
주효과 모델 31
중간체계 81, 434
중배엽 102
중성자극 66
중심화 275, 331, 368
중심화 성향 275
지각 175
지능 335
지능검사 336
지능의 2요인설 341
지능의 구성요소 341
지능의 안정성 344
지능의 측정 336
지능지수 337
지연모방 187, 198, 199, 272
직관적 331
직관적 사고기 271
직업만족도 414
직접적/신체적 공격성 379
진화론 36
진화적 애착모델 243
질문지법 36, 43
질적인 발달 75

ㅊ

차별적 대우 412
차별적 민감성 30
착상 100
착한 아이 지향 371
참조형 211
참조형 언어 210
처벌 및 복종지향적 도덕성 314
척수 157
첫 단어 207
청각영역 258
체세포 91
초기경험 25
초음파 검사 113
초자아 58
최적의 시기 79
축색돌기 103, 154
출생가족 398, 402
출생순위 및 성 404
취업모 413
측두엽 157
친구(우정)관계 304, 386
친사회적 행동 312, 314, 375, 376, 377

ㅋ

코티솔 수준 225
콜릭 현상 129
쾌락의 원리 58
쾌락지향적 도덕성 314
클라인펠터증후군 98

ㅌ

타고난 신호체계 235
타당도 336
타액성분 분석법 52, 53
타율적 도덕성 313, 314, 368
타인지향적 정서 376
탈리도마이드 106
탈습관화 175, 192
탈중심화 331
탐색놀이 193
태내기 영양결핍 109
태반 103
태생학 99
태아기 99, 103
태아 알코올증후군 107
터너증후군 98
터울 412
테라토젠 106
통제 41
통제조건 46
통합된 지각능력 135
통합적 언어학습 방법 354
특수요인 341

ㅍ

파악 반사 133
편재화 153, 157, 158, 257
편차 IQ 337
평가적인 자아개념 297
평가적인 정서 221, 225
평형 73, 281
포배낭 100
표상능력 187
표준화 336
표현어휘 210
표현형 98, 99
표현형 언어 210, 211
품행장애 361
풍진 108
피부온도 측정법 52
필요지향적 도덕성 314, 315

ㅎ

하인츠 딜레마 369
학교폭력 유형 382
학대유형 400
학습 191
학업성취 435
항문기 61, 214
해마 225
행동수정 68
행동억제 229, 231, 306, 316
행동 유도성 175
행동적인 도식 72, 183
행동주의 38
행동주의 이론 65
허용적 양육 396
현실원리 59
현실적인 자기 364
현장 실험법 47
협동놀이 308
형식적 조작기 74
형제 간 비교 412
형제 간 성 구성 412
형제관계 409, 410, 412
호흡곤란증후군 121
혼자놀이 308, 309
혼잣말 285, 286
화용론적 지식 285
환경오염물질 109
환경적 경험의 영향 347
활동성 231
활동성 수준 226
활동수준 229
회상 198
회상기억 348
회피애착 238
횡단적 연구설계 47, 48
후두엽 157
후성유전학 32, 99
후 인습적 수준 314, 371

A

A 188
accommodation 72, 183
active G–E interaction 32
activity level 226
adaptation 183
Affordance 175
aggressive–rejected 382, 385
allele 94
altruism 377
anal stage 61
animism 272, 274
Apgar 척도 136
Aslin의 발달모델 28
assimilation 72, 183
associative play 308
autobiographical memory 349
autosomes 92
axon 154

B

babbling 206
baby talk 203
Baumrind(1971)의 분류 395
Bayley Scale of Infant Development 200
Bayley 영아발달 척도 200
Beck의 인지 이론 362
behavioral theory 65
behavior modification 68
Belsky의 역동적 가족과정 모델 404

Belsky의 가족과정 모델 401
Binet-Simon 검사 337
bioecological model 82
bone age 150
Bowlby(1989)의 애착이론 79
Bowlby의 애착 이론 362
brain stem 157
Broca's area 257
Bronfenbrenner 81
Bulling 381
bully-victims 382

C

catch-up 259
cell body 154
centration 275, 331, 368
cerebellum 157
cerebrum 157
chronological age 337
chronosystem 81
classical conditioning 66
cognition 175
cognitive constructivist 281
cohort effect 47
committed compliance 316
compensation 403
compliance 248
componential element 343
conditioning 191
contextual element 343
conventional level 371
Cooing 206
cooperative play 308
coparenting 412, 416
corpus callosum 258
crawling 168
creeping 169
critical period 28, 79
cross-sectional design 47

D

Darwin 36
decentration 331
deferred imitation 187, 198, 272
dendrites 154
description 41
developmental task 63
differential susceptibility 30
direct/physical aggression 379
dishabituation 175, 192
dizygotic twin 93
DNA 92
Down syndrome 97
dynamic systems perspective 40

E

ecological systems theory 81
ego 58
egocentrism 272
elaboration 351
Electra Complex 300
embryology 99
emotion regulation 292
empathy 312
encoding 349
epigenetics 32, 99
epiphyses 255
episodic memory 349
eguilibration 73
Erikson의 인간발달의 8단계 63
ethology 78
evocative G-E interaction 32
Evolutionary Attachment Model 243
exosystem 81
experiential element 343

F

fairness 375
false belief 277, 279
family of origin 398
Fetal Alcohol Syndrome 107
field experiment 47
fixed mindset 366
free association 58
frontal lobes 257

G

gametes 89, 91
Gardner의 다중지능 이론 342
gender concept 303
gender constancy 303
gender identity 299
gender role 299
gender-schema theory 303
gender-stereotype 299
gender typing 299
generic memory 349
genetic epistemology 71
genital stage 62
genotype 92, 99
German measles 108
Gesell 37
g factor 341
Gibson의 지각 발달 이론 175, 176
glial cell 103
goodness of fit 233
Grit 367
group socialization theory 384
growth mindset 366

H

habituation 175, 191
habituation-dishabituation 51
handedness 258
Harlow의 실험 235
heart rate 44
Heinz dilemma 369
heritability 346
hippocampus 225
hitching 169
holophrase 208
HOME 척도 201, 347
horizontal d'ecalage 332
Horowitz의 발달모델 29
hypothalamus 225

I

id 58
ideal self 364
imprinting 78, 235
indirect/relational aggression 379
Infant behavior Questionnaire 230
information-processing theory 76
inner speech 286
inorganic failure to thrive 161
instrumental aggression 377
internal working model 80
IQ, intelligent quotient 337
I-self 297

J

jargon 207

K

Klinefelter's syndrome 98
Kohlberg의 이론 369

L

laboratory experiment 46
lanugo 124
latency stage 62
lateralization 153, 158, 257
limbic system 225
libido 58
longitudinal design 47
long-term memory 349
Lorenz 78
low birth weight 120

M

macrosystem 81
mapping 283
mental age 337
me-self 297
mesosystem 81
meta communication 285
microsystem 81
mindset 366
monozygotic twin 94
motherese 203
Multifactor theory 341
myelination 153, 156

N

natural experiment 47
natural observation 42
NBAS 136
negativism 171
neuron 103
neutral stimuli 66
nonshared environment 28
norm 336
normal distribution 339
normative approach 37

O

obesity 327
object permanence 184
Oedipus Complex 300
onlooker play 308
operational thought 271
optimal period 79
oral stage 61
organimic specificity 29
organization 183, 351
over-extension 208

P

parallel play 305, 308
Parten의 여섯 가지 놀이 형태 308
passive G-E interaction 31
perception 175
perspective taking 359, 376
phallic stage 61
phenotype 99
Piaget의 이론 368
pictorial cue 180
plasticity 158
poorness of fit 233
post-conventional level 371
pre-conventional level 371
prediction 41
preference technique 175
preoperational thought 271
pretend play 272
preterm 120
private speech 285
proactive aggression 381
production deficiency 351
prosocial behavior 377
pruning 153, 156
psychophysiological method 44
psychosocial dwarfism 259

R

reactive aggression 381
reactivity 226
real self 364
recall 198
recognition 198
rehearsal 351
reliability 336
REM수면 127, 128
retrieval 349
reversibility 276

S

scaffolding 83, 282, 394
schema 72
scheme 72, 183
secure base 244
self awareness 296
self-concept 296
self-esteem 247, 297, 364
self-reinforcement 69
self-worth 248, 364
Seligman의 학습된 무기력 이론 362
sensation 175
sensitive period 28, 79
sensori-motor period 184
sensory memory 349
separation anxiety 220
separation-individuation 246
sequential design 47
seriation 334
sex-category constancy 303
sex cell 89
sex-segregation 302
s factor 341
shaping 68
shared environment 28

SIDS 137
signaling behavior 243
situational compliance 316
skeletal age 150
Skinner 66
social cognition 279
social cognitive theory 69
socialization 300, 383
social learning theory 68
social referencing 179, 221
social speech 285
sociocultural theory 83
soical constructivist 282
solitary play 308
soothability 226
Spearman의 2요인설 342
spill-over 403
spinal cord 157
S-R 학습이론 66
standardization 336
Stanford-Binet 지능검사 37, 336
Sternberg의 3원지능 이론 342
Still Face Paradigm 218, 219
Strange Situation Experiment 237
structured observation 42
super-ego 58
symbiosis 246
synapse 153
synapse pruning 257

T

Tabula Rasa 35
teratogens 106
Terman 37
Thalidomide 106
theory of mind 278
Theory of Multiple Intelligence 342
Thomas 229
Thurston의 다요인설 342
transitivity 334
trisomy 21 97
Turner's syndrome 98

U

unconditional love 394
under-extension 208
unoccupied play 308

V

Vagal tone 52
validity 336
verbal self 247
vicarious reinforcement 69
visual cliff 179
Vygotsky 83

W

Watson 38
Wechsler 지능검사 339
Wernicke's area 257
withdrawn-rejected 382, 385
working memory 349

X

X염색체 89, 93

Y

Y염색체 89, 93

Z

ZPD, Zone of Proximal Development 83, 282
zygote 89

저자소개

박성연

이화여자대학교 가정관리학과(가정학 학사)

이화여자대학교 대학원 가정관리학과(아동학 석사)

미국 Iowa State University(아동발달 전공 Ph. D)

미국 Pennsylvania State University 연구교수 역임

미국 University of Maryland 연구교수 역임

이화여자대학교 대학원 아동학과 교수 역임

현재 이화여자대학교 아동학과 명예교수

이은경

이화여자대학교 교육대학원 교육학과(가정교육 전공, 교육학 석사)

이화여자대학교 소비자인간발달학과(아동학 전공, 문학박사)

이화여자대학교 대학원 아동학과 강사

현재 충북대학교 아동복지학과 강사, 이화사회과학원 연구원